6G丛书

6G组网与边缘智能技术

田　辉　张　平　范绍帅
聂高峰　喻　鹏　孙军帅　◎著

人民邮电出版社
北京

图书在版编目（CIP）数据

6G组网与边缘智能技术 / 田辉等著. -- 北京 : 人民邮电出版社, 2022.8
（6G丛书）
ISBN 978-7-115-59775-5

Ⅰ. ①6… Ⅱ. ①田… Ⅲ. ①第六代移动通信系统－研究 Ⅳ. ①TN929.59

中国版本图书馆CIP数据核字(2022)第135259号

内 容 提 要

6G 网络架构将是具有“人-机-物-灵”融合特性的双世界网络架构，6G 网络通过智能协同方式实现对用户所处信息融合空间的感知、反应、决策、优化乃至改造。相应地，6G 网络将通过分布式学习以及群体智能式协同算法部署，使 6G 网络实现智能内生，并通过去中心化的无线接入网架构来提升网络服务的可拓展性和鲁棒性，从而构建新的生态和以用户为中心的业务体验。其中，边缘智能技术通过融合边缘网络计算、存储、应用等核心能力，使智能更贴近用户，因此成为实现网络智能内生的重要手段，也是未来网络发展的重要方向之一。

本书在分析各代移动通信理论与技术升级内在动力的基础之上，阐述“人-机-物-灵”融合的 6G 网络形态，进而从容量分析、系统演进、网络自治等方面探讨 6G 组网理论及其关键技术，并对 6G 网络多域资源协同及边缘智能技术进行系统介绍。

本书适合希望了解 6G 需求及潜在技术的人士阅读，不仅可作为移动通信行业从业人员和垂直行业相关人员的技术参考书，也可作为高等院校相关专业高年级本科生、硕士生和博士生的专业课教材。

◆ 著　　　田 辉　张 平　范绍帅　聂高峰　喻 鹏　孙军帅
　责任编辑　赵 旭
　责任印制　马振武

◆ 人民邮电出版社出版发行　　北京市丰台区成寿寺路 11 号
　邮编　100164　　电子邮件　315@ptpress.com.cn
　网址　https://www.ptpress.com.cn
　三河市中晟雅豪印务有限公司印刷

◆ 开本：720×960　1/16
　印张：26　　　　2022 年 8 月第 1 版
　字数：453 千字　　2022 年 8 月河北第 1 次印刷

定价：208.80 元

读者服务热线：(010) 81055493　印装质量热线：(010) 81055316
反盗版热线：(010) 81055315

6G丛书

编 辑 委 员 会

前 言

纵观移动通信的发展历程，理论、技术和需求构成了系统演进的三大要素。其中，理论将随技术和需求的具体化而逐步延拓并得到应用；技术源于理论，服务需求，并得益于软硬件的发展；需求则是推动理论和技术不断完善与升级的内在动力。从 1G 移动语音业务需求到 5G 增强型移动宽带、低时延高可靠通信、大连接物联网应用需求的发展，移动通信系统由模拟化向数字化转变，网络形态也由蜂窝系统向泛在互联形态转变。面向 6G，其总体愿景可归纳为支持新型应用、提供泛在接入、确保严格资源需求、丰富网络连接，并随着通信网络向一体化融合网络深入发展，其泛在化、社会化、智慧化、情景化等新型应用形态与模式以及用户需求、无线资源、网络拓扑等方面具有的复杂、多维、动态特征对通信网络的“随需即用”能力提出了新的要求。当前，包括国际电信联盟、芬兰科学院、我国科学技术部在内，世界多国已全面启动 6G 相关技术研发工作，众多学者围绕 6G 关键使能技术深入攻关，但目前尚未对 6G 网络技术体系架构形成统一定论。本书作者认为，6G 网络架构将是具有“人–机–物–灵”融合特性的双世界网络架构，6G 网络通过智能协同方式实现对用户所处信息融合空间的感知、反应、决策、优化乃至改造。而构建“人–机–物–灵”融合的双世界网络架构的首要途径是实现网络的智能内生，其中，由终端及接入网元构成的边缘网络将起关键作用。在更贴近用户需求的边缘网络中，6G 网络“人–机–物–灵”的融合需要基于多域资源协同及边缘智能使能技术，一方面，融合边缘网络计算、存储、应用等核心能力，并通过分布式学习以及群智式协同算法部署，使 6G 网络实现智能内生；另一方面，通过无线接入网去中心化以提升网络服务的可拓展性和鲁棒性，进而构建新的生态和以用户为中心的业务体验。

本书第 1 章简单介绍 1G~4G 移动通信网络架构的演进；第 2 章从 5G 的应用场景和 5G 网络架构等方面对 5G 通信系统进行介绍；第 3 章介绍 6G 潜在应用场景及业务需求，描述虚实融合的 6G 数字孪生世界，提出“人-机-物-灵”融合的双世界架构；第 4 章从容量分析、系统演进、网络自治等方面探讨 6G 组网理论及其关键技术；第 5 章从通信、计算、缓存资源协同融合和空间信息网络动态组网及资源协同两个方面对 6G 网络的多域资源协同技术进行详细介绍；第 6 章面向 6G 网络智能内生需求，介绍 6G 智能定义网络特征与边缘智能化的关键技术。

本书部分内容来源于中国移动研究院-北邮联合创新中心动态环境下智能至简网络关键技术研究课题成果。

感谢参考文献中的诸位作者，以及协助整理文献、绘制图表的郑景桁、任建阳、张鹏、蒋秀蓉、李维来、王雯、胡博洋、倪万里、罗如瑜、华美慧、罗浩、侯亦凡、袁晓旭、吕敬轩、陶仕林、金博宇、倪杰、刘珂妍、刘旭峰、刘谋东、郭航、郑爱玲、荣雪等博士生和硕士生。感谢出版社编辑为本书的出版所付出的努力。

目录

第1章

1G~4G 移动通信发展

移动通信是指通信双方至少有一方处于移动的情况下进行的信息传输和交互。自 1G 实现了移动中的通信以后，业务和场景的需求、无线接入和网络技术的不断创新，使移动通信技术发展迅速，几乎近 10 年为一代。目前，5G 尚在商用的过程中，全球也已开启了 6G 关键技术的探索和研究。1G～4G 是以业务为驱动演进的，5G 是以三大应用场景需求为驱动演进的，而 6G 无线接入网的驱动力一方面来自现有网络的潜在问题，另一方面来自随着发展引入的新需求和新场景的需要。学术界和产业界认为 6G 将是支持全场景服务的网络，即服务随心所想、网络随需而变、资源随愿共享。因此，移动通信网络架构、能力与其需要支撑的业务和场景有关。本章简单介绍 1G～4G 移动通信网络架构的演进。

1.1 1G 网络架构

1G 主要解决移动性问题，实现了“移动”能力与“通信”能力的结合，是移动通信网络从无到有的里程碑。

1G 只支持语音业务，小区采用的是大区制，即采用单个大功率的发射机和铁塔，每个基站的服务范围很大。但 1G 只能在一定的区域范围内提供移动通信，没有漫游能力，并且由于无线电波传播环境复杂、小区半径大，其网络的覆盖性能并不是很好。

1G 采用模拟调制方式，用户的接入方式采用频分多址（Frequency-Division Multiple Access，FDMA）等，所以系统的保密性较差、频谱效率较低，有限频谱资源和无限用户容量需求之间的矛盾十分突出。

1.2 2G 网络架构

为解决 1G 存在的容量低、通信质量一般、保密性差等问题，满足人们对移动通信业务及性能提升的需求，2G 出现了。2G 采用数字调制方式，即 FDMA 基础上的时分多址（Time-Division Multiple Access，TDMA）、码分多址（Code-Division Multiple Access，CDMA）等新技术解决通信质量、容量、安全等问题，并且从网络架构上实现了移动通信业务的全球漫游，开始扩展支持的业务维度。由欧洲电信标准组织（European Telecommunications Standards Institute，ETSI）制定标准化的 2G 全球移动通信系统（Global System for Mobile Communications，GSM）结构[1]如图 1-1 所示。

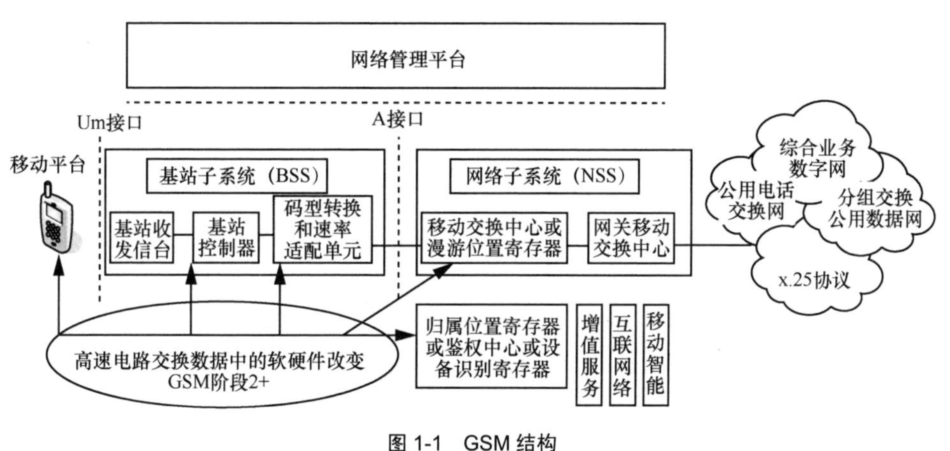

图 1-1　GSM 结构

图 1-1 中，移动平台（Mobile Station，MS）是用户进行移动通信的终端设备，其中，用户识别模块（Subscriber Identity Module，SIM）存放着所有与用户有关的无线接口一侧的信息。基站子系统（Base Station Subsystem，BSS）是 GSM 实现无线通信的基本组成部分，负责无线发送/接收和无线资源管理，并通过 Um 接口实现与 MS 之间的无线传输。同时 BSS 与网络子系统（Network Sub-System，NSS）中的移动业务交换中心（Mobile Switching Center，MSC）相连，实现移动用户之间或移动用户和固定网络用户之间的通信。

NSS 包括实现 GSM 主要交换功能的 MSC 以及管理用户数据和移动性所需的数据库。通过 NSS 接入公用电话交换网（Public Switched Telephone Network，PSTN）、综合业务数字网（Integrated Services Digital Network，ISDN）等固网，实现 GSM 用户和其他网络用户之间的通信。NSS 由 MSC、漫游位置寄存器（Visitor Location Register，VLR）、归属位置寄存器（Home Location Register，HLR）、鉴权中心

（Authentication Center，AuC）、设备识别寄存器（Equipment Identity Register，EIR）、操作维护中心组成[2]。

GSM 网络数据交换只能在电路域中进行，为提供分组业务，进一步地有了通用分组无线业务（General Packet Radio Service，GPRS）网络。GPRS 网络是在 GSM 网络中增加 GPRS 网关支持节点（Gateway GPRS Support Node，GGSN）和 GPRS 服务支持节点（Serving GPRS Support Node，SGSN）功能实体来实现的，能广泛应用于 IP 域。通过将 GPRS 网络接入互联网和其他数据网络，实现与现有数据网络的无缝连接，拓展了电信行业的业务领域[3]。GPRS 网络结构如图 1-2 所示。

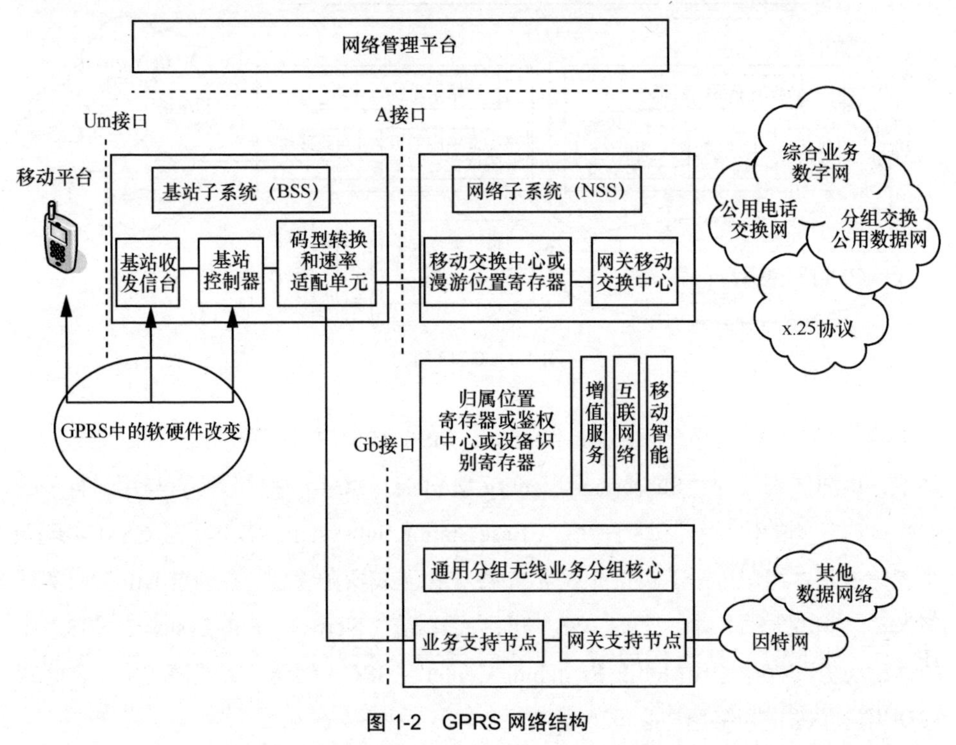

图 1-2　GPRS 网络结构

虽然 2G 可提供的业务范围已从 1G 单一的语音通信扩展到各类语音、图像和互联网等多媒体数据，但由于带宽限制，其无法支持高速数据业务和多媒体业务，无法保证业务的服务质量（Quality of Service，QoS）性能，同时其网络封闭导致新业务开发困难。

1.3 3G网络架构

为支持高速数据业务和多媒体业务，保证业务的QoS性能，提出了3G。3G采用CDMA技术，其主流技术标准有宽带码分多址（Wideband Code-Division Multiple Access，WCDMA）、时分同步码分多址（Time Division-Synchronous Code-Division Multiple Access，TD-SCDMA）和CDMA2000。WCDMA、TD-SCDMA由3GPP标准组织制定，CDMA2000由3GPP2标准组织制定。3G在3GPP中的演进版本有3GPP R99、3GPP R4、3GPP R5/R6。

3GPP的3G系统结构如图1-3所示，它包含很多逻辑网元，每个逻辑网元都有特定的功能。按照功能划分，网元分成通用电信无线接入网（Universal Telecommunication Radio Access Network，UTRAN）和核心网（Core Network，CN）。通用电信无线接入网负责处理所有与无线通信有关的功能。核心网负责对语音及数据业务进行交换和路由查找，以便将业务连接至外部网络。为了完备系统，还定义了与用户和无线接口连接的用户设备（User Equipment，UE）。

UTRAN包括两部分：WCDMA系统的基站Node B，无线网络控制器（Radio Network Controller，RNC）拥有并控制它辖域内的无线资源。CN负责与其他网络的连接和UE的通信管理。3GPP R99核心网相对于GSM/GPRS没有重大改进。3GPP R4核心网的电路域采用承载与控制相分离的软交换方式组网，分组域基本没有变化。3GPP R5/R6核心网相对于3GPP R4来说电路域基本没有变化，分组域新增IP多媒体子系统（IP Multimedia Subsystem，IMS），以更好地提供实时IP多媒体业务，其结构如图1-3（b）所示。后续进一步提出了下一代网络（Next-Generation Network，NGN）和开放系统体系结构（Open System Architecture，OSA）[4]。

3GPP的3G系统结构完善了对移动多媒体业务的支持，但由于其存在缺乏全球统一的技术标准、语音交换架构无法实现全IP等问题，因此无法满足快速增长的用户数量，以及多媒体业务对传输速率的更高要求。高数据速率和大带宽支持成为移动通信网络演进的重要指标。

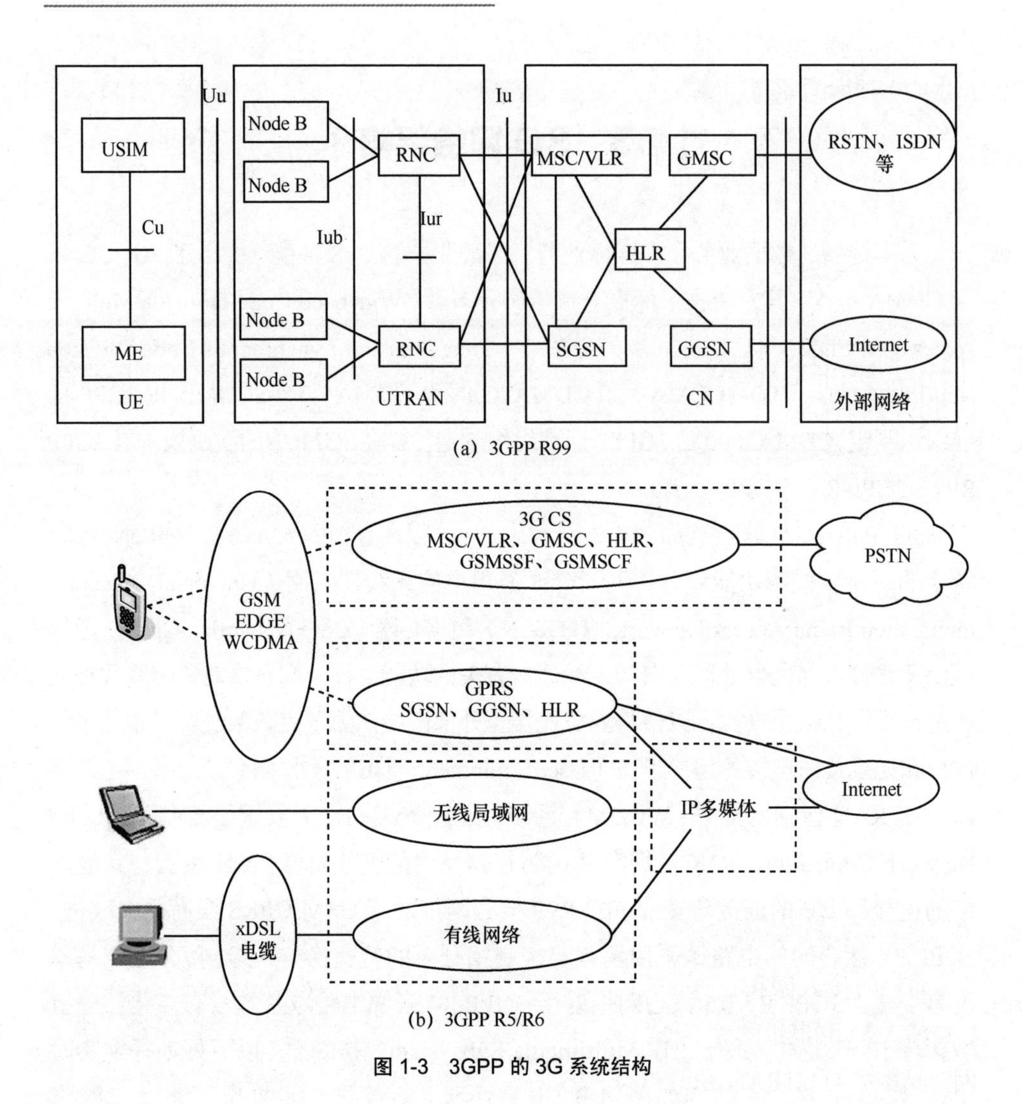

(a) 3GPP R99

(b) 3GPP R5/R6

图 1-3 3GPP 的 3G 系统结构

1.4 4G 网络架构

为满足多媒体业务大容量、高性能的通信需求，基于正交频分复用（Orthogonal Frequency-Division Multiplexing，OFDM）和多进多出（Multiple-In Multiple-Out，

MIMO）技术的 4G 应需而来[5]。4G 技术包括 TD-LTE 和 FDD-LTE 两种制式[6]，其网络结构如图 1-4 所示。

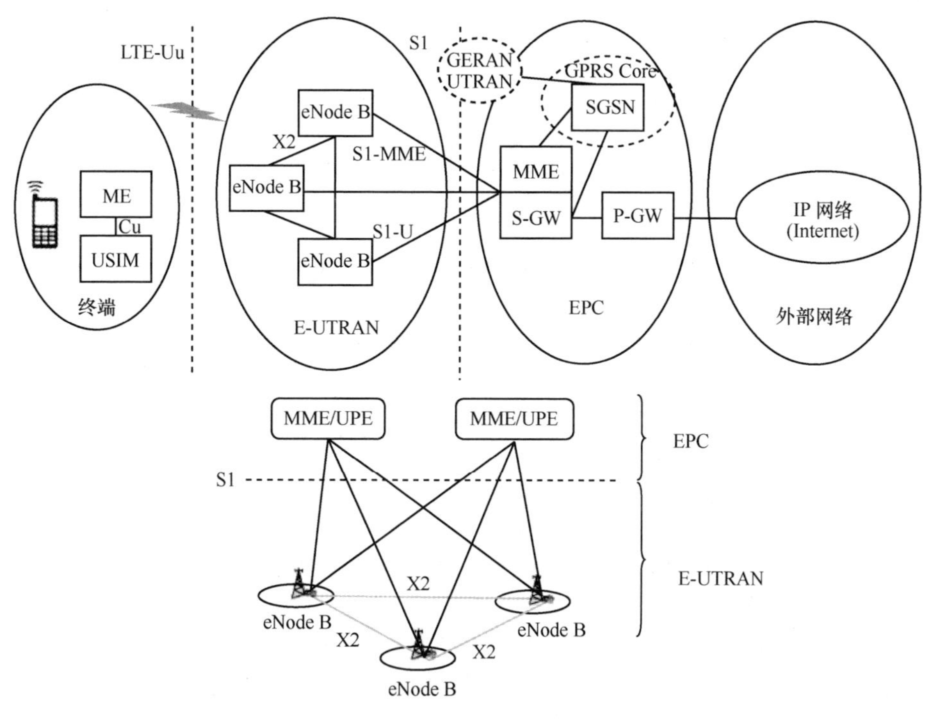

图 1-4　4G 网络结构

4G 的接入网和核心网为演进的通用电信无线接入网（Evolved UTRAN，E-UTRAN）和演进的分组核心网（Evolved Packet Core，EPC）[7]，分别对应于 3G 网络结构中的 UTRAN 和 CN。与 3G 对比，4G 网络实现了控制与承载的分离，移动性管理实体（Mobility Management Entity，MME）负责移动性管理、信令处理等功能，服务网关（Serving Gateway，S-GW）负责媒体流处理和转发等功能；核心网取消了 CS 域，EPC 支持各类接入技术的统一接入，实现固网和移动网络的融合，支持基于 IMS 的多媒体业务和 IP 电话（Voice over Internet Protocol，VoIP）业务，实现网络的全 IP 化；接入网取消了 RNC，RNC 功能被分散到了 eNode B 和网关（Gateway，GW）中，eNode B 直接接入 EPC，扁平化的网络结构大大降低了业务时延；引入接口 S1 和 X2，以提高网络冗余性以及实现负载均衡。

由于 4G 接入网采用了 OFDM、MIMO、载波聚合、异构网干扰消除、群小区等技术，4G 的峰值数据速率达到了 1 Gbit/s，可满足多媒体业务的大容量、高性能的通信需求。

参考文献

[1] GSM. Mobile station - base station system (MS - BSS) interface general aspects and principles: TS 44.001[S]. 2007-06.

[2] GSM. General requirements on interworking between the public land mobile network (PLMN) and the integrated services digital network (ISDN) or public switched telephone network (PSTN): TS 29.007[S]. 2003-03.

[3] GSM. General packet radio service (GPRS)-service description: EN 301.344[S]. 2000-09.

[4] 3GPP. Evolved universal terrestrial radio access (E-UTRA) and evolved universal terrestrial radio access network (E-UTRAN)-overall description: TS 36.300[S]. 2010-01.

[5] 3GPP. Spatial channel model for multiple input multiple output (MIMO) simulations: TR 25.996[S]. 2014-09-26.

[6] 3GPP. Study on 3D channel model for LTE: TR 36.873[S].2015-03-26.

[7] 3GPP. Further advancements for E-UTRA physical layer aspects: TR 36.814[S]. 2017-03-25.

第 2 章

5G 场景需求及组网架构

随着 4G 系统的问世，移动通信的服务质量不断提升，支持业务越来越丰富，高达数百兆比特每秒的传输速率得到了各领域的认可。然而随着现代化生活中更多新场景的诞生，通信流量和业务迅速增长，各场景对通信技术也提出了更严格的要求，4G 系统逐渐无法满足日益增长的需求。在增强型移动宽带（enhanced Mobile Broadband，eMBB）、低时延高可靠通信（Ultra-Reliable and Low-Latency Communication，URLLC）以及大连接物联网（massive Machine-Type Communication，mMTC）三大应用场景需求的驱动下，5G 系统在 4G 系统的基础上进行了演进及增强。本章从 5G 的三大应用场景和网络架构等方面对 5G 通信系统进行介绍。

2.1 5G 的三大应用场景

自移动通信系统问世以来，通信技术发展迅速，这为移动用户带来越来越丰富的业务体验。从 1G 基础的模拟语音通信，到 4G 高达兆比特每秒传输速率带来的商业、工业中的广泛应用，移动通信时刻改变着人们的生活。然而，随着新技术和新设备的研发，通信流量日益增长，新业务的不断涌现对通信技术的要求也更加严格，4G 系统逐渐无法满足现代化生活的要求。例如，陆地、海洋和天空中存在巨大数量的互联自动化设备，数以亿计的传感器遍布自然环境和生物体内，移动通信网络需支持百兆比特每秒的传输速率和大范围海量终端的覆盖。因此，5G 随之而来。5G 的主要目标是满足行业需求，即满足垂直行业的大连接、高带宽和低时延场景下的通信需求。在多样化通信系统应用场景需求的驱动下，5G 需要综合考虑多个方面的性能，如终端用户传输速率、频谱利用率、移动性、时延、流量密度、连接数密度和网络能量效率等，为用户提供更加丰富的业务体验。

图 2-1 给出了 5G（IMT-2020）相对于 IMT-Advanced 系统的能力增强。从图 2-1 中可以看出，5G 考虑了更多的性能维度提升，包括峰值数据速率提升 20 倍，由 1 Gbit/s 提升至 20 Gbit/s；城区和城郊用户将获得 100 Mbit/s 的用户体验数据速率，

而在热点地区，用户体验数据速率将提升至 1 Gbit/s；频谱效率提升 3 倍；支持更高速的移动，由 350 km/h 提升至 500 km/h；支持极低时延要求的服务，时延由 10 ms 降低至 1 ms；支持更多数量的设备连接，适用于 mMTC 场景，连接密度由每平方千米 10^5 台提升至每平方千米 10^6 台；网络能效提升 100 倍；区域通信能力提升 100 倍，由 0.1 Mbit/(s·m^2)提升至 10 Mbit/(s·m^2)。基于上述 8 个方面能力的增强，5G 网络开始具备渗透垂直行业的能力，支持的应用场景涵盖 eMBB、URLLC 以及 mMTC 三大场景。图 2-2 给出了 5G 三大场景典型支持业务。

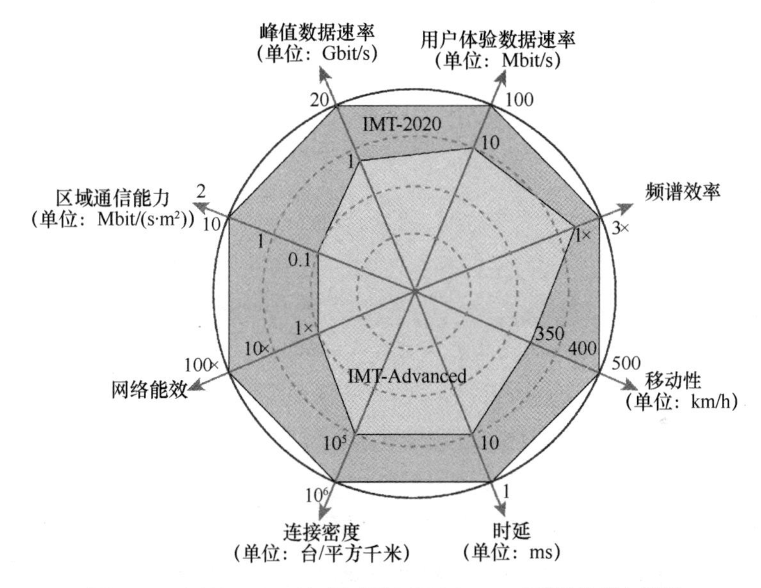

图 2-1　5G（IMT-2020）相对于 IMT-Advanced 系统的能力增强

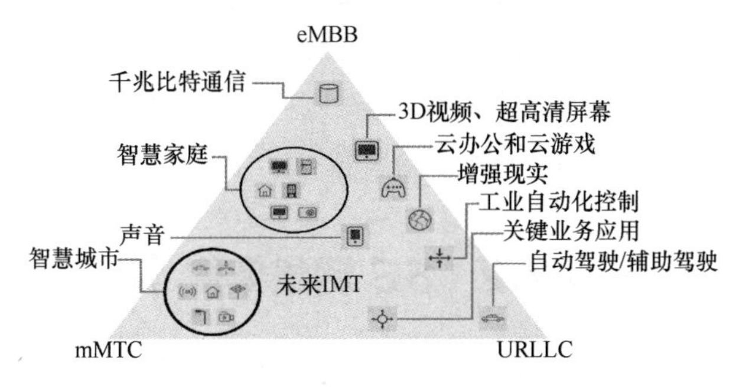

图 2-2　5G 三大场景典型支持业务

2.1.1 eMBB

eMBB 的应用场景是通信网络的基本业务模式，可为用户提供高移动性、连续性的网络通信以及比 4G 移动宽带服务更快的服务速率和无缝的业务体验，可支持身临其境的虚拟现实（Virtual Reality，VR）和增强现实（Augmented Reality，AR）等应用服务。eMBB 具有极高的数据传输速率与流量密度，可为用户随时随地地提供超过千兆比特每秒的数据传输速率，如体育场馆等大容量热点区域、小区边缘等覆盖不均衡区域、火车和飞机等高速移动场景的业务质量也相应可得到保障。

2.1.2 URLLC

URLLC 的应用场景主要为车联网、工业自动化控制、自动驾驶/辅助驾驶等垂直行业的特殊业务需求，因此这类应用场景要求极高的可靠性和极低的传输时延。5G 移动网络需要为用户提供毫秒级别的端到端传输时延以及接近 100%的服务可靠性保证，通常要求传送 32 byte 数据分组的可靠性为 10^{-5}，端到端时延为 1 ms。此类应用场景要求尽可能降低网络转发的时间与数据重传的概率，以此来减少传输时延，满足用户对时延的要求。

2.1.3 mMTC

mMTC 的应用场景主要为智慧城市、智能农业、环境监测和森林防火等需要大量传感器与数据采集的场景。5G 系统需要满足用户终端范围广、数量多等特点，提供分组小、接入数量大、功耗低、成本低的通信服务。此类应用场景不仅要求网络服务支持高达数千亿的终端接入，满足每平方千米 10^6 台连接数量的高密度要求，同时还要保证终端通信的超低功耗和超低成本。

2.2 5G 网络架构

为支撑垂直行业三大典型应用场景，相比于 4G 网络架构，5G 系统的核心网和接入网均进行了相应的演进升级。其中，核心网趋于 IP 化，以支撑通信技术、信息技术和大数据技术的深度融合；接入网融合多类组网与接入传输技术，并引入多种新型架构，以提供超高速率和超低时延的用户体验和多场景的一致无缝服务。

5G 网络架构[1]如图 2-3 所示。在 4G 数据网络 EPC 时代，核心网架构是具有层级的拓扑网络结构，控制面与用户面没有实现完全分离，带来扩展性困难和升级困难等问题。5G 核心网的控制面与用户面完全分离，将原有的 4G 核心网功能分为 5G 核心网（5G Core，5GC）和移动边缘计算（Mobile Edge Computing，MEC）两部分。5G 核心网借鉴了 IT 系统中服务化架构，将原来具有多个功能的整体拆分为多个实现对应服务的个体[1]。MEC 采用"下沉"策略，使部分网元离基站更近，能够在无线侧提供用户所需的服务和云端计算功能，让用户享有不间断的高质量网络体验，具备超低时延、超高宽带、超强实时性等特性。

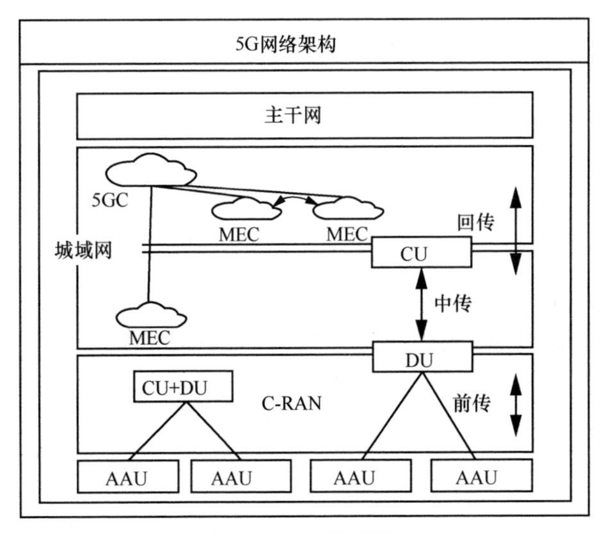

图 2-3　5G 网络架构

在原有的 4G 网络中，室内基带处理单元（Building Baseband Unit，BBU）和射频拉远单元（Remote Radio Unit，RRU）共同构成 4G 无线接入网的两级结构。为满足 5G 网络的诸多要求，5G 接入网采用了 CU-DU-AAU 架构，BBU 部分被分离并重新定义为集中单元（Centralized Unit，CU）和分布单元（Distribute Unit，DU）两部分，BBU 的部分物理层处理功能与原 RRU 及无源天线合并为有源天线单元（Active Antenna Unit，

AAU）。CU 主要负责 5G 网络中非实时协议和服务的处理工作，其主要由分组数据汇聚协议（Packet Data Convergence Protocol，PDCP）和无线电资源控制（Radio Resource Control，RRC）两部分组成；DU 则是由原 BBU 分离 CU 功能后剩余的无线链路控制（Radio Link Control，RLC）、介质访问控制（Medium Access Control，MAC）以及高层物理层等功能组成，主要负责 5G 网络的物理层协议和实时服务的处理。在 CU/DU 分离结构下，CU 集中部署并可以与多个 DU 相连，能够有效改善 5G 网络在 eMBB 场景下的性能，具有移动性优化、小区协作、素质分流锚点、池化增益效果、自动弹性收缩等特点[2]。

下面，将侧重在接入网层面从非独立组网（Non-Stand Alone，NSA）和独立组网（Stand Alone，SA）架构、云无线接入网架构、开放式无线接入网架构、高低频组网等方面介绍 5G 系统组网架构。

2.2.1 5G NSA 和 SA 架构

就 4G 向 5G 组网架构的演进模式而言，NSA 和 SA 是移动通信网络演进的两种模式，其中，NSA 利用 4G 网元进行功能演进革新以支撑 5G 业务，而 SA 采用全新定义的网元进行 5G 的独立组网。两者技术层面的主要区别在于 NSA 主要根据终端收到的 4G 或 5G 网络广播消息来发起随机接入工作，当 5G 系统取得资源准入时，利用 X2 接口进行网络连接和信息交互。而 SA 则在终端受到 5G 网络系统的广播信息后进行随机接入。SA 模式下不同制式的终端会因为收到的系统广播消息的不同而接入不同的服务小区。因此，NSA 和 SA 工作模式的不同是实现 NSA 和 SA 混合组网技术的关键所在[3]。

3GPP 中指定了不同组网方式所发送的广播信息。当进行 NSA 时，5G 系统只发送主系统信息块（Master Information Block，MIB），终端在 4G 网络 MIB 和系统信息块（System Information Block，SIB）的辅助下解析出所接入信道的参数，从而实现 5G 网络的接入。当进行 SA 时，5G 系统会同时发送 MIB 和 SIB，直接为终端提供所接入信道的参数。因此，从组网方式分析，SA 与传统的单网络组网类似，MIB 和 SIB 中携带了具体接入信息。当部署 NSA 和 SA 混合的小区时，需要对系统广播信息及接入配置等参数进行特殊处理，实现同时支持 NSA 和 SA 的终端接入网络。

NSA 的优势主要有在部署 5G 网络覆盖时可有效利用已有的 4G 通信系统，且当上行手机发射功率受限时 NSA 的优势更为明显；同时，NSA 支持流量分流，能显著降低运营商的建设成本。SA 的优势主要有：首先，SA 可以提供完善和灵活的多样化业务，例如可以满足对时延和可靠性有要求的高标准业务，使 5G 网络在超大带宽的基础下提供更多服务；其次，SA 可以实现网络切片的灵活分配等服务。然而，NSA 和 SA 也有着各自的不足。例如 NSA 受限于 4G 系统的核心网架构，无法为 5G 网络提供更高标准的传输时延和可靠性。而 SA 对 5G 系统的部署则需要大量资金投入，对 4G 用户的兼容性也需要特殊配置。因此在实际部署时，需要根据不同小区的需求来弹性配置 NSA 或 SA 架构，结合两种工作方式的优势并尽量避免各自的缺陷，使 NSA 和 SA 能在 5G 通信系统中有效结合。例如 5G 网络边缘的小区可以配置 NSA，某个切片场景下使用混合组网或 SA。

NSA 需要以 4G 网络为基础，由于 4G 和 5G 的网络部署有很大不同，因此 NSA 和 SA 的混合应用需要根据两者的共同点和差异进行配置。例如在随机接入的配置中，4G 网络发送全频段的随机接入配置，因此 NSA 终端只需要设置 RRC 参数 msg1-FrequencyStart 为物理资源块（Physical Resource Block，PRB）的起始位置[4]。但这样的配置方式无法实现 5G 终端的全带宽消息检测的功能，既无法达到 5G 的性能要求，也无法满足功耗和成本等方面的需求。因此 5G 系统引入了带宽部分（Bandwidth Part，BWP）技术。在 SA 中配置接入参数时，不仅要考虑 PRB 的起始位置，也要设置 BWP 的起始位置，因此 RRC 参数 msg1-FrequencyStart 需要设置为两者之和。

单小区进行混合组网时，物理层只发送一种接入配置，因此 SA 终端的 PRB 起始接入点将为 PRB 起始位置和 BWP 起始位置的相加结果。但是若 NSA 终端只读取 PRB 起始位置则不能接入混合组网的单小区。因此需要通过设置 NSA 终端的 RRC Reconfiguration 来修改终端的起始接入点位置，使 NSA 终端也能在 PRB 起始位置和 BWP 起始位置相加后再接入 5G 网络，以此来实现单小区的混合组网，使 4G 可以平滑过渡到 5G，也能实现流量配置的优化。

2.2.2　云无线接入网架构

4G 中采用的网络架构为传统的蜂窝无线接入网，虽然有许多先进技术的引入，但随着对数据传输速率和用户接入量的要求更高，其无法提供优质的用户体验，接入网的弊端逐渐被放大。因此，在接入网的网元结构关系层面，5G 移动通信网络延续采用基于新型无线接入网架构 C-RAN（Centralized RAN）为主要架构，其结合了集中化处理、协作无线电和云计算架构等新型技术，能够大幅增加系统容量、加速网络传输、增加用户接入量并减少网络堵塞，有效提高业务质量。

C-RAN 架构如图 2-4 所示，主要有 3 个基础组成部分：分布式无线网络，用来为终端无线射频单元提供系统容量大、覆盖范围广的通信网络，由射频拉远头（Remote Radio Head，RRH）和天线组成；光传输网络，用来提供远端射频单元与基带处理单元之前的连接，具有高带宽和低时延的优势；基带处理池（BBU 池），用来满足虚拟基站对处理性能的要求，通过高性能处理器和实时虚拟技术的融合，为网络架构提供高性能的处理器。

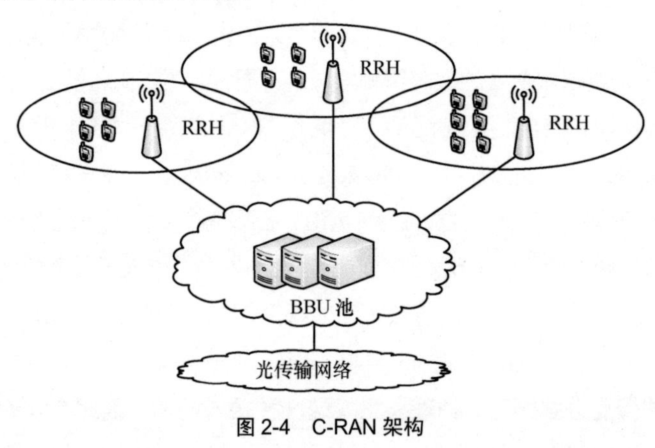

图 2-4　C-RAN 架构

集中化的 BBU 池可以使 BBU 被高效地利用，从而减少调度与运行的消耗。C-RAN 的主要优点如下。① 适应非均匀流量。通常一天中业务量峰值负荷是非峰值时段的 10 倍多。由于 C-RAN 架构下多个基站的基带处理是在集中 BBU 池进行的，因此总体利用率可提高。作为基站的布局功能，分析表明，相比传统的 RAN 架构，C-RAN 架构下 BBU 的数量可以减少很多。② 节约能量和成本。采用 C-RAN 可使电力成本减少，在低流量期间（夜间），池中的一些 BBU 可以关掉而不影响整体的网络覆盖。此外，RRH 悬挂在桅杆上或楼宇的墙壁上，能够自然冷却，从而减少电量消耗。③ 增加吞吐量，减少时延。BBU 池的设计使基带资源集中化，网络可以自适应地均衡处理，同时可以对大片区域内的无线资源进行联合调度和干扰协调，从而提高频谱利用率和网络容量。时延方面，由于切换是在 BBU 池中而不是在基站之间进行的，这样可以减少切换时间。④ 缓解网络升级和维护。C-RAN 产生失败的可能原因是 BBU 池自动吸收重组，因此减少了对人为干预的需要，而且每当有硬件故障和升级需要时，人为干预也只需要在少数的几个 BBU 池进行。由于硬件通常需要放在几个集中的地点，因此提出 C-RAN 与虚拟 BBU 池能够使新的标准方式平稳引入。

C-RAN 网络架构“颠覆性”地改变了移动通信系统的建设和运营，从网络架构的创新入手，有效解决了原有模式运维成本高、统一运营标准缺乏以及移动互联网引起的网络负荷冲击大等实际问题，使 5G 在多个领域得到广泛应用，为移动通信系统的发展开辟了新方向。此外，万物互联的概念也得到了技术支持。

1. C-RAN 的特征

业界比较统一的 C-RAN 主要特征如下。

（1）基带处理和射频单元分离

① 基站的射频和天线模块在地理位置上呈现分布式部署。

② 分布式 RRU 轻巧，不需要机房设备，便于安装，可以大范围部署。

③ RRU 支持多频段、多通信标准，共平台支持软件配置，甚至通过开关实现功能转换。

（2）集中、大容量、负荷分担、虚拟化的基带处理池

① 高度集中、大规模基带处理器。基带集中处理的 RAN 架构可以减少机房数量，不仅可以节省网络建设阶段的机房建设费用，还可以降低网络运维成本。

② 实时虚拟技术。大量的基带资源虚拟化构成基带池，基带池中的基带资源可以在不同的小区间动态分配，根据每个小区的实际负荷大小通过灵活的资源组合构造一个虚拟基站实体来完成基带的处理，提高基带资源的利用率。基带池内能够实现负荷均衡和相互备份，多个云架构基带池之间可以通过高速传输网络相连，实现容灾备份。

（3）动态无线资源分配和协作式无线处理

① 多小区协作式无线资源管理。通过多小区联合无线资源调度和功率控制等方法最大化系统内多个小区的总吞吐量，而不是单独考虑某一个小区的吞吐量。

② 协作式无线信号处理可以有效抑制蜂窝系统的小区间干扰，提高系统的频谱效率。

（4）开放的软件平台，支持多种标准

① 开放平台，具有标准数据接口、通用的软件开发环境。

② 支持多种通信技术标准以及核心网的功能和应用服务。

③ 支持软件平滑升级。

（5）模块化的硬件单元

① 具有标准的接口和模块化的硬件单元。

② 便于扩展硬件配置和迁移硬件能力。

2. C-RAN 系统的功能结构

下一代移动网络（Next Generation Mobile Networks，NGMN）联盟定义的 C-RAN 系统的功能架构如图 2-5 所示，包含 3 个部分：无线单元（Radio Unit，RU）、传输网络、DU 云。DU 云是由许多集中在一起的 DU 组成的，作为实现各种无线接入技术的资源池。

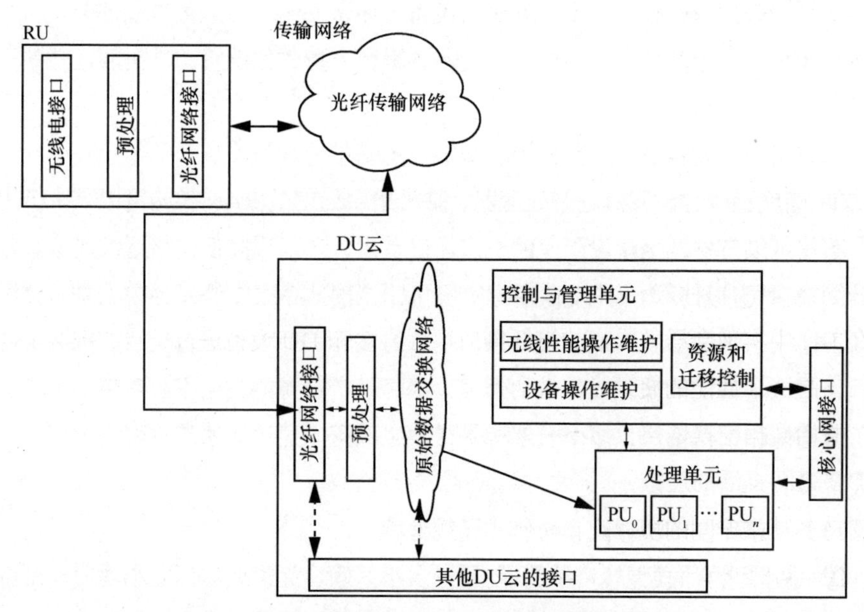

图 2-5　NGMN 联盟定义的 C-RAN 系统的功能架构

RU 负责无线射频收发和传输网络的接口适配，包括 RF 放大器、上下变频、滤波、A/D 和 D/A 变换、接口适配，一般通过光纤传输网络连接到一个或者多个 DU 云，或者连接其他的 RU。为了减少传输网络的负荷，RU 也有可能包含一些预处理功能，如接口汇聚和分发功能、数据压缩/解压功能、一些被认为是物理层功能的小区级的信号处理功能，包括信道滤波、快速傅里叶变换或反变换、提取有用数据/插入有用数据、物理随机接入信道（Physical Random Access Channel，PRACH）处理，甚至整个物理层功能都在 RU 中实现。

传输网络一般由光纤传输线和交换互联设备组成，在传输业务量较小的情况下，也可以采用微波或者电缆传输。

DU 由可编程的高性能处理器组成，而 DU 云则是由许多互联在一起的功能相同的 DU 组成的，是一个汇聚了所有 DU 信号处理能力的基带池。基带池根据基站中每个实时任务的网络负载，通过实时虚拟化技术为其分配相应的信号处理能力。

DU 云包含光纤网络接口、预处理、原始数据交换网络、控制与管理单元、处理单元、核心网接口、其他 DU 云的接口。

光纤网络接口负责 DU 云和光纤网络之间的数据 I/O，可能包含的功能有复用和解复用、光纤网络数据压缩和解压缩、光纤故障恢复、光纤网络和多个云系统之间的数据交换功能。

预处理单元负责小区级/扇区级的一些固定的处理功能，或者整个物理层（L1）的功能，取决于设备实现，可能包含的功能有信道滤波、快速傅里叶变换或反变换、提取有用数据/插入有用数据、PRACH 处理。从设备实现上看，预处理功能可以和光纤网络接口合并成一个模块。预处理功能也可以直接在 DU 中处理。但是预处理放在 DU 中实现会导致大量的光纤接口数据直接和 DU 设备进行交互，那么 DU 的接口将是一个性能的瓶颈。

原始数据交换网络负责 DU 的输入和输出数据的交换。交换网络能够实现 RU 和 DU 之间灵活的连接，同时，也能使云系统内的各个 DU 和相邻 DU 云之间互联，以支持多基站之间的协作。

控制与管理单元是整个 C-RAN 系统的大脑，在设备实现中，该模块在某一个 DU 上运行，主要包含无线性能操作维护、设备操作维护、资源和迁移控制 3 个基本模块。

处理单元（Processing Unit，PU）是 C-RAN 系统的处理引擎，功能包括信号处理、分组数据处理、应用业务处理等。一个处理单元负责某一个任务或者某一类计算负荷，可以是某个扇区的 L1、L2、L3，也可以是多个扇区的 L2、L3 控制面的处理，还可以是某些相关基站的协作多点（Coordinated Multi-Point，CoMP）处理等。处理单元的定义是一个与设备实现相关的概念，依赖于划分的颗粒度。

2.2.3 开放式无线接入网架构

在提升 5G 网络开放性及智能性能力层面，无线接入网通过接口开放实现"Open"的理念，并通过在网络管理和无线资源管理（Radio Resource Management，RRM）引入 AI 能力，实现"Smart"的理念。为促进无线接入网的开放化和智能化并逐步向开放式无线接入网（Open RAN，O-RAN）技术过渡，2018 年 2 月，中国移动、AT&T、德国电信、NTT DOCOMO 和 Orange 五家运营商发起成立 O-RAN 联盟，致力于建立开放、智能、虚拟化和完全可互操作的 RAN，使移动通信网络软件化、虚拟化、灵活化、智能化和更节能。O-RAN 联盟给出了 O-RAN 的总体架构，如图 2-6 所示。

英文缩写
RU：Radio Unit，无线电单元；
DU：Distributed Unit，分布式单元；
CU：Centralized Unit，中央单元；
ONAP：Open Network Automation Platform，开放网络自动化平台；
MANO：Management and Orchestration，管理与编排；
NMS：Network Management System，网络管理系统；
RRC：Radio Resource Control，无线资源控制；
PDCP：Packet Data Convergence Protocol，分组数据汇聚协议；
PDCP-C：PDCP-Control；
PDCP-U：PDCP-User；
CP：Control Plane，控制平面；
UP：User Data Plane，用户数据平面；
NFVI：Network Function Virtualization Infrastructure，网络功能虚拟化基础设施；
COTS：Commercial off-the-Shelf，商务现货供应；
RLC：Radio Link Control，无线链路控制；
MAC：Media Access Control，媒体接入控制；
PHY：Physical，物理层。

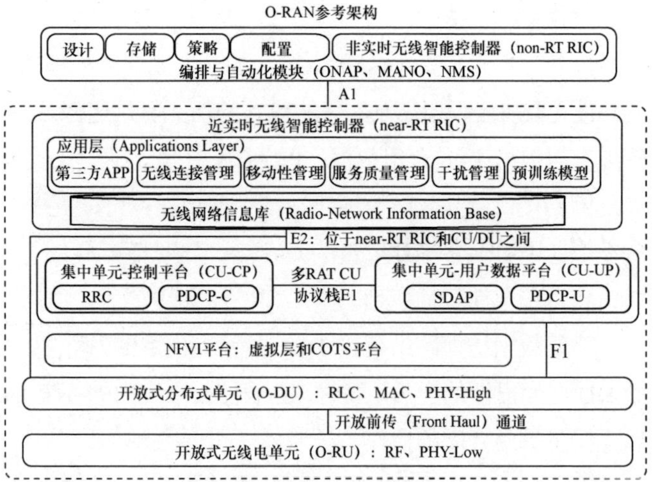

图 2-6　O-RAN 的总体架构

如图 2-6 所示，O-RAN 主要由非实时无线智能控制器（non-Real Time RAN Intelligent Controller，non-RT RIC）、近实时无线智能控制器（near-RT RIC）、无线协议栈、云化平台和白盒化的 RRU 组成[5]。其中，non-RT RIC 通常位于网络管理平台侧，用于执行策略管理和分析等操作，并通过开放和标准化的 A1 接口连接 near-RT RIC；near-RT RIC 通常位于基站侧，用于执行负载平衡、切换和干扰检测等时间敏感功能，负责基于 AI 的无线资源管理，提供 QoS 管理和无缝切换控制。通过架构整体的多层集成，使 near-RT RIC 能够使用 non-RT RIC 的智能训练模型和实时控制等功能。部署在虚拟化平台上的多 RAT CU 协议栈支持 4G 或 5G 协议，具备安全隔离和虚拟资源分配等功能。经过定义明确的更底层拆分，开放式无线电单元（O-RU）和开放式分布式单元（O-DU）元件通过一个支持增强通用公共无线电接口（enhanced Common Public Radio Interface，eCPRI）和无线电以太网（Radio over Ethernet，RoE）的 O-RAN 前传接口集成在一起。这些接口的进一步定义和标准化将推动 O-RAN 供应链的互操作性、竞争和创新。

在接口开放方面，O-RAN 聚焦于 F1 接口、NGFI-I 接口和 W1 接口的开放讨论。在开源方面，O-RAN 聚焦于 non-RT RIC、near-RT RIC、CU 协议栈、DU 协议栈的开源。在架构设计方面，O-RAN 聚焦于 CU 协议栈架构、DU 协议栈架构、M-Plane、non-RT RIC 和 near-RT RIC 的设计。同时，O-RAN 也对 A1 接口和 E2 接口进行对应的设计。

O-RAN 模型架构符合 5G 应用场景中的多样性需求，运营商能够根据自身的网络配置使用最佳的网络组件，可有效缩短 5G 应用开发周期。

2.2.4　高低频组网

与 4G 相比，5G 通信系统除了基本架构的更新和基站的部署外，基站与核心网间的接口技术也发生了很大改变。5G 基站首先通过 Xn 接口与 4G 基站实现交互连接，然后直接利用新型用户平面接口连接到 5G 核心网，提供信号的基础覆盖和通信需求[6]。该接口与 4G 系统中的接口有很大差别，4G 基站先利用用户控制接口连接到核心网移动管理，再利用用户平面接口连接到用户平面。

与前几代通信系统相比，5G 通信系统主要存在以下技术难题。首先，5G 通信系统中通常会有多个频率共存，主要包括高低频和非授权频段，且这些频段多层重叠构成了极为复杂的网络环境，难以实现高标准通信性能。其次，5G 通信系统具有的大带宽、多天线等特点导致其集中化管理的难度较大。同时，5G 通信系统支持的多用户连接使不同用户通过多个频率下的多个传输点来连接到网络。相应地，5G 通信系统的基站可以根据通信频率分为高频基站和低频基站。高频基站主要为热点地区提供较高的数据传输速率，侧重于保障用户面传输速率；低频基站主要用于提供大范围覆盖业务，侧重于保障控制面信息可达。

为此，5G 通信系统根据控制平面与用户平面分离的集中化控制概念，引入了双层组网架构，即宏基站提供大范围覆盖，低功率节点（Low Power Node，LPN）实现热点地区的高速率覆盖。因此，5G 的整体接入框架由两个子系统组成：LPN 通信子系统和宏蜂窝通信控制子系统。宏用户可以在宏基站的覆盖范围内实现低频段的控制信息和数据信息的传输，而在 LPN 覆盖范围内，用户将由宏基站提供低频段的控制信息，由 LPN 提供高频段的数据信息。双层组网架构主要有以下特点：基站实现分簇化集中管理和控制，例如部分 LPN 可以被划分到相同集群中，更有效地协调小区间的干扰，进一步提高热点区域的数据传输速率；部分 LPN 系统只由 RLC 协议层、MAC 层和物理层组成，只具备单一的数据功能，对降低基站的部署成本有很大帮助；支持灵活控制基站，例如自动检测基站集群中的用户数量，当用户减少时，在保证服务质量的条件下动态关闭部分基站，降低运营功耗和成本。

5G 无线网络引入 CU-DU 架构，开启了无线网络云化的第一步。CU 作为集数据处理和控制为一体的平台，为实现无线接入网与 DICT 深入融合奠定了基础。从 5G 的整个架构上可以清晰地看到，其不再单纯地是一个无线制式设备，而是一个无线制式设备平台，即集中化的高层协议栈功能、精简的低层协议栈功能、功能强大但不臃肿的 MAC、基于 CU 的全共享无线资源管理方式等。然而，5G 无线网络还存在如下两个问题。

① 没有与 IT 深度融合。5G 无线网络需要基于 CU-DU 架构，对 CU 和 DU 的功能、CU-DU 之间的连接进行针对性的研究，实现 CU 的全 IT 化，这涉及 CU 上承载的协议栈功能的定义、CU 平台上的存储及算力编排和调度等。

② 无法支持内生 AI。5G 无线网络架构没有给 AI 的引入提供空间，包括协议

栈内部依然是强逻辑约束关系，无线资源管理基本上遵循了传统的方式。所以，5G 无线网络为了引入 AI 的能力，普遍采用了外挂式 AI-AI 模型，相关数据的处理、训练、推理全部在无线网络系统外部，无线网络负责上报所需的测量数据并接收 AI 系统发来的测量或者控制。

参考文献

[1] 3GPP. System architecture for the 5G System: TS 23.501[S]. 2017-04-20.

[2] 周桂森.5G 无线网络 CU/DU 部署策略探讨[J].电信工程技术与标准化, 2019, 32(8): 12-15.

[3] 张军，宦天枢，姜雯雯. 5G 独立和非独立组网的混合应用[J]. 中国新通信，2019(21): 75-76.

[4] 3GPP. Radio resource control (RRC) protocol specification: TR 38.331[S]. 2019-01-14.

[5] O-RAN Alliance. O-RAN: towards an open and smart RAN[R]. White Paper, 2018.

[6] 赵军辉，杨丽华，张子扬. 5G 高低频无线协作组网及关键技术[J]. 中兴通讯技术，2018, 24(3):1-9.

第 3 章

6G 网络形态

需求是推动各代移动通信理论与技术不断升级的内在动力。随着移动通信技术的发展和需求的提升，驱动 5G 发展的三大应用场景将拓展到智慧医疗、全息通信、智慧城市群、应急通信抢险、智能工厂、智能机器人以及数字孪生等场景，即全场景，所以 6G 将是支持全场景服务、全覆盖的网络。为此学术界和产业界提出了支持新型应用、提供泛在接入、确保严格资源需求、丰富网络连接的 6G 网络总体愿景。本章介绍 6G 潜在应用场景及业务需求，描述虚实融合的 6G 数字孪生，提出“人–机–物–灵”融合的双世界架构，以及该架构下 6G 网络智能至简和去中心化的无线接入网络。

3.1 6G 潜在应用场景及业务需求

从移动中的语音到高速数据业务驱动的 1G 到 4G 移动通信系统，从“线”的角度逐步增强移动宽带性能。到了 5G 时代，由“线”进化为“面”，以支持增强型移动宽带、低时延高可靠通信和大连接物联网。展望未来 6G，则是由“面”进化为“体”，体现在信息速度、信息广度和信息深度 3 个立体维度[1]，如图 3-1 所示。信息速度方面，6G 旨在提高通信速率，实现由 kbit/s 到 Tbit/s 的速率提升，从而满足更多维度的应用需求；信息广度方面，6G 将实现由陆地到空天地海的通信空间拓展；信息深度方面，6G 将从信息传输、信息处理及信息应用 3 个层次完善通信智慧，从而支撑全场景通信，实现由“人–机–物”到“人–机–物–灵”融合的跨越。

当前 AI、VR/AR、三维媒体等新兴产业大行其道，这些新一代通信技术所衍生出的新兴应用预示着全球新一轮科技与产业的革命正在加速进行[2-6]。与此同时，人们对通信的追求也变得多元化，智能化正将改变整个已有的通信技术格局。通信与智能化相结合已经在各个领域成为一种不可阻挡的发展趋势，通信与智能化的结合正在渗透制造业、交通运输业、教育业、医疗业以及商业等各个领域。当具备高速信息传输速率和高效信息处理能力的传感器被安装在人们的车辆、住宅家居等后，则要求 6G 网络具备可靠的连接性和高速率的无线通信技术来支撑这些应用，真正实现智能化通信、智能化生活。6G 潜在的业务应用需求可以归纳为以下六类。

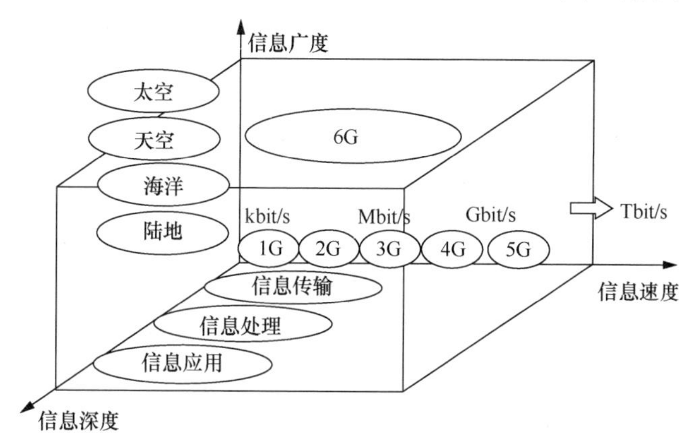

图 3-1　6G 在信息速度、信息广度、信息深度方面的扩展

（1）智慧医疗

医疗条件与水平的提升与信息科技水平的发展密切相关，人们借助 AI 技术能够更加精确有效地检测疾病，及时对人们宏观身体指标进行监测，对显性、隐性遗传疾病进行预防。另外，AI 技术也将有助于常规的医疗检测，例如核磁共振、CT、彩超、胃肠镜、血常规等检测项目。未来的 6G 将会与生物科学、材料科学、电子生物医学等学科交叉实现完整的“智慧医疗”体系。“智慧医疗”是 6G 与现代医学的有机融合，即通过大量的智能传感器在人体内部署，对人体的重要器官、神经系统、呼吸系统、消化系统、内分泌系统、骨骼肌肉、植物神经系统等方面进行精准、动态、实时的“镜像映射”，形成一个能够反映人体健康水平的完整虚拟人体；对人体的全方位健康数据进行实时监控，大幅提高人类的医疗健康水平，显著延长人类的平均寿命。

（2）基于全息通信的 AR/VR

6G 为实现 AR/VR 技术提供了无限的可能，不管用户在哪里，都能够随时随地享受 AR/VR 服务。VR 技术利用计算设备模拟产生一个 3D 的虚拟世界，为用户提供虚拟却真实的视觉，将用户的意识完全带入一个全新的虚拟世界。AR 技术能够将虚拟世界投影到现实世界中，并将虚拟的数字画面与现实世界相结合，使用户能够在现实世界的基础上结合虚拟画面进行信息交互。未来的 6G 技术能够为 AR/VR 技术带来更广阔的应用空间，为用户提供虚拟教育、虚拟旅游、虚拟演唱、虚拟电影、虚拟购物等全息服务，同样衍生出的混合现实（Mix Reality，MR）、影像现实（Inematic Reality，IR）、增强虚拟（Augmented Virtuality，AV）等技术的研究也在进行中。AR/VR 等全息技术能将可看、可听、可触、可嗅、可品的信息甚至是情感，以一种高保真的方式在不受时间与地点限制的条件下传递给用户，给用户带来一种完全沉浸式的新体验。

（3）智慧城市群

在 6G 时代，人们更加渴望智慧城市群的实现，将城市变得更加智能化也是数字时代不断发展的必经之路。要实现城市的智能化，需要将城市的公共基础设施作为核心发展对象。城市的公共基础设施在建设和维护的基础上引入 6G 技术，为城市群提供信息感知、传递、处理分析、管理等功能的统一平台。6G 将采用去中心化的网络构架，并且在网络边缘部署具备协同通信能力的节点，形成边缘云结构，构建一个更加完备的网络来支持智慧城市群。通过在城市群的公共基础设施中全方位部署传感器、智能节点，使整个城市智能化，在城市的安全、维护、日常运行等多个方面实现智能化。

（4）应急通信抢险

随着空天地海一体化通信架构的不断完善，6G 网络在应急抢险、“无人区”等盲区领域的实时监测的应用需求量在不断提升。例如，当处于战时状态时，如果地面通信系统遭到破坏，就可以利用卫星网络和无人机等通信资源实现应急情况下通信质量的保障。在应急抢险通信恢复方面，利用 6G 网络可以对“无人区”、易发自然灾害地区等进行实时监控：对荒漠、深海、山地、峡谷等多发自然灾害的无人区域进行动态监控，对各类自然灾害的发生进行智能预测，为人类提供预警服务，将自然灾害所带来的损失降到最低。

（5）智能工厂

随着工业物联网的不断进步发展，传统工厂即将在 6G 时代升级为智能工厂。6G 网络将实现真正的去中心化网络架构，在网络边缘直接进行数据处理、交互，而并不需要经过核心网。6G 网络在带宽、时延以及可靠性等方面的性能优势，将为工厂的智能化提供无限可能。工厂内的车间、机床、零部件等运行的数据能够利用去中心化架构在边缘完成数据的处理，并能够动态实时地做出执行指令，实现整个工厂的智能化。在整个工厂内部，所有的终端设备之间都能够进行通信，没有经过中心网络的终端设备之间的直连通信和数据交互将提升整个工厂的生产效率。6G 为智能工厂提供了更加高效智能的部署方案，结合 6G 网络的高精度定位技术，工厂内部任何可连网的智能终端都可以在核心网的边缘进行灵活组网。对于不同的生产线和不同的产品需求，不同的智能终端可以在不同的时间段灵活调整布局与快速部署，形成不同职能的边缘网络，从而使智能工厂在制造业方面实现个人化和定制化。整个工厂变成一个智能的整体，不同的工厂、车间之间能够协作完成生产并且提高工厂的交付产品效率，再从物流、供应链、产品服务交付等方面严格把控，根据客户对产品的不同需求调整产品的设计，拓宽产品的市场空间，形成一条完整的智能化产业链。

（6）智能机器

智能机器正在改变着人们的生活，比如无人机（Unmanned Aerial Vehicle，UAV）、自动驾驶汽车以及在北京 2022 年冬奥会中为运动员配餐、炒菜、送餐的机器人等。6G 系统也将为无人机、自动驾驶汽车等应用全新赋能，促进智能机器的大量部署。结合高精度定位技术，6G 网络将为这些智能机器的直接通信、自组织组网等方面提供支撑能力。例如 6G 系统在无人机与地面通信系统之间、无人机群之间的通信将起到至关重要的作用，使无人机在科技、农业、娱乐、监视、航拍、抢险救灾、物流运输、城市管理等诸多方面的应用前景更加广泛。此外，6G 也将优化现有的车联网系统，实现真正可靠的自动驾驶汽车之间的连接、车与服务器之间的连接以及车与万物之间的连接。

结合《Network 2030 白皮书》对 2030 年及以后的网络能力、前瞻性场景、网络体系结构进行预测和研究，6G 网络作为实现网络 2030 的一种方式，其主要愿景可归纳为以下几点。

（1）支持新型应用

网络需支持数字社会所需的新型应用，如全息媒体应用、数字孪生应用等，网络将提供丰富的方法以支持这些新型应用。

（2）提供泛在接入

为越来越丰富的接入和边缘网络提供合适的、高性能的互联，不同的接入在时延和容量方面将具有更严格的要求和更多的变化。网络将容纳这种边缘访问量的激增，并通过精简但功能丰富的互联来支撑这些日益丰富的泛在接入需求。

（3）确保严格资源需求

对于某些特殊的垂直行业应用，需要通过严格的资源管控、时间敏感和保障服务来驱动。网络将在现有的互联网尽力而为服务的基础上，面向特殊的垂直行业应用提供超高带宽和严格时间保障的通信服务。

（4）丰富网络连接

在新连接技术的驱动下，面向未来的基础设施将支撑更丰富的网络连接，包括卫星、空间网络以及其他新的公有、私有和终端用户网络等。网络将在基础架构集成的基础上，涵盖更加丰富的网络连接。

近年来，国内外学者对 6G 在愿景方面展开研究，从伦理学、智能性、万物互联、多场景智能融合等角度对6G所属的无线智能化社会愿景展开畅想。学者们不仅从频谱、编码、信道、组网等无线通信技术，还从空天地海一体化、全息触觉网络等不同的角度探索 6G 的需求。特别值得关注的是，智能化技术在移动通信的主体化逐步达成共识。

3.2 虚实融合的 6G 数字孪生

6G 将支撑一种全新的业务——数字孪生。数字孪生是物理实体在数字世界的实时镜像[7]，将广泛应用于智能制造、智慧城市、人体活动管理和科学研究等领域。同时，面对持续增加的业务种类、规模和复杂性，6G 网络本身也需利用数字孪生技术寻求超越物理网络的解决方案。

数字孪生网络是一种具有物理网络实体及虚拟孪生体，且两者可进行实时交互映射的网络。在数字孪生网络系统中，基于数据和模型可以对物理网络进行高效的仿真、分析、诊断和控制。数字孪生网络也将从多方面增强 6G 网络的能力：强大的现实还原能力，可以提供更全面的网络状态、更精准的问题定位；灵活的仿真模拟能力，依靠准确、虚拟、高效的机制建模，可以提供更便捷的策略模拟、更安全的方案预评估、更直观的结果可视化；便捷的管控能力，能够提供简洁化、自动化、可视化的操作手段，大幅降低人工成本。

数字孪生正在成为全球数字化转型的新技术。例如，美国工业互联网联盟将数字孪生作为工业互联网落地的核心和关键。如图 3-2 所示，在整个以数字孪生体框架为核心的工业互联网平台即服务（Platform as a Service，PaaS）系统[7]中，数字孪生空间占据了非常重要的地位，其中包括数字孪生体的定义、配置、复用等。

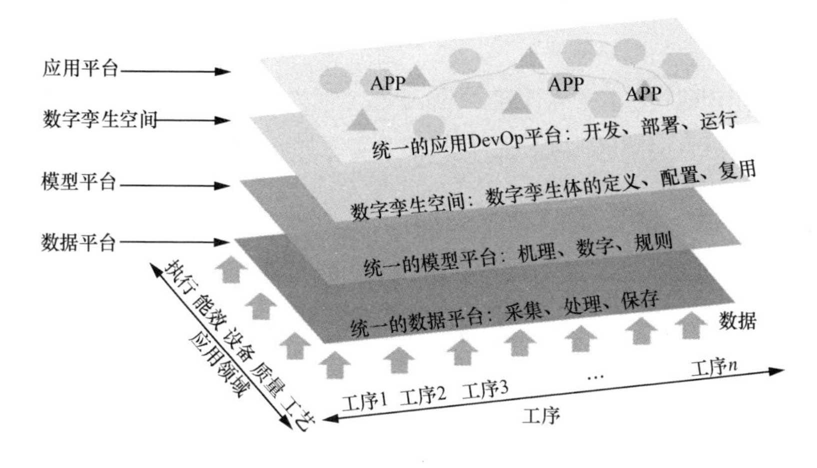

图 3-2　工业互联网 PaaS 系统

德国工业 4.0 参考架构[7]也将数字孪生作为重要内容，利用数字世界的数字孪生空间中的功能层和信息层来实现数字孪生，如图 3-3 所示。

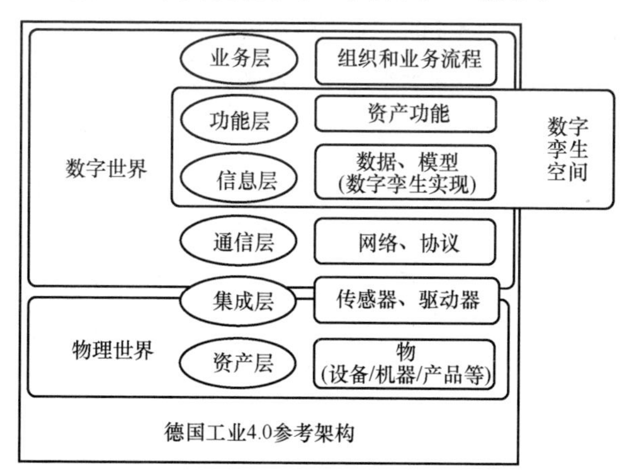

图 3-3　德国工业 4.0 参考架构

以数字孪生衍生出的智慧城市、车联网等新型场景也成为很多国家和地区的建设目标。在智慧城市方面，中国将建设雄安新区数字城市、杭州城市大脑，新加坡将建设虚拟新加坡，法国将建设数字孪生巴黎，加拿大将建设多伦多高科技社区等。在车联网方面，中国的百度、华为、腾讯、阿里等公司，美国的特斯拉、福特等公司，日本的丰田、本田等公司和德国的西门子公司等都在进行深入研究。

（1）数字孪生的内涵理解

数字孪生因建模仿真技术而起，因传感技术而兴，并且将随着新一代信息技术群体的突破和融合而发展壮大，尤其是 6G 对数字世界的强力支撑。

关于数字孪生的定义，国内外的行业专家和研究机构众说纷纭。例如，国内的行业专家宁振波认为数字孪生是将物理对象以数字化方式在虚拟空间呈现，模拟其在现实环境中的行为特征[7]；陶飞认为数字孪生以数字化的方式建立物理实体多维、多时空尺度、多学科、多物理量的动态虚拟模型，来仿真和刻画物理实体在真实环境中的属性、行为、规则[7]等。国外的研究机构德勤认为数字孪生是以数字化的形式对某一物理实体过去和目前的行为或流程进行动态呈现[7]；埃森哲认为数字孪生是物理产品在虚拟空间中的数字模型，包含了从产品构思到产品退市全生命周期的产品信息[7]；密歇根大学认为数字孪生是基于传感器所建立的某一物理实体的数字化模型，可用来模拟现实世界中的具体事物[7]。

虽然数字孪生的定义众说纷纭，但可将其总结为：数字孪生是一项实现物理空间在赛博空间交互映射的通用使能技术，它能够综合运用感知、计算、建模等信息技术，通过软件定义对物理空间进行描述、诊断、预测、决策，进而使物理空间和赛博空间之间形成交互映射[7]，如图 3-4 所示。

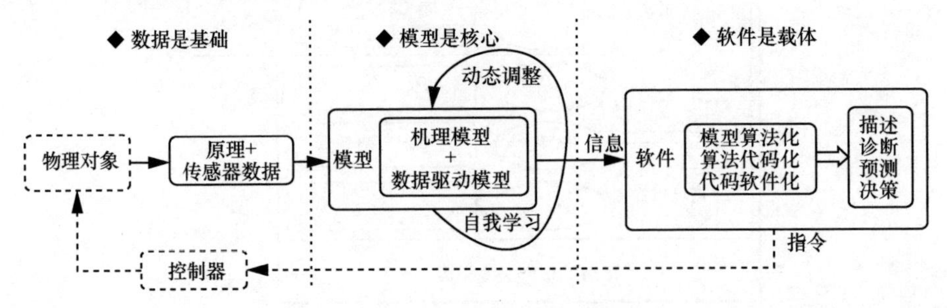

图 3-4　数字孪生三大技术要素

数字孪生的具体内涵涵盖以下 5 个方面[7]。

① 数字孪生中有一项通用技术，即支撑经济社会数字化转型的通用使能技术。

② 数字孪生中包括了两大孪生空间，一个是物理空间，另一个是赛博空间。物理空间中包含的原子、实体、逻辑分别与赛博空间中的比特、模型、软件对应，并且物理空间与赛博空间之间会不断地进行交互与反馈。

③ 数字孪生中有三大技术要素：第一个是数据，数据是数字孪生技术的基础，如原理、传感器数据；第二个是模型，模型是数字孪生技术的核心，如机理模型、数据驱动模型等；第三个是软件，软件是数字孪生的载体，软件能够实现模型算法化、算法代码化、代码软件化。

④ 数字孪生有四大功能等级，这四大功能等级依次为描述、诊断、预测和决策，层层递进并为数字孪生技术服务。

⑤ 数字孪生有五大典型特征，分别为数据驱动、模型支持、软件定义、精准映射和智能决策。

下面，将具体描述上述数字孪生中的五大典型特征。

① 数据驱动：数字孪生的本质是用比特来重构原子的运行轨迹，以数据驱动物理世界的资源优化。

② 模型支持：数字孪生的核心是面向实体和逻辑对象建立机理模型或是数据驱动模型，使物理空间与赛博空间之间进行交互与反馈。

③ 软件定义：数字孪生的关键之处在于模型的代码化和标准化，因此动态模拟或是检测物理空间的真实状态、行为和规则都能用软件来提供帮助。

④ 精准映射：目前，感知、建模、软件等技术的精进使物理世界在赛博空间的全面呈现、精准表达和动态监测等内容加以实现。

⑤ 智能决策：智能化将成为一种趋势，数字孪生技术也将与人工智能等技术有机结合，为物理空间和赛博空间提供智能辅助决策和持续优化。

（2）数字孪生增强 6G 网络能力面临的挑战及关键技术

6G 一方面将支撑数字孪生网络的实现，同时数字孪生网络也将从多方面增强 6G 网络的能力。但在增强 6G 网络能力方面，数字孪生的实现仍面临如下两方面挑战。

① 缺乏高保真度的物理网络建模仿真。网络规模庞大、动态性强，如何对物理

网络进行高保真度建模，建立拟真的孪生虚拟网络，是具有挑战性的一大课题。目前已有的建模技术多面向静态的网络资源模型，动态模型则以业务流量过程构建为主，缺乏面向真实物理网络高保真的整体建模技术。

② 高实时性的数据交互。物理网络实体需要把运行状态和维护历史等数据动态实时地传递给数字孪生网络，数字孪生网络需要把故障诊断结果、评估预测结果、对物理实体的行为控制等信息准确实时地传递给物理实体网络，两者之间高实时性的数据交互是数据孪生技术应用的基础和前提，但如何能够实现海量数据的实时交互具有挑战性。

为了实现 6G 的数字孪生，相应地需要解决数字孪生模型构建、基于数字孪生体的 AI 工作流预验证、孪生体的数据生成等关键技术。数字孪生模型构建需要研究实体网络的快速精确抽象方法，以及实体网络和孪生网络的交互方法。基于数字孪生体的 AI 工作流预验证面向网络运维、网络自治等场景，研究 AI 模型的自适应匹配、AI 模型的训练结果预测、AI 模型对网络影响评估等技术。孪生体的数据生成研究高效的无标签数据自学习方法。例如，可采用自监督学习等方法，通过自动从原始数据集中为某些前置任务创建标签，变分自编码器（Variational Auto Encoder，VAE）网络和生成式对抗网络（Generative Adversarial Network，GAN）等模型均是可参考的模型。

3.3 “人–机–物–灵”融合的双世界网络架构

5G 已逐渐渗透到垂直行业，支持大连接互联网场景和超高可靠低时延通信场景，实现峰值速率、频谱效率、时延、连接密度、网络能效、网络性能等方面的全方位提升。为实现人类对更深层次的智能通信的需求，6G 将实现从真实世界到虚拟世界的延拓。在 6G 组网理论指导下，6G 网络形态将在“人–机–物”互联的基础上进一步对“灵”即虚拟空间的“意识”进行融合。6G 网络中“灵”可作为人类的 AI 助手，负责采集、存储和交互每个用户的所说、所见与所思，并实现通信和决策制定。而实现“人–机–物–灵”融合的双世界架构的第一阶段是网络的智能内生。在智能内生的网络中，由终端及接入网元所构成的边缘网络将起到关键作用。在更贴近用户需求的边缘网络中，6G 网络“人–机–物–灵”的融合需要基于边缘智能技术及多域资源协同技术，一方面，通过分布式学习和群智式协同算法部署以具备智能内生服务能力；另一方面，通过无线接入网去中心化以提升网络服务的可拓展性和鲁棒性，进而构建新的生态和以用户为中心的业务体验。图 3-5 是 6G 网络形态及关键支撑理论和技术示意。

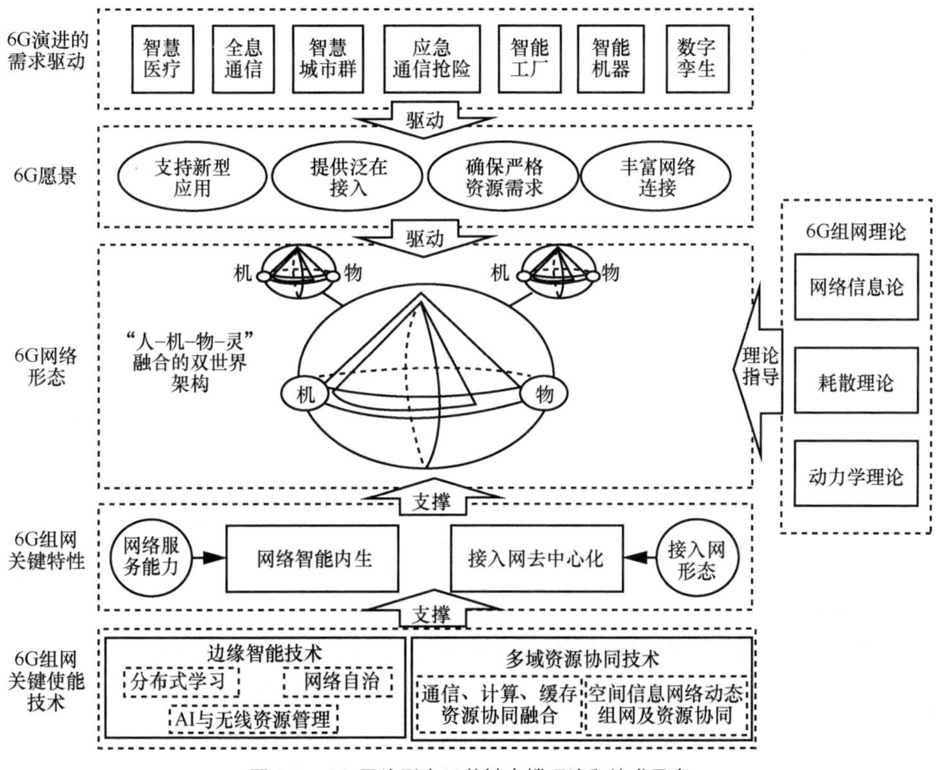

图 3-5　6G 网络形态及关键支撑理论和技术示意

本节将提出 6G 需要解决“人–机–物–灵”融合架构的问题，并给出 6G 演进“人–机–物–灵”融合的双世界架构[8]。该架构不仅包含 5G 及 5G 之前构建的“人–机–物”三大核心元素所组成的真实世界，还将支持 6G 中存在的第四元素——灵的虚拟世界，以满足人类对更深层次的智能通信的需求。本节将从 3 个主题引入“人–机–物–灵”融合的双世界架构，分别介绍基于 AI 的 6G 双世界演进趋势、6G 的灵魂以及“人–机–物–灵”融合的技术要素。

3.3.1 基于 AI 的 6G 双世界演进趋势

虽然 AI 在 6G 的应用是大势所趋，但是不能简单地把 AI 当作 6G 里的一种与移动通信简单叠加的技术。只有深入挖掘用户的需求，放眼智能、通信与人类未来的相互关系，才能揭示 6G 移动通信的技术趋势。以色列历史学家尤瓦尔·赫拉利在《未来简史》中预测了 AI 与人类之间递进的 3 个阶段[8]。第一阶段，AI 是人类的超级助手（Oracle），它能够了解与掌握人类的一切心理与生理特征，为人类提出及时准确的生活与工作建议，但是建议接受的决定权在人类手中。第二阶段，AI 演变为人类的超级代理（Agent），它从人类手中接过了部分决定权，并全权代表人类处理事务。第三阶段，AI 进一步演进为人类的君王（Sovereign），成为人类的主人，而人类的一切行动则听从 AI 的安排。基于上述预测，6G 应当遵循 AI 与人类关系的发展趋势，达到关系演进的第一阶段，即 Oracle 阶段。如图 3-6 所示[8]，作为 Oracle 阶段的重要实现基础，6G 承载的业务将进一步演化为真实世界和虚拟世界两个体系。真实世界业务后向兼容 5G 中的 eMBB、mMTC 与 URLLC 等典型场景，实现真实世界万物互联的基本需求。虚拟世界由物理世界各元素的数字孪生体构成，虚拟世界业务是对真实世界业务的延伸，与真实世界的各种需求相对应。6G 创造的虚拟世界能够为每个人类用户构建 AI 助理（AI Assistant，AIA），并采集、存储和交互每个用户的所说、所见与所思。虚拟世界对人类用户的各种差异化需求得到了数字化抽象与表达，并建立了每个用户的全方位立体化模拟。具体而言，虚拟世界包括 3 个空间[8]：虚拟物理空间（Virtual Physical Space，VPS）、虚拟行为空间（Virtual Behavior Space，VBS）和虚拟精神空间（Virtual Spiritual Space，VSS）。

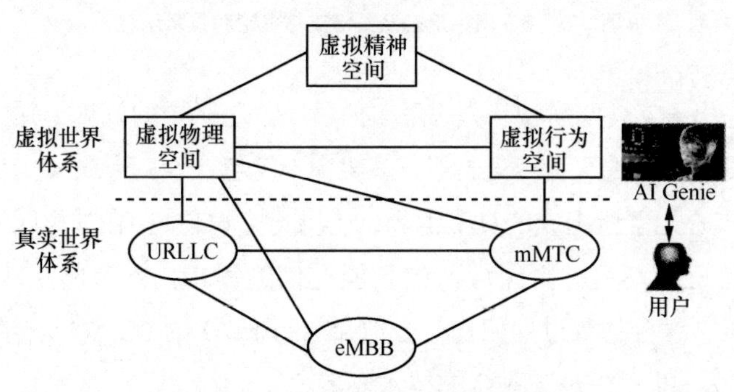

图 3-6　6G 在 Oracle 阶段承载的业务

VPS 基于 6G 兼容的典型场景内的实时巨量数据传输，构建真实物理世界（如地理环境、建筑物、道路、车辆、室内结构等）在虚拟世界的镜像，并为海量用户的 AIA 提供信息交互的虚拟数字空间。VPS 中的数据具有实时更新与高精度模拟的特征，可为重大体育活动、重大庆典、抢险救灾、仿真电子商务、数字化工厂等提供业务支撑。

VBS 扩展了 5G 的 mMTC 场景。依靠 6G 人机接口与生物传感器网络，VBS 能够实时采集与监控人类用户的身体行为和生理机能，并向 AIA 及时传输诊疗数据。AIA 基于 VBS 提供的数据分析结果，预测用户的健康状况，并给出及时有效的治疗解决方案。VBS 的典型应用支撑是推进精准医疗的普遍实现。

基于 VPS、VBS 与业务场景的海量信息交互与解析，可以构建 VSS。由于语义信息理论的发展以及差异需求感知能力的提升，AIA 能够捕获人类用户的各种心理状态与精神需求。这些感知获取的需求不仅包括求职、社交等真实需求，还包括游戏、爱好等虚拟需求。基于 VSS 捕获的感知需求，AIA 为用户的健康生活与娱乐提供完备的建议和服务。例如，在 6G 支撑下，不同用户的 AIA 通过信息交互与协作，可以为人类用户的择偶与婚恋提供深度咨询，可以对人类用户的求职与升迁进行精准分析，可以对人类用户构建、维护和发展更好的社交关系给予帮助。

3.3.2　6G 的灵魂

6G 不仅包含 5G 涉及的人类社会、信息空间、物理世界（人、机、物）3 个核心元素，还包含第四维元素——灵（Genie）[8]。Genie 存在于图 3-6 所示的虚拟世界中，它不需要人工参与即可实现通信和决策制定。Genie 基于实时采集的大量数据和高效的机器学习技术，完成意图的获取以及决策的制定。6G 中 Genie 可以作为人类的 AIA，提供强大的代理功能。由于不局限于智能终端的具体物理形态，Genie 凌驾于 VPS 并包含 VBS 和 BSS 的完备功能，具备为人类用户构建个性化自主沉浸式立体代理的能力。Haddadin 等[9]提出触觉机器人网络作为人类虚拟世界的多维度代理，以各类触觉方式，采集和识别人类意图。Genie 存在于“人−机−物”全方位融合的基础上，硬件新技术支持其覆盖于任意物理空间的实体，包含可作为通信与计算节点的物理实体，如具备传输与计算能力的智能设备以及建筑、植物等。Genie 通过物理空间资源感知人类用户与环境的多维度信息，实时构建虚拟精神空间中的用户行为特征、决策偏好模型等信息。通过“人-机-物-灵”协作，可为用户提供实时虚拟业务场景，并由 Genie 代理人类用户实现相应的需求。

双世界架构中的应用场景主要包括虚拟现实和虚拟用户。在虚拟现实场景中，需要实时感知环境的变化，高效处理海量传感器反馈的数据，并快速完成终端与云中心的信息交换。虚拟用户场景是指借助人工智能、移动计算等技术产生虚拟对象，并通过全网无线接入与传输技术将 Genie 准确地“放置”于真实环境中，为用户提供虚拟世界与物理世界融合的应用场景。例如，图 3-7 给出了 6G“人-机-物-灵”协作业务场景[8]中的一个例子。物理空间的实体花店通过部署多种传感器和网络设备，可实时采集店内物品视频、气味、温度、湿度、光线等。Genie 根据用户需求，远程为其重构沉浸式花店场景。同时，用户可授权给 Genie，由其依据用户意识、需求、物品条件，代替用户进行决策。

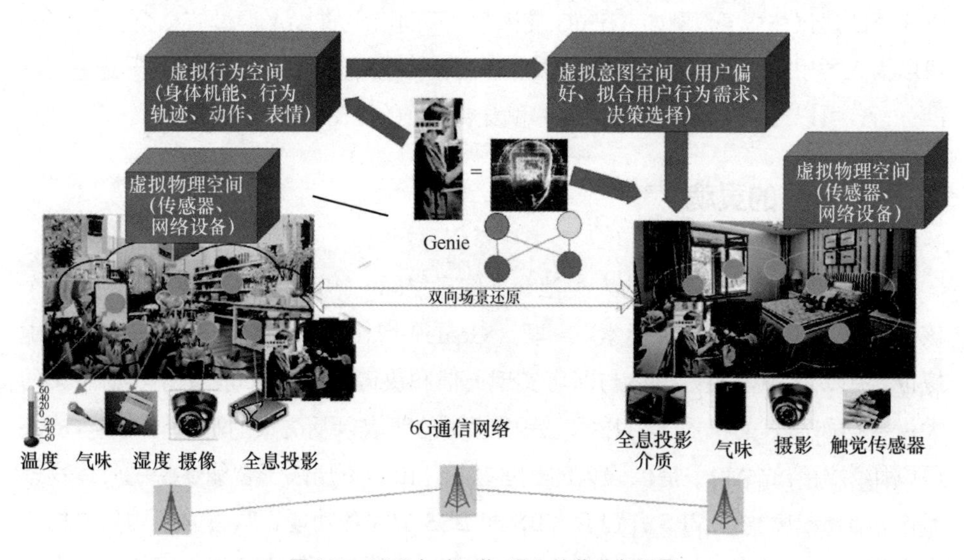

图 3-7　6G“人-机-物-灵”协作业务场景

因此，6G 网络具有虚实结合、实时交互等全新的网络特点，这将给 5G 网络带来巨大的传输压力。因此，迫切需要研究支撑 6G 演进的基础理论和核心关键技术。

当前，5G 以行业特色业务为导向，分别解决了 eMBB、mMTC、URLLC 场景面临的问题。然而，为了支撑未来网络中的第四元素——灵，6G 不仅需要兼容 5G 的三大场景，还要进一步将三大场景增强融合，调和不同场景中的业务需求矛盾，实现虚拟世界中更深层次的智能通信需求。

3.3.3　“人–机–物–灵”融合的技术要素

人工智能助理的建立与发展需要依赖于随需即用的智能网络[8]。针对 6G 移动通信的技术发展趋势，需要开展支持“人–机–物–灵”融合的全新 6G 网络架构、分布式边缘网络智能、认知增强与决策推演的智能定义网络等理论与核心技术的前瞻性研究。

为支撑“人–机–物–灵”四要素跨界融合，6G 网络需要具备“人–机–物–灵”四元空间的语义衔接、业务适配、协作编排能力，以实现面向“人–机–物–灵”四元空间的信息传输、边缘智能、协同计算[8]；为支持终端对无线网络的全面协同，6G 泛在终端需具备协同通信、协同计算、协同缓存与协同供能等关键能力，以实现去中心化的通信、计算、缓存及供能的分布式服务；同时，6G 网络需具备“人–机–物–灵”融合组装、状态监控、同步控制、一致性检查、四元网络资源协同管理等一系列技术能力，以支持全网资源的多级协同及网络容错。

人工智能技术通过自学习状态、特征而不断迭代优化输出结果，为解决复杂多变的未来 6G 网络服务提供新的解决思路[8]，例如，基于人工智能技术，可以提升当前边缘网络自主化能力、屏蔽设备异构性特征、对服务内容进行特征信息提取、对网络资源分布情况与变化规律以及业务服务质量进行监控和建模分析。人工智能技术的引入将促进实现网络中路由、传输、缓存、资源分配等策略的自适应推演以及自动化运维。

网络和用户的通信性能不是后 5G 网络演进的唯一目标。为了实现人类更深层次的智能通信需求，6G 将实现从真实世界到虚拟世界的延拓。虚拟世界源于对真实世界的信息采样、传输、分析和重构。其中，在 6G 组网技术方面，6G 将采用“人–机–物–灵”的全新网络架构，结合去中心化接入网络架构形态，基于网络内生智能服务能力，满足认知增强与决策推演的智能定义网络需求，保证安全可靠的网络传输，实现意念驱动网络。

3.4 6G 网络智能至简

实现“人-机-物-灵”融合的双世界架构的第一阶段是网络的智能内生。AI 技术在近些年有了长足进步，并在各行各业广泛应用。人们已经开始尝试在 5G 系统中使用 AI 技术，但当前 5G 与 AI 的结合只能算是利用 AI 对传统网络架构进行优化改造，而不是真正以 AI 为基础的全新智能通信网络系统。

5G 通过外挂 AI 的方式引入 AI 应用，存在的主要问题有：模型训练集采集数据困难，传输开销大，导致外挂式 AI 开销大；模型的训练和推理解耦，模型验证只能事后进行；模型迭代周期长、训练开销大、收敛速度慢、泛化性差；对于 AI 用例研发采用打补丁、烟囱等方式进行，缺乏统一的框架。AI 在 5G 网络中的应用仍然存在很多问题和挑战，因此面对未来 6G 更为复杂的网络场景和业务需求，外挂式的 AI 已经不能满足要求，需要从内生智能的角度，构建新的智能至简的网络架构。

同时，AI 在各行各业的应用探索，对未来网络新的基础能力提出了需求，如分布式训练、实时协作推理、本地数据处理等，要求未来网络具有“智能内生”的特征。

网络智能内生并不是简单地将 AI 方法应用到具体问题上的结果，而是设计和构建适于网络系统的 AI 系统的实践，以及该系统相应的网络架构和运行环境。这一目标的实现是在现代 AI 原理和方法的指导下，结合网络系统的自然属性和运行特性。所以 6G 网络在设计之初就必须考虑内生 AI 的理念，将 AI 和大数据的应用融入网络中，形成一个端到端的体系架构，根据不同的应用场景需求，按需提供 AI 能力和服务。未来 6G 网络还将通过内生的 AI 功能、协议和信令流程，实现 AI 能力的全面渗透，驱动智慧网络向前演进，即“网络无所不达，算力无处不在，智能无所不及”[10]。

从 1G 到 5G，虽然在业务形式、服务对象、网络架构和承载资源等方面进行了能力扩展和技术变革，但都受限于堆叠处理模式，以复杂度换取性能增益。面对未来超大规模的网络接入和动态变化的网络需求，6G 网络的复杂度将以指数级别增长，网络动态性加剧。考虑到全场景的泛在连接以及各种新业务的引入，6G 网络需要“至简”。基于高度自治的极简运维，实现统一架构下的灵活组网，采用统一的接口基础协议，多种接入方式采用统一的接入控制管理技术，实现终端无差别的网络接入和统一架构下的即插即用功能。

“智能”和“至简”并不是孤立存在的，两者相辅相成。6G 网络将具有智能至简的特征。网络中的节点将成为具备智能的新型节点，而网络本身的功能架构和协议结构将趋向于极简，通过内生智能、认知重塑等特性支撑网络，围绕不同通信对象构建有针对性的智能服务生态，形成“网络极简、节点极智”，最终达到网络“由智生简、以简促智”的自演进、自优化、自平衡的状态。网络智能至简强调网络优化的智能扩展性和架构设计的内生简约性，它以信息论为基础，以系统论为指导，以人工智能算法为支撑，以整体优化为目标，通过引入系统熵等网络整体有序演化评价指标，采用极化处理等通信链路整体优化手段，分别实现链路级与网络级的智能至简，使通信链路与网络随场景需求的变化而不断重塑，达到系统最优，进而构建智能至简网络新生态[11]。

3.4.1　网络智能内生

智能内生将成为 6G 的核心基因，实现 AI 与 6G 网络全融合。网元与 AI 融合，网络节点具备计算、存储和网络能力，可实现智能感知、智能训练和智能学习；网络与 AI 融合，网络应具有易于扩展和操作、自动进行网络配置、自主分析和决策、主动优化网络故障的能力，网络整体是具有群体智能的高度自治网络；服务与 AI 融合，理解业务属性并提供差异化服务，构建起从无序到可预测、可管理的服务保障能力，网络业务将进一步演化为真实世界和虚拟世界两个体系，虚拟世界中的“灵”将完成意图的获取及决策的制定工作。6G 网络整体演进为拥有自学习、自适应、自生成、自恢复、自伸缩能力的内生智能网络。

基于问题和场景分析，本节提出了 6G 智能内生网络的分层分域功能架构，如图 3-8 所示，包括基础设施层、网络功能层、应用层和智能面，以下对每层的内容进行介绍。

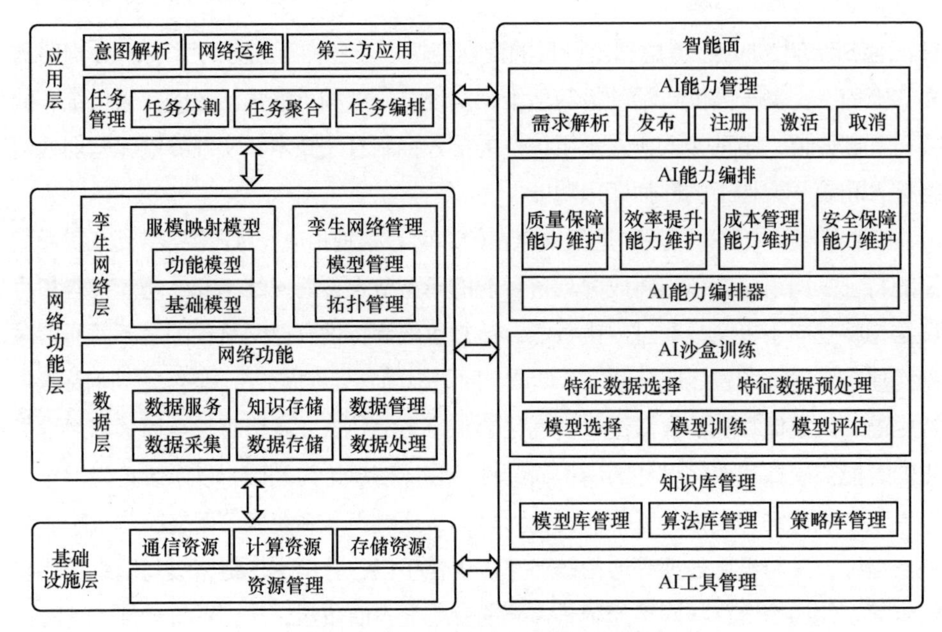

图 3-8 智能内生网络的分层分域功能架构

1. *基础设施层*

基础设施层主要完成各种物理网络和逻辑资源的管理。物理网络既可以是蜂窝接入网、蜂窝核心网，也可以是数据中心网络、园区企业网、工业物联网等；既可以是单一网络域（例如，无线或有线接入网、传输网、核心网、承载网等）子网，也可以是端到端的跨域网络；既可以是网络域内所有的基础设施，也可以是网络域内特定的基础设施（例如，无线频谱资源、核心网用户面网元等）。基础设施层基于基本的资源管理，将资源抽象成通信资源、计算资源和缓存资源等，供高层的应用来调用。

2. *网络功能层*

网络功能层主要负责编排底层网络资源并执行服务逻辑。特别地，为了在 AI 模型进行训练、评估等的同时，保障网络的稳定性与可靠性，降低网络试错成本，提升网络智能化水平，我们在网络功能层中引入数据层和孪生网络层，实现数字孪生网络功能。以下对数据层和孪生网络层进行重点说明。

（1）数据层

数据是 6G 中整个通信系统的关键资产。由于 6G 中涉及的数据类型和规模从

AI 操作到管理、从业务到消费者、从环境意识到终端发生巨大变化，因此鼓励提供统一和高效的数据治理框架来有效地收集、组织、脱敏、存储和访问数据，从而为执行网络功能和其他第三方数据应用提供更好的支持，并满足数据隐私保护要求。这样的框架可以通过一个独立的数据层来更有效地实现。数据层的功能包含数据采集、数据存储、数据处理、数据服务、知识存储、数据管理等功能，具体介绍如下。

① 数据采集是指从基础设施中获取网元、网络配置、运行状态、用户业务等数据。

② 数据存储是指根据网络数据的应用场景、数据格式和实时性要求等特性的不同，选用多种数据存储技术构建多源异构数据库，分别存储结构化、非结构化的网络数据。

③ 数据处理完成网络数据的脱敏、抽取、转换、加载，以及清洗和加工，便于大规模的数据实现高效分布式存储。

④ 数据服务是指为孪生网络的服务映射模等其他模块提供包括访问控制、快速搜索、数据联邦、并发冲突、批量服务、服务组合、历史快照与回退等多种数据服务。

⑤ 知识存储是指对模型库、算法库、策略库存储。

⑥ 数据管理是指数据采集、数据存储、数据处理和数据服务过程中的数据准确性、安全性和完整性保障，具体包括元数据管理、数据安全管理、数据质量管理等。

（2）孪生网络层

孪生网络层是数字孪生网络系统的标志，包含服务映射模型和孪生网络管理两个关键子系统。服务映射模型子系统完成基于数据的建模，为各种网络应用提供数据模型实例，最大化网络业务的敏捷性和可编程性；孪生网络管理子系统负责网络孪生体的全生命周期管理以及可视化呈现。

孪生网络层主要包括服务映射模型和孪生网络管理两个方面的具体功能。

① 服务映射模型。首先，服务映射模型包括基础模型和功能模型两部分。基础模型是指基于网元基本配置、环境信息、运行状态、链路拓扑等信息，建立的对应于物理实体网络的网元模型和拓扑模型，实现对物理网络的实时精确描述。功能模型是指针对特定的应用场景，充分利用数据仓库中的网络数据，建立的网络分析、仿真、诊断、预测、保障等各种数据模型。基础模型和功能模型通过实例或者实例

的组合向上层网络应用提供服务，最大化网络业务的敏捷性和可编程性。同时，模型实例需要通过程序驱动在虚拟孪生网元或网络拓扑中对预测、调度、配置、优化等目标完成充分的仿真和验证,保证变更控制下发到物理网络时的有效性和可靠性。

② 孪生网络管理。孪生网络管理完成数字孪生网络的管理功能，记录全生命周期和管控孪生网络的各种元素，包括拓扑管理和模型管理。拓扑管理基于基础模型，生成物理网络对应的虚拟拓扑，并对拓扑进行多维度、多层次的可视化展现。模型管理服务于各种数据模型实例的创建、存储、更新以及模型组合、应用关联的管理。同时，可视化地呈现模型实例的数据加载、模型仿真验证过程和结果。

3. 应用层

应用层将支持意图解析、网络运维和其他第三方应用等功能，并将其解析成不同的任务。同时，综合底层的网络资源状态，完成对应任务分割、任务聚合和任务编排等功能。

4. 智能面

智能面的目标是在移动通信系统中建立全面的 AI 平台能力，负责协调、管理和调度 E2E 网络 AI 相关的服务和资源，是智能平面的基本设计。基于智能面，利用 6G 系统的能力，提供实时和高可靠的 AI 服务，协调和管理异构和分布式资源，并定义一个通用和高效的机制来提供多样化的 AI 服务，如感知、数据挖掘、预测、推理，进而实现与其他网络服务的无缝协调。具体来说，智能面自底向上又包含 AI 工具管理、知识库管理、AI 沙盒训练、AI 能力编排、AI 能力管理等维度，具体的功能组件介绍如下。

（1）AI 工具管理

AI 工具管理用来管理 AI 模型训练、运行需要的工具。例如，提供框架管理就是指提供计算引擎框架工具并支持数据分析、机器学习和深度学习算法等操作的管理功能，一些主流的开源框架有 TensorFlow、PyTorch 和 Scikit-learn 等。

（2）知识库管理

知识库管理包括模型库管理、算法库管理和策略库管理。模型是指条件概率分布或决策函数，在监督学习中指的是所有可能的目标分布或函数的假设空间。策略是指按照一定的准则学习，从而得到最优的模型，比如损失函数、风险函数、正则化等。算法是指学习模型的具体计算方法，比如梯度下降、随机梯度下降等。

（3）AI沙盒训练

AI沙盒接收AI能力需求解析所得的需求。根据需求，选择合适的特征数据和AI模型与算法。之后，将利用AI管道对模型进行训练和评估，选择最佳模型并发送到AI能力编排器进行AI能力编排，包括以下几点功能。

① 特征数据选择：根据AI能力需求解析所得的需求，选择相关特征数据。

② 特征数据预处理：一种数据处理功能，可从数据层处理历史特征数据，并根据AI能力需求和选定的模型提取及处理特征。特征数据预处理不同于数据层的数据处理，它从数据层的数据存储中处理特征数据，包括根据选定的模型和AI能力的业务需求提取特征向量、转换特征向量类型和标准化特征向量；后者处理来自网络、终端和基础设施等的原始数据，包括原始数据清理和标记。

③ 模型选择：根据AI能力需求解析和特征数据的特征，选择适当的模型用于后续功能。

④ 模型训练：利用孪生网络提供的虚拟仿真网络进行模型训练。

⑤ 模型评估：利用孪生网络提供的虚拟仿真网络进行模型评估。

（4）AI能力编排

AI能力分为4种，分别是质量保障能力、效率提升能力、成本管理能力和安全保障能力，这4种能力构成了AI能力集。所有这些操作都需要由AI能力编排器进行编排，并在AI能力编排中进行维护。AI能力编排包括以下管理功能集。

① 质量保障能力维护：维护电信网络基于质量保证的AI能力集的管理功能。该AI能力集提供准确的服务质量体验，支持用户体验优化，充分提高电信网络质量保证效率的管理功能，包括故障预测、异常检测等。

② 效率提升能力维护：维护电信网络效率提升的AI能力集的管理功能。该AI能力集提供了连续和高质量的效率操作，包括智能策略等。

③ 成本管理能力维护：维护AI成本管理能力集的管理功能。该AI能力集通过电信网络智能资源优化、能力管理和性能优化，感知电信网络成本趋势变化，支持成本计划和优化，提高成本管理效率，包括成本分析、成本决策、成本控制等。

④ 安全保障能力维护：维护AI安全保证能力集的管理功能。该AI能力集可

用于安全保障。

⑤ AI 能力编排器：管理 AI 管道业务流程的管理功能。该 AI 能力集由 AI 沙盒训练的一个或多个 AI 模型组成，以满足特定应用场景的需求。编排的 AI 能力注册到 AI 能力管理。

（5）AI 能力管理

AI 能力管理包括以下功能集。

① AI 能力需求解析：解析应用层和其他层的 AI 能力需求，将 AI 能力需求映射到 AI 沙盒和 AI 能力编排，或将其转移到 AI 能力注册。

② AI 能力发布：发布 AI 能力。AI 功能对应用层或其他层的操作开放。

③ AI 能力注册：一种注册功能，从 AI 能力编排中接收和注册 AI 能力，并建立和维护所有 AI 功能的目录。

④ AI 能力激活：在收到 AI 能力管理的请求后，激活已编排的 AI 能力，使其处于运行状态。

⑤ AI 能力取消：从 AI 能力注册中取消 AI 能力。

3.4.2 网络至简

“至简”即将网络化繁为简，实现轻量级的无线网络，其特征表现为终端设备具有涵盖各类业务的泛在性，网络设备具有软件驱动的开放性；通过至简融合的通信协议和接入技术，以及统一的接入控制管理技术，实现多连接多网融合；网络具有去中心化的极简架构，极少类型的网元可实现完整的功能，基于高度自治的极简运维，在同一架构下灵活组网，即插即用，柔性伸缩。网络至简、功能至强，实现高效数据传输、鲁棒信令控制、按需网络功能部署，最终达到网络精准服务、网络能耗和规模冗余有效降低的网络设计目标。

依据以上特征分析，至简网络需要依赖于分布式 AI 架构，在如下几个维度上实现至简的相关功能。

（1）多空口融合的空天地统一接入

面向未来 6G 网络的异构终端接入和不同场景、不同类型的物理层技术，首先需要实现快速的统一接入。这就需要提出融合多物理层接入技术的接入方式，在

MAC 层上实现空口的感知，识别出不同类型的终端所处的环境，选择合适的空口技术为其服务，并实现 MAC 层之上统一的资源调度和处理，从而屏蔽底层的差异。

（2）协议与信令的简化

目前，5G 的协议层级较多，协议功能冗余，导致通信过程交互复杂，通信时延较长，难以满足未来空天地海的通信需求。因此，需要考虑灵活的协议设计和定义，并将 MAC 层以上的服务进行集中，面向用户 QoS 需求，通过引入 AI 技术实现流量特征预测和灵活服务，通过功能的复杂来换取协议的简化。

6G 的无线接入网需要按照统一的信令方案进行设计，在统一的信令控制下融合多种空口接入技术，实现空口的统一控制，降低终端接入网络的复杂度。

在协议栈功能设计方面，可以考虑差异化的协议功能设计，优化协议功能分布和接口设计，结合 AI 技术进一步增强协议功能。

在网络功能方面，6G 网络可以分为广覆盖的信令层和按需的数据层。通过信令面和用户面分离的机制，采用统一的信令覆盖层保证可靠的移动性管理和快速的业务接入；通过动态按需的数据层加载，满足网络用户的业务需求。两者之间灵活配合，以降低基站部署的数量，提高用户的业务感知体验。

轻量化信令方案需要高可靠、低时延、低成本的传输网支撑，传输网需要灵活的拓扑结构和足够的带宽，且需要无线控制中心–传输网–网络接入点统筹一体化设计。另外，信令和业务分离需要统筹 6G 可用频段，充分发挥广覆盖与业务灵活加载的优势。

（3）即插即用的链路控制

6G 无线接入网需要具备覆盖自动扩展能力，以更好地完成立体全场景的覆盖，当新的网络服务体加入网络时，能够快速握手、即插即用，实现覆盖扩展。

即插即用链路控制技术包括以下几个方面。

流程感知：感知各种类型的接入请求，并启动合适的握手及控制信令流程。对于不同种类的接入点，需要准确识别，快速完成接入，实现覆盖的灵活扩展。

云对边的控制协调：云端对边缘接入点的灵活精准管控包括接入控制、自动分配带宽资源、链路间协调等。云端的处理可以引入 AI 能力来支撑上述功能。

接入点的自生成自优化：利用数字孪生、AI 等技术对各种接入点进行全自动化、全生命周期的管理和监控。当接入点新加入网络时，能够自动完成配置，实现自生成；当接入点运行时，根据实时场景进行参数调整、自动优化，按需改进服务，以更好地满足用户的需求。

云和边之间需要高速高效的传输通道以及大带宽、高实时性的传输带宽来确保即插即用接口间的信息实时交互，同时还需要强大的数字孪生、AI 算法支撑，以完成对远端接入点的自动管控。

（4）去中心化网络

在未来 6G 至简网络设计中，网络去中心化是潜在的发展趋势。在去中心化网络中，终端将提升至和基站类似或同级的地位，都作为一个计算体或智能体，即接入网由分布式节点（具备感知、传输、路由、存储、计算等能力）组成，节点从角色上来说功能对等，只是计算、存储等能力上有所不同。一方面，智能体节点具有独立的数据采集、处理和响应能力；另一方面，高度自治的智能体节点能够实现与其他智能体之间的实时通信、协作，从而有效完成 6G 空天地海等各种环境下的海量异构终端互联、管理和协作。

（5）动态可调整网络的至简运维

目前，布网考虑的是网络整体覆盖，覆盖越来越密集，成本越来越高，管理维护越来越复杂。因此，6G 时代需要提供一个动态可调整的网络，网络功能可按需弹性变化，并可支持 Zero Touch 的智能运维。例如，通过部署不同类型的基站，把分区的用户平面和广域覆盖的控制平面分开，实现业务的快速服务提供。

其中，要实现网络至简运维的技术之一是意图驱动。意图驱动的含义之一是用户不需要关注网络如何实现和资源如何利用，而只需要关心业务需求和质量。面向未来的至简网络一切以用户为中心，改变了以设备为中心的网络管理模式。网络的自动化意味着网络链路发现、策略制定、按需资源分配等能在统一控制器下自动化控制，带来网络新功能敏捷添加，新业务自动发放，网络事件、告警、故障分析等自动化完成，实现管理控制一体化和新、旧混合网络业务自动化。

在自动化的基础上，至简运维要基于反馈闭环的全局优化，将网络实时采集的数据上报给分析器，分析器分析网络状态，并基于目标服务级别协议形成一个负反馈给管控单元，进而通过给定的策略来执行优化动作，形成闭环。

根据 IMT-2030（6G）推进组于 2021 年 6 月 6 日发布的《6G 总体愿景与潜在

关键技术》白皮书的描述，在网络服务能力层面，网络内生智能将充分利用网络节点的通信、计算和感知能力，通过分布式学习、群智式协同以及云边端一体化算法部署，使 6G 网络原生支持各类 AI 应用，构建新的生态和以用户为中心的业务体验。

借助内生智能，6G 网络可以更好地支持无处不在的具有感知、通信和计算能力的基站和终端，实现大规模智能分布式协同服务，同时最大化网络中通信与算力的效用，适配数据的分布性并保护数据的隐私性。这带来 3 个趋势的转变：智能从应用和云端走向网络，即从传统的 Cloud AI 向 Network AI 转变，实现网络的自运维、自检测和自修复；智能在云–边–端–网间协同实现包括频谱、计算、存储等多维资源的智能适配，提升网络总体效能；智能在网络中对外提供服务，深入融合行业智慧，创造新的市场价值。当前，网络内生智能在物联网、移动边缘计算、分布式计算、分布式控制等领域具有明确需求并成为研究热点。

网络内生智能的实现需要体积更小、算力更强的芯片，如纳米光子芯片等；需要更适于网络协同场景下的联邦学习等算法；需要网络和终端设备提供新的接口。

3.5　去中心化的无线接入网络

面向 6G 网络架构，“人–机–物–灵”的深度融合需要拉通泛在异构节点的资源形态。在接入网架构形态层面，传统接入网以基站为终端中心化管控节点，而这种竖井式接入架构限制了泛在节点的及时协同，并制约了网络服务形式。本书作者认为，面向 6G 空天地海等环境，通过接入网的去中心化，使基站与终端角色对等，将有效支撑泛在异构节点的灵活接入及相互协同，并能够有效提升网络服务的可拓展性和鲁棒性。本节将对去中心化的无线接入网络架构、特性及面临的挑战展开介绍。

3.5.1　去中心化的无线接入网络架构

随着移动终端设备的便携性、性价比、功能多样化等优势变得更加突出，移动互联网为用户提供的应用服务质量不断提高、内容更加丰富，未来 6G 的移动设备数量会呈现爆炸式增长的趋势。在移动终端设备的应用服务中，移动用户追求的是良好的通信质量、稳定高效的网络连接和优质的数据服务。然而，移动终端设备接入核心网建立网络连接时需要大量固定基础设施（如基站）提供接入服务，但是基础设施网络提供给移动终端设备接入网络的服务是需要付出代价的，对于通信基础设施的建立需要大量的人力、财力以及时间。除此之外，随着 6G 要求实现泛在连接的需求，对于荒漠、深海、高空等无人区同样也需要大量通信基础设施的建设；发生自然灾害之后，在基础设施被摧毁的恶劣条件下，如何在最短的时间内迅速恢复网络连接也是亟须解决的难题。

因此在未来 6G 网络的架构层面，去中心化的无线接入网络架构将作为 6G 的支撑架构之一。去中心化的无线接入网络架构包含两层：用户层和核心网层。在用户层中，移动通信用户与基站等通信基础设施将作为这一层异构异质的泛在节点存在，这些泛在节点是相互等价的，任何一个泛在节点都可以与其他泛在节点进行交互，任何一个泛在节点都能够通过其他的泛在节点接入核心网层。换句话说，去中心化的无线接入网络架构改变了传统的无线接入网络架构，使移动通信节点的职能得到了改变。移动通信节点不仅可以与其他节点互相通信，还能够充当通信网络的网关节点为其他节点提供网络服务，在一定程度上拓宽通信网络服务范围[10]。

去中心化网络的无线接入网络架构具备完全去中心化性、自组织性、自愈性等多个特点，是一种高效率的组网架构。

（1）完全去中心化性

在去中心化网络的无线接入网络架构下，移动通信节点和通信网关节点被统一等价地归类为泛在节点。因此，作为泛在节点，移动通信节点具有充当中继节点的能力，它接入核心网时不再对通信基础设施过度依赖，真正做到具备去中心化的网络接入能力。

（2）自组织性

在去中心化网络的无线接入网络架构下，移动通信节点可以自由且动态地以自组织的形式组成网络拓扑结构，从而允许通信节点在通信基础设施匮乏的区域在该网络拓扑结构下进行通信交互。去中心化网络的每一个智能化的通信节点都可以根据路由算法动态地选择数据分组的最佳传输路径，并且将数据分组逐级逐跳地转发到该网络拓扑下的其他任意一个节点。

（3）自愈性

在去中心化网络的无线接入网络架构下，每一个泛在节点都具有自愈功能，当任何一个网络拓扑中有泛在节点移动、传播条件变化、泛在节点故障及毁坏等情况发生时，网络都能够在最短时间内进行恢复。

在去中心化的无线接入网络架构下，移动通信节点不再依赖固定通信网络基础设施，在无人工干预的前提下，节点可以自主连接网络，是一个完全去中心化、自组织、自愈的网络架构。与传统的无线接入网络架构相比，泛在节点之间相互协作，通过无线链路彼此进行通信、信息交互，实现信息传递和服务共享；泛在节点能够动态化、频繁化、随意化地加入网络或者退出网络，得益于去中心化的无线接入网络架构的自愈能力，泛在节点并不需要对网络接入变化进行预告或警告，网络中其他泛在节点的通信也不会被影响。去中心化的无线接入网络架构下的移动通信节点的泛在化使该节点具备网关节点的职能，可以负责路由、网络接入等工作，能够通过数据分组的转发与接收进行通信。泛在节点在该网络架构下具备移动性，节点之间形成的网络拓扑结构也会因此而动态改变，各节点之间的通信链路处于动态变化的状态。

去中心化的无线接入网络架构是一个对等的网络架构。这也是该架构与基站和固定通信基础设施的网络架构的一个重要区别。去中心化的引入使网络架构下的节点泛在化，任意两个移动通信节点之间的无线传播条件仅受限于这两个节点的发射功率，而不依靠通信基站，只要无线传播条件足够充分，那么两个节点之间就可以进行直连通信[11]。如果源节点与目的节点之间不满足直连通信条件，那么可以利用路由算法进行多跳路由。多跳路由能够让数据分组以最小的代价从源节点经过多个节点、多条通信链路转发到最终的目的节点。一个合适的路由协议在去中心化的无线接入网络架构中是必要条件，因为节点具有泛在化特征，所以路由协议也应该是具备去中心化性质的协议。

去中心化的无线接入网络架构中的泛在节点具有高移动性。泛在节点能够在一定的区域内自由移动，随时随地建立或解除与其他泛在节点之间的连接关系[11]。具有同一个目的的一组泛在节点可以形成一个节点群，并且一起移动，这些节点能够保持连接的高稳定性，无论何时何地都能够不受限制地相互通信。

去中心化的无线接入网络架构可提供一个时变的网络。在该架构下，泛在节点具备能够在任意通信环境下迅速与其他节点组网的能力并能够迅速展开使用，同样节点也能够针对网络拓扑结构的变化及时做出链路连接的调整。由于在去中心化的无线接入网络架构下的泛在节点具有自组织网络（Self-Organized Network，SON）的特性，因此该架构下不需要考虑通信网络的基础设施，6G 网络中的泛在连接特性就能得到体现。该架构下的移动通信节点可以自组织地形成通信网络，不同的随时间、地点变化而变化的节点移动方式和电磁波传播条件等因素会导致 SON 中相邻节点之间拓扑方式的改变，因此去中心化的无线接入网络架构可以为移动通信用户提供一个时变的高效率网络。

去中心化的无线接入网络架构中的泛在节点具备非直接接入的特性。在传统的接入方式下，移动终端用户接入核心网必须要通过网关节点。而泛在节点本身具备网关节点的职能，可以充当其他节点接入核心网的中继节点，实现网络边缘的泛在节点多层级接入网络的功能。

与传统的无线接入网络架构相比，在设计去中心化的无线接入网络架构时所面临的主要挑战就是高度去中心化而导致的集中式实体缺乏、泛在节点高速移动的可能性，以及所有通信都在无线媒介上进行。在标准的蜂窝无线网络中，有很多集中式的实体，例如基站，这些集中式实体将执行网络协调功能。在去中心化的无线接入网络架构中，集中式的实体不再是必需品，而分布式算法将执行这些网络功能。此外，依赖于集中式的移动性管理和基站支撑的媒介访问控制方案等传统形式的算法，都将不再适于去中心化的无线接入网络架构。

在去中心化的无线接入网络架构中，所有的泛在节点之间的相互通信都是建立在无线媒介上的。网络连接的中断时常发生，因此节点之间的连接没有保障。由于无线带宽资源有限，因此无线带宽的占有率也应当控制；不同泛在节点的工作方式不一样导致供电资源有限，因此其发射功率也应该控制到最小化[11]。因此，泛在节点之间通信的连接范围可能远小于整个网络拓扑结构所覆盖的范围，两个泛在节点之间通常需要多个中间节点作为中继节点，形成多跳路由路径。在去中心化的无线接入网络架构中，节点的高移动性和多变化的传播条件时常会导致网络的拓扑结构改变、网络信息过时作废。网络的频繁重新构建势必会导致控制信息的频繁交换，控制信息的频繁交换是为了反映当前网络的状态。但是，这些信息的生命期较短，大部分的信息可能从未被使用就被抛弃，用来更新路由情况的带宽会在一定程度上被浪费[11]。因此，在设计去中心化的无线接入网络架构时，需要考虑到网络的自愈性、可靠性、有效性以及易管理性。

由于在去中心化的无线接入网络架构下不存在孤立的泛在节点，因此该架构下存在单跳或者多跳的网络拓扑结构。单跳网络的泛在节点从源节点直接将数据分组发送到目的节点，而多跳网络的泛在节点利用其他节点作为中继转发自己的数据分组，经过多跳链路发送到目的节点。虽然多跳网络增大了数据分组传输的时延，但是提高了通信链路的数据分组传输速率作为补偿。多跳通信是提升频谱效率和远距离通信质量的必需手段，多跳网络在网络的扩展性、节点间干扰、整个网络的吞吐量、端到端时延、数据传输过程中的能量消耗等几个方面明显优于单跳网络。

基于上述的讨论，本书对于去中心化的无线接入网络架构有以下几点要求。

① 智能化的路由算法和移动性管理算法，用以提高整个网络的稳定性和有效性，确保每一个泛在节点都能够保持网络的连接而不被网络所孤立。

② 自适应的算法和协议，需要对频繁变化的泛在节点位置、电磁波传播条件、网络信息等方面的内容进行动态规划并调整。

③ 低开销的算法和协议，用于促进无线通信各类资源的利用率。

④ 源节点与目的节点应当存在截然不同的多条路由，这样能够提升整个多跳网络的可靠性和抵抗性。

⑤ 稳定的网络体系结构，用于避免对网络失效的敏感，避免高级节点周围的碰撞发生，避免遭到无效路由信息的惩罚[11]。

3.5.2 去中心化的无线网络架构特性及面临的挑战

去中心化的无线接入网络架构中的泛在节点配备有无线发射机、无线接收机、全向广播天线、点对点高定向天线等设备。在某个特定的时刻，泛在节点根据其位置以及发射机和接收机的覆盖范围、功率、同频干扰等方面的因素进行随机自组织组网。本节将围绕去中心化的无线接入网络架构的几个特性展开介绍。

（1）去中心化式操作

去中心化的无线接入网络架构中最大的特点就是它的去中心化特性，网络架构中的泛在节点不再依赖于通信基础设施或者中心管理设备，在架构的用户层即可实现平面化。在未来 6G 通信系统中，寻址、认证以及诸多网络服务等网络功能都将是去中心化的，从而整个 6G 生态将变得去中心化。

（2）移动性与网络拓扑结构动态变化

去中心化的无线接入网络架构中的泛在节点能够在一定的区域内自由移动，随时随地建立或解除与其他泛在节点之间的连接关系，这一现象必然会导致网络拓扑结构的动态变化。因此网络拓扑结构通常以随机、迅速、难以预测的形式变化，并且网络拓扑的链路由单向链路和双向链路共同组成[11]。泛在节点的高移动性限制了网络的扩展性，因此应当开发出更为合适的路由协议来进行辅助。

（3）物理安全有限

去中心化的无线接入网络架构比起一般的网络架构更容易遭受到物理安全的威胁，比如窃听、欺骗、拒绝服务攻击等不稳定因素。因此，现有的链路安全技术应该在去中心化的无线接入网络架构中加以运用，以降低网络安全威胁。此外，网络架构的去中心化特性使得当网络中的单个节点出现安全漏洞时能够集中对抗该漏洞而不影响整个网络的运行，从而提供了安全稳健性。

去中心化的无线接入网络架构为未来 6G 网络提供了无限可能，但是仍然面临如下挑战和问题。

（1）传统的无线问题

在去中心化的无线接入网络架构下，泛在节点能够动态地自组织组网，节点之间通过无线链路进行互通，而不需要传统的网络基础设施或者管理中心。泛在节点具备高移动性，可任意组成不同的通信链路，它们所组成的网络拓扑结构变化迅速并且具备不可预测性。泛在节点可以独立进行工作，也可以成为中继节点为其他节点接入核心网提供桥梁。传统的通信基础设施不再是必需品，去中心化的无线接入网络架构为 6G 网络充能。每个泛在节点可以和其通信覆盖范围内的其他节点进行直连通信，若是与其通信覆盖范围外的节点进行通信，那么可以依靠中继节点进行多跳转发消息。去中心化的无线接入网络架构下的泛在节点的移动性和便利性是需要付出代价的，这其中就包含了传统的无线通信信道易受干扰、时间非对称转播等问题。

（2）网络架构设计约束条件

去中心化的无线接入网络架构的特点和上述提到的传统的无线问题都为该网络架构的设计附加了许多约束条件。

① 自治性。去中心化的无线接入网络架构下的泛在节点不再依赖于任何已经建立好的通信基础设施或管理中心。每一个泛在节点都是分布式等价的，可以作为一个独立的路由器进行独立的数据生成。每一个泛在节点都具备网络管理功能，因此对于网络的故障检测和管理都增加了一定复杂度。

② 多跳路由。每一个泛在节点都承担着转发数据分组的任务和路由器的职责，多跳路由的建立为不同节点直接进行信息交互提供了方便。

③ 网络拓扑结构动态多变。在去中心化的无线接入网络架构中，节点的高移动性导致网络拓扑结构的变化频繁及不稳定，从而导致路由变化、网络分割频繁，甚至多变的网络拓扑结构会导致数据分组的丢失。

④ 链路容量和节点容量的差异。每一个泛在节点的容量都不尽相同，工作频段也不同，而这种差异会导致链路的非对称性。除此之外，每一个泛在节点都具有彼此不同的软件、硬件配置。因此，为节点差异性大的网络设计网络协议和算法是非常艰难的，对于功率条件、信道条件、流量载荷、分布式变量、拥塞等条件都要做到自适应。

⑤ 能量限制操作。每一个泛在节点的电池供应能力都是有限的，从而每一个泛在节点的处理能力也是有限的，这会导致泛在节点所支持的服务和应用也相应有所限制。因此每一个泛在节点在被赋予更多通信能力的同时，也需要增加能够支撑的能量。

⑥ 网络扩展性。在去中心化的无线接入网络架构中，网络扩展性是需要面对的挑战。6G 网络旨在做到空天地海一体化通信，那么网络中所设计的节点数量必然呈指数级增长，扩展性是 6G 网络成功展开的关键。因此，在网络架构设计时，寻址、路由、移动性管理、配置管理、互操作、安全、大容量无线技术等挑战都需要考虑。

⑦ 网络性能分析与评估。由于去中心化的无线接入网络架构的性能分析需要考虑到无线物理层、无线传播、多址访问、随机拓扑、路由、多种性能之间的交互，

因此去中心化的无线接入网络架构中的性能分析与评估是有难度的。

（3）泛在节点电池能力极其有限

去中心化的无线接入网络架构下的大多数节点都是小型移动终端，它的电池续航能力是不理想的；并且在未来 6G 网络中存在大量的传感器，它们的电池问题决定其寿命，因此节点电池能量的应用是需要关注的问题之一。泛在节点在收发分组时功率消耗很大，如果电池能量没有得到合理的运用，那么泛在节点将不能正常工作。因此可以通过改变发射功率来控制能耗，或是控制路由信息的按需发送，从而达到节省能量的目的。

（4）安全问题

去中心化的无线接入网络架构面临的安全问题可以归类为以下 3 个。

① 网络的无线媒介使频繁的网络攻击有机可乘，整个网络会变得脆弱。因为网络架构中没有明确的防护来阻挡网络攻击，任何一个泛在节点都要为网络的各类攻击做准备。

② 泛在节点是自治的，它的高移动性也同样承担了高风险，节点更容易被捕捉。在该网络架构下，各泛在节点都具备协作通信的能力，而被捕捉的节点更加难以被检测出，因而可能一个节点的错误会造成整个 SON 的瘫痪。

③ 最严重的安全隐患可能是该网络架构的完全去中心化决策导致的集中式通信基础设施和集中式安全证书权威机构缺乏等[12]。在去中心化的无线接入网络架构中，可信赖的密钥和安全证书的分发更加有难度，这些因素会引起包括路由协议安全等信息安全方面的一系列问题。

参考文献

[1] 张平. B5G: 泛在融合信息网络[J]. 中兴通讯技术, 2019, 1(8): 1-8.

[2] 赵亚军, 郁光辉, 徐汉青. 6G 移动通信网络: 愿景, 挑战与关键技术[J]. 中国科学:信息科学, 2019(8): 963-987.

[3] 高芳, 李梦薇. 芬兰奥卢大学发布白皮书初步提出 6G 愿景和挑战[J]. 科技中国, 2019, 267(12): 100-103.

[4] 赛迪智库无线电管理研究所. 6G 概念及愿景白皮书（2020 年）[R]. 2020-03.

[5] 第四届未来网络发展大会组委会. 未来网络发展白皮书（2020 版）[R]. 2020-08.
[6] 北京邮电大学, 中国联合网络通信有限公司. 6G 无线热点技术研究白皮书(2020 年)[R]. 2020-09.
[7] 中国电子信息产业发展研究院. 数字孪生白皮书（2019 年）[R]. 2019-12.
[8] 张平, 牛凯, 田辉, 等. 6G 移动通信技术展望[J]. 通信学报, 2019, 40(1):145-152.
[9] 陈林星, 曾曦, 曹毅. 移动 Ad Hoc 网络:自组织分组无线网络技术[M]. 北京: 电子工业出版社, 2012.
[10] ITU-R WP5D 第 23 次会议在京召开全面启动 5G 技术评估及新频谱研究[J]. 通信世界, 2016(5): 1.
[11] 王兴亮, 李伟. 现代接入技术概论[M]. 北京: 电子工业出版社, 2009.
[12] 靳艳卫, 李蒙蒙, 李三国. 浅析移动 Ad Hoc 网络特性[J]. 无线互联科技, 2013, 9(9): 58.

第4章

6G 组网理论及技术

面向人类更深层次的智能通信需求，6G 组网需要实现从真实世界到虚拟世界的延拓[1]，并支撑构造“人–机–物–灵”共存的虚拟世界。与1G 到 5G 组网围绕的系统容量增加不同，6G 组网需要实现数据速率、网络空间和网络智慧多个维度的提升。6G 组网中“灵”的加入使信息的多种承载维度耦合关系更加紧密。“灵”与意识有关，具备不断交织、学习、聚集与分离的能力，并在信息空间中传播与扩展。6G 网络中信息耦合在更高维的空间，极大地增加了信息承载与传输的难度。为了支持应用场景的虚实结合、实时交互，6G 组网面临信息传播非线性、信息空间维度剧增、信息处理复杂度飙升 3 个方面的挑战，并呈现出复杂巨系统的本质特性。本章从容量分析、系统演进、网络自治等方面探讨 6G 组网理论及其关键技术。针对蜂窝网络容量增加的组网需求，本章首先总结了 1G～5G 的组网理论和关键技术，给出了 6G 网络在数据速率、空间维度和网络智能 3 个维度增加网络容量的潜在支撑理论和关键技术，并探讨了基于信息论、控制论和系统论融合的 6G 组网基本理论。接着从网络演进的角度，基于网络耗散理论，分析了 6G 组网的演进范式。最后从信息传播的角度，利用复杂网络传播动力学分析了 6G 组网的网络自治理论。

| 4.1 网络信息论 |

网络信息论主要研究多址接入信道、干扰信道、广播信道、中继信道、双向信道等模型的容量域分析，以及达到这些容量域的方法。网络信息论是蜂窝网络组网的基础理论之一。本节首先总结分析了 1G～5G 组网中支撑网络容量增加的基本理论。然后针对 6G 网络的容量增加，分析了支持数据速率增加的超密集多层蜂窝网络的容量、支持网络智慧增加的去中心化无线网络的容量和支持网络空间增加的卫星网络与地面网络共存系统的容量。最后给出了实现 6G 网络容量增加的潜在关键技术，以及解决网络复杂问题的理论融合方法。

4.1.1 1G～5G 的网络容量与理论创新

网络信息论的前身是香农信息论[2]。信息论创始人 Shannon[3]于 1948 年发表了“A mathematical theory of Communication”，这标志着信息论的诞生。Shannon 首次提出香农容量界的概念。香农容量界刻画了移动通信点对点信息传输的一般性容量界，为后续的移动通信系统、移动通信信道编码、调制和链路自适应等信息传输技术奠定了基础。如图 4-1 所示，一个典型的点对点通信系统[3]由信源、编码器、噪声、信道、译码器、信宿组成。香农容量界给出了从信源发出的信息在信宿侧能够无差错恢复的最大传输速率。基于香农信息论框架，无线传输信道的容量研究不断取得突破。如果噪声是加性白高斯噪声，那么对应的点对点通信系统的信道容量可表示为

$$C = B\mathrm{lb}\left(1+\frac{P}{N_0 B}\right) \tag{4-1}$$

其中，B 表示信道带宽，P 表示信宿接收到的信号功率，N_0B 表示加性白高斯噪声的功率。虽然香农信息论很好地给出了点对点信息传输的定量分析框架，但是面临两方面的不足。第一，针对复杂信道，如衰落信道的容量，依然没有获取明确的香农界表达式。第二，由于干扰的存在，香农信息论并不能简单地推广至网络中多点对多点耦合传输的场景。

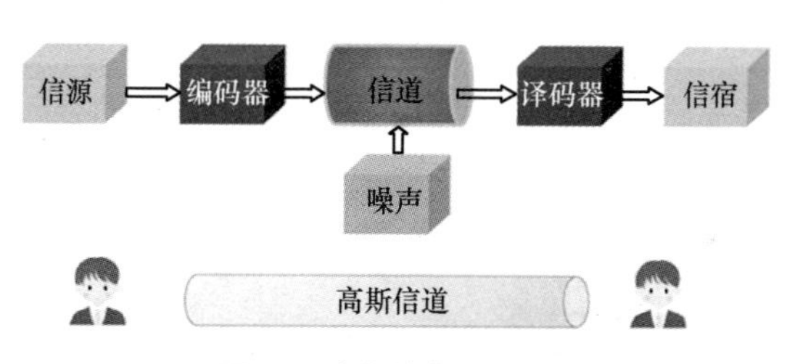

图 4-1　高斯信道系统模型

然而，早期的移动通信系统并不存在复杂大规模组网，香农信息论对移动通信的传输起到了很好的指导作用。除了经典的香农信息论之外，每一代移动通信系统针对当时组网面临的具体问题时，在信息论的基础上，都巧妙运用了其他组网相关理论，实现了网络容量的增加。

排队论是 1G 的核心理论。模拟语音通信是 1G 的主要承载业务。Erlang[4]于 1909 年首次提出排队论，并基于排队论得到模拟语音通信系统的容量界，为基于电路交换技术的语音通信奠定了理论基础。

电话交换系统模型如图 4-2 所示。根据 Erlang B 公式，语音系统呼叫被拒绝的概率为

$$B(s,a)=\frac{a^s}{s!\sum_{r=1}^{s}\frac{a^r}{r!}},a=\frac{\lambda}{\mu} \quad (4-2)$$

其中，λ 表示到达率，μ 表示服务持续时间参数负指数分布，s 表示中继线条数。

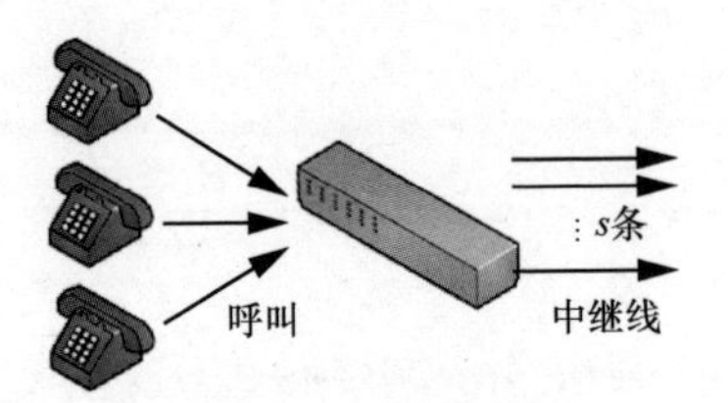

图 4-2　电话交换系统模型

多用户信息论是 2G 的核心理论。数字化是 2G 相对于 1G 最大的不同。从 2G 开始，数字蜂窝逐步成为移动通信的主导实现方式。Shannon[5]于 1961 年首次提出多用户信息论。多用户信息传输模型如图 4-3 所示。多用户信息论实现了从“点到点”到“多点到多点”的突破，给出了上行和下行的多用户容量域，奠定了移动通信上行多址接入信道和下行时分多址接入广播信道的理论基础。

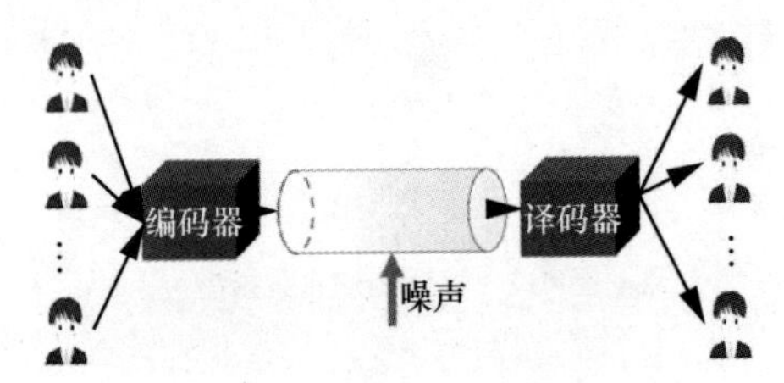

图 4-3　多用户信息传输模型

为进一步增加容量，Foschini 等[6]于 1998 年首次提出了多天线的概念，从空域引入多天线，通过增加空域自由度，使系统的容量得到显著增加。空域是与传统的时域、频域不同的资源维度。空域维度是通过更加复杂的信号处理获取的。

多天线信息传输模型如图 4-4 所示。多天线系统 MIMO 信道的容量为

$$C=B\mathrm{lb}\left|I_{nR}+\frac{\boldsymbol{H}\boldsymbol{R}_{xx}\boldsymbol{H}^{\mathrm{H}}}{\sigma^2}\right| \quad (4-3)$$

其中，B 表示信道带宽，$\boldsymbol{H}$ 表示信道矩阵，σ^2 表示噪声功率，$\sigma^2 I_{nR}$ 表示噪声协方差，$\boldsymbol{R}_{xx}$ 表示发送信号协方差矩阵。

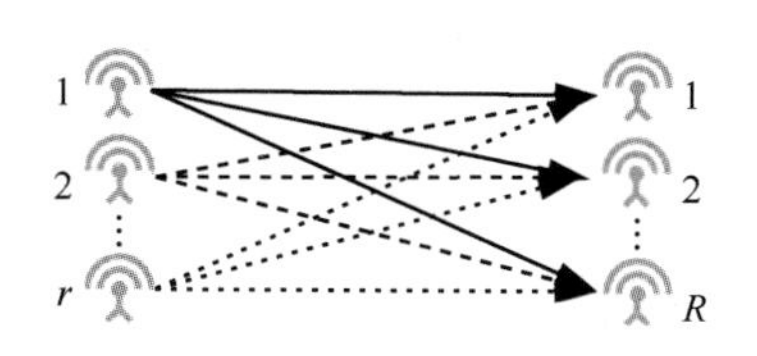

图 4-4　多天线信息传输模型

与点对点加性白高斯噪声下的信道容量不同，引入 MIMO 后，在收发信道完美已知的条件下，系统容量与收发端天线数目的变化呈线性关系。理论上，其可以实现信息传输的线性增加。然而这种容量的增加是以信号处理复杂度的提升来实现的。实际系统中不能无限度地通过增加天线数量来增加容量。

OFDM 是 4G 网络实现容量增加的核心理论之一。从 3G 到 4G，为进一步增加容量，Cioffi 等[7]提出了 OFDM 的概念，从频域引入子载波，通过增加频域自由度，使容量显著增加。OFDM 传输模型如图 4-5 所示。

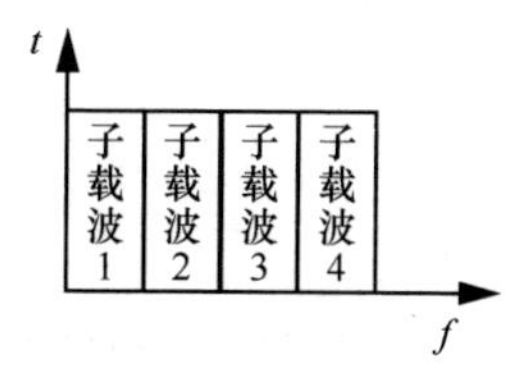

图 4-5　OFDM 传输模型

OFDM 信道的容量为

$$C = \sum_{n=1}^{N} B_n \mathrm{lb}\left(1 + \frac{p_n H_n}{\sigma_n^2}\right) \tag{4-4}$$

其中，N 表示子载波数量，H_n 表示子信道增益，p_n 表示子信道分配到的功率。

与 2G 的频分复用（Frequency-Division Multiplexing，FDM）不同，OFDM 技术具备更高的频谱效率，且可以支持频谱宽度的灵活扩展。此外，如图 4-6 所示，4G 中出现的中继协作传输则遵循协作容量尺度定律[8]。该定律由 Tse 等提出，通过增加地理空间自由度，使容量显著增加。然而，随着中继跳数的增加，网络容量的增加减缓。

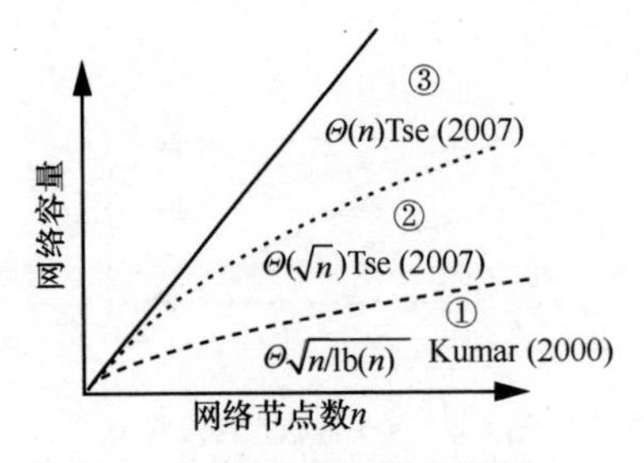

图 4-6 网络容量与网络节点关系

大规模天线理论是 5G 容量增加的重要依据之一。从 4G 到 5G，Debbah 等[9]提出大规模多进多出（Massive-MIMO）的概念，使空域多天线数目趋向无穷，空域自由度由量变到质变，信道“硬化”，用简单方案设计便能达到大容量。Massive-MIMO 传输模型如图 4-7 所示。

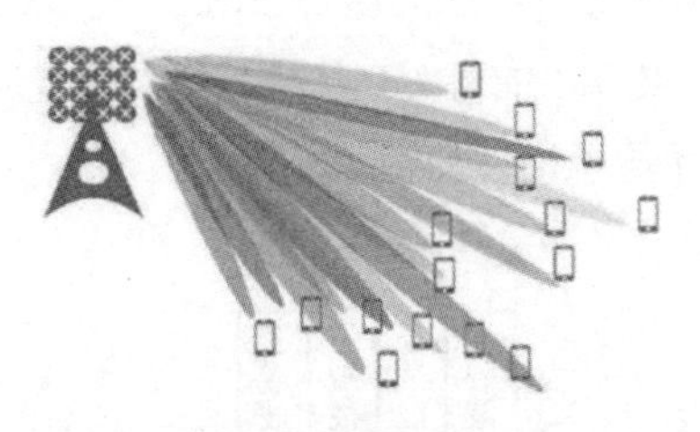

图 4-7 Massive-MIMO 传输模型

Massive-MIMO 的容量为

$$C = Bm\text{lb}\left|1+\frac{P_{\text{T}}}{\sigma^2}\right| \tag{4-5}$$

其中，m 表示信道矩阵的秩，P_{T} 表示发送端的发送功率。

与 MIMO 理论类似，实际实现中，大规模天线依然受限于实际天线信号处理的复杂度。5G 容量增加的另一个重要理论是超密集蜂窝网络容量理论。Andrews 等[10]提出超密集蜂窝网络的概念，利用随机几何理论，在地理空间密集部署基站，通过密集增加地理空间自由度，使容量显著增加。超密集基站分布规律如图 4-8 所示。

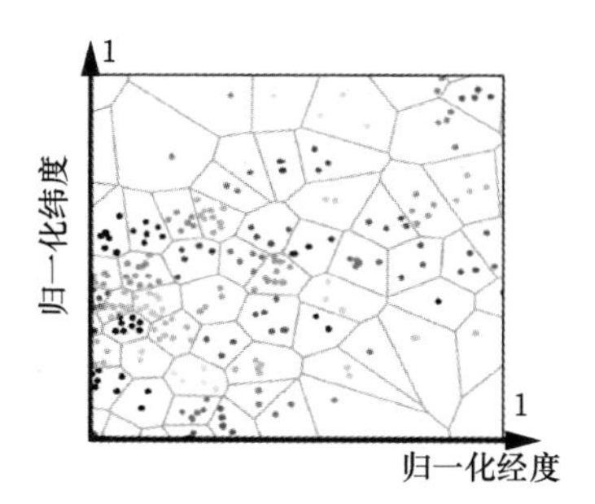

图 4-8　超密集基站分布规律

超密集蜂窝网络的容量为

$$C_0(\varepsilon)=\frac{\varepsilon}{h(\alpha)R^2T^{\frac{2}{\alpha}}}+\Theta(\varepsilon^2) \tag{4-6}$$

其中，ε 表示中断概率，α 表示路径损耗，R 表示发射距离，T 表示信干噪比，$\Theta(\varepsilon^2)$ 表示 ε 的二项无穷小项。

$$\begin{cases}\lambda^{\varepsilon}=-\dfrac{1}{\pi}r^{-2}\ln(1-\varepsilon)\\ h(\alpha)=\dfrac{\pi^{1+\frac{2}{\alpha}}}{\sin\dfrac{2\pi}{\alpha}}\end{cases} \tag{4-7}$$

超密集网络容量考虑了系统中网络节点逐步增加且没有进行干扰管理下的系统容量。

4.1.2　超密集多层蜂窝网络的容量

与 5G 的超密集网络不同，6G 网络呈密集异构分层特征。超密集多层网络（Ultra-Dense Multi-tier Network，UDMN）[11]是未来蜂窝网络的关键支持技术之一。在 UDMN 中，多个微蜂窝（micro-Cell，mC）部署在宏蜂窝（Macro-Cell，MC）的覆盖区域内，以提供高数据速率连接。这种多层网络部署的方法可以为大量用户提供接入能力，并且可以显著增加容量[12]。通常，MC 部署在低频段（1 800 MHz 和 2 100 MHz 频段），而 mC 部署在高频段（6 GHz 以上）。蜂窝网络用户始终保持对 mC 和 MC 的跟踪，以实现高数据速率连接并确保高速移动性。在设备数呈指数型增长的当下，UDMN 是提供高数据速率连接的最有效方法之一。

本节利用随机几何分析方法，对 UDMN 中的干扰进行建模和分析，并计算信道的遍历容量。

如图 4-9 所示，考虑由一个 MC 与多个 mC 组成的 UDMN，其中 MC 的半径为 D，mC 的半径为 R。MC 在具有较高带宽的低频信道上运行，为大范围内的大量蜂窝网络用户提供低速率连接；而 mC 在具有较低带宽的高频信道上运行，为小范围内的少数蜂窝用户提供高速率连接。假设 mC 之间没有重叠区域，用户随机分布在小区覆盖范围内，其可能同时受到 MC 与 mC 的干扰。考虑传输信道为瑞利衰落信道，同时假设发送端的 CSI 无法获取，发送端以恒定速率发送数据。

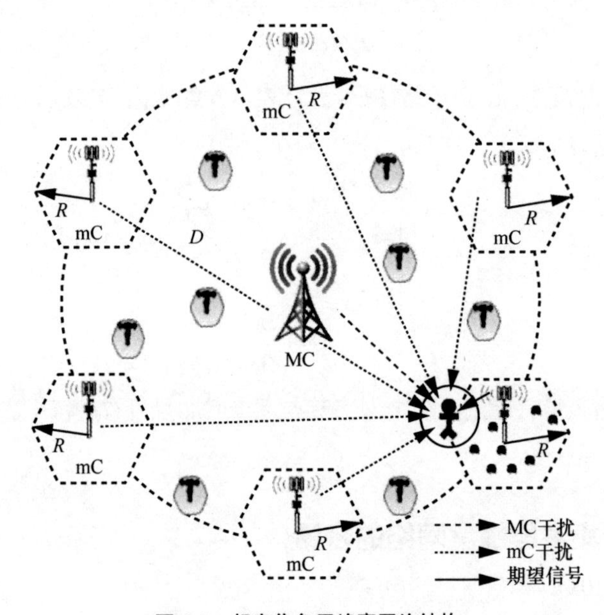

图 4-9　超密集多层蜂窝网络结构

（1）信道容量及其影响因素

根据香农信息论，传统蜂窝网络中连接到小区 i 的信道最大可实现容量为

$$C_{\text{channel}}^{i} = d\left(\frac{B}{\zeta_i}\right)\text{lb}\left(1+\frac{P_{\text{T}}}{N_0+I_{\text{u}}}\right) \tag{4-8}$$

其中，P_T 为发送端的发送功率，I_u 为干扰基站的平均功率，N_0 为热噪声功率，B 为可用信道带宽，ζ_i 为小区 i 的负载，d 为网络密度因子。为增加信道容量并适应呈指数级增长的用户数量，需要寻找替代频谱或通过部署大量更小的基站以实现网络密集化。网络的密集化具有多方面优势，例如可以支持更多的用户连接，实现更高的数据速率。但随着网络中小基站的大规模部署，用户间和基站间的干扰都将急剧增加，使信道容量减少。因此，必须预先计算每个用户的信干噪比（Signal to Interference plus Noise Ratio，SINR）。

为了满足蜂窝网络中呈指数级增长的数据流量需求，必须增加系统容量。网络密集化一词涵盖了增加网络容量的所有方面。为了增加系统容量，可以从增加可用频谱、提升频谱效率和增加资源重用 3 个方面入手。通过载波聚合、mmWave 传输[13]等关键技术提升对可用频谱的扩展。通过 CoMP 传输[14]、Massive-MIMO[14]等技术提升频谱效率。通过空间密集化，即仅通过增加同一区域小蜂窝的数量，就可以实现频率资源的重用，获得至少 40 倍的容量增长[15]。虽然网络节点密集部署在流量拥挤区域的提升效果尤其明显，但这样也引入了新挑战，如增加系统能耗和切换。因此，网络密集化需要有效的网络管理策略支撑。例如，SON 技术可以根据流量的拥塞程度动态地增加或减少活跃小区的数量[16]。

网络密集化将导致小区负载因子（即与基站相关联的活跃用户数量）减小，而这反过来又会增加整体网络容量。因此，有效的网络管理方案必须考虑到小区负载的减少，同时还要能够克服网络密集化带来的切换和阻塞等挑战。一种有效的网络管理策略是引入智能 mC（云小区），它可以根据用户流量开启或关闭。MC 根据某些预定参数（如活动用户数、用户吞吐量和时延需求、用户优先级以及系统性能水平）来决定这些云小区是否被激活。MC 还可以在给定的覆盖区域内减轻拥有新激活 mC 的现有活跃云小区的负担[17]。图 4-10（a）给出了在蜂窝网络中采用泊松点过程（Poison Point Process, PPP）的一种 mC 可能部署。每个 mC 的服务区域或足迹在几何上由 voronoi-tessellation[18]表示。通常，为了减少小区负载，采用多层部署的小区更加有效。图 4-10（b）给出了蜂窝网络中的两层小区部署，且每层基站位置遵循独立的 PPP 模型。mC 和 MC 采用独立的 PPP 方式部署在同一位置。通过这种方式，一方面，网络负载达到平衡，增加了系统容量；另一方面，云小区动态（而非静态）操作，降低了消耗的功率和切换的概率。在用户流量较为复杂且时变的地点，如购物商场和办公室，这种现象尤其突出。

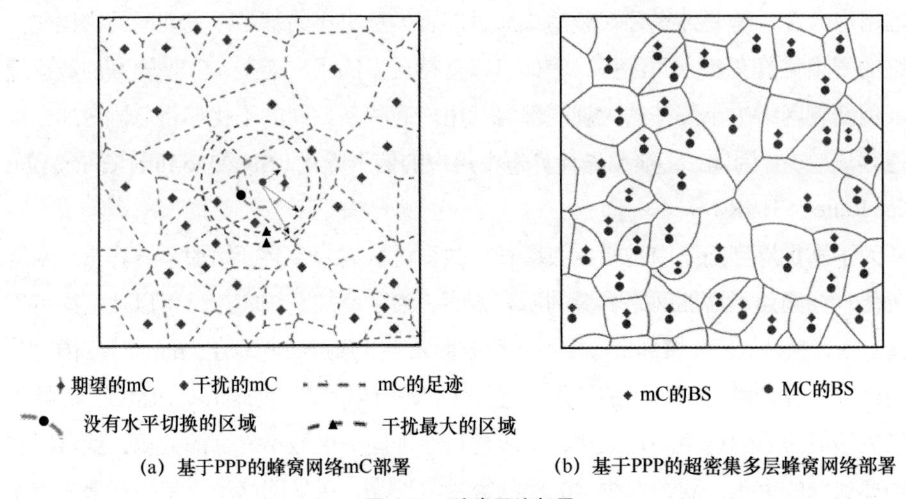

(a) 基于PPP的蜂窝网络mC部署　　(b) 基于PPP的超密集多层蜂窝网络部署

图 4-10　蜂窝网络部署

网络密集化对传输容量的影响并不总是单调函数。如图 4-11 所示，随着 MC 覆盖区域中 mC 密度的增加，传输容量并不总是增加。起初，由于更多的 mC 可以增加整个系统的容量，因此传输容量随着 mC 密度的增加而增加。然而随着 mC 密度的持续增加，相邻 mC 引起的干扰占主要部分。这种干扰最终导致用户的整体传输容量减少。

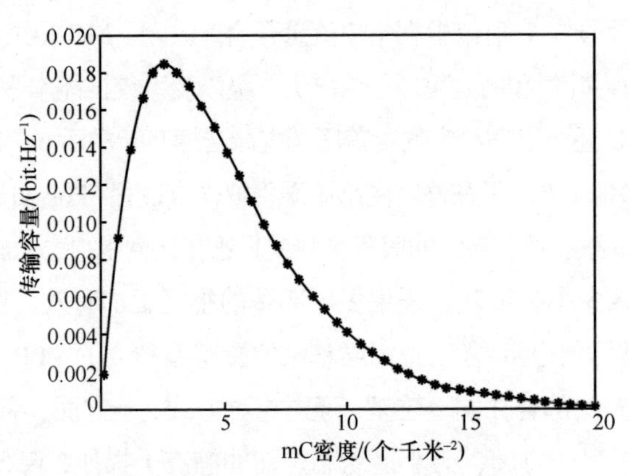

图 4-11　用户传输容量与 mC 密度的关系

此外，还可以利用自适应的用户关联来降低小区负载。其中，通过将某些活跃用户（或新进用户）转移到某些相邻的 mC 上，可以减轻具有较高负载因子的 mC 的负担。尽管这些相邻 mC 提供的 SINR 低于处于服务状态的 mC 提供的 SINR，但它们的负载较轻，可以利用未使用的资源增加用户和网络容量[19]。用户实际可达到的最大容量为瞬时速率与允许的资源份额的乘积。无论信号质量（以 SINR 来度量）如何，通常会在高峰时段或拥挤的公共场所经历过速率（吞吐量）大幅下降的情况。这是因为与该小区关联的用户数量（通常称为小区负载）很多；与负载较少或部分负载的小区相比，饱和小区（完全负载或 80%～90%负载）会为用户提供更少的吞吐量。为了定义小区负载，首先需要计算分配给用户的最小资源量为

$$\zeta_u^i = \frac{1}{B_r}\frac{\hat{R}_u}{f(\gamma_u^i)} \tag{4-9}$$

其中，B_r 为分配给单个 PRB 的带宽，$\hat{R}_u$ 为用户 u 的期待速率，γ_u^i 为用户 u 连接到小区 i 时的 SINR，$f(\cdot)$为给定 SINR 下的频谱效率。通过分配给用户的资源，确定小区的总负载[20]为

$$\zeta_i = \frac{1}{B_i}\left(\frac{1}{B_r}\sum_{U_i}\frac{\hat{R}_u}{\mathrm{lb}\left(1+\gamma_u^i\right)}\right) \tag{4-10}$$

其中，B_i 为分配给小区 i 的总带宽，U_i 为连接到小区 i 的所有（活跃）用户的集合。早期的研究认为，一个小区的可达容量仅与距离或位置有关。在明确了小区负载对吞吐量的影响之后，对于给定位置 z、负载为 ζ_i 的小区 i，其实际可达容量与位置和小区负载均有关，即

$$C_i(z,\zeta) = \min\left\{B_i, \mathrm{lb}\left(1+\gamma_i(z,\zeta)\right), c_{\max}\right\} \tag{4-11}$$

其中，$c_{\max}$ 为发送端 CSI 已知时对应的最大信道容量。连接到小区 i 的用户 u 在位置 z 的 SINR 为

$$\gamma_i(z,\zeta) = \frac{P_i(z)}{\sum\limits_{j\neq i}\left(\zeta_j P_j(z) + N_0\right)} \tag{4-12}$$

（2）遍历信道容量

根据式（4-8）中给出的信道容量，通过分析小区负载以及干扰分布，可得遍历

信道容量为

$$C_{\text{channel}}^{i}=d\left(\frac{B}{\zeta_i}\right)\text{lb}\left(1+\frac{P_t}{\frac{\pi}{2}\lambda \mathrm{e}^{\frac{-\pi^3\lambda^2}{4x}}x^{\frac{-3}{2}}}\right) \tag{4-13}$$

由于发送端的 CSI（CSI at the Transmitter，CSIT）不可用，信道衰落将导致数据传输的质量降低，同时有效信道容量也将显著减少。在这种情况下，由于遍历容量是瞬时信道容量的期望值，因此它是一种很好的度量。一个无 CSIT、平均发射功率为 P 的小区 i 的衰落信道遍历容量为

$$C_{\text{ecc}}^{i}=\mathrm{E}\left[d\left(\frac{B_i}{\zeta_i}\right)\text{lb}\left(1+\gamma_u\right)\right]=\int_0^{\infty}d\left(\frac{B_i}{\zeta_i}\right)\text{lb}\left(1+\gamma_u\right)p\left(\gamma_u\right)\mathrm{d}\gamma \tag{4-14}$$

由 Jenson 不等式[21]可得

$$C_{\text{ecc}}^{i}\leqslant d\left(\frac{B_i}{\zeta_i}\right)\text{lb}\left(1+\frac{\bar{P}_{\mathrm{T}}}{N+\frac{\lambda 2\pi}{\alpha-2}\rho^{2-\alpha}}\right) \tag{4-15}$$

由此可得，遍历信道容量的线性增加可通过网络密集化或为小区分配更多带宽来实现。但小区负载的增加（更多活跃用户）会减少与用户相关的遍历信道容量。

4.1.3 去中心化无线网络的容量

在网络智能化维度上，6G 网络可以通过去中心化来实现网络容量的增加。去中心化可以为无线网络提供一定程度的可扩展性和鲁棒性，这是集中式体系结构无法实现的。去中心化降低了对若干个中心节点的显式依赖，以此实现模块化并提高可靠性。比较特殊的一点是去中心化允许节点网络在灵活且可扩展的架构中交换信息并协调活动，而这对于单个集中式系统而言是不可能实现的。此外，由于系统本身可以比其最智能的组成元素“更加智能”，因此去中心化具有一定的适应性和智能性。值得一提的是，分布式和去中心化是两种不同的方法，在分布式系统中，决策由执行元素之间的协商过程决定，并由执行元素实施；而在去中心化系统中，每个执行元素都会做出自己的决策，并且只执行这些决策[22]。

本节以 V2X 这一典型的去中心化场景为例，对无线网络容量进行分析，并针对城市和拥挤地区、乡村和边远地区等不同的场景，分别给出容量的准确表达式及近似闭式表达式。

1. 去中心化 V2X 系统

去中心化 V2X 系统模型[23]如图 4-12 所示。该系统与现有系统最大的不同之处在于 V2X 设备之间可通过直接通信（Direct Communication，DC）方式通信，而不需要经过蜂窝网络，通信的内容可从相邻 V2X 的缓存中获取[24]。因此，该系统模型具有更短的传输距离和更好的时延[24]，同时可以降低蜂窝网络的负载。

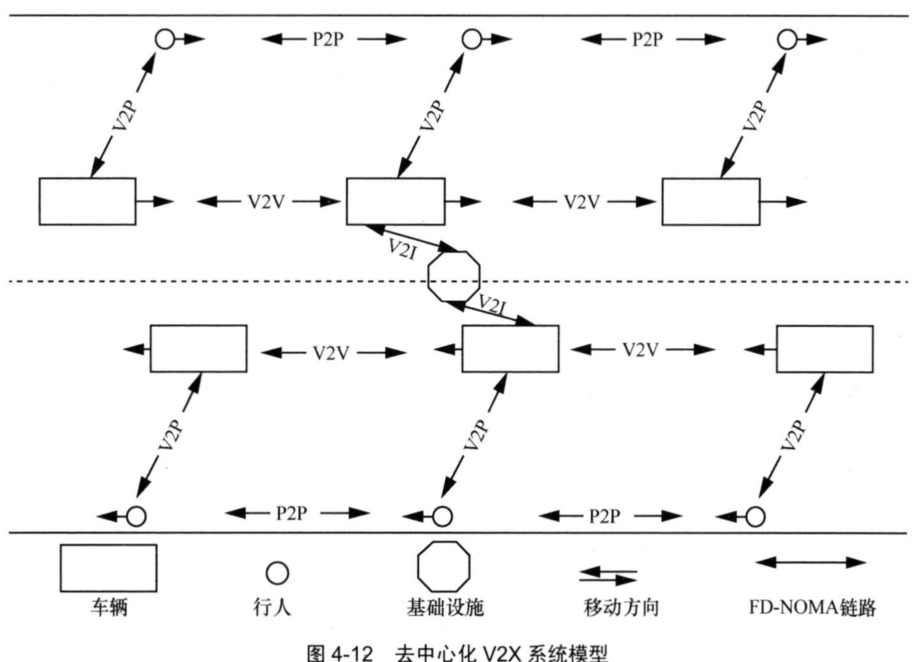

图 4-12　去中心化 V2X 系统模型

为简化分析，现有的 V2X 研究中仅考虑了 V2V 和 V2I 通信[25-30]。如前所述，V2X 不仅致力于连接车辆，还具备连接道路上的所有设备（车辆、行人、交通信号灯等）的能力。数量庞大的连接设备与各种应用程序使 V2X 通信变得更加复杂。为分析此问题，本节将 V2X 通信分为城市和拥挤地区的场景及乡村和偏远地区的场景两种场景，并以上标 a 和 c 来区分。

在城市和拥挤地区的场景中，由于发送端与接收端之间存在大量的反射和折射路径[31]，信道模型采用瑞利衰落模型。相比之下，在乡村和偏远地区的场景中，由于障碍物较少，可以认为发送端到接收端的视线线路（Line of Sight，LoS）始终存在，因而信道模型采用莱斯衰落模型。

在基于 FD-NOMA 的去中心化 V2X 系统中，M 发 N 收的信道矩阵为

$$\boldsymbol{H}=\begin{bmatrix}\boldsymbol{h}_1\\ \boldsymbol{h}_2\\ \boldsymbol{h}_3\\ \vdots\\ \boldsymbol{h}_N\end{bmatrix}=\begin{bmatrix}h_{1,1} & h_{1,2} & \cdots & h_{1,M}\\ h_{2,1} & h_{2,2} & \cdots & h_{2,M}\\ \vdots & \vdots & \ddots & \vdots\\ h_{N,1} & h_{N,2} & \cdots & h_{N,M}\end{bmatrix}\in\mathbb{C}^{N\times M} \tag{4-16}$$

其中，$h_{i,j}$ 为信源 i 与信宿 j 之间的信道参数。由此，接收信号可表示为

$$\boldsymbol{y}=\boldsymbol{H}\sqrt{\boldsymbol{P}}\boldsymbol{x}+\boldsymbol{n} \tag{4-17}$$

其中，$\boldsymbol{P}$ 为分配到的下行链路 NOMA 功率矩阵，$\boldsymbol{x}$ 为下行链路传输信号，$\boldsymbol{n}$ 为下行链路信道噪声。对于全双工（Full Duplex，FD）模式下的上行信道，有 $\boldsymbol{H}=\boldsymbol{H}^{\mathrm{T}}$，在此条件下，FD 模式下的上行链路传输信息为

$$\hat{\boldsymbol{y}}=\hat{\boldsymbol{H}}\sqrt{\hat{\boldsymbol{P}}}\boldsymbol{z}+\hat{\boldsymbol{n}} \tag{4-18}$$

其中，$\boldsymbol{z}$ 为上行链路传输信号。因此，NOMA 功率和信道噪声向量满足 $\hat{\boldsymbol{P}}=\boldsymbol{P}^{\mathrm{T}},\hat{\boldsymbol{n}}=\boldsymbol{n}^{\mathrm{T}}$。信宿 n 从全部 M 个信源接收到的总功率为

$$p_n=p_{1,n}+p_{2,n}+\cdots+p_{M,n} \tag{4-19}$$

类似地，有

$$\hat{p}_n=\hat{p}_{1,n}+\hat{p}_{2,n}+\cdots+\hat{p}_{M,n} \tag{4-20}$$

式（4-20）是以 n 为信源向 M 个信宿传输信息时的自干扰功率。接收信号由接收到的下行链路传输信号及其来自 FD 上行链路的自干扰组成。基于 FD-NOMA 的去中心化 V2X 系统的发送和接收过程不同于中心化的蜂窝网络的通信，即每个 V2X 的信宿都可以从多个分布式信源接收具有不同 NOMA 功率向量的信息。通过采用 FD-NOMA 技术同时发送和接收，每个 V2X 设备接收和发送的功率分别为 p_n 和 $\hat{p}_n$。

2. **不同场景下的遍历容量分析**

容量分析可以给出无线系统的一种直观且易于计算的容量表达式[32-33]。通常，

容量可以分为两种类型：遍历（香农）容量和中断容量[34]。

在时变信道中，如果 CSI 在收发端都是已知的，即 SINR 的分布在收发端均已知，则可定义遍历容量。遍历容量由经过所有衰落状态的数据传输定义，由于它是所有状态下瞬时容量的平均值，因此也将其称为香农容量。与之相反，如果由于反馈时延或信道估计误差而无法获得较准确的 CSI[35-37]，则需要定义中断容量。中断容量用于描述具有恒定瞬时 SINR 的缓慢变化信道的系统性能[34,38]。由于 V2X 信道通常为时变信道，因此采用遍历容量的概念进行容量分析。

在去中心化的 FD-NOMA V2X 系统中，传输信道是互不相关的。在此条件下，MIMO-NOMA 可视为加性 SISO-NOMA 连接之和。此外，类似于文献[39-40]的研究，采用递增顺序的信道响应，即 $\left|h_{i,1}\right|^2 \leqslant \cdots \leqslant \left|h_{i,j}\right|^2 \leqslant \cdots \leqslant \left|h_{i,N}\right|^2, \forall i \in [1, M]$，$j \in [1, N]$，反之亦然。这样，在连续干扰消除（Successive Interference Cancellation，SIC）后，第 i 个用户的 NOMA 同信道干扰来自第 $i+1$ 个用户到第 N 个用户[40]。

根据香农理论[41]，每个信源的可达容量为

$$C_{\text{sum}} = \sum_{i=1}^{M}\sum_{j=1}^{N} \text{lb}\left(1 + \frac{p_{i,j}\left|h_{i,j}\right|^2}{\sum\limits_{l=j+1}^{N} p_{i,l} + \eta \hat{p}_{i,k} + \sigma^2}\right) \tag{4-21}$$

其中，$\sum\limits_{l=j+1}^{N} p_{i,l}$ 为 SIC 后来自相邻用户的同信道干扰，$\eta \hat{p}_{i,k}$ 为 FD 上行链路的自干扰，σ^2 为信道噪声功率。此外，η 为自干扰系数，其取值为[0,1]，这使式（4-21）可用于描述不同的方案。例如，在 FD-NOMA 方案中，较大的 η 值表示 FD 的自干扰较强，而较小的 η 值表示 FD 的自干扰较弱。当 $\eta=0$ 时，式（4-21）简化为 NOMA 的表达式。在式（4-21）的基础上，将信道噪声功率值归一化，可得

$$C_{\text{sum}} = \sum_{i=1}^{M}\sum_{j=1}^{N} \text{lb}\left(1 + \frac{\rho \alpha_{i,j}\left|h_{i,j}\right|^2}{\rho\left(\sum\limits_{l=j+1}^{N} \alpha_{i,l} + \eta \alpha_{i,k}\right) + 1}\right) \tag{4-22}$$

其中，ρ 表示信噪比（Signal to Noise Ratio，SNR）；α 表示 FD 传输分配的 NOMA 功率系数，与归一化信道噪声功率对应。后续部分采用归一化噪声功率。

（1）城市和拥挤场景下的遍历容量分析

首先，对城市和拥挤场景下的遍历容量进行分析。在城市和拥挤场景下，每个时隙中的瞬时 SINR 为

$$f^{a}(\gamma_{i,j})=\frac{1}{\overline{\gamma}_{i,j}}\mathrm{e}^{-\frac{\gamma_{i,j}}{\overline{\gamma}_{i,j}}} \tag{4-23}$$

其中，

$$\overline{\gamma}_{i,j}=\frac{\rho\alpha_{i,j}}{\rho\left(\sum_{l=i+1}^{N}\alpha_{i,l}+\eta\alpha_{i.k}\right)+1} \tag{4-24}$$

为每个信宿的平均信道功率增益。遍历容量是通过经历所有信道衰落状态实现的，即

$$\begin{aligned}C_{i,j}^{a}&=\mathrm{E}\left[\mathrm{lb}(1+\gamma_{i,j})\right]=\\&\int_{0}^{+\infty}\mathrm{lb}(1+\gamma_{i,j})f^{\alpha}(\gamma_{i,j})\mathrm{d}\gamma_{i,j}=\\&\int_{0}^{+\infty}\mathrm{lb}(1+\gamma_{i,j})\frac{1}{\overline{\gamma}_{i,j}}\mathrm{e}^{-\frac{\gamma_{i,j}}{\overline{\gamma}_{i,j}}}\mathrm{d}\gamma_{i,j}\end{aligned} \tag{4-25}$$

在城市和拥挤场景下，基于 FD-NOMA 的去中心化 V2X 系统的可达遍历容量的准确表达式为

$$C_{\mathrm{sum}}^{a}=\sum_{i=1}^{M}\sum_{j=1}^{N}\mathrm{e}^{\frac{1}{\overline{\gamma}_{i,j}}}E_{1}\left(\frac{1}{\overline{\gamma}_{i,j}}\right)\mathrm{lbe} \tag{4-26}$$

其中，$E_1(x)$为指数积分函数，定义为

$$E_{1}(x)=\int_{x}^{\infty}\frac{\mathrm{e}^{-t}}{t}\mathrm{d}t \tag{4-27}$$

由于城市和拥挤场景下遍历容量的表达式中包含了指数积分函数，经推导可得 $E_1(x)$ 的近似闭式表达式为

$$E_{1}(x)\approx\pi\sum_{k=1}^{n+1}\sum_{s=1}^{t+1}a_{k}\sqrt{b_{k}}\mathrm{e}^{-b_{k}b_{s}x} \tag{4-28}$$

其中，a_k 和 b_k 的定义式分别为

$$\begin{cases} a_k = \dfrac{\theta_k - \theta_{k-1}}{\pi} \\ b_k = \dfrac{\cot\theta_{k-1} - \cot\theta_k}{\theta_k - \theta_{k-1}} \end{cases} \tag{4-29}$$

此外，$\theta_k, k \in [0, n+1]$ 满足 $0 \leqslant \theta_0 < \theta_1 < \cdots < \theta_k < \cdots < \theta_{n+1} = \dfrac{\pi}{2}$。采用相同的方式定义 a_s 和 b_s，即

$$\begin{cases} a_s = \dfrac{\theta_s - \theta_{s-1}}{\pi} \\ b_s = \dfrac{\cot\theta_{s-1} - \cot\theta_s}{\theta_s - \theta_{s-1}} \end{cases} \tag{4-30}$$

因此，可得城市和拥挤场景下可达容量的近似闭式表达式为

$$C_{\text{sum}}^{\text{a}} \approx \pi \text{lbe} \sum_{i=1}^{M} \sum_{j=1}^{N} \sum_{k=1}^{n+1} \sum_{s=1}^{t+1} \mathrm{e}^{\frac{1}{\gamma_{i,j}}} a_k \sqrt{b_k} a_s \mathrm{e}^{\left(-b_k b_s \frac{1}{\gamma_{i,j}}\right)} \tag{4-31}$$

（2）乡村和偏远场景下的遍历容量分析

使用 K 作为莱斯因子（快衰落中确定性分量和随机分量的比值），在莱斯信道中有

$$K = \frac{r^2}{2\omega^2} \tag{4-32}$$

其中，r 为 LoS 分量的信道增益，ω 为所有非视距（Non-Line-of-Sight，NLoS）分量的平均信道功率增益。将总平均功率增益定义为 r，参考文献[42]中的研究结果，给出 r 的概率分布函数（Probability Distribution Function，PDF）为

$$f^{\text{c}}(\gamma_{i,j}) = \frac{K+1}{\overline{\gamma}_{i,j}} \mathrm{e}^{\left[-K - \frac{(K+1)\gamma_{i,j}}{\overline{\gamma}_{i,j}}\right]} I_0\left(2\sqrt{\frac{K(K+1)\gamma_{i,j}}{\overline{\gamma}_{i,j}}}\right) \tag{4-33}$$

其中，$I_0(x)$为第一类 0 阶贝塞尔函数。经分析推导可得，乡村和偏远场景下基于

FD-NOMA 的去中心化 V2X 系统的准确遍历容量表达式为

$$C_{\text{sum}}^{\text{c}} = \sum_{i=1}^{M}\sum_{j=1}^{N}\frac{\mathrm{e}^{-K}}{\ln 2}\mathrm{e}^{\frac{K+1}{\gamma_{i,j}}}\sum_{m=0}^{\infty}\frac{K^m}{m!}\sum_{l=1}^{m+1}E_{m-l+2}\left(\frac{K+1}{\overline{\gamma}_{i,j}}\right) \tag{4-34}$$

其中，$E_n(x)$为广义指数积分函数[43]，可定义为

$$E_n(x) = \int_1^{\infty}\frac{\mathrm{e}^{-xt}}{t^n}\mathrm{d}t\left(\mathrm{Re}(x) > 0\right) \tag{4-35}$$

其中，$\mathrm{Re}(x)$表示 x 的实部。

4.1.4　卫星网络与地面网络共存系统的容量

随着移动通信的飞速发展，数据流量的指数级增长给地面蜂窝网络带来了巨大的挑战，尤其是偏远地区和密集用户区域[44]。作为一种补充方式，卫星网络具有广泛的覆盖范围（半径约数千千米），因此可为地面用户、船只和飞机提供实时服务[45-46]。地面网络和卫星网络结合，一方面，可以增加系统容量；另一方面，可以增加用户访问、数据传输和资源分配方面的灵活性。这为 6G 网络容量增加提供了巨大的潜力[47-48]。

近些年来，认知无线电（Cognitive Radio，CR）被看作一种很有前景的提高频谱效率的方法[49]，许多标准团体和研究人员已将 CR 技术应用于卫星网络和地面网络，这构成了一种被称为认知卫星地面网络（Cognitive Satellite Terrestrial Network，CSTN）的全新架构[50-52]。在该网络中，卫星网络被称为主要网络（Primary Network，PN）或辅助网络（Secondary Network，SN），共享无线电频谱并与对应的作为 SN/PN 的地面网络共存。

接下来，给出 CSTN 场景下卫星网络与地面网络共存时地面用户的容量分析。这里采用了 CSTN 的通用框架，其中地球静止轨道（Geostationary Earth Orbit，GEO）卫星服务多个用户，与地面 mmWave 蜂窝网络共存，并共享下行链路的频谱。此处采用的毫米波信道、天线和路径损耗模型参照了许多 ITU 的建议和其他标准。考虑图 4-13 所示的共存系统模型[53]，其中卫星网络作为 PN，地面网络作为 SN，彼此共

存并共享相同的下行链路频谱资源。PN 由一个 GEO 卫星（Satellite，SAT）和 K 个主要用户（Primary User，PU）组成，表示为 PU_k；SN 由一个多天线基站和一个辅助用户（Secondary User，SU）组成。

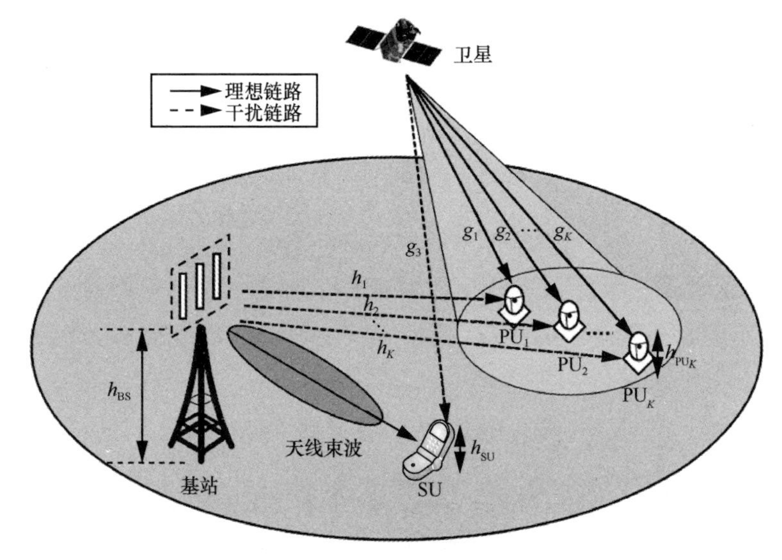

图 4-13　共存系统模型

定义瞬时输出 SINR γ_s，其累积分布函数（Cumulative Distributed Function，CDF）为

$$F_{\gamma_s}(x)=1-\mathrm{e}^{\frac{-x}{\lambda m\gamma_b}}\sum_{m=1}^{t}\sum_{n=1}^{v_m}\sum_{k=0}^{n}\sum_{j=0}^{k}\binom{k}{j}\frac{C_{m,n}}{\Gamma(k)\Gamma(m_s)} \left(\frac{m_s}{\Omega_s\overline{\gamma}_b}\right)^{m_s}\left(\frac{x}{\lambda_m\overline{\gamma}_b}\right)^{k}(j+m_s-1)!\left(\frac{x}{\lambda_m\overline{\gamma}_b}+\frac{m_s}{\Omega_s\overline{\gamma}_s}\right)^{-(j+m_s)} \tag{4-36}$$

平均遍历容量定义为接收 SNR 的瞬时互信息的期望值，即

$$C_s=\mathrm{E}\left[\mathrm{lb}(1+\gamma_s)\right]=\int_0^{\infty}\mathrm{lb}(1+x)f_{\gamma_s}(x)\mathrm{d}x \tag{4-37}$$

利用分部积分法，可进一步将式（4-37）改写为

$$C_s=\mathrm{lb}(1+x)\left[F_{\gamma_s}-1\right]_0^{\infty}-\frac{1}{\ln 2}\int_0^{\infty}\frac{1}{1+x}\left[F_{\gamma_s}-1\right]\mathrm{d}x=\ln 2\int_0^{\infty}\frac{1}{1+x}\left[1-F_{\gamma_s}\right]\mathrm{d}x \tag{4-38}$$

然后，将式（4-36）代入式（4-38），可计算得到 C_s 的解析表达式为

$$C_s = \frac{1}{\ln 2}\sum_{m=1}^{t}\sum_{n=1}^{v_m}\sum_{k=0}^{n}\sum_{j=0}^{k}\binom{k}{j}\frac{C_{m,n}(j+m_s-1)!}{\Gamma(k)\Gamma(m_s)\left(\lambda_m\overline{\gamma}_b\right)^k}\left(\frac{m_s}{\Omega_s\overline{\gamma}_s}\right)^{m_s} \underbrace{\int_0^\infty \frac{x^k}{1+x}\mathrm{e}^{\frac{-x}{\lambda_m\overline{\gamma}_b}}\left(\frac{x}{\lambda_m\overline{\gamma}_b}+\frac{m_s}{\Omega_s\overline{\gamma}_s}\right)^{-(j+m_s)}\mathrm{d}x}_{I} \tag{4-39}$$

为方便后续推导，利用

$$(1+\alpha x)^{-\beta} = \frac{1}{\Gamma(\beta)}G_{1,1}^{1,1}\left[\alpha x\middle|_{0}^{-\beta+1}\right] \tag{4-40}$$

将式（4-39）积分 I 中的 $(1+x)^{-1}$ 和 $\left(\frac{x}{\lambda_m\overline{\gamma}_b}+\frac{m_s}{\Omega_s\overline{\gamma}_s}\right)^{-(j+m_s)}$ 用 Meijer-G 函数重新表示为

$$\begin{aligned}&(1+x)^{-1} = G_{1,1}^{1,1}\left[x\middle|_{0}^{0}\right]\\&\left(\frac{x}{\lambda_m\overline{\gamma}_b}+\frac{m_s}{\Omega_s\overline{\gamma}_s}\right)^{-(j+m_s)} = \frac{1}{\Gamma(j+m_s)}\left(\frac{m_s}{\Omega_s\overline{\gamma}_s}\right)^{-(j+m_s)}G_{1,1}^{1,1}\left[\frac{\Omega_s\overline{\gamma}_s x}{m_s\lambda_m\overline{\gamma}_b}\middle|\begin{matrix}-(j+m_s)+1\\0\end{matrix}\right]\end{aligned} \tag{4-41}$$

因此，将式（4-41）代入式（4-39），计算积分 I 为

$$\begin{aligned}I &= \frac{1}{\Gamma(j+m_s)}\left(\frac{m_s}{\Omega_s\overline{\gamma}_s}\right)^{-(j+m_s)}\int_0^\infty x^k\exp\left(-\frac{x}{\lambda_m\overline{\gamma}_b}\right)G_{1,1}^{1,1}\\&\left[x\middle|_{0}^{0}\right]G_{1,1}^{1,1}\left[\frac{\Omega_s\overline{\gamma}_s x}{m_s\lambda_m\overline{\gamma}_b}\middle|\begin{matrix}-(j+m_s)+1\\0\end{matrix}\right]\mathrm{d}x =\\&\frac{\left(\lambda_m\overline{\gamma}_b\right)^{k+1}}{\Gamma(j+m_s)}\left(\frac{m_s}{\Omega_s\overline{\gamma}_s}\right)^{-(j+m_s)}G_{1,[1:1],1,[1:1]}^{1,1,1,1,1}\left[\begin{matrix}\frac{\Omega_s\overline{\gamma}_s}{m_s}\\\lambda_m\overline{\gamma}_b\end{matrix}\middle|\begin{matrix}k+1\\-(j+m_s)+1;0\\--\\0;0\end{matrix}\right]\end{aligned} \tag{4-42}$$

其中，G 为包含两个变量的 Meijer-G 函数，$--$ 表示 Meijer-G 函数中维度为 0 的参数。最后，将式（4-42）代入式（4-39），可计算得到地面用户的遍历容量为

$$C_s = \frac{1}{\ln 2}\sum_{m=1}^{t}\sum_{n=1}^{v_m}\sum_{k=0}^{n}\sum_{j=0}^{k}\binom{k}{j}\frac{C_{m,n}\lambda_m\overline{\gamma}_b}{\Gamma(k)\Gamma(m_s)}\left(\frac{\Omega_s\overline{\gamma}}{m_s}\right)^j G_{1,[1:1],1,[1:1]}^{1,1,1,1,1}\left[\begin{array}{c|c} \frac{\Omega_s\overline{\gamma}_s}{m_s} & \begin{array}{c} k+1 \\ -(j+m_s)+1;0 \end{array} \\ \lambda_m\overline{\gamma}_b & \begin{array}{c} -- \\ 0;0 \end{array} \end{array}\right] \tag{4-43}$$

4.1.5　6G 网络容量提升方法展望

香农信息论仍将是 6G 的重要设计基础，它揭示了增加系统容量的两种主要方法：增加系统带宽和提高频谱效率[54]。由此，我们可以展望用于 Tbit/s 级数据传输速率的几种很有前景的技术，如太赫兹通信、超大型天线阵列（即 SM-MIMO）、轨道角动量（Orbital Angular Momentum，OAM）复用、激光通信和可见光通信（Visible Light Communication，VLC），以及基于区块链的频谱共享。太赫兹通信、激光通信和 VLC，以及基于区块链的频谱共享是增加 6G 频谱资源的重要技术，且基于区块链的频谱共享可以显著提高传统频谱共享的效率和安全性。SM-MIMO 和 OAM 复用通过在同一频道上复用多组并行数据流，可以显著提高频谱效率。

（1）太赫兹通信

太赫兹通信位于 0.1～10 THz 频段，其频谱资源远比 mmWave 频段丰富，并且同时具有电磁波和光波的优势。太赫兹通信有望在 Hotspot、X-Haul 和室内最后一米无线接入等场景下提供 Tbit/s 级的数据传输速率。IEEE 802.15.3d 还在 0.252～0.325 THz 的较低频段规定了两种太赫兹物理层（即单载波和开关键控物理层），以实现 100 Gbit/s 的数据传输速率。太赫兹通信具有以下优点。

① 高达数百兆赫兹的海量频谱资源，远比 24.25～52.6 GHz 的 5G mmWave 频段丰富得多，可以满足 6G 的海量带宽需求，并实现 Tbit/s 级的数据传输速率。

② 太赫兹频段能集成更多天线以提供成百上千的波束，这是因为它的波长远小于 mmWave 频段。预计将有超过 10 000 个天线单元集成到太赫兹的基站中，这些天线可形成超窄波束以克服传播损耗，并生成更窄的波束，以实现更高的数据传输速率，同时为更多用户提供服务。

③ 太赫兹通信展现出高度定向传输的特性，可以显著减轻小区间干扰，降低通

信被监听的可能性，提供更高的安全性。

（2）SM-MIMO、大型智能表面（Large Intelligent Surface，LIS）和全息波束成形（Holographic Beamforming，HBF）

从 8 天线的 4G MIMO 到 256～1 024 天线的大规模 MIMO，多天线技术在无线通信中发挥了关键作用，其可通过空间复用显著增加系统容量，通过分集实现可靠传输，通过波束成形克服传播损耗。6G 预计部署配有超过 10 000 个天线单元的 SM-MIMO，具有如下优势。

① 通过空间复用实现超高频谱效率，空间复用技术可在同一频率的信道上传输上百个并行数据流。SM-MIMO 还可以显著提高能源利用效率并降低时延。

② SM-MIMO 可提供上百个波束，以大量用户 MIMO 而非多用户 MIMO 的形式为更多用户提供服务，以此来显著提高网络的吞吐量。此外，SM-MIMO 和 NOMA 技术的结合将使支持 SM 连接的大规模接入通信成为可能。

③ 超窄波束的形成将有助于克服 mmWave 和太赫兹频段的严重传播损耗，并减少聚集的同信道小区间干扰。

随着诸如超表面（即无源反射阵列）等先进天线技术的发展，由无源反射阵列和控制元件组成的 LIS 系统引起了研究人员越来越多的关注。与配有传统天线阵列的有源基站和接入点相比，LIS 可以克服半波长的限制，具有低成本和低功耗的优点。此外，LIS 可以很容易地部署在用户接触不到的建筑物立面、墙壁或天花板上，因此可实现 LoS 传播和近场通信。LIS 的表面集成了具有可控相位或振幅的大量无源反射元件，同时可在空间内连续发射或接收孔径，从而使新兴的 HBF 成为可能[55]。HBF 通过全息记录和重建生成所需的波束，因此与具有离散相控天线阵列的常规波束成形相比，HBF 可以实现更高的空间分辨率。

（3）OAM 复用

OAM 复用技术利用一组正交的电磁波，通过将电磁波的角动量作为新的自由度，在同一频道上复用多个数据流，以此实现更高的频谱效率。这与空间复用是不同的，空间复用使用的是多个分离的发射和接收天线。电磁波的 OAM 可表示为 e，其中 OAM 的状态 s 为一无界整数，phi 为方位角。这意味着存在无限多的 OAM 状态，且任意两个 OAM 状态都是正交的。理论上，任意数量的数据流都可以在同一频道上复用。

（4）激光通信和 VLC

为实现更广范围的无缝覆盖，6G 将空间、空中网络和水下网络与地面网络相结合。但空间、空中和水下的传播环境与地面环境不同，因此基于电磁波信号的常规无线通信方式无法为这些场景提供高速的数据传输速率。VLC 具有超高带宽，使用激光束可实现高速数据传输，适用于自由空间和水下等环境。另一方面，VLC 在 400～800 THz 的频率范围内工作，使用类似发光体的 LED 产生的可见光传输数据，是 6G 的另一项很有前景的技术。VLC 利用超高带宽实现高速数据传输，可用范围十分广泛，适用于室内热点等场景。

（5）基于区块链的频谱共享

非授权频谱允许不同用户共享同一频谱，是一项很有发展前景的策略，它可以克服常规频谱拍卖的低频谱利用率和频谱垄断的问题，并满足大量信息消耗的巨大频谱需求。然而，集中式频谱访问系统，如 FCC 用于 3.5 GHz 非授权频谱的三层频谱系统，由于在管理费用、效率和交易成本方面存在问题，仍远落后于预期效果。近年来，区块链受到了研究者的关注，这是因为区块链允许所有参与者记录区块，且每个区块都包括前一个区块的加密哈希、时间戳和交易数据，以此为所有交易记录（即区块）提供一个安全的分布式数据库。因此，基于区块链的频谱共享是 6G 中有望提供安全、智能、低成本和高效去中心化频谱共享的一项很有前景的技术。

4.1.6　信息论、控制论、系统论的三论融合

随着传输技术的不断进步，当前点对点的系统传输已经逼近香农极限，对应的频谱效率提升空间有限。通过简单地扩充频谱和增加网络密度也无法保证蜂窝系统的可持续演进。同时，随着蜂窝网路结构和协议的进一步复杂化，移动通信系统的复杂巨系统特性凸显。为了获取可持续的系统演进，一种新的思路是不断融合其他理论，通过与其他学科的交叉融合，寻找蜂窝系统的演进新方式。为此，从系统整体出发，引入信息论、控制论、系统论“三论融合”这一概念，以期通过学科间的融合来解决网络中的复杂问题。

三论，即系统论、信息论和控制论，是一种新兴的科学研究方法。三论的崛起

为人类认识世界和改造世界提供了新思想与新方法[56]。

三论在 20 世纪出现并产生较大的影响，有着较为深刻的历史背景。自然科学的高速发展呈现着由分化走向统一的趋势，一方面，各门学科不断分化，各类分支学科也逐渐增多，各种学科如雨后春笋般相继出现；另一方面，各学科之间又在不断地相互交叉、相互渗透与相互融合，逐步走向综合化与整体化。这种相互交叉、相互渗透与相互融合的趋势在客观上要求具有共同的方法论，为各学科之间的交流发挥桥梁和黏合作用，而三论的出现正是这种时代要求的结果。同时，现代科学技术的飞速发展也为三论的产生提供了实践的前提与基础。人类认识工具的改善，尤其是电子计算机和电脑的应用，促进了“信息”这一概念的快速普及；自动化行业的发展，促进了控制论的诞生；各种系统工程的问世，使人们有可能在更高的理论水平上去发展系统论。三论的历史虽然不算很长，但作为一项现代的科学方法，它的指导作用却很快为人们所认识和理解[57]。

三论是从自然科学的研究中总结出来的科学研究方法，但它并不仅限于自然科学，还具有一般的方法论意义。三论在横向上具有广泛的适用范围，因此被称为“横向型科学”或“横断性科学”。这个“横断性”的特点是指，三论不是某一具体科学的方法论，而是自然科学、社会科学和思维科学等科学领域的共同方法论，是人类认识世界和改造世界的一种统一的科学方法。三论具有严格的程序与准确的形式，是一种更加科学、更加规范化的方法，它对科学研究、领导决策和其他各项工作都有着很强的指导性。

系统论、控制论、信息论三门学科紧密相关，它们之间的关系可以表述为：系统论提出了系统的概念并揭示了其一般规律，控制论研究的是系统演变过程中的规律性，而信息论则是研究控制的具体实现过程。因此，信息论是控制论的基础，同时二者共同构成系统论的研究方法[56]。

6G 网络是一个复杂巨系统，亟须基础理论的突破。为此，需要通过学科间的融合来解决此复杂问题，其方法论即三论融合。三论融合关系如图 4-14 所示。三论融合对 6G 网络演进的有益效果有以下几点。

① 借鉴脑科学观点，利用三论融合方法，可对 6G 网络进行优化设计。

② 通过三论融合，可解决单个理论无法解决的基础问题。

③ 融合客观信息与主观信息，可构建新型的广义信息测度理论。

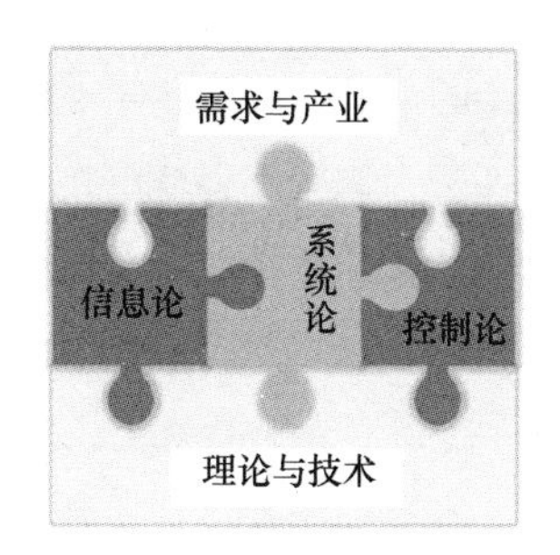

图 4-14　三论融合关系

4.2　网络耗散理论

本节从移动通信系统的演进角度，基于网络耗散理论来探讨 6G 组网的演进和潜在支撑演进理论，并阐述基于耗散理论的 6G 网络演进形式。耗散结构理论是研究耗散结构性质及其形成、稳定和演变规律的一门学科[58]。依据复杂开放巨系统演化的耗散结构理论，5G 网络的运行过程是开放非平衡的，处于耗散结构内运动的耗散过程。经过技术制式与应用场景的分叉演化，在 6G 时代，网络逐步演进到临界状态。

4.2.1　耗散结构理论

耗散结构理论的研究对象是开放系统，着重阐明开放系统从无序转变为有序的过程。耗散理论表明，一个远离平衡态的开放系统，通过不断与外界交换物质和能量的过程，当外界条件变化达到一定的阈值时，可以通过其内部作用产生一种自组织的现象，进而使系统从原来的无序状态，自发地转变为在时空上和功能上的一种宏观的有序状态，形成一种新的、稳定的有序结构。这种非平衡状态下的新有序结构，就是耗散结构。

（1）耗散结构理论的创始人

耗散结构理论的创始人是比利时俄裔科学家 Ilya Prigogine。Prigogine 的早期工作主要集中在化学热力学领域，并于 1945 年提出了最小熵产生原理。该原理与昂萨格倒易关系一起奠定了近平衡态的线性区热力学理论基础。经过多年努力，Prigogine 试图将最小熵产生原理拓展到远离平衡态的非线性区，但以失败告终。在进行了诸多远离平衡态的研究后，他认识到，系统在远离平衡态时，其热力学性质可能与平衡态和近平衡态有着重大的原则性差别。以 Prigogine 为首的布鲁塞尔学派经过多年的努力研究，终于建立了一种新的关于非平衡系统自组织的理论——耗散结构理论。这一理论在 1969 年由 Prigogine 本人在一次“理论物理学和生物学”的国际会议上正式提出。由于在非平衡热力学，尤其是建立耗散结构理论方面做出的贡献，Prigogine 荣获 1977 年诺贝尔化学奖。

（2）理论概述

耗散结构理论可概括如下：一个远离平衡态的非线性开放系统（物理、化学、生物，乃至经济、社会的系统），不断与外界交换物质和能量，在系统内部，当某个参量的变化达到一定阈值时，通过涨落的方式，系统可能会发生突变，即非平衡相变，由原来混沌的无序状态，转变为一种在时间、空间或功能上的有序状态。在远离平衡的非线性区，将会形成一种新的、稳定的宏观有序结构。由于这种结构需要不断地与外界交换物质或能量才能继续维持，因此称为耗散结构。同时，Prigogine 将系统在一定条件下自行产生的相干性和组织性称为自组织现象。因此，耗散结构理论也被称为非平衡系统的自组织理论[59]。

（3）重要概念

理解耗散结构理论，需要理解如下几个概念：远离平衡态与平衡态、非线性作用、开放系统、涨落、突变，以及耗散结构。

① 远离平衡态与平衡态。远离平衡态是指系统内可测得的物理性质极其不均匀的状态。远离平衡态是相对于平衡态与近平衡态来说的，这一状态下的系统热力学行为与采用最小熵产生原理所估计出的行为相比，可能会有很大的不同，甚至完全相反。正如耗散结构理论所指出，系统将走向一种高熵产生、宏观有序的状态。

近平衡态是指系统处于距离平衡态不远的线性区的状态，其遵守昂萨格倒易关系与最小熵产生原理。昂萨格倒易关系可表述为 $L_{ij} = L_{ji}$，即只要与不可逆过程 i 相对应的流 J_i 受到不可逆过程 j 的力 X_j 的影响，则流 J_i 也会以相等的系数 L_{ij} 受到力 X_i 的影响。最小熵产生原理可表述为当给定的边界条件阻止系统达到热力学平衡态

（即零熵产生）时，系统将落入最小耗散（即最小熵产生）的状态。

平衡态是指系统各处可测得的宏观物理性质均匀（进而系统内部无宏观不可逆过程）的状态，它遵守如下两个定律和一个原理。热力学第一定律：$\mathrm{d}E = \mathrm{d}Q - p\mathrm{d}V$，即系统内能的增量 $\mathrm{d}E$ 等于系统吸收的热量 $\mathrm{d}Q$ 与系统对外做功 $p\mathrm{d}V$ 之差，其中 p 表示压强，V 表示体积；热力学第二定律：$\frac{\mathrm{d}S}{\mathrm{d}t} \geqslant 0$，即系统的自发运动总是向着熵增的方向进行，其中 S 表示熵，t 表示时间；波尔兹曼有序性原理：$p_i = e - \frac{E_i}{kT}$，即温度为 T 的系统中，内能为 E_i 的子系统所占的比例为 p_i。

② 非线性作用。如果系统内的子系统之间不是一一对应的，而是随机进行的相互作用，那么可以认为这些子系统之间存在非线性的相互作用。

子系统之间非线性的相互作用正是系统产生耗散结构的内部动力学机制。非线性机制在临界点处将微涨落放大为巨涨落，从而使热力学分支失稳。当控制参数超过临界点时，非线性机制对涨落起抑制作用，进而使系统稳定到新的耗散结构分支。

③ 开放系统。开放系统是指与外界环境存在一定的物质、能量和信息交换的系统。由热力学第二定律可知，孤立系统绝对不会出现耗散结构。这是因为随着时间的累积，孤立系统将不断进行熵增，并达到一个极大值，进而使系统达到最无序的平衡态。

在开放条件下，系统的熵增量 $\mathrm{d}S$ 由系统与外界的熵交换 $\mathrm{d}S_e$ 和系统内的熵产生 $\mathrm{d}S_i$ 两部分组成，即 $\mathrm{d}S = \mathrm{d}S_e + \mathrm{d}S_i$。热力学第二定律只要求系统内的熵产生是非负的，即 $\mathrm{d}S_i \geqslant 0$。然而从外界输入系统的熵 $\mathrm{d}S_e$ 可为正值、零或负值，此取值需要根据系统与外界的相互作用决定。当 $\mathrm{d}S_e < 0$ 时，只要负熵流足够强，除了可以抵消系统内部的熵增量 $\mathrm{d}S_i$，同时还能使系统的总熵增量 $\mathrm{d}S$ 为负。总熵 S 减小，系统将进入一种相对有序的状态。对于开放系统，系统可以通过自发的对称破缺，从无序进入有序的耗散结构状态。

耗散结构理论的观点是“开放”是所有系统向有序状态发展的一个必要条件。

④ 涨落。系统的实际运行状态与理论的统计反映状态之间是存在差异的，二者之间出现偏差的现象称为涨落。

一个由大量子系统组成的系统，其可测的宏观量反映了众多子系统的统计平均效应。但是系统在每一个时刻的实际测度并不是都精确地位于这些平均值上，而是或多或少地有些偏差，这些偏差就称为涨落。涨落是偶然、杂乱无章且随机的。

正常情况下，由于热力学系统相较于其子系统是非常巨大的，因此这种情况下的涨落相对于平均值是很小的。即使偶尔存在大的涨落也会立即就耗散掉，系统总会回归到平均值附近。因此，这些涨落并不会对宏观的实际测量造成影响，因而是可以被忽略的。然而在临界点（阈值）附近，由于涨落可能并不会自生自灭，而会被不稳定的系统放大，因此最终系统将达到新的宏观态。

当系统内部的长程关联作用在临界点处产生相干运动时，表示系统动力学机制的非线性方程就可能具有多重解。因此就会有在不同结果间进行选择的问题。此时，瞬间的涨落和扰动所造成的偶然性将决定这种选择方式。因此 Prigogine 提出了涨落导致有序的论断，明确说明了当非平衡系统具有形成有序结构的宏观条件后，涨落对实现某种序所起到的决定性作用。

⑤ 突变。在系统临界点附近，由于控制参数的微小改变，进而导致系统状态发生大幅度变化的现象，称为突变。临界点（阈值）对于系统性质的变化具有根本的意义。当控制参数超过阈值时，原本的热力学分支将失去稳定性，同时将产生新的稳定耗散结构分支。在这一过程中，系统从热力学的混沌状态变为有序的耗散结构状态，其中微小的涨落起到了关键性的作用。这种耗散结构的出现都是通过临界点附近突变的方式实现的。

从开放系统的角度来看，突变是使系统从无序混乱状态转变为有序井然状态的关键。当开放系统内部的某个参量变化达到一定的阈值时，系统就可能由原本的无序混乱状态，转变为一种时间、空间和功能上的有序状态，即耗散结构。

⑥ 耗散结构。耗散结构是指远离平衡态的开放系统通过不断与外界交换物质和能量的过程，当外界条件变化达到一定的阈值（即形成足够的负熵流）时，通过内部作用（即涨落或突变等）产生自组织现象，从而使系统由原本的无序状态，自发地转变为时间、空间和功能上的宏观有序状态，进而形成一种新的、稳定的有序结构。

（4）必要条件

根据 Prigogine 的思路，系统形成耗散结构的必要条件包括如下 4 个方面[59]。

① 形成耗散结构的系统必须是开放系统。Prigogine 认为，形成耗散结构的首要条件为该系统必须是一个开放系统。Prigogine 将系统分为 3 种类型：孤立系统、封闭系统与开放系统。其中，孤立系统与封闭系统都不可能形成耗散结构。孤立系统与外界没有物质或能量交换，因此不会产生自发地从无序转变为有序的过程。孤立系统处于平衡时不存在转化问题，而处于非平衡的不稳定状态时，只能从非平衡态转向平衡态，从有序转为无序。封闭系统与外界只有能量交换，而没有物质交换，绝对温度降低，熵也会降低，系统走向稳定状态。当绝对温度接近于零态时，就会存在形成低温有序结构的可能性，然而这种结构是平衡结构，而非耗散结构。与上述两种系统不同，开放系统中的负熵流可以导致系统形成耗散结构。熵是表征系统无序程度的量。熵增表示系统无序程度增大。孤立系统的熵总是在增加的。而开放系统的熵等于系统内部的熵产生与系统外部输入的熵之和，系统内部的熵产生总是一个正值，而系统与外界交换所产生的熵则可正可负。若熵为正，系统总熵也为正，那么系统将走向无序状态，系统内部的要素将处于混乱无规则的组合状态；若熵为负，且与系统增加的熵量相等时，系统总熵将变为零，则系统结构保持不变。如果系统与外界进行物质和能量交换，从外界输入的负熵流大于内部的熵产生，则总熵将变为负，系统内部的总熵将不断减少，系统将趋向有序状态，即系统内部的各要素处于有规则的组合状态，可能形成稳定有序的耗散结构。综上，开放系统中的负熵可以使系统形成耗散结构。而对于一个与外界没有物质或能量交换的系统，无论它是自然系统，还是社会系统，都只能自发地走向无序状态，最终走向解体或消亡。需要注意的是，开放系统只是从无序走向有序的一个必要条件，而不是充分条件。如果从外界输入系统的是正熵而不是负熵，那么只能加速系统向无序状态退化的进程。

② 系统必须处于远离平衡态才可能形成耗散结构。系统处于平衡态时，自身没有变化和发展的能力，只能保持原本的状态不变。此时，系统处于一种熵极大的混乱无序状态，而不会形成新的有序结构。系统处于近平衡态时，其发展趋势是自发地回到平衡态，同样也不会产生新的结构。只有当系统处于远离平衡态时，才有可能产生新的稳定有序的结构。由热力学第二定律，高熵对应无序化增加，低熵对应有序化增加。若平衡态对应无序，则远离平衡态才可能从混乱无序的初始状态跃迁到新的有序状态。据此，Prigogine 得出“非平衡是有序之源”的结论。

③ 非线性相互作用是产生耗散结构的必要条件。系统各元素之间的相互作用存在着一种非线性机制，这是耗散结构的一个基本特性。非线性相互作用可以使系统内的各要素之间产生相干效应与临界效应。相干效应是各要素之间相互制约、耦合而形成的整体效应。系统内各部分之间的相互作用具有非加合性，即整体不等于各个部分之和，这意味着线性叠加失效，要素之间的独立性丧失。临界效应是系数由于非线性的相互作用，会在临界点处失去稳定，以多分支的形式演化，使系统向有序发展。这里的发展不是只有一个方向，而是会出现多种可能性。这样的多种可能性将使系统演化变得复杂和多样。为形成有序的耗散结构，系统内部的各要素之间必须存在这种非线性相互作用。如果只存在线性作用，那么其组合仅会有量的增长，而不可能发生质的变化，这样线性作用就不可能会有分支现象。只有当非线性相互作用存在于多个定态解和分支现象时，才可能形成新的稳定有序状态。同时，也仅有非线性相互作用能使系统内部的各组元素在不稳定点以后产生动作一致的情况和一种长程的关联，进而形成相干效应或协同作用。通过这种方式，系统才能接收外界的负熵流，进而导致耗散结构的形成。

④ 随机涨落对产生耗散结构具有决定作用。涨落可理解为起伏，它是指系统中的某个变量或行为偏离平均值，从而使系统离开原来的状态。由于系统内外存在着各种复杂因素的干扰，因此系统中的涨落是不可避免的。同时涨落是随机的，具有偶然性，进而使系统的演化具有多种可能性。但并不是所有的涨落都能使系统发生质的变化，当系统处于不同状态时，涨落会起到截然不同的作用。当系统处于稳定的状态时，涨落是一种干扰，它会引起系统运动状态的混乱。但此时系统具有一定的抗干扰能力，它将迫使涨落逐步衰减，最终使系统又回到原本的状态。而当系统处于不稳定的临界状态时，某些涨落可能不但不衰减，反而还会被放大形成巨涨落，使系统发生质的变化，最终从不稳定状态转变为一个新的有序状态，形成耗散结构。当然，系统本身必须是非平衡的开放系统，具有不可逆性，而这种不可逆性的根源就在于运动的不稳定性。只有具备不可逆性的系统，涨落才可能形成新的结构。如果说在平衡态附近的涨落仅是对平均值的一种较小的纠正，那么远离平衡态的涨落则是驱动了平均值，不可逆性导致系统从一个状态转移到另一个新的状态。

（5）耗散结构理论的影响

耗散结构理论自提出后，在自然科学与社会科学的诸多领域，如物理学、天文学、经济学、哲学和生物学等领域都产生了巨大的影响，同时也为医学提供了一定的启迪和借鉴作用。著名未来学家阿尔文·托夫勒在评价 Prigogine 的思想时，认为耗散结构理论的提出可能会代表着一次科学技术的变革[58]。

4.2.2　基于耗散理论的 6G 网络演进

下面，根据网络耗散理论分析 6G 网络的演进。首先对基于耗散理论下的 6G 网络演进形态进行分析，然后给出该形态下网络面临的挑战，最后给出基于耗散理论的蜂窝网络演进范式。

（1）泛在智慧环境 Ubiquitous-X[60]

归纳总结移动通信系统跨越半世纪的演变过程，可以发现泛在（Ubiquitous）的特性贯穿始终。美国科学家 Mark Weiser 在 1991 年发表了《21 世纪的计算机》一文，首次提出 Ubiquitous 的概念，其核心理念是让计算机等技术融入日常生活，“无所不在”而又“不可见”地服务用户，从而让用户专注于任务本身。因为用户的注意力增长不受摩尔定律支配，是更为稀缺的资源。他认为泛在计算（Ubiquitous Computing）是计算模式的第三次浪潮。Ubiquitous 是无线电通信具有的自然属性：实现无线电信号承载业务信息完整的泛在触达，可定义为通信的泛在触达（Ubiquitous Communication，UC），是 1G 到 3G 系统追求的目标。4G 系统在 UC 的基础上跃升至融合计算的泛在触达（Ubiquitous of Communication and Computing，UC^2），实现了移动宽带接入、智能终端主导、多机环境协同，为用户提供泛在化信息服务。5G 系统以宽带接入、海量连接、高可靠低时延、边缘计算等技术进一步扩展泛在触达的概念，实现了融合通信、计算和控制的泛在触达（Ubiquitous of Communication、Computing and Control，UC^3），支持信息空间与物理空间融合，在人工智能、大数据与网络计算、智能控制使能技术的支撑下，催生出“情景感知及自动施效”，以提供不为用户可见的服务模式。

随着人工智能、大数据、新型材料、脑机交互、情感认知等使能技术的发展，在前期 UC 几个阶段工作的基础上，6G 将实现从真实世界延拓至虚拟世界的愿景，将通信从 5G 的人–机–物三维增至人–机–物–灵四维。6G 的灵具备以下功能。

① 6G 时代的用户将处于信息量呈几何级数爆炸式增长的环境中。为保持稀缺的注意力资源的最优运用，信息交互的主体将从人–机–物演进到人–机–物–灵。灵出于虚拟空间中意识的演进设想，是用户及环境的智能性主体化，具备智能代理的功能，通过与人–机–物智能协同，实现对用户所处信息融合空间的感知、反应、决策、优化乃至改造；基于 Ubiquitous 的不可见性，用户专注于任务本身时所需的情景感知、定向、决策、控制的多层次信息处理环嵌入周边环境，使通信、计算和控制将以信息交换、处理、施效为本质实现在虚实融合空间的 UC 化。更进一步地，灵与人–机–物的通信将达到编译以及周边交互和智能协同的功能。引入人–机–物–灵的通信元素以有序构建和谐通达的智慧环境，并以始终最佳的体验方式提供看不见的智能服务。

② 除通信技术的高速发展外，与社会科学、认知科学、控制科学、材料科学等的深度融合，为人–机–物–灵之间的智能交互信息、信息的处理模式和对信物融合空间的施效途径将引入更多的维度，回归至“一切皆为计算和皆可计算”的哲思维度。灵及环境的智慧化将对人–机混合体和人–机多智体的感觉、直觉、情感、意念、理性、感性、探索、学习、合作、群体行为等进行编解码、交互共享、计算及控制的扩展、混合和编译。灵不仅是自动闭环的智能代理，也使用户专注于任务并与智慧周边协作的过程中产生互教互学的效应，从而带来有序和平静。

6G 将从 5G 的 UC^3 升华到融合通信、计算、控制、意识的泛在触达（Ubiquitous of Communications、Computing、Control、Consciousness，UC^4）时代。潜在的 6G UC^4 的愿景场景如图 4-15 所示，具体介绍如下。

①“灵助智联”，以灵的泛在接入实现人的智慧互联。例如运动会上，专注于挑战自我极限的运动员可以通过 6G 的灵将其心理、情绪、感官乃至心流等体验分享给观众，使观众基于被分享的体验和自身背景而专注创造新的体验，并分享汇聚反馈给不同的个体。在此信息的服务和消费模式下，6G 将提供灵与环境的互动和改造、灵与灵之间的分享和合作。

②“灵助成长”，以灵融合物理、信息、认知空间，形成符合认知心智效应的系统意向表达，促进人的智慧成长。灵通过环境产生符合认知心理的表示和交互，

帮助个人专注地探索、认知以及创造，得到心智和感官的优异体验——本自具足。体验可以在灵上分享和交融，且保持灵与灵之间“和而不同”，促进个体、社会群体智慧的有序增长。

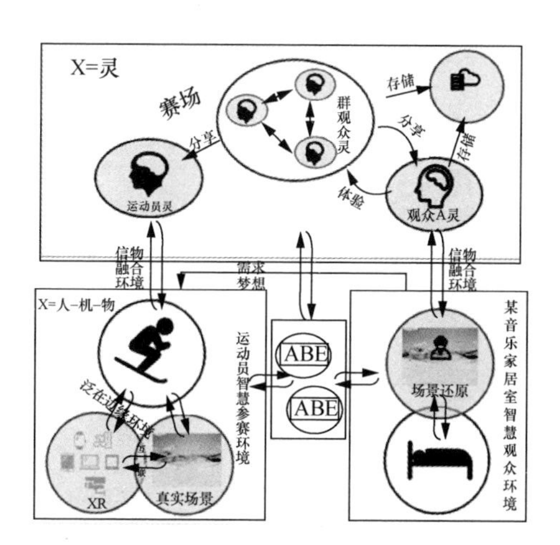

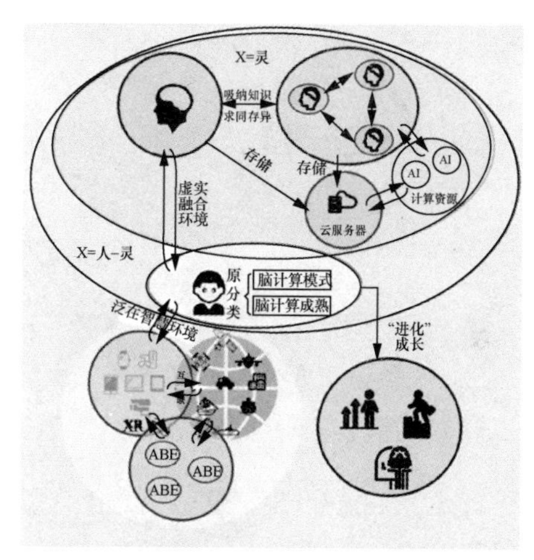

图 4-15　6G UC[4] 的愿景场景

综上所述，为支持面向四维元素人–机–物–灵之间通信的 UC[4] 6G 愿景，蜂窝网络将逐近成为“未来 6G 泛在环境——泛在-X（Ubiquitous-X）”的构想。X 表示未知或无限，取其字形有“交叉混合”之意，社会学中是“完美”的意思，还包含了“目标”和“希望”。Ubiquitous-X 借以上隐喻，代表边、点交汇的环境，也表达了 6G 时代泛在化在内涵和外延上的深化和扩展。灵主体的引入包括感觉、生理、心理等新信息元素，以及这些元素间通信、计算和控制在 6G 环境的交汇融合，以灵协同人–机–物达到完美有序的系统运行目标。Ubiquitous-X 超越人机、多智体、社会性的未知维度，为未来的发展保留无限的空间，使人类对周边环境的改造有序进化。

图 4-16 展示了 Ubiquitous-X 的逻辑架构。6G 时代，人–机–物–灵构筑的与时、空、情景相交而成的智慧环境，交互和处理规模将呈几何级数的增长趋势。以前的“一人千面”将增加至“一人千境、千境万面”的规模。Ubiquitous-X 的形态也将深刻变化，从以“网络为中心”到以“边缘为中心”，从以“数据为中心”到以“环境为中心”，其价值是为个人、人–机混合体、人–机群体实现有序的智慧环境群体

的构建。宏观的 Ubiquitous-X 智慧环境对微观的人–机–物–灵进行连接和协同处理，实现将多种传输、处理、施效的模式协同交融和有序演进。

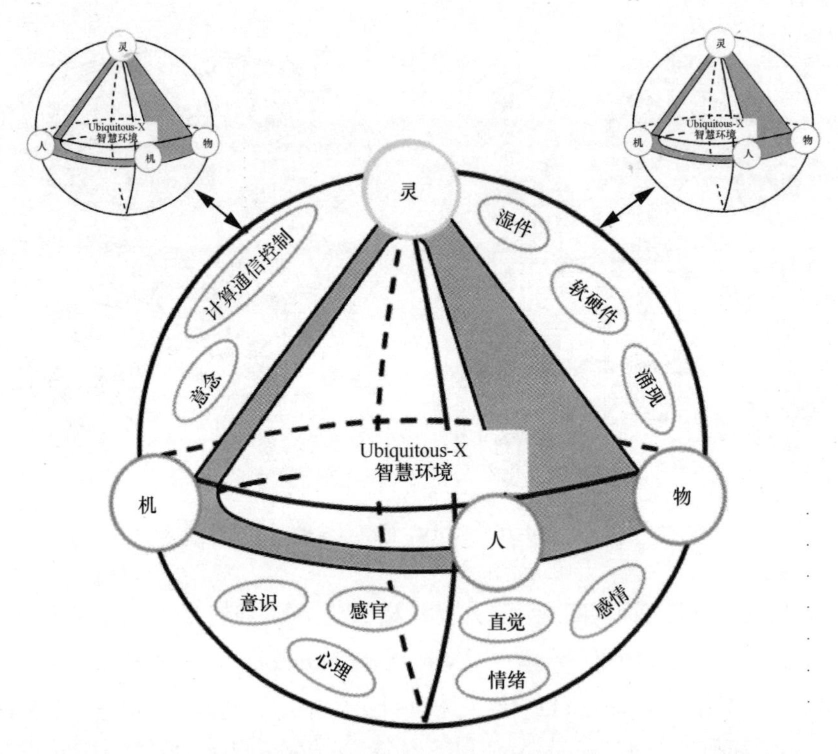

图 4-16 Ubiquitous-X 逻辑架构

（2）构筑泛在智慧环境 Ubiquitous-X

为实现以面向四维元素人–机–物–灵之间通信的 UC^4 为特征的 6G 愿景，构建未来 6G 泛在环境 Ubiquitous-X，实现 UC^3 到 UC^4 的跨越，6G 网络的性能需求在 5G 网络的性能指标上进行了全方位提升，如图 4-17 所示。与 5G 网络相比，6G 网络在峰值速率上提升 50 倍，在用户体验速率上提升 10 倍，在时延上进一步降低到微秒级，即 50 μs，在吞吐量密度上提升 100 倍，在连接密度上提升 100～10 000 倍，在频谱效率上提升 10 倍。为了满足人–机–物–灵信息通信及交互产生的大量计算需求，6G 的计算效率提升至 5G 的 100 倍。另外，受服务对象、承载资源和网络规模快速扩展的影响，6G 还面临 3 个前所未有的挑战，即信息密度非均匀增长导致的传播的非线性、信息维度增加导致信息空间的高维性和承载服务差异化导致的信息处理的复杂性，这将使 6G 信息从信源端到达信宿端产生瓶颈效应，如图 4-18 所示。

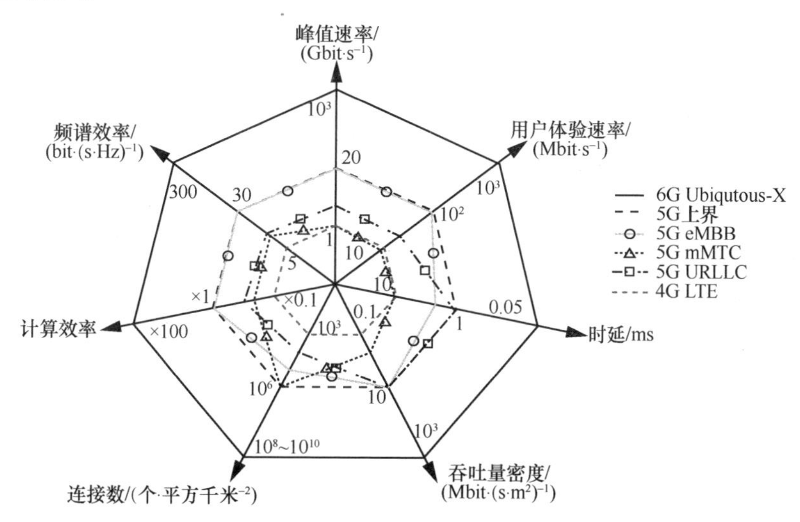

图 4-17　6G 网络的性能需求

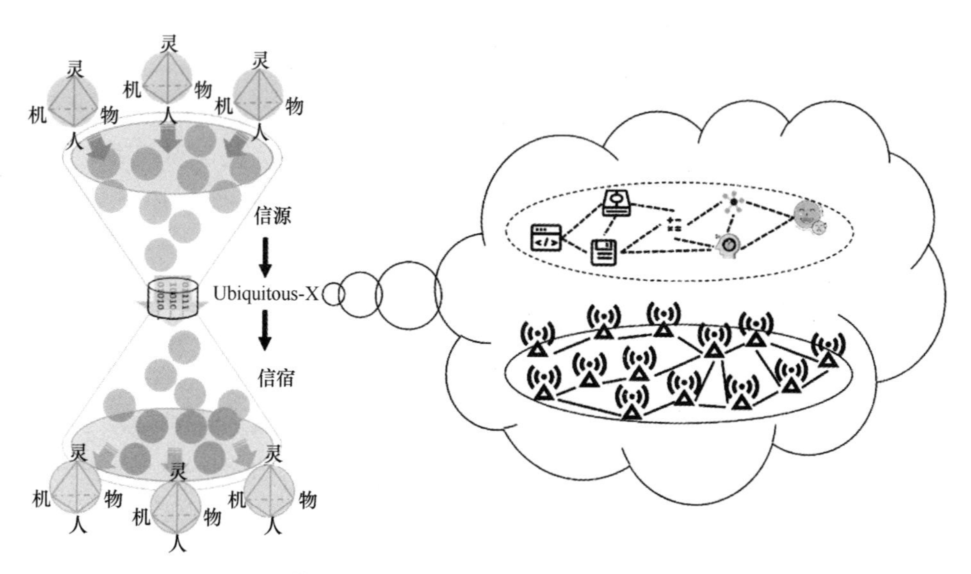

图 4-18　6G Ubiquitous-X 网络的瓶颈效应

① 信息传播的非线性。人–机–物–灵渗透社会的各行各业，6G 网络的业务量和连接数急剧增长。根据 GSMA 的预测，从 2017 年到 2025 年，新增的物联网连接数约为 100 亿，是 5G 连接数的 7.4 倍。图 4-19 展示了从 2020 年到 2025 年全球物联网连接数与每月移动业务量增长趋势的预测。从图 4-19 可以看出，随着时间的推移，平均每条链路的业务量呈非线性增加趋势。与此同时，全球不同区域的移动业务分布也呈现出高速增长的变化趋势。该趋势使信息传播呈现出大范围、高动态的特征。加之单播、多播、广播等数据业务传播方式产生的差异，信息传播极易在未来 6G 网络中产生非线性效应，引起信息传播爆炸式增长，导致网络拥塞与瘫痪、信息传播的时序错位以及信息量的严重失衡。

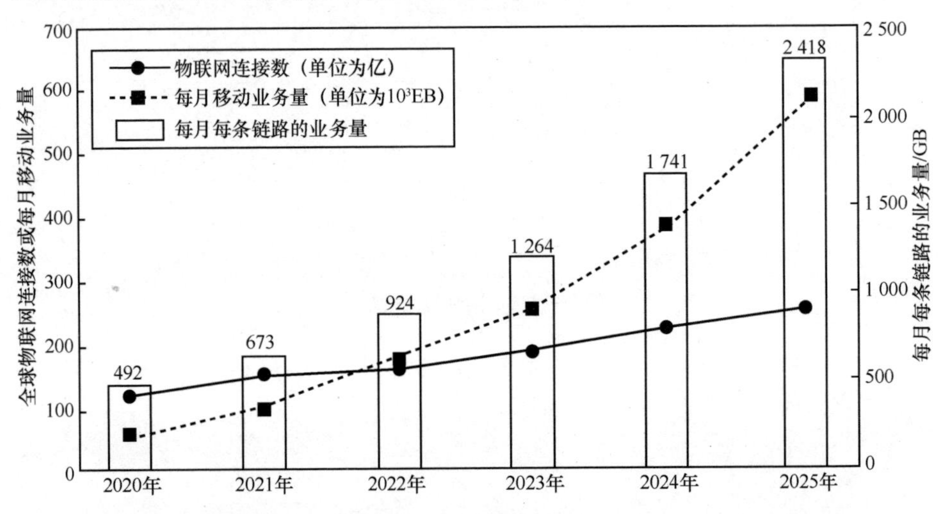

图 4-19　全球物联网连接数与每月移动业务量预测曲线（来源：GSMA 与 ITU）

② 信息空间的高维性。图 4-20 给出了信息空间及维度的变化趋势。从图 4-20 中可以看出，在移动通信演进过程中，信息空间以及表征信息空间的维度不断增长。1G 至 5G 的信息承载维度所表征的信息空间大于对应时期的信息呈现维度，因此很好地满足了当时的业务需求。6G 网络中灵的加入使信息呈现维度数目与 5G 信息承载维度数目相等，并极大地扩展了信息空间。与人–机–物三维组成的信息空间不同，灵具备感知、体验、精神、情绪、探索、定向、情感、经验、知识等信息表征能力，可以快速扩张信息呈现空间。为了使信息承载空间不小于信息呈现空间，亟须拓展

计算、存储等新的维度。然而，6G UC⁴时代，灵从意识维度与人–机–物进行通信，新的信息承载维度的加入会导致信息空间的高维性，导致信息空间的膨胀，甚至引发“维度灾难”，加剧表征信息承载空间的难度。

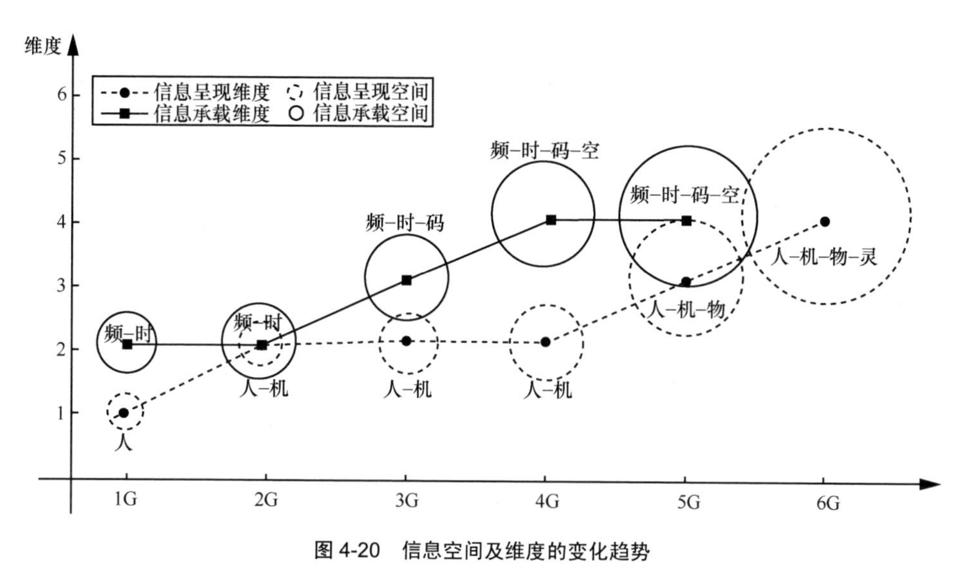

图 4-20　信息空间及维度的变化趋势

③ 信息处理的复杂性。可以预见，6G 中灵的引入，使构成的 Ubiquitous-X 信息处理的规模、差异化和耦合度都表现出超高复杂性。6G 网络信息处理规模持续增长。工业和信息化部 2019 年第一季度的统计数据显示，我国的移动基站数目在 5G 商业化前已经达到 662 万个。伴随着 5G 移动通信使用的频段从毫米波频段扩展至 6G 的太赫兹频段，组成 6G 网络的基站数目将进一步增加。此外，预计从 2020 年到 2025 年，物联网设备产生的连接数将以每年 20%的速率增加，达到 251 亿的规模。由于 6G 网络中实体节点与灵具有对应关系，因此其规模将与组成 6G 网络的物理设备节点相当或者超出。6G 网络支持精细粒度的差异化服务。据 ITU 预测，2025 年全球移动业务量将达到 6.07×10^5 EB/月。得益于频谱效率、能效、连接能力、时延等能力的全面提升，6G Ubiquitous-X 网络支持数据速率敏感业务、时延敏感业务、连接能力敏感业务和定制化信息交互业务。需求差异化业务在 6G Ubiquitous-X 网络中交织。以数据速率敏感业务为例，一张 13.06 cm×7.35 cm 的全息图片，其静态图对应的大小为 5.25 GB，而动态图（每秒 60 帧）的传输速率需求为 12.6 Gbit/s。与普通

人类大小相当的一张 154.96 cm×87.17 cm 的图片，其静态图大小达到了 796 GB，而动态图的传输速率需求为 1.9 Tbit/s。6G 网络内部耦合关系复杂。6G 灵的加入使信息多种承载维度耦合关系更加紧密，与意识有关的各种交织、学习、聚集与分离以及在信息空间中传播与扩展，导致信息耦合在更高维的空间，增加了信息承载与传输的难度。因此，高效的信息处理协议成为保障人–机–物–灵通信对象和谐共存和高维信息空间解耦的关键。所以，6G Ubiquitous-X 中计算能力成为解析信息处理协议的核心必备。然而，摩尔定律的失效使人们无法通过集成电路的规模倍增效应获取计算能力的大幅提升。当前，集成电路的工艺已达到 6 nm 量级。随着晶体管的尺寸逼近分子直径量级，集成电路中元器件的物理特性将发生改变。同时晶体管的发热效应也阻碍了集成电路规模的进一步快速扩大。

6G 是一个复杂开放巨系统，信息传播非线性显著、信息空间维度剧增、信息处理复杂度飙升。非线性是复杂开放系统的基本特征，信息传播的高度非线性导致传统的网络优化理论失效，难以对未来 6G 网络进行准确分析与预测。信息空间维度的剧烈增长，特别是引入新的通信主体灵，为 6G 网络提供了广阔的自由度，丰富与完善了信息空间的认知与表述，但也急剧增加了 6G 网络描述与表征的困难。相应地，6G 网络的信息处理在方法、机理与效果方面呈现了高度的动态性与复杂性。

因此，为了应对 Ubiquitous-X 这样复杂巨系统的设计与优化挑战，需要在现有人–机–物的基础上，借鉴物理学观点分析 6G 网络的演化行为，以耗散结构理论设计与优化 6G 网络。

（3）基于耗散理论的 6G 网络演进范式

依据复杂开放巨系统演化的耗散结构理论，可分析与预测如图 4-21 所示的移动通信网络的演化趋势。在 1G 和 2G 时代，由于移动网络中只存在单一语音信息流，因此，整个系统处于低平衡态。随着 3G 和 4G 技术的演进，语音业务逐步让位于数据业务，呈现出分叉演化趋势。具体而言，标准制式首先产生了分化，3G 标准有 3 种主要制式：WCDMA、CDMA2000、TD-SCDMA，4G 标准有 LTE 与 IEEE802.16m 两种主流制式，并且 LTE 还包括 TD-LTE 与 FDD LTE 两种模式。进一步，由于 3G、4G 网络长期共存，覆盖方式与服务模式也相互交叉融合，共同演化。到 5G 时代，虽然只有一种标准 5G NR，但又引入了 3 种应用场景：eMBB、 mMTC、URLLC，在应用场景方面产生了分叉演化。5G 网络的运行过程是开放非平衡的，其处于耗散结构内运动的耗散过程，需经过技术制式与应用场景的分叉演化。在 6G 时代，Ubiquitous-X 网络逐步演进到临界状态。

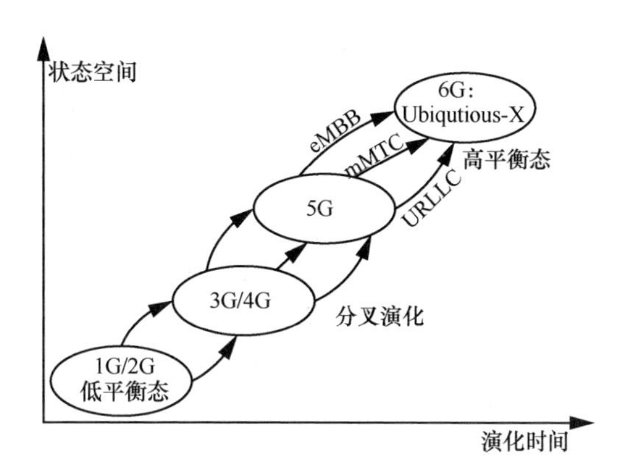

图 4-21　基于耗散结构的 1G～6G 移动通信网络演化示意

Ubiquitous-X 网络包含人、机、物、灵四类通信对象，存在丰富多样的信息流，如通信对象之间的复杂交互，信息流之间的动态融合，通信网络与外部环境之间的信息能量交换。这些高维信息空间中的动态变化极易触发一些系统参量达到临界阈值，从而使 Ubiquitous-X 网络发生非平衡相变。由此，6G 网络将转变为一种在信息空间或状态空间的有序结构，即达到高水平的平衡态。

统计物理指出，孤立系统的热力学熵可以表示为

$$S = k\ln W \tag{4-44}$$

其中，k 是玻尔兹曼常数，W 是系统状态数目。W 越大，则系统越混乱，无序度越高；W 越小，则系统越整齐，有序度越高。高熵对应无序，低熵对应有序，当系统达到平衡时，孤立系统的热力学熵最大，即平衡态对应无序，非平衡对应有序。

信息熵定义为

$$H = -\sum_{i=1}^{N} p_i \log p_i \tag{4-45}$$

从物理学观点看，信息熵可以看作负熵。

Ubiquitous-X 网络可以看作一个开放复杂的巨系统，具有耗散结构。借鉴热力

学熵与信息熵概念，整个 Ubiquitous-X 网络的无序度可以表示为

$$\mathrm{d}S = \mathrm{d}S_i + \mathrm{d}S_e = \mathrm{d}S_i - \mathrm{d}H_e \tag{4-46}$$

其中，$\mathrm{d}S_i$ 表示 Ubiquitous-X 网络内部的熵增，$\mathrm{d}S_e = -\mathrm{d}H_e$ 表示系统外部引入的负熵，即信息熵减。

在 1G 到 5G 移动通信网络演化过程中，随着通信对象从人类扩展到人–机–物，开放系统中引入了充分的信息，信息熵减抵消了系统内部的熵增，从而使移动通信网络的熵减小，远离平衡态，形成有序化。未来，由于引入了第四类通信对象——灵，Ubiquitous-X 网络将构成人–机–物–灵四类通信对象协同通信的网络架构，开放网络的信息量剧增，信息熵减将更加显著，使整个网络远离平衡态，从而呈现出高度的有序结构特征。

4.3 动力学理论

本节从传播动力学角度出发，针对 6G 呈现出的复杂网络特性，分析相应的用户需求及网络故障级联影响等信息传播遵循的理论，为 6G 复杂网络自治提供依据。复杂网络上的传播动力学为社会现象的广泛研究提供了一个重要的分析框架。通过将现实中的关系抽象为复杂网络节点间的联系，社会科学、计算科学、经济学和生物学等领域中的很多动态现象，都可以用复杂网络传播动力学来描述。本节将基于复杂网络理论介绍基本的网络模型、传播动力学模型、传播动力学关键属性，并基于传播动力学理论对 6G 网络自治技术进行分析介绍。

4.3.1 复杂网络及传播动力学

本节将介绍复杂网络及传播动力学的理论基础，主要包括经典的复杂网络及传播动力学模型、级联失效现象以及渗流现象。

1. 经典的复杂网络模型

复杂网络的研究主要集中在随机网络上。随机网络是指通过节点间随机过程搭建的复杂网络。最经典的随机网络模型是 ER 网络模型，其构造非常简单，可以抽

象描述为：假设在网络中有 n 个节点，随机选取其中的一对节点，它们通过边相连接的概率都是常数 p（$0<p<1$）。网络中存在的连线数目是一个随机变量，其取值范围为 $0\sim\frac{N(N-1)}{2}$，因此 ER 网络的度分布服从二项分布，平均度可以表示为

$$\langle k\rangle_{\text{ER}} = p(N-1) \approx pN \tag{4-47}$$

若平均度不变，当 N 趋于无穷远且大于 p 时，ER 网络模型的度分布可以视为泊松分布，因此 ER 网络模型也被称为泊松随机网络模型。由于泊松分布的峰值恰好与度平均值重合，即度分布在远离平均度处呈指数下降，ER 网络模型也可以被称为均匀网络模型。虽然 ER 网络模型的构造过程比较简单，其性质也和现实社交网络的无标度（Scale Free，SF）、小世界特性存在着很大的出入，但是 ER 网络模型依然在复杂网络信息传播动力学中有着重要的应用，是非常经典的复杂网络模型。

另一种经典的复杂网络模型是无标度网络模型。大量研究表明，现实中的复杂网络既不属于规则网络，也不属于随机网络。真实复杂网络兼具了小世界和无标度两种特性，例如通信网络和用户社交网络等，进而研究人员提出了一种无标度网络模型。无标度网络的典型特征是网络中的大部分节点只和少部分节点连接，而少数被称为 Hub 点的节点有着极多的连接。拥有较多连接的节点在 SF 网络中起到重要作用，因此 SF 网络的度分布具有很严重的异质性，度分布是不均匀的，也没有特定的平均值指标使大部分节点的度在其附近。

SF 网络的构造过程可以抽象为首先构造一个包含 m_0 个节点的连通网络，然后在每个时间步长添加一个新的节点，新添加的节点和网络中已有的节点 i 的连接概率与节点 i 的度有关，连接概率可以表示为

$$\pi_i = \frac{k_i}{\sum_j k_j} \tag{4-48}$$

重复这个步骤直到节点数目达到网络规模 N。无标度网络的度分布遵循幂律分布，相比于 ER 网络的度分布曲线，幂律分布曲线的下降要缓慢很多。对于任意一个节点，它的度为 k 的概率可以表示为

$$P(d=k) \propto \frac{1}{k^{\gamma}} \tag{4-49}$$

无标度网络属于偏好增长模型，能够体现真实网络的无标度和小世界特性，因而在复杂网络信息传播动力学研究中有着重要应用。

2. **经典的传播动力学模型**

复杂网络中生物传播的研究开展得较早，目前已有一些经典的模型。例如描述传染病传播的 SIR(Susceptible Infected Recovered)模型和 SEIR(Susceptible Exposed Infected Recovered) 模型。

SIR 模型有着悠久的历史，也是传染病模型中最经典的模型之一。SIR 模型能够对信息传播过程进行抽象描述，在信息传播领域中有着广泛的应用。在传统的 SIR 模型中，复杂网络中的所有个体均处于 3 种状态之一：易感态（Susceptible）、感染态（Infective）和恢复态（Recovered）。处于易感态的个体目前没有被病毒感染，但缺乏免疫力，可以被处于感染态的邻居传染。处于感染态的个体已经被病毒感染，并且可以将病毒传染给自己的易感态邻居，在传染过程结束后，感染态个体还能以一定的恢复概率转变为恢复态。处于恢复态的节点对病毒有免疫能力，不能传播病毒也不会被再次感染，不再参与后续传播过程。因此易感态变为感染态，感染态变为恢复态都是不可逆的变化过程。当模型中不存在处于传染态的个体时，视为模型中所有节点的状态趋于稳定。

在 SIR 模型中，给定初始传播概率 β 和恢复概率 γ，处于易感态、感染态和恢复态的个体数目 $S(t)$、$I(t)$和$R(t)$ 的变化情况可以表示为

$$\begin{cases} \dfrac{\mathrm{d}S(t)}{\mathrm{d}t} = -\beta I(t)S(t) \\ \dfrac{\mathrm{d}I(t)}{\mathrm{d}t} = \beta I(t)S(t) - \gamma I(t) \\ \dfrac{\mathrm{d}R(t)}{\mathrm{d}t} = \gamma I(t) \end{cases} \tag{4-50}$$

在此基础上，如果所研究的病毒有一定的潜伏期，那么与患者接触过的健康人并不马上患病，而是成为病毒的携带者，归入潜伏态（Exposed）。此时，处于 4 种状态的个体数目的变化情况可以表示为

$$\begin{cases}\dfrac{\mathrm{d}S}{\mathrm{d}t}=-\beta IS\\ \dfrac{\mathrm{d}E}{\mathrm{d}t}=\beta IS-(\alpha+\gamma_1)E\\ \dfrac{\mathrm{d}I}{\mathrm{d}t}=\alpha E-\gamma_2 I\\ \dfrac{\mathrm{d}R}{\mathrm{d}t}=\gamma_1 E+\gamma_2 I\end{cases} \tag{4-51}$$

与 SIR 模型相比，SEIR 模型进一步考虑了与患者接触过的人中仅一部分具有传染性的因素，使疾病的传播周期更长。

3. 级联失效

现实世界中存在着很多复杂网络系统，例如通信网络系统、电力网络系统、交通运输系统等，这些网络结构中的节点都承载了一定负载流量。当网络中的少数节点因攻击或其他因素失效时，网络中的负载就需要重新进行分配。重新分配后，原本处于正常状态的节点的负载可能超过其最大容量，进而也处于失效状态。这种少部分节点故障导致相当一部分节点失效甚至网络崩溃的现象就称为级联失效。复杂网络的级联失效模型主要包括 3 个因素：负载、容量模型与负载重分策略。如果网络在节点失效过程结束后还存在着较大的连通子图，即保持着较好的网络连通性，那么这个网络在面对攻击时具有更强的鲁棒性。

4. 渗流现象

复杂网络上的渗流现象是指当增加网络中连边的数量时，网络的连通性也相应地增强。当这一过程进行到某一时刻时，网络的最大连通子图会突然变大，这个过程被视为发生了一次网络渗流。在突变发生时，网络中连边的比例也被称为渗流阈值。

针对节点的攻击主要分为随机攻击和蓄意攻击两大类。随机攻击选择攻击节点是无规则的，而蓄意攻击按照一定的规则选择节点进行攻击，例如优先攻击网络中度较大的节点。不同的网络在面对不同攻击时的脆弱性也是不同的。由于无标度网络的度分布异质性，网络中少数被称为 Hub 点的节点有着极多的连接，而大多数节点只有很少量的连接，这使无标度网络在面对蓄意攻击时非常脆弱。相反，随机网络面对蓄意攻击时的鲁棒性更强，但在面对随机攻击时更加脆弱。

4.3.2 复杂网络传播动力学关键属性

最终的传播范围和爆发阈值是研究复杂网络传播动力学稳态时需要重点关注的两个问题。传播范围是指在网络处于稳态或终态时，网络中最终被感染的节点比例，它是统计物理所观察的序参量。爆发阈值是一个临界传播率，当传播率高于它时，网络中一定比例的节点被感染，系统处于活跃态。从统计物理角度来看，爆发阈值为系统的相变点。SIR 模型和 SEIR 模型的传播范围通常需要通过网络中最终处于恢复态节点的数目来估计。

相应地，衡量复杂网络的鲁棒性大小也有两个指标，即网络中幸存的最大连通子图的大小和特征路径长度。

（1）最大连通子图

级联失效过程造成的损失可以通过最大连通子图的相对大小 S 来量化

$$S = \frac{N'}{N} \tag{4-52}$$

其中，N 为网络中总节点个数，N' 为级联失效过程终止后网络最大连通分支中的节点总数。

不同规模的网络比较鲁棒性时，需要将 S 这个指标进行量化，量化评价指标 R 可以表示为

$$R = \frac{1}{N}\sum_{p=1}^{N} S(p) \tag{4-53}$$

其中，p 表示网络中失效节点的数量，$S(p)$ 表示当网络中 p 个节点失效时网络中最大连通子图的相对大小。

此外，还可以用级联失效过程终止后网络中总节点个数 N 的一半以上保留在网络最大连通分支中的概率来度量网络的鲁棒性

$$P_{\frac{N}{2}} = \Pr(N' > 0.5N) \tag{4-54}$$

同理，可以将网络的脆弱性表示为 $1 - P_{\frac{N}{2}}$。

（2）特征路径长度

特征路径长度也常作为衡量网络鲁棒性的指标，可以表示为

$$\frac{1}{N^2}\sum_{i=1}^{N}\sum_{j=1}^{N}d_{ij} \tag{4-55}$$

其中，d_{ij} 表示节点 i 与 j 之间的最短路径。当网络中发生级联失效导致大量节点被移除时，特征路径长度趋近于正无穷。因此，也常用平均距离来衡量鲁棒性

$$L=\frac{1}{N^2}\sum_{i=1}^{N}\sum_{j=1}^{N}\frac{1}{d_{ij}} \tag{4-56}$$

L 越大，网络的鲁棒性也越好。

4.3.3　基于传播动力学的网络自治技术

随着网络的不断发展，QoS 要求和运维成本也随之增加。这需要未来的移动通信网络技术实现网络自治来处理未知的变化，降低人工干预和管理的需要。网络中的自治属性主要可以分为自管理、自组织、自配置、自感知、自优化、自保护、自修复七大类。下面，对基于传播动力学的网络自治技术进行简单的介绍。

1．基于传播动力学的网络自优化

网络自优化技术是提升网络自治水平的关键。自 4G 时代 3GPP 提出 SON 以来，网络自优化能力得到了运营商、设备商和研究学者的广泛关注。网络自优化的目的在于使网络能够动态地适应复杂多变的网络及业务环境，快速自主地完成网络参数配置、资源分配、管理决策等。面向 6G 网络泛在化、社会化、智慧化、情景化等新型应用形态与模式以及用户需求、无线资源、网络拓扑等方面具有的复杂、多维、动态特征，网络对自优化能力的需求日益凸显。

随着移动通信技术的发展，出现了多种移动社交网络，这使用户之间的直接交流成为一种新的信息传播行为，从而导致用户内容需求的动态演变特性成为分析网络动态属性的重要一环。本节以面向内容需求动态性的网络内容部署自优化技术为例，对基于传播动力学的网络自优化技术进行分析说明。

在移动社交模式下，除了通过移动基础设施网络和云服务器向用户分发传统社交媒体外，获取了内容的用户还可以通过社交互动吸引潜在兴趣的用户访问此类内容。

该信息的传播过程和传染病的传播过程有着相似之处。高效的内容访问和传播是现代移动网络的关键，因此在移动社交网络中使用适当的内容缓存可以有效解决社交应用日益增长的流量问题[61]。当在移动社交网络中实施缓存机制时，已经查看了内容的用户可以存储该内容，从而在物理上将该内容共享给也在请求这一信息的其他用户。

参考 SIR 传染病模型，将社交网络中内容的潜在浏览者视为处于易感态的敏感用户[62]，而处于感染态的用户对内容感兴趣并等待内容，恢复态的用户已经获取了内容并且不会再次申请。处于恢复态的用户可以缓存流行内容并共享以满足其他用户对内容的需求。当考虑移动网络中的缓存利用率时，这种新的服务机制是设备到设备通信的一种推广。此外，也可以将感染态用户视为已经缓存了内容的节点，而恢复态用户对信息失去兴趣，将其从缓存中删除[63]。这种思想应用于流媒体缓存技术中可以显著提高系统性能。例如，无线移动节点中视频资源局部均衡的稳定性维护问题。兴趣的变化和节点的移动性为视频资源的局部均衡带来了严重的负面影响。在底层网络中卸载视频流量可以减轻核心网络的负载，减少视频查找和传输时延。这要求请求者总是能够找到并连接到地理相邻的提供者来获取所需的内容，而系统中的内容需要适应用户需求的变化。根据流行病模型对覆盖网络中的视频传播过程进行建模，可以很好地解决用户兴趣变化对缓存内容的影响，从而能够降低启动时延和丢包率，提高缓存利用率。

与此同时，随着业务量的爆炸性增加，如何满足空前增长的用户需求并缓解快速增加的数据传输量给无线通信系统带来的压力成为亟待解决的问题。通过研究发现，远端服务器对一些流行度较高的内容的重复下载构成了移动网络流量的主要部分。例如，在日常生活中，一些热门的新闻或视频在短时间内会被大量用户重复播放。在边缘网络中，每个用户请求一个业务都需要向远端服务器发送请求并进行数据传输。当大量用户在短时间内发起请求时，网络需要承受巨大的压力，从而影响用户的体验。这种重复性的资源传输也造成了巨大的能源与带宽浪费。而无线网络边缘缓存技术通过对内容流行度的评估，将一些内容放在中间服务器上，能够缓解链路压力、避免资源浪费、降低用户服务时延、保证用户体验。

边缘网络中的缓存空间较小，因此选择什么内容进行缓存也变得十分重要。此外，兴趣传播能够导致网络整体内容流行度动态变化，内容传播演进与缓存部署相互影响。机器学习算法的飞速发展为内容流行度预测提供了新的思路，但使用基于机器学习的方法对业务需求进行预测需要大量的历史数据，这对于用户数量较少、样本缺少的边缘网络来说并不精确。此外，内容服务器通常无法直接获得用户的全局信息。借助传播动力学理论，可以根据在线社交网络上的社交关系来表征用户之间的互动，进而预测内容流行度的变化。根据复杂网络传播动力学的经典模型，本节提出了几种模拟用户间信息传播过程的动态演化模型。

① 基于传统的 SIR 传染病模型，可以将网络中用户的状态表示为以下 3 种形式[64]。S 态：易感态，用户尚未收到有关该内容的任何信息。I 态：感染态，用户查看了相关内容，并且愿意与有相同兴趣的网友分享。R 态：恢复态，用户查看了相关内容，但不会与其他用户分享，也不会再次查看。

S 态到 I 态的状态转移概率与网络中处于 I 态的用户比例有关。当 I 态用户的数量在整个用户中所占的比例不断增加时，由于同龄人的影响力或公众舆论的增强，受影响的比率也会增加。I 态到 R 态的状态转移概率与网络中新增的 R 态用户数量有关，当新增的 R 态用户的比例增加时，从整个社交网络的角度来看，用户对这个内容的兴趣正在减少。因此恢复率也相应地持续提高。通过 SIR 模型预测内容的流行度，进而对边缘网络缓存进行部署。

基于传统的 SIR 传染病模型如图 4-22 所示。该模型也可以应用于无人机边缘信息缓存中，能在有限的信息获取时延下有效地最大化前端资源利用率。

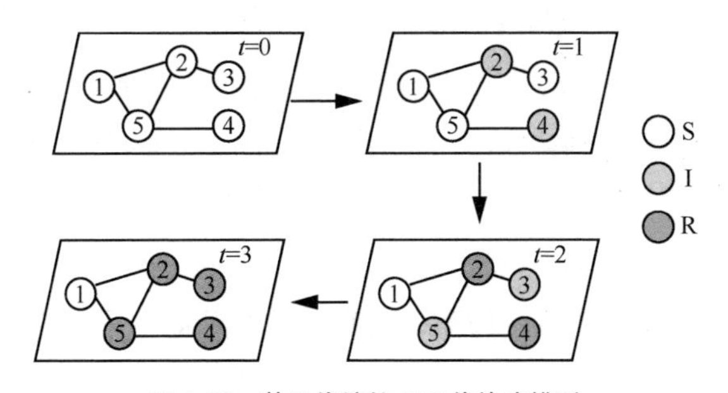

图 4-22　基于传统的 SIR 传染病模型

② 基于传统的SIR传染病模型，可以将网络中用户的状态表示为以下3种形式[65]。X 态：用户接触并查看了相关内容。Y 态：用户接触但拒绝查看相关内容。S 态：用户没有接触到相关内容。S 态到 X 态和 Y 态的转移概率与内容本身的吸引力有关。

为了更加准确地预测内容流行度的变化，进而充分挖掘缓存技术潜能，文献[66]借鉴网络科学中复杂社交传播的思想，提出了连边权重区划理论来定量分析加权社交网络中的异构采纳复杂传播效应。在模型中考虑了社交增强效应、采纳阈值异构、异构连边权重，分别对应于缓存问题中用户对内容传输具有记忆性、不同背景用户对推送内容的接纳意愿差异、用户之间的亲密程度差异特征。通过连边权重区划理论来预测传播过程，推导了临界传播概率值，即用户的传播概率对内容传播的影响，对应于缓存问题中用户活跃度对内容流行度的作用，为后续深入探索流行度模型提供了新的思路。

此外，传播动力学理论还可以用来描述 ICN 的缓存过程。ICN 作为未来网络体系结构的主要分支，改变了端到端的通信传输过程，将内容与终端位置剥离。它打破了传统的以主机为中心的连接模式，从基于 IP 的通信转变到内容的检索。ICN 的特殊性质，例如命名内容、网络内缓存和接收者驱动，使 ICN 中的内容扩散过程不同于传统的点对点数据包传输。受传染病传播模型的启发，文献[67]提出了一种模型来模拟 ICN 的缓存和清除过程，进而说明 ICN 中的内容扩散过程。缓存目标内容的节点称为感染态节点，而没有缓存目标内容的节点称为易感态节点。两种状态之间的转换概率与网络中的请求节点数、请求节点到缓存节点之间的平均距离和移除缓存的节点数有关。通过对 ICN 中的内容扩散过程进行准确模拟，可以提高数据通信传输及处理的效率。

2. 基于传播动力学的网络自修复

复杂网络传播动力学理论还可以用于描述动态通信网络中的故障传播过程和级联失效过程。与计算机网络中病毒感染过程不同的是，复杂动态通信网络中的故障传播往往是由数据流和环境因素的影响所产生的累积效应引起的。在 SIR 传染病模型的基础上，引入一种具有从标准状态到异常状态的可变转移概率的 SEF 模型[60]来研究节点故障传播的长期演化过程。SEF 模型如图 4-23 所示。

S 态：标准态，节点可以正常移动并保持与邻居的正常接触，可能受到其周围处于异常状态的节点的移动性和数量的影响。

E 态：节点可以在区域中正常移动，但是由于移动性或缓冲区溢出，它可能会丢弃数据包，可能受到其相邻故障节点引起的影响。

F 态：节点可以根据移动性模型移动，但不能与邻居节点连接。由于通用设备在设计中将具有一定的保护措施和控制策略，因此能以给定的概率将其恢复到正常状态。

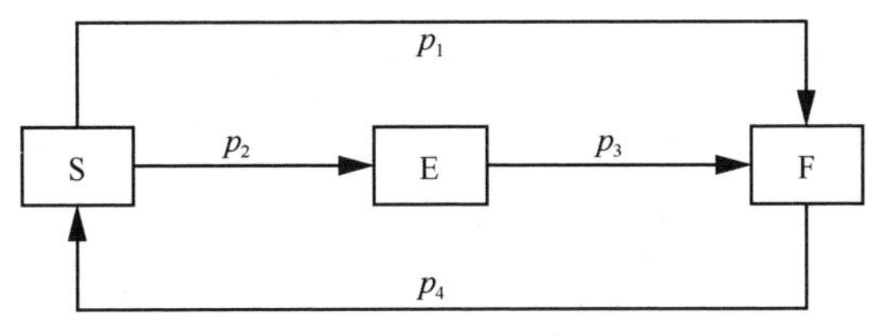

图 4-23　SEF 模型

在节点通信范围内的所有节点都被视为邻居节点，随着节点的移动，其邻居节点集合也在不断地变化。节点由 S 态变为 E 态的概率与节点的通信半径和网络中处于 E 态的节点比例有关。节点移动速度的增加能够扩大故障传播的规模，并加快故障传播的速度。

传播动力学的状态转移理论还可以用于研究级联通信网络故障。级联通信网络故障模型如图 4-24 所示。当网络中少数节点因攻击或故障不能正常工作时，这些失效节点的数据包将被重新分配给其他节点。因此，分析网络中哪些节点会受到影响以及级联故障的持续时间变得尤其重要。基于传统的传染病模型，假设网络中的所有节点处于以下 3 种状态之一[68]。

0 态：节点处于正常状态。

1 态：节点失效，被移除。

2 态：节点处于正常状态，但是由于其他故障节点被移除而处于网络组件外部。

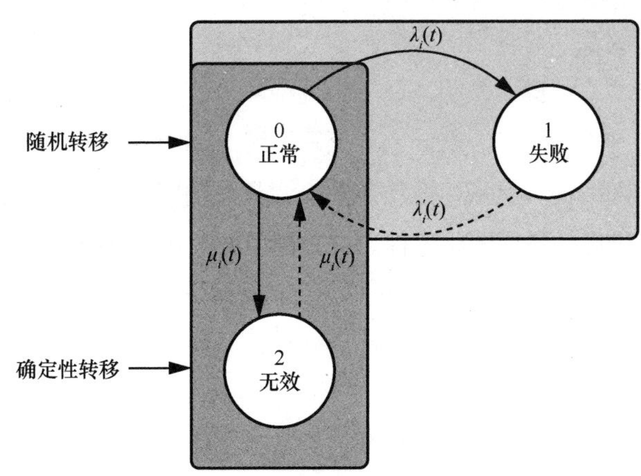

图 4-24　级联通信网络故障模型

基于渗流理论，本节从关键节点的识别保护、增加基础架构网络的相互依赖性、自适应调节负载流量 3 个方面实现网络的自修复，从而抑制级联失效现象。

首先，在传播动力学中定位有影响力的节点对理解和控制传播过程至关重要。对网络中关键节点的攻击能够产生级联失效，造成较大范围的影响[62]。因此，寻找在级联失效过程中起关键性作用的节点并建立关键节点保护机制也变得尤其重要。在复杂网络领域，判别网络中关键节点的方法大体可以分为两类[69]：基于网络结构属性的判别方法和基于传播过程影响大小的判别方法。基于网络结构属性的判别方法通常将节点的度或介数作为判断依据，度越大，邻居节点越多，因此节点上的负载也会更大。当网络中度较大的节点失效时，将会造成网络中多条链路失效，进而加速级联失效过程。但是这种判断方法存在一定的局限性，在一些系统中，当度大小相同、节点所处位置不同时，其重要程度往往也是不同的。例如在域间路由系统中，核心节点和边缘节点的重要程度不能仅通过比较节点度的大小来判断[70]。而节点的介数与最短路径有关，是指网络中所有经过该节点的最短路径占所有最短路径的比例。但介数并不能直接反映实际的流量，因此还需要用节点经过最优路径的数目来表示节点的重要程度。基于传播过程影响大小的判别方法参考经典传染病模型模拟节点间的传播过程，例如利用节点的邻居节点的中心度来量化节点的传播能力。

其次，地震、飓风、恶意攻击等自然、人为灾害，或者节点过载等偶发性因素将使边缘网络出现局部或者整体性的网络故障。电力和通信系统等关键基础设施网络之间日益紧密的互联对基础设施的可靠性和安全性具有重要意义。与通信系统耦合的“智能”电力网络模型表明，在非极端条件下，增加电力网络与通信网络的耦合能够降低系统的脆弱性。因此，如果互联网络故障传播的模式受到限制，可以通过增加基础架构网络的相互依赖性的方式来增强系统鲁棒性[71]。

耦合网络的鲁棒性研究模型大体可以分为一对一耦合网络和多对多耦合网络两大类。一对一耦合网络在对相互依赖的网络间的关系进行建模时，随机相互依赖网络，即网络间的耦合关系是随机的，极易受到随机攻击的影响。如果按照一定的规则对网络中的节点建立依赖关系，得到的系统的鲁棒性会优于随机相互依赖网络[72]。例如将两个网络中度较大的节点或将聚类系数较大的节点耦合起来。而在多对多耦合网络中，网络中任意一个节点都可以和耦合网络中的任意一个或多个节点连接。同时，只有与一个节点耦合的所有节点都失效，这个节点才会受到影响。因此，多对多的耦合关系对系统的鲁棒性起到了提升作用。例如在电力通信系统中，电力网络和通信网络耦合，每个发电站不止给一个通信节点提供电力，每个通信节点也不止与一个发电站连接。只要一个发电站能够正常工作，通信节点就不会陷入瘫痪。在非极端条件下，增加电力网络与通信网络的耦合能够降低系统的脆弱性。因此可以通过增加基础架构网络的相互依赖性的方式来增强系统鲁棒性[73]。对于随机多对多耦合网络，给定系统中相互依赖链路的数量以及通过相互依赖链路传输的负载，可以确定系统安全操作的负载水平。此外，还可以通过增加自治节点比例的方式来增加相互依赖网络的鲁棒性[74]。自治节点是指仅与该层网络连接，不参与网络耦合过程的节点。选择度较高的节点作为自治节点也能有效增加系统的鲁棒性。

最后，很多描述级联故障的模型都假设节点间交换的信息量是均匀且恒定的。但是在很多现实情况中，当网络中的节点由于某种原因失效时，自适应地调整单个节点上的负载可以防止其他节点或连接进一步失效。从通信的角度来看，网络中任何节点的删除都会降低网络的通信效率。因此自适应调整，也称为自适应防御，能够针对级联故障提供基础保护，通过改变最短路径长度来改变节点负载，将流量的自适应调整引入网络模型中。初始选择网络中的一小部分节点进行攻击，攻击后从网络中删除一小部分具有最高负载的节点，重新计算最短路径长度和每个节点的负载大小[75]。级联失效过程将一直持续到网络中的现有节点均满足负载小于最大容量。此外，还可以通过有选择地去除度较高节点之间交换的一小部分流量来大幅度减小级联的大小。

通过对过载节点容量进行局部动态调整，在不改变网络整体结构的前提下，也可以有效保护过载节点以免其崩溃。过载节点的邻居节点可以提供一些保护此重载节点的资源[76]，以保持其正常工作和高效运行。当某一节点超过负载时，其邻居节点根据自身负载和容量情况给过载节点提供资源，避免节点失效。

参考文献

[1] 张平, 牛凯, 田辉, 等. 6G 移动通信技术展望[J]. 通信学报, 2019, 40(1): 141-148.

[2] 张平, 李文璟, 牛凯. 6G 需求与愿景[M]. 北京: 人民邮电出版社, 2021.

[3] SHANNON C E. A mathematical theory of communication[J]. Bell System Technical Journal, 1948, 27(3): 379-423.

[4] ERLANG A K. The theory of probabilities and telephone conversations[J]. NytTidsskrift for Matematik B, 1909, 20(16): 33-39.

[5] SHANNON C E. Two-way communication channels[C]//Proceedings of the Fourth Berkeley Symposiumon Mathematical Statistics and Probability. Bellingham: SPIE Press, 1961: 611-644.

[6] FOSCHINI G J, GANS M J. On limits of wireless communications in a fading environment when using multiple antennas[J]. Wireless Personal Communications, 1998, 6(3): 311-335.

[7] RALEIGH G G, CIOFFI J M. Spatio-temporal coding for wireless communication[J]. IEEE Transactions on Communications, 1998, 46(3): 357-366.

[8] FRANCESCHETTI M, DOUSSE O, TSE D N C, et al. Closing the gap in the capacity of wireless networks via percolation theory[J]. IEEE Transactions on Information Theory, 2007, 53(3): 1009-1018.

[9] HOYDIS J, TEN BRINK S, DEBBAH M. Massive MIMO in the UL/DL of cellular networks: how many antennas do we need? [J]. IEEE Journal on Selected Areas in Communications, 2013, 31(2): 160-171.

[10] HAENGGI M, ANDREWS J G, BACCELLI F, et al. Stochastic geometry and random graphs for the analysis and design 86 of wireless networks[J]. IEEE Journal on Selected Areas in Communications, 2009, 27(7): 1029-1046.

[11] SHAH S W H, MIAN A N, MUMTAZ S, et al. System capacity analysis for ultra-dense multi-tier future cellular networks[J]. IEEE Access, 2019, 7: 50503-50512.

[12] DAWY Z, SAAD W, GHOSH A, et al. Toward massive machine type cellular communications[J]. IEEE Wireless Communications, 2017, 24(1): 120-128.

[13] RAPPAPORT T S, SUN S, MAYZUS R, et al. Millimeter wave mobile communications for 5G cellular: it will work![J]. IEEE Access, 2013, 1: 335-349.

[14] JUNGNICKEL V, MANOLAKIS K, ZIRWAS W, et al. The role of small cells, coordinated multipoint, and massive MIMO in 5G[J]. IEEE Communications Magazine, 2014, 52(5): 44-51.

[15] IMRAN A, ZOHA A. Challenges in 5G: how to empower SON with big data for enabling 5G[J]. IEEE Network, 2014, 28(6): 27-33.

[16] HAN F X, ZHAO S J, ZHANG L, et al. Survey of strategies for switching off base stations in heterogeneous networks for greener 5G systems[J]. IEEE Access, 2016, 4: 4959-4973.

[17] ALSEDAIRY T, QI Y N, IMRAN A, et al. Self organising cloud cells: a resource efficient network densification strategy[J]. Transactions on Emerging Telecommunications Technolo-

gies, 2015, 26(8): 1096-1107.

[18] OKABE A, BOOTS B, SUGIHARA K, et al. Spatial tessellations: concepts and applications of voronoi diagrams[M].New York: John Wiley & Sons, 1992.

[19] ANDREWS J G, SINGH S, YE Q Y, et al. An overview of load balancing in hetnets: old myths and open problems[J]. IEEE Wireless Communications, 2014, 21(2): 18-25.

[20] ASGHAR A, FAROOQ H, IMRAN A. A novel load-aware cell association for simultaneous network capacity and user QoS optimization in emerging HetNets[C]//Proceedings of 2017 IEEE 28th Annual International Symposium on Personal, Indoor, and Mobile Radio Communications. Piscataway: IEEE Press, 2017: 1-7.

[21] KUCZMA M. An introduction to the theory of functional equations and inequalities[M]. Basel: Birkhäuser Basel, 2009.

[22] SERGIOU C, LESTAS M, ANTONIOU P, et al. Complex systems: a communication networks perspective towards 6G[J]. IEEE Access, 2020, 8: 89007-89030.

[23] ZHANG D, LIU Y W, DAI L L, et al. Performance analysis of FD-NOMA-based decentralized V2X systems[J]. IEEE Transactions on Communications, 2019, 67(7): 5024-5036.

[24] ZHANG D, ZHOU Z Y, MUMTAZ S, et al. One integrated energy efficiency proposal for 5G IoT communications[J]. IEEE Internet of Things Journal, 2016, 3(6): 1346-1354.

[25] DI B Y, SONG L Y, LI Y H, et al. Non-orthogonal multiple access for high-reliable and low-latency V2X communications in 5G systems[J]. IEEE Journal on Selected Areas in Communications, 2017, 35(10): 2383-2397.

[26] KHOUEIRY B W, SOLEYMANI M R. An efficient noma V2X communication scheme in the Internet of vehicles[C]//Proceedings of 2017 IEEE 85th Vehicular Technology Conference. Piscataway: IEEE Press, 2017: 1-7.

[27] YANG M, JEON S W, KIM D K. Interference management for in-band full-duplex vehicular access networks[J]. IEEE Transactions on Vehicular Technology, 2018, 67(2): 1820-1824.

[28] BAZZI A, MASINI B M, ZANELLA A. How many vehicles in the LTE-V_2V awareness range with half or full duplex radios? [C]//Proceedings of 2017 15th International Conference on ITS Telecommunications (ITST). Piscataway: IEEE Press, 2017: 1-6.

[29] WANG P F, DI B Y, ZHANG H L, et al. Cellular V2X communications in unlicensed spectrum: harmonious coexistence with VANET in 5G systems[J]. IEEE Transactions on Wireless Communications, 2018, 17(8): 5212-5224.

[30] BOBAN M T, MANOLAKIS K, IBRAHIM M, et al. Design aspects for 5G V2X physical layer[C]//Proceedings of 2016 IEEE Conference on Standards for Communications and Networking. Piscataway: IEEE Press, 2016: 1-7.

[31] BULTITUDE R J C, BEDAL G K. Propagation characteristics on microcellular urban mobile radio channels at 910 MHz[J]. IEEE Journal on Selected Areas in Communications, 1989,

7(1): 31-39.
[32] SHANNON C E. A mathematical theory of communication[J]. Bell System Technical Journal, 1948, 27(3): 379-423.
[33] WEBER S, ANDREWS J G, JINDAL N. An overview of the transmission capacity of wireless networks[J]. IEEE Transactions on Communications, 2010, 58(12): 3593-3604.
[34] CHOUDHURY S, GIBSON J D. Information transmission over fading channels[C]// Proceedings of 2007 IEEE Global Telecommunications Conference. Piscataway: IEEE Press, 2007: 3316-3321.
[35] MARZETTA T L, LARSSON E G, YANG H, et al. Fundamentals of massive MIMO[M]. Cambridge: Cambridge University Press, 2016.
[36] XIANG W, ZHENG K, SHEN X M. 5G mobile communications[M]. Cham: Springer International Publishing, 2017.
[37] VAN CHIEN T, MOLLÉN C, BJÖRNSON E. Large-scale-fading decoding in cellular massive MIMO systems with spatially correlated channels[J]. IEEE Transactions on Communications, 2019, 67(4): 2746-2762.
[38] GOLDSMITH A. Wireless communications[M]. Cambridge: Cambridge University Press, 2005.
[39] YUE X W, LIU Y W, KANG S L, et al. Exploiting full/half-duplex user relaying in NOMA systems[J]. IEEE Transactions on Communications, 2018, 66(2): 560-575.
[40] LIU Y W, DING Z G, ELKASHLAN M, et al. Cooperative non-orthogonal multiple access with simultaneous wireless information and power transfer[J]. IEEE Journal on Selected Areas in Communications, 2016, 34(4): 938-953.
[41] LIU Y W, ELKASHLAN M, DING Z G, et al. Fairness of user clustering in MIMO non-orthogonal multiple access systems[J]. IEEE Communications Letters, 2016, 20(7): 1465-1468.
[42] YANG H C, ALOUINI M S. Order statistics in wireless communications[M]. Cambridge: Cambridge University Press, 2009.
[43] GRADSHTEYN I S, RYZHIK I M. Table of integrals, series, and products[J]. Mathematics of Computation, 2007, 20(96): 1157-1160.
[44] LIU J J, SHI Y P, FADLULLAH Z M, et al. Space-air-ground integrated network: a survey[J]. IEEE Communications Surveys & Tutorials, 2018, 20(4): 2714-2741.
[45] MALEKI S, CHATZINOTAS S, EVANS B, et al. Cognitive spectrum utilization in Ka band multibeam satellite communications[J]. IEEE Communications Magazine, 2015, 53(3): 24-29.
[46] CAO Y R, GUO H Z, LIU J J, et al. Optimal satellite gateway placement in space-ground integrated networks[J]. IEEE Network, 2018, 32(5): 32-37.
[47] KUANG L L, CHEN X, JIANG C X, et al. Radio resource management in future terrestri-

al-satellite communication networks[J]. IEEE Wireless Communications, 2017, 24(5): 81-87.
[48] SHI Y P, CAO Y R, LIU J J, et al. A cross-domain SDN architecture for multi-layered space-terrestrial integrated networks[J]. IEEE Network, 2019, 33(1): 29-35.
[49] SHARMA S K, CHATZINOTAS S, OTTERSTEN B. Cognitive radio techniques for satellite communication systems[C]//Proceedings of 2013 IEEE 78th Vehicular Technology Conference. Piscataway: IEEE Press, 2013: 1-5.
[50] LIANG T, AN K, SHI S C. Statistical modeling-based deployment issue in cognitive satellite terrestrial networks[J]. IEEE Wireless Communications Letters, 2018, 7(2): 202-205.
[51] YAN X J, XIAO H L, WANG C X, et al. On the ergodic capacity of NOMA-based cognitive hybrid satellite terrestrial networks[C]//Proceedings of 2017 IEEE/CIC International Conference on Communications in China (ICCC). Piscataway: IEEE Press, 2017: 1-5.
[52] AN K, LIN M, OUYANG J, et al. Secure transmission in cognitive satellite terrestrial networks[J]. IEEE Journal on Selected Areas in Communications, 2016, 34(11): 3025-3037.
[53] ZHANG Q F, AN K, YAN X J, et al. Coexistence and performance limits for the cognitive broadband satellite system and mmWave cellular network[J]. IEEE Access, 2020, 8: 51905-51917.
[54] ZHANG Z Q, XIAO Y, MA Z, et al. 6G wireless networks: vision, requirements, architecture, and key technologies[J]. IEEE Vehicular Technology Magazine, 2019, 14(3): 28-41.
[55] BJÖRNSON E, SANGUINETTI L, WYMEERSCH H, et al. Massive MIMO is a reality—What is next? : five promising research directions for antenna arrays[J]. Digital Signal Processing, 2019, 94: 3-20.
[56] 百度百科. 三论(信息论、控制论、系统论的合称)[EB]. 2021-12-06.
[57] 杨春时. 系统论信息论控制论浅说[M]. 北京: 中国广播电视出版社, 1987.
[58] 百度百科. 耗散结构理论[EB]. 2022-01-11.
[59] 苏桂凤. 耗散结构理论[J]. 理论学刊, 1986(5): 46-48.
[60] 张平, 张建华, 戚琦, 等. Ubiquitous-X: 构建未来 6G 网络[J]. 中国科学: 信息科学, 2020, 50(6): 913-930.
[61] HONG S, YANG H Q, ZIO E, et al. A novel dynamics model of fault propagation and equilibrium analysis in complex dynamical communication network[J]. Applied Mathematics and Computation, 2014, 247: 1021-1029.
[62] LIEN S Y, HUNG S C, HSU H. Latency control in edge information cache and dissemination for unmanned mobile machines[J]. IEEE Transactions on Industrial Informatics, 2018, 14(10): 4612-4621.
[63] HOLME P, KIM B J, YOON C N, et al. Attack vulnerability of complex networks[J]. Physical Review E, 2002, 65(5): 056109.
[64] JIA S J, ZHANG R L, JIANG S L, et al. A novel video sharing solution based on de-

mand-aware resource caching optimization in wireless mobile networks[J]. Mobile Information Systems, 2017, 2017: 3725898.
[65] HE S, TIAN H, LYU X C. Edge popularity prediction based on social-driven propagation dynamics[J]. IEEE Communications Letters, 2017, 21(5): 1027-1030.
[66] WU J Q, ZHOU Y P, CHIU D M, et al. Modeling dynamics of online video popularity[J]. IEEE Transactions on Multimedia, 2016, 18(9): 1882-1895.
[67] 任佳智. 无线网络中的缓存技术研究[D]. 北京: 北京邮电大学, 2020.
[68] CHEN B, LIU L, WANG H Z, et al. On content diffusion modelling in information-centric networks[C]//Proceedings of IEEE Global Communications Conference. Piscataway: IEEE Press, 2017: 1-6.
[69] REN W D, WU J J, ZHANG X, et al. A stochastic model of cascading failure dynamics in communication networks[J]. IEEE Transactions on Circuits and Systems II: Express Briefs, 2018, 65(5): 632-636.
[70] 刘红军, 胡晓峰, 邓文平, 等. 基于首选路由的 AS 重要性评估方法[J]. 软件学报, 2012, 23(9): 2388-2400.
[71] GUO Y, WANG Z X, LUO S P, et al. A cascading failure model for interdomain routing system[J]. International Journal of Communication Systems, 2012, 25(8): 1068-1076.
[72] ZIO E, SANSAVINI G. Modeling interdependent network systems for identifying cascade-safe operating margins[J]. IEEE Transactions on Reliability, 2011, 60(1): 94-101.
[73] PARSHANI R, ROZENBLAT C, IETRI D, et al. Inter-similarity between coupled networks[J]. EPL (Europhysics Letters), 2010, 92(6): 68002.
[74] SCHNEIDER C M, MOREIRA A A, ANDRADE J S, et al. Mitigation of malicious attacks on networks[J]. Proceedings of the National Academy of Sciences of the United States of America, 2011, 108(10): 3838-3841.
[75] SCHNEIDER C M, YAZDANI N, ARAUJO N A, et al. Towards designing robust coupled networks[J]. Scientific Reports, 2013, 3(1): 1969.
[76] HU K, HU T, TANG Y. Model for cascading failures with adaptive defense in complex networks[J]. Chinese Physics B, 2010, 19(8): 080206.

第5章

6G 网络多域资源协同技术

6G网络中的可用资源呈现多域特性。从资源角度来讲，6G 网络资源域包括通信资源域、计算资源域和缓存资源域。从资源分布的空间维度看，6G 网络资源域则可以划分为空天地海。无线网络资源管理是指灵活调度网络有限资源以提升用户业务体验的技术，其管理对象包括时间、频率、空间、功率等多维度资源。随着移动通信系统所支撑业务场景及业务的不断丰富，以及移动通信网络与 IT 技术的深度融合，计算和缓存也成为用户业务体验的重要支撑网络资源。并且，6G 网络的信息广度不断扩展，即在空间上从陆地扩展至海、空和天，其网元形态也将从人、机、物拓展到虚拟世界中的“灵”。在 6G 网络中，通信、计算和缓存所承担的作用及其能力有所不同。通信能力是完成所有信息交互的基础；计算能力是实现网络复杂功能、解析信息处理协议、支撑网络智能的核心；缓存能力是降低数据获取、传输及处理时延的有效途径。6G 网络智能的实现需要协同空天地海各域中的通信、计算、缓存多维度资源。为了满足人–机–物–灵融合的多域资源需求，需要根据对资源的需求感知和预测，实现物理网络与逻辑网络的分割和网络通信、计算、缓存资源的部署与融合，对多维度资源进行统一管理调度，提高整体资源的协同利用效率。针对通信、计算、缓存资源多域协同面临的多维异质性、资源动态碎片化、存在空间跨度等问题挑战，本章从通信、计算、缓存资源协同融合和空间信息网络动态组网及资源协同两个方面对 6G 网络的多域资源协同技术进行详细介绍。

5.1 通信、计算、缓存资源协同融合

6G 人-机-物-灵融合网络的实现需要灵活协同通信、计算、缓存资源，以保证高效率低时延地完成必要信息的计算和交互。针对多域资源协同面临的维度异质性和资源动态碎片化问题，本节将从资源角度展开通信、计算、缓存资源协同融合介绍，主要内容包括资源协同融合的研究背景，通信和计算资源融合，通信和缓存资源融合，计算和缓存资源融合，通信、计算和缓存资源融合。

5.1.1 资源协同融合的研究背景

通信指网络系统传输数据的功能。通信功能通常用数据速率进行评价，其单位是比特每秒[1]。计算指系统对信息进行代数或逻辑运算的能力。它的一个典型评价指标是计算操作中涉及的信息节点的数量，称为计算程度[1]。缓存指网络基础设施中缓存数据的功能。缓存功能通常用缓存信息的大小进行评价，其单位是字节。值得注意的是，移动节点的缓存在不改变网络中信息的情况下，减轻了回程，提高了长期的信息传递能力[1]。

通信系统构建成本日益高涨，虽然性能逐渐逼近理论极限，但是收益却趋于平坦化，移动通信系统的可持续发展面临巨大的挑战[1]。随着云计算、大数据、智能计算等新概念、新技术的出现，计算领域则展现出极强的生命力。移动通信产业界和学术界正积极地从计算领域借鉴先进的理念和技术，通过通信与计算的融合，突破传统移动通信系统的限制，促进整个系统的可持续发展[2-3]。

基于音频和视频流的业务正成为移动通信系统的主要业务之一，这种业务通常需要大量的计算资源。然而，移动设备提供的计算资源有限，很难满足此类业务中编码、转码、转评级等任务的计算需求。为了解决这一困境，将移动云计算（Mobile Cloud Computing，MCC）、MEC 等强大的计算技术整合到移动通信系统中成为必然。通过利用 MCC 和 MEC 的服务，不仅可以减少计算时间消耗，还可以缓存流行视频，从而减少计算和回程成本[1]。

另一方面，由于多媒体应用会产生大量的移动流量数据，移动网络用户对强大的缓存服务的需求正在迅速增加。为了满足用户需求，移动云缓存应运而生，取代了目前使用最广泛的云移动媒体（Cloud Mobile Media，CMM）服务。这项服务使移动网络用户能够缓存视频、音频和其他文件，并且可以通过任何设备访问文件而不考虑数据来源。为了大规模使用移动云缓存服务，必须确保数据的高完整性和可用性，以及用户隐私和内容安全。因此，构建通信、计算和缓存的自适应协同管理机制是符合未来通信网络需求的发展方向之一[3]。

面向未来移动通信系统中的通信与计算融合，系统发展的核心应从传统通信的信息传输转为信息交流（融合通信、计算与缓存能力），衡量系统能力的指标也应从传输容量（通信能力）转为服务能力（融合通信、计算与缓存能力）[4]。

6G 网络的人–机–物–灵融合技术需要构建多维、多空间资源的一体化融合表征模型。针对人–机–物–灵融合的资源不确定性，需要研究资源的需求感知和预测技术，实现协同通信、协同计算、协同缓存，提高服务质量。

5.1.2　通信和计算资源融合

随着 VR/AR 等计算密集型应用的快速发展，无线设备有限的计算能力难以满足应用对时延的需求，将 MEC 整合到通信网络中将成为必然趋势。无线设备可以将计算任务卸载到 MEC 服务器，从而降低计算代价，提高系统的整体性能。下面，将分别介绍 MEC 卸载及全交互智能体场景下的以降低总能耗和最小化智能体长期平均代价为目标的通信和计算资源协同融合技术。

1. 边缘网络联合通信和计算资源分配的任务卸载决策[5]

在 MEC 场景中，无线设备的能耗和计算能力都有限。将计算任务卸载到 MEC 服务器上，合理地协同碎片化的通信和计算资源，能够最大化资源的利用效率。本节方案考虑了一个多移动用户 MEC 系统，其中多个智能移动设备（Smart Mobile Device，SMD）要求将计算任务卸载到 MEC 服务器。为了最大限度地降低 SMD 的能耗，本节方案联合优化了卸载选择、无线电资源分配和计算资源分配。将能耗最小化问题表述为受特定应用程序时延约束的混合整数非线性规划（Mixed Integer NonLinear Programming，MINLP）问题。为了解决该问题，本节提出了一种基于重构线性化技术的分支定界（Reformulation-Linearization-Technique based Branch- and-Bound，RLTBB）算法，该算法可以通过设置求解精度来获得最佳结果或次优结果。考虑到 RTLBB 的复杂性，本节进一步设计了基于基尼系数的贪婪启发式（Gini Coefficient-based Greedy Heuristic，GCGH）算法，通过将 MINLP 问题降级为凸问题来解决多项式复杂度问题。仿真结果证明了 RLTBB 和 GCGH 在节能方面的优势。

图 5-1 为任务卸载系统模型，其中 SMD 可以通过蜂窝网络将其计算任务卸载到 MEC 服务器。SMD 的集合可以表示为 $\mathcal{N}=\{1,2,\cdots,N\}$。SMD$_i$ 具有计算任务 $A_i \triangleq (D_i, C_i, T_i^{\mathrm{th}})$，其中，$D_i$ 表示计算任务 A_i 中涉及的计算输入数据的大小，C_i 表示完成计算任务 A_i 所需的 CPU 周期总数，T_i^{th} 表示相应的时延约束。每个 SMD 可以通过本地或边缘来执行其任务。将卸载变量定义为 $\alpha=[\alpha_1,\alpha_2,\cdots,\alpha_N]$。如果 SMD$_i$ 通过本地来执行其任务，则 $\alpha_i=0$，否则，$\alpha_i=1$。

（1）本地执行模型

将 F_i^{l} 定义为 SMD$_i$ 的最大 CPU 周期频率（即每秒 CPU 执行的周期数），并将 f_i^{l} 定义为计算任务 A_i 的 CPU 周期频率。当任务 A_i 通过本地执行时（即 $\alpha_i=0$），所需时间为

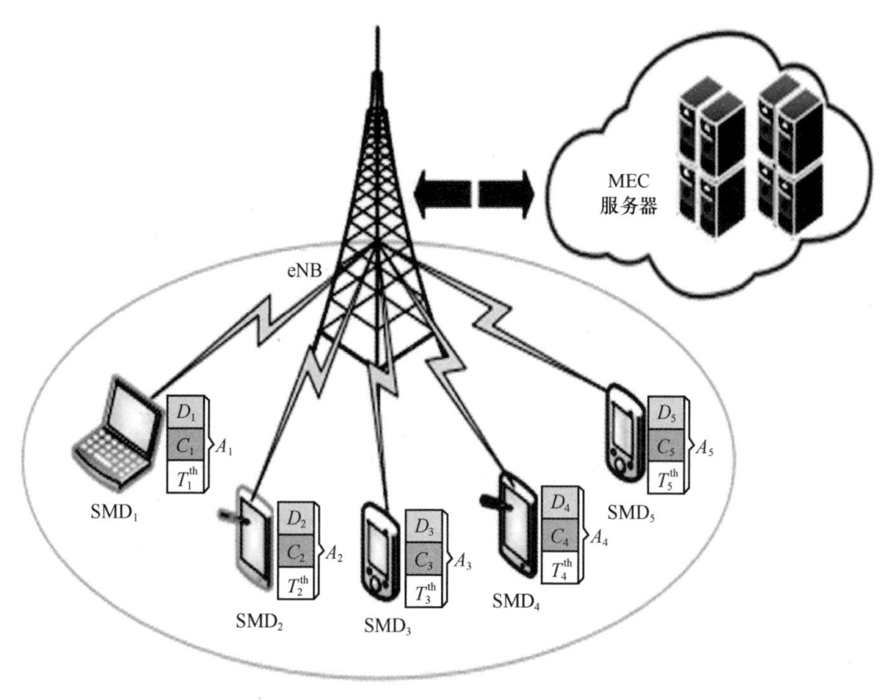

图5-1 任务卸载系统模型

$$t_i^1 = \frac{C_i}{f_i^1} \tag{5-1}$$

SMD$_i$的相应能耗为

$$e_i^1 = \kappa \left(f_i^1 \right)^2 C_i \tag{5-2}$$

其中，κ是取决于芯片架构的有效开关电容，本节取$\kappa = 10^{-26}$。考虑到能耗随着分配的CPU周期频率的增加而增长，可以通过使用动态电压调节（Dynamic Voltage Scaling，DVS）技术控制CPU周期频率来最小化能耗。分配的CPU周期频率为

$$f_i^1 = \min \left\{ \frac{C_i}{T_i^{th}}, F_i^1 \right\} \tag{5-3}$$

（2）边缘执行模型

无线信道由L个正交频率子信道组成，SMD$_i$在子信道n上获得的可实现的上

行链路速率为

$$r_i^n = W\log\left(1+\frac{p_i^n h_i^n}{WN_0}\right) \tag{5-4}$$

其中，W 是子信道的带宽，p_i^n 是 SMD_i 在子信道 n 上的发射功率，h_i^n 是 SMD_i 在子信道 n 上的信道增益，N_0 是噪声功率谱密度。假设子信道对每个 SMD 都是同质的（即不同子信道的信道增益对 SMD 是相同的，对不同的 SMD 可能是不同的），因此，可为每个子信道分配相等的功率。

因此，SNR 相对于频率来说是恒定的，而慢衰落系数与频率无关。根据假设，可以获得 SMD_i 在每个子信道上可实现的上行链路速率为

$$r_i = W\log\left(1+\frac{ph_i}{WN_0}\right) \tag{5-5}$$

其中，p 是每个子信道中每个 SMD 的发射功率，h_i 是每个子信道中 SMD_i 的信道增益。将分配给 SMD_i 的子信道数量表示为 θ_i，当 $\alpha_i = 0$ 时，$\theta_i = 0$；否则，$\theta_i \geqslant 0$。因此，可以将 SMD_i 可实现的上行链路速率表示为

$$R_i = r_i\theta_i \tag{5-6}$$

将 F 定义为 MEC 服务器的最大 CPU 周期频率，并将 f_i 定义为分配的 CPU 周期频率以计算 MEC 服务器上的任务 A_i。通过 MEC 服务器来完成任务 A_i（即 $\alpha_i = 1$）时所需的时间为

$$t_i^{\text{c}} = \frac{D_i}{R_i} + \frac{C_i}{f_i} \tag{5-7}$$

SMD_i 的相应能耗为

$$e_i^{\text{c}} = P_i^{\text{T}}\frac{D_i}{R_i} + P_i^{\text{I}}\frac{C_i}{f_i} \tag{5-8}$$

其中，P_i^{T} 是 SMD_i 的发射功率，P_i^{I} 是空闲状态下的功耗。因为接收结果的数据大小远小于输入的数据大小，此处忽略了接收结果的时间和能量消耗。

本节方案的目的是在指定的等待时间约束下将 SMD 的总能耗降至最低。为此，问题可以表示为

$$\begin{aligned}
&\min_{\alpha,\theta,f} \sum_{i=1}^{N}\alpha_i\left(P_i^{\mathrm{T}}\frac{D_i}{R_i}+P_i^{\mathrm{I}}\frac{C_i}{f_i}\right)+(1-\alpha_i)\kappa\left(f_i^{1}\right)^2 C_i, \forall i\in\mathcal{N}\\
&\text{s.t.}\ \ \mathrm{C1}:0\leqslant f_i\leqslant \alpha_i F\\
&\qquad \mathrm{C2}:\sum_{i=1}^{N} f_i\leqslant F\\
&\qquad \mathrm{C3}:0\leqslant \theta_i\leqslant \alpha_i L\\
&\qquad \mathrm{C4}:\sum_{i=1}^{N}\theta_i\leqslant L\\
&\qquad \mathrm{C5}:\alpha_i\left(\frac{D_i}{R_i}+P_i^{\mathrm{I}}\frac{C_i}{f_i}\right)+(1-\alpha_i)\frac{C_i}{f_i^{1}}\leqslant T_i^{\mathrm{th}}\\
&\qquad \mathrm{C6}:\alpha_i\in\{0,1\}
\end{aligned} \tag{5-9}$$

其中，$\alpha=[\alpha_1,\alpha_2,\cdots,\alpha_N]$ 表示卸载计算的二元指示变量，$\theta=[\theta_1,\theta_2,\cdots,\theta_N]$ 表示无线资源分配，$f=[f_1,f_2,\cdots,f_N]$ 表示计算资源分配。另外，当 $\alpha_i=0$ 时，设置 $\alpha_i\left(P_i^{\mathrm{T}}\frac{D_i}{R_i}+P_i^{\mathrm{I}}\frac{C_i}{f_i}\right)=0$ 和 $\alpha_i\left(\frac{D_i}{R_i}+\frac{C_i}{f_i}\right)=0$。C1 表示分配给用户 i 的可用计算资源的约束。C2 表示在 MEC 服务器上分配的总计算资源不能超过 F。C3 表示分配给用户 i 的可用无线资源的约束。C4 表示无线接入网中总无线资源不超过 L。C5 表示每个任务 A_i 必须满足指定的时延约束 T_i^{th}。C6 表示每个 SMD 通过本地执行或使用 MEC 服务器执行来完成其任务。

为了保证目标问题具有最优解，令 $T_i^{\mathrm{th}}\geqslant\frac{C_i}{F_i^{1}}$，$\forall i\in\mathcal{N}$。由于背包问题是一个 NP 完全问题，而目标问题是从背包问题扩展出来的，因此目标问题也是 NP 难问题。

为避免除数为 0 的错误，该方案引入了两个微尺度 ε_1 和 ε_2，以转换目标问题。为了获得目标问题的下界，定义两个辅助变量 $\beta_i=(\varepsilon_1+\theta_i)^{-1}$ 和 $\gamma_i=(\varepsilon_2+f_i)^{-1}$，则有

$$\min_{\alpha,\beta,\gamma} \sum_{i=1}^{N}\left[\alpha_i\left(\frac{P_i^{\mathrm{T}}D_i}{\gamma_i}\beta_i + P_i^{\mathrm{I}}C_i\gamma_i\right) + (1-\alpha_i)\kappa(f_i^1)^2 C_i\right],\ \forall i\in\mathcal{N}$$
$$\text{s.t.}\quad C7: \alpha_i\left(\frac{D_i}{\gamma_i}\beta_i + C_i\gamma_i\right) + (1-\alpha_i)\frac{C_i}{f_i^1} \leqslant T_i^{\mathrm{th}}$$
$$C8: \frac{1}{\alpha_i L+\varepsilon_1} \leqslant \beta_i \leqslant \frac{1}{\varepsilon_1} \tag{5-10}$$
$$C9: \frac{1}{\alpha_i F+\varepsilon_2} \leqslant \gamma_i \leqslant \frac{1}{\varepsilon_2}$$
$$C10: \sum_{i=1}^{N}\frac{1}{\beta_i} \leqslant L + N\varepsilon_1$$
$$C11: \sum_{i=1}^{N}\frac{1}{\gamma_i} \leqslant F + N\varepsilon_2$$

由于问题（5-10）是一个非凸问题，可采用重拟线性化技术（Reformulation Linearization Technique，RLT）将二阶项线性化为 xy 。因此，可以得到基于 RLT 和 $0\leqslant\alpha_i\leqslant1$ 的凸松弛问题。特别地，采用 RLT 对上述问题中的目标函数和约束 C7 进行线性化。对于二阶项 $\alpha_i\beta_i$ ，定义 $\mu_i=\alpha_i\beta_i$ 。其中，$0\leqslant\alpha_i\leqslant1$ ，$\frac{1}{L+\varepsilon_1}\leqslant\beta_i\leqslant\frac{1}{\varepsilon_1}$ 。对于二阶项 $\alpha_i\gamma_i$ ，定义 $\omega_i=\alpha_i\gamma_i$。其中，$\frac{1}{F+\varepsilon_2}\leqslant\gamma_i\leqslant\frac{1}{\varepsilon_2}$ 。将 μ_i 和 ω_i 代入目标函数和 C7，得到凸优化问题松弛为

$$\min_{\alpha,\beta,\gamma,\mu,\omega} \sum_{i=1}^{N}\left[\frac{P_i^{\mathrm{T}}D_i}{\gamma_i}\mu_i + P_i^{\mathrm{I}}C_i\omega_i + (1-\alpha_i)\kappa\left(f_i^1\right)^2 C_i\right],\ \forall i\in\mathcal{N}$$
$$\text{s.t.}\quad C7\sim C11$$
$$C12: 0\leqslant\alpha_i\leqslant1$$
$$C13: \left(\frac{D_i}{\gamma_i}\mu_i + C_i w_i\right) + (1-\alpha_i)\frac{C_i}{f_i^1} \leqslant T_i^{\mathrm{th}}$$
$$C14: \begin{cases} \mu_i - \dfrac{1}{L+\varepsilon_1}\alpha_i \geqslant 0 \\ \beta_i - \dfrac{1}{L+\varepsilon_1} - \mu_i + \dfrac{1}{L+\varepsilon_1}\alpha_i \geqslant 0 \\ \dfrac{1}{\varepsilon_1}\alpha_i - \mu_i \geqslant 0 \\ \dfrac{1}{\varepsilon_1} - \beta_i - \dfrac{1}{\varepsilon_1}\alpha_i + \mu_i \geqslant 0 \end{cases} \tag{5-11}$$

$$\text{C15}:\begin{cases} w_i - \dfrac{1}{F+\varepsilon_2}\alpha_i \geqslant 0 \\ \gamma_i - \dfrac{1}{F+\varepsilon_2} - w_i + \dfrac{1}{F+\varepsilon_2}\alpha_i \geqslant 0 \\ \dfrac{1}{\varepsilon_2}\alpha_i - w_i \geqslant 0 \\ \dfrac{1}{\varepsilon_2} - \gamma_i - \dfrac{1}{\varepsilon_2}\alpha_i + w_i \geqslant 0 \end{cases}$$

问题（5-11）的最优解 $\underline{E}$（如果式（5-11）的约束条件不满足，则 $\underline{E}=+\infty$）是目标函数的下限。定义 $\mathcal{N}_1 \triangleq \{i \mid i\in\mathcal{N},\alpha_i=1\}$ 和 $\mathcal{N}_0 \triangleq \{i \mid i\in\mathcal{N},\alpha_i=0\}$。显然，当 α 确定时，可以将目标问题转换为

$$\begin{aligned} \min_{\alpha,\beta,\gamma,\mu,\omega} \; & \sum_{j\in\mathcal{N}_0} \kappa (f_j^{\text{l}})^2 C_j + \sum_{i\in\mathcal{N}_1}\left(\frac{P_i^{\text{T}} D_i}{\gamma_i\theta_i} + \frac{P_i^{\text{l}} C_i}{f_i}\right) \\ \text{s.t.} \; & \text{C1}\sim\text{C4}, \forall i\in\mathcal{N} \\ & \text{C16}: \frac{D_i}{\gamma_i\theta_i} + \frac{C_i}{f_i} \leqslant T_i^{\text{th}}, \forall i\in\mathcal{N}_1 \end{aligned} \tag{5-12}$$

问题（5-12）的最优解 $\bar{E}$（如果式（5-12）的约束条件不满足，则 $\bar{E}=+\infty$）是目标函数的上限。问题（5-11）和式（5-12）是凸优化问题，因此可以用分支定界法来解决目标函数。

为了实现分支定界法，本节方案构建了一个基于深度优先策略生成的搜索树。树的根节点代表目标函数。目标函数的最优解的下限是 $L_1=\underline{E}$，目标函数的最优解的上限是 $U_1=\bar{E}$。定义目标函数的最优解为 $\{\alpha^*,\theta^*,f^*\}$。如果 $U_1-L_1\leqslant\varepsilon$，其中 ε 是求解精度，则可以终止搜索并且令 $\{\alpha^*,\theta^*,f^*\}=\text{SU}_1$；否则，选择一个未修剪的叶节点，该叶节点具有最大深度和最低下限以进行进一步分支。

此时，假设当前分支过程是第 b 个分支。选择具有最大深度和最低下限的节点 k，并构建两个问题，第一个问题为

$$
\begin{aligned}
\min_{\alpha,\theta,f}\ & \sum_{i=1}^{N}\alpha_i\left(P_i^{\mathrm{T}}\frac{D_i}{R_i}+P_i^{\mathrm{I}}\frac{C_i}{f_i}\right)+(1-\alpha_i)\kappa(f_i^{\mathrm{l}})^2C_i \\
\text{s.t.}\ & \mathrm{C1}\sim\mathrm{C6},\forall i\in\mathcal{N} \\
& \mathrm{C17}:\{\alpha_1,\alpha_2,\cdots,\alpha_{|d(k)|},\alpha_{|d(k)|+1}\}=\{d(k),0\}
\end{aligned} \tag{5-13}
$$

第二个问题为

$$
\begin{aligned}
\min_{\alpha,\theta,f}\ & \sum_{i=1}^{N}\alpha_i\left(P_i^{\mathrm{T}}\frac{D_i}{R_i}+P_i^{\mathrm{I}}\frac{C_i}{f_i}\right)+(1-\alpha_i)\kappa(f_i^{\mathrm{l}})^2C_i \\
\text{s.t.}\ & \mathrm{C1}\sim\mathrm{C6},\forall i\in\mathcal{N} \\
& \mathrm{C18}:\{\alpha_1,\alpha_2,\cdots,\alpha_{|d(k)|},\alpha_{|d(k)|+1}\}=\{d(k),1\}
\end{aligned} \tag{5-14}
$$

其中，$d(k)$是节点k的参数，表示确定的执行策略；$|d(k)|$表示$d(k)$的元素个数。对于根节点，$k=1$，$d(k)=\varnothing$且$|d(k)|=0$。上述两个问题分别代表节点k的左右子节点。定义$\mathcal{N}_d$为确定的执行策略集（即$\mathcal{N}_d$中的每个元素等于 0 或 1），$\mathcal{N}_{d_0}\triangleq\{i\,|\,i\in\mathcal{N}_d,\alpha_i=0\}$和$\mathcal{N}_{d_1}\triangleq\{i\,|\,i\in\mathcal{N}_d,\alpha_i=1\}$。基于上述两个问题和 RLT，相应的凸松弛为

$$
\begin{aligned}
\min_{\alpha,\dot{\theta},\dot{f}^{\mathrm{c}},\ddot{\beta},\ddot{\gamma},\ddot{\mu},\ddot{\omega}}\ & \sum_{j\in\mathcal{N}_{d_0}}\kappa(f_j^{\mathrm{l}})^2C_j+\sum_{i\in\mathcal{N}_{d_1}}\left(\frac{P_i^{\mathrm{T}}D_i}{\gamma_i\dot{\theta}_i}+\frac{P_i^{\mathrm{I}}C_i}{\dot{f}_i^{\mathrm{c}}}\right)+ \\
& \sum_{g\in\mathcal{N}\setminus\mathcal{N}_d}\left[\frac{P_g^{\mathrm{T}}D_g}{\gamma_g}\ddot{\mu}_g+P_g^{\mathrm{I}}C_g\ddot{\omega}_g+(1-\alpha_g)\kappa(f_g^{\mathrm{l}})^2C_g\right] \\
\text{s.t.}\ & \mathrm{C1},\mathrm{C3},\forall i\in\mathcal{N}_d \\
& \mathrm{C8},\mathrm{C9},\mathrm{C12}\sim\mathrm{C15},\forall i\in\mathcal{N}\setminus\mathcal{N}_d \\
& \mathrm{C16},\forall i\in\mathcal{N}_{d_1} \\
& \mathrm{C19}:\sum_{i\in\mathcal{N}_{d_1}}\dot{\theta}_i+\sum_{g\in\mathcal{N}\setminus\mathcal{N}_d}\left(\frac{1}{\ddot{\beta}_g}-\varepsilon_1\right)\leqslant L \\
& \mathrm{C20}:\sum_{i\in\mathcal{N}_{d_1}}\dot{f}_j^{\mathrm{c}}+\sum_{g\in\mathcal{N}\setminus\mathcal{N}_d}\left(\frac{1}{\ddot{\gamma}_g}-\varepsilon_2\right)\leqslant F \\
& \mathrm{C21}:\mathcal{N}_d=\{d(k),0\}
\end{aligned} \tag{5-15}
$$

$$\begin{aligned}
&\min_{\alpha,\dot{\theta},\dot{f}^{c},\ddot{\beta},\ddot{\gamma},\ddot{\mu},\ddot{\omega}} \sum_{j\in\mathcal{N}_{d_0}}\kappa(f_j^{\mathrm{l}})^2C_j+\sum_{i\in\mathcal{N}_{d_1}}\left(\frac{P_i^{\mathrm{T}}D_i}{\gamma_i\dot{\theta}_i}+\frac{P_i^{\mathrm{l}}C_i}{\dot{f}_i^{\mathrm{c}}}\right)+\\
&\sum_{g\in\mathcal{N}\setminus\mathcal{N}_d}\left(\frac{P_g^{\mathrm{T}}D_g}{\gamma_g}\ddot{\mu}_g+P_g^{\mathrm{I}}C_g\ddot{\omega}_g+(1-\alpha_g)\kappa(f_g^{\mathrm{l}})^2C_g\right)\\
&\text{s.t.}\quad \mathrm{C1,C3},\forall i\in\mathcal{N}_d\\
&\qquad \mathrm{C8,C9,C12}\sim\mathrm{C15},\forall i\in\mathcal{N}\setminus\mathcal{N}_d\\
&\qquad \mathrm{C16},\forall i\in\mathcal{N}_{d_1}\\
&\qquad \mathrm{C19,C20}\\
&\qquad \mathrm{C22}:\mathcal{N}_d=\{d(k),1\}
\end{aligned}\tag{5-16}$$

为了获得左右子节点的下限，首先分别计算对应于上述两个凸问题的最优解 E_{2b} 和 E_{2b+1}。然后计算 E^* 的下限和上限分别为 L_{b+1} 和 U_{b+1}，其中，L_{b+1} 为所有未修剪叶节点的下限，U_{b+1} 为所有未修剪叶节点的上限，修剪下界大于 U_{b+1} 的不必要叶节点。最后更新 $b=b+1$ 并继续上述过程，直到 $U_b-L_b\leqslant\varepsilon$，结果为 $E^*=U_b,\{\alpha^*,\theta^*,f^*\}=\mathrm{SU}_b$。RLTBB 算法的过程如算法 5-1 所示。

算法 5-1　RLTBB 算法

1：初始化

2：设置所需的公差 ε

3：初始化 $L_1=\underline{E}$，$U_1=\overline{E}$，$\mathrm{SU}_1=\{\overline{\alpha},\overline{\theta},\overline{f}\}$，$b=1$ 和 $\zeta_1^{\mathrm{up}}=\zeta_1^s=\{1\}$

4：当所有 SMD 在本地执行其应用程序时，计算总能耗 $E_{\mathrm{all}}^{\mathrm{local}}$

5：while $(U_b-L_b)>\varepsilon\left(E_{\mathrm{all}}^{\mathrm{local}}-L_b\right)$

6：　　选择 $k=\arg\min\limits_{i\in\zeta_b^s}\{E_i\}$，并将叶节点 k 拆分为两个子问题

7：　　解决问题（5-15）和式（5-16），获得 $E_{2b},E_{2b+1},\alpha_{2b}$ 和 α_{2b+1}

8：　　基于式（5-12）计算 $\overline{\alpha}_{2b}$ 和 $\overline{\alpha}_{2b+1}$，获得 $\overline{E}_{2b},\overline{E}_{2b+1},\overline{\mathrm{SU}}_{2b}$ 和 $\overline{\mathrm{SU}}_{2b+1}$

9：　　通过移除 k、添加 $2b$ 和 $2b+1$，根据 ζ_b^{up} 形成 $\zeta_{b+1}^{\mathrm{up}}$

10：　　$\zeta_{b+1}^p:=\{i\mid i\in\zeta_{b+1}^{\mathrm{up}},E_i>U_b\}$

11：　　$\zeta_{b+1}^{\mathrm{up}}:=\zeta_{b+1}^{\mathrm{up}}\setminus\zeta_{b+1}^p$

12：　　$\zeta_{b+1}^s:=\{i\mid i=\arg\max\limits_{j\in\{k\mid k\in\zeta_{b+1}^{\mathrm{up}},|d(k)|\neq N\}}|d(j)|\}$

13：　　$L_{b+1} := \min_{i \in \zeta_{b+1}^{\text{up}}} E_i$

14：　　$U_{b+1} := \min_{i \in \zeta_{b+1}^{\text{up}}} \bar{E}_i, \text{SU}_{b+1} := \overline{\text{SU}}_{\arg\min_{i \in \zeta_{b+1}^{\text{up}}} \bar{E}_i}, U_{b+1} := \min_{i \in \zeta_{b+1}^{\text{up}}} \bar{E}_i$

15：　　$b = b + 1$

16：end while

17：输出：

18：$E^* = U_b$

19：$\{\alpha^*, \theta^*, f^*\} = \text{SU}_b$

尽管 RLTBB 算法可以求解目标函数，但其不能保证低时间复杂度。为了降低求解复杂度，本节利用 GCGH 算法来获得次优解。为此，引入基尼系数的概念，该系数是 0 到 1 的有效指数，用于评估某地区收入的差距。基尼系数越小，收入分配就越相等（即 SMD 的收入占总收入的大部分），反之亦然。GCGH 算法基于基尼系数设计了一个索引函数，以获取 SMD 集 $S_o^{s_1}$，其中的 SMD 可为大部分的节能做出贡献，然后贪婪地分配资源给属于 $S_o^{s_1}$ 的 SMD。GCGH 算法可以分为以下 3 个阶段，详细步骤如算法 5-2 所示。

阶段 1：SMD 分类。根据基本卸载条件，将 SMD 分为两种类型。

阶段 2：基尼系数计算。根据收入函数对满足基本卸载条件的 SMD 进行排序，计算基尼系数。

阶段 3：资源分配。通过贪婪算法，将无线资源和计算资源分配给属于搜索集的 SMD，该 SMD 在阶段 2 中获得。

算法 5-2　GCGH 算法

1：阶段 1：SMD 分类

2：初始化 $S_l = S_o = \varnothing$

3：for i=1:N

4：　　if $\frac{D_i}{\gamma_i L} + \frac{C_i}{F} \leqslant T_i^{\text{th}}$ & $\frac{P_i^{\text{T}} D_i}{\gamma_i L} + \frac{P_i^{\text{I}} C_i}{F} < \kappa \left(f_i^l\right)^2 C_i$ then

5：　　　　$S_o = \{S_o, i\}$

6：　　else

7：　　　　$S_l = \{S_o, i\}$

8：　　end if

9：end for

10：阶段 2：基尼系数计算

11：根据收益函数计算 $\Phi(i)_{|i\in S_o}$

12：对 Φ_s 按照升序排列：$\Phi_1 \leqslant \Phi_2 \leqslant \cdots \leqslant \Phi_{|S_o|}, S_o^s \leftarrow$ 把 S_o 分类

13：计算累积收入率 $W=\sum_{i=1}^{|S_o^s|}\Phi_i, w_{i|i=1,2,\cdots,|S_o^s|}=\frac{1}{W}\sum_{j=1}^{i}\Phi_j$

14：利用 $G=1-\frac{1}{|S_o^s|}\left(1+2\sum_{i=1}^{|S_o^s|-1}w_i\right)$ 计算基尼系数 G，利用 $I=\min\left\{\left\lceil\frac{1}{G}\right\rceil+\left\lceil\frac{k}{S_o^s}\left(|S_o^s|-\left\lceil\frac{1}{G}\right\rceil\right)\right\rceil,|S_o^s|\right\}$ 计算分区索引 I，其中，K 表示资源的负载能力，$K=\min\left\{\left\lfloor\frac{L}{\theta_{\max}^n}\right\rfloor,\left\lfloor\frac{F}{f_{\max}^n}\right\rfloor,|S_o^s|\right\}$，$\theta_{\max}^n=\max\left\{\theta_i^n,\forall i\in S_o^s\right\}$，$f_{\max}^n=\max\left\{f_i^n,\forall i\in S_o^s\right\}$

15：基于 I 和式 $S_o^{s_1}\leftarrow\left\{S_{o|S_o^s|}^s,S_{o(|S_o^s|+1)}^s,\cdots,S_{o(|S_o^s|+1-I)}^s\right\}$ 从 S_o^s 获得 $S_o^{s_1}$

16：阶段 3：资源分配

17：初始化 $E^s=\sum_{i=1}^{N}V_iC_i,\mathcal{N}_1^s=\Phi,\mathcal{N}_0^s=\mathcal{N},\theta^s=[0,0,\cdots,0]$ 和 $f^s=[0,0,\cdots,0]$

18：for $i=1:|S_o^{s_1}|$

19：　　$\mathcal{N}_1\leftarrow\{\mathcal{N}_1^s,S_o^s\},\mathcal{N}_0\leftarrow\mathcal{N}\setminus\mathcal{N}_1$

20：　　基于 $\mathcal{N}_1$ 和 $\mathcal{N}_0$ 解决问题（5-12）以获得 $\bar{E},\bar{\theta},\bar{f}$ 的最佳结果

21：　　if $\bar{E}<E^s$

22：　　　　$\mathcal{N}_1^s=\mathcal{N}_1,\mathcal{N}_0^s=\mathcal{N}\setminus\mathcal{N}_1^s,E^s=\bar{E},\theta^s=\bar{\theta},f^s=\bar{f}$

23：　　end if

24：end for

25：基于式 $\alpha^s=\left[\alpha_i^s\middle|\alpha_i^s=\begin{cases}1,i\in\mathcal{N}_1^s\\0,i\in\mathcal{N}_0^s\end{cases}\right]$ 计算执行指令

26：输出：

27：次优结果 $E^s,\alpha^s,\theta^s,f^s$

针对多用户系统中 MEC 的计算卸载问题，为了尽可能地降低 SMD 的能耗，本节方案联合优化了卸载选择、无线资源和计算资源分配，相应提出了 RLTBB 算法以可调的求解精度来计算特定的次优结果。此外，本节还设计了 GCGH 算法来解决时间复杂度的 MINLP 问题，可有效降低边缘网络的能耗。

2. *移动边缘计算中的全交互场景计算卸载方案*

在全交互的多智能体场景中，智能体可采取自身计算和上传至 MEC 服务器计算两种方式，合理地在系统中分配通信和计算资源，能够在保证指令下发时延的情况下最小化智能体的代价。考虑一个全交互的多智能体计算场景，无线网络中随机分布着 M 个相互交互的智能体，这些智能体用集合 $\mathcal{M}=\{1,2,\cdots,M\}$ 表示。无线网络由一个基站提供通信服务，采用频分双工（Frequency Division Duplexing，FDD）模式，MEC 服务器与基站共址部署，为边缘网络提供计算、缓存等能力。全交互场景由感知、通信、计算、缓存和执行 5 个阶段组成闭环流程：每个智能体执行完动作后，感知单元采集智能体自身的动作参数以及局部的环境信息参数；每个智能体将感知单元采集的参数数据传输到应用处理器；应用处理器根据所有智能体的参数数据进行计算，得到智能体的下一步动作指令/参考；应用处理器将计算得到的下一步动作指令/参考传输到智能体的执行单元；每个智能体的执行单元根据下一步动作指令/参考执行新的动作。$D_{i,t}$ 表示智能体 i 需要在第 t 个时隙上传的参数数据，包含智能体的动作参数和环境信息参数等；$D_{i,t}^{\mathrm{A}}$ 表示参数数据集合 $D_{i,t}$ 所含数据量的大小；T^{req} 表示最大可容忍的控制时延阈值，通常是系统采样周期减去感知时间和执行时间。为了保证系统的稳定性和智能体的服务体验，智能体 i 需要在严格的时延阈值 T^{req} 内获得下一步动作指令/参考。$x_{i,t}\in\{0,1\}$ 表示智能体 i 在第 t 个时隙选择的计算方式，具体而言，$x_{i,t}=0$ 表示选择智能体计算方式（即选择智能体的计算单元作为应用处理器），$x_{i,t}=1$ 表示选择 MEC 服务器计算方式（即选择 MEC 服务器作为应用处理器）。这两种选择方式分别对应不同的通信过程，在智能体计算方式下，智能体经基站转发来获取所有智能体的参数数据，采用计算能力较弱的应用处理器计算下一步动作指令/参考，与此同时，动作指令/参考的传输通过高速内存数据调用方式完成，对应的时延极低，对于问题建模的影响可以忽略；在 MEC 服务器计算方式下，基站获取所有智能体的参数数据并交由计算能力较强的应用处理器计算下一步动作指令/参考，然后基站将动作指令/参考通过空中接口传输到智能体以执行下一步动作。本节假设在上行链路传输中采用轮询（Round Robin，RR）调度方法，在下行链路传输中采用多播/广播方式。图 5-2 和图 5-3 是系统模型中两种计算方式的时间序列示意，其中图 5-2 表示智能体计算方式，图 5-3 表示 MEC 服务器计算方式。

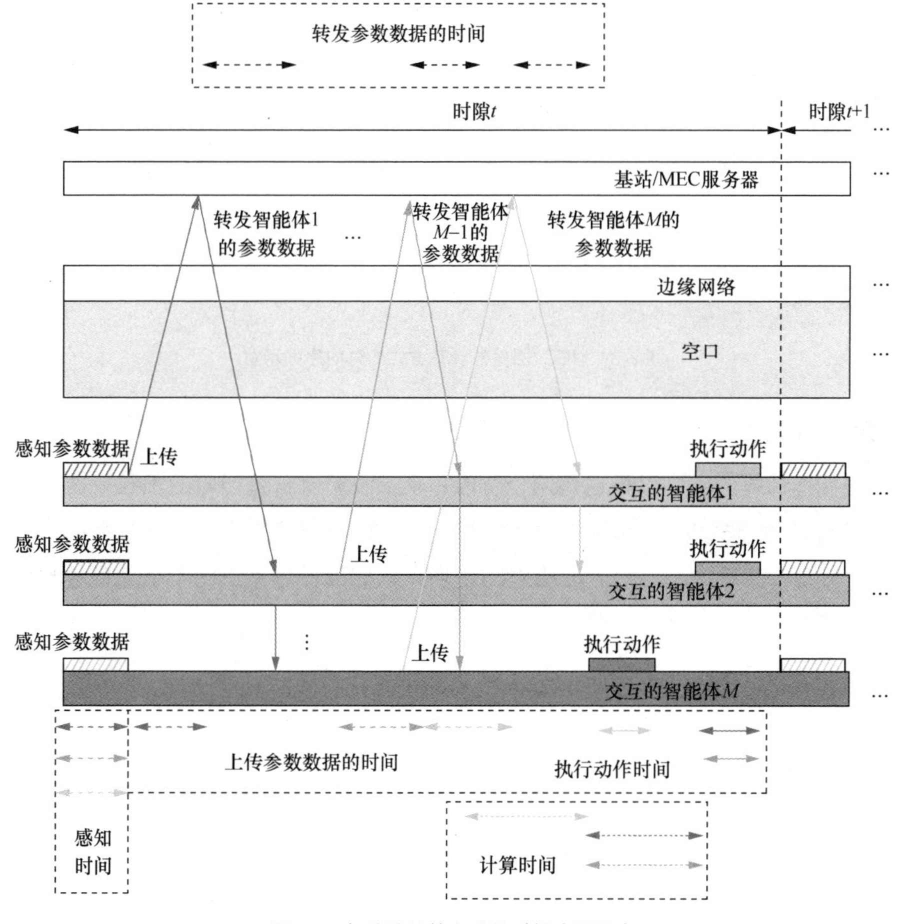

图 5-2　智能体计算方式的时间序列示意

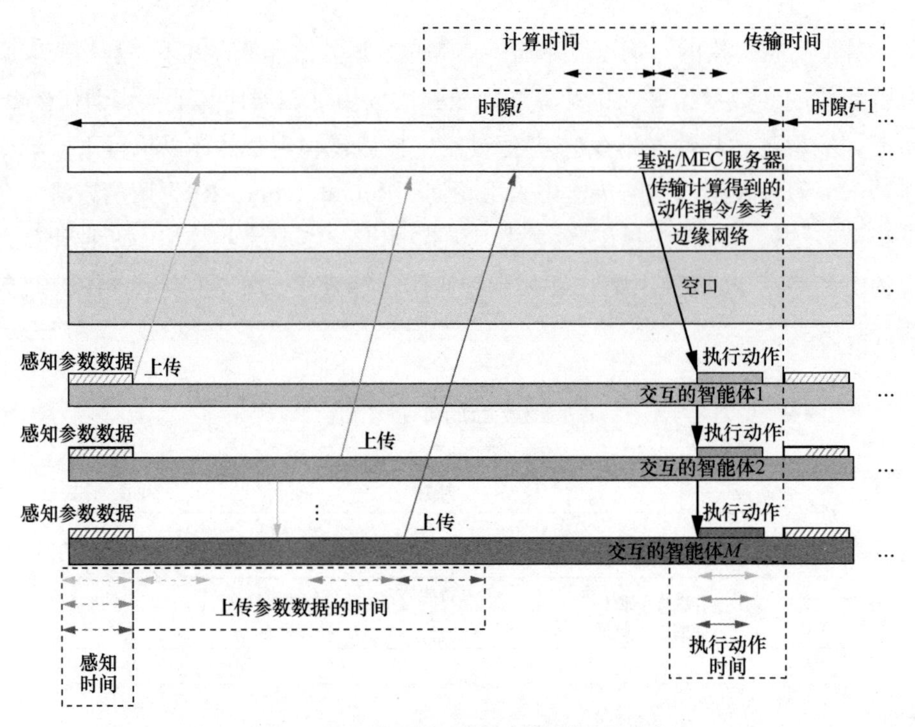

图 5-3　MEC 服务器计算方式的时间序列示意

（1）智能体计算

智能体计算的实现过程包括两个阶段：基站收集所有智能体的参数数据并将其通过多播/广播方式发送给所有智能体；智能体的计算单元基于全部参数数据进行计算，得到下一步动作指令/参考，如图 5-2 所示。假设计算量正比于全部参数数据量之和，即

$$B_t \propto \sum_{j=1}^{M} D_{j,t}^{\mathrm{A}} \tag{5-17}$$

上传 $D_{i,t}^{\mathrm{A}}$ 所需的时间长度为

$$T_{i,t}^{\mathrm{U}} = \frac{D_{i,t}^{\mathrm{A}}}{R_{i,t}^{\mathrm{U}}} \tag{5-18}$$

其中，$R_{i,t}^{\mathrm{U}}$ 表示智能体 i 在第 t 个时隙的上行链路吞吐率，即

$$R_{i,t}^{\mathrm{U}} = w^{\mathrm{U}} \log\left(1+\frac{h_{i,t}^{\mathrm{U}} P_i^{\mathrm{U}}}{N_0 w^{\mathrm{U}}}\right) \tag{5-19}$$

其中，w^{U} 表示上行链路频谱带宽，$h_{i,t}^{\mathrm{U}}$ 表示智能体 i 在第 t 个时隙的上行链路信道增益，P_i^{U} 表示智能体 i 的发射功率，N_0 表示单边噪声功率谱密度。从智能体 i 开始上传 $D_{i,t}$ 到上传完毕的时间长度为

$$T_{i,t}^{\text{U-end}} = \sum_{j=1}^{i} T_{j,t}^{\mathrm{U}} \tag{5-20}$$

多播/广播转发 $D_{i,t}$ 的时间长度为

$$T_{i,t}^{\mathrm{LD}}\left(M_t^{\mathrm{L}}\right) = \frac{D_{i,t}^{\mathrm{A}}}{R_t^{\mathrm{D}}\left(M_t^{\mathrm{L}}\right)} \tag{5-21}$$

其中，R_t^{D} 表示第 t 个时隙的下行链路吞吐率，即

$$R_t^{\mathrm{D}}(M_t^{\mathrm{L}}) = \min_{j\in M_t^{\mathrm{L}}} w^{\mathrm{D}} \log\left(1+\frac{h_{j,t}^{\mathrm{D}} P^{\mathrm{D}}}{N_0 w^{\mathrm{D}}}\right) \tag{5-22}$$

其中，$M_t^{\mathrm{L}} = \{j \mid x_{j,t}=0, j\in \mathcal{M}\}$ 表示选择智能体计算方式的智能体集合，w^{D} 表示下行链路频谱带宽，$h_{i,t}^{\mathrm{D}}$ 表示智能体 i 在第 t 个时隙的下行链路信道增益，P^{D} 表示基站的发射功率。从智能体 i 开始上传 $D_{i,t}$ 到完成其多播/广播转发的时间长度为

$$T_{i,t}^{\text{LD-end}}(M_t^{\mathrm{L}}) = \max\{T_{i,t}^{\text{U-end}}, T_{i-1,t}^{\text{D-end}}(M_t^{\mathrm{L}})\} + T_{i,t}^{\mathrm{LD}}(M_t^{\mathrm{L}}) \tag{5-23}$$

智能体 i 执行计算的时间长度为

$$T_{i,t}^{\mathrm{LC}} = \frac{B_t}{f_i} \tag{5-24}$$

其中，f_i 表示智能体 i 的计算单元的计算能力。因此，智能体 i 从整个系统在第 t 个时隙开始上传参数数据到计算得出下一步动作指令/参考的时间跨度（该时间跨度即智能体 i 在第 t 个时隙的控制时延）为

$$T_{i,t}^{\mathrm{L}}(x_t) = \begin{cases} T_{M-1,t}^{\text{LD-end}}(M_t^{\mathrm{L}}) + T_{i,t}^{\mathrm{LC}},\ i\in\mathcal{M} \\ T_{M,t}^{\text{LD-end}}(M_t^{\mathrm{L}}) + T_{i,t}^{\mathrm{LC}},\ i\notin\mathcal{M} \end{cases} \tag{5-25}$$

智能体 M 的时延计算方式不同于其他智能体，原因是智能体 M 作为最后一个上传参数数据的智能体，其已知自身参数数据，不需要等待自身参数数据的多播/

广播转发，因此相较于其他智能体能够更早地开始计算，如图 5-2 所示。智能体 i 的计算和网络传输的能量消耗为

$$E_{i,t}^{\mathrm{L}}(x_t)=P_i^{\mathrm{U}}T_{i,t}^{\mathrm{U}}+l_i^{\mathrm{D}}\sum_{j\in\mathcal{M}\backslash i}T_{j,t}^{\mathrm{LD}}(M_t^{\mathrm{L}})+\kappa B_t f_i^2 \tag{5-26}$$

其中，$x_t=\{x_{1,t},x_{2,t},\cdots,x_{M,t}\}$ 表示第 t 个时隙的所有智能体的计算方式集合；l_i^{D} 是一个正常量，表示智能体 i 接收下行链路数据时每秒消耗的能量；κ 是一个正恒量，无量纲，表示计算芯片的有效开关电容的数值。整体系统在后续时隙不断重复上述过程，以使系统平稳地运行。

（2）MEC 服务器计算

MEC 服务器计算的实现过程包括 3 个阶段：所有智能体上传参数数据；MEC 服务器根据全部参数数据计算智能体下一步动作指令/参考；基站将动作指令/参考通过多播/广播方式传送给所有智能体，如图 5-3 所示。假设下一步动作指令/参考的数据量正比于所有参数数据量之和，即

$$D_t^{\mathrm{R}}\propto\sum_{j=1}^{M}D_{j,t}^{\mathrm{A}} \tag{5-27}$$

上传 $D_{i,t}$ 所需的时间长度为 $T_{i,t}^{\mathrm{U}}$，MEC 服务器执行计算的时间长度为

$$T_t^{\mathrm{EC}}=\frac{B_t}{F} \tag{5-28}$$

其中，F 表示 MEC 服务器的计算能力。基站通过多播/广播方式传输下一步动作指令/参考的时间长度为

$$T_i^{\mathrm{ED}}(M_t^{\mathrm{E}})=\frac{D_t^{\mathrm{R}}}{R_t^{\mathrm{D}}(M_t^{\mathrm{E}})} \tag{5-29}$$

其中，$M_t^{\mathrm{E}}=\{j\,|\,x_{j,t}=1,j\in\mathcal{M}\}$ 表示选择 MEC 服务器计算方式的智能体集合。因此，智能体 i 得到下一步动作指令/参考的时延为

$$T_{i,t}^{\mathrm{E}}(x_t)=\sum_{j\in\mathcal{M}}T_{j,t}^{\mathrm{U}}+T_t^{\mathrm{EC}}+T_t^{\mathrm{ED}}(M_t^{\mathrm{E}}) \tag{5-30}$$

由式（5-30）可知，M_t^{E} 中的全部智能体具有相同的时延。智能体 i 的能量消耗为

$$E_{i,t}^{\mathrm{E}}(x_t)=P_i^{\mathrm{U}}T_{i,t}^{\mathrm{U}}+l_i^{\mathrm{D}}T_t^{\mathrm{ED}}(M_t^{\mathrm{E}}) \tag{5-31}$$

综上可知，智能体 i 的时延可以表示为

$$T_{i,t}(x_t)=(1-x_{i,t})T_{i,t}^{\mathrm{L}}(x_t)+x_{i,t}T_{i,t}^{\mathrm{E}}(x_t) \tag{5-32}$$

智能体 i 的能量消耗可以表示为

$$E_{i,t}(x_t)=(1-x_{i,t})E_{i,t}^{\mathrm{L}}(x_t)+x_{i,t}E_{i,t}^{\mathrm{E}}(x_t) \tag{5-33}$$

智能体 i 在第 t 个时隙的代价如式（5-34）所示，该代价同时考虑了时延和能量消耗。

$$C_{i,t}(x_t)=\eta_{i,t}T_{i,t}(x_t)+(1-\eta_{i,t})E_{i,t}(x_t)+C^P I_{T_{i,t}(x_t)>T^{\mathrm{req}}} \tag{5-34}$$

其中，$\eta_{i,t}$ 和 $1-\eta_{i,t}$ 分别表示智能体 i 在第 t 个时隙对于降低时延和减少能量消耗的权重；I 是一个指示函数，当时延超过指定的阈值时，$I_{T_{i,t}(x_t)>T^{\mathrm{teq}}}=1$，智能体 i 的代价函数会相应地引入代价惩罚项 C^P。

智能体 i 的代价不仅与自己选择的计算方式有关，而且依赖于其他智能体选择的计算方式。当大量智能体选择 MEC 服务器计算方式时，MEC 服务器可能出现过载现象，导致 M_t^{E} 的代价增加。另一方面，当大量智能体选择智能体计算方式时，额外的动作数据转发可能导致 M_t^{L} 的代价增加。因此，智能体计算和 MEC 服务器计算的自适应调整对整体系统设计至关重要。为了设计分布式决策方式，构建最小化每个智能体的长期平均代价的优化问题为

$$\begin{aligned}&\min_{\{x_{i,1},x_{i,2},\cdots,x_{i,N}\}}\ \frac{1}{N}\sum_{t=1}^{N}C_{i,t}(x_t)\\&\text{s.t.}\quad \mathrm{C1}: x_{i,t}\in\{0,1\},\forall t\in\{1,2,\cdots,N\},\ \forall i\in\mathcal{M}\end{aligned} \tag{5-35}$$

考虑信令开销问题，多智能体分布式决策方式将是求解问题（5-35）的有效途径。一个智能体的代价不仅受其自身计算策略的影响，还受其他智能体计算策略的影响。同时，为智能体收集全局网络信息以确定适当的计算方式会导致额外的时延。为了使每个智能体能够在整个系统动力学和操作环境存在不确定性的情况下在线选择合适的计算方式，需要一种能够应对该情况的不确定性方法，而机器学习(Mechine Learning，ML ）正是这样一种有效的方法。特别地，在智能体与环境交互的过程中进行学习的强化学习（Reinforcement Learning，RL）算法显然能够达到上述目的。由于智能体在采取下一步动作之前就获得了回报（即代价反馈），因此采用经典的时序差分算法即可实现在线控制动态联网多智能体系统的目的。

用 $s_{i,t}=\{h_{i,t}^{\mathrm{U}},h_{i,t}^{\mathrm{D}},\eta_{i,t}\}\in S$ 表示智能体 i 在第 t 个时隙的状态，其中 S 表示状态空间集合；$x_{i,t}\in A$ 表示智能体 i 在第 t 个时隙采取的动作，此处的动作指的是采取何种计算方式，称为策略动作，从而实现与智能体为了完成任务而采取的物理动作的区分，其中 $A\in\{0,1\}$ 表示策略动作集合，具体而言，$x_{i,t}=0$ 和 $x_{i,t}=1$ 分别表示智能体 i 选择智能体计算方式和 MEC 服务器计算方式；$r_{i,t}=-C_{i,t}(x_t)$ 表示智能体 i 在第 t 个时隙获得的回报。定义

$$N_{i,t}^{S-A}(s,x)=\sum_{\tau=1}^{t}I_{s_{i,\tau}=s,x_{i,\tau}=x}=N_{i,t-1}^{S-A}(s,x)+I_{s_{i,t}=s,x_{i,t}=x} \tag{5-36}$$

为第1个时隙至第 t 个时隙间智能体 i 在状态为 s 的情况下选择策略动作 x 的次数，其中，$N_{i,0}^{S-A}(s,x)=0$，$\forall i\in\mathcal{M}$，$s\in S$，$x\in A$。同理

$$N_{i,t}^{S}(s)=\sum_{\tau=1}^{t}I_{s_{i,\tau}=s}=N_{i,t-1}^{S}(s)+I_{s_{i,t}=s} \tag{5-37}$$

表示第 1 个时隙至第 t 个时隙间智能体 i 的状态为 s 的次数，其中，$N_{i,0}^{S}(s)=0$，$\forall i\in\mathcal{M}$，$s\in S$。

为了设计分布式决策方案，每个智能体创建一个 Q 值表作为选择计算方式的依据，具体为

$$Q_{i,t}(s,x)=\frac{\sum_{\tau=1}^{t}C_{i,\tau}(x_\tau)I_{s_{i,\tau}=s,x_{i,\tau}=x}}{N_{i,t}^{S-A}(s,x)}=Q_{i,t-1}(s,x)+\frac{I_{s_{i,t}=s,x_{i,t}=x}}{N_{i,t}^{S-A}(s,x)}(C_{i,t}(x_i)-Q_{i,t-1}(s,x)) \tag{5-38}$$

其中，$Q_{i,t}(s,x)$ 表示智能体 i 在第 t 个时隙对应于状态 s 和策略动作 x 的 Q 值。为了规避“除以零”的问题，本节规定，当分母为零时，相应的 Q 值设定为零，初始化 $Q_{i,0}(s,x)=0$，$\forall i\in\mathcal{M}$，$s\in S$，$x\in A$。采用传统的 ε-贪婪算法选择方针来确定策略动作 $x_{i,t}$

$$x_{i,t}=\begin{cases}\arg\min\limits_{x\in A}Q_{i,t}(s_{i,t},x), & \text{以概率}\dfrac{N_{i,t}^{S}(s_{i,t})-1}{N_{i,t}^{S}(s_{i,t})}\\ \text{随机选择的策略动作}, & \text{以概率}\dfrac{1}{N_{i,t}^{S}(s_{i,t})}\end{cases} \tag{5-39}$$

动态联网多智能体系统分布式资源决策算法流程如算法 5-3 所示。首先，智能体初始化时隙 t=1，记录状态–策略动作数量、状态数量以及相应的 Q 值为 0。所有智能体同时以并行的方式重复如下流程，直至智能体之间的交互过程结束。具体而言，每个智能体在第 t 个时隙的开始观察其状态，并更新其记录状态数量的表格。每个智能体按照 0 ～1 的均匀分布方式产生一个随机数，若该随机数小于或等于相应的状态数量的倒数，则智能体随机选取一个策略动作；若该随机数大于相应的状态数量的倒数，则智能体根据其 Q 值表选取当前状态下对应最大 Q 值的策略动作。然后，智能体更新其记录状态–策略动作数量的表格，并通过会话信令将其策略动作上报给 MEC 服务器。与此同时，MEC 服务器决定智能体的轮询上传次序，并将该次序通过会话信令通知全部智能体。在接收到轮询上传次序后，所有智能体通过轮询方式将其参数数据上传给 MEC 服务器，同时，MEC 服务器通过多播/广播方式将参数数据转发给 M_t^{L} 。属于 M_t^{L} 的每个智能体在收到全部参数数据之后计算下一步动作指令/参考。另一方面，MEC 服务器在收到全部参数数据之后计算智能体的下一步动作指令/参考，并通过多播/广播方式将该计算所得动作指令/参考传输给 M_t^{E} 中的智能体。当智能体得到其接下来的动作指令/参考（由智能体自身计算，或由 MEC 服务器计算）后，首先，其执行单元会采取相应的动作。然后，智能体根据测量所得的能量消耗和时延以及相应权重计算该时隙下的代价值。最后，智能体更新其 Q 值。这样做能够使每个智能体在环境动态不确定性情况下在线选择合适的计算方式，有效协调降低多智能体的计算任务时延。

算法 5-3　动态联网多智能体系统分布式资源决策算法

初始化　$t=1; N_i^{S-A}(s,x)=0, N_i^S(s)=0, Q_i(s,x)=0; \forall i \in \mathcal{M}, s \in S, x \in A$

1：每个智能体在每个时隙中都会重复进行下述过程，以智能体 i 和第 t 个时隙为例

2：智能体 i 观察其在第 t 个时隙的状态为 $s_{i,t}$

3：$N_i^S(s_{i,t}) \coloneqq N_i^S(s_{i,t})+1$

4：根据式（5-39）选择策略动作 $x_{i,t}$

5：$N_i^{S-A}(s_{i,t},x_{i,t}) \coloneqq N_i^S(s_{i,t},x_{i,t})+1$

6：智能体 i 将策略动作上报给 MEC 服务器

7：基于 RR 的方式，智能体 i 将其参数数据上传给 MEC 服务器

8：if $(x_{i,t}=0)$

9：智能体 i 接收基站通过多播/广播方式转发的参数数据，当其收到所有其他智能体的参数数据后利用自身计算单元计算下一步动作指令/参考

10：else

11：智能体 i 接收由 MEC 服务器计算的下一步动作指令/参考

12：end if

13：智能体 i 的执行单元根据动作指令/参考采取下一步动作

14：根据式（5-23）计算代价 $C_{i,t}(x_t)$

15：按照式（5-38）更新状态 $s_{i,t}$ 和策略动作 $x_{i,t}$ 对应的 Q 值 $Q_i(s_{i,t},x_{i,t})$

16：$t:=t+1$

17：直至智能体之间的交互过程结束（即任务完成）

3. **大规模边缘计算分布式优化和协作域划分**[6]

在数据中心网络协作计算领域，大部分现有方案均通过集中式的方法进行优化，无法应用到大规模移动边缘计算中[7]。此外，边缘计算服务器在地域上分布较广，如果允许任务在全网进行卸载，随着网络规模的扩大，其任务卸载时延和开销也不断增加，影响边缘计算性能[8]；而限制协作计算仅能在存在直接连接的边缘服务器间进行，不能充分挖掘协作计算潜力，导致系统吞吐量下降[9]。针对上述挑战，本节提出了大规模边缘计算资源管理和协作域划分的分布式优化方案，在动态网络条件下最小化时间平均的系统开销。首先，本节方案采用随机梯度下降（Stochastic Gradient Descent，SGD）算法，通过观察每时隙网络状况并学习网络随机特性，将构建的随机优化问题在时域上进行解耦。每个边缘服务器可通过观察本地和与其直接相邻的边缘服务器的学习信息，对任务接入、卸载、处理和结果返回决策分布式优化，从而渐近最小化系统开销。此外，本节给出了边缘计算协作域定义，到达某边缘服务器的计算任务仅需在其对应协作域内进行卸载，即可保证方案渐近最优性，从而避免在大规模网络中任务卸载过远带来的不必要的任务处理时延和开销，并降低方案复杂度。最后，利用上述协作域定义的最优子结构特性，本节提出了基于动态规划（Dynamic Programming，DP）的边缘计算协作域分布式优化方法。通过与

相邻服务器的信息交互，各边缘服务器可在$\mathcal{O}(N^2)$复杂度内分布式构建其协作域。

图 5-4 为系统模型，其中到达的计算任务可在服务器本地进行处理，或通过节点间链路卸载到其他边缘服务器进行处理，并将计算结果通过链路返回给任务到达的边缘服务器。大规模边缘计算网络包括N个边缘服务器，令$\mathcal{N}=\{1,\cdots,N\}$表示$N$个边缘服务器的集合。系统分时隙运行，记单时隙时长为T。网络可被描述为无向图$G=(\mathcal{N},\mathcal{E})$，其中，$\mathcal{N}$表示图中节点（边缘服务器）的集合，$\mathcal{E}$表示节点间边（服务器间链路）的集合。网络中边缘服务器具有任务处理能力，n个边缘服务器协作处理计算任务。

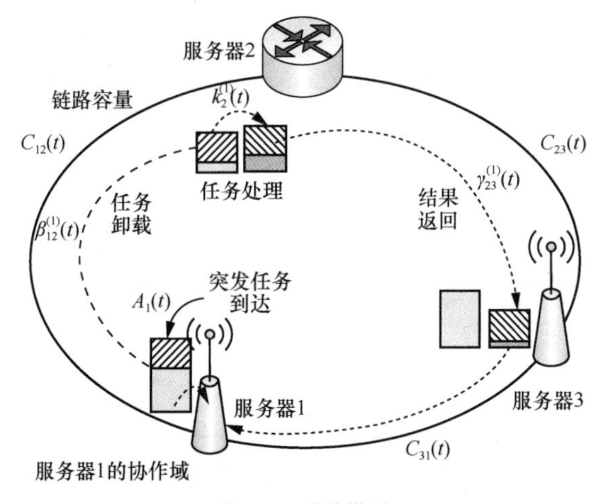

图 5-4　系统模型

在时隙t到达边缘服务器i的计算任务可被表示为$(A_i(t),\rho_i A_i(t),\xi_i A_i(t))$，其中，$A_i(t)$表示到达任务的输入数据量大小；$\rho_i A_i(t)$表示处理该任务需要消耗的计算资源（CPU 周期）；$\xi_i A_i(t)$表示处理单位大小的输入数据所需的计算资源，ξ_i表示处理结果和输入数据大小的比值。任务可划分，并在多个边缘服务器进行处理。

为保证网络稳定性和边缘计算性能，在时隙t，边缘服务器i仅能承担部分计算任务（记作$a_i(t)$），可表示为

$$0\leqslant a_i(t)\leqslant A_i(t),\forall i \tag{5-40}$$

其中，$A_i(t)\leqslant A_i^{\max}$，$A_i^{\max}$为单时隙到达边缘服务器$i$的最大计算任务量。令$C_{ij}(t)$表示链路$(i,j)\in E$在时隙$t$的链路容量，该链路承担边缘服务器$i$和$j$之间的双向数据

传输，满足 $0 < C_{ij}(t) \leqslant C_{ij}^{\max}$ ；$\zeta_{ij}(t)$ 表示链路 (i,j) 在时隙 t 传输单位大小的数据所需的开销（如能耗等）；$\hat{F}_i$ 表示边缘服务器 i 的计算能力（CPU 周期），$\delta_i(t)$ 表示在时隙 t 边缘服务器 i 后台任务所占比例，$\zeta_i(t)$ 表示边缘服务器 i 在时隙 t 执行单位计算资源的开销（能耗），那么时隙 t 边缘服务器 i 的可用计算资源可表示为 $F_i(t) = [1-\delta_i(t)]\hat{F}_i T$ 。

如图 5-5 所示，为保证将处理结果返回至任务到达的边缘服务器，每个边缘服务器需维护 N 个待处理任务队列（分别保存源自 N 个服务器的计算任务）和 N 个结果队列（分别保存待返回至 N 个服务器的处理结果）。本节提出了自适应边缘计算协作域概念，分布式地为各边缘服务器划分协作域，从而减小上述维护 $2N$ 个队列所需的开销，并保证大规模边缘计算性能。上述队列按先入先出（First-In First-Out，FIFO）方式运行。

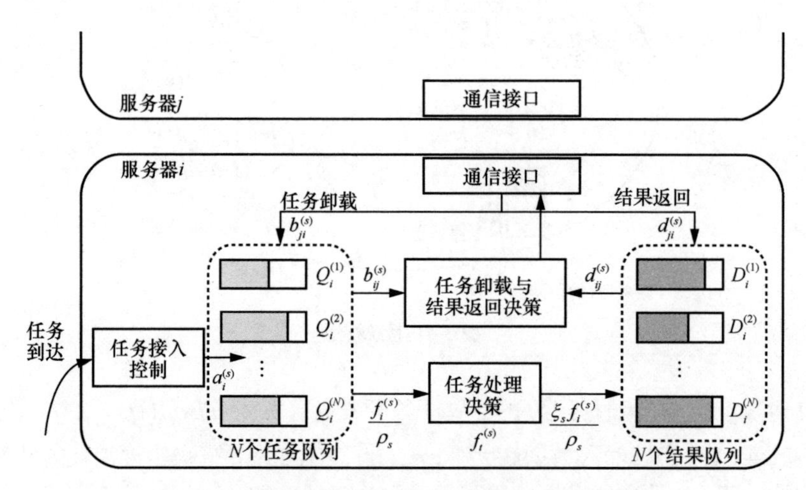

图 5-5　大规模边缘计算组网协作处理服务器模块框架

令 $Q_i^{(s)}(t)$ 表示时隙 t 边缘服务器 i 中源自服务器 s 的待处理任务队列长度，$D_i^{(s)}(t)$ 表示时隙 t 边缘服务器 i 中待返回至服务器 s 的处理结果队列长度，则 $\mathcal{Q}(t) = \{Q_i^{(s)}(t), D_i^{(s)}(t)\}, \forall i,s$ 为时隙 t 网络中所有队列的集合。令 $b_{ij}^{(s)}(t)$ 表示时隙 t 边缘服务器 i 卸载给服务器 j 的源自服务器 s 的计算任务大小，$d_{ij}^{(s)}(t)$ 表示时隙 t 边缘服务器 i 传给服务器 j 的待返回至服务器 s 的处理结果大小，满足

$$\begin{aligned}&\sum_{s\in\mathcal{N}} b_{ij}^{(s)}(t)+d_{ij}^{(s)}(t)+b_{ji}^{(s)}(t)+d_{ji}^{(s)}(t)\leqslant C_{ij}(t),\forall i\\&jb_{ij}^{(s)}(t)\geqslant 0,\ d_{ij}^{(s)}(t)\geqslant 0,\ \forall i,j,s\end{aligned}\tag{5-41}$$

令 $f_i^{(s)}(t)$ 表示时隙 t 边缘服务器 i 分配用于处理源自服务器 s 的计算任务资源，满足

$$\begin{aligned}&\sum_{s\in\mathcal{N}} f_i^{(s)}(t)\leqslant F_i(t),\ \forall i\\&f_i^{(s)}(t)\geqslant 0,\ \forall i,s\end{aligned}\tag{5-42}$$

时隙 t 任务队列 $Q_i^{(s)}(t)$ 的更新可表示为

$$Q_i^{(s)}(t+1)=\max\left\{Q_i^{(s)}(t)-\frac{f_i^{(s)}(t)}{\rho_s}-\sum_{j\in\mathcal{N}} b_{ij}^{(s)}(t),0\right\}+\sum_{j\in\mathcal{N}} b_{ji}^{(s)}(t)+a_i^{(s)}(t)\tag{5-43}$$

其中，$\dfrac{f_i^{(s)}(t)}{\rho_s}$ 为时隙 t 处理的计算任务大小；$a_i^{(s)}(t)$ 为时隙 t 接入该任务队列的计算任务大小，满足 $a_i^{(i)}(t)=a_i(t),a_i^{(s)}(t)=0,\forall s\neq i$。时隙 t 结果队列 $D_i^{(s)}(t)$（$s\neq i$）的更新可表示为

$$D_i^{(s)}(t+1)=\max\left\{D_i^{(s)}(t)-\sum_{j\in\mathcal{N}} d_{ij}^{(s)}(t),0\right\}+\sum_{j\in\mathcal{N}} d_{ji}^{(s)}(t)+\frac{\xi_s f_i^{(s)}(t)}{\rho_s}\tag{5-44}$$

其中，$D_i^{(i)}(t)=0$。

令 $\varPhi(x^t)$ 表示系统在时隙 t 的开销和接入任务所带来收益的差值，即

$$\varPhi(x^t)=\left(\sum_{i,j\in\mathcal{N}} c_{ij}(t)+\sum_{i\in\mathcal{N}} c_i(t)\right)-\sum_{i\in\mathcal{N}} \alpha_i a_i(t)\tag{5-45}$$

其中，$x^t=\{b_{ij}^{(s)}(t),d_{ij}^{(s)}(t),f_i^{(s)}(t),a_i(t)\}\forall i,j,s$ 表示所有优化变量（任务卸载、处理、结果返回和任务接入）的集合；$\alpha_i>0$ 表示边缘服务器 i 接入单位大小任务的所得收益；$c_{ij}(t)=\zeta_{ij}(t)\sum_{s\in\mathcal{N}}(b_{ij}^{(s)}(t)+d_{ij}^{(s)}(t))$ 和 $c_i(t)=\zeta_i(t)\sum_{s\in\mathcal{N}} f_i^{(s)}(t)$ 分别表示时隙 t 链路 (i,j) 的数据传输开销和边缘服务器 i 的任务处理开销。

边缘计算需同时保证网络稳定性，即

$$\overline{Q_i^{(s)}(t)}<\infty,\ \overline{D_i^{(s)}(t)}<\infty,\forall i,s\tag{5-46}$$

其中，$\overline{X(t)}=\lim\limits_{T\to\infty}\frac{1}{T}\sum\limits_{\tau=0}^{T-1}\mathrm{E}[X(\tau)]$ 表示随机过程 $X(t)$ 的时间平均。

构建在保证网络稳定性条件下最小化系统时间平均开销的随机优化问题为

$$\begin{aligned}&\Phi^*=\min_{x}\overline{\Phi(x^t)}\\&\text{s.t. 式 (5-40)} \sim \text{式 (5-44)，式 (5-46)，}\forall t\end{aligned} \tag{5-47}$$

其中，$\mathcal{X}=\{x^t\},\forall t$ 表示网络优化变量（任务卸载、处理、结果返回和任务接入）在所有时隙的集合。

问题（5-47）是随机优化问题，其最优解需要提前获取系统在无限长时间内的任务到达、链路容量和可用计算资源等参数（即 $A_i(t)$、$C_{ij}(t)$和$F_i(t)$），难以实现。另一方面，约束条件式（5-43）、式（5-44）和式（5-46）导致系统优化变量在时间上耦合，贪心优化每一时刻变量会导致长期效用损失。本节采用 SGD 算法，将优化变量 $\mathcal{X}$ 在时间维度进行解耦，并设计分布式在线优化方法，实现问题的渐近最优解。需要注意，在机器学习的复杂应用中，当目标函数具有多个局部最优解时，SGD 算法可能陷入局部最优解，影响算法性能。本节构建的优化问题中的目标函数属于凸函数，仅存在一个全局最优解，这可以保证 SGD 算法的渐近最优性。

定理 5-1 利用 SGD 算法，问题（5-47）可被解耦为一系列单时隙优化问题，即

$$\begin{aligned}&\max_{x^t} g(a^t)+\mu(f^t)+\eta(b^t,d^t)\\&\text{s.t. 式 (5-40)} \sim \text{式 (5-42)}\end{aligned} \tag{5-48}$$

其中，

$$\begin{aligned}&g(a^t)=\sum_{i\in\mathcal{N}}[a_i-\epsilon Q_i^{(i)}(t)]a_i(t)\\&\mu(f^t)=\sum_{i,s\in\mathcal{N}}\left[\frac{\epsilon\left(Q_i^{(s)}(t)-\xi_s D_i^{(s)}(t)\right)}{\rho_s}-\zeta_i(t)\right]f_i^{(s)}(t)\\&\eta(b^t,d^t)=\sum_{i,j,s\in\mathcal{N}}\epsilon[Q_i^{(s)}(t)(b_{ij}^{(s)}(t)-b_{ji}^{(s)}(t))+\\&D_i^{(s)}(t)(d_{ij}^{(s)}(t)-d_{ji}^{(s)}(t))]-\zeta_{ij}(t)(b_{ij}^{(s)}(t)+d_{ij}^{(s)}(t))\end{aligned} \tag{5-49}$$

其中，ϵ 是 SGD 的更新步长，负责调整 SGD 算法与问题（5-47）离线最优解 $\widetilde{\Phi}^*$ 的最优性损失（将在定理 5-2 中具体说明）。

证明　根据式（5-43）、式（5-44）和式（5-46），可以得到网络稳定的充分必要条件，即

$$\begin{aligned}&\overline{a_i^{(s)}(t)-\frac{f_i^{(s)}(t)}{\rho_s}+\sum_{j\in\mathcal{N}}(b_{ji}^{(s)}(t)-b_{ij}^{(s)}(t))}\leqslant 0,\ \forall i,s\\&\overline{\frac{\xi_s f_i^{(s)}(t)}{\rho_s}+\sum_{j\in\mathcal{N}}(d_{ji}^{(s)}(t)-d_{ij}^{(s)}(t))}\leqslant 0,\ \forall i,s\end{aligned}\tag{5-50}$$

问题（5-47）可被改写为

$$\begin{aligned}&\widetilde{\Phi}^*=\min_x\overline{\Phi(x^t)}\\&\text{s.t. 式 (5-40)\textasciitilde 式 (5-42)，式 (5-50)，}\forall t\end{aligned}\tag{5-51}$$

令 $\omega^t=\{A_i(t),C_{ij}(t),F_i(t)\},\forall i,j\in\mathcal{N}$ 表示网络时隙 t 的随机参数。由于到达边缘服务器的任务来自大量移动设备且可用计算资源受独立后台任务影响，随机参数 ω^t 在不同时隙服从独立同分布。式（5-50）的时间平均可替换为对随机参数 ω^t 的期望，即

$$\begin{aligned}&\mathrm{E}\left[a_i^{(s)}(t)-\frac{f_i^{(s)}(t)}{\rho_s}+\sum_{j\in\mathcal{N}}(b_{ji}^{(s)}(t)-b_{ij}^{(s)}(t))\right]\leqslant 0,\ \forall i,s\\&\mathrm{E}\left[\frac{\xi_s f_i^{(s)}(t)}{\rho_s}+\sum_{j\in\mathcal{N}}(d_{ji}^{(s)}(t)-d_{ij}^{(s)}(t))\right]\leqslant 0,\ \forall i,s\end{aligned}\tag{5-52}$$

问题（5-51）可被改写为

$$\begin{aligned}&\widetilde{\Phi}^*=\min_x\mathrm{E}[\Phi(x^t;\omega^t)]\\&\text{s.t. 式 (5-40)\textasciitilde 式 (5-42)，式 (5-52)，}\forall t\end{aligned}\tag{5-53}$$

令 $\lambda(t)=\{\lambda_{i,1}^s(t),\lambda_{i,2}^s(t)\},\forall i,s$，其中 $\lambda_{i,1}^s(t)$ 和 $\lambda_{i,2}^s(t)$ 分别表示对应问题（5-53）中约束条件（5-52）的拉格朗日乘子。问题（5-53）的拉格朗日对偶函数可表示为

$$\mathcal{L}(x,\lambda)=\mathrm{E}[\mathcal{L}^t(x^t,\lambda(t))]$$

其中，

$$\begin{aligned}\mathcal{L}^t(x^t,\lambda(t))=\ &\Phi(x^t)+\sum_{i,s\in\mathcal{N}}\lambda_{i,1}^s(t)\mathrm{E}\left[a_i^{(s)}(t)-\frac{f_i^{(s)}(t)}{\rho_s}+\sum_{j\in\mathcal{N}}(b_{ji}^{(s)}(t)-b_{ij}^{(s)}(t))\right]+\\&\sum_{i,s\in\mathcal{N}}\lambda_{i,2}^s(t)\mathrm{E}\left[\frac{\xi_s f_i^{(s)}(t)}{\rho_s}+\sum_{j\in\mathcal{N}}(d_{ji}^{(s)}(t)-d_{ij}^{(s)}(t))\right]\end{aligned}\tag{5-54}$$

问题（5-53）的对偶问题可表示为

$$\begin{aligned}&\max_{\lambda\succeq 0}\mathcal{D}(\lambda)\\&\text{s.t.}\ \ 式(5\text{-}40)\sim 式(5\text{-}42),\ \forall t\end{aligned}\tag{5-55}$$

其中，$\mathcal{D}(\lambda)=\min_{x}\mathcal{L}(x,\lambda)$。

上述对偶问题可通过 SGD 算法求解，时隙 t 对应 x^t 的主问题可表示为

$$\begin{aligned}&x^t=\arg\min_{x^t}\mathcal{L}^t(x^t,\tilde{\lambda}^t)\\&\text{s.t.}式(5\text{-}40)\sim 式(5\text{-}42)\end{aligned}\tag{5-56}$$

拉格朗日乘子 $\lambda(t)$ 的更新可表示为

$$\begin{aligned}&\overline{\lambda}_{i,1}^s(t+1)=\max\left\{\overline{\lambda}_{i,1}^s(t)+\epsilon\left[a_i^{(s)}(t)-\frac{f_i^{(s)}(t)}{\rho_s}+\sum_{j\in\mathcal{N}}(b_{ji}^{(s)}(t)-b_{ij}^{(s)}(t))\right],0\right\}\\&\overline{\lambda}_{i,2}^s(t+1)=\max\left\{\overline{\lambda}_{i,2}^s(t)+\epsilon\left[\frac{\xi_s f_i^{(s)}(t)}{\rho_s}+\sum_{j\in\mathcal{N}}(d_{ji}^{(s)}(t)-d_{ij}^{(s)}(t))\right],0\right\}\end{aligned}\tag{5-57}$$

注意到，由于时隙 $t=0$ 时队列初始值 $Q_i^{(s)}(0)=0$ 且 $D_i^{(s)}(0)=0$，对比队列更新式(5-43)和式(5-44)与拉格朗日乘子更新式(5-57)可以得出，$\overline{\lambda}_{i,1}^s(t)=\epsilon Q_i^{(s)}(t)$，$\overline{\lambda}_{i,2}^s(t)=\epsilon D_i^{(s)}(t)$ 并将其代入问题（5-56）。证毕。

注意到，问题(5-48)中，优化变量 $b^t,d^t=\{b_{ij}^{(s)}(t),d_{ij}^{(s)}(t)\},\forall i,j,s$、$a^t=\{a_i(t)\},\forall i$ 和 $f^t=\{f_i^{(s)}(t)\},\forall i,s$ 互相独立，可分别优化。更进一步地，针对数据接入 a^t 和计算资源分配 f^t，对不同边缘服务器 $i\neq j$，$a_i(t)$ 和 $a_j(t)$ 互相独立，$f_i^{(s)}(t)$ 和 $f_j^{(s)}(t)$ 互相独立，不同链路 (i,j) 的任务卸载和结果返回也互相独立。令 $\tilde{b}_{ij}(t)=\{b_{ij}^{(s)}(t),b_{ji}^{(s)}(t)\},\forall s$ 和 $\tilde{d}_{ij}(t)=\{d_{ij}^{(s)}(t),d_{ji}^{(s)}(t)\},\forall s$ 分别表示时隙 t 链路 (i,j) 的任务卸载和结果返回决策，问题（5-48）可转换为下述独立子问题

$$\begin{aligned}&\max_{a_i(t)}[\alpha_i-\epsilon Q_i^{(i)}(t)]a_i(t),\ \ \text{s.t.}\ \ 式(5\text{-}40)\\&\max_{f_i(t)}\sum_{s\in\mathcal{N}}\kappa_i^{(s)}(t)f_i^{(s)}(t),\ \ \text{s.t.}\ \ 式(5\text{-}42)\\&\max_{\tilde{b}_{ij}(t),\tilde{d}_{ij}(t)}\eta_{ij}(\tilde{b}_{ij}(t),\tilde{d}_{ij}(t)),\ \ \text{s.t.}\ \ 式(5\text{-}41)\end{aligned}\tag{5-58}$$

其中，

$$\kappa_i^{(s)}(t)=\epsilon\frac{Q_i^{(s)}(t)-\xi_s D_i^{(s)}(t)}{\rho_s}-\zeta_i(t)\eta_{ij}(\tilde{b}_{ij}(t),\tilde{d}_{ij}(t))= \\ \sum_{s\in\mathcal{N}}\beta_{ij}^{(s)}(t)b_{ij}^{(s)}(t)+\beta_{ji}^{(s)}(t)b_{ji}^{(s)}(t)+\gamma_{ij}^{(s)}(t)d_{ij}^{(s)}(t)+\gamma_{ji}^{(s)}(t)d_{ji}^{(s)}(t) \tag{5-59}$$

其中，$\beta_{ij}^{(s)}(t)=\epsilon[Q_i^{(s)}(t)-Q_j^{(s)}(t)]-\zeta_{ij}(t)$，$\gamma_{ij}^{(s)}(t)=\epsilon[D_i^{(s)}(t)-D_j^{(s)}(t)]-\zeta_{ij}(t)$。

子问题（5-58）属于加权和最大化的线性规划问题，可通过比较权值求解。问题（5-58）中第一个式子和第二个式子的最优解可表示为

$$a_i(t)=\begin{cases}A_i(t),Q_i^{(i)}(t)<\dfrac{\alpha_i}{\epsilon}\\0,\text{其他}\end{cases} \tag{5-60}$$

$$f_i^{(s)}(t)=\begin{cases}F_i(t),s=\arg\max\limits_j\kappa_i^{(j)}(t)\ \text{且}\ \kappa_i^{(s)}(t)>0\\0,\text{其他}\end{cases} \tag{5-61}$$

相似地，问题（5-58）中第三个式子的最优解可通过比较链路 (i,j) 对应系数 $\left\{\beta_{ij}^{(s)}(t),\gamma_{ij}^{(s)}(t)\right\}$ 和 $\left\{\beta_{ji}^{(s)}(t),\gamma_{ji}^{(s)}(t)\right\}$ 获得。若 $\max\limits_s\{\beta_{ij}^{(s)}(t),\gamma_{ij}^{(s)}(t)\}<\max\limits_s\{\beta_{ji}^{(s)}(t),\ \gamma_{ji}^{(s)}(t)\}$ 或 $\max\limits_s\{\beta_{ij}^{(s)}(t),\gamma_{ij}^{(s)}(t)\}<0$，边缘服务器 i 不占用该链路；若 $\max\limits_s\{\beta_{ij}^{(s)}(t)\}>\max\limits_s\{\gamma_{ij}^{(s)}(t)\}$，边缘服务器 i 利用链路 (i,j) 进行任务卸载，卸载任务量可表示为

$$b_{ij}^{(s)}(t)=\begin{cases}C_{ij}(t),\ s=\arg\max\limits_r\beta_{ij}^{(r)}(t)\\0,\text{其他}\end{cases} \tag{5-62a}$$

若 $\max\limits_s\{\beta_{ij}^{(s)}(t)\}\leqslant\max\limits_s\{\gamma_{ij}^{(s)}(t)\}$，边缘服务器 i 利用链路 (i,j) 进行结果返回，可表示为

$$d_{ij}^{(s)}(t)=\begin{cases}C_{ij}(t),\ s=\arg\max\limits_r\gamma_{ij}^{(r)}(t)\\0,\ \text{其他}\end{cases} \tag{5-62b}$$

从式（5-60）～式（5-62）可以看出，边缘计算网络中任务卸载、处理、结果返回和任务接入均可在各个边缘服务器根据本地和相邻服务器信息进行独立优化。

具体地，边缘服务器可利用本地测量任务到达 $A_i(t)$、可用计算资源 $F_i(t)$ 和链路容量 $C_{ij}(t)$ 等信息，获取本服务器队列长度 $\dfrac{Q_i^{(s)}(t)}{D_i^{(s)}(t)}$，并与相邻边缘服务器交互队列信

息。基于上述信息，边缘服务器可根据式（5-60）～式（5-62）分布式优化任务卸载、处理、结果返回和任务接入的决策。算法 5-4 总结了大规模边缘计算分布式优化方案。

算法 5-4 大规模边缘计算分布式优化方案

从时隙 t 开始，对于每个边缘服务器 i：

1: 利用服务器本地测量任务到达 $A_i(t)$、可用计算资源 $F_i(t)$ 和链路容量 $C_{ij}(t)$ 等信息

2: 获取本服务器队列长度 $\frac{Q_i^{(s)}(t)}{D_i^{(s)}(t)}$，并与相邻边缘服务器交互队列信息

3: 根据式（5-60）进行任务接入控制决策

4: 根据式（5-61）进行计算资源分配

5: 根据式（5-62）执行任务卸载与结果返回

6: 根据式（5-43）和式（5-44）更新队列 $Q_i^{(s)}(t+1)$ 和 $D_i^{(s)}(t+1)$

令 $\widetilde{\Phi}^*(x^t)$ 表示大规模边缘计算分布式优化方案所能达到的时间平均开销，Φ^* 表示问题（5-47）离线最优解（提前已知无限长时间段内随机参数，并通过离线方式优化）。定理 5-2 说明算法 5-4 能实现问题（5-47）的渐近最优解。

定理 5-2 $\widetilde{\Phi}^*(x^t)$ 和 Φ^* 的差满足

$$\widetilde{\Phi}^*(x^t) - \Phi^* \leqslant \mathcal{O}(\epsilon) \tag{5-63}$$

其中，ϵ 是 SGD 算法的步长。

证明 将式（5-43）和式（5-44）两端平方，并根据不等式 $(\max[a-b,0]+c)^2 \leqslant a^2+b^2+c^2+2a(c-b)$，$\forall a,b,c \geqslant 0$ 可得

$$\begin{aligned}[Q_i^{(s)}(t+1)]^2 \leqslant\ & [Q_i^{(s)}(t)]^2 + 2Q_i^{(s)}(t)\left[\sum_{j\in\mathcal{N}}(b_{ji}^{(s)}(t)-b_{ij}^{(s)}(t)) + a_i^{(s)}(t) - \frac{f_i^{(s)}(t)}{\rho_s}\right] + \\ & \left[\frac{f_i^{(s)}(t)}{\rho_s} + \sum_{j\in\mathcal{N}} b_{ij}^{(s)}(t)\right]^2 + \left[\sum_{j\in\mathcal{N}} b_{ji}^{(s)}(t) + a_i^{(s)}(t)\right]^2\end{aligned} \tag{5-64a}$$

$$\begin{aligned}[D_i^{(s)}(t+1)]^2 \leqslant\ & [D_i^{(s)}(t)]^2 + 2D_i^{(s)}(t)\left[\sum_{j\in\mathcal{N}}(d_{ji}^{(s)}(t)-d_{ij}^{(s)}(t)) + \frac{\xi_s}{\rho_s} f_i^{(s)}(t)\right] + \\ & \left[\sum_{j\in\mathcal{N}} d_{ij}^{(s)}(t)\right]^2 + \left[\sum_{j\in\mathcal{N}} d_{ji}^{(s)}(t) + \frac{\xi_s}{\rho_s} f_i^{(s)}(t)\right]^2\end{aligned} \tag{5-64b}$$

问题（5-47）的标准二次 Lyapunov 函数可表示为 $\mathcal{L}(t)=\frac{1}{2}\sum_{i,s\in\mathcal{N}}\left[Q_i^{(s)}(t)^2+D_i^{(s)}(t)^2\right]$，Lyapunov 偏移函数 $\Delta\mathcal{L}(t)$ 满足

$$\begin{aligned}\Delta\mathcal{L}(t)=\mathcal{L}(t+1)-\mathcal{L}(t)\leqslant U+\sum_{i,s\in\mathcal{N}}D_i^{(s)}(t)\left[\sum_{j\in\mathcal{N}}(d_{ji}^{(s)}(t)-d_{ij}^{(s)}(t))+\frac{\xi_s}{\rho_s}f_i^{(s)}(t)\right]+\\ \sum_{i,s\in\mathcal{N}}Q_i^{(s)}(t)\left[\sum_{j\in\mathcal{N}}(b_{ji}^{(s)}(t)-b_{ij}^{(s)}(t))+a_i^{(s)}(t)-\frac{f_i^{(s)}(t)}{\rho_s}\right]\end{aligned}\tag{5-65}$$

其中，$U=\frac{1}{2}\left\{\sum_{i\in\mathcal{N}}\left[\frac{(\xi_i+1)\hat{F}_iT}{\rho_{\min}}+2\sum_{j\in\mathcal{N}}C_{ij}^{\max}T+A_i^{\max}\right]\right\}^2$ 为常数，可在式（5-64a）和式（5-64b）中利用不等式$\left(\sum_i a_i\right)^2\geqslant\sum_i a_i^2,\forall a_i\geqslant0$ 获得。

在不等式（5-65）两端对 ω^t 取期望，并同加$\frac{1}{\epsilon}\mathrm{E}[\varPhi(x^t)]$（$x^t$ 表示问题（5-56）的解），可以得到

$$\begin{aligned}&\mathrm{E}[\Delta\mathcal{L}(t)]+\frac{1}{\epsilon}\mathrm{E}[\varPhi(x^t)]\leqslant U+\frac{1}{\epsilon}\mathrm{E}\left\{\varPhi(x^t)+\epsilon\sum_{i,s\in\mathcal{N}}D_i^{(s)}(t)\right.\\ &\left[\sum_{j\in\mathcal{N}}(d_{ji}^{(s)}(t)-d_{ij}^{(s)}(t))+\frac{\xi_s}{\rho_s}f_i^{(s)}(t)\right]+\epsilon\sum_{i,s\in\mathcal{N}}Q_i^{(s)}(t)\\ &\left.\left[\sum_{j\in\mathcal{N}}(b_{ji}^{(s)}(t)-b_{ij}^{(s)}(t))+a_i^{(s)}(t)-\frac{f_i^{(s)}(t)}{\rho_s}\right]\right\}=\\ &U+\frac{1}{\epsilon}\mathrm{E}[\mathcal{L}'(x^t(\epsilon\mathcal{Q}(t)),\epsilon\mathcal{Q}(t))]=U+\frac{1}{\epsilon}D(\epsilon\mathcal{Q}(t))\leqslant U+\frac{1}{\epsilon}\varPhi^*\end{aligned}\tag{5-66}$$

其中，$\mathcal{L}'(x^t,\lambda)$ 由式（5-54）给出，$x^t(\epsilon\mathcal{Q}(t))$ 为问题（5-56）的解（$\mathrm{E}[\mathcal{L}'(x^t(\epsilon\mathcal{Q}(t)),\epsilon\mathcal{Q}(t))]=D(\epsilon\mathcal{Q}(t))$），式（5-66）最后一个不等式是由函数的弱对偶性质得到的。

将不等式（5-66）对 $t=\{0,1,\cdots,T-1\}$ 求和，可以得到

$$\mathrm{E}[\mathcal{L}(T)]-\mathcal{L}(0)+\frac{1}{\epsilon}\sum_{t=0}^{T-1}\mathrm{E}[\varPhi(x^t)]\leqslant UT+\frac{T}{\epsilon}\varPhi^*$$

由于 $\mathcal{L}(T)\geqslant0$，$\mathcal{L}(0)<\infty$，因此有

$$\widetilde{\Phi}^*(x^t)=\frac{1}{T}\lim_{T\to\infty}\sum_{t=0}^{T-1}\mathrm{E}[\Phi(x^t)]\leqslant\Phi^*+\epsilon U$$

证毕。

定理 5-3 网络中所有队列均具有严格上界，即对于任意时隙t，满足$Q_i^{(s)}(t)\leqslant Q_{\max}^{(s)}$和$D_i^{(s)}(t)\leqslant D_{\max}^{(s)}$，其中

$$Q_{\max}^{(s)}=\frac{\alpha_s}{\epsilon}+A_s^{\max}+\theta_s \tag{5-67a}$$

$$D_{\max}^{(s)}=\frac{\frac{\alpha_s}{\epsilon}+A_s^{\max}}{\xi_s}+\frac{(1+\xi_s)\theta_s}{\xi_s}+\frac{\xi_s\hat{F}_s}{\rho_s} \tag{5-67b}$$

其中，$\theta_s=\sum_{j\in\mathcal{N}_s}C_{js}^{\max}$表示任意时隙通过任务卸载到达边缘服务器$s$的任务量最大值，$\mathcal{N}_s$表示边缘服务器$s$的相邻服务器集合。

证明 首先证明式（5-67a）。注意到，队列$Q_i^{(s)}$中任务源于队列$Q_s^{(s)}$，且根据式（5-62a）可知，边缘服务器i仅在$Q_i^{(s)}>Q_j^{(s)}$的情况下向服务器j卸载任务。由此可知，$Q_{s,\max}^{(s)}\geqslant Q_{i,\max}^{(s)},i\neq s$，其中，$Q_{i,\max}^{(s)}$表示$Q_i^{(s)}$在任意时隙的最大值。下面，利用数学归纳法证明$Q_s^{(s)}(t)\leqslant\frac{\alpha_s}{\epsilon}+A_s^{\max}+\theta_s$。在时隙$t=0$，$Q_s^{(s)}(0)=0$满足条件。假设在时隙$t$时，$Q_s^{(s)}(t)\leqslant\frac{\alpha_s}{\epsilon}+A_s^{\max}+\theta_s$，若$Q_s^{(s)}(t)\geqslant\frac{\alpha_s}{\epsilon}$，根据式（5-60），有$a_i(t)=0$，即$Q_s^{(s)}(t+1)\leqslant Q_s^{(s)}(t)+\theta_s$，满足条件；否则，有$Q_s^{(s)}(t)<\frac{\alpha_s}{\epsilon}$。此时，根据式（5-40）和式（5-41），队列在相邻时刻差不超过$A_s^{\max}+\theta_s$，即$Q_s^{(s)}(t+1)\leqslant\frac{\alpha_s}{\epsilon}+A_s^{\max}+\theta_s$，满足条件。

基于式（5-67a）中$Q_i^{(s)}(t)$的上界，利用数学归纳法可证式（5-67b）。在时隙$t=0$，$D_i^{(s)}(t)=0$满足条件。假设在时隙t满足式（5-67b），若$D_i^{(s)}(t)\geqslant\frac{Q_{\max}^{(s)}}{\xi_s}$，有$\kappa_i^{(s)}(t)<0$，根据式（5-61），不处理该队列数据，即$D_i^{(s)}(t+1)\leqslant D_i^{(s)}(t)+\theta_s$，满足条件；否则，对于$D_i^{(s)}(t)<\frac{Q_{\max}^{(s)}}{\xi_s}$，在时隙$t$处理数据量不超过$\frac{\xi_s\hat{F}_i}{\rho_s}$，即$D_i^{(s)}(t+1)\leqslant\frac{Q_{\max}^{(s)}}{\xi_s}+\frac{\xi_s\hat{F}_i}{\rho_s}+\theta_s$，满足条件。将式（5-67a）代入上述不等式，证毕。

定理5-2说明算法5-4可随参数$\epsilon \to 0$收敛于问题（5-47）离线最优解。定理5-2和定理5-3同时说明算法5-4存在系统稳定性（队列长度）和最优性损失的$\left[\mathcal{O}\left(\frac{1}{\epsilon}\right),\mathcal{O}(\epsilon)\right]$权衡。

接下来，为大规模边缘计算网络中边缘服务器划分协作域，到达某边缘服务器的计算任务仅需在其对应协作域内卸载便可保证算法5-4的渐近最优性。另一方面，协作域划分能显著减小上述分布式优化方案的复杂度，每个边缘服务器仅需为其所在卸载域内服务器维护任务和结果队列，减小队列维护开销；同时，能够避免任务在大规模网络中卸载过远，导致过大的任务处理时延。

边缘计算协作域的划分基于网络中队列的上下界比较，其中队列下界可由队列的最低执行长度给出（即虚拟占位长度，记作$\mathcal{Q}_0$），其定义如下。

定义5-1　存在非负变量$\mathcal{Q}_0=\{Q_{i,0}^{(s)},D_{i,0}^{(s)}\},\forall i,s$，使得若$\mathcal{Q}(0)\succeq \mathcal{Q}_0$，则对任意$t\geqslant 0$有$\mathcal{Q}(t)\succeq \mathcal{Q}_0$。

引理5-1　满足定义5-1的$\mathcal{Q}_0$可表示为

$$D_{i,0}^{(s)}=\begin{cases}0,\ i=s\\ \max\left\{\min\limits_j\left\{D_{j,0}^{(s)}+w_{ij}\right\},0\right\},\ 其他\end{cases} \tag{5-68a}$$

$$Q_{i,0}^{(s)}=\max\{\min_j\{\xi_s D_{i,0}^{(s)}+\varphi_i^{(s)},Q_{j,0}^{(s)}+w_{ij}\},0\} \tag{5-68b}$$

其中，$w_{ij}=\dfrac{\zeta_{ij}^{\min}}{\epsilon}-C_{ij}^{\max}$，$\varphi_i^{(s)}=\dfrac{\rho_s\zeta_i^{\min}}{\epsilon}-\dfrac{\hat{F}_i}{\rho_s}$，$\zeta_{ij}^{\min}$和$\zeta_i^{\min}$分别表示$\zeta_{ij}(t)$和$\zeta_i(t)$的最小值。

证明　注意到，$D_{s,0}^{(s)}=0$，且由于$D_i^{(s)}(t)\geqslant 0$，$D_{i,0}^{(s)}=0$满足定义5-1。式（5-68a）仅需证明$D_{i,0}^{(s)}=\min\limits_j\{D_{j,0}^{(s)}+w_{ij}\}$满足定义5-1。假设在时隙$t$时，$D_i^{(s)}(t)\geqslant\min\limits_j\{D_{j,0}^{(s)}+w_{ij}\}$。若$D_i^{(s)}(t)\leqslant\min_j\left\{D_{j,0}^{(s)}+\dfrac{\zeta_{ij}^{\min}}{\epsilon}\right\}$，则对任意链路$(i,j)$有$\gamma_{ij}^{(s)}(t)\leqslant 0$，此时，根据式（5-62b）无结果传输，即$D_i^{(s)}(t+1)\geqslant D_i^{(s)}(t)$，满足定义5-1；否则，有$D_i^{(s)}(t)=D_{j_0,0}^{(s)}+\dfrac{\zeta_{ij_0}^{\min}}{\epsilon}+\delta$，其中，$j_0=\arg\min\left\{D_{j,0}^{(s)}+\dfrac{\zeta_{ij}^{\min}}{\epsilon}\right\}$且$\delta>0$。下面，分析最坏情况，即$\delta$（$D_i^{(s)}(t)$）较小时，仅对链路$(i,j_0)$有$\gamma_{ij_0}^{(s)}(t)>0$，传输结果大小不超过

$C_{ij_0}^{\max}$，可得 $D_i^{(s)}(t+1) > D_{j_0,0}^{(s)} + \frac{\zeta_{ij_0}^{\min}}{\epsilon} - C_{ij_0}^{\max} \geqslant \min_j\{D_{j,0}^{(s)} + w_{ij}\}$，满足定义 5-1。由数学归纳法可知，$D_i^{(s)}(t) \geqslant \min_j\{D_{j,0}^{(s)} + w_{ij}\}$ 满足定义 5-1。

类似地，可以证明 $Q_{i,0}^{(s)} = \min_j\{Q_{j,0}^{(s)} + w_{ij}\}$ 满足定义 5-1。式（5-68b）仅需证明 $Q_{i,0}^{(s)} = \xi_s D_{i,0}^{(s)} + \varphi_i^{(s)}$ 满足定义 5-1。假设在时隙 t 时，$Q_{i,0}^{(s)} = \xi_s D_{i,0}^{(s)} + \varphi_i^{(s)}$。若 $Q_i^{(s)}(t) \leqslant \xi_s D_{i,0}^{(s)} + \frac{\rho_s \zeta_i^{\min}}{\epsilon}$，有 $\kappa_i^{(s)}(t) < 0$，根据式（5-61）不处理任务，即 $Q_i^{(s)}(t+1) \geqslant Q_i^{(s)}(t)$，满足定义 5-1；否则，有 $Q_i^{(s)}(t) > \xi_s D_{i,0}^{(s)} + \frac{\rho_s \zeta_i^{\min}}{\epsilon}$，此时最多 $\frac{\hat{F}_i}{\rho_s}$ 任务可被处理，即 $Q_i^{(s)}(t+1) > Q_i^{(s)}(t) - \frac{\hat{F}_i}{\rho_s} > \xi_s D_{i,0}^{(s)} + \varphi_i^{(s)}$，满足定义 5-1。证毕。

队列虚拟占位长度 Q_0 给出了队列的最低执行长度，低于该长度的数据则不会被调度，不影响算法执行，即保证算法 5-4 的渐近最优性。另一方面，根据定义 5-1，可在时隙 $t=0$ 时向队列注入对应大小的虚拟数据（队列长度）作为队列下界，并加快网络收敛速度。令 $\tilde{Q}(t)$ 表示注入虚拟占位数据 Q_0 后的队列长度，则有

$$\tilde{Q}_i^{(s)}(t) = Q_i^{(s)}(t) + Q_{i,0}^{(s)}, \forall i,s \tag{5-69a}$$

$$\tilde{D}_i^{(s)}(t) = D_i^{(s)}(t) + D_{i,0}^{(s)}, \forall i,s \tag{5-69b}$$

类似于定理 5-1，可根据边缘计算网络信息（如连接性、节点处理能力等），得出比式（5-67）更紧的队列上界。

引理 5-2 考虑边缘计算网络信息，满足定理 5-3 的队列 $Q_i^{(s)}(t)$ 和 $D_i^{(s)}(t)$ 上界（记作 $Q_{\max} = \{Q_{i,\max}^{(s)}, D_{i,\max}^{(s)}\}, \forall i,s$）可表示为

$$Q_{i,\max}^{(s)} = \begin{cases} Q_{\max}^{(s)},\ i=s \\ \min\left\{\max_j\left\{Q - w_{ij}\right\}, Q_{\max}^{(s)}\right\}, \text{其他} \end{cases}$$
$$D_{i,\max}^{(s)} = \min\left\{\max_j\left\{\frac{Q_{i,\max}^{(s)}}{\xi_s} - \varphi_i'^{(s)}, D_{j,\max}^{(s)} - w_{ij}\right\}, D_{\max}^{(s)}\right\} \tag{5-70}$$

其中，$\varphi_i'^{(s)} = \frac{\rho_s \zeta_i^{\min}}{\epsilon \xi_s} - \frac{\xi_s \hat{F}_i}{\rho_s}$。

引理 5-2 的证明过程与定理 5-1 的证明过程类似，在此省略。

令 $\mathcal{R}_s$ 表示边缘服务器 s 的协作域（到达服务器 s 任务仅在该协作域内卸载），其可根据定理 5-1 和定理 5-2 的队列上下界值建立，表示为

$$\mathcal{R}_s = \{i \mid Q_{i,0}^{(s)} < Q_{i,\max}^{(s)},\ D_{i,0}^{(s)} < D_{i,\max}^{(s)}\} \tag{5-71}$$

这是因为若边缘服务器 i 保存服务器 s 任务和结果的队列 $Q_i^{(s)}(t)$ 和 $D_i^{(s)}(t)$ 的下界超过对应上界，则该服务器不可能处理服务器 s 的数据，即被排除在式（5-71）给出的协作域外。也就是说，不属于服务器 s 对应协作域的边缘服务器 $j \notin \mathcal{R}_s$ 不需要为其维护队列 $Q_i^{(s)}(t)$ 和 $D_i^{(s)}(t)$，并且不协助处理源于服务器 s 的任务，从而将算法 5-4 的复杂度（队列维护和时间复杂度）从 $\mathcal{O}(N)$ 降至协作域大小。

注意到，式（5-68）和（5-70）具有迭代定义特性，即边缘服务器 i 的队列上下界取决于其邻近边缘服务器 j 对应队列的上下界，无法直接求解。本节设计基于动态规划的分布式队列上下界求解算法，并可根据式（5-71）分布式建立边缘计算协作域。这是因为式（5-68）和式（5-70）具有动态规划 Bellman 公式的最优子结构。

令 $\hat{\mathcal{Q}}_0(h) = \{\hat{Q}_{i,0}^{(s)}(h), \hat{D}_{i,0}^{(s)}(h)\}, \forall i,s$ 和 $\hat{\mathcal{Q}}_{\max}(h) = \{\hat{Q}_{i,\max}^{(s)}(h), \hat{D}_{i,\max}^{(s)}(h)\}, \forall i,s$ 分别表示从边缘服务器 s 出发不超过 h 跳所获得的队列下界（虚拟占位长度）和上界值。此时，对应于式（5-68）和式（5-70），从边缘服务器经过 1 跳表示在边缘计算网络中经过了任务处理（$\varphi_i^{(s)}$ 和 $\varphi_i'^{(s)}$），或者任务卸载/结果返回（w_{ij}）。$\hat{\mathcal{Q}}_0(h)$ 和 $\hat{\mathcal{Q}}_{\max}(h)$ 具有最优子结构，可表示为

$$\hat{D}_{i,0}^{(s)}(h) = \max\left\{\min_j \{\hat{D}_{i,0}^{(s)}(h-1), \hat{D}_{j,0}^{(s)}(h-1) + w_{ij}\}, 0\right\} \tag{5-72a}$$

$$\hat{Q}_{i,0}^{(s)}(h) = \max\left\{\min_j \left\{\hat{Q}_{i,0}^{(s)}(h-1), \hat{Q}_{j,0}^{(s)}(h-1) + w_{ij}, \xi_s \hat{D}_{i,0}^{(s)}(h-1) + \varphi_i^{(s)}\right\}, 0\right\} \tag{5-72b}$$

$$\hat{D}_{i,\max}^{(s)}(h) = \min\left\{\max_j \left\{\hat{D}_{i,\max}^{(s)}(h-1), \hat{D}_{j,\max}^{(s)}(h-1) - w_{ij}, \frac{\hat{Q}_{i,\max}^{(s)}(h-1)}{\xi_s} - \varphi_i'^{(s)}\right\}, D_{\max}^{(s)}\right\} \tag{5-72c}$$

$$\hat{Q}_{i,\max}^{(s)}(h) = \min\left\{\max_j \{\hat{Q}_{i,\max}^{(s)}(h-1), \hat{Q}_{j,\max}^{(s)}(h-1) - w_{ij}\}, Q_{\max}^{(s)}\right\} \tag{5-72d}$$

根据式（5-72），$\hat{\mathcal{Q}}_0(h)$ 和 $\hat{\mathcal{Q}}_{\max}(h)$ 可由子问题 $\hat{\mathcal{Q}}_0(h-1)$ 和 $\hat{\mathcal{Q}}_{\max}(h-1)$ 高效求得，且上述更新仅需要该节点和相邻节点信息，并可分布式求解。具体地，根据式（5-68）和式（5-70），初始化 $\hat{D}_{s,0}^{(s)}(0) = 0$ 和 $\hat{Q}_{s,\max}^{(s)}(0) = Q_{\max}^{(s)}$，并对任意 $i \neq s$，有 $\hat{D}_{s,0}^{(s)}(0) = \infty$ 和 $\hat{Q}_{s,\max}^{(s)}(0) = -\infty$。每次迭代过程中，边缘服务器 i 都收集相邻服务器 j 的信息（即

$\hat{Q}_{j,0}^{(s)}(h-1)$、$\hat{D}_{j,0}^{(s)}(h-1)$、$\hat{Q}_{j,\max}^{(s)}(h-1)$和$\hat{D}_{j,\max}^{(s)}(h-1)$)，并根据式(5-72)更新其$\hat{Q}_{i,0}^{(s)}(h)$、$\hat{D}_{i,0}^{(s)}(h)$、$\hat{Q}_{i,\max}^{(s)}(h)$和$\hat{D}_{i,\max}^{(s)}(h)$。在迭代收敛后，边缘服务器$i$可获得其本地维护队列的上下界值，并根据式（5-71）独立判断其是否属于其他服务器的协作域，从而决定是否为该服务器维护队列。算法 5-5 总结了上述协作域分布式优化方案。

算法 5-5 协作域分布式优化方案

1：初始化 $\hat{D}_{s,0}^{(s)}(0)=0$ 和 $\hat{Q}_{s,\max}^{(s)}(0)=Q_{\max}^{(s)}$，对任意 $i\neq s$，有 $\hat{D}_{s,0}^{(s)}(0)=\infty$ 和 $\hat{Q}_{s,\max}^{(s)}(0)=-\infty$

2：迭代计数器 $h=0$

3：repeat

4：收集相邻服务器 j 的$\hat{Q}_{j,0}^{(s)}(h-1)$、$\hat{D}_{j,0}^{(s)}(h-1)$、$\hat{Q}_{j,\max}^{(s)}(h-1)$和$\hat{D}_{j,\max}^{(s)}(h-1)$信息

5：根据式（5-72）更新其$\hat{Q}_{i,0}^{(s)}(h)$、$\hat{D}_{i,0}^{(s)}(h)$、$\hat{Q}_{i,\max}^{(s)}(h)$和$\hat{D}_{i,\max}^{(s)}(h)$

6：迭代计数器 $h=h+1$

7：until $\hat{\mathcal{Q}}_0(h)=\hat{\mathcal{Q}}_0(h-1)$ 或 $\hat{\mathcal{Q}}_{\max}(h)=\hat{\mathcal{Q}}_{\max}(h-1)$

8：队列上下界分别为$Q_{i,0}^{(s)}=\hat{Q}_{i,0}^{(s)}(h)$和$D_{i,0}^{(s)}=\hat{D}_{i,0}^{(s)}(h)$、$Q_{i,\max}^{(s)}=\hat{Q}_{i,\max}^{(s)}(h)$和$D_{i,\max}^{(s)}=\hat{D}_{i,\max}^{(s)}(h)$

9: 根据式（5-71）独立判断其是否属于其他服务器的协作域，从而决定是否为该服务器维护队列

10: 根据式（5-69）向维护队列注入初始虚拟占位数据

算法 5-5 的复杂度取决于每次迭代过程中式（5-72）的复杂度和收敛所需的迭代次数。具体地，式（5-72）需根据所有相邻服务器上次的迭代值进行更新，时间复杂度为$\mathcal{O}(N)$；对于边缘计算网络，某最优卸载方案（无重复卸载）最长包含$2N-1$跳（$N-1$跳任务卸载、1 跳任务处理和$N-1$跳结果返回），即算法 5-5 在$2N-1$次迭代内收敛。因此，算法 5-5 的每个边缘服务器的计算复杂度为$\mathcal{O}(N^2)$。

4. 低时间复杂度的移动边缘计算任务接入控制与计算资源分配联合优化方案

在移动边缘计算系统中，有些任务对执行时延有要求。针对这样的时延敏感任务，需要对系统中的通信及计算资源进行合理分配，并最小化系统能耗。本节方案考虑了一个单小区多用户的边缘计算系统，其中多个移动设备共用网络中的子信道

和基站边缘服务器计算资源，并进行时延敏感的计算任务。为了实现在任务最大时延要求条件下对系统总能耗的最小化，本节对用户接入决策、计算资源分配进行了优化，构建了整数规划（Integer Programming，IP）问题。为求解该问题，本节提出了 DP 方法，该方法可以在多项式复杂度内求解 IP 问题。此外，本节还设计了量化器的量化区间长度，以控制 DP 方法的时间复杂度和最优性损失。

图 5-6 为多用户–单小区移动边缘计算场景。其中，在 LTE 宏基站下有 N 个移动用户，基站与边缘服务器相连，该边缘服务器可用其计算资源帮助移动用户处理其卸载任务。受设备体积和用途限制，移动用户具有不同异构的计算能力，例如，手机、笔记本计算机、平板电脑和物联网（Internet of Things，IoT）设备等。移动用户 i 的计算任务可表示为 $(D_i, C_i, T_i^{\text{req}})$，其中 D_i 和 C_i 分别表示任务输入数据大小和所需计算资源，T_i^{req} 表示任务完成最后期限（即任务时延最大值）。用户 i 传输功率 p_i 由用户调控，不与计算资源分配进行联合优化。用户 i 通过信令信道向基站发送任务卸载请求消息，包括其任务信息 D_i、C_i、T_i^{req}，上传功率 p_i，以及本地任务处理时延 T_i^l 与能耗 E_i^l。

令 F_i^l 表示设备 i 本地计算能力（CPU 频率），则有

$$T_i^l = \frac{C_i}{F_i^l} \tag{5-73}$$

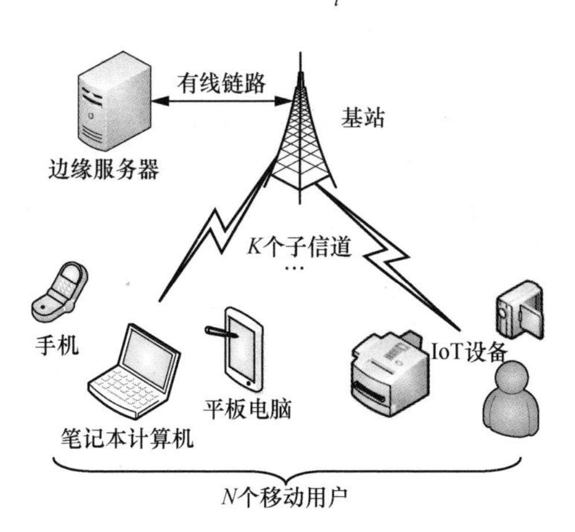

图 5-6　多用户–单小区移动边缘计算场景

根据 CPU 动态电压频率调整（Dynamic Voltage and Frequency Scaling，DVFS）技术，设备本地执行的功耗（记作 P_i^l）是 CPU 频率 F_i^l 的超线性函数，可表示为

$$P_i^l = \alpha\left(F_i^l\right)^{\gamma} \tag{5-74}$$

其中，α 和 γ 是与芯片相关的常数，其典型值为 $\alpha = 10^{-11}$ 和 $\gamma = 2$ 。令 E_i^l 表示设备 i 本地执行所消耗的能量，可表示为

$$E_i^l = P_i^l T_i^l = \alpha\left(F_i^l\right)^{\gamma-1} C_i \tag{5-75}$$

注意到，给定任务输入数据和所需计算资源 D_i 和 C_i，本地执行时延和能耗 T_i^l 和 E_i^l 仅取决于设备 CPU 频率和芯片参数。

将任务卸载至边缘服务器进行远端处理的过程描述为用户 i 通过上行链路上传任务输入数据 D_i 至基站；基站边缘服务器分配 f_i 计算资源用于处理该任务；计算结束后，基站将计算结果返回给用户。任务结果大小远小于任务输入大小，假设计算结果可及时返回用户，因此忽略该阶段开销。

考虑单小区网络分配用户用正交的资源块来消除小区内干扰。令 $R_i(p_i)$ 表示用户 i 以 p_i 功率传输时的上行链路速率，即

$$R_i(p_i) = W\text{lb}\left(1+\frac{p_i h_i}{N_0}\right) \tag{5-76}$$

其中，W 表示链路带宽，h_i 表示用户 i 上行链路的信道增益，N_0 表示信道噪声功率。考虑用户可调节其上行传输功率 p_i，因此，该小区内仅可同时允许不超过 $K=\left[\frac{B}{W}\right]$ 个移动用户进行数据上传，其中 B 表示系统总带宽。根据式（5-73），用户 i 可通过控制其传输功率 p_i 改变上行链路速率，变化范围为 0 至 $W\text{lb}\left(1+\frac{p_0 h_i}{N_0}\right)$，其中，$p_0$ 表示设备传输功率最大值。将用户 i 任务的远端处理时延记作 $T_i^r(f_i, p_i)$，可表示为

$$T_i^r(f_i, p_i) = T_i^t(p_i) + T_i^e(f_i) \tag{5-77}$$

其中，$T_i^t(p_i)$ 和 $T_i^e(f_i)$ 分别表示任务的输入数据上传和处理的时延，计算式分别为

$$T_i^t(p_i) = \frac{D_i}{W\text{lb}(1+a_i p_i)} \tag{5-78}$$

$$T_i^e\left(f_i\right) = \frac{C_i}{f_i} \tag{5-79}$$

其中，$a_i = \dfrac{h_i}{N_0}$。

为保证任务正常处理，在式（5-75）和式（5-76）中，令 $p_i \neq 0$ 且 $f_i \neq 0$。

将用户 i 任务的远端处理能耗记作 $E_i^r(p_i)$，其仅包含用户上传数据量所消耗的能量，忽略等待任务处理和结果返回阶段的待机能耗，可表示为

$$E_i^r(p_i) = \frac{p_i}{\zeta} T_i^t(p_i) = \frac{p_i}{\zeta} \frac{D_i}{W\mathrm{lb}(1 + a_i p_i)} \tag{5-80}$$

其中，ζ 表示设备传输功率放大器的效率。

为了实现在满足任务最大时延要求条件下的系统总能耗最小，构建如下优化问题

$$\begin{aligned}
&\min_{s,f} \sum_{i \in \mathcal{N}} s_i E_i^r + (1 - s_i) E_i^l \\
\text{s.t.}\quad & \text{C1}: s_i \in \{0,1\}, \forall i \in \mathcal{N} \\
& \text{C2}: \sum_{i \in \mathcal{N}} s_i \leqslant K \\
& \text{C3}: \sum_{i \in \mathcal{N}} f_i \leqslant f_0 \\
& \text{C4}: T_i \leqslant T_i^{\text{req}}, \forall i \in \mathcal{N}
\end{aligned} \tag{5-81}$$

其中，s 和 f 分别表示所有用户接入控制决策 $s_i \in \{0,1\}$ 和计算资源分配 f_i 的集合。当 $s_i = 1$ 时，用户 i 任务被允许接入，并卸载到基站边缘服务器，然后分配 f_i 计算资源进行处理；否则，用户 i 卸载请求被拒绝，进行本地任务处理。约束条件 C1 表示任务仅选择本地执行或远端处理；约束条件 C2 表示同时接入用户数不能超过系统子信道个数 K；约束条件 C3 表示分配的计算资源之和不超过节点总资源 f_0；约束条件 C4 表示任务处理时延满足最大时延需求 T_i^{req}。令 T_i 和 E_i 分别表示任务处理的时延和能耗，即

$$\begin{aligned}
T_i &= s_i T_i^r + (1 - s_i) T_i^l \\
E_i &= s_i E_i^r + (1 - s_i) E_i^l
\end{aligned} \tag{5-82}$$

在问题（5-81）中，二进制 0-1 的接入控制决策 s 和连续计算资源分配决策 f 存在耦合。为将问题（5-81）转化为整数规划问题，本节首先给出了两个命题以将计算资源分配 f 从约束条件 C3 和 C4 中解耦。

命题 5-1　满足 $T_i^l > T_i^{\text{req}}$ 条件的资源受限用户 i 本地处理无法满足任务时延需求，需优先允许接入 $s_i = 1$。

命题 5-2 基站边缘服务器为用户 i 分配能满足其时延需求的最少计算资源，可表示为

$$f_i = s_i f_i^{\min} = \frac{s_i C_i}{T_i^{\text{req}} - \dfrac{D_i}{R_i}} \tag{5-83}$$

令 $\mathcal{N}_r = \left\{i \mid T_i^l > T_i^{\text{req}}\right\}$ 表示满足命题 5-1 的资源受限用户集合，该部分用户被优先允许接入 $s_i = 1$。考虑问题（5-81）存在可行解，此时，基站计算资源可满足所有资源受限用户 $\mathcal{N}_r$ 的时延需求，且需接入用户数小于可用信道数，即 $\sum_{i \in \mathcal{N}_r} f_i^{\min} \leqslant f_0$，$|\mathcal{N}_r| \leqslant K$。在满足资源受限用户后，基站边缘服务器剩余计算资源和信道数可表示为

$$\widetilde{f_0} = f_0 - \sum_{i \in \mathcal{N}_r} f_i^{\min} \geqslant 0 \tag{5-84}$$

$$\tilde{K} = K - |\mathcal{N}_r| \tag{5-85}$$

此时，所有资源受限用户都已提前被接入进行任务卸载，以满足其时延需求。令 $\mathcal{N}_u = \mathcal{N} \setminus \mathcal{N}_r = \{1, 2, \cdots, N_u\}$ 表示排除 N_r 后的剩余用户集合，$s_u = \left\{s_i \mid i \in \mathcal{N}_u\right\}$ 表示该部分用户的接入控制决策。由于用户 $i \in \mathcal{N}_u$ 满足 $T_i^l \leqslant T_i^{\text{req}}$，约束条件 C3 和 C4 可被转化为

$$\text{C5}: \sum_{i \in \mathcal{N}_u} s_i f_i^{\min} \leqslant \widetilde{f_0} \tag{5-86}$$

将约束条件 C3 和 C4 替换为 C5，剩余用户 N_u 的接入控制问题可被转化为整数规划问题，表示为

$$\begin{aligned} &\max_{s_u} \sum_{i \in \mathcal{N}_u} s_i E_i^s \\ &\text{s.t.} \quad \text{C1, C2, C5} \end{aligned} \tag{5-87}$$

其中，约束条件 C2 中不等式右端变为剩余信道数，即 $\sum_{i \in \mathcal{N}_u} s_i \leqslant K$，该问题目标函数最大化系统总能耗减小量 $E_i^s = E_i^l - E_i^r$ 等价于原问题（5-81）的最小化系统总能耗目标函数。根据式（5-83），基站边缘服务器为接入用户分配 $f_i = s_i f_i^{\min}$ 的计算资源。注意到，整数规划问题（5-87）可以被划分为具有最优子结构性质的重叠子问题，并通过 DP 进行顺序求解。令子问题 $\phi_i(e, l)$ 表示对前 i 个用户进行接入控制，允许

其中不超过 l 个用户接入，并在节约能耗 e 的条件下求解所需的最少基站计算资源。子问题 $\phi_i(e,l)$ 可表示为

$$\phi_i(e,l) = \min_{s_u}\left\{\sum_{j=1}^{i} s_j f_j^{\min} \middle| \sum_{j=1}^{i} s_j E_j^s = e, \sum_{j=1}^{i} s_j = l\right\} \tag{5-88}$$

根据 Bellman 公式，问题 $\phi_i(e,l)$ 可根据其子问题 $\phi_{i-1}(e,l)$ 递归求解，即

$$\phi_i(e,l) = \min\left\{\phi_{i-1}(e,l), \phi_{i-1}\left(e - E_i^s, l-1\right) + f_i^{\min}\right\} \tag{5-89}$$

根据式（5-89），DP 可避免子问题的重复计算，从而减少问题求解的时间复杂度。另一方面，式（5-89）表明问题 $\phi_i(e,l)$ 的最优解的求解可简单比较用户 i 是否被接入，若用户 i 未被接入，可得 $\phi_i(e,l)=\phi_{i-1}(e,l)$；否则，$\phi_i(e,l) = \phi_{i-1}\left(e - E_i^s, l-1\right) + f_i^{\min}$。令 $s_i(e,l) \in \{0,1\}$ 表示用户 i 在子问题 $\phi_i(e,l)$ 中的接入控制决策，根据上述讨论可得

$$s_i(e,l) = \begin{cases} 1, & \phi_i(e,l) = \phi_{i-1}\left(e - E_i^s, l-1\right) + f_i^{\min} \\ 0, & \text{其他} \end{cases} \tag{5-90}$$

注意到，子问题（5-88）的状态满足 $i \in \{1, \cdots, |N_u|\}$，$l \in \{0, \cdots, \tilde{K}\}$，$e \in [0, \bar{E}]$，其中，$|N_u|$ 是剩余用户个数，$\tilde{K}$ 是剩余信道数，$\bar{E} = \sum_{i \in \mathcal{N}_u} \max\left(E_i^s, 0\right)$ 是节约能耗的上界值。由于状态 $e \in [0, \bar{E}]$ 是连续值，具有无限状态值，根据式（5-89）无法直接迭代求解。

本节提出的基于量化的动态规划方法将上述连续状态 e 量化为离散值，以使用 Bellman 公式进行求解。采用均匀量化器，其量化区间长度为 δ。该均匀量化器的量化函数可表示为

$$q_\delta(e) = k, (k-1)\delta < e \leqslant k\delta \tag{5-91}$$

相应地，可对每个设备允许接入节约的能耗进行量化，用户 i 的量化节约能耗记作 $e_i^S = q_\delta\left(E_i^S\right)$。令 $\hat{e}$ 表示问题（5-87）总量化节约能耗的上界，可表示为

$$\hat{e} = \left\lceil \frac{\bar{E}}{\delta} \right\rceil + \tilde{K} \tag{5-92}$$

其中，$\left\lceil \frac{\bar{E}}{\delta} \right\rceil$ 是对最大节约能耗的量化，$\tilde{K}$ 是线性量化引起的偏差。具体地，根据式（5-91），量化器的误差不超过量化区间长度 δ，即 $0 \leqslant \delta e_i^s - E_i^s < \delta$。另一方面，根据约束条件 C2，基站最多可接入 $\tilde{K}$ 个用户，而每个用户的节约能耗均

经过量化，故问题（5-87）由量化引起的误差不超过$\delta\tilde{K}$。量化后的子问题个数为$\phi_i(e,l)$各状态个数的乘积，即$N_u\tilde{K}\hat{e}$。这些子问题可根据 DP 进行求解，即初始化$\phi_i(0,0)=0$和$\phi_i(e,l)=\infty$，然后从$\phi_i(0,0)=0$开始按照式（5-89）递推后续子问题最优解，直至求解完所有子问题。令e^*表示本节量化动态规划方案得出的系统节约能耗，可表示为

$$e^* = \delta \max_{l=0,\cdots,\tilde{K}} \left\{ e \middle| \phi_{N_u}(e,l) \leqslant \tilde{f}_0 \right\} \tag{5-93}$$

其中，l^*表示对应于e^*所接入的设备个数，即e^*源于子问题$\phi_{N_u}\left(\dfrac{e^*}{\delta,l^*}\right)$。最优接入控制决策可通过逆向归纳法获得，即从子问题$\phi_{N_u}\left(\dfrac{e^*}{\delta,l^*}\right)$对应的最后一位用户$N_u$接入决策$s_{N_u}\left(\dfrac{e^*}{\delta,l^*}\right)$开始，依次逆向递推前面用户的接入决策。算法 5-6 总结了本节提出的量化动态规划接入控制方案。

算法 5-6　量化动态规划接入控制方案

1: if $T_i^l > T_i^{\text{req}}$（命题 5-1）then

2:　优先允许用户 i 接入，$s_i=1$

3:　根据式（5-83）分配计算资源

4: end if

5:量化设备允许接入节约能耗，$e_i^s = q_\delta(E_i^s), \forall i \in \mathcal{N}_u$

6: 初始化$\phi_i(0,0)=0$，$\phi_i(e,l)=\infty$

7:　for $i=1$ to N_u do

8:　　for $l=0$ to $\tilde{K}$，$e=0$ to $\hat{e}$ do

9:　　$\phi_i(e,l)=\min\left\{\phi_{i-1}(e,l), \phi_{i-1}\left(e-e_i^s, l-1\right)+f_i^{\min}\right\}$（式（5-89））

10:　　根据式（5-90），记录$s_i(e,l)$

11:　　end for

12:　end for

13:根据式（5-93）获得最优节约能耗e^*

14:初始化$e=\dfrac{e^*}{\delta}, l=l^*, i=N_u$

15: while　$i>0$　do

16:　最优接入决策；$s_i = s_i(e,l)$

17:　逆向递推：$e = e - s_i E_i^s$，　$l = l - s_i$，　$i = i-1$

18:end while

19:根据求得的 s_i 进行接入控制，并根据式（5-83）分配计算资源

考虑不同的量化器的量化区间会改变算法 5-6 的时间复杂度与最优性损失。具体而言，根据式（5-91），减小量化区间长度 δ 能减小量化误差，从而降低最优性损失；而根据式（5-92），δ 的减小会导致状态数 $\hat{e}$ 的增加，从而增加子问题个数和时间复杂度。因此本节根据线性规划松弛（Linear Programming Relaxation，LPR）方法求出问题（5-87）的上下界，并据此分析本节方案与最优解的性能比较，从而指导量化区间的选择。问题（5-87）线性规划松弛后的问题可表示为

$$\begin{aligned} &\max_{s_u} \sum_{i\in\mathcal{N}_u} s_i E_i^s \\ &\text{s.t. } \ \mathrm{C2,C5} \\ &\qquad \mathrm{C6}: s_i \in [0,1], \forall i \in \mathcal{N}_u \end{aligned} \tag{5-94}$$

其中，约束条件 C6 将 C1 的 0-1 离散变量松弛为[0, 1]区间的连续值，故问题（5-94）给出了问题（5-87）的上界。问题（5-94）的拉格朗日对偶问题可表示为

$$L(\lambda,\mu) = \max_{s_u\in \mathrm{C6}} \sum_{i\in\mathcal{N}_u} s_i E_i^s + \lambda\left(\tilde{K} - \sum_{i\in\mathcal{N}_u} s_i\right) + \mu\left(\widetilde{f_0} - \sum_{i\in\mathcal{N}_u} s_i f_i^{\min}\right) \tag{5-95}$$

其中，λ 和 μ 是对应于约束条件 C2 和 C5 的拉格朗日乘子。注意到，$L(\lambda,\mu)$ 可分解为

$$L(\lambda,\mu) = \lambda\tilde{K} + \mu\ \widetilde{f_0} + \sum_{i\in\mathcal{N}_u} L_i(\lambda,\mu) \tag{5-96}$$

其中，

$$L_i(\lambda,\mu) = \max_{s_i\in[0,1]} s_i\left(E_i^s - \lambda - \mu f_i^{\min}\right) \tag{5-97}$$

上述函数可分别优化，对应于 $L_i(\lambda,\mu)$ 的最优解可表示为

$$s_i^*(\lambda,\mu) = \begin{cases} 1, & \theta(i,\lambda,\mu) \geqslant 0 \\ 0, & \theta(i,\lambda,\mu) < 0 \end{cases} \tag{5-98}$$

记$\theta(i,\lambda,\mu)=E_i^s-\lambda-\mu f_i^{\min}$，由于线性规划问题具有强对偶特性，可将式（5-98）代入式（5-95），并将问题（5-94）的对偶问题转化为

$$\min_{\lambda>0,\mu>0}\lambda\tilde{K}+\mu\widetilde{f}_0+\sum_{i\in\mathcal{N}_u}s_i^*(\lambda,\mu)\left(E_i^s-\lambda-\mu f_i^{\min}\right) \tag{5-99}$$

其中，λ^*和μ^*表示最优的拉格朗日乘子，可通过多维搜索方式在线性时间复杂度$\mathcal{O}(N_u)$内获得。根据式（5-98）和最优拉格朗日乘子，集合$\mathcal{N}_u$可被划分为

$$N_u^+=\left\{i|\ \theta\left(i,\lambda^*,\mu^*\right)>0\right\},\quad \mathcal{N}_u^0=\left\{i|\ \theta\left(i,\lambda^*,\mu^*\right)=0\right\},\quad N_u^-=\left\{i|\ \theta\left(i,\lambda^*,\mu^*\right)<0\right\}$$

根据式（5-98）可以得出，$i\in\mathcal{N}_u^+$表示允许接入$(s_i=1)$，$i\in\mathcal{N}_u^-$表示拒绝接入（$s_i=0$）。如果$\mathcal{N}_u^0\neq\varnothing$，从集合$\mathcal{N}_u^0$中选择一个设备满足$r^0=\underset{r_0\in\mathcal{N}_u^0}{\operatorname{argmax}}\left\{s_{r^0}E_{r^0}^s\right\}$且$s_{r^0}=\dfrac{\widetilde{f}_0-\sum_{j\in\mathcal{N}_u^+}f_j^{\min}}{f_{r^0}^{\min}}\in(0,1)$进行接入，以得到问题（5-87）的上界，可表示为

$$e^{\mathrm{LP}}=\sum_{i\in\mathcal{N}_u^+}E_i^S+s_{r^0}E_{r^0}^S \tag{5-100}$$

集合$\mathcal{N}_u$的划分也给出了问题（5-99）的可行解（下界），即仅接入集合$\mathcal{N}_u^+$中的用户。令e_f表示对应的下界值，即$e_f=\sum_{i\in\mathcal{N}_u^+}E_i^s$。

引理 5-3 问题（5-87）的下界e_f、最优解e^{opt}和上界e^{LP}满足

$$e_f\leqslant e^{\mathrm{opt}}\leqslant e^{\mathrm{LP}}\leqslant 2e_f \tag{5-101}$$

引理 5-4 给定任意常数$\varepsilon>0$，本节提出的量化动态规划接入控制方案可设置量化区间$\delta=\dfrac{e_f\varepsilon}{\tilde{K}}$，得到对问题（5-87）最优解的$(1-\varepsilon)$逼近。

引理 5-5 本节方案可在$\mathcal{O}\left(\dfrac{NK^2}{\varepsilon}\right)$时间复杂度内求得问题（5-87）最优解的$(1-\varepsilon)$逼近。

引理 5-5 表明，本节提出的量化动态规划接入控制方案的最优性损失和时间复杂度存在$\left[\mathcal{O}(\varepsilon),\mathcal{O}\left(\dfrac{1}{\varepsilon}\right)\right]$权衡，即基站可根据其计算能力选择较小的$\varepsilon$值，通过更高的计算量实现更优的接入控制节约的能耗。

5. 海量连接的物联网边缘计算在线资源调度

本节研究在海量设备连接的物联网应用中的边缘计算资源调度问题，其中，物联网设备通过能量收集的方式充能以正常运行，不具备数据处理能力，其数据需全部上传至边缘服务器进行处理。考虑该网络场景中数据到达、能量收集、信道条件以及计算资源的动态特性，本节提出了基于加扰 Lyapunov 优化的物联网边缘计算的在线资源调度方案，并设计选择性用户上报策略，在不损失方案最优性的同时显著降低海量设备连接的网络信令开销，保证系统的可扩展性。

本节考虑针对物联网应用的单小区移动边缘计算场景。小区范围内有 N 个 IoT 设备，如智能电表、工业 IoT 设备和各类传感器。令 $\mathcal{N}=\{1,2,\cdots,N\}$ 表示 N 个 IoT 设备的集合。系统分时隙运行，记作 $t\in\mathcal{T}=\{0,1,\cdots,T\}$。IoT 设备通过收集环境能量运行，设备不具有数据处理能力，到达设备的数据通过共享的无线信道上传到基站边缘服务器进行处理。IoT 数据处理结果保存在边缘服务器或继续上传至云端数据中心进行存储及大数据分析。

由于小区内存在其他业务，可用于 IoT 数据上传的子信道个数随时间变化，记时隙 t 的可用子信道个数为 $K(t)$。令 $c_i(t)$ 表示设备 i 时隙 t 的上行信道速率，服从独立同分布的随机变量。由于设备传输功率有限，记信道速率的最小值和最大值分别为 $c_i^{\min}$ 和 $c_i^{\max}$，满足 $c_i^{\min}\leqslant c_i(t)\leqslant c_i^{\max}$。

IoT 设备通过 TDMA 方式复用子信道，且窄带（Narrow Band，NB）物联网设备由于能力限制在同一时刻仅能接入一个子信道，但在一个时隙的不同时刻可在不同子信道中切换。令 $\tau_i(t)$ 表示设备 i 在时隙 t 的分配的数据上传时长，满足

$$\mathrm{C1-a}:0\leqslant\tau_i(t)\leqslant T,\forall i\in\mathcal{N}\tag{5-102a}$$

在该分配时间内，设备 i 可上传的最大数据量为 $\widehat{d_i}(t)=c_i(t)\tau_i(t)$。令 $\tau(t)=\{\tau_1(t),\cdots,\tau_N(t)\}$ 表示所有 IoT 设备在时隙 t 调度决策的集合，由于子信道在同一时刻不能分配给多个用户，分配总时长不能超过该时隙内小区所有可用子信道的时长，即

$$\mathrm{C1-b}:\sum_{i\in\mathcal{N}}\tau_i(t)\leqslant K(t)T\tag{5-102b}$$

不同时隙环境中可供 IoT 设备收集的能量可被建模为独立同分布的随机过程。令 $E_{\mathrm{H}}^i(t)$ 表示时隙 t 设备 i 的最大可收集环境能量，满足 $E_{\mathrm{H}}^i(t)\leqslant E_{\mathrm{H}}^{i,\max}$。由于设备电

池电量限制，设备 i 仅能收集部分环境能量。令 $e_{\mathrm{H}}^{i}(t)$ 表示设备 i 在时隙 t 收集的环境能量，满足

$$\mathrm{C2}: 0 \leqslant e_{\mathrm{H}}^{i}(t) \leqslant E_{\mathrm{H}}^{i}(t), \forall i, t \tag{5-103}$$

令 $A_i(t)$ 表示时隙 t 到达设备 i 的数据大小，服从独立同分布的随机变量，且 $A_i(t) \leqslant A_i^{\max}$。为保证设备数据缓存不溢出，时隙 t 设备 i 可选择缓存部分到达数据，记作 $a_i(t)$，满足

$$\mathrm{C3}: 0 \leqslant a_i(t) \leqslant A_i(t), \forall i, t \tag{5-104}$$

令 $Q_i(t)$ 表示设备 i 时隙 t 的缓存（待上传）数据大小，其更新满足

$$Q_i(t+1) = [Q_i(t) - d_i(t)] + a_i(t) \tag{5-105}$$

其中，$d_i(t)$ 表示设备 i 在时隙 t 的实际上传数据量。由于上传数据量不能超过该时刻缓存数据量，$d_i(t)$ 可表示为

$$d_i(t) = \min\{Q_i(t), c_i(t)\tau_i(t)\} \tag{5-106}$$

令 $e_i(t) = p_i\tau_i(t)$ 表示设备 i 时隙 t 由于数据上传的能量消耗，其中，p_i 是设备 i 的传输功率。令 $E_i(t)$ 表示设备 i 时隙 t 的电池电量，其更新满足

$$E_i(t+1) = [E_i(t) - e_i(t)] + e_{\mathrm{H}}^{i}(t), \forall i, t \tag{5-107}$$

其中，$E_i(t)$ 限制该时隙设备可用能量，即

$$\mathrm{C4}: e_i(t) \leqslant E_i(t), \forall i, t \tag{5-108}$$

在时隙 t，基站收到设备 i 上传的 $d_i(t)$ 数据（式（5-106）），并将其存入缓存等待处理。处理该部分数据需消耗边缘服务器 $f_i(t) = \xi_i d_i(t)$ 的 CPU 资源，其中，ξ_i 是处理设备 i 单位大小数据所需的 CPU 资源。令 $C(t)$ 表示基站缓存待处理数据所需的 CPU 资源，其更新满足

$$C(t+1) = \max[C(t) - F(t), 0] + \sum_{i \in \mathcal{N}} f_i(t) \tag{5-109}$$

其中，$F(t)$ 表示基站边缘服务器在时隙 t 的可用 CPU 资源。由于并行后台任务，$F(t)$ 服从独立同分布的随机变量，满足 $F(t) \leqslant F^{\max}$。

系统的效用函数可定义为

$$\phi(\overline{a}) = \sum_{i \in \mathcal{N}} \log(1 + \overline{a}_i) \tag{5-110}$$

其中，$\overline{X(t)}=\lim_{T\to\infty}\frac{1}{T}\sum_{t=0}^{T-1}\mathrm{E}[X(t)]$ 表示随机过程 $X(t)$ 的长时间平均，$\overline{a}=\{\overline{a_1},\overline{a_2},\cdots,\overline{a_N}\}$ 表示各个设备时间平均接入数据量。系统稳定（即所有队列时间平均长度小于无穷大）可表示为

$$\mathrm{C5}:\overline{C(t)}<\infty,\overline{E_i(t)}<\infty,\overline{Q_i(t)}<\infty,\forall i\in\mathcal{N} \tag{5-111}$$

此时，系统的时间平均接入数据量等于时间平均处理数据量。效用函数 $\phi(\overline{a})$ 具有比例公平特性，可均衡系统吞吐量和用户间公平度。

基于上述假设，满足系统稳定性条件下系统效用最大化问题为

$$\begin{aligned}\max_{\tau(t),e_{\mathrm{H}}(t),a(t)}\quad & \phi(\overline{a})\\ \text{s.t.}\quad & \mathrm{C1}\sim\mathrm{C5}\end{aligned} \tag{5-112}$$

其中，优化变量 $\tau(t)$ 、$e_{\mathrm{H}}(t)$ 和 $a(t)$ 分别表示系统时隙 t 关于数据上传调度、到达数据接入和收集能量决策的集合。问题（5-112）是随机优化问题，其最优解需要提前获取系统在无限长时间内的任务到达和信道条件等参数（包括 $c_i(t)$ 、$A_i(t)$ 、$E_{\mathrm{H}}^i(t)$ 和 $K(t)$ ），难以实现。另一方面，约束条件 C4 和 C5 导致系统变量在时间上耦合，贪心优化每一时刻变量会导致长期效用损失。本节将引入 Lyapunov 优化技术并加入扰动参数，实现对问题的解耦与重构，并在保证系统稳定条件下，获得问题的渐近最优解。

首先，本节引入辅助变量 $\gamma(t)$ ，对问题的目标函数进行重构。

引理 5-6　引入辅助变量 $\gamma(t)$ ，问题可被等价转换为

$$\begin{aligned}\max_{\tau(t),e_{\mathrm{H}}(t),a(t),\gamma(t)}\quad & \overline{\phi(\gamma)}\\ \text{s.t.}\quad & \mathrm{C1}\sim\mathrm{C5}\\ & \mathrm{C6}:\overline{\gamma_i}\leqslant\overline{a_i}\\ & \mathrm{C7}:0\leqslant\gamma_i(t)\leqslant A_i^{\max},\forall i\in\mathcal{N},t\in\mathcal{T}\end{aligned} \tag{5-113}$$

其中，约束条件 C6 和 C7 给出了辅助变量 $\gamma(t)$ 和原变量 $a(t)$ 的关系，可为每个设备构建虚拟队列 $G_i(t)$ ，将时间平均约束条件 C6 等价转换为队列长时间的稳定性，即 $\overline{G}_i<\infty$ 。设备 i 虚拟队列 $\overline{G_i}(t)$ 的更新可表示为

$$G_i(t+1)=\max\{G_i(t)+\gamma_i(t)-a_i(t),0\} \tag{5-114}$$

因此，问题可被进一步转换为

$$\begin{aligned} \max_{\tau(t),e_{\mathrm{H}}(t),a(t),\gamma(t)} \quad & \overline{\phi(\gamma)} \\ \text{s.t.} \quad & \text{C1} \sim \text{C5}, \text{C7} \\ & \text{C8}: \overline{G_i} < \infty, \forall i \in \mathcal{N} \end{aligned} \tag{5-115}$$

采用 Lyapunov 优化方法可以对上述问题中队列稳定约束条件 C5 和 C8 进行有效解耦，并保证渐近最优性。为进一步对约束条件 C4 进行解耦，本节加入扰动参数 $\theta=\{\theta_i,\forall i\in\mathcal{N}\}$，并采用加扰 Lyapunov 函数对问题进行解耦。后续可证明，通过对扰动参数 $\theta=\{\theta_i,\forall i\in\mathcal{N}\}$ 的设计，可保证在任意时隙 t 设备电池都有足够能量进行最优传输调度，即满足约束条件 C4。问题的加扰 Lyapunov 函数可表示为

$$L(t)=\frac{1}{2}\left\{C(t)^2+\sum_{i\in\mathcal{N}}[\mathcal{Q}_i(t)^2+(E_i(t)-\theta_i)^2+G_i(t)^2]\right\} \tag{5-116}$$

令 $\Theta(t)=\{C(t),\mathcal{Q}_i(t),E_i(t),G_i(t),\forall i\in\mathcal{N}\}$ 表示系统中所有队列在时隙 t 的队列长度，对应的 Lyapunov drift-plus-penalty 函数可表示为

$$\Delta_V(t)=\Delta(t)-V\mathrm{E}\left[\sum_{i\in\mathcal{N}}\log(1+\gamma_i(t))\,|\,\Theta(t)\right] \tag{5-117}$$

其中，$\Delta(t)\triangleq\mathrm{E}[\mathcal{L}(t+1)-\mathcal{L}(t)\,|\,\Theta(t)]$ 为加扰 Lyapunov 函数在相邻时隙 t 和 $t+1$ 差的条件期望；$V>0$ 为可调参数，负责最优性损失和队列稳定性间的权衡。

引理 5-7 式（5-117）中 Lyapunov drift-plus-penalty 函数 $\Delta_V(t)$ 的上界可表示为

$$\begin{aligned} \Delta_V(t) \leqslant\ & D-V\mathrm{E}\left[\sum_{i\in\mathcal{N}}\log(1+\gamma_i(t))\,|\,\Theta(t)\right]+ \\ & C(t)\mathrm{E}\left[\sum_{i\in\mathcal{N}}f_i(t)-F(t)\,|\,\Theta(t)\right]+\sum_{i\in\mathcal{N}}\mathcal{Q}_i(t)\mathrm{E}[a_i(t)-d_i(t)\,|\,\Theta(t)]+ \\ & \sum_{i\in\mathcal{N}}[E_i(t)-\theta_i]\mathrm{E}[e_{\mathrm{H}}^i-e_i(t)\,|\,\Theta(t)]+\sum_{i\in\mathcal{N}}G_i(t)\mathrm{E}[\gamma_i(t)-a_i(t)\,|\,\Theta(t)] \end{aligned} \tag{5-118}$$

其中，

$$\begin{aligned} D=\ & \frac{1}{2}\sum_{i\in\mathcal{N}}\{(p_iT)^2+(E_{\mathrm{H}}^{i,\max})^2+(c_i^{\max}T)^2+3(A_i^{\max})^2\}+ \\ & \frac{1}{2}\left\{\sum_{i\in\mathcal{N}}(\xi_i c_i^{\max}T)^2+(F^{\max})^2\right\} \end{aligned} \tag{5-119}$$

根据 Lyapunov 优化，问题可通过在每时隙 t 最小化引理 5-7 中 $\Delta_V(t)$ 的上界进

行解耦，对应瞬时优化问题可表示为

$$\begin{aligned}&\max_{\tau(t),e_{\mathrm{H}}(t),a(t),\gamma(t)} \quad f(\gamma(t))+g(\tau(t))-\eta(e_{\mathrm{H}}(t))-\mu(a(t))\\&\text{s.t.} \quad \mathrm{C1}\sim\mathrm{C3,C7}\end{aligned} \tag{5-120}$$

其中，

$$f(\gamma(t))=\sum_{i\in\mathcal{N}}[V\log(1+\gamma_i(t))-G_i(t)\gamma_i(t)] \tag{5-121}$$

$$g(\tau(t))=\sum_{i\in\mathcal{N}}\{[Q_i(t)-C(t)\xi_i]d_i(t)+[E_i(t)-\theta_i]e_i(t)\} \tag{5-122}$$

$$\eta(e_{\mathrm{H}}(t))=\sum_{i\in\mathcal{N}}[E_i(t)-\theta_i]e_{\mathrm{H}}^i(t) \tag{5-123}$$

$$\mu(a(t))=\sum_{i\in\mathcal{N}}[Q_i(t)-G_i(t)]a_i(t) \tag{5-124}$$

注意到，在上述问题中，变量 $\tau(t)$ 、 $e_{\mathrm{H}}(t)$ 、 $a(t)$ 和 $\gamma(t)$ 在目标函数和约束条件中互相独立，因此可从问题进行解耦，并分别优化求解，即：①设备调度子问题 $\min g(\tau(t))$ ，s.t. C1；②能量收集子问题， $\min \eta(e_{\mathrm{H}}(t))$ ，s.t. C2；③数据接入子问题 $\min \mu(a(t))$ ，s.t. C3；④辅助变量子问题 $\min f(\gamma(t))$ ，s.t. C7。下面，分别求解上述子问题，以得到最优在线资源调度方案。

（1）设备调度优化

对于设备调度子问题，根据式（5-105）和式（5-106），设备 i 在时隙 t 不能传输超过其数据队列数据量 $Q_i(t)$ 的数据，即约束条件可转换为

$$0\leqslant\tau_i(t)\leqslant T_i(t),\forall i\in\mathcal{N} \tag{5-125}$$

其中， $T_i(t)=\min\left\{\dfrac{Q_i(t)}{c_i(t)},T\right\}$ 。优化设备调度 $\tau(t)$ 的子问题可表示为

$$\begin{aligned}&\min_{\tau(t)}\sum_{i\in\mathcal{N}}\alpha_i(t)\tau_i(t)\\&\text{s.t.} \quad \text{式（5-102b），式（5-125）}\end{aligned} \tag{5-126}$$

其中，

$$\alpha_i(t)=[Q_i(t)-C(t)\xi_i]c_i(t)+[E_i(t)-\theta_i]p_i \tag{5-127}$$

将 $\alpha_i(t)$ 作为放入单位体积物品 i 的利润，并将 $K(t)T$ 作为背包容量，问题（5-126）可表示为线性背包问题，其最优解可通过贪心算法放入最高单位利润物

品直至背包充满而获得。假设设备按其单位体积利润降序排列，即对于$i > j$，有$\alpha_i(t) > \alpha_j(t)$。令$b$表示边界物品下标（即按单位体积利润分配，充满背包时最后一个放入的物品），即

$$b = \arg\min_i \sum_{j=1}^{i} T_j(t) > K(t)T \tag{5-128}$$

根据上述边界物品定义，最优设备调度可表示为

$$\tau_i(t)^* = \begin{cases} T_i(t), i < b \\ K(t)T - \sum_{i=1}^{b-1} T_i(t), i = b \\ 0,\ 其他 \end{cases} \tag{5-129}$$

上述最优设备调度需对物品按单位体积利润排序，以快速排序为例，其时间复杂度为$\mathcal{O}(N\log N)$。

（2）能量收集优化

能量收集子问题可写作

$$\begin{aligned} \min_{e_{\mathrm{H}}(t)} \quad & \sum_{i\in\mathcal{N}} [E_i(t) - \theta_i] e_{\mathrm{H}}^i(t) \\ \text{s.t.} \quad & 0 \leqslant e_{\mathrm{H}}^i(t) \leqslant E_{\mathrm{H}}^i(t), \forall i \in \mathcal{N} \end{aligned} \tag{5-130}$$

其最优解可表示为

$$e_{\mathrm{H}}^i(t)^* = \begin{cases} 0, E_i(t) \geqslant \theta_i \\ E_{\mathrm{H}}^i(t), 其他 \end{cases} \tag{5-131}$$

（3）数据接入优化

数据接入子问题可写作

$$\begin{aligned} \min_{a(t)} \quad & \sum_{i\in\mathcal{N}} [\mathcal{Q}_i(t) - G_i(t)] a_i(t) \\ \text{s.t.} \quad & 0 \leqslant a_i(t) \leqslant A_i(t), \forall i \in \mathcal{N} \end{aligned} \tag{5-132}$$

其最优解可表示为

$$a_i(t)^* = \begin{cases} 0, \mathcal{Q}_i(t) \geqslant G_i(t) \\ A_i(t), 其他 \end{cases} \tag{5-133}$$

（4）辅助变量优化

注意到，在优化辅助变量$\gamma(t)$的子问题中，对不同的设备$i \neq j$，$\gamma_i(t)$和$\gamma_j(t)$互

相独立，可分别求解。辅助变量 $\gamma_i(t)$ 的优化问题可表示为

$$\begin{aligned} \max_{\gamma_i(t)} \quad & V\log(1+\gamma_i(t)) - G_i(t)\gamma_i(t) \\ \text{s.t.} \quad & 0 \leqslant \gamma_i(t) \leqslant A_i^{\max} \end{aligned} \tag{5-134}$$

$f(\gamma(t))$ 的一阶偏微分函数可表示为 $\frac{\partial f}{\partial \gamma_i} = \frac{V}{(1+\gamma_i(t))\ln 2} - G_i(t)$。当 $\frac{\partial f}{\partial \gamma_i}|_{\gamma_i(t)=0} \leqslant 0$ 时，$f(\gamma(t))$ 在区间 $\gamma_i(t) \in [0,\infty)$ 单调递减，其最优解为 $\gamma_i(t)^* = 0$；否则，$f(\gamma(t))$ 在区间 $\gamma_i(t) \in [0,\infty)$ 存在固定点使 $\frac{\partial f}{\partial \gamma_i} = 0$，即 $\gamma_i(t)^* = \frac{V}{G_i(t)\ln 2} - 1$ 或区间边界值 $A_i^{\max}$。最优辅助变量可表示为

$$\gamma_i(t)^* = \begin{cases} 0, \dfrac{V}{G_i(t)\ln 2} - 1 \leqslant 0 \\ \min\left\{ \dfrac{V}{G_i(t)\ln 2} - 1, A_i^{\max} \right\}, \text{其他} \end{cases} \tag{5-135}$$

注意到，能量收集、数据接入和辅助变量优化的子问题可在每个 IoT 设备独立求解。具体地，每个设备可本地获取其队列长度、信道条件、数据到达和能量到达等信息，并分别根据式（5-131）、式（5-133）和式（5-135）求得最优资源调度决策。另一方面，设备调度子问题需在基站边缘服务器进行集中优化。在每个时隙 t，基站接收所有 IoT 用户的上报，包括队列长度 $Q_k(t)$、电量 $E_k(t)$、信道 $c_k(t)$ 等信息，并根据式（5-129）求得最优分配。算法 5-7 总结了针对物联网应用的在线资源调度方案在每个时隙 t 的流程。

算法 5-7　针对物联网应用的在线资源调度方案

阶段 I 每个设备 i

1：设备本地获取 $Q_i(t)$、$E_i(t)$ 和 $c_i(t)$ 等信息

2：根据式（5-131）、式（5-133）和式（5-135）求得最优能量收集、数据接入和辅助变量决策

3：向基站上报 $Q_i(t)$、$E_i(t)$ 和 $c_i(t)$ 等信息

4：根据式（5-114）更新辅助队列 $G_i(t+1)$

阶段 II 基站

5：收集用户上报信息，并本地测量获得 $K(t)$、$F(t)$ 和 $C(t)$ 等信息

6：根据式（5-127）计算每个设备对应的单位利润 $\alpha_i(t)$，并降序排列

7：根据式（5-129）求得最优设备调度，并通知用户根据调度传输数据

根据性能分析可知，本节方案可实现平均队长和最优性损失之间的 $\left[\mathcal{O}(V),\mathcal{O}\left(\frac{1}{V}\right)\right]$ 权衡，即通过调整 V，可以在增加平均队长（即排队时延）情况下，逐渐接近离线最优解。

算法 5-7 需要用户上报队列长度 $\mathcal{Q}_i(t)$、电量 $E_i(t)$ 和信道状况 $c_i(t)$ 等信息（第 3 步），基站收集用户上报信息，用于计算设备调度利润 $\alpha_i(t)$ 并进行调度（第 5～7 步）。在实际网络中，单小区覆盖下存在成千上万的 IoT 设备，在每个时隙要求所有用户上报会拥塞小区信令信道，导致系统性能下降。注意到，网络可用信道数远小于设备数（$K(t) \ll N$），即大部分上报用户并不会被调度。因此，本节设计策略选择部分设备进行上报，减小信令开销，提升网络可扩展性。

从式（5-129）可以看出，具有较高单位数据上传利润 $\alpha_i(t)$ 的设备会被优先调度，而单位利润低于边界物品单位利润的设备 i（$\alpha_i(t) < \alpha_b(t)$）不会被调度。这样就可以设计策略，使其仅选择单位利润可能高于边界物品利润 $\alpha_b(t)$ 的设备上报其信息，基站可基于该部分设备上报信息进行调度，而不损失调度最优性。下面，详细介绍基站根据过往上报信息估计该时隙边界物品利润下界 $\underline{\alpha}_b(t)$ 的方式。

根据式（5-127），计算设备单位利润 $\alpha_i(t)$ 需要知道 $C(t)$、$c_i(t)$、$\mathcal{Q}_i(t)$ 和 $E_i(t)$，其中，仅有边缘服务器队列长度 $C(t)$ 可在基站本地获取，其他信息需根据过往上报内容进行估计。令 $\widehat{\mathcal{Q}}_i(t)$ 和 $\hat{E}_i(t)$ 分别表示基站基于过往上报信息对数据队列长度 $\mathcal{Q}_i(t)$ 和电量 $E_i(t)$ 的估计值，若时隙 t 设备 i 选择上报信息，则 $\widehat{\mathcal{Q}}_i(t)$ 和 $\hat{E}_i(t)$ 的更新可表示为

$$\begin{aligned}\widehat{\mathcal{Q}}_i(t+1) &= \mathcal{Q}_i(t) - d_i(t) + a_i(t) \\ \hat{E}_i(t+1) &= E_i(t) - e_i(t) + e_{\mathrm{H}}^i(t)\end{aligned} \tag{5-136}$$

否则，基站不更新上述估计值，即 $\widehat{\mathcal{Q}}_i(t+1) = \widehat{\mathcal{Q}}_i(t)$，$\hat{E}_i(t+1) = \hat{E}_i(t)$。根据队列更新表达式（5-105）和式（5-107）可以得出，估计值 $\widehat{\mathcal{Q}}_i(t)$ 和 $\hat{E}_i(t)$ 给出实际队列值的下界，即在任意时隙 t 满足 $\widehat{\mathcal{Q}}_i(t) \leqslant \mathcal{Q}_i(t)$ 和 $\hat{E}_i(t) \leqslant E_i(t), \forall i \in \mathcal{N}$。

将式（5-127）中的实时队列值替换为上述估计值，基站可得出设备 i 单位利润

的估计值（记作 $\hat{\alpha}_i(t)$ ），可表示为

$$\hat{\alpha}_i(t) = [\widehat{Q}_i(t) - C(t)\xi_i]c_i^{\min} + [\hat{E}_i(t) - \theta_i]p_i \tag{5-137}$$

其中，基站用信道链路速率最低值 $c_i^{\min}$ 对实时信道速率 $c_i(t)$ 进行估计。由于基站采用的估计值均为实际值下界，可以得出单位利润的估计值给出了实际单位利润的下界，即 $\hat{\alpha}_i(t) \leqslant \alpha_i(t)$ 。基站可对 $\hat{\alpha}_i(t)$ 进行排序，根据式（5-128）得到边界物品单位利润下界 $\underline{\alpha}_b(t)$ ，并将其广播给用户。

算法 5-7 可经过简单修改以实现选择性用户上报。具体地，在每个时隙开始（第 1 步之前），基站可基于用户过往上报信息估计该时隙边界物品利润下界（以保证最优性），记作 $\underline{\alpha}_b(t)$ ，并将该信息与基站边缘服务器队列 $C(t)$ 广播至所有用户。在收到广播信息后（第 3 步中），每个设备 i 可本地计算其单位数据上传利润 $\alpha_i(t)$ ，仅当 $\alpha_i(t) \geqslant \underline{\alpha}_b(t)$ 时，设备 i 选择上报信息至基站。最后，第 5～7 步中，基站根据上报用户信息进行调度。在其余步骤保持不变，与算法 5-7 一致。注意，基站广播信息 $\underline{\alpha}_b(t)$ 为实际单位利润下界，即 $\underline{\alpha}_b(t) \leqslant \alpha_b(t)$ 。因此，非上报用户 i 满足 $\alpha_i(t) \leqslant \underline{\alpha}_b(t) \leqslant \alpha_b(t)$ ，其单位利润低于边界物品单位利润，根据式（5-129）其不会选入最优调度。也就是说，本节提出的选择性用户上报策略不会影响调度方案的最优性。

5.1.3 通信和缓存资源融合

缓存是一种通过缓存数据或文件供用户快速检索使用的机制。边缘缓存将传统的缓存机制集成到边缘计算基础设施中，通过将内存移到更靠近终端用户的地方，减轻了网络的压力，并能够显著改善信息获取时延。基于边缘缓存，本节将介绍几种联合无线通信和缓存的资源协同融合技术，分别是联合上下文感知数据缓存和资源分配方案[10]、多小区多时间尺度下边缘文件缓存部署和多播调度方案，以及多小区基于社交驱动的边缘文件缓存部署和资源调度方案。

1. 联合上下文感知数据缓存和资源分配方案

在边缘网络中，缓存数据需要通过通信链路的传输以完成部署，传统的固定部署的有限回程链路限制数据回传的容量及灵活性，而无线自回传技术是解决回传瓶颈的有效方案。为了有效地利用频谱资源并减少回程链路的传输负载，本节提出了

一种针对自回传的联合上下文感知数据缓存和资源分配（Context-aware Data Caching and Resource Allocation，CDCRA）方案，旨在最大化系统总吞吐量。将上下文感知技术与多对多匹配理论相结合，可用于小型基站（Small Base Station，SBS）中的数据缓存。在为接入链路和回程链路分配频谱资源时，考虑基于图论的干扰管理。仿真结果表明，与其他数据缓存和资源分配方案相比，CDCRA 方案可显著提高系统总吞吐量。

图 5-7 所考虑的异构网络由一个表示为 $S_0=\{MB\}$ 的 MBS、几个 SBS 和几个小小区用户设备（Small-cell User Equipment，SUE）组成。MB 服务 S 个 SBS，表示为 $\{SB_1,SB_2,\cdots,SB_S\}$。SB 服务 K_s 个 SUE，表示为 $\{SU_{s,1},SU_{s,2},\cdots, SU_{s,K_s}\}$，$s\in\mathcal{S}=\{1,2,\cdots,S\}$。上述所有节点均以半双工模式运行。

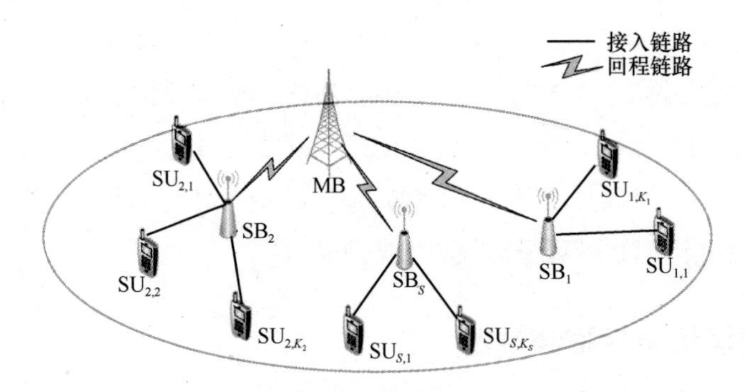

图 5-7　异构网络

文档库中有 N 个文件，记为 $F=\{f_1,f_2,\cdots,f_N\}$。为简单起见，假设每个文件的大小相同。假定内容流行度，即一段时间内请求文件 f_n 的概率遵循 Zips 分布，即

$$P_n=\frac{\frac{1}{n^\alpha}}{\sum_{m=1}^{N}\frac{1}{m^\alpha}},\forall n\in\{1,\cdots,N\} \tag{5-138}$$

其中，P_n 表示请求文件 f_n 的概率，α 表示内容受欢迎程度的差异。用户对不同的文件有不同的偏好，文件 f_n 对用户 $S^{p_{s,k}^n}$ 的内容受欢迎程度，即文件 f_n 被用户 $SU_{s,k}$ 请求的概率为 $p_{s,k}^n$，其中

$$\sum_{n=1}^{N} p_{s,k}^{n} = 1, \forall s \in \mathcal{S}, k \in \{1,2,\cdots,K\} \tag{5-139}$$

每个 SBS 都配备了一个缓存服务器，其有限的存储容量表示为 $Q=\{Q_1,Q_2,\cdots,Q_S\}$，其中，Q_S 是 SB 的缓存服务器可以存储的最大文件数。同时，为了充分利用缓存资源，假设每个文件最多可以被 q 个缓存服务器缓存。当文件 f_n 被 SB_s 的缓存服务器缓存时，运营商将向内容提供者提供一些奖励，表示为 $U_{s,n}$。用户 $\mathrm{SU}_{s,k}, k \in K_s$ 中文件 f_n 的平均受欢迎程度越大，SB_s 的回程链路的传输负载减少得越多，则运营者将为 f_n 的内容提供者支付的费用越多。$U_{s,n}$ 定义为

$$U_{s,n} = g\left(\sum_{k=1}^{K_s} \frac{p_{s,k}^{n}}{K_s}\right), \forall s \in \mathcal{S}, n \in \mathcal{N} \tag{5-140}$$

缓存策略矩阵定义为 $A=(a_{sn})_{S\times N}$，其中，$a_{sn}=1$ 表示文件 f_n 由 SB_s 的缓存服务器缓存，否则 $a_{sn}=0$。通过上面的分析可以得到

$$\begin{aligned} & a_{sn} \in \{0,1\}, \forall s \in \mathcal{S}, n \in \mathcal{N} \\ & \sum_{n=1}^{N} a_{sn} \leqslant Q_s, \forall s \in \mathcal{S} \\ & \sum_{s=1}^{S} a_{sn} \leqslant q, \forall n \in \mathcal{N} \end{aligned} \tag{5-141}$$

缓存模型如图 5-8 所示。当 SUE 请求文件时，如果 SUE 已缓存文件，则 SUE 直接从连接的 SBS 获取文件；否则，SBS 向 MBS 发出请求，由 MBS 传输文件数据到 SBS，然后 SBS 将其发送到发出请求的 SUE。

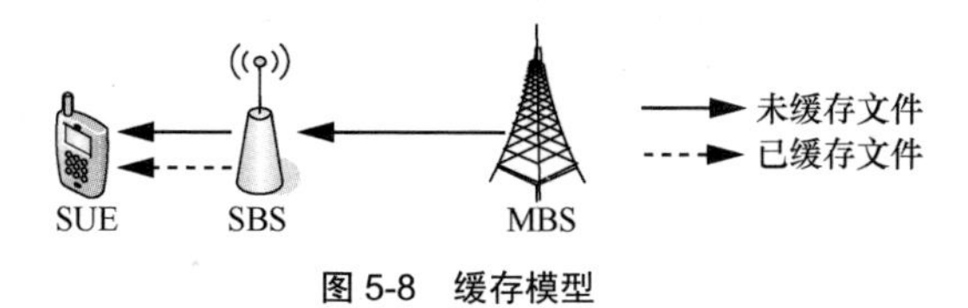

图 5-8　缓存模型

由于 MBS 的发射功率远大于 SBS 的发射功率，如果 MBS 和 SBS 同时以相同的频带发射，那么回程链路和接入链路之间的跨层干扰将会很严重。因此，本节方案中回程链路和接入链路使用正交频带资源。假设整个系统的传输带宽为 W，分配给回程链路的带宽为 W_b，分配给接入链路的带宽为 W_a，则有 $W_a + W_b \leqslant W$。

由于分配给不同回程链路的频谱资源是正交的，因此应该满足

$$\sum_{s=1}^{S} w_s \leqslant W_b \tag{5-142}$$

其中，w_s 是分配给 SB 的回程链路的带宽。SB 的回程链路的频谱效率为

$$r_s = \mathrm{lb}\left(1+\frac{P_{\mathrm{MB}} h_s}{\sigma^2}\right) \tag{5-143}$$

其中，P_{MB} 是 MB 的发射功率，h_s 是从 MB 到 SB_s 的信道增益，σ^2 是噪声功率。

类似地，分配给同一小小区的不同接入链路的频谱资源也应正交。为了减轻小区间干扰，小小区被划分为几个集群，同一集群中的不同接入链路应使用正交频谱资源。假设所有小小区被划分为 M 个簇，表示为 $\{\Omega_1,\Omega_2,\cdots,\Omega_M\}$，则

$$\sum_{s\in\Omega_m}\sum_{k=1}^{K_s} w_{s,k} \leqslant W_a, \forall m\in\{1,\cdots,M\} \tag{5-144}$$

其中，$w_{s,k}$ 是分配给 $\mathrm{SU}_{s,k}$ 的接入链路的带宽。$\mathrm{SU}_{s,k}$ 的接入链路的频谱效率为

$$r_{s,k} = \mathrm{lb}\left(1+\frac{P_{\mathrm{SB}} h_{s,k}}{\sigma^2+I_{s,k}}\right) \tag{5-145}$$

其中，P_{SB} 是 SB 的发射功率，$h_{s,k}$ 是从 SB 到 $\mathrm{SU}_{s,k}$ 的信道增益，$I_{s,k}$ 是 $\mathrm{SU}_{s,k}$ 接收到的干扰功率。

考虑每个 SUE 的 QoS 需求，$\mathrm{SU}_{s,k}$ 的总数据速率需求表示为 $D_{s,k}$，其中对应文件 f_n 的数据需求占比为 $\beta_{s,k}^n$。因此，对应于文件 f_n，$\mathrm{SU}_{s,k}$ 数据速率要求为

$$d_{s,k}^n = \beta_{s,k}^n D_{s,k}, \forall s\in\mathcal{S}, k\in\mathcal{K}, n\in\mathcal{N} \tag{5-146}$$

根据以上分析，每个接入链路应满足相关 SUE 的数据速率要求

$$w_{s,k} r_{s,k} \geqslant D_{s,k}, \forall s\in\mathcal{S}, k\in\mathcal{K} \tag{5-147}$$

每个回程链接应满足未缓存文件的数据速率要求

$$w_s r_s \geqslant \sum_{k=1}^{K_s}\sum_{n=1}^{N}(1-a_{sn})d_{s,k}^n, \forall s\in\mathcal{S} \tag{5-148}$$

为了最大限度地提高系统总吞吐量，构建目标函数

$$\begin{aligned}&\text{P1}: \max_{A,W_a,W_b,w} \sum_{s=1}^{S}\sum_{k=1}^{K_s} w_{s,k} r_{s,k} \\ &\text{s.t. } W_a + W_b \leqslant W \\ &\text{式 (5-141), 式 (5-142), 式 (5-144), 式 (5-147), 式 (5-148)}\end{aligned} \tag{5-149}$$

式(5-149)是一个混合整数线性规划(Mixed Integer Linear Programming, MILP)问题，很难直接解决。因此，本节提出了 CDCRA 方案来共同决定数据缓存和频谱资源分配。

(1)数据缓存

由于高速缓存服务器可以存储多个文件内容，并且一个文件内容可以由多个高速缓存服务器存储，因此高速缓存服务器存储文件内容的过程可以视为多对多匹配问题。高速缓存服务器倾向于数据速率要求较高的文件内容，因此，可以将 SB 的高速缓存服务器对文件 f_n 的存储表示为

$$F_{s,n} = \sum_{k=1}^{K_s} d_{s,k}^{n} \tag{5-150}$$

将 $F_{s,n}$ 降序排列，每个缓存服务器都有一个关于文件内容的优先级列表，表示为 $C_s, \forall s \in \mathcal{S}$ 。

同样地，文件内容更喜欢可以提供更多奖励的缓存服务器。因此，可以将文件 f_n 对 SB 的高速缓存服务器的偏好表示为 $U_{s,n}$ 。将 $U_{s,n}$ 降序排列，每个文件内容都有一个关于缓存服务器的优先级列表，表示为 $S_n, \forall n \in \mathcal{N}$ 。

当基于多对多匹配理论进行上下文感知数据缓存时，每个缓存服务器都会根据列表 C_s 选择最喜欢的 Q_s 文件内容，并对 Q_s 文件内容进行存储请求。然后，每个文件内容决定是否接受存储请求。如果文件内容收到少于 q 个存储请求，则它接受所有请求；如果文件内容收到超过 q 个存储请求，则它会根据列表 S_n 接受 q 个存储请求，并拒绝其他请求。被拒绝的缓存服务器继续从其首选项列表中选择其他文件内容，并向它们发出存储请求。重复此过程，直到每个缓存服务器可以存储 Q_s 文件内容。

算法 5-8 描述了上下文感知数据缓存(Context-aware Data Caching, CDC)算法，其中，已存储文件 f_n 的缓存服务器的数量为 q_n ，文件 f_n 新接受的存储请求的数量为 e_n ，SB 的高速缓存服务器已存储的文件内容的数量为 Y_s 。

算法 5-8　CDC 算法

1：初始化 $q_n = 0, \forall n \in \mathcal{N}; Y_s = 0, \forall s \in \mathcal{S}$

2：while $Y_s < Q_s, \exists s \in \mathcal{S}$

3：　for $Y_s < Q_s$的SB_s

4：　SB_s 的缓存服务器向列表 C_s 中的第一个 $(Q_s - Y_s)$ 文件内容发出存储请求，然后从列表 C_s 中删除第一个 $(Q_s - Y_s)$ 文件内容

5：　end for

6：　for　$n \in \mathcal{N}$

7：　　if $q_n + e_n \leqslant q$

8：　　文件 f_n 接受所有 e_n 请求

9：　　else

10：　　文件 f_n 根据列表 S_n 接受其更倾向的 q_n 请求，并拒绝其他请求

11：　　end if

12：　end for

13：end while

通过算法 5-8 可以得到数据缓存策略，也就获得了 $a_{sn}, \forall s \in \mathcal{S}, n \in \mathcal{N}$ 的值。

（2）频谱资源分配

根据以上分析可知，分配给访问链路的带宽为 W_a。如果每个小小区在同一频带上传输，则相近的小小区之间将存在严重的小区间干扰。因此，本节可基于图论进行干扰管理。根据干扰图，小小区可被划分为几个集群，且同一集群中的不同接入链路以正交频谱资源进行发射。

干扰图表示为 $G = (V_G, E_G)$，其中，V_G 和 E_G 分别是顶点和边的集合，G 中的每个顶点代表一个小单元。SB_i 和 SB_j 小小区之间的相对干扰定义为

$$I_{i,j} = \frac{\sum_{k=1}^{K_i} \frac{h_{j,i,k}}{h_{i,k}} + \sum_{k=1}^{K_j} \frac{h_{i,j,k}}{h_{j,k}}}{K_i + K_j} \tag{5-151}$$

其中，$h_{j,i,k}$ 是从 SB_j 到 $SU_{i,k}$ 的信道增益，$h_{i,j,k}$ 是从 SB_i 到 $SU_{j,k}$ 的信道增益。如果 $I_{i,j} < \delta$，则 SB_i 和 SB_j 的顶点之间有一条边，其中 δ 是预定义的阈值。由于干扰不

严重，这样的 SBS 可以使用相同的频带资源传输数据。相反，如果 $I_{i,j} \geqslant \delta$，则 SB_i 和 SB_j 的顶点之间没有边。如果两个顶点之间存在边，则将它们称为相邻顶点。

根据干扰图，算法 5-9 描述了小小区簇（Small Cell Clustering，SCC）算法，其中，$\{\Omega_1, \Omega_2, \cdots, \Omega_M\}$ 是小小区簇的集合，Ω_m 是第 m 个小小区簇的集合。

算法 5-9　SCC 算法

输入　G

输出　M

1：初始化 $m = 1$

2：while $G \neq \varnothing$

3：　$\Omega_m = \varnothing$

4：　$J = G$;

5：　　while　$J \neq \varnothing$

6：　　从图 J 中随机选择一个顶点，对应于该顶点的 SBS 表示为 SB_i

7：　　$\Omega_m = \Omega_m \cup \text{SB}_i$

8：　　从 J 中删除对应于 SB_i 及其邻接顶点的顶点

9：　　end while

10：　$G = G - \Omega_m$

11：　$m = m + 1$

12：end while

基于数据缓存策略和小单元集群策略，原始优化问题 P1 可转换为

$$
\begin{aligned}
\text{P2:}\ & \max_{W_a, W_b, w} \sum_{s=1}^{S} \sum_{k=1}^{K_s} w_{s,k} r_{s,k} \\
\text{s.t.}\ & W_a + W_b \leqslant W \\
& \text{式 (5-142), 式 (5-144), 式 (5-147), 式 (5-148)}
\end{aligned} \tag{5-152}
$$

这是一个关于 W_a / W_b 和 w 的线性规划问题，很容易解决。

综上可知，本节所介绍的针对自回程的联合上下文感知数据缓存和资源分配方案可有效提高通信网络的系统吞吐量。

2. 多小区多时间尺度下边缘文件缓存部署和多播调度方案

边缘网络所缓存的内容需要通过通信链路完成数据分发，如何高效地进行内容

的针对性部署并充分利用无线通信链路资源是缓存和通信资源融合所面临的重要问题。如图 5-9 所示，考虑由一个宏基站和 M 个小小区基站组成的边缘异构网络。令 $\mathcal{M}'=\{0,1,2,\cdots,M\}$ 表示基站集合，其中，序号 0 表示宏基站，$\mathcal{M}=\{1,2,\cdots,M\}$ 表示小小区基站集合。每个小小区基站配备有缓存器件，可以缓存用户所请求的视频、图片等文件，由于其容量限制，每个小小区基站仅能缓存用户请求文件库中的部分文件。令 $\mathcal{F}=\{1,2,\cdots,F\}$ 表示用户请求文件库。不失一般性地，假设所有文件大小相同，且宏基站可以缓存所有文件[11-13]。宏基站和小小区基站均可通过多播传输用户所请求的文件。小小区基站 m 仅在缓存用户请求文件时才可为用户提供多播传输服务。令 $A_m^f(t)$ 表示时隙 t 小小区基站 m 内请求文件 f 的数据量，$A_0^f(t)$ 表示时隙 t 宏基站内请求文件 f 的数据量。假设 $A_m^f(t)\leqslant A_m^{\max},\forall m\in\mathcal{M},f\in\zeta'$ 是服从独立同分布的随机过程，其中，$A_m^{\max}$ 表示单个时隙到达基站 m 的最大请求数据量。考虑到边缘网络有限的网络资源和传输能力，同时为了保证网络的稳定性，小小区基站 m 在时隙 t 仅能接入部分文件请求数据，用 $a_m^f(t)$ 表示；其余未能接入小小区基站的文件请求数据则由宏基站进行传输服务。令 $Q_0^f(t)$表示时隙 t 宏基站中待传输的文件 f 的数据队列长度，理论上讲，当宏基站向用户多播传输文件 f 时，其队列 $Q_0^f(t)$ 内的请求数据可以一次性被满足，因此，队列更新可表示为

$$Q_0^f(t+1)=[1-x_0^f(t)]^+ + A_0^f(t)+\sum_{m\in\mathcal{M}}(A_m^f(t)-a_m^f(t)) \tag{5-153}$$

其中，函数$[\cdot]^+=\max\{\cdot,0\}$，$x_0^f(t)\in\{0,1\}$ 表示时隙 t 宏基站是否通过多播传输文件 f。

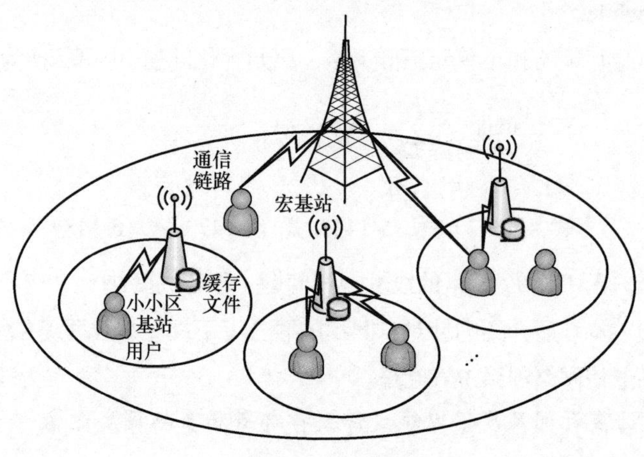

图 5-9　场景示意

同样地，令 $Q_m^f(t)$ 表示时隙 t 小小区基站 m 内待传输文件 f 的数据队列长度，$x_m^f(t)\in\{0,1\}$ 表示时隙 t 小小区基站 m 是否通过多播传输文件 f，则 $Q_m^f(t)$ 的队列更新可表示为

$$Q_m^f(t+1)=[1-x_m^f(t)]+Q_m^f(t)+a_m^f(t) \tag{5-154}$$

令 $d_m^f(t)$ 表示时隙 t 基站 m 通过多播传输文件 f 可以满足的请求数据量；$D_m(t)$ 表示时隙 t 基站 m 所能服务的最大用户请求数据量，$D_m(t)\leqslant D_m^{\max}$ 服从独立同分布，$D_m^{\max}$ 表示基站 m 单时隙通过多播传输所能服务的最大用户请求数据量，考虑到有限的网络资源，宏基站和小小区基站的数据传输队列更新可表示为

$$\begin{aligned}&Q_0^f(t+1)=\left[Q_0^f(t)-d_0^f(t)\right]^+ + A_0^f(t)+\sum_{m\in\mathcal{M}}\left(A_m^f(t)-a_m^f(t)\right)\\&Q_m^f(t+1)=\left[Q_m^f(t)-S_m^f(t)d_m^f(t)\right]^+ + a_m^f(t)\end{aligned}. \tag{5-155}$$

其中，$S_m^f(t)\in\{0,1\}$表示缓存部署决策变量，$S_m^f(t)=1$ 表示时隙 t 小小区基站 m 缓存了文件 f，$S_m^f(t)=0$ 表示未缓存文件 f。

由于基站多播传输文件的开销与请求该文件的所有用户通信状态以及不同文件的传输质量需求（如时延需求、可靠性需求等）相关，令 $C_m^f(t)$ 表示时隙 t 基站 m 通过多播传输文件 f 满足单位数据量的开销，则时隙 t 系统的总开销可表示为

$$C(t)=\sum_{m\in\mathcal{M}}\sum_{f\in\mathcal{F}}c_m^f(t)(t)s_m^f(t)d_m^f(t) \tag{5-156}$$

考虑到移动边缘网络环境的随机特性，本节方案旨在保证系统稳定性的前提下，联合优化缓存部署和多播调度策略，以最小化时间平均系统开销，构造的优化问题为

$$\begin{aligned}&\text{P:}\quad \min_Y \overline{C(t)}\\&\text{s.t.}\quad 0\leqslant a_m^f(t)\leqslant A_m^f(t),\forall m\in\mathcal{M},f\in\mathcal{F},t\\&\sum_{f\in\mathcal{F}}d_m^f(t)\leqslant D_m(t),\forall m\in\mathcal{M}',t\\&0\leqslant d_m^f(t)\leqslant s_m^f(t)D_m(t),\forall m\in\mathcal{M}',f\in\mathcal{F},t\\&s_m^f(t)\in\{0,1\},\forall n\in\mathcal{M},f\in\mathcal{F},\ t\\&\sum_{f\in\mathcal{F}}s_m^f(t)\leqslant S,\forall n\in\mathcal{N},t\\&\overline{Q_m^f(t)}<\infty,\forall m\in\mathcal{M}',f\in\mathcal{F},t\end{aligned} \tag{5-157}$$

其中，$Y=\{a(t),s(t),d(t)\},\forall t$ 表示问题 P 在所有时隙上的决策变量集合，S 表示小小

区基站缓存容量大小，$\overline{X(t)}=\lim_{T\to\infty}\frac{1}{T}\sum_{t=0}^{T-1}\mathrm{E}[X(t)]$ 表示随机过程 $X(t)$ 的长时间平均。

问题 P 是随机优化问题，获取问题 P 的最优解面临以下挑战：需要提前已知无限长时间内的系统参数信息 $\omega=\{\omega(t),t\in\{0,1,2,\cdots\}\}$，如到达的文件请求数据量、基站可服务的最大数据量和单位数据量传输开销等，难以获取且复杂度高；问题 P 中的目标函数和系统稳定性约束导致优化变量在时间上紧密耦合，如果贪心地优化单时隙变量，则将导致目标函数的长期损失。为了解决上述挑战，本节首先从单时间尺度下的缓存部署和多播调度出发，提出了单时间尺度下的缓存部署和多播调度在线优化算法；然后进一步将所提算法扩展到本节所关注的多时间尺度操作中。基于上述分析，问题 P 可以等价转化为 P1。

首先，采用 SGD 算法将问题 P 进行时间上的解耦，问题 P1 的对偶问题可表示为

$$\begin{aligned}&\mathrm{P1:}\ \max_{\lambda(t)\succeq 0,\mu(t)\succeq 0}\ \min_{Y}\mathcal{L}(Y,\lambda(t))\\&\mathrm{s.t.}\ \ \text{式（5-157）},\forall t\end{aligned}\tag{5-158}$$

接下来，通过求解问题（5-158）获得问题 P1 的优化决策变量 $(a^*(t),s^*(t),d^*(t))$，即 $(a^*(t),s^*(t),d^*(t))=\arg\min_{a(t),s(t),d(t)}\mathcal{L}(a(t),s(t),d(t),\lambda(t))$。利用 SGD 算法更新拉格朗日乘子 $\lambda(t)$

$$\begin{aligned}&\lambda_0^f(t+1)=[\lambda_0^f(t)+\varepsilon[A_0^f+\sum_{m\in\mathcal{M}}(A_m^f(t)-a_m^f(t))-d_0^f(t)]]^+,\forall f\in\mathcal{F}\\&\lambda_m^f(t+1)=[\lambda_m^f(t)+\varepsilon[a_m^f(t)-s_m^f(t)d_m^f(t)]]^+,\forall m\in\mathcal{M},f\in\mathcal{F}\end{aligned}\tag{5-159}$$

其中，ε 表示 SGD 的更新步长。将式（5-159）代入 $\arg\min_{a(t),s(t),d(t)}\ \mathcal{L}(a(t),s(t),d(t),\lambda(t))$，问题 P1 可解耦为如下单时隙优化问题

$$\begin{aligned}&\mathrm{P2:}\ \min_{Y}\sum_{m\in\mathcal{M}}\sum_{f\in\mathcal{F}}\varepsilon[Q_m^f(t)-Q_0^f(t)]a_m^f(t)+\sum_{m\in\mathcal{M}'}\sum_{f\in\mathcal{F}}[c_m^f(t)-\varepsilon Q_m^f(t)]s_m^f(t)d_m^f(t)\\&\mathrm{s.t.}\ \text{式（5-157）},\forall t\end{aligned}\tag{5-160}$$

问题 P2 中用户请求数据接入决策变量 $a_m^f(t)$ 以及缓存部署和多播调度决策变量 $(s_m^f(t),d_m^f(t))$ 在目标函数和约束条件中均相互独立，因此，问题 P2 可进一步解耦为如下两个独立子问题

$$
\begin{aligned}
&\text{P3:}\ \min_{a(t)} \sum_{m\in\mathcal{M}} \sum_{f\in\mathcal{F}} \varepsilon[Q_m^f(t)-Q_0^f(t)]a_m^f(t)\\
&\qquad \text{s.t. 式（5-157）}, \forall t\\
&\text{P4:}\ \min_{s(t),d(t)} \sum_{m\in\mathcal{M}'} \sum_{f\in\mathcal{F}} [c_m^f(t)-\varepsilon Q_m^f(t)]s_m^f(t)d_m^f(t)\\
&\qquad \text{s.t. 式（5-157）}, \forall t
\end{aligned}
\tag{5-161}
$$

问题 P3 是加权和最大的线性规划问题，可以通过比较优化变量的权重求得闭式最优解。问题 P4 是混合整数线性规划问题，首先将问题 P4 分解为两个有序子问题，即①给定缓存部署方案的多播调度子问题，②基于①中最优多播调度方案的缓存部署子问题，然后分别进行求解。

问题 P2（即用户请求数据接入子问题）的最优解可表示为

$$
a_m^{f*}(t)=\begin{cases} A_m^f(t),\ Q_m^f(t)<Q_0^f(t)\\ 0,\ \text{其他}\end{cases}
\tag{5-162}
$$

针对问题 P3（即缓存部署和多播调度子问题），给定缓存部署方案 $\boldsymbol{s}(t)$，多播调度子问题可表示为

$$
\begin{aligned}
&\max_{d(t)} \sum_{m\in\mathcal{M}'} \sum_{f\in\mathcal{F}} \left[c_m^f(t)-\varepsilon Q_m^f(t)\right]s_m^f(t)d_m^f(t)\\
&\text{s.t. 式（5-157）},\ \forall t
\end{aligned}
\tag{5-163}
$$

问题（5-163）是一个线性规划问题，其最优解为

$$
a_m^{f*}(t)=\begin{cases} D_m(t),\ f=\arg\min_f \omega_m^f(t)s_m^f(t)\\ 0,\ \text{其他}\end{cases}
\tag{5-164}
$$

其中，$\omega_m^f(t)=c_m^f(t)-\varepsilon Q_m^f(t)$。由式（5-164）可知，时隙 t 小小区基站 m 内权重 ω_m^f 最小的文件被选择进行调度。为了最小化目标函数，小小区基站 m 中的最优缓存部署方案为

$$
s_m^f(t)=1, f=\arg\min_f \omega_m^f(t)
\tag{5-165}
$$

算法 5-10 总结了本节提出的单时间尺度缓存部署和多播调度在线优化算法。该算法在保证系统稳定性的前提下，通过联合优化缓存部署和多播调度策略来最小化系统开销。

算法 5-10 单时间尺度缓存部署和组播调度在线优化算法

1: 时隙 t 开始，每个基站获取数据请求到达 $A_m^f(t)$ 和可服务数据量 $D_m(t)$ 等信息

2: 小小区基站 m 获取本地数据请求队列长度 $Q_m^f(t)$ 和宏基站数据请求队列长度 $Q_0^f(t)$，根据式（5-162）进行请求数据接入决策

3: 根据式（5-165）进行缓存部署决策

4: 根据式（5-164）进行多播资源调度决策

5: 根据式（5-155）更新队列 $Q_0^f(t)$ 和 $Q_m^f(t)$

3. 多小区基于社交驱动的边缘文件缓存部署和资源调度方案

在人–机–物–灵融合场景中，用户存在兴趣和意愿的关联及相互影响关系，该关系体现为用户的社交属性，而如何针对用户兴趣意愿完成内容信息的部署和传输是协同通信和缓存资源所需考虑的重要问题。如图 5-10 所示，考虑一个基于社交关系的边缘异构网络，该网络可分为社交网络和物理网络，其中物理网络包括一个宏基站、M_0 个小小区基站和 N_0 个移动用户。物理网络中的用户可以映射为社交网络中的虚拟实体，社交网络包含 $N' \geqslant N_0$ 个虚拟实体。虚拟实体间可通过社交软件（如微博、抖音、Facebook 等）转发分享感兴趣的视频、音乐等文件。当社交网络中的虚拟实体对某一内容感兴趣时，其对应的物理网络用户即可通过无线通信网络向其所属基站发送文件请求。

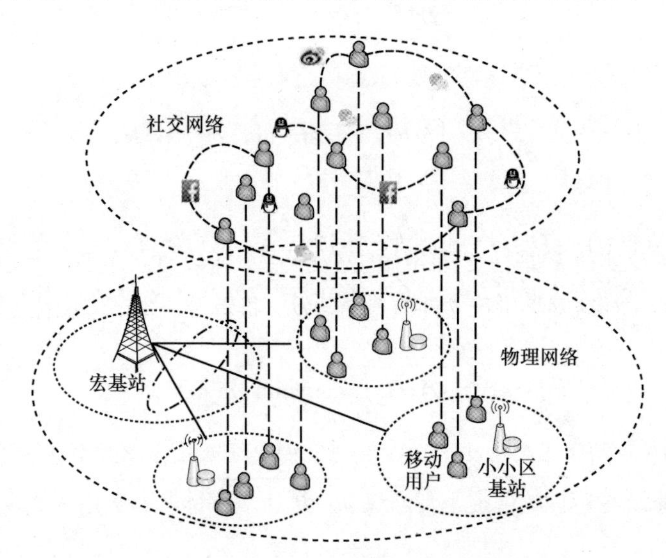

图 5-10 基于社交关系的边缘异构网络场景示意

令 $\mathcal{M}' = \{0,1,\cdots,m,\cdots,M_0\}$ 表示基站集合，其中，序号 0 表示宏基站，$\mathcal{M} = \{1,\cdots,m,\cdots,M_0\}$ 表示小小区基站集合；$\mathcal{N} = \{1,\cdots,i,\cdots,N_0\}$ 表示移动用户集合。宏基站可以为所有的用户提供服务，而小小区基站仅可为其覆盖范围内的用户提供服务。小小区基站具有缓存能力，但由于容量限制，其仅可缓存用户请求文件库中的部分文件。令 $\mathcal{F} = \{1,\cdots,f,\cdots,F_0\}$ 表示用户请求文件库，$p_m^f(t)$ 表示时隙 t 小小区基站 m 中文件 f 的流行度，则时隙 t 小小区基站 m 内的用户以概率 p_m^f 请求文件 $f \in \mathcal{F}$。不失一般性，假设所有文件具有相同大小 K，且宏基站可以缓存所有文件。

令 $d_{nm}(t)$ 表示时隙 t 基站 n 和基站 m 之间的传输时延（传输时延随着基站负载和网络环境的变化而变化），当小小区基站 m 恰好缓存了用户请求的文件时，则可以直接向用户传输该文件，此时 $d_{mm}(t)$ 表示小小区基站 m 直接向用户传输文件的时延；如果小小区基站 m 并没有缓存用户请求的文件，则可向缓存了该文件的基站 n 发送请求，此时，文件传输时延为 $d_{nm}(t) > d_{mm}(t)$（不失一般性，假设 d_{nm} 已经包含了小小区基站 m 向用户发送文件的时延）；否则，需由宏基站向小小区基站 m 发送该文件，然后再为用户服务，此时，文件传输时延为 $d_{0m} > d_{nm}(t) > d_{mm}(t)$。基站 n 和基站 m 之间的链路传输容量定义为 $\psi_{nm}(t)$，由于网络环境和基站负载等因素的影响，网络链路容量随时间动态变化。考虑 $\psi_{nm}(t)$ 是服从独立同分布的随机过程，不失一般性，假设 $\psi_{n0}(t) \geqslant \psi_{nm}(t), \forall m,n \in \mathcal{M}$。

定义 $\mathcal{N}' = \{1,\cdots,j,\cdots,N'\}$ 为社交网络虚拟实体集合。令无向加权图 $G = (V,E)$ 表示社交网络拓扑结构，其中，$V = \{v_1,\cdots,v_{N'}\}$ 是图中顶点的集合，即社交网络中的虚拟实体（注意，本节所考虑的物理网络中的用户 i 均可在社交网络中找到对应的虚拟实体）；$E = \{(j,k) \mid e_{jk} = 1, \forall j,k \in \mathcal{N}'\}$ 是图中边的集合，其中，$e_{jk}=1$ 表示虚拟实体 j 和虚拟实体 k 是社交网络中的好友关系，可以建立连接。社交网络中的虚拟实体可以通过社交网络进行文件信息的转发、推荐等。本节考虑社交网络中文件在虚拟实体间的传播模型服从 SIR 模型。SIR 模型是经典的传染病模型，在传统的 SIR 传染病模型中，S、I、R 分别对应 3 种疾病感染状态，其中，S 状态表示易感状态，即处于 S 状态的人尚未被感染，但可能会被感染；I 状态表示感染状态，即处于 I 状态的人已经患病，且有可能会传染给其他人；R 状态表示免疫状态，即处于 R 状态的人曾经被感染，但已恢复健康且具有抗体，不会再次被感染。

根据信息传播特性，同样定义 3 种状态来表示虚拟实体对某一文件的感兴趣状态。令 S 状态表示虚拟实体尚未看到与该文件任何相关信息的状态，即易感状态；I 状态表示虚拟实体对该文件的相关信息感兴趣并会转发推荐给其好友的状态，即感染状态；R 状态表示虚拟实体对该文件的相关信息感兴趣，但不会再转发推荐给其好友状态，即免疫状态。当网络中发布一条新消息（如某视频的推荐微博）时，部分虚拟实体会看到该消息，并从初始的 S 状态以传染概率 β 转移到 I 状态，处于 I 状态的虚拟实体会以传染概率 β 影响其好友，使其从 S 状态转为 I 状态。一段时间之后，处于 I 状态的虚拟实体以恢复概率 μ 转移到 R 状态。当网络中所有虚拟实体处于 S 状态或 R 状态时，该信息在社交网络中的传播过程结束。

令 $S_f(t)$、$I_f(t)$、$R_f(t)$ 分别表示时隙 t 对于文件 f 处于易感状态、感染状态、免疫状态的虚拟实体数目，并有 $S_f(t)+I_f(t)+R_f(t) = N'$。图 5-11 给出了社交网络中信息传播过程示意。当 $t=0$ 时，所有虚拟实体都处于 S 状态；当 $t=1$ 时，网络中出现了文件 f 的相关信息，虚拟实体 2 和虚拟实体 4 第一时间看到该消息并对文件 f 产生兴趣，因此从 S 状态转移到 I 状态；当 $t=2$ 时，虚拟实体 2 和虚拟实体 4 将有关文件 f 的消息转发推荐给其好友，其中，虚拟实体 2 的好友虚拟实体 3 和虚拟实体 5 以一定概率接受推荐从而转移到 I 状态，同时，虚拟实体 4 以一定概率转移到 R 状态；当 $t=3$ 时，虚拟实体 2、虚拟实体 3 和虚拟实体 5 全部转移到 R 状态，至此，文件 f 在社交网络中的传播过程结束。

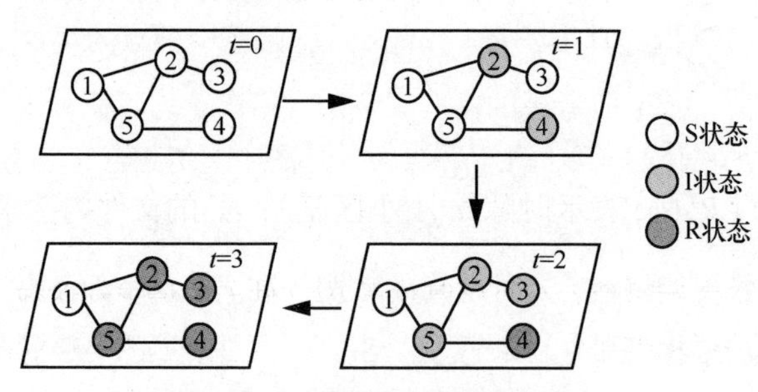

图 5-11　社交网络中信息传播过程示意

在传统的 SIR 模型中，传染概率 β 和恢复概率 μ 均为常数，然而，在实际的社交网络中，信息传播过程的传染概率和恢复概率会受到舆论等社会因素的影响并发生变化。因此，本节考虑社交网络对信息传播过程的影响[14]，定义文件 f 信息传播

过程中的传染概率和恢复概率分别为 $\beta_f(t)$ 和 $\mu_f(t)$，即

$$\beta_f(t)=\frac{I_f(t-1)}{I_f(t-1)+R_f(t-1)} \tag{5-166}$$

$$\mu_f(t)=\frac{R_f(t-1)-R_f(t-2)}{R_f(t-1)} \tag{5-167}$$

文件信息在社交网络中的传播过程可表示为

$$\begin{cases}\dfrac{\mathrm{d}S_f(t)}{\mathrm{d}t}=-\beta_f(t)S_f(t)I_f(t)\\ \dfrac{\mathrm{d}I_f(t)}{\mathrm{d}t}=\beta_f(t)S_f(t)I_f(t)-\mu_f(t)I_f(t)\\ \dfrac{\mathrm{d}R_f(t)}{\mathrm{d}t}=\mu_f(t)I_f(t)\\ S_f(t)+I_f(t)+R_f(t)=N'\end{cases} \tag{5-168}$$

当虚拟实体对某视频、音乐等文件的推荐消息感兴趣（即处于 I 状态和 R 状态）时，其对应的物理网络用户会向其所属的小小区基站发送文件下载请求。因此，将时隙 t 视频、音乐等文件推荐信息在社交网络中的转发传播热度定义为对应物理网络中的文件流行度，即文件 f 在小小区基站 m 内被请求的概率 $p_m^f(t)$，具体可以表示为

$$p_m^f(t)=\frac{I_m^f(t)+R_m^f(t)}{\sum\limits_{f\in\mathcal{F}}\left(I_m^f(t)+R_m^f(t)\right)} \tag{5-169}$$

其中，$I_m^f(t)$ 表示时隙 t 小小区基站 m 内用户对应的虚拟实体处于 I 状态的数目，$R_m^f(t)$ 表示时隙 t 小小区基站 m 内用户对应的虚拟实体处于 R 状态的数目。令 $\lambda_m(t)=\sum\limits_{f\in\mathcal{F}}\left(I_m^f(t)+R_m^f(t)\right)$ 表示时隙 t 小小区基站 m 的文件内请求到达总数，则 $a_m^f(t)=\lambda_m(t)p_m^f(t)$ 表示时隙 t 小小区基站 m 内文件 f 的请求到达数。为了便于表述，称 $a_m^f(t)$ 为小小区基站 m 内文件 f 的流行度。

令 $s_m^f(t)$ 表示缓存决策变量，$s_m^f(t)=1$ 表示时隙 t 小小区基站 m 缓存了文件 f，$s_m^f(t)=0$ 表示未缓存文件 f。定义缓存决策矩阵为

$$\boldsymbol{s}(t)=\left\{s_m^f(t),m\in\mathcal{M},f\in\mathcal{F}\right\} \tag{5-170}$$

令 $r_{nm}^f(t)$ 表示时隙 t 基站 n 向基站 m 传输文件 f 的请求数据量的比例，即资源

调度决策变量。定义资源调度决策矩阵为

$$\boldsymbol{r}(t)=\left\{r_{nm}^{f}(t),m\in\mathcal{M},n\in\mathcal{M}',f\in\mathcal{F}\right\} \tag{5-171}$$

在考虑缓存容量和链路传输容量约束的情况下，联合优化协作缓存部署策略和资源调度策略，以最小化系统的文件传输时延。构建的优化问题为

$$\begin{aligned}
\text{P}:\ &\min_{\boldsymbol{s}(t),\boldsymbol{r}(t)}\ \sum_{m\in\mathcal{M}}\sum_{n\in\mathcal{M}'}\sum_{f\in\mathcal{F}}Ka_{m}^{f}(t)d_{nm}(t)r_{nm}^{f}(t)\\
\text{s.t.}\ &\sum_{f\in\mathcal{F}}s_{n}^{f}(t)\leqslant S,\forall n\in\mathcal{M}\\
&s_{n}^{f}(t)\in\{0,1\},\forall n\in\mathcal{M},f\in\mathcal{F}\\
&\sum_{n\in\mathcal{M}'}r_{nm}^{f}(t)=1,\forall m\in\mathcal{M},f\in\mathcal{F}\\
&0\leqslant r_{nm}^{f}(t)\leqslant 1,\forall n\in\mathcal{M}',m\in\mathcal{M},f\in\mathcal{F}\\
&r_{nm}^{f}(t)\leqslant s_{n}^{f}(t),\forall n\in\mathcal{M}',m\in\mathcal{M},f\in\mathcal{F}\\
&\sum_{f\in\mathcal{F}}Ka_{m}^{f}(t)r_{nm}^{f}(t)\leqslant\psi_{nm}(t),\forall n\in\mathcal{M}',m\in\mathcal{M}
\end{aligned} \tag{5-172}$$

其中，S 表示小小区基站的缓存容量。

优化问题 P 的求解需要已知每个小小区基站内的文件流行度 $a_{m}^{f}(t)$，得到文件流行度后，该优化问题是一个 MILP 问题。MILP 问题通常为 NP 难问题，具有较高的求解复杂度。因此，本节首先提出了基于离散马尔可夫链的文件流行度预测算法，然后根据预测得到的文件流行度并基于线性规划求解结果提出了相应的启发式协作缓存部署和资源调度算法。图 5-12 给出了基于流行度预测的协作缓存部署和资源调度算法框架。

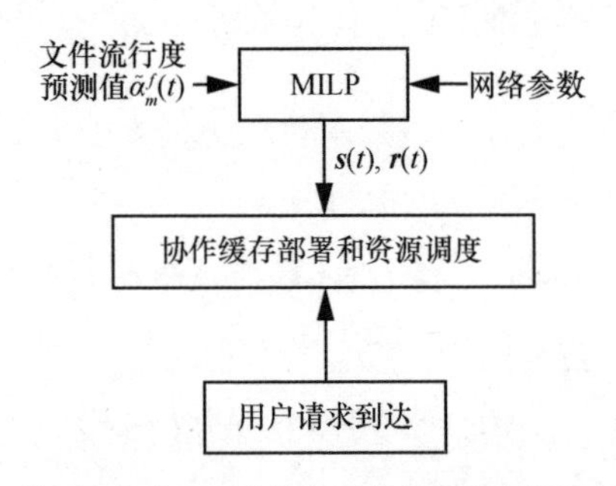

图 5-12　基于流行度预测的协作缓存部署和资源调度算法框架

结合社交网络和文件信息传播模型，本节首先从网络整体角度出发，利用连续时间马尔可夫链直观描述了文件信息在网络中的传播过程，并讨论了其局限性；在此基础上，本节从单个虚拟实体角度出发，提出了基于离散时间马尔可夫链的文件流行度预测算法。

从网络整体角度出发，定义 $P_f^{s,i}(t)$ 为时隙 t 时 $S_f(t)=s, I_f(t)=i$ 的联合概率。选取足够小的时间间隔Δt，使该时间间隔内最多只能发生一次状态变化，则状态转移概率可以表示为

$$p_f^{(s+s',i+i'),(s,i)}(\Delta t) = p\left(\left(s',i'\right)\middle|\ S_f(t)=s, I_f(t)=i\right) \tag{5-173}$$

根据文件流行度的定义，即文件信息在社交网络中的转发传播热度，可以预测文件 f 的平均流行度为

$$\mathrm{E}\left[I_f(t)+R_f(t)\right] = \mathrm{E}\left[N-S_f(t)\right] = N-\mathrm{E}\left[S_f(t)\right] \tag{5-174}$$

然而，式（5-174）的求解依赖于二阶甚至高阶矩信息，求解复杂且难以实现。除此之外，利用式（5-174）求出的是全局文件流行度，无法准确捕捉每个小小区基站内的局部流行度。为解决上述问题，本节从单个虚拟实体角度出发，利用离散时间马尔可夫链求解时隙 t 社交网络中每个虚拟实体处于每个状态的概率，并基于此概率计算文件流行度。

将社交网络中的虚拟实体映射到物理网络中的用户，可以预测得到每个小小区基站中的局部文件流行度为

$$\tilde{a}_m^f(t) = \tilde{I}_m^f(t) + \tilde{R}_m^f(t) \tag{5-175}$$

问题 P 是一个 MILP 问题，该问题通常情况下是 NP 难问题，具有较高的求解复杂度，因此，本节提出了一种启发式协作缓存部署和资源调度算法，并基于松弛线性规划给出问题 P 的下界用以后续验证所提启发式算法的有效性。具体地，将约束条件 $s_n^f(t)\in\{0,1\}, \forall n\in\mathcal{N}, f\in\mathcal{F}$（即二进制缓存决策变量）松弛为

$$0 \leqslant s_n^f(t) \leqslant 1, \forall n\in\mathcal{M}, f\in\mathcal{F} \tag{5-176}$$

然后，问题 P 可转化为

$$
\begin{aligned}
\text{P1: } & \min_{s(t),r(t)} \sum_{m\in\mathcal{M}}\sum_{n\in\mathcal{M}'}\sum_{f\in\mathcal{F}} K\tilde{a}_m^f(t)d_{nm}(t)r_{nm}^f(t) \\
\text{s.t. } & \sum_{f\in\mathcal{F}} s_n^f(t)\leqslant S,\forall n\in\mathcal{N} \\
& \sum_{n\in\mathcal{N}}\gamma_{nm}^f(t)=1,\forall m\in\mathcal{M},f\in\mathcal{F} \\
& 0\leqslant\gamma_{nm}^f(t)\leqslant 1,\forall n\in\mathcal{N},m\in\mathcal{M},f\in\mathcal{F} \\
& \gamma_{nm}^f(t)\leqslant s_n^f(t),\forall n\in\mathcal{N},m\in\mathcal{M},f\in\mathcal{F} \\
& \sum_{f\in\mathcal{F}} Ka_m^f(t)\gamma_{nm}^f(t)\leqslant\varphi_{nm}(t),\forall n\in\mathcal{N},m\in\mathcal{M} \\
& \text{式 (5-176)}
\end{aligned}
\tag{5-177}
$$

优化问题 P1 是简单的线性规划问题，可以利用 CPLEX 和 Mosek 等软件进行求解。然而，问题 P1 的最优解并不能满足原问题 P 中的约束条件 $s_n^f(t)\in\{0,1\},\forall n\in\mathcal{N},f\in\mathcal{F}$。因此，可将问题 P1 的最优解作为原问题 P 的下界，基于上述松弛线性规划的解决思路，提出如下启发式算法。

首先，初始化每个小小区基站内缓存的文件集合为空集，令 $\mathcal{C}$ 表示小小区基站集合 $\mathcal{M}$ 和文件集合 $\mathcal{F}$ 的笛卡儿积，即小小区基站 m 和用户请求文件 f 的有序对 (m,f) 集合。然后，依次令集合 $\mathcal{C}$ 中的有序对 (m,f) 对应的 $s_m^f(t)=1$，并基于此缓存部署方案计算问题 P2 的最优解 $f(s(t),m,f)$，其中 $f(\cdot)$ 是问题 P2 的目标函数。

$$
\begin{aligned}
\text{P2: } & \min_{r(t)} \sum_{m\in\mathcal{M}}\sum_{n\in\mathcal{M}'}\sum_{f\in\mathcal{F}} K\tilde{a}_m^f(t)d_{nm}(t)r_{nm}^f(t) \\
\text{s.t. } & \sum_{f\in\mathcal{F}} s_n^f(t)\leqslant S,\forall n\in\mathcal{N} \\
& \sum_{n\in\mathcal{N}}\gamma_{nm}^f(t)=1,\forall m\in\mathcal{M},f\in\mathcal{F} \\
& 0\leqslant\gamma_{nm}^f(t)\leqslant 1,\forall n\in\mathcal{N},m\in\mathcal{M},f\in\mathcal{F} \\
& \gamma_{nm}^f(t)\leqslant s_n^f(t),\forall n\in\mathcal{N},m\in\mathcal{M},f\in\mathcal{F} \\
& \sum_{f\in\mathcal{F}} Ka_m^f(t)\gamma_{nm}^f(t)\leqslant\varphi_{nm}(t),\forall n\in\mathcal{N},m\in\mathcal{M} \\
& \text{式 (5-176)}
\end{aligned}
\tag{5-178}
$$

最后，选取值最小的 $f(s(t),m,f)$ 对应的有序对 (m^*,f^*)，令 $s_{m^*}^{f^*}(t)=1$ 并从集合 $\mathcal{C}$ 中删除对应的有序对 (m^*,f^*)。重复上述步骤，直至达到某一小小区基站 m 的缓存容量，此时，将小小区基站 m 的所有有序对从集合 $\mathcal{C}$ 中删除，直至集合 $\mathcal{C}$ 为空集。

算法 5-11 总结了本节所提的基于流行度预测的协作缓存部署和资源调度算法的详细步骤。该算法在有限的缓存容量和链路传输容量的约束下，通过联合优化协作缓存部署策略和资源调度策略，可最小化系统的文件传输时延。

算法 5-11　基于流行度预测的协作缓存部署和资源调度算法

1：初始化文件 f 的初始感染节点、感染概率 $\beta_f(0)$ 和恢复概率 $\mu_f(0)$

2：输入文件 f 的初始感染节点，然后根据式（5-175）计算得到时隙 t 每个小区基站的文件流行度预测值

3：宏基站获取小区基站间的链路时延 $d_{nm}(t)$、链路容量 $\psi_{nm}(t)$ 等信息

4：初始化小小区基站和文件有序对集合 $\mathcal{C}=\mathcal{M}\times\mathcal{F}$，每个小小区基站已缓存的文件数目 $v_m=0$

5：repeat

6：for all$(m,f)\in\mathcal{C}$ do

7：令 $s_m^f(t)=1$，计算问题 P2 目标函数最优值 $f(s(t),m,f)$

8：end for

9：令 $(m^*,f^*)\leftarrow\underset{(m,f)\in\mathcal{C}}{\arg\min}\, f(s(t),m,f)$

10：令 $s_{m^*}^{f^*}(t)=1$

11：令 $\mathcal{C}\leftarrow\mathcal{C}\backslash\left(m^*,f^*\right)$

12：令 $v_{m^*}=v_{m^*}+1$

13：if $v_{m^*}=M$ then

14：从集合 $\mathcal{C}$ 中删除小小区基站 m^* 对应的所有有序对，即 $\mathcal{C}\leftarrow\mathcal{C}\backslash(m^*,f)$，$\forall f\in\mathcal{F}$

15：end if

16：until $\mathcal{C}=\varnothing$

17：输出缓存决策 $s^*(t)$ 和资源调度决策 $r^*(t)$

5.1.4 计算和缓存资源融合

未来网络中考虑到广泛分布的具有充足存储空间的边缘服务器的存在，如何通过边缘服务器间的协作缓存、传输以提高对内容请求用户的服务质量并减小核心网的数据传输压力是需要重点关注的问题之一。如图 5-13 所示，文献[15]考虑了由 N 个具有缓存功能的边缘服务器组成的网络，其中 $\mathcal{N}=\{1,2,\cdots,N\}$ 表示边缘服务器的集合，$\mathcal{F}=\{1,2,\cdots,F\}$ 表示边缘云中的所有文件集合。网络以时隙方式运行，边缘服务器会从移动终端收到文件任务请求。当收到请求的边缘服务器未缓存该文件时，该文件请求既可以通过回程链路传输至核心网，也可以传输至缓存有该文件的其他边缘服务器，进而为移动终端提供文件内容。

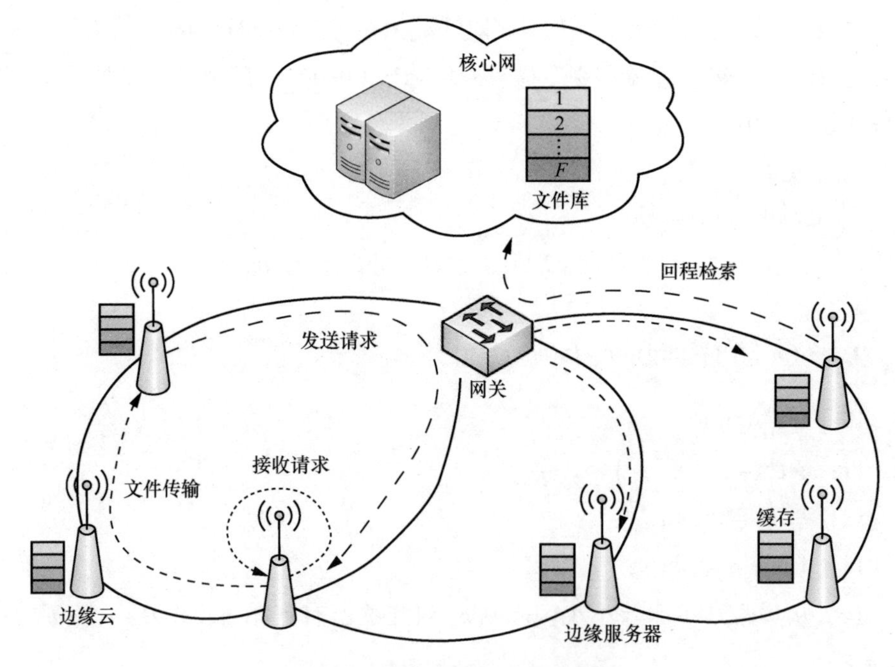

图 5-13 边缘云中的协作缓存示意

在时隙 t，将边缘服务器 i 收到的对文件 f 的任务请求记为 $A_{i,f}(t)$，表示该请求的大小（单位为 bit）。由于无法获得文件任务到达的先验分布，$A_{i,f}(t)$ 可以看作一个网络随机变量，假设其最大值为 $A_{i,f}^{\max}(t)$。由于边缘云能力受限，本节假设边缘服务器 i 只能接受部分任务请求 $a_{i,f}(t)$。而剩余的任务请求 $(A_{i,f}(t)-a_{i,f}(t))$ 通过回程链路传输至核心网。其中，$a_{i,f}(t)$ 满足以下约束条件

$$0 \leqslant a_{i,f}(t) \leqslant A_{i,f}(t), \forall i,f,t \tag{5-179}$$

根据不同时隙边缘服务器后台业务量的变化，服务器 i 和 j 间的链路 (i,j) 的链路容量也随之发生变化。在时隙 t，链路 (i,j) 的容量为 $C_{ij}(t) \in (0, C_{ij}^{\max}]$，该链路是一条双向传输链路，其链路容量在单位时隙内保持不变。在此本节进一步用 $\zeta_{ij}(t)$ 表示时隙 t 链路 (i,j) 传输 1 bit 数据的开销，$\alpha_{i,f}$ 表示服务器 i 从核心网检索文件 f 的开销。

如图 5-14 所示，每个边缘服务器需要维护 NF 个任务请求队列来追踪包括该服务器本身在内的 N 个不同服务器的 F 个不同文件请求，以及 N 个数据队列对应于每个服务器检索到的文件。在每个时隙 t，$R_{i,f}^{s}(t)$ 表示边缘服务器 i 收到的来自边缘服务器 s 对文件 f 的请求；$D_i^s(t)$ 表示边缘服务器 i 需要传送至边缘服务器 s 的文件数据队列。为了方便起见，传输至同一边缘服务器的不同文件内容不再加以区分，统一记为数据队列 $D_i^s(t)$。每个服务器存储的 $N(F+1)$ 个队列的作用分别是检索来自 N 个边缘服务器的 F 个不同文件请求，以及将检索到的文件传输回发送请求的服务器。为了能够更好地为每个边缘服务器中不同的文件请求划定文件缓存区域，将文件请求在每个服务器侧构建为 $N(F+1)$ 个队列，方便后续的求解。

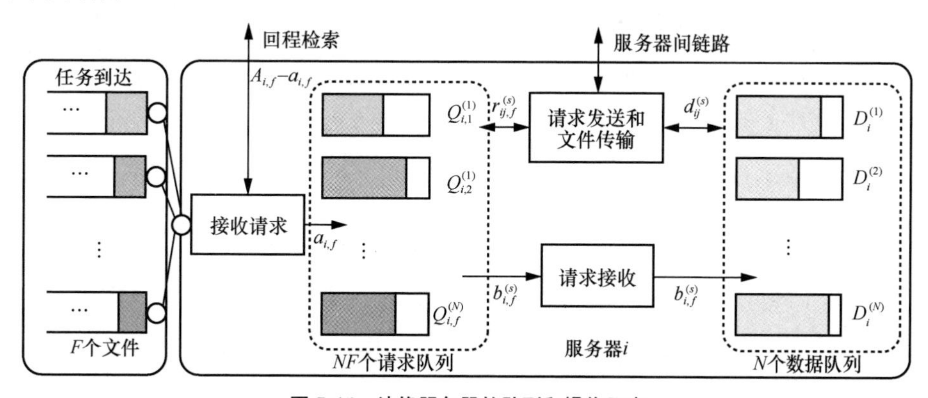

图 5-14　边缘服务器的队列和操作示意

对于边缘服务器 s 接收的经服务器 i 传输至 j 的关于文件 f 的请求，其请求分配大小为 $r_{ij,f}^{s}(t)$ bit，$d_{ij}^{s}(t)$ 表示边缘服务器 i 将检索到的文件经 j 传输回边缘服务器 s 的数据大小。相比于检索后需要传输的文件大小，服务器间传输的文件请求分配大小仅需要消耗少量比特来表示请求的来源及文件类型，所以在此忽略不计。因此，请求分配以及文件分发变量满足以下约束条件

$$\sum_{s\in\mathcal{N}}[d_{ij}^{s}(t)+d_{ji}^{s}(t)]\leqslant C_{ij}(t),\forall(i,j),t \tag{5-180}$$

$$\sum_{s\in\mathcal{N},f\in\mathcal{F}}[r_{ij,f}^{s}(t)+r_{ji,f}^{s}(t)]\leqslant C_{ij}(t),\forall(i,j),t \tag{5-181}$$

$$r_{ij,f}^{s}(t)\geqslant 0,d_{ij}^{s}(t)\geqslant 0,\forall i,j,f,s,t \tag{5-182}$$

其中，式（5-180）是避免链路 (i,j) 传输过多文件，式（5-181）是文件分发变量的链路约束条件，式（5-182）是文件请求分配变量和文件分发变量的定义域。

对于在时隙 t 服务器 s 接收的由服务器 i 提供的关于文件 f 的请求，其授权的文件请求大小为 $b_{i,f}^{s}(t)$。令 $F_i(t)\leqslant F^{\max}$ 表示服务器 i 最大能够授权的请求大小，其大小随着后台业务的变化量而改变。于是，可以得到

$$\sum_{s\in\mathcal{N},f\in\mathcal{F}}b_{i,f}^{s}(t)\leqslant F_i(t),\forall i,t \tag{5-183}$$

$$0\leqslant b_{i,f}^{s}(t)\leqslant c_{i,f}F_i(t),\forall i,f,s,t \tag{5-184}$$

其中，式（5-184）表示每个服务器仅能够授权本地有缓存的文件内容；$c_{i,f}\in\{0,1\}$ 表示服务器 i 缓存文件 f 的情况，当服务器 i 缓存了文件 f 时，$c_{i,f}=1$，否则，$c_{i,f}=0$。

文件任务接受 $a_{i,f}(t)$、请求分配 $r_{ij,f}^{s}(t)$、请求授予 $b_{i,f}^{s}(t)$ 和文件分发 $d_{ij}^{s}(t)$ 等变量是满足约束条件式（5-179）～式（5-184）的连续变量。服务器 i 缓存的来自服务器 s 分配文件 f 的请求队列 $R_{i,f}^{s}(t)$ 可表示为

$$R_{i,f}^{s}(t+1)=\max\{R_{i,f}^{s}(t)-b_{i,f}^{s}(t)-\sum_{j\in\mathcal{N}}r_{ij,f}^{s}(t),0\}+\sum_{j\in\mathcal{N}}r_{ji,f}^{s}(t)+a_{i,f}^{s}(t) \tag{5-185}$$

其中，$a_{i,f}^{s}(t)$ 是时隙 t 服务器 i 接受的文件 f 的请求大小，$a_{i,f}^{s}(t)=a_{i,f}(t)$，$\forall s\neq i$。式（5-185）等号右边第一项表示在时隙 t 的末尾，文件请求被授予或传输给其他服务器后服务器 i 剩余的关于文件 f 的请求大小；第二项和第三项分别表示来自其他服务器的文件 f 的请求分配和服务器 i 接受的任务请求。

服务器 i 检索到需传输至服务器 s 的文件数据队列 $D_i^{s}(t)$ 可表示为

$$D_i^s(t+1)=\max\{D_i^s(t)-d_{ij}^s(t),0\}+\sum_{j\in\mathcal{N}}d_{ji}^s(t)+\sum_{f\in\mathcal{F}}b_{i,f}^s(t),\forall s\neq i \tag{5-186}$$

其中，发送文件请求的源节点服务器 i 是下沉节点，需满足 $D_i^i(t)=0$。

本节方案考虑根据边缘服务器接受文件请求构建协作域，缩小缓存内容搜索范围，降低文件缓存密度，提高存储资源利用率。在给定文件部署的情况下，本节构建了边云协同的存储资源负载均衡问题，优化了文件请求的接受、分配、授予以及文件分发决策变量，给出了分布式协作域的有效性和最优性的合理性分析。将网络开销作为衡量协作缓存决策性能的标准，在时隙 t，网络开销可表示为

$$\varPhi(\boldsymbol{x}^t)=\sum_{i,j\in\mathcal{N}}\phi(t)+\sum_{i\in\mathcal{N},f\in\mathcal{F}}\alpha_{i,f}(A_{i,f}(t)-a_{i,f}(t)) \tag{5-187}$$

其中，$\boldsymbol{x}^t=\{b_{i,f}^s(t),r_{ij,f}^s(t),d_{ij}^s(t),a_{i,f}(t)\},\forall i,j,f,s$ 是网络操作变量，$\phi_{ij}(t)=\zeta_{ij}\sum_{s\in\mathcal{N}}d_{ij}^s(t)$ 是链路 (i,j) 在时隙 t 传输文件的开销，$\alpha_{i,f}(A_{i,f}(t)-a_{i,f}(t))$ 是服务器 i 利用回程链路从核心网检索文件的开销。

为了保证边缘云网络的稳定性，需要满足以下约束条件

$$\overline{R_{i,f}^s(t)}\leqslant\infty,\overline{D_i^s(t)}\leqslant\infty,\forall i,f,s \tag{5-188}$$

其中，$\overline{X(t)}=\lim\limits_{T\to\infty}\dfrac{\sum_{t=0}^{T-1}\mathrm{E}[X(t)]}{T}$ 表示随机过程 $X(t)$ 在时间上的平均。

本节旨在优化边云协同的存储资源负载均衡决策，以最小化时间平均协作边缘缓存开销，并在缺少网络环境变量（如文件请求到达量、链路容量和可利用资源量等）先验信息的条件下保证系统的稳定性。该问题可构建为

$$\begin{aligned}\varPhi^*=\ &\min_{\mathcal{X}}\overline{\varPhi(\boldsymbol{x}^t)}\\ \text{s.t.}\ \ &\text{式 (5-179)} \sim \text{式 (5-188)},\forall t\end{aligned} \tag{5-189}$$

其中，$\mathcal{X}=\{\boldsymbol{x}^t\},\forall t$ 为网络存储资源负载均衡决策（包括文件请求接受、分配、授予和文件分发决策）。

根据排队论，队列稳定的条件是当且仅当队列的时间平均输入速率不高于时间平均输出速率，队列保持稳定。因此，原问题中的约束条件式（5-185）～式（5-188）可以转换为

$$\overline{a_{i,f}^s(t)-b_{i,f}^s(t)+\sum_{j\in\mathcal{N}}(r_{ji,f}^s(t)-r_{ij,f}^s(t))}\leqslant 0,\forall i,f,s$$
$$\overline{\sum_{f\in\mathcal{F}}b_{i,f}^s(t)+\sum_{j\in\mathcal{N}}(d_{ji}^s(t)-d_{ij}^s(t))}\leqslant 0,\forall i,s \tag{5-190}$$

因此，式（5-189）可转换为

$$\begin{aligned}\tilde{\boldsymbol{\varPhi}}^* = \quad & \min_{\mathcal{X}}\overline{\boldsymbol{\varPhi}(\boldsymbol{x}^t)} \\ \text{s.t.} \quad & \text{式 (5-179)} \sim \text{式 (5-184)，式 (5-190)}，\forall t\end{aligned} \tag{5-191}$$

利用 SGD 算法，通过引入拉格朗日乘子将约束条件式（5-190）写入拉格朗日函数，根据每个时隙 t 的随机梯度迭代更新拉格朗日乘子，式（5-191）可以转换为

$$\begin{aligned}\max_{\boldsymbol{x}^t} \quad & g(\boldsymbol{a}^t)+\mu(\boldsymbol{b}^t)+\eta(\boldsymbol{r}^t)+\gamma(\boldsymbol{d}^t) \\ \text{s.t.} \quad & \text{式 (5-179)} \sim \text{式 (5-184)}\end{aligned} \tag{5-192}$$

其中

$$g(\boldsymbol{a}^t)=\sum_{i\in\mathcal{N},f\in\mathcal{F}}[\alpha_{i,f}-\epsilon R_{i,f}^s(t)]a_{i,f}(t) \tag{5-193}$$

$$\eta(\boldsymbol{r}^t)=\sum_{i,j,s\in\mathcal{N},f\in\mathcal{F}}\epsilon R_{i,f}^s(t)(r_{ij,f}^s(t)-r_{ji,f}^s(t)) \tag{5-194}$$

$$\gamma(\boldsymbol{d}^t)=\sum_{i,j,s\in\mathcal{N}}\epsilon D_i^s(t)(d_{ij}^s(t)-d_{ji}^s(t))-\zeta_{ij}(t)d_{ij}^s(t) \tag{5-195}$$

$$\mu(\boldsymbol{b}^t)=\sum_{i,s\in\mathcal{N},f\in\mathcal{F}}\epsilon(R_{i,f}^s(t)-D_i^s(t))b_{i,f}^s(t) \tag{5-196}$$

拉格朗日乘子的更新公式为

$$\lambda_{i,f}^s(t+1)=\max\left\{\lambda_{i,f}^s(t)+\epsilon\left[a_{i,f}^s(t)-b_{i,f}^s(t)+\sum_{j\in\mathcal{N}}(r_{ji,f}^s(t)-r_{ij,f}^s(t))\right],0\right\} \tag{5-197}$$

$$\lambda_i^s(t+1)'=\max\left\{\lambda_i^s(t)'+\epsilon\left[\sum_{f\in\mathcal{F}}b_{i,f}^s(t)+\sum_{j\in\mathcal{N}}(d_{ji}^s(t)-d_{ij}^s(t))\right],0\right\} \tag{5-198}$$

其中，$\boldsymbol{\lambda}=\{\lambda_{i,f}^s,\lambda_i^s\},\forall i,s$，$\lambda_{i,f}^s$ 和 λ_i^s 是将约束（5-190）写入拉格朗日函数引入的拉格朗日乘子。

从式（5-193）～式（5-196）中可看出，拉格朗日乘子可以被消去。因为拉格朗日乘子的更新式（5-197）和式（5-198）与队列的更新式（5-185）和式（5-186）形式

一致，所以拉格朗日乘子可替换为 $\lambda_{i,f}^{s}=\epsilon R_{i,f}^{s}(t)$ 和 $\lambda_{i}^{s}=\epsilon D_{i}^{s}(t)$，其中，$\epsilon$ 是 SGD 的步长。

可以看出，问题（5-191）中 $\boldsymbol{a}^{t}=\{a_{i,f}(t)\},\forall i,f$ 、$\boldsymbol{r}^{t}=\{r_{ij,f}^{s}(t)\},\forall i,j,f,s$ 、$\boldsymbol{d}^{t}=\{d_{ij}^{s}(t)\},\forall i,j,s$ 和 $\boldsymbol{b}^{t}=\{b_{i,f}^{s}(t)\},\forall i,f,s$ 相互解耦，并且，$a_{i,f}(t)$ 与 $a_{j,f}(t)$ 之间、$b_{i,f}^{s}(t)$ 与 $b_{j,f}^{s}(t)$ 之间（ $\forall i\neq j$ ）也相互解耦，$\eta(\boldsymbol{r}^{t})$ 与 $\gamma(\boldsymbol{d}^{t})$ 在链路上相互解耦。对于任意链路 (i,j)，令 $\tilde{\boldsymbol{r}}_{ij}(t)=\{r_{ij,f}^{s}(t),r_{ji,f}^{s}(t)\},\forall f,s$ ，$\tilde{\boldsymbol{d}}_{ij}(t)=\{d_{ij}^{s}(t),d_{ji}^{s}(t)\},\forall s$ 。因此，优化问题（5-191）可以通过分别求解以下子问题求得。

$$\max_{a_{i,f}(t)} g_{i,f}(t)a_{i,f}(t),\text{s.t.式(5-179)} \tag{5-199}$$

$$\max_{\tilde{\boldsymbol{r}}_{ij}(t)} \sum_{s\in\mathcal{N},f\in\mathcal{F}} \eta_{ij,f}^{s}(t)r_{ij,f}^{s}(t)+\eta_{ji,f}^{s}(t)r_{ji,f}^{s}(t),\text{s.t.式(5-181)，式(5-182)} \tag{5-200}$$

$$\max_{\tilde{\boldsymbol{d}}_{ij}(t)} \sum_{s\in\mathcal{N}} \gamma_{ij,f}^{s}(t)d_{ij}^{s}(t)+\gamma_{ji,f}^{s}(t)d_{ji,f}^{s}(t),\text{s.t.式(5-180)，式(5-182)} \tag{5-201}$$

$$\max_{\boldsymbol{b}_{i}(t)} \sum_{f\in\mathcal{F}} \mu_{i,f}^{s}(t)b_{i,f}^{s}(t),\text{s.t.式(5-183)，式(5-184)} \tag{5-202}$$

其中，$g_{i,f}(t)=\alpha_{i,f}-\epsilon R_{i,f}^{s}(t)$ 、$\eta_{ij,f}^{s}(t)=\epsilon[R_{i,f}^{s}(t)-R_{j,f}^{s}(t)]$ 、$\gamma_{ij,f}^{s}(t)=\epsilon[D_{i}^{s}(t)-D_{j}^{s}(t)]\zeta_{ij}(t)$ 和 $\mu_{i,f}^{s}(t)=c_{i,f}\epsilon[R_{i,f}^{s}(t)-D_{i}^{s}(t)]$ 可以利用服务器和链路间相互解耦并通过式（5-193）～式（5-196）分别求得。

通过进一步分析可以发现，$\alpha_{i,f}$ 的最优解与参数 $g_{i,f}(t)$ 的正负有关。当 $g_{i,f}(t)>0$，即 $R_{i,f}^{s}(t)<\dfrac{\alpha_{i,f}}{\epsilon}$ 时，$\alpha_{i,f}$ 取最大值 $A_{i,f}(t)$；否则 $\alpha_{i,f}=0$ 。因此，$\alpha_{i,f}$ 的最优解可表示为

$$\alpha_{i,f}=\begin{cases}A_{i,f}(t),R_{i,f}^{s}(t)<\dfrac{\alpha_{i,f}}{\epsilon}\\0,\text{其他}\end{cases} \tag{5-203}$$

式（5-200）和式（5-201）是线性最大化加权和问题，它的最优解通过衡量服务器 i 和 j 间的权重 $\eta_{ij,f}^{s}(t)$ 、$\eta_{ji,f}^{s}(t)$ 、$\gamma_{ij}^{s}(t)$ 和 $\gamma_{ji}^{s}(t)$ 的大小后求解。对于式（5-200），当 $\max\limits_{f,s}\{\eta_{ij,f}^{s}(t)\}<0$ 或 $\max\limits_{f,s}\{\eta_{ij,f}^{s}(t)\}<\max\limits_{f,s}\{\eta_{ji,f}^{s}(t)\}$ 时，边缘服务器 i 不通过链路 (i,j) 发送文件分配请求；否则，边缘服务器 i 向服务器 j 发送文件分配请求，其中文件分配请求的大小为

$$\gamma_{ij,f}^{s}(t)=\begin{cases}C_{ij}(t),s=\arg\max\limits_{f,s}\eta_{ij,f}^{s}(t)\\0,\text{其他}\end{cases} \tag{5-204}$$

对于式（5-201），当 $\max_s\{\gamma_{ij}^s(t)\}<0$ 或 $\max_s\{\gamma_{ij}^s(t)\}<\max_s\{\gamma_{ji}^s(t)\}$ 时，边缘服务器 i 不通过链路 (i,j) 分发检索到的文件内容；否则，边缘服务器 i 经由服务器 j 分发文件，其文件分发大小为

$$d_{ij}^s(t)=\begin{cases}C_{ij}(t), s=\arg\max_s \gamma_{ij,f}^s(t)\\0,\text{其他}\end{cases} \tag{5-205}$$

式（5-202）也是最大化加权和问题。当 $\max_{f,s}\{\mu_{ij}^s(t)\}<0$ 时，边缘服务器 i 保持闲置，即不向其他服务器授权文件；否则，服务器 i 能够授予的文件检索请求大小为

$$b_{i,f}^s(t)=\begin{cases}F_i(t),(f,s)=\arg\max_{f,s} \mu_{ij,f}^s(t)\\0,\text{其他}\end{cases} \tag{5-206}$$

从式（5-204）～式（5-206）中可以看出，操作变量的最优解可以通过利用边缘服务器自身以及相邻服务器信息在服务器侧自行优化求解，如算法 5-12 所示。

算法 5-12 协作边缘缓存的分布式在线算法

在时隙 t 任意服务器 i

1：测量文件请求到达量 $A_{i,f}(t)$、可授权的请求量 $F_i(t)$、链路容量 $C_{ij}(t)$ 和链路开销 $\xi_{ij}(t)$

2：观测相邻服务器 j 的队列值，即 $\{R_{j,f}^s(t),D_j^s(t)\},\forall f,s$

3：根据式（5-203）接受文件请求

4：根据式（5-204）和式（5-205）传输文件分配请求和文件分发

5：根据式（5-206）授予文件请求

6：根据式（5-185）和式（5-186）更新队列 $R_{j,f}^s(t)$ 和 $D_j^s(t)$ 的值

接下来，通过利用算法 5-12 给出的渐近最优的分布式协作缓存方案，为每个边缘服务器接受的文件请求建立对应的协作域；求出的协作域为后续的文件部署策略提供了必要条件；构建好协作域后，文件请求只需要在对应区域内进行传输，即可完成文件的有效检索和授权。协作域的制定可以有效减少服务器队列的存储数量，大幅度降低算法 5-12 中的时间复杂度，同时不损失方案的渐近最优性。

任意边缘服务器接受文件请求对应的协作域均可根据网络拓扑结构和请求到达推

导各边缘服务器数据队列的上下界得到。在此，将边缘服务器 s 接受的文件 f 的请求对应的协作域记为 $\mathcal{R}_s^f$，将协作域的队列长度的下界记为 Q_0，队列值的上界记为 $Q_{\max}$。

为了给出协作域的具体范围，首先对队列长度的下界 Q_0 和上界 $Q_{\max}$ 进行推导。队列长度的下界称为虚拟队列，其定义如下。

定义 5-2　$Q_0=\{R_{i,f,0}^s,D_{i,0}^s\},\forall i,f,s$ 表示系统中所有队列长度的下界，即在时隙 t_0，当 $Q(t_0)\succeq Q_0$ 时，对于任意 $t\geqslant t_0$ 有 $Q(t)\succeq Q_0$ 成立。其中，$Q(t)=\{R_{i,f}^s(t),D_i^s(t)\},\forall i,f,s$ 表示时隙 t 的所有队列长度，$\succeq$ 作用于矩阵中的所有元素。

从定义 5-2 中可以发现，在时隙 t_0，一旦队列长度超过 Q_0，那么之后的队列长度将一直不小于 Q_0，即 Q_0 中的数据既不会被传输也不会被返回，因此不违背算法 5-12 中的渐近最优性。定义 5-2 中的下界 Q_0 还满足定理 5-4。

定理 5-4　队列长度的下界 Q_0 可以表示为

$$R_{i,f,0}^s=\max\left\{\min_j\{D_{j,0}^s-F^{\max}\},0\right\}\tag{5-207a}$$

$$D_{i,0}^s=\begin{cases}0,i=s\\ \max\left\{\min_j\{D_{j,0}^s+w_{ij}\},0\right\},\text{ 其他}\end{cases}\tag{5-207b}$$

其中，$w_{ij}=\dfrac{\zeta_{ij}^{\min}}{\epsilon}-C_{ij}^{\max}$，$\zeta_{ij}^{\min}$ 是 $\zeta_{ij}(t)$ 的下界。

证明　由于 $D_{s,0}^s=0$ 恒成立，因此满足定理 5-4。此外，由于 $D_{s,0}^s=0$ 满足定义 5-2，因此其队列长度非负。为了证明式（5-207b）成立，需要证明 $D_{i,0}^s=\min\limits_j\{D_{j,0}^s+w_{ij}\}$ 满足定义 5-2。以下将通过式（5-205）和数学归纳法给出证明。

在时隙 0，根据定义 5-2 有 $D_i^s(0)=\min\limits_j\{D_{j,0}^s+w_{ij}\}$ 成立。假设在时隙 t，$D_i^s(t)\geqslant\min\limits_j\{D_{j,0}^s+w_{ij}\}$ 成立。当 $D_i^s(t)\leqslant\min\limits_j\left\{D_{j,0}^s+\dfrac{\zeta_{ij}^{\min}}{\epsilon}\right\}$ 时，$\gamma_{ij}^s\leqslant 0$ 对于所有 i 的相邻服务器 $j\in\mathcal{N}_i$ 成立。在时隙 t，没有文件离开队列 $D_i^s(t)$，因此可得 $D_i^s(t+1)\geqslant D_i^s(t)$；否则，$D_i^s(t)=D_{j_0,0}^s+\dfrac{\zeta_{ij_0}^{\min}}{\epsilon}+\varDelta$，其中 $j_0=\arg\min\left\{D_{j,0}^s+\dfrac{\zeta_{ij}^{\min}}{\epsilon}\right\}$ 且 $\varDelta>0$。在最差的情况下，即当 $D_i^s(t)(\varDelta)$ 很小时，仅存在唯一的服务器 j_0 使 $\gamma_{ij_0}^s(t)>0$，此时链路 (i,j) 被激活。由于通过该链路分发的文件大小不能超过 $C_{ij_0}^{\max}$，因此有

$D_i^s(t+1) > D_{j_0,0}^s + \frac{\zeta_{ij_0}^{\min}}{\epsilon} - C_{ij_0}^{\max} \geqslant \min_j\{D_{j,0}^s + w_{ij}\}$。综上所述，式（5-207b）成立。

用相同方法可以证明（5-207a）也满足定义 5-2。假设时隙t，式（5-207a）成立。当$R_{i,f}^s \leqslant \min_j\{D_{j,0}^s\}$时，有$\mu_{i,f}^s(t) < 0$和$\eta_{ij,f}^s(t) < 0$成立，即没有请求被满足或被传输。于是可得$R_{i,f}^s(t+1) \geqslant R_{i,f}^s(t)$。另一方面，当$Q_i^s > \min_j\{D_{j,0}^s\}$时，最多有$F^{\max}$的请求量被满足，即$R_{i,f}^s(t+1) \geqslant R_{i,f}^s(t) - F^{\max}$。综上所述，式（5-207a）成立。证毕。

此处，式（5-207）表示该队列下界值与相邻服务器链路信息以及从相邻服务器检索文件的开销相关。接下来，将继续推导协作域队列的上界。

定理 5-5 任意时隙t，服务器的队列长度是有上界的，即存在$R_{f,\max}^s$和$D_{i,\max}^s$满足$R_{i,f}^s(t) \leqslant R_{f,\max}^s$和$D_i^s(t) \leqslant D_{i,\max}^s, \forall i,f,s$。$R_{f,\max}^s$和$D_{i,\max}^s$的上界分别为

$$R_{f,\max}^s = \frac{\alpha_{s,f}}{\epsilon} + A_{s,f}^{\max} + \theta_s \tag{5-208a}$$

$$D_{f,\max}^s = \min\{\max_j D_{j,\max}^s - w_{ij}, D_{\max}^s\} \tag{5-208b}$$

其中，$\theta_s = \sum_{j \in \mathcal{N}_s} C_{js}^{\max}$表示单位时隙通过链路传输到达边缘服务器$s$的文件请求或授权文件内容的最大到达量，$\mathcal{N}_s$表示边缘服务器$s$相邻的服务器集合，$D_{\max}^s$为

$$D_{\max}^s = \max_f\left\{A_{s,f}^{\max} + \frac{\alpha_{s,f}}{\epsilon}\right\} + 2\theta_s + F^{\max} \tag{5-209}$$

证明 由于$R_{s,f}^s(t)$是其他请求队列的源头，根据式（5-204）可以看出，当且仅当$R_{i,f}^s(t) > R_{j,f}^s(t)$时，服务器$i$可以向$j$传输任务请求，于是可得$R_{s,f,\max}^s \geqslant R_{i,f,\max}^s, i \neq s$。接下来，利用数学归纳法证明$R_{s,f}^s \leqslant \frac{\alpha_{s,f}}{\epsilon} + A_{s,f}^{\max} + \theta_s$，从而证明式（5-208a）。由于$R_{s,f}^s(0) = 0, \forall s$，因此在时隙 0 式（5-208a）成立。假设式（5-208a）在时隙t成立。根据式（5-203）可以看出，当$R_{s,f}^s \geqslant \frac{\alpha_{s,f}}{\epsilon}, a_{i,f}(t) = 0$时，$R_{s,f}^s(t+1) \leqslant R_{s,f}^s(t) + \theta_s$成立；否则，根据式（5-179）～式（5-181），$R_{s,f}^s(t)$和$R_{s,f}^s(t+1)$之间的差值小于$A_{s,f}^{\max} + \theta_s$，即$R_{s,f}^s(t+1) \leqslant \frac{\alpha_{s,f}}{\epsilon} + A_{s,f}^{\max} + \theta_s$。综上所述，式（5-208a）成立。

式（5-208b）中的第一项，即$D_{i,\max}^s \leqslant \max_j\{D_{j,\max}^s - w_{ij}\}$与式（5-207b）的证明过

程类似，在此不再赘述。式（5-208b）中的第二项，即式（5-209）可以通过数学归纳法利用式（5-208a）中的上界得到证明。可以看出，式（5-209）在时隙0成立。假设式（5-209）在时隙t也成立，当$D_t^s(t) \geqslant \max_f\{R_{f,\max}^s\}$，$\mu_{i,f}^s(t)<0$时，根据式（5-208）可知没有请求可以被满足。因此可得$D_t^s(t+1) \leqslant D_t^s(t)+\theta_s$；否则，任意时隙被满足的需求量均不能超过$F^{\max}$，因此可得$D_t^s(t+1) \leqslant \max_f\{R_{f,\max}^s\}+F^{\max}+\theta_s$。综上所述，式（5-208b）成立。证毕。

定理 5-4 和定理 5-5 给出的上下界为不同服务器中不同文件的协作域的设定提供了依据。因此，边缘服务器s接受的文件f的请求对应的协作域$\mathcal{R}_s^f$可以用队列的上下界进行表示。例如，当队列$Q_{i,f}^s$中的文件请求或D_i^s中的授权文件一直不能传输时，边缘服务器i将会从协作域$\mathcal{R}_s^f$中剔除。也就是说，从边缘服务器i检索文件开销较大，即式（5-204）～式（5-206）中的权重$\eta_{ij,f}^s(t)$、$\gamma_{ij}^s(t)$和$\mu_{i,f}^s(t)$恒为负。协作域$\mathcal{R}_s^f$可表示为

$$\mathcal{R}_s^f=\{i \mid D_{i,0}^s<D_{i,\max}^s, R_{i,f,0}^s<R_{f,\max}^s\} \tag{5-210}$$

协作域有效缩小了文件的检索范围，服务器s只有在区域$\mathcal{R}_s^f$检索文件f才能获得最大效用，即所用开销最少。

式（5-207b）和式（5-208b）中的队列$D_{i,0}^s$和$D_{i,\max}^s$均具有递归形式。在求解$D_{i,0}^s$和$D_{i,\max}^s$的过程中，除了已知的式（5-207b）中的$D_{s,0}^s=0$和式（5-208b）中的$D_{i,\max}^s \leqslant D_{\max}^s$之外，还需要获得相邻服务器$j$关于$D_{j,0}^s$和$D_{j,\max}^s$的信息。但是，服务器间的耦合导致队列上下界的计算十分困难。

另外，可以发现式（5-207b）和式（5-208b）具有贝尔曼公式的最优子结构。式（5-207b）可以看作一个最短路问题，其中$D_{i,0}^s$可以看作服务器i到s的“距离”。该“距离”满足以下性质：①服务器s到它本身的“距离”为0，即$D_{s,0}^s=0$；②“距离”具有次可加性，即当$w_{ij}>0$时，$D_{i,0}^s \leqslant D_{j,0}^s+w_{ij}$；③“距离”是非负数，即$D_{i,0}^s \geqslant 0$。

利用最优子结构，$D_{i,0}^s$和$D_{i,\max}^s$的解可以通过求解它们的子问题得到。子问题$\hat{D}_{i,0}^s(h)$和$\hat{D}_{i,\max}^s(h)$分别表示距离边缘服务器s跳数为h的“距离”的下界和上界。$\hat{D}_{i,0}^s(h)$和$\hat{D}_{i,\max}^s(h)$可以借助服务器本身相邻服务器$\hat{D}_{j,0}^s(h-1)$和$\hat{D}_{j,\max}^s(h-1)$的值求得。需要说明的是，当不能再通过扩展其他相邻服务器$j \in \mathcal{N}_i$的路径来减少$\hat{D}_{i,0}^s(h)$的值时（即$\hat{D}_{j,0}^s(h-1)+w_{ij}$），$\hat{D}_{j,0}^s(h)=\hat{D}_{j,0}^s(h-1)$。因此，式（5-207b）中的$\hat{D}_{i,0}^s(h)$

可重构为

$$\hat{D}_{i,0}^{s}(h)=\max\left\{\min_{j}\{\hat{D}_{i,0}^{s}(h-1),\hat{D}_{j,0}^{s}(h-1)+w_{ij}\},0\right\} \tag{5-211a}$$

类似地，式（5-205b）中的$\hat{D}_{i,\max}^{s}(h)$可写作

$$\hat{D}_{i,\max}^{s}(h)=\min\left\{\max_{j}\left\{\hat{D}_{i,\max}^{s}(h-1),\hat{D}_{i,\max}^{s}(h-1)-w_{ij}\right\},D_{\max}^{s}\right\} \tag{5-211b}$$

由于式（5-211）只需要服务器本身及相邻服务器的信息，通过利用贝尔曼公式的最优子结构，$D_{i,0}^{s}$和$D_{i,\max}^{s}$的值可以通过分布式求解递归式（5-211）得到，具体步骤如算法 5-13 所示。

算法 5-13 协作缓存的分布式形成方案

1：初始化$\hat{D}_{i,\max}^{s}(0)=D_{\max}^{s}$和$\hat{D}_{i,0}^{s}(0)=-\infty$，除$\hat{D}_{s,0}^{s}(0)=0$和迭代指针$h=1$之外，对于任意边缘服务器$i$

2：重复

3：观测服务器本身和相邻服务器的$\hat{D}_{i,0}^{s}(h-1)$和$\hat{D}_{i,\max}^{s}(h-1)$值

4：按照式（5-211）更新$\hat{D}_{i,0}^{s}(h)$和$\hat{D}_{i,\max}^{s}(h)$

5：更新迭代指针$h=h+1$

6：直到$\hat{D}_{i,0}^{s}(h)=\hat{D}_{i,0}^{s}(h-1)$和$\hat{D}_{i,\max}^{s}(h)=\hat{D}_{i,\max}^{s}(h-1)$

7：$D_{i,0}^{s}=\hat{D}_{i,0}^{s}(h)$和$D_{i,\max}^{s}(h)=\hat{D}_{i,\max}^{s}(h)$

8：根据式（5-210）建立协作域

算法 5-13 首先初始化$\hat{D}_{i,\max}^{s}(0)=D_{\max^{s}}$和$\hat{D}_{i,0}^{s}(0)=-\infty$，除$\hat{D}_{s,0}^{s}(0)=0$之外。$\hat{D}_{i,0}^{s}(h)$和$\hat{D}_{i,\max}^{s}(h)$基于相邻服务器$j\in\mathcal{N}_{i}$的$\hat{D}_{j,0}^{s}(h-1)$和$\hat{D}_{j,\max}^{s}(h-1)$的值按照式（5-211）进行更新。最终收敛到$D_{i,0}^{s}=\hat{D}_{i,0}^{s}(h)$，且$D_{i,\max}^{s}(h)=\hat{D}_{i,\max}^{s}(h)$。

因此，最短“距离”可以通过最优子结构的形式求出。算法 5-13 是贝尔曼福特算法的扩展，可以用来求解最短“距离”。算法 5-13 的时间复杂度取决于每次迭代更新式（5-211）的复杂度和收敛所需的迭代次数。在每次迭代中，服务器需要根据上一次迭代中其相邻服务器产生的结果来求解当前迭代时刻的结果，时间复杂度为$\mathcal{O}(N)$。在部署有N个服务器的网络中，最长路径的跳数为$(N-1)$，因此，最多需

要 $(N-1)$ 次迭代即可保证收敛。所以，算法 5-13 的时间复杂度为 $\mathcal{O}(N^2)$。

协作域的设置同样可以降低算法 5-12 中的时间复杂度。对于服务器 s 接受的文件 f 请求，该文件只需在相应缓存区域中，即 $i \in \mathcal{R}_s^f$，缓存一份即可保证该请求得到满足。因此，每个服务器不再需要维护 $N(F+1)$ 个队列，仅需要保证在服务器 s 接受文件 f 请求的协作域中的服务器维护相应的文件请求队列和数据队列即可。因此，每个服务器需要维护的队列数目大幅度减小。由于算法 5-12 中的时间复杂度与服务器维护的队列数相关，协作域可以将算法 5-12 中的时间复杂度从 $\mathcal{O}(\delta NF)$ 降至 $\mathcal{O}(\delta|\mathcal{R}|F)$，其中 $|\mathcal{R}|$ 是协作域的平均大小。由此可见，协作域有效提高了本节方案的可扩展性。此外，协作域还可以与现有的基于文件流行度和地理位置分布的文件部署技术进行结合。

本节方案可以极大地提高边缘服务器处的缓存命中率，同时极大地降低从核心网进行文件检索的总开销。

5.1.5　通信、计算和缓存资源融合

在未来 6G 网络中，人–机–物–灵融合要求通信、计算和缓存等资源的统一表示以及协同分配，使用有限的资源来最大化网络效益。本节将介绍一种联合通信、计算和缓存的资源协同融合技术，即一种边缘网络任务卸载决策与细粒度资源分配方案[16]。

在人–机–物–灵融合的 6G 网络中，算力资源是解决网络复杂问题、解析信息处理协议、支撑网络智能的核心。计算能力可以通过应用程序的形式部署于边缘网络，为泛在用户提供快速的计算卸载服务，而无线通信则为用户到算力服务之间的信息交互提供重要的信息通道。因此，边缘网络中通信、计算和缓存资源的多维协同是支撑边缘智能服务所需解决的问题。对于计算卸载决策与资源分配这样一个多变量耦合问题的联合优化往往是复杂的。为了减少计算量，并通过分解问题来制定可行的策略，本节介绍的资源管理方案将基站工作流分为两个阶段。首先，通过构造任务卸载问题，提出了一种低复杂度改进的基于模拟退火的启发式卸载决策（Simulated Annealing-based Heuristic Offloading Decision，SAHOD）算法，从移动网络运营商（Mobile Network Operator，MNO）的角度最大化网络收益。然后，通过拉格朗日对偶分解方法得到了封闭形式的最优细粒度资源分配方案。此外，本节介

绍的基于时间子梯度的资源分配算法可以在可调精度范围内收敛于特定的最优分配策略。

本节方案考虑具有集中式卸载架构的 MEC 多用户边缘网络模型。基站 eNode B 通过光纤链路连接到一个 MEC 服务器上，用户设备（如无人机、智能手机、电动汽车）可以在有效覆盖区域内通过无线信道方便地访问基站。因此，MEC 服务器通常被认为是一个具有强大计算资源的小型数据中心，为资源有限的用户执行能耗大的任务。

网络模型如图 5-15 所示。每个 UE 可以在本地完成其任务或将其卸载到 MEC 服务器。将任务卸载到网络边缘时，它会占用网络资源，包括通信、计算和缓存 3 个部分。在第一次传输时，假设每个 UE 在卸载阶段开始时将其卸载请求发送到 MEC 服务器。在接收到卸载请求后，MEC 服务器可以选择是否执行任务。MNO 拥有并操作整个网络，包括网络资源和物理基础设施，如 eNode B 和 MEC 服务器。基于商业考虑，MNO 将对提供通信、计算和缓存服务收取的费用，统称为 MEC 服务。

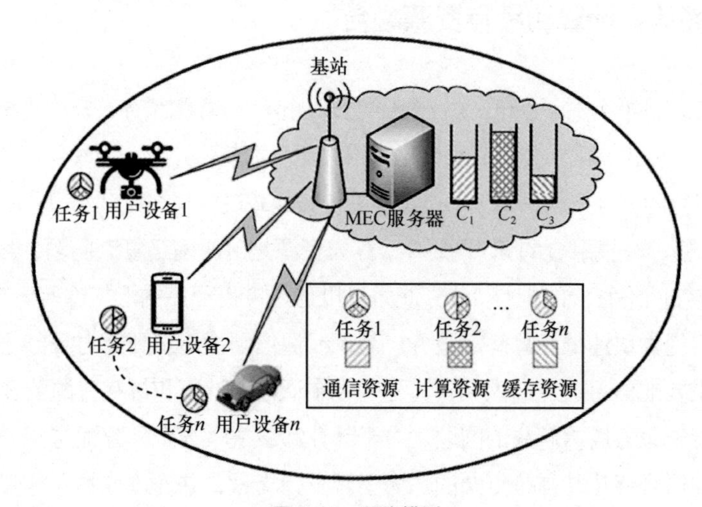

图 5-15 网络模型

为方便起见，将用户的集合表示为 $\mathcal{N}=\{1,2,\cdots,N\}$ 。此外，将可用的通信、计算和缓存资源的最大值分别表示为 C_1、C_2 和 C_3。

在基于 OFDMA 的边缘网络中，基本时频资源称为资源块（Resource Block，

RB）。RB 的集合记为 $\mathcal{R}=\{1,2,\cdots,R\}$，$r$ 表示当前时隙的 RB。此外，传输功率被看作通信资源的另一部分。因此，在构建通信模型时，本节同时考虑了 RB 分配和传输功率控制。

一般来说，由于 UE 和 eNode B 之间的距离不同，路径损失在 UE 之间是不同的。同理，由于在同一时隙不同 RB 上总是存在不同的阴影衰落和瑞利衰落，因此有必要研究 RB 级别的资源分配和传输功率控制场景。本节考虑准静态的信道模型，其中无线信道在每个卸载期间保持相同，但彼此之间可以有所不同。根据香农理论，在 RB 上进行上行传输时，用户 n 与 eNode B 之间有界的瞬时数据速率可以表示为

$$R_{n,r}\left(\alpha_{n,r},P_{n,r}\right)=\alpha_{n,r}\omega\mathrm{lb}\left(1+\frac{P_{n,r}G_{n,r}}{N_0\omega}\right) \tag{5-212}$$

其中，$\alpha_{n,r}\in\{0,1\},\forall n,r$ 为 n 和 r 之间的 RB 分配索引元素，$G_{n,r}$ 表示 n 在 r 上的信道增益，N_0 表示加性白高斯噪声的功率谱密度，ω 表示 RB 带宽。若 r 分配给 n，则 $\alpha_{n,r}=1$，否则 $\alpha_{n,r}=0$。因此，$\alpha=\{\alpha_{n,r}\},n\in\mathcal{N},r\in\mathcal{R}$ 表示 RB 分配索引矩阵。由于一个 RB 在一个时隙中最多只能分配给一个 UE，可得到约束条件 $\sum_{n=1}^{N}\alpha_{n,r}=1,\forall r$。用 $P_{n,r}$ 表示由 n 分配给 r 的传输功率，则 $\boldsymbol{P}=\{P_{n,r}\},n\in\mathcal{N},r\in\mathcal{R}$ 表示传输功率分配矩阵。此外，传输功率是非负的，即 $P_{n,r}\geqslant 0$。对于每个 n，总传输功率不能超过第 n 个用户的最大传输功率 $P_n^{\max}$，因此 $\sum_{r=1}^{R}P_{n,r}\leqslant P_n^{\max},\forall n$。

考虑准静态卸载模型，其中 UE 集合在卸载期间保持不变，而在不同的卸载期间可能发生很大变化。用 $\beta_n\in\{0,1\},\forall n$ 表示 n 的计算卸载决策索引元素。如果 MEC 服务器决定卸载 n 请求的计算任务，则 $\beta_n=1$；否则，$\beta_n=0$。$\boldsymbol{\beta}=[\beta_1,\beta_2,\cdots,\beta_N]$ 表示计算卸载决策索引向量。

假设每个 UE 都有一个任务，并且每个任务都不能划分。在初始传输时，每个 UE 将发送一个卸载请求数据包，其中包含要卸载的任务的一些信息，例如 tuple（cn_1,cn_2,cn_3），其中，cn_1、cn_2 和 cn_3 表示 UE 分别需要的通信、计算和缓存资源总量（例如，RB、CPU 周期和硬盘大小）。根据所有 UE 报告的信息，MEC 服务器可以通过网络上下文感知来建立网络资源需求表。

MNO 向 UE 收取将任务卸载到 MEC 服务器的费用。假设每个任务都有卸载收

入，这可能直接影响到 MEC 服务器做出的卸载决策。假设从 n 卸载任务的单价为每任务 v_n，因此，$\boldsymbol{v} = [v_1, v_2, \cdots, v_N]$ 可以作为卸载收益向量。为了简化问题，假设单价是恒定的，但是在 UE 之间可能有所不同。基于分而治之的思想，本节考虑了两阶段优化问题。在第一阶段，通过最佳卸载决策，以确保 MEC 服务器在资源约束下获得令人满意的收入。在第二阶段，通过联合优化 RB 分配和传输功率控制，以提高每个卸载周期的通信资源利用率。因此，从 MNO 的角度来看，每个阶段都有特定的效用功能。

第一阶段：为了获得最满意的 MNO 收入，将卸载收入的最大化作为效用函数 $\sum_{n=1}^{N} \beta_n v_n$。

第二阶段：为了最大限度地利用能源和时频资源，将总数据速率的最大化作为优化目标 $\sum_{n=1}^{N} \sum_{r=1}^{R} R_{n,r}$。

从 MNO 的角度来看，通过为用户提供 MEC 服务来最大化网络收入，可以将卸载决策问题表示为

$$\begin{aligned}
&\text{P1}: \max_{\beta} \sum_{n=1}^{N} \beta_n v_n \\
&\text{s.t. C1}: \sum_{n=1}^{N} \beta_n c_{ni} \leqslant C_i, i = 1,2,3 \\
&\qquad \text{C2}: \beta_n \in \{0,1\}, \forall n \in \mathcal{N}
\end{aligned} \tag{5-213}$$

其中，约束 C1 用来确保 MEC 服务器使用的通信、计算和缓存资源不会超过属于物理上所有的可用资源。

问题 P1 是一个 NP 难问题。为了有效地解决问题 P1，本节提出 SAHOD 算法。SAHOD 是一种概率算法，用于在大型搜索空间中近似全局优化，尤其是当搜索空间是离散的（例如 0-1 背包问题）时。算法 5-14 总结了用于求解 P1 的 SAHOD 算法，其中 T_0 是起始温度，δ 是退火速率，T_C 是终止温度，K 是在退火过程中每个温度下的迭代次数。

算法 5-14 SAHOD 算法

输入 β，C，v，$C_{\max}$，T_0，δ，T_C，K 的初始值

输出 最优卸载决策 β^*

1：重复

2：$k=1$ //初始状态

3：重复

4：在 $\beta^{(k-1)}$ 的基础上随机生成一个新的解决方案 $\beta^{(k)}$ //转向邻近的解决方案

5：计算占用资源的变化 ΔC 和增加的收益 $\Delta \nu$

6：根据 Metropolis 准则，决定接受或拒绝新的解决方案 $\beta^{(k)}$;

7：$k:=k+1$ //更新状态

8：直到 $k>K$ // 内部验证集

9：$T:=\delta T_0$ //退火程序

10：直到 $T<T_C$ //外部验证集

11：返回最优卸载决策 β^*

从算法 5-14 获得最佳卸载决策 β^* 之后，仅需在第二阶段 eNode B 分配通信资源时考虑那些选择的用户。也就是说，如果 UE 在本地执行其任务，则 eNode B 将不会为 UE 分配任何 RB。相应地，UE 也不必在 RB 上分配任何传输功率。因此，为了避免混淆，将所选用户的集合重新索引为 $\mathcal{M}=\{1,2,\cdots,M\}(\mathcal{M}\subseteq\mathcal{N})$。

从 MNO 的角度来看，为了最大化多用户边缘网络的总数据速率，可以将通信资源分配问题表示为

$$
\begin{aligned}
\text{P2}: &\max_{\alpha_{m,r},P_{m,r}} \sum_{m=1}^{M}\sum_{r=1}^{R} R_{m,r} \\
\text{s.t. C1}: &\sum_{r=1}^{R} R_{m,r} \geqslant R_m^{\min}, \forall m\in\mathcal{M} \\
\text{C2}: &\sum_{r=1}^{R} \alpha_{m,r}P_{m,r} \leqslant P_m^{\max}, \forall m\in\mathcal{M} \\
\text{C3}: &P_{m,r} \geqslant 0, \forall m\in\mathcal{M}, \forall r\in\mathcal{R} \\
\text{C4}: &\sum_{m=1}^{M} \alpha_{m,r} \leqslant 1, \forall r\in\mathcal{R} \\
\text{C5}: &\alpha_{m,r} \in\{0,1\}, \forall n\in\mathcal{M}, \forall r\in\mathcal{R}
\end{aligned}
\tag{5-214}
$$

其中，$R_m^{\min}$ 表示最小数据速率，是第 m 个所选用户的 QoS 要求。由于存在二元变量 $\{\alpha_m,r\}$、连续变量 $\{P_m,r\}$ 和乘积项 $\alpha_{m,r}P_{m,r}$，因此优化问题 P2 为 MINLP 问题，是非凸且 NP 难的。因此，有必要将 P2 转换为易于处理的凸优化问题。

使用线性松弛方法将二进制变量$\alpha_{m,r} \in \{0,1\}$松弛为实数$\tilde{\alpha}_{m,r} \in [0,1]$，并引入辅助变量$\tilde{P}_{m,r}$来代替乘积项$\tilde{\alpha}_{m,r} P_{m,r}$。当$\tilde{\alpha}_{m,r} = 0$时，定义$\tilde{R}_{m,r} = \alpha_{m,r}\omega \mathrm{lb}\left[1+\frac{\tilde{P}_{n,r}G_{n,r}}{\alpha_{m,r}N_{0\omega}\omega}\right]=0$。关于优化变量$\tilde{\alpha}_{m,r}$和$\tilde{P}_{m,r}$，问题 P2 可以被转换为联合凸优化问题

$$
\begin{aligned}
\text{P3:}\quad & \max_{\tilde{\alpha}_{m,r},\tilde{P}_{m,r}} \sum_{m=1}^{M}\sum_{r=1}^{R}\tilde{R}_{m,r} \\
\text{s.t. C1:}\quad & \sum_{r=1}^{R}\tilde{R}_{m,r} \geqslant R_m^{\min}, \forall m \in \mathcal{M} \\
\text{C2:}\ & \sum_{r=1}^{R}\tilde{P}_{m,r} \leqslant P_m^{\max}, \forall m \in \mathcal{M} \\
\text{C3:}\ & \tilde{P}_{m,r} \geqslant 0, \forall m \in \mathcal{M}, \forall r \in \mathcal{R} \\
\text{C4:}\ & \sum_{m=1}^{M}\tilde{\alpha}_{m,r} \leqslant 1, \forall r \in \mathcal{R} \\
\text{C5:}\ & \tilde{\alpha}_{m,r} \in [0,1], \forall n \in \mathcal{M}, \forall r \in \mathcal{R}
\end{aligned}
\tag{5-215}
$$

如果引入与约束 C1 和 C2 相关的非负拉格朗日乘数λ_m和μ_m，则问题 P3 的部分拉格朗日函数可以表示为

$$
\begin{aligned}
\mathcal{L}\left(\tilde{\alpha}_{m,r},\tilde{P}_{m,r},\lambda_m,\mu_m\right) = & \sum_{m=1}^{M}\sum_{r=1}^{R}\tilde{R}_{m,r} + \\
& \sum_{m=1}^{M}\lambda_m\left(\sum_{r=1}^{R}\tilde{R}_{m,r} - R_m^{\min}\right) + \\
& \sum_{m=1}^{M}\mu_m\left(P_m^{\max} - \sum_{r=1}^{R}\tilde{P}_{m,r}\right)
\end{aligned}
\tag{5-216}
$$

拉格朗日对偶问题可以表示为

$$
\min_{\{\lambda_m,\mu_m\}}\max_{\{\tilde{\alpha}_{m,r},\tilde{P}_{m,r}\}} \mathcal{L}\left(\tilde{\alpha}_{m,r},\tilde{P}_{m,r},\lambda_m,\mu_m\right) \tag{5-217}
$$

通过对λ_m和μ_m求解，可获得最优资源分配策略$\tilde{\alpha}_{m,r}$和$\tilde{p}_{m,r}$。

接下来，对于特定的λ_m和μ_m，对偶问题的最大化部分可以表示为

$$
\max_{\tilde{\alpha}_{m,r}}\max_{\tilde{P}_{m,r}} \mathcal{L}\left(\tilde{\alpha}_{m,r},\tilde{P}_{m,r},\lambda_m,\mu_m\right) \tag{5-218}
$$

在给定的 $\tilde{\alpha}_{m,r}$ 的情况下，通过求解式（5-218）可以获得最优的发射功率。最后，根据 KKT（Karush-Kuhn-Tucker）条件，可以得出最佳发射功率 $\widetilde{P}^*_{m,r}$ 为

$$\widetilde{P}^*_{m,r}=\omega\left[\frac{(1+\lambda_m)}{\mu_m\ln 2}-\frac{N_0}{G_{m,r}}\right]^+ \tag{5-219}$$

其中，$[x]^+=\max(0,x)$。这意味着 $\widetilde{P}^*_{m,r}$ 满足非负功率约束。

由于最优性 $\tilde{P}^*_{m,r}=\tilde{\alpha}_{m,r}P^*_{m,r}$，问题 P2 的最优传输功率 $P^*_{m,r}$ 可以进一步表示为

$$\tilde{P}^*_{m,r}=\omega\left[\frac{1+\lambda_m}{\mu_m\ln 2}-\frac{N_0}{G_{m,r}}\right]^+ \tag{5-220}$$

然后，问题（5-218）可以重新表示为

$$\begin{aligned}&\text{P4:}\ \max_{\tilde{\alpha}_{m,r}}\ L(\tilde{\alpha}_{m,r},\lambda_m,\mu_m)\\&\text{s.t.}\quad \text{C4, C5}\end{aligned} \tag{5-221}$$

$$\mathcal{L}(\tilde{\alpha}_{m,r},\lambda_m,\mu_m)=\sum_{m=1}^{M}\sum_{r=1}^{R}[(1+\lambda_m)R^*_{m,r}-\mu_m P^*_{m,r}]\,\tilde{\alpha}+\sum_{m=1}^{M}\mu_m P_m^{\max}-\sum_{m=1}^{M}\lambda_m R_m^{\min} \tag{5-222}$$

显然，P4 是关于 $\tilde{\alpha}_{m,r}$ 的线性规划问题，可以通过许多方法解决。如果将 $\tilde{\alpha}_{m,r}$ 表示为 $H_{m,r}=(1+\lambda_m)R^*_{m,r}-\mu_m P^*_{m,r}$，通过使用以下搜索方法就可以直接获得最佳 RB 分配策略。

对于矩阵 $\boldsymbol{H}$ 的每一列（例如第 m 列，$\boldsymbol{H}=\{H_{m,r}\},\ \forall m\in\mathcal{M},\ \forall r\in\mathcal{R}$），如果第 r^* 个权重系数 H_{m,r^*} 最大，且 $H_{m,r^*}>0$，则将 $\tilde{\alpha}_{m,r^*}$ 设置为 1 并将该列的其余元素设置为 0，即

$$\forall m\in M,\ \tilde{\alpha}^*_{m,r}=\begin{cases}1,\ r^*\leftarrow \arg\max\limits_{r\in\mathcal{R}}\{H_{m,r}\mid H_{m,r}>0\}\\0,\ \forall r\in\mathcal{R}\setminus\{r^*\}\end{cases} \tag{5-223}$$

重复上述列搜索方法，直到搜索到所有 $\tilde{\alpha}$ 列。最终解 $\tilde{\alpha}_{m,r^*}$ 是一个精确的二进制变量，因此不必将连续变量 $\tilde{\alpha}_{m,r}$ 恢复成二进制变量 $\alpha_{m,r}$。最终，对于问题 P2 的最佳 RB 分配策略，可以得到 $\alpha^*_{m,r}=\tilde{\alpha}^*_{m,r}$。

根据拉格朗日对偶分解方法获得的闭式解，本节提出了 SGRA 算法，以在可调

收敛精度内找到最佳资源分配策略。算法 5-15 总结了用于求解问题 P3 的 SGRA 算法，其中，K_m 为最大迭代次数，η_1 和 η_2 为可调收敛精度。在每次迭代期间，拉格朗日乘数进行如下更新。

$$
\begin{aligned}
\lambda_m^{(k)} &= \left[\lambda_m^{(k-1)} - \varepsilon_1\left(\sum_{r=1}^{R}\tilde{R}_{m,r}^{(k-1)} - R_m^{\min}\right)\right]^+ \\
\mu_m^{(k)} &= \left[\mu_m^{(k-1)} - \varepsilon_2\left(P_m^{\max} - \sum_{r=1}^{R}\tilde{P}_{m,r}^{(k-1)}\right)\right]^+
\end{aligned} \tag{5-224}
$$

其中，k 表示第 k 次迭代，ε_1 和 ε_2 表示两个恒定步长。

算法 5-15 SGRA 算法

输入 $\tilde{\alpha}_{m,r}$，$\tilde{P}_{m,r}$，λ_m，μ_m，η_1，η_2，K_m 的初始值

输出 资源配置策略 $\alpha_{m,r}^*$ 和 $P_{m,r}^*$

1:初始化 $\tilde{\alpha}_{m,r}^{(0)}$，$\tilde{P}_{m,r}^{(0)}$，$\lambda_m^{(0)}$，$\mu_m^{(0)}$，$\eta_1$，$\eta_2$，$K_m$

2: for $k=1:K_m$

3: if $k \leqslant K_m$ then

4: 根据式（5-219）和式（5-220），利用 $\lambda_m^{(k-1)}$、$\mu_m^{(k-1)}$ 和 $\tilde{\alpha}_{m,r}^{(k-1)}$ 计算出 $\tilde{P}_{m,r}^{(k)}$ 和 $P_{m,r}^{(k)}$

5: 根据式（5-221），将 $\tilde{P}_{m,r}^{(k)}$ 和 $P_{m,r}^{(k)}$ 代入问题（5-218）解出 P4，从而得到 $\tilde{\alpha}_{m,r}^{(k)}$

6: if $\left|\tilde{\alpha}_{m,r}^{(k)} - \tilde{\alpha}_{m,r}^{(k-1)}\right| \leqslant \eta_1 \,\&\&\, \left|\tilde{P}_{m,r}^{(k)} - \tilde{P}_{m,r}^{(k-1)}\right| \leqslant \eta_2$ then

7: 循环终止

8: else

9: 根据式（5-224），利用 $\tilde{\alpha}_{m,r}^{(k-1)}$ 和 $\tilde{P}_{m,r}^{(k-1)}$ 更新拉格朗日乘子 $\lambda_m^{(k)}$ 和 $\mu_m^{(k)}$

10: end if

11: end if

12: end for

13: $\alpha_{m,r}^* = \tilde{\alpha}_{m,r}^{(k)}$，$P_{m,r}^* = \tilde{P}_{m,r}^{(k)}$

与贪婪算法和静态调度方法相比，本节方案可以有效提升网络吞吐量及运营商网络收益。

5.2 空间信息网络动态组网及资源协同

6G 网络将重点关注空天地海一体化的空间信息网络动态组网，突破地面的限制，从传统的地面通信网络拓展到太空、海洋等空间，实现地面、卫星、机载网络和海洋通信网络的无缝覆盖。本节将从空间信息网络动态组网的研究背景、空间信息网络的拓扑构建、空间信息网络组网的资源协同、低空网络组网的资源协同、海洋网络组网的资源协同、空天地一体动态组网的资源协同这几个方面对空间信息网络动态组网及资源协同展开详细介绍。

5.2.1 空间信息网络动态组网的研究背景

空间信息网络是以同步卫星或中低轨道地球卫星、平流层气球和有人或无人驾驶飞机等空间平台为载体，并具备实时获取、传输和处理空间信息能力的网络系统。作为重要的基础设施之一，空间信息网络在服务远洋航行、应急救援、导航定位、航天测控等重大应用的同时，向下可支持对地观测的高动态、高带宽实时传输，向上可支持深空探测的超远程、大时延可靠传输。空间信息网络将人类科学、文化、生产活动的空间进行了扩展，是全球范围的研究热点。

空间信息网络横跨空天地海，可以看作一个四层的多维网络，其系统架构可分为空间、低空、陆地和海洋网络[17]，如图 5-16 所示。空间网络包括各种轨道卫星节点，低空网络包括热气球、无人机等高空平台节点，陆地网络主要由部署在地面的各类卫星网关、网络运维管理系统、地面基站、核心网元等组成，海洋网络由船舶、海洋信息站组成。空间信息网络的服务对象包括机载、船载、车载终端，以及各类手持设备等。

空间信息网络中空间网络主要包括高轨道地球卫星、中轨道地球卫星、低轨道地球卫星、星间链路[16]。高轨道地球卫星覆盖范围广、能力强，能够统筹负责整体网络的工作，适合广播业务。中轨道地球卫星覆盖范围相比高轨道地球卫星小很多，通常提供高带宽、低成本、低时延的卫星互联网接入服务。低轨道地球卫星覆盖范围小、成本低、传输时延小，使用批量低轨道地球卫星能够提供更大的系统吞吐量。低空网络主要包括高空平台与无人机，此类设备搭载无线基站后，传输链路间通常存在 LoS 传输信号，信号能量损耗小，能够作为地面网络与卫星网络的有效中继节点。陆地网络主要面向服务对象，为陆地用户、海洋船只、智慧城市提供全面覆盖的可靠接入服务。海洋网络主要服务于近海、远海和远洋船舶的日常通信，在海洋运输、环境监测、海洋渔业、海水养殖和海洋科考等领域提供了相对可靠、准确、及时和安全的通信基础设施[18]。

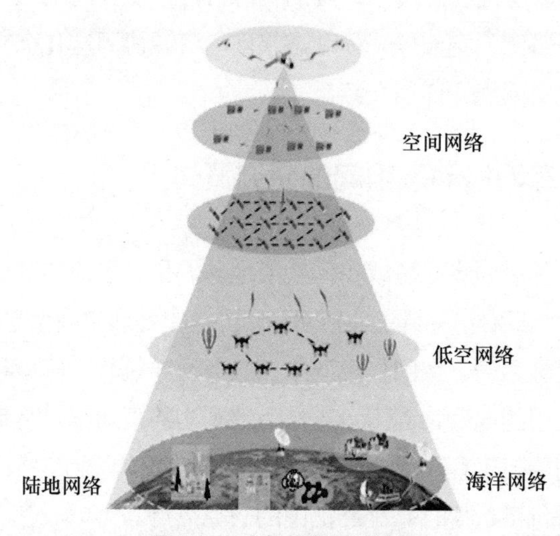

图 5-16　空间信息网络结构

然而，空间信息网络现阶段的研究充满挑战。首先，传统的空间网络、低空网络与陆地网络各自独立发展、孤立组网，不同的网络有各自独立规划的封闭架构，系统间互通性差。在空间信息网络融合的情况下，管理系统分离、接入节点繁多等问题严重影响服务可靠性。其次，时变通道条件以及动态变化的流量负载分布使环境具有动态时变性。相对于原有的通信网络，空间信息网络不仅结构与节点能力都发生了根本性变化，还面临着网络拓扑高动态不确定性、业务连续性、卫星资源有限性等方面的挑战。最后，空间信息网络配套的通信设备需要适应空天地海的复杂环境，需要支持多频多模且小型化、轻量化，需要具备便携性、高能效等特点，空间信息网络的配套设备也将面临挑战。

5.2.2　空间信息网络的拓扑构建

空间信息网络的高动态性是空间信息网络动态组网面临的重要挑战之一。快速的拓扑发现机制是实现快速组网的重要基础。考虑到空间信息网络的动态不确定性，研究空间信息网络的拓扑构建，可以为空间信息网络的快速组网提供邻居拓扑环境基础。下面，将以车联网这一典型的动态网络为例对空间信息网络的拓扑构建技术研究进行介绍。

（1）具有不同传输范围的双层车联网拓扑构建

在高移动性节点动态组网环境下，节点面临邻近拓扑感知及构建问题，并且节点动态性使所构建的节点间无线链路具有脆弱性。现有研究未考虑车辆密度和其他车辆的综合干扰对可变传输范围的影响。同时，现有研究主要是对理想型单层车载自组织网络（Vehicular Ad-Hoc Network，VANET）的分析，无法合理反映空间信息网络真实环境。相关户外实验提出三维多层特征不可忽略，因为其极大地缩减了传输范围、降低了连接概率。因此，该方案重点放在更实用的双层车辆场景上，当上层的车辆密度为零时，它也可以表示二维单层场景。

假设道路宽度可以忽略，并且在双层 VANET 模型中每一层都有一个交通流，两层之间的高度距离为 h。将车辆所在的两个道路层表示为 RL_i（i=1, 2），并假设在 RL_i 上的车辆具有相同的速度，车辆位置服从参数为 λ_i 的 PPP。假设所有车辆能够相互通信并且具有相同的传输功率 p_t，将车辆 V_2 作为参考节点，V_2 从 RL_1 中的发射器节点 V_1 接收信号，距离为 r。在 VANET 基本结构中，可以提取两种典型的双层车辆场景：点 V_2 在 RL_1 中作为层内传输，点 V_2 在 RL_2 中作为层间传输。在通常情况下，研究 V_2 在 RL_2 中的层间传输。

采用请求发送/清除发送（RTS/CTS）机制，并引入小型瑞利衰落和大规模路径损耗来描述无线信道中的衰落特性。因此，对于 RL_i 中的节点 n 和参考节点 V_2，可以通过 $p_t g_i$ 、 $n = p_t H_i$ 、 $n d_{i,n}^{-\alpha_m}$ 得出从节点 n 接收的功率。其中，$d_{i,n}$ 是从节点 n 到节点 V_2 的距离，$H_{i,n}$ 是遵循指数分布的参数为 $\beta_{i,n}$ 的随机变量，$H_{i,n} \sim \exp(\beta_{i,n})$，$\alpha_m$ 是路径损耗指数。若节点 V_2 与节点 n 之间的分组传输是层内的，则令 α_m 为 α_1，$\beta_{i,n}$ 为平均层内参数 β_1；否则，令 α_m 为 α_1，$\beta_{i,n}$ 为平均层间参数 β_2。

对于双层 VANET，本节方案引入了多种传输范围：载波侦听范围和干扰范围，如图 5-17 所示。有效传输范围（用 R 表示）定义为成功发送/接收一个数据包的距离。当且仅当节点接收到的信号干扰比（Signal to Interference Ratio，SIR）大于某个阈值 η 的信号时，数据包才能被成功接收。层内载波侦听范围（用 R_{cs} 表示）定义为检测信号的距离，是 RTS/CTS 方案中的必要参数。类似地，R_{cs} 外部的层内本地范围定义为层内干扰范围（用 R_{int} 表示），在该范围内，节点可以传输对目标节点有影响的信号。此外，将层间载波侦听水平范围表示为 δR_{cs}，将层间干扰水平范围表示为 δR_{int}，其中 $0<\delta\leqslant 1$ 是载波侦听和干扰范围的劣化率。然而，系统中还存在着位于载波侦听范围之外和参考节点干扰范围之内的段中节点干扰，例如图 5-17 中的灰色节点。因此，研究分析了来自干扰段中的车辆。

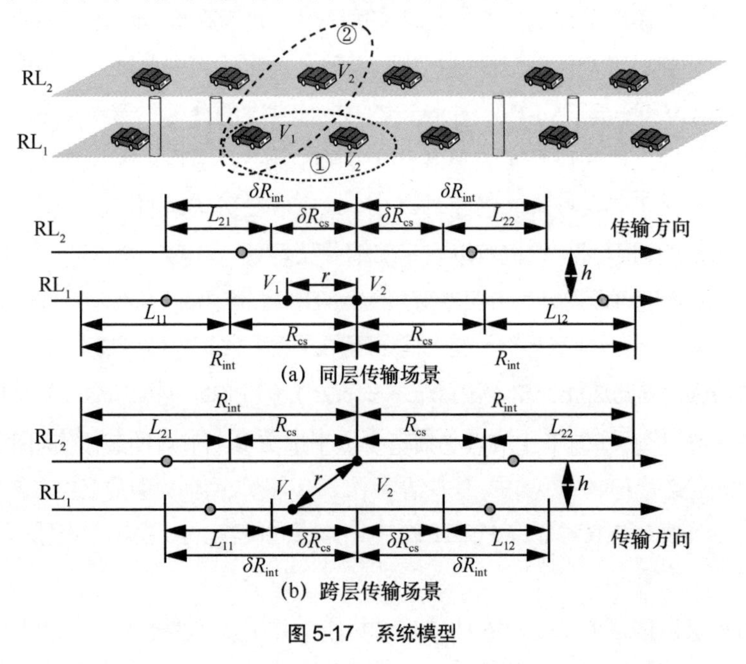

(a) 同层传输场景

(b) 跨层传输场景

图 5-17 系统模型

显然，每层中都有两个干扰段，将 $L_{i,j}$ 设为 RL_i 中段的长度（$i=1,2$，$j=1,2$）。一个层内干扰段设为 $L_{int}=R_{int}-R_{cs}$，则 $L_{2,j}=R_{int}-R_{cs}=L_{int}$，$L_{1,j}=\delta R_{int}-\delta R_{cs}=\delta L_{int}$。在通常情况下，用 $l_{i,j}$ 表示 $L_{i,j}$ 中的干扰节点数，随机变量 $p_{i,k}$ 表示节点 V_2 的 RL_i 中的第 k 个 $(k=1,2,\cdots,l_{i,j})$ 干扰节点接收的功率，则接收器的总干扰功率为

$I = p_t G$，其中 $G = \sum_{i=1}^{2}\sum_{j=1}^{2} G_{i,j}$，$G_{i,j} = \sum_{k=1}^{l_{i,j}} g_{i,k}$。

为了简化有效传输范围的推导，假设白噪声功率与干扰相比可以忽略不计。那么数据传输率可以表示为

$$P_R = P_r\{\text{SIR} \geqslant \eta\} = P_r\left\{\frac{p_{1,s}}{I} \geqslant \eta\right\} = P_r\left\{\frac{g_{1,s}}{\sum_{i=1}^{2}\sum_{j=1}^{2}\sum_{k=1}^{l_{i,j}} g_{i.k}} \geqslant \eta\right\} \tag{5-225}$$

其中，$p_{1,s} = p_t g_{1,s}$ 表示节点 V_2 从发射机节点 V_1 接收到的功率，$P_r(\cdot)$ 表示概率。

假设有效透射范围为 R，则 CDF 为 $F_R(r) = 1 - P_R$。有效传输范围为

$$\overline{R} = \text{E}(R) = \int_0^{\infty} (1 - F_R(r))\text{d}r = \int_0^{\infty} P_R \text{d}r \tag{5-226}$$

其中，$\text{E}(\cdot)$ 表示期望。

H 跳进度是源于它的 H_{th} 中继之间的距离，用一跳进度乘以跳数 H 来刻画。因此，可以计算出一跳进度距离 D 为

$$\text{E}(D) = \int_0^{\overline{R}} x\text{d}F_D(x), x \in (0, \overline{R}] \tag{5-227}$$

其中，$F_D(x)$ 是参考节点与其最远邻居节点距离的 CDF。

首先考虑分组层间传输，其中节点 V_1 在 RL_1 中，V_2 在 RL_2 中。节点 V_2 的接收功率为 $p_{1,s} = p_t g_{1,s} = p_t H_{1,s} r^{-\alpha_2}$，其中 $H_{1,s} \sim \exp(\beta_2)$。

对于干扰问题，任何干扰节点必须至少位于远离参考节点的载波侦听范围之外，这使两层之间的高度距离的影响足够低，可以忽略不计。因此在详细说明干扰时，忽略了高度距离，在双层场景中用 $d_{i,n}$ 表示干扰节点 n 与参考节点之间的水平距离。

为了计算总干扰 I，首先分析一个干扰段，例如 L_{11}。考虑分段 L_{11} 中节点 V_2 从节点 u 接收到的功率为 $p_{1,u} = p_t g_{1,u} = p_t H_{1,u} d_{1,u}^{-\alpha_2}$，其期望为

$$\text{E}(p_{1,u}) = p_t \text{E}(H_{1,u}) \text{E}(d_{1,u}^{-\alpha_2}) \tag{5-228}$$

其中，$d_{1,u}$ 是节点 u 与参考节点 V_2 之间的距离，$\text{E}(H_{1,u}) = \frac{1}{\beta_1}$，$u = \frac{1}{\beta_2}$。$L_{11}$ 中每个节点的位置服从均匀分布，而 11 个节点按位置均匀排序时遵循均匀分布的顺序统计，则

$$\mathrm{E}(d_{1,u}^{-\alpha_2}) = \int_{\delta R_{\mathrm{cs}}}^{\delta R_{\mathrm{int}}} d_{1,u}^{-\alpha_2} \frac{1}{\delta L_{\mathrm{int}}} \mathrm{d}_{d_{1,u}} = \frac{R_{\mathrm{int}}^{1-\alpha_2} - R_{\mathrm{cs}}^{1-\alpha_2}}{\delta^{\alpha_2}(1-\alpha_2)L_{\mathrm{int}}} \tag{5-229}$$

$$\mathrm{E}(p_t H_{1,u} d_{1,u}^{-\alpha_2}) = \frac{p_t}{\beta_2 q_1} \tag{5-230}$$

其中，$q_1 = \dfrac{\delta^{\alpha_2}(1-\alpha_2)L_{\mathrm{int}}}{R_{\mathrm{int}}^{1-\alpha_2} - R_{\mathrm{cs}}^{1-\alpha_2}}$。

另一方面，对于 L_{11} 中的节点 u，$g_{1,u} = H_{1,u} d_{1,u}^{-\alpha_2}$ 遵循指数分布。因此可以得出 $g_{1,u} \sim \exp(\beta_2 q_1)$。$L_{11}$ 中的总干扰为 $I_{11} = p_t G_{11}$，其中 $G_{11} = \sum_{k=1}^{l_{11}} g_{1,k}$。通过引入随机数随机变量之和的期望，推导 L_{11} 中总干扰的期望为

$$\begin{aligned}
&\mathrm{E}(I_{11}) = \sum_{N=0}^{\infty} \mathrm{E}(I_{11} \mid l_{11} = N) P_r(l_{11} = N) = \\
&\sum_{N=0}^{\infty} p_t \mathrm{E}\left(\sum_{k=1}^{N} H_{1,k} d_{1,k}^{-\alpha_2}\right) P_r(l_{11} = N) = \\
&\frac{p_t}{\beta_2 q_1} \sum_{N=0}^{\infty} N P_r(l_{11} = N) = \frac{p_t \lambda_2 L_{\mathrm{int}}}{\beta_2 q_1}
\end{aligned} \tag{5-231}$$

其中，$P_r(l_{11} = N)$ 是干扰节点数量 $l_{11} = N$ 的概率，$\sum_{N=0}^{\infty} N P_r(l_{11} = N) = \lambda_2 L_{\mathrm{int}}$ 是 L_{11} 中干扰节点数量的期望。

因此，对于双层 VANET 的拓扑，G_{11} 遵循具有参数 l_{11} 和 $\beta_2 q_1$ 的 Gamma 分布，表示为 $G_{11} \sim \Gamma(l_{11}, \beta_2 q_1)$。同样地，$G_{12} \sim \Gamma(l_{12}, \beta_2 q_1)$，$G_{2j} \sim \Gamma(l_{2j}, \beta_1 q_2)$，其中 $q_2 = \dfrac{(1-\alpha_1)L_{\mathrm{int}}}{R_{\mathrm{int}}^{1-\alpha_1} - R_{\mathrm{cs}}^{1-\alpha_1}}$，$j$ = 1,2。因此可以得到 $G_1 \sim \Gamma(l_1, \beta_2 q_1)$ 和 $G_2 \sim \Gamma(l_2, \beta_1 q_2)$，其中 $G_i = \sum_{j=1}^{2} G_{ij}$，$l_i = \sum_{j=1}^{2} l_{ij}$，$i$= 1,2。

参考节点 V_2 的数据包传输速率可以表示为

$$\begin{aligned}
&P_R = P_r\{\mathrm{SIR} > \eta\} = P_r\{H_{1,s} > r^{\alpha_2}\eta G\} = \\
&\int_0^{\infty} \int_{r^{\alpha_2}\eta G}^{\infty} \beta_2 \mathrm{e}^{-\beta_2 t} f_G(x)\, \mathrm{d}t\mathrm{d}x = \\
&\int_0^{\infty} \mathrm{e}^{-\beta_2 r^{\alpha_2}\eta G} f_G(x)\mathrm{d}x = \\
&\mathrm{E}_G[\mathrm{e}^{-\beta_2 r^{\alpha_2}\eta G}] = L_G(\beta_2 r^{\alpha_2}\eta)
\end{aligned} \tag{5-232}$$

在期望信号和干扰信号的瑞利衰落和路径损耗衰落下，G 的拉普拉斯（Laplace）变换可以表示为

$$\begin{aligned}L_G(v)=L_{G_1}(v)L_{G_2}(v)=\mathrm{E}[\mathrm{e}^{-vG_1}]\mathrm{E}[\mathrm{e}^{-vG_2}]=\\ \int_0^{\infty}\mathrm{e}^{-vx}f_{G_1}(x)\mathrm{d}x\int_0^{\infty}\mathrm{e}^{-vy}f_{G_2}(y)\mathrm{d}y=\\ \int_0^{\infty}\mathrm{e}^{-vx}\frac{(\beta_2q_1)^{l_1}}{\Gamma(l_1)}x^{l_1-1}\mathrm{e}^{-\beta_2q_1x}\mathrm{d}x\int_0^{\infty}\mathrm{e}^{-vy}\frac{(\beta_1q_2)^{l_2}}{\Gamma(l_2)}y^{l_2-1}\mathrm{e}^{-\beta_1q_2y}\mathrm{d}y=\\ \left(\frac{\beta_2q_1}{\beta_2q_1+v}\right)^{l_1}\left(\frac{\beta_1q_2}{\beta_1q_2+v}\right)^{l_2}\end{aligned} \tag{5-233}$$

其中，$v=\beta_2r^{\alpha_2}\eta$。

因此，可以获得数据包传输速率和层间有效通信范围的平均值分别为

$$P_R=\left(\frac{q_1}{q_1+vr^{\alpha_2}\eta}\right)^{l_1}\left(\frac{\beta_1q_2}{\beta_1q_2+\beta_2r^{\alpha_2}\eta}\right)^{l_2} \tag{5-234}$$

$$\overline{R}=\mathrm{E}(R)=\int_0^{\infty}P_R=\int_0^{\sqrt{\delta^2R_{\mathrm{cs}}^2+h^2}}\left(\frac{q_1}{q_1+vr^{\alpha_2}\eta}\right)^{l_1}\left(\frac{\beta_1q_2}{\beta_1q_2+\beta_2r^{\alpha_2}\eta}\right)^{l_2}\mathrm{d}r \tag{5-235}$$

其中，r 是随机变量 R 的值。令 r_0 表示节点 V_1 和 V_2 之间的水平距离，R_0 表示层间有效透射范围的水平范围，则 R_0 的平均值可以表示为

$$\begin{aligned}\overline{R}_0=\mathrm{E}(R_0)=\int_0^{\delta R_{\mathrm{cs}}}(1-P_r\{R_0\leqslant r_0\})\mathrm{d}r_0=\\ \int_0^{\delta R_{\mathrm{cs}}}(1-F_R(r))\mathrm{d}r_0=\\ \int_0^{\delta R_{\mathrm{cs}}}\left(\frac{q_1}{q_1+(r_0^2+h^2)^{\frac{\alpha_2}{2}}\eta}\right)^{l_1}\left(\frac{\beta_1q_2}{\beta_1q_2+\beta_2(r_0^2+h^2)^{\frac{\alpha_2}{2}}\eta}\right)^{l_2}\mathrm{d}r_0\end{aligned} \tag{5-236}$$

随后分析数据包的层内传输，即 V_1 和 V_2 都在 RL_1 中。根据数据包层间传输中采用的方法，令 $h=0$，可以将数据包传输速率和层内有效通信范围的平均值表示为

$$P_R'=\left(\frac{q_2}{q_2+r^{\alpha_1}\eta}\right)^{l_1}\left(\frac{\beta_2q_1}{\beta_2q_1+\beta_1r^{\alpha_1}\eta}\right)^{l_2} \tag{5-237}$$

$$\overline{R'} = \int_0^{R_{cs}} \left(\frac{q_2}{q_2 + r^{\alpha_1}\eta} \right)^{l_1} \left(\frac{\beta_2 q_1}{\beta_2 q_1 + \beta_1 r^{\alpha_1}\eta} \right)^{l_2} \mathrm{d}r \tag{5-238}$$

显然，对于数据分组层内传输，$r = r_0$，$\overline{R'} = \overline{R'_0}$。给定参数$l_i$和$h$的可积函数，其中 i=1,2。类似于参考文献[19]，D_i的 CDF 可以表示为$F_{D_1}(x) = \dfrac{\mathrm{e}^{-\lambda_1 \overline{R'}}(\mathrm{e}^{\lambda_1 x} - 1)}{1 - \mathrm{e}^{-\lambda_1 \overline{R'}}}$，$x \in (0, \overline{R'_0}]$ 和 $F_{D_1}(y) = \dfrac{\mathrm{e}^{-\lambda_2(\overline{R_0} - y)}(1 - \lambda_2 y E_i(-\lambda_2 y) - \mathrm{e}^{\lambda_2 y})}{1 - \lambda_2 \overline{R_0} E_i(-\lambda_2 \overline{R_0}) - \mathrm{e}^{\lambda_2 \overline{R_0}}}$，$y \in (0, \overline{R'_0}]$，其中 $\mathrm{E}_i(z) = \int_{-\infty}^{z} \dfrac{\mathrm{e}^t}{t} \mathrm{d}t$。此外，$\mathrm{RL}_i$ 上 D_i 的期望值可以表示为 $\mathrm{E}(D_1) = \int_0^{\bar{R}'} x \mathrm{d}F_{D_1}(x) = \int_0^{\bar{R}'} (1 - F_{D_1}(x)) \mathrm{d}x = \dfrac{\bar{R}' - \frac{1}{\lambda_1}(1 - \mathrm{e}^{-\lambda_1 \bar{R}'})}{1 - \mathrm{e}^{-\lambda_1 \bar{R}'}}$ 和 $\mathrm{E}(D_2) = \int_0^{\overline{R'}} y \mathrm{d}F_{D_2}(y) = \int_0^{\overline{R'}} (1 - F_{D_2}(y)) \mathrm{d}y$。

因此，可以得出双层 VANET 的下一跳前进距离 D 的期望值为

$$D = \max\{\mathrm{E}(D_1), \mathrm{E}(D_2)\} \tag{5-239}$$

显然，对于给定的参数l_i和 h，可以通过数值求解，其中 i=1,2。该研究通过对动态节点间有效通信距离进行分析，为空间拓扑构建提供了重要依据。

（2）动态自组织网络中的拓扑构建研究

当前，产业界在动态网络中的拓扑管理方面已经开展了多方面的深入研究，但很少有工作从零开始构建网络拓扑，也缺乏如何通过移动中继节点来管理飞行自组织网络（Flying Ad-Hoc Network，FANET）以适应拓扑波动方面的研究。此外，FANET 路由的可靠性受链路快速变化的影响极大，但不属于活跃路由路径的通信链路的质量均不会对网络性能造成影响，因而最佳网络拓扑在很大程度上取决于系统所使用的路由协议。

以含有一定数量的地面控制站（Ground Control Site，GCS）、任务无人机（Mission UAV，MU）和中继无人机（Relay UAV，RU）的 FANET 应用场景为例。3 种节点集合分别表示为 $G = \{g_k\}_{k=1}^{|G|}$、$M = \{m_k\}_{k=1}^{|M|}$ 和 $R = \{r_k\}_{k=1}^{|R|}$，其中，$|\cdot|$ 表示集合的基数。

为了支持无人机机群的协同配合、保障无人机系统的灵活性和有效性，考虑有限集中控制的体系结构。在该控制结构下，GCS 会预先设置每架无人机的属性（MU 或

RU），且任务执行过程中不会改变。同时 GCS 分配给 MU 给定的初始任务，MU 的移动模型受该任务的目的与性质控制。RU 的移动受其机载控制系统影响，当 MU 机群位置发生变化时，该机载控制系统基于机群内部通信做出协同决策，控制 RU 下一时间步长的运动。GCS 在整个任务执行过程中监视无人机机群的移动但不会干预其自主决策。这种控制结构有利于发挥 FANET 的优势。假设在 FANET 中，每个 MU 与一个特定的 GCS 连接。该 GCS 用 $g^{(m)}$ 表示，它将分配一个任务给该 MU。

将所有的 GCS、MU 和 RU 都视为 FANET 中的无线节点，并假定 FANET 中的每个节点在网络中对应的三维位置用 $x_v \in \mathbb{R}^3$ 表示。GCS、MU 和 RU 这 3 种节点集合的位置分别表示为 $x_G = \{x_v\}, v \in \mathcal{G}$ 、$x_M = \{x_v\}, v \in \mathcal{M}$ 和 $x_R = \{x_v\}, v \in \mathcal{R}$ 。假设 GCS 的位置是给定且固定的，根据本节考虑的有限集中控制结构，每个 MU 的位置和移动性将仅根据其给定的任务来确定（例如，如果一个 MU 的任务是监视一个特定的移动对象，它就会跟随这个移动对象移动）。因此该场景下无法通过改变 GCS 和 MU 的位置来提高 FANET 的性能，只能通过控制 RU 的部署和移动去优化网络拓扑。

假设使用的路由协议是已知的，即无论采用什么路由协议，均将其视为一个任意函数。将所有节点的位置输入该函数，便可以输出每个 MU 与其相对应的 $g^{(m)}$ 之间实现通信的路由路径。因此，考虑一般的路由协议，该协议可被表示为

$$\rho : \{x_G, x_M, x_R\} \to \{\rho_m\}, m \in \mathcal{M} \tag{5-240}$$

其中，ρ_m 是一组有序节点的集合，表示 m 和 $g^{(m)}$ 之间的路由路径。在集合中，路径 ρ_m 中的第 k 个元素可表示为 ρ_m^k，且集合中第一个元素 ρ_m^1 必须为 m，最后一个元素 $\rho_m^{|\rho_m|}$ 必须为 $g^{(m)}$，其余的元素为 RU，表示为 $\rho_m^i \in \mathcal{R}$ ，其中 $i=1,2,\cdots,|\rho_m|-1$ 。

例如，假设一个 m_3 正在执行一个由 g_2 分配的任务，即 $g^{(m_3)} = g_2$。按照以上所给的路由协议，如果由 m_3 产生的数据经由两个中继 r_3 和 r_1 传送，则路由路径表示为 $\rho_{m_3} = \{m_3, r_3, r_1, g_2\}$ 。

在实际的无线通信网络中，为实现信号的成功解码，需保证接收信号的 SNR 超过一定水平。由于无人机飞行环境复杂且多变，无线信号在信道中传输时会受到物体的散射和反射作用影响，因此存在严重的信号衰减问题。根据路径损耗模型可知，接收端无线信号的平均功率会随传输距离的增大呈指数衰减，为确保所有 MU 与其

相应的 GCS 之间可以建立起可靠的端到端通信，需保证所有活跃的路由路径中无线链路的链接范围不得大于有效通信距离。由此，建立起端与端通信约束

$$\max_{k=1,\cdots,|\rho_m|-1} \delta(\rho_m^k, \rho_m^{k+1}) \leqslant d_{cm}, \forall m \in \mathcal{M} \tag{5-241}$$

其中，d_{cm} 表示无人机间有效通信的距离阈值，仅当节点间距离小于该值时，发送端与接收端之间才可以保持良好通信；$\delta(u,v)$ 表示节点 u 和 v 之间的几何距离，即 $\delta(u,v)=\|x_u - x_v\|^2$，$x_u$ 和 x_v 表示节点 u 和 v 的几何坐标，$\|\cdot\|^2$ 表示欧几里得范数。

此外，在无人机机群进行协同配合执行任务时，需保证在整个过程中所有无人机之间必须维持一定的安全距离，才能有效避免机群发生碰撞。同时需要考虑无人机机群存在高速移动导致坠毁的风险。即使无人机没有高速飞行，许多恶劣的外部环境（如强风等）也会干扰其在某些位置的悬停。因此，需要考虑安全约束

$$\min_{u,v \in \mathcal{M} \cup \mathcal{R}, u \neq v} \delta(u,v) \geqslant d_{sf} \tag{5-242}$$

其中，d_{sf} 表示可避免无人机间碰撞的最小安全距离，且安全距离远小于 d_{cm}。由于 MU 的移动性是由其需要执行的任务所决定的，且 MU 的移动性控制不在本文的讨论范围内，因而假设 MU 之间需保持的安全距离是固定的。

已知各节点位置与路由机制，即可确定 FANET 拓扑，因而性能度量函数可表示为

$$f:\{x_G, x_M, x_R, \rho(x_G, x_M, x_R)^2\} \to y \tag{5-243}$$

函数中输入的是所有节点的位置和根据节点位置所获得的路由路径，输出的是可衡量 FANET 表现的具体数值。假设性能指标函数相对于每个 $x_r(r \in \mathcal{R})$ 是部分可微的，并且其值越小，FANET 的网络性能越好。例如，设计的性能度量函数可以由 MU 及其对应的 GCS 之间所有活跃路由路径上的链路距离的 α 次幂之和来定义

$$f(x_G, x_M, x_R, \rho) = \sum_{m \in \mathcal{M}} \sum_{k=1}^{|\rho_m|-1} \delta(\rho_m^k, \rho_m^{k+1})^{\alpha} \tag{5-244}$$

其中，α 表示链路距离影响其通信质量的程度。同时，该性能度量函数也可以被定义为所有属于活跃路由路径的链路之间的最长链路距离

$$f(x_G, x_M, x_R, \rho) = \max_{m \in \mathcal{M}} \max_{k=1,\cdots,|\rho_m|-1} \delta(\rho_m^k, \rho_m^{k+1}) \tag{5-245}$$

基于以上的路由协议、端到端通信约束、安全约束和性能度量函数，该 FANET 拓扑管理问题可以表示为

$$\begin{aligned}&\min_{x_R \in \mathcal{S}^{|R|}} f(x_G, x_M, x_R, \rho)\\ \text{s.t.}\quad &\max_{k=1,\cdots,|\rho_m|-1} \delta(\rho_m^k, \rho_m^{k+1}) \leqslant d_{cm}, \forall m \in \mathcal{M}\\ &\min_{u,v \in \mathcal{M} \cup \mathcal{R}, u \neq v} \delta(u,v) \geqslant d_{sf}\end{aligned} \tag{5-246}$$

针对拓扑管理问题，本节介绍 FANET 拓扑管理算法。该算法的基本思想是在保持尽可能高的网络性能的同时，避免计算开销低而导致的路由路径频繁更新和 FANET 拓扑频繁重构。为此，算法在仅当拓扑已在某些级别上更改，或者可能违反端到端通信约束或安全约束时，才考虑更新路由路径或重构网络拓扑。为衡量 FANET 拓扑的更改程度，定义一个新的逻辑距离概念——拓扑编辑距离，同时也利用其对约束条件加以限制。

首先利用图编辑距离的思想给出拓扑编辑操作的概念，之后将拓扑编辑距离定义为拓扑编辑操作的加权和。为便于说明，本节将 FANET 在时间步长 t 时的拓扑建模表示为图 $T(t)$，该图具有节点集合 $\mathcal{N}$ 、边集合 $\mathcal{E}(t)$ 和节点位置集合 $\mathcal{X}_N(t)$。其中，节点集合 $\mathcal{N}$ 定义为 FANET 中所有无线网络节点的集合，边集合 $\mathcal{E}(t)$ 定义为所有长度不大于 d_{cm} 的无序节点对的集合，节点位置集合 $\mathcal{X}_N(t)$ 定义为集合 $\mathcal{N}$ 中所有无线节点的位置集合。

FANET 拓扑管理算法需测量 FANET 拓扑从时间步长 t 到时间步长 τ 之间的变化程度，其中 $t<\tau$。节点集合在拓扑前后无变化，均为 $\mathcal{G} \cup \mathcal{M} \cup \mathcal{R}$ 之间的所有节点，但是节点位置的变化会导致边集合可能不同。因此，忽略节点的插入和删除操作，只考虑从 $T(t)$ 转换为 $T(\tau)$ 所需的最少边插入和删除操作的数量。将二者定义为前两个拓扑编辑距离，即

$$e_1(t,\tau) = |\mathcal{E}(\tau) \setminus \mathcal{E}(t)| \tag{5-247}$$

$$e_2(t,\tau) = |\mathcal{E}(t) \setminus \mathcal{E}(\tau)| \tag{5-248}$$

此外，由于每条边的无线通信质量与其链接长度密切相关，因此需要考虑边长度的变化。将边长度变化的总和作为第三个拓扑编辑操作

$$e_3 = \sum_{(u,v) \in \mathcal{E}(t) \cap \mathcal{E}(\tau)} |\delta(u,v,t) - \delta(u,v,\tau)| \tag{5-249}$$

其中，$\delta(u,v,t)$ 表示节点 u 和 v 在时间步长 t 时的距离，即 $\delta(u,v,t)=\|x_u(t)-x_v(t)\|^2$。

为避免违反端到端通信约束和安全约束，算法应在约束变得严格时执行更新路由路径或重构拓扑的操作。因而需要考虑 τ 时刻的 FANET 拓扑 $T(\tau)$ 违反这两个约束的程度。定义以下两个附加拓扑编辑操作，二者的值分别随端到端通信约束和安全约束变得更加严格而增大，即

$$\begin{aligned} e_4(t,\tau) &= \exp[\psi_1(\max_{k=1,\cdots,|\rho_m|-1,m\in\mathcal{M}} \delta(\rho_m^k,\rho_m^{k+1},\tau)-d_{cm})] \\ e_5(t,\tau) &= \exp[\psi_2(d_{sf}-\min_{u,v\in\mathcal{M}\cup\mathcal{R},u\neq v} \delta(u,v,\tau))] \end{aligned} \tag{5-250}$$

其中，ψ_1 和 ψ_2 是灵敏度参数。拓扑编辑操作 e_4 和 e_5 的值将分别随着活跃路由路径中最长链接距离和最短无人机间距离的增大而呈指数增加，因而可以借助二者的值判断端到端通信约束和安全约束的增强程度。如果拓扑编辑操作 e_4 和 e_5 的值均大于 1，可以判定该拓扑已经违反这两个约束。

最终定义出 FANET 拓扑在时间步长 t 和 τ 之间的拓扑编辑距离为

$$\delta_{\text{ted}}(\Gamma(t),\Gamma(\tau),\{\rho_m\})=\sum_{i=1}^{5} w_i e_i(t,\tau) \tag{5-251}$$

其中，w_i 是拓扑编辑操作 e_i 的权重参数，$\{\rho_m\}$ 是当前所有活跃的路由路径的集合。较大的拓扑编辑距离值意味着该 FANET 拓扑已经发生很大变化，或者约束已经变得更加严格。因此，基于该值的大小，可以决定是否要执行更新路由路径或者重构 FANET 拓扑的操作。

进一步地，设置两个阈值 ε_1 和 ε_2，其中 $\varepsilon_1<\varepsilon_2$。如果拓扑编辑距离比 ε_1 大，则说明 FANET 拓扑已经发生足够大的更改，路由路径需要更新；如果拓扑编辑距离比 ε_2 大，则说明 FANET 拓扑的变化程度已经大到需要执行重构拓扑的操作。此时，为了防止任何违反约束的情况出现，需要谨慎设置权重 w_4、w_5 和阈值 ε_2 的值。当所有活跃的路由路径中链路最长距离与 d_{cm} 相等、最短的无人机间距离与 d_{sf} 相等时，e_4 和 e_5 也将相等。因此，为保证算法在所有约束都被违反前能够执行重构拓扑的操作，需要设置 $\varepsilon_2<\min\{w_4,w_5\}$。可知，$\varepsilon_2$ 和 $\min\{w_4,w_5\}$ 之间的差别越大，无人机之间的最短距离越有可能越长，链路最长距离越有可能越短。但是随网络拓扑的频繁更新，计算开销也会相应增加。在设置这些参数时，需注意网络性能与时间开销的均衡。

本节提出的 FANET 拓扑管理算法的伪代码如算法 5-16 所示。

算法 5-16　FANET 拓扑管理算法

1:构造初始 FANET 拓扑

2: 初始化路由路径

3: 设置参考拓扑 Γ_{ref}

4: for 每次增加 t

5: 　调整 FANET 拓扑

6: 　if $\delta_{\text{ted}}\left(\Gamma_{\text{ref}},\Gamma(t),\{\rho_m\}\right)>\varepsilon_1$ then

7: 　　更新路由路径

8: 　　if $\delta_{\text{ted}}\left(\Gamma_{\text{ref}},\Gamma(t),\{\rho_m\}\right)>\varepsilon_2$ then

9: 　　　重建 FANET 拓扑

10: 　　　更新路由路径

11: 　　end if

12: 　　更新参考拓扑 Γ_{ref}

13: 　end if

14: end for

在算法 5-16 的初始阶段，在给定 GCS 和 MU 的位置后，首先构造初始 FANET 拓扑，确定初始路由路径，并设置该拓扑为参考拓扑 Γ_{ref}。

在算法 5-16 的迭代阶段，通过调整 FANET 拓扑以适应 MU 的随机运动，并将更新得到的 FNAET 拓扑与参考拓扑 Γ_{ref} 进行比较，来监测 FANET 拓扑的变化程度和约束条件被满足的程度。如果二者之间的拓扑编辑距离不超过阈值 ε_1，则表明 FANET 拓扑的累积变化不大，因此可继续通过调整 FANET 拓扑以适应 MU 的移动；如果拓扑编辑距离大于阈值 ε_1，则表明 FANET 拓扑已经变化到需要更新路由路径或重构拓扑。由于重构拓扑开销巨大，因此首先考虑更新路由路径来解决这种情况。如果更新路由路径后的拓扑编辑距离仍大于阈值 ε_2，则需要重构 FANET 拓扑。此时，将参考拓扑 Γ_{ref} 更新为当前的 FANET 拓扑。算法 5-16 对于具有端到端通信约束、安全约束条件的动态网络提供了一种有效的低复杂度拓扑管理方案。

5.2.3 空间网络组网的资源协同

空间网络组网技术重点关注通过卫星通信网络的构建，扩大通信网络的覆盖范围，为空天地海架构中的用户节点提供信息传输服务。通常，资源分配与卫星星座设计和覆盖方案密切相关。由于每个空间基站的宽波束都承载控制信令，所需带宽资源相对较小，因此可以使用较大的频率复用因子来避免对卫星之间的重叠区域的干扰。另外，点波束主要负责用户数据传输，所需带宽资源较多。因为点波束在空间上是隔离的，可以使用较小的频率复用因子来提高系统效率、减小波束间的干扰。接下来，本节将对空间网络组网及其资源协同技术研究进行举例介绍。

（1）卫星系统两级管理模型[20]

图 5-18 展示了一种卫星通信系统的两级管理模型。其中，网络管理中心（Network Management Center，NMC）执行第一级管理。它通过收集和利用用户和空间基站的流量数据来管理整个网络的覆盖方法、网络规划、干扰协调和资源分配策略。例如，NMC 可以根据 QoS 策略和卫星频谱的当前使用情况为用户规划网络访问方案，从而使系统效率最大化。空间基站执行第二级管理。它主要响应 NMC 实时计算出的协同策略，例如点波束的指向位置、卫星姿态的调整以及卫星的关闭策略。

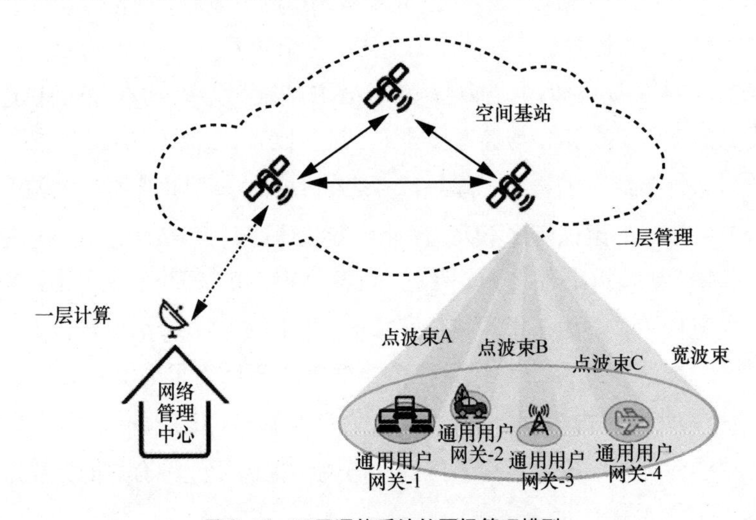

图 5-18　卫星通信系统的两级管理模型

（2）基于软件定义网络（Software Defined Network，SDN）架构的空间网络架构[21]

SDN 的特征在于控制平面和数据平面的分离。如图 5-19 所示，SDN 控制器具有网络资源的全局视图，并根据网络的动态性和 QoS 需求进行协同管理。GEO 卫星用作 SDN 的交换机，通过内部存储流表来处理其他卫星或地面节点传入的数据包。GEO 卫星的流表通过来自地面 SDN 控制器的控制指令进行更新，构成了空间主干网络。低地球轨道（Low Earth Orbit，LEO）/中地球轨道（Medium Earth Orbit，MEO）卫星一方面作为交换机来转发数据包，另一方面构成空间访问网络并向地面用户提供无线访问权限，以获取长距离全球通信。LEO/MEO 卫星在接收到数据包后，将根据其流表中的转发规则（由地面 SDN 控制器配置）决定将数据包转发到地面网络或空间网络。控制器能够实时监测 SDN 交换机，收集各个节点的动态变化信息，从而实现混合网络融合、拓扑控制、路由可扩展性、移动性管理和资源管理，充分利用空间网络的广泛覆盖范围以及地面网络的灵活性和高效率，实现高效的全球通信。

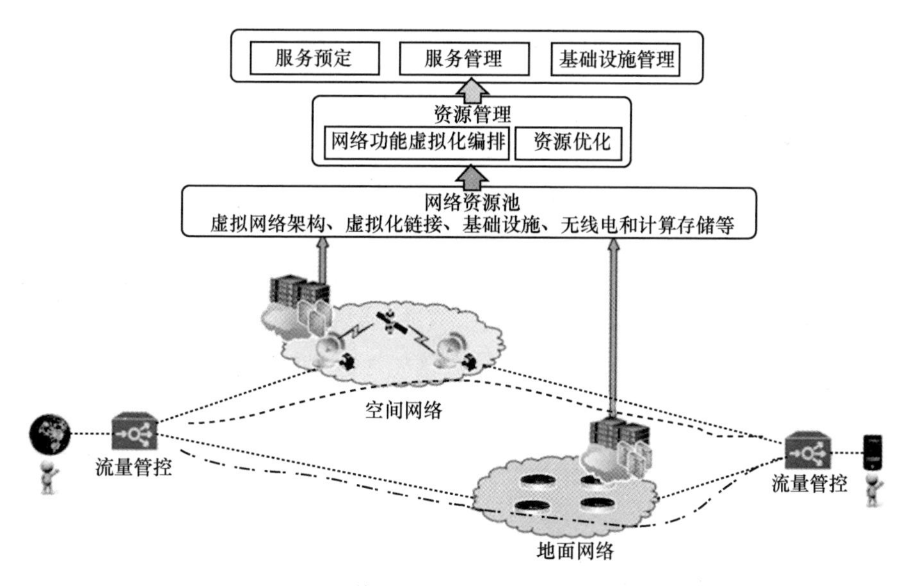

图 5-19　基于 SDN 的资源管理和流量控制

（3）空间信息网络切片技术[22]

空间信息网络切片示意如图 5-20 所示。切片通过在通用硬件设备之上构建出多个专用的、虚拟的、互相隔离的逻辑网络，根据用户所在区域、入网时段和占用带宽的动态变化，灵活调配处理不同的网络资源，实现系统的带宽、存储和处理资源的最优利用，推进业务模式由资源运营向网络运营、服务运营转变，达到满足任一场景、不同应用服务需求的目标，以全面解决传输服务质量、资源可扩展性、组网灵活性等基础性问题。

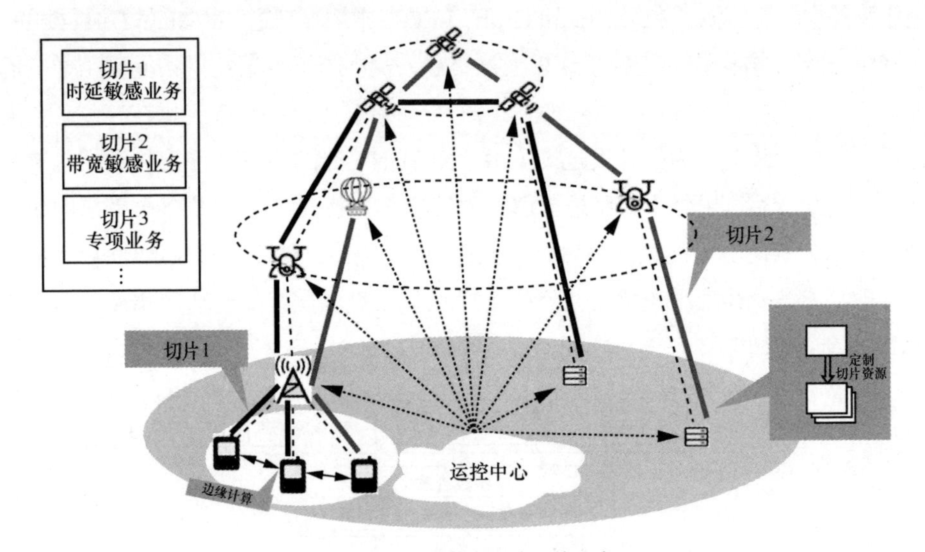

图 5-20　空间信息网络切片示意

空间信息网络切片技术具有以下几个方面的技术特征。第一，接入网和核心网一体虚拟化。随着星上无线接入网逐步演进、通用处理器计算能效比逐渐优化，统一虚拟化技术能够对接入网和核心网的软硬件进行充分解耦，并在统一虚拟化环境中将接入网功能重构为微服务，从而通过一致的管控逻辑对网络功能进行统一编排。第二，基于星轨历史计算的动态切片使能。卫星的高速运动使采用事先提前静态规划切片资源的方式会大大降低星上资源受限系统的资源利用率，结合星轨历史计算，采用动态时间片的切片使能技术，能够有效解决该问题。第三，基于大数据分析和人工智能技术。将人工智能技术应用于切片用户体验的智能化分析、端到端切片资源的优化配置，建立一种包括更多输入的、基于预测的、动态的保障方式，提供切片服务质量的高确定性和资源的优化利用。

5.2.4　低空网络组网的资源协同

低空网络组网技术重点关注通过无人机通信网络的构建，利用无人机的灵活性和移动性，进一步扩大通信网络的覆盖范围，为通信网络的稳定性和高传输质量提供技术支撑。

无人机因其便于移动、机动灵活的特点已得到业界越来越多的关注。目前已有很多研究表明，无人机可以作为移动基站、中继或者空中终端用户，部署在应急救援、物资分发以及医疗保障等多种场景中保障通信网络的稳定性，扩大通信范围[23]。无人机的迅猛发展进一步推动了空间信息网络动态组网的发展。

与传统网络节点相比，无人机节点的高速移动特点造成的网络拓扑结构的高动态变化对空间信息网络动态组网提出了新的挑战。如何进行有效的资源分配以适应高动态的网络拓扑结构是无人机组网一个亟待解决的问题。接下来，本节将对无人机低空网络组网的资源协同技术进行介绍。

1．多无人机辅助的协同通信[24]

针对无人机低空网络组网的资源协同问题，现有对无人机的研究大多数都集中在接入链路上，而忽略了回程链路。本节方案考虑了一个地面基站遭到破坏的紧急情况，需要部署多个无人机为偏远灾区的用户提供接入和回传链路。

假设半双工 UAV 以频分复用模式进行通信，并采用 FDMA 进行下行链路通信和解码转发（Decode and Forward，DF）的中继协议。系统中部署 K 个 UAV-BS 和 M 个 UAV-RE，如图 5-21 所示。UE、UAV-BS 和 UAV-RE 的集合分别用 $i\in\mathcal{N}=\{1,2,\cdots,N\}$ 、$b\in\mathcal{B}=\{1,2,\cdots,B\}$ 和 $r\in\mathcal{R}=\{1,2,\cdots,R\}$ 表示。

无人机的高度受实际高度 $[h_{\min},h_{\max}]$ 的制约。为简单起见，假设所有 UAV-BS 的高度均为 h_b，则有

$$\mathrm{C1}: h_{\min}\leqslant h_b\leqslant h_{\max},\forall b\in\mathcal{B} \tag{5-252}$$

令 $Z_{ib}=\{0,1\}$ 表示 b 是否为 i 服务。每个 i 最多可以由一个 b 提供服务

$$\mathrm{C2}: \sum_{b\in\mathcal{B}} z_{ib}=1,\forall i\in\mathcal{N} \tag{5-253}$$

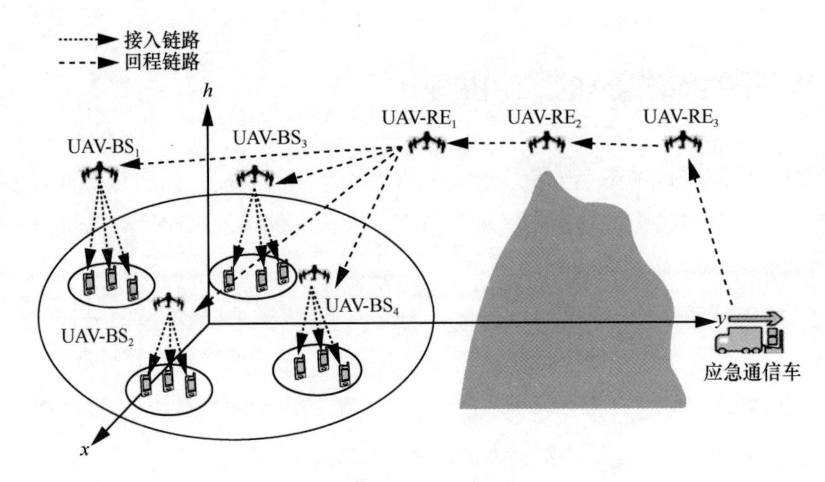

图 5-21　系统模型

假设总带宽为 W，并且所有传输链路共享正交频率资源以减轻传输干扰。用 $W=(W_i,W_b,W_r,W_v)$ 表示资源分配，则所有频率带宽的总和为

$$\mathrm{C3}: W=NW_i+KW_b+(M-1)W_r+W_v, \forall i\in\mathcal{N}, b\in\mathcal{B}, r\in\mathcal{R} \tag{5-254}$$

假设在 UAV 到 UAV 通信中仅存在 LoS 链路，而在 UAV 到地面通信中同时存在 LoS 链路和 NLoS 链路。L_{L} 和 L_{NL} 的路径损耗可表示为

$$L_{\mathrm{L}}=\eta_{\mathrm{L}}\left(\frac{4\pi fd}{c}\right)^2 \tag{5-255}$$

$$L_{\mathrm{NL}}=\eta_{\mathrm{NL}}\left(\frac{4\pi fd}{c}\right)^2 \tag{5-256}$$

其中，c 是光速，d 是发射端与接收端之间的距离，f 是载波频率，η_{L} 和 η_{NL} 是取决于环境的平均附加损耗。无人机与地面通信的 LoS 链路的概率为

$$P_{\mathrm{L}}(\theta)=\frac{1}{1+\alpha\exp\left[-\beta(\theta-\alpha)\right]} \tag{5-257}$$

考虑到转发解码中继模式，系统的传输速率取决于所有链路中传输速率的最小值

$$C=\min\{C_{ib},C_{rb},C_r,C_v\}, \forall i\in\mathcal{N}, b\in\mathcal{B}, r\in\mathcal{R} \tag{5-258}$$

其中，C_{ib}、C_{rb}、C_r、C_v 分别代表 BS-UE 链路、RE-BS 链路、RE-RE 链路和 RE-VE

链路的传输速率。

基于以上模型，可以得到系统的吞吐量为

$$C\left(\{x_b\},\{x_r\},z_{iq},W\right)=\min\left\{\sum_b\sum_i z_{ib}C_{ib},\sum_r C_{rb},C_r,C_v\right\},\quad \forall i\in\mathcal{N},b\in\mathcal{B},r\in\mathcal{R} \tag{5-259}$$

该优化问题通过优化用户关联、UAV 位置部署和资源分配来最大化系统吞吐量，即

$$\begin{aligned} \text{P1:}\quad & \max_{\{x_b\},\{x_r\},z_{iq},W}\ C \\ \text{s.t.}\quad & \text{C1}\sim\text{C3} \end{aligned} \tag{5-260}$$

通过推导可得，当给定其他变量时，若 4 条链路的速率相等，系统速率将达到最大值

$$\sum_b\sum_i z_{ib}C_{ib}=\sum_r C_{rb}=C_r=C_v \tag{5-261}$$

因此，可以将问题 P1 进一步简化为 P2

$$\begin{aligned} \text{P2:}\quad & \max_{\{x_b\},\{x_r\},z_{iq}}\ \frac{W}{\dfrac{N}{C'_{ib}}+\dfrac{K}{C'_{rb}}+\dfrac{M-1}{C'_r}\dfrac{1}{C'_v}} \\ \text{s.t.}\quad & \text{C1,C2} \end{aligned} \tag{5-262}$$

同理可得，当给定其他变量时，UAV-RE 应该等距线性部署，以最大化 UAV-RE 之间的链路传输速率 C_r。在给定其他变量的情况下，UAV-RE 和应急通信车应线性部署，以使最后一跳 UAV-RE 和应急通信车之间的链路传输速率 C_v 达到最大。基于以上推论，可以进一步将问题 P2 简化为 P3

$$\begin{aligned} \text{P3:}\quad & \max_{\{x_b\},x_{r1},d_r,z_{ir}}\ \frac{W}{\dfrac{N}{C'_{ib}}+\dfrac{K}{C'_{rb}}+\dfrac{M-1}{C'_r}+\dfrac{1}{C'_v}} \\ \text{s.t.}\quad & \text{C1,C2} \end{aligned} \tag{5-263}$$

由于 W 是定值，P3 可以进一步简化为 P4

$$\begin{aligned} \text{P4:}\quad & \min_{\{x_b\},x_{r1},d_r,z_{ir}}\ \frac{N}{C'_{ib}}+\frac{K}{C'_{rb}}+\frac{M-1}{C'_r}+\frac{1}{C'_v} \\ \text{s.t.}\quad & \text{C1,C2} \end{aligned} \tag{5-264}$$

将 P4 的优化分解为两个子问题，即 UAV-BS 的用户关联优化以及 UAV-BS 和 UAV-RE 的位置优化。首先，采用 k-means 算法来获取用户关联和 UAV-BS 位置的初始化结果。然后，通过 SGD 算法迭代求解，在更新无人机的位置之后，用户关联可能不再是最佳结果。因此采用了一种简单但有效的最近邻算法，将每个 UE 重新分配给最近的 UAV-BS。通过在无人机位置部署优化和用户关联优化之间进行 T 次迭代，以获得无人机的最终部署，并依此确定计算资源分配的结果。算法 5-17 详细介绍了联合资源分配、位置部署和用户关联的优化算法。该算法通过兼顾接入与回程链路的资源，可有效提升低空网络组网容量。

算法 5-17 联合资源分配、位置部署和用户关联的优化算法

输入 学习率 ，迭代次数 T

输出 UAV 的部署，$\{x_b\},\{x_r\},z_{ir}$，资源分配 W

1：初始化 UAV 的部署

2：for 迭代次数为 1,2, ⋯, T do

3：   loop

4：   更新 UAV 的位置

5：   end loop 直到收敛

6：更新用户分配

7：end for

8：计算资源分配

9：return $\{x_b\}, \{x_r\}, z_{ir}, W$

2. 智能全表面辅助的空中安全卸载

UAV 通常具有建立 LoS 链路的高可能性，这吸引了寻求高质量空中服务的无线网络提供商。在当前的服务模型中，决策应用的实现高度依赖于实时视频流和图像处理。存储和计算资源有限的 UAV 难以支持这些任务，或者可能会过度延长执行这些任务所需的时间。针对该问题，本节提出了利用 MEC 方法来减轻 UAV 的计算负担。在 MEC 框架中，通过收集分布在网络边缘的大量备用计算能力和存储空间，边缘服务器能够获得足够的能力来执行计算密集型和时延关键型任务。借助 MEC 机制，UAV 能够将其一部分计算任务卸载到边

缘服务器，以节省电池电量和计算资源。虽然 MEC 和 UAV 的融合可以有效缓解资源有限的压力，但空中卸载过程会不可避免地受到安全威胁。无线通信的广播性质和 UAV 网络中占主导地位的 LoS 链路使卸载链路容易被相邻的窃听者拦截，这严重危及数据安全和隐私。为此，该方案考虑利用智能全表面（Intelligent Omni-Surface，IOS）来确保空中卸载的安全性和可靠性。

考虑如图 5-22 所示的空中卸载系统，其中，N 架悬停的 UAV 可以将计算任务卸载到配备有一个 MEC 服务器的地面 BS 中，卸载被 K 个独立的窃听节点（Eve）拦截，同时，部署一个 IOS 来协助计算卸载和打击窃听。BS、UAV 和 Eve 各配备一根天线，且 IOS 由 $M = M_x \times M_z > 1$ 个单元组成。UAV、Eve 和 IOS 单元的集合分别用 $\mathcal{N}=\{1,2,\cdots,N\}$、$\mathcal{K}=\{1,2,\cdots,K\}$ 和 $\mathcal{M}=\{1,2,\cdots,M\}$ 表示。

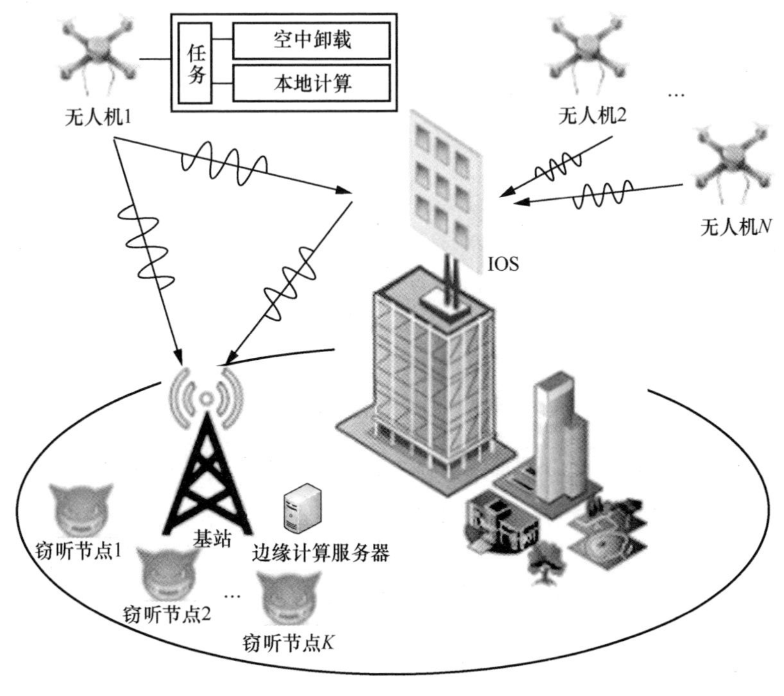

图 5-22　空中卸载系统

考虑一个三维的笛卡儿坐标系，BS 和 Eve 的水平位置分别表示为 $\boldsymbol{w}_b = [x_b, y_b]^{\mathrm{T}}$ 和 $\tilde{\boldsymbol{w}}_k = [\tilde{x}_k, \tilde{y}_k]^{\mathrm{T}}, \forall k \in \mathcal{K}$。假设 BS 和所有 Eve 位于 Y 的正半轴侧，即 $y_b > 0$ 和 $\tilde{y}_k > 0$。

此外，IOS 位于 X-Z 平面，其高度和水平坐标分别用 z_r 和 $\boldsymbol{w}_r=[x_r,y_r]^{\mathrm{T}}$ 表示。为了避开建筑物等障碍物，并遵守空中规则，假设每架 UAV 在恒定高度 z_u 盘旋，其水平位置用 $\boldsymbol{w}_n=[x_n,y_n]^{\mathrm{T}}$ 表示。因此，任何两架 UAV 之间的水平距离可以表示为

$$d_{ij}=\|\boldsymbol{w}_i-\boldsymbol{w}_j\|,\forall i\neq j\in\mathcal{N} \tag{5-265}$$

显然，任何两架 UAV 必须保持最小距离 $d_{\min}$ 以避免碰撞，因此有以下约束成立

$$\mathrm{C1}:d_{ij}\geqslant d_{\min},\forall i\neq j\in\mathcal{N} \tag{5-266}$$

根据现有的信道估计方法，假设所有信道的信道状态信息在 UAV 和 IOS 上是已知的。此外，假设所有信道为莱斯（Rician）信道。因此，从 UAV 到 IOS 的信道可以表示为

$$\boldsymbol{h}_{nr}=\underbrace{\sqrt{h_0d_{nr}^{-\alpha}}}_{\text{路径损耗}}\underbrace{\left(\sqrt{\frac{\beta_{nr}}{\beta_{nr}+1}}\boldsymbol{h}_{nr}^{\mathrm{LoS}}+\sqrt{\frac{1}{\beta_{nr}+1}}\boldsymbol{h}_{nr}^{\mathrm{NLoS}}\right)}_{\text{阵列响应和小尺度衰落}} \tag{5-267}$$

其中，h_0 是参考距离 $d_0=1\,\mathrm{m}$ 处的信道增益，d_{nr} 是 UAV 和 IOS 之间的距离，α 是 UAV-IOS 链路的路径损耗指数，β_{nr} 是 Rician 因子。阵列响应和小尺度衰落包括的确定性 LoS 分量 $\boldsymbol{h}_{nr}^{\mathrm{LoS}}$ 和 NLoS 分量 $\boldsymbol{h}_{nr}^{\mathrm{LoS}}$ 都服从 $\mathcal{CN}(0,\boldsymbol{I})$。$\boldsymbol{h}_{nr}^{\mathrm{LoS}}$ 取决于 UAV 的位置，可以表示为

$$\boldsymbol{h}_{nr}^{\mathrm{LoS}}=\mathrm{e}^{-\mathrm{j}\frac{2\pi}{\lambda}d_{nr}}\boldsymbol{a}_{nz}^{\mathrm{T}}\otimes\boldsymbol{a}_{nx}^{\mathrm{T}} \tag{5-268}$$

其中，$d_{nr}=\sqrt{(z_u-z_r)^2+\|\boldsymbol{w}_n-\boldsymbol{w}_r\|^2}$ 表示 UAV 与 IOS 的距离，λ 表示载波波长，$\otimes$ 表示克罗内克积。$\boldsymbol{a}_{nz}$ 和 $\boldsymbol{a}_{nx}$ 包含到达角和出发角的通道向量，可表示为

$$\boldsymbol{a}_{nz}=\left[1,\mathrm{e}^{-\mathrm{j}\frac{2\pi}{\lambda}d\phi_{nr}},\cdots,\mathrm{e}^{-\mathrm{j}\frac{2\pi}{\lambda}(M_z-1)d\phi_{nr}}\right] \tag{5-269a}$$

$$\boldsymbol{a}_{nx}=\left[1,\mathrm{e}^{-\mathrm{j}\frac{2\pi}{\lambda}d\psi_{nr}},\cdots,\mathrm{e}^{-\mathrm{j}\frac{2\pi}{\lambda}(M_x-1)d\psi_{nr}}\right] \tag{5-269b}$$

其中，d 表示天线间隔，$\phi_{nr}=\sin\varphi_{nr}\sin\vartheta_{nr}=\dfrac{z_u-z_r}{d_{nr}}$，$\psi_{nr}=\cos\varphi_{nr}\sin\vartheta_{nr}=\dfrac{x_r-x_n}{d_{nr}}$，$\varphi_{nr}$ 和 ϑ_{nr} 分别表示来自 UAV 到 IOS 的信号的方位角和仰角。此外，$\boldsymbol{h}_{nb}$、$\boldsymbol{h}_{nk}$、$\boldsymbol{h}_{rb}$ 和

$\boldsymbol{h}_{rk}$ 分别表示从 UAV 到 BS、UAV 到 Eve、IOS 到 BS 和 IOS 到 Eve 的链路的信道向量。这些系数可以通过类似于获取 $\boldsymbol{h}_{nr}$ 的过程生成，即

$$\boldsymbol{h}_{nc}=\sqrt{h_0 d_{nc}^{-\kappa}}\left(\sqrt{\frac{\beta_{nc}}{\beta_{nc}+1}}\boldsymbol{h}_{nc}^{\mathrm{LoS}}+\sqrt{\frac{1}{\beta_{nc}+1}}\boldsymbol{h}_{nc}^{\mathrm{NLoS}}\right) \tag{5-270a}$$

$$\boldsymbol{h}_{rc}=\sqrt{h_0 d_{rc}^{-\alpha}}\left(\sqrt{\frac{\beta_{rc}}{\beta_{rc}+1}}\boldsymbol{h}_{rc}^{\mathrm{LoS}}+\sqrt{\frac{1}{\beta_{rc}+1}}\boldsymbol{h}_{rc}^{\mathrm{NLoS}}\right) \tag{5-270b}$$

其中，$c\in\mathcal{C}=\{b\}\cup\mathcal{K}$，$d_{nb}=\sqrt{z_u^2+\|\boldsymbol{w}_n-\boldsymbol{w}_b\|^2}$，$d_{nk}=\sqrt{z_u^2+\|\boldsymbol{w}_n-\tilde{\boldsymbol{w}}_k\|^2}$，$d_{rb}=\sqrt{z_r^2+\|\boldsymbol{w}_r-\boldsymbol{w}_b\|^2}$，$d_{rk}=\sqrt{z_r^2+\|\boldsymbol{w}_r-\tilde{\boldsymbol{w}}_k\|^2}$，$\kappa$ 是相应的路径损耗指数，β_{nc} 和 β_{rc} 是相应的 Rician 因子。NLoS 部分 $\tilde{\boldsymbol{h}}_{nc}^{\mathrm{NLoS}}\sim\mathcal{CN}(0,1)$，$\boldsymbol{h}_{rc}^{\mathrm{NLoS}}\sim\mathcal{CN}(0,\boldsymbol{I})$。此外，LoS 部分 $\boldsymbol{h}_{nc}^{\mathrm{LoS}}=\mathrm{e}^{-\mathrm{j}\frac{2\pi}{\lambda}d_{nc}}$，$\boldsymbol{h}_{rc}^{\mathrm{LoS}}$ 可表示为

$$\boldsymbol{h}_{rc}^{\mathrm{LoS}}=\mathrm{e}^{-\mathrm{j}\frac{2\pi}{\lambda}d_{rc}}\left[1,\mathrm{e}^{-\mathrm{j}\frac{2\pi}{\lambda}d\phi_{rc}},\cdots,\mathrm{e}^{-\mathrm{j}\frac{2\pi}{\lambda}(M_z-1)d\phi_{rc}}\right]^{\mathrm{T}}\otimes\left[1,\mathrm{e}^{-\mathrm{j}\frac{2\pi}{\lambda}\psi_{rc}},\cdots,\mathrm{e}^{-\mathrm{j}\frac{2\pi}{\lambda}(M_x-1)d\psi_{rc}}\right]^{\mathrm{T}},\forall c \tag{5-271}$$

其中，$\phi_{rc}=\dfrac{z_r}{d_{rc}}$，$\psi_{rb}=\dfrac{x_b-x_r}{d_{rb}}$，$\psi_{rk}=\dfrac{x_k-x_r}{d_{rk}}$。

如图 5-23 所示，对于 IOS，从发射端（UAV）发射到每个 IOS 单元的入射信号的方向，以及从 IOS 单元重新发射到接收端（BS 或 Eve）的射出信号（反射或折射）的方向可由 $(\vartheta_n^{\mathrm{A}},\varphi_n^{\mathrm{A}})$ 和 $(\vartheta_c^{\mathrm{D}},\varphi_c^{\mathrm{D}})$ 给出，其中，ϑ_n^{A} 和 ϑ_n^{D} 分别表示入射信号和射出信号的仰角，φ_c^{A} 和 φ_c^{D} 分别表示对应的方位角。IOS 单元对接收信号的响应受入射方向和射出方向的影响。$\boldsymbol{G}_{nb}$ 和 $\boldsymbol{G}_{nk}$ 分别表示 IOS 单元对 UAV 到 BS 和 UAV 到 Eve 的信号的响应，那么可以得到

$$\boldsymbol{G}_{nc}=G\sqrt{K_n^{\mathrm{A}}K_c^{\mathrm{D}}}\boldsymbol{\Theta},\forall c \tag{5-272}$$

其中，$G=\sqrt{G_0\delta_x\delta_z|\gamma|^2}$，$G_0$、$\delta_x$、$\delta_z$ 和 γ 分别表示各单元的天线功率增益、各单元沿 X 轴和 Z 轴的大小，以及 IOS 射出信号的功率与天线的功率比。使用 K_n^{A}、K_b^{D} 和 K_k^{D} 表示 UAV 到 IOS 的入射信号、IOS 到 BS 的射出信号和 IOS 到 Eve 的射出信号的归一化功率辐射方向，定义为

$$K_n^{\mathrm{A}}=\left|\cos^3\vartheta_n^{\mathrm{A}}\right|,\vartheta_n^{\mathrm{A}}\in(0,\pi) \tag{5-273a}$$

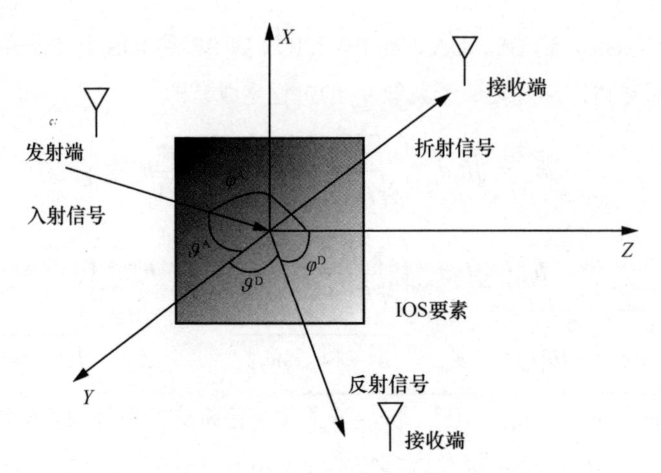

图 5-23　IOS 的单个元素反射和传输的信号

$$K_c^{\mathrm{D}} = \begin{cases} \dfrac{1}{1+\epsilon}\left|\cos^3 \vartheta_c^{\mathrm{D}}\right|, & \vartheta_c^{\mathrm{D}} \in \left(0, \dfrac{\pi}{2}\right) \\ \dfrac{\epsilon}{1+\epsilon}\left|\cos^3 \vartheta_c^{\mathrm{D}}\right|, & \vartheta_c^{\mathrm{D}} \in \left(\dfrac{\pi}{2}, \pi\right) \end{cases} \tag{5-273b}$$

其中，ϵ 是一个常数参数，用于量化 IOS 发射的反射和折射信号的功率比。根据本节方案所考虑的 IOS 的部署位置和方向，有 $\vartheta_n^{\mathrm{A}} = \arccos\left(\dfrac{y_n}{d_{nr}}\right)$、$\vartheta_b^{\mathrm{D}} = \arccos\left(\dfrac{y_b}{d_{rb}}\right)$ 和 $\vartheta_k^{\mathrm{D}} = \arccos\left(\dfrac{\tilde{y}_k}{d_{rk}}\right)$。此外，$\boldsymbol{\Theta} = \mathrm{diag}(\boldsymbol{v})$ 表示 IOS 的对角相移矩阵，其中 $\boldsymbol{v} = \left[\mathrm{e}^{\mathrm{j}\theta_1}, \mathrm{e}^{\mathrm{j}\theta_2}, \cdots, \mathrm{e}^{\mathrm{j}\theta_M}\right]$。为了完整起见，本节讨论 IOS 连续相移和离散相移两种情况。具体来说，每个 IOS 单元可以从可行的相移值集合 Ω_1 和 Ω_2 中选择一个连续或离散的相移值 θ_m，即

$$\mathrm{C2}: \theta_m \in \Omega_1 = [0, 2\pi), \forall m \in \mathcal{M} \tag{5-274a}$$

$$\mathrm{C3}: \theta_m \in \Omega_2 = \left\{0, \frac{2\pi}{L}, \cdots, \frac{2\pi(L-1)}{L}\right\}, \forall m \in \mathcal{M} \tag{5-274b}$$

其中，$L = 2^b$ 表示相移级数，b 表示位数。根据能量守恒定律，反射和折射的功率之和不能超过入射信号的功率，即

$$C4: \int_0^{2\pi}\int_0^{\pi}\left|G\sqrt{K_n^{A}K_c^{D}}e^{j\theta_m}\right|^2 d\vartheta d\varphi \leqslant 1, \forall m \tag{5-275}$$

假设 N 架 UAV 使用 NOMA 方式将其各自的部分计算工作卸载到 BS 处的 MEC 服务器上，且 K 个 Eve 也使用 NOMA 方式来拦截空中卸载信号。基于上述信道模型，BS 和 Eve 处的接收信号分别表示为 y_b 和 y_k，即

$$y_c = \sum_n (\boldsymbol{h}_{nc} + \boldsymbol{h}_{rc}^{H}\boldsymbol{G}_{nc}\boldsymbol{h}_{nr})\sqrt{p_n}s_n + \xi, \forall c \tag{5-276}$$

其中，p_n 表示 UAV 的发射功率，s_n 表示单位功率的发射符号，$\xi \sim \mathcal{CN}(0,\delta^2)$ 表示 BS 和 Eve 处的加性白高斯噪声。

为了有效地减轻信号间干扰，BS 按照信道增益的降序执行连续干扰消除来解码信号。具体来说，来自信道增益较差的 UAV 的信号被视为来自信道增益较强的 UAV 的信号的干扰。将 $\{\pi_b(n)\}$ 记为 BS 的解码顺序。例如，$\{\pi_b(n)\}=n$ 表示 UAV 的信号在 BS 处第 n 个被解码。按照这个顺序，对于从 UAV 到 BS 的链路，符合 $\pi_b(\tilde{n}) > \pi_b(n)$ 的信号就是其干扰。假设这个方案也被 Eve 采用，$\pi_k(n)$ 表示 Eve 的解码顺序。因此，BS 和 Eve 处接收到的来自 UAV 的速率分别为

$$R_{bn} = \mathrm{lb}\left(1 + \frac{p_n\left|h_{nb} + \boldsymbol{h}_{rb}^{H}\boldsymbol{G}_{nb}\boldsymbol{h}_{nr}\right|^2}{\sum\limits_{\pi_b(\tilde{n})>\pi_b(n)}\left|h_{\tilde{n}b} + \boldsymbol{h}_{rb}^{H}\boldsymbol{G}_{\tilde{n}b}\boldsymbol{h}_{\tilde{n}r}\right|^2 + \sigma^2}\right) \tag{5-277a}$$

$$R_{en,k} = \mathrm{lb}\left(1 + \frac{p_n\left|h_{nk} + \boldsymbol{h}_{rk}^{H}\boldsymbol{G}_{nk}\boldsymbol{h}_{nr}\right|^2}{\sum\limits_{\pi_k(\tilde{n})>\pi_k(n)}p_{\tilde{n}}\left|h_{\tilde{n}k} + \boldsymbol{h}_{rk}^{H}\boldsymbol{G}_{\tilde{n}k}\boldsymbol{h}_{\tilde{n}r}\right|^2 + \sigma^2}\right) \tag{5-277b}$$

此外，基于上行 NOMA 的原理，本节用以下约束条件来决定 NOMA 用户的解码顺序

$$C5: \left|h_{nc} + \boldsymbol{h}_{rc}^{H}\boldsymbol{G}_{nc}\boldsymbol{h}_{nr}\right|^2 \geqslant \left|h_{\tilde{n}c} + \boldsymbol{h}_{rc}^{H}\boldsymbol{G}_{\tilde{n}c}\boldsymbol{h}_{\tilde{n}r}\right|^2,\ \pi_c(n) \leqslant \pi_c(\tilde{n}), \forall c, n \tag{5-278}$$

因此，在存在 K 个 Eve 的情况下，从 UAV 到 BS 的可实现保密率为

$$R_n = \left[R_{bn} - \max_{k\in\mathcal{K}} R_{en,k}\right]^+, \forall n, k \tag{5-279}$$

其中，$[x]^+ = \max\{x, 0\}$。根据最优保密率的非负性质，本节的其余部分省略了操作

符$[\cdot]^+$。

对于本节所考虑的系统，N架 UAV 执行部分卸载策略。假设 UAV 需要完成L_n bit 的计算任务，其本地计算的比例为$1-\rho_n$，其余任务卸载到 BS 进行远程计算。考虑如下 3 种计算情况。

①本地计算。对于本地计算，本节使用D_u表示每个比特所需的 CPU 周期数，C_u表示每架 UAV 的计算能力。因此，UAV 的本地执行时间和 CPU 功耗分别为

$$T_n^{\mathrm{loc}}=\frac{\left(1-\rho_n\right)L_n D_u}{C_u},\forall n \tag{5-280a}$$

$$p_{\mathrm{loc}}=\nu C_u^3 \tag{5-280b}$$

其中，ν表示取决于 UAV 芯片架构的功耗系数。

②空中卸载。UAV 向 BS 发送一个$\rho_n L_n$ bit 任务包的传输时间为

$$T_n^{\mathrm{tran}}=\frac{\rho_n L_n}{R_n},\forall n \tag{5-281}$$

③边缘计算。对于边缘计算，MEC 服务器为每架 UAV 分配一定的计算能力进行数据处理。令C_n表示分配给 UAV 的 CPU 频率，D_b表示处理 1 bit 所需的 CPU 周期数，则 MEC 服务器计算 UAV 的任务数据所花费的时间可以表示为

$$T_n^{\mathrm{MEC}}=\frac{\rho_n L_n D_b}{C_n},\forall n \tag{5-282}$$

考虑到 MEC 服务器的总 CPU 频率为C Mbit/s，则变量C_n应满足以下约束

$$\mathrm{C6}:\sum_n C_n \leqslant C \tag{5-283a}$$

$$\mathrm{C7}:\quad C_n \geqslant 0,\forall n \tag{5-283b}$$

由于 UAV 计算资源有限，需要在有限能源供应下确保计算卸载。为此，考虑最大化系统保密能量效率（Secrecy Energy Efficiency，SEE）。SEE 定义为可实现保密率与所有 UAV 总消耗功率之比，可表示为

$$\eta=\frac{R_{\mathrm{tot}}}{P_{\mathrm{tot}}}=\frac{\sum_n R_n}{\sum_n\left(p_n+p_{\mathrm{loc}}+p_{\mathrm{hor}}\right)} \tag{5-284}$$

其中，$p_{\text{hor}}=\left(3^{-\frac{3}{4}}+3^{\frac{1}{4}}\right)c_1^{\frac{1}{4}}c_2^{\frac{3}{4}}$ 表示每架悬停 UAV 的最小功耗，c_1 和 c_2 表示与 UAV 重量、机翼面积、空气密度等相关的参数。

如果目标设定为通过联合优化 CPU 频率 C_n、卸载比 ρ_n、发射功率 p_n、IOS 相移 Θ 和 UAV 位置 $\boldsymbol{w}_n$ 来最大化所提系统的 SEE，那么可以构建如下问题

$$\max_{\Theta,\{C_n,\rho_n,p_n,\boldsymbol{w}_n\}} \quad \eta \tag{5-285a}$$

$$\text{s.t.} \quad \text{C1,C2或C3,C4～C7} \tag{5-285b}$$

$$\text{C8}: T_n^{\text{loc}} \leqslant T, \forall n \tag{5-285c}$$

$$\text{C9}: T_n^{\text{tran}} + T_n^{\text{MEC}} \leqslant T, \forall n \tag{5-285d}$$

$$\text{C10}: 0 \leqslant p_n \leqslant p_{\max}, \forall n \tag{5-285e}$$

$$\text{C11}: 0 \leqslant \rho_n \leqslant 1, \forall n \tag{5-285f}$$

其中，T 和 $p_{\max}$ 分别为计算的最大可容忍时延和 UAV 的最大传输功率。约束条件 C8 和 C9 保证了时延要求，约束条件 C10 和 C11 分别限制了传输功率和分配比例。

由于目标函数的分式结构、单位模量约束以及优化变量的高度耦合，问题（5-285）是一个非线性非凸问题。如何得到这类问题的全局最优解是一个挑战。具体来说，依靠成熟的交替优化（Alternating Optimization，AO）技术，可以实现问题（5-285）的解耦和变量的优化。AO 方法的核心思想是在其他变量固定的情况下，迭代优化其中一个变量，并依次重复此操作，直到达到收敛。

从问题（5-285）可以看出，CPU 频率和卸载比变量并没有直接出现在目标函数中。因此，无法直接处理问题（5-285）。然而，约束条件 C8 和 C9 表明，MEC 服务器的 CPU 分配和 UAV 的卸载比决定了卸载任务大小、卸载时间和任务执行时间。推论 5-1 描述了卸载时间对 SEE 的直接影响。

推论 5-1 UAV 的 SEE 关于其空中安全卸载时间 T_n^{tran} 单调递增且非凸。

由推论 5-1 可知，通过延长计算卸载时间 T_n^{tran} 可以有效提高总的 SEE。然而，考虑到时延需求，T_n^{tran} 不能任意长。从 C9 中可以观察到，通过缩短 T_n^{MEC} 可以放松 T_n^{tran} 的限制，从而改善 SEE。式（5-282）表明，C_n 与 T_n^{MEC} 成反比。因此，为了最大化 SEE，首先，对于任意给定的 Θ 和 $\{\rho_n, p_n, \boldsymbol{w}_n\}$，CPU 频率分配子问题可以

表示为

$$\max_{C_n} \sum_{n} C_n \tag{5-286a}$$

$$\text{s.t.} \quad C_n \geqslant \frac{\rho_n L_n R_n D_b}{TR_n - \rho_n L_n}, \forall n \tag{5-286b}$$

$$\text{C6,C7} \tag{5-286c}$$

问题（5-286）是一个线性优化问题，可以使用线性优化器有效解决。

然后，在给定 Θ 和 $\{\rho_n, p_n, \boldsymbol{w}_n\}$ 的条件下对 ρ_n 进行优化。当 ρ_n 的值比较高时，UAV 的局部计算任务减少，传输任务和空中卸载时间相应增加。在推论 5-1 的基础上，SEE 值随之增加。因此，将总边缘计算量作为卸载比子问题的目标函数，将优化问题表示为

$$\max_{\rho_n} \sum_{n} \rho_n L_n \tag{5-287a}$$

$$\text{s.t.} \quad \text{C8,C9,C11} \tag{5-287b}$$

在满足时延约束的前提下，当 UAV 的总卸载量最大时，总边缘计算量达到最大。通过设置约束 C9 为等式，可以得到最优卸载比的闭式解为

$$\rho_n^{\star} = \min\left(\frac{TR_n C_n}{\left(C_n + R_n D_b\right) L_n}, 1\right), \forall n \tag{5-288}$$

特别地，当且仅当 C8 成立时问题（5-287）是可行的，因此 $\rho_n^{\star}$ 需要保证以下约束成立

$$\rho_n^{\star} = \min\left(\frac{TR_n C_n}{\left(C_n + R_n D_b\right) L_n}, 1\right), \forall n \tag{5-289}$$

对于任意给定的 Θ 和 $\{\rho_n, p_n, w_n\}$，功率分配变量 p_n 可以通过求解以下问题来优化

$$\max_{\rho_n} \eta \tag{5-290a}$$

$$\text{s.t.} \quad \text{C9,C10} \tag{5-290b}$$

η 的分式结构使问题（5-290）难以解决。因此，本节采用 Dinkelbach 的方法来

解决这个问题。具体来说，通过乘法因子 μ 和辅助变量 $\boldsymbol{\omega}_n$ 定义 $\tilde{R}_n = \dfrac{\rho_n L_n C_n}{TC_n - \rho_n L_n D_b}$，问题（5-290）可以转化为

$$\max_{\{p_n,\omega_n\}} \sum_n \left(R_{bn} - \omega_n\right) - \mu P_{\text{tot}} \tag{5-291a}$$

$$\text{s.t.} \quad R_{bn} - \omega_n \geqslant \tilde{R}_n, \forall n \tag{5-291b}$$

$$\omega_n \geqslant R_{en,k}, \forall n,k \tag{5-291c}$$

$$\text{C10} \tag{5-291d}$$

为了便于观察，将 R_{bn} 和 $R_{en,k}$ 改写为式（5-292a）和式（5-292b）。注意到，R_{bn} 使式（5-291a）非凹，式（5-291b）非凸，而 $R_{en,k}$ 使式（5-291c）非凸，从而导致问题（5-291）非凸。为了使问题（5-291）易于处理，本节采用连续凸逼近（Successive Convex Approximation，SCA）技术对其进行转换。由于凸函数的一阶泰勒展开逼近是一个全局的低估计，在给定可行点 $p_n^{(\ell)}$ 处，$\mathcal{I}_{bn}$ 和 $\mathcal{S}_{en,k}$ 的上界可由式（5-292c）和式（5-292d）给出。

$$R_{bn} = \underbrace{\text{lb}\left(\sum_{\pi_b(\tilde{n}) \geqslant \pi_b(n)} p_{\tilde{n}} \left| h_{\tilde{n}b} + \boldsymbol{h}_{rb}^{\text{H}} \boldsymbol{G}_{\tilde{n}b} \boldsymbol{h}_{\tilde{n}r} \right|^2 + \sigma^2\right)}_{\mathcal{S}_{bn}} - \underbrace{\text{lb}\left(\sum_{\pi_b(\tilde{n}) > \pi_b(n)} p_{\tilde{n}} \left| h_{\tilde{n}b} + \boldsymbol{h}_{rb}^{\text{H}} \boldsymbol{G}_{\tilde{n}b} \boldsymbol{h}_{\tilde{n}r} \right|^2 + \sigma^2\right)}_{\mathcal{I}_{bn}} \tag{5-292a}$$

$$R_{en,k} = \underbrace{\text{lb}\left(\sum_{\pi_k(\tilde{n}) \geqslant \pi_k(n)} p_{\tilde{n}} \left| h_{\tilde{n}k} + \boldsymbol{h}_{rk}^{\text{H}} \boldsymbol{G}_{\tilde{n}k} \boldsymbol{h}_{\tilde{n}r} \right|^2 + \sigma^2\right)}_{\mathcal{S}_{en,k}} - \underbrace{\text{lb}\left(\sum_{\pi_k(\tilde{n}) > \pi_k(n)} p_{\tilde{n}} \left| h_{\tilde{n}k} + \boldsymbol{h}_{rk}^{\text{H}} \boldsymbol{G}_{\tilde{n}k} \boldsymbol{h}_{\tilde{n}r} \right|^2 + \sigma^2\right)}_{\mathcal{I}_{en,k}} \tag{5-292b}$$

$$\mathcal{I}_{bn} \leqslant \mathcal{I}_{bn}^{\text{ub}} = \text{lb}\left(\sum_{\pi_b(\tilde{n}) > \pi_b(n)} p_{\tilde{n}}^{(\ell)} \left| h_{\tilde{n}b} + \boldsymbol{h}_{rb}^{\text{H}} \boldsymbol{G}_{\tilde{n}b} \boldsymbol{h}_{\tilde{n}r} \right|^2 + \sigma^2\right) + \frac{\displaystyle\sum_{\pi_b(\tilde{n}) > \pi_b(n)} (\text{lbe})\left(p_{\tilde{n}} - p_{\tilde{n}}^{(\ell)}\right) \left| h_{\tilde{n}b} + \boldsymbol{h}_{rb}^{\text{H}} \boldsymbol{G}_{\tilde{n}b} \boldsymbol{h}_{\tilde{n}r} \right|^2}{\displaystyle\sum_{\pi_b(\tilde{n}) > \pi_b(n)} p_{\tilde{n}}^{(\ell)} \left| h_{\tilde{n}b} + \boldsymbol{h}_{rb}^{\text{H}} \boldsymbol{G}_{\tilde{n}b} \boldsymbol{h}_{\tilde{n}r} \right|^2 + \sigma^2} \tag{5-292c}$$

$$\mathcal{S}_{en,k} \leqslant \mathcal{S}_{en,k}^{\text{ub}} = \text{lb}\left(\sum_{\pi_k(\tilde{n})\geqslant\pi_k(n)} p_{\tilde{n}}^{(\ell)}\left|h_{\tilde{n}k} + \boldsymbol{h}_{rk}^{\text{H}}\boldsymbol{G}_{\tilde{n}k}\boldsymbol{h}_{\tilde{n}r}\right|^2 + \sigma^2\right) + \frac{\sum\limits_{\pi_k(\tilde{n})\geqslant\pi_k(n)} (\text{lbe})\left(p_{\tilde{n}} - p_{\tilde{n}}^{(\ell)}\right)\left|h_{\tilde{n}k} + \boldsymbol{h}_{rk}^{\text{H}}\boldsymbol{G}_{\tilde{n}k}\boldsymbol{h}_{\tilde{n}r}\right|^2}{\sum\limits_{\pi_k(\tilde{n})\geqslant\pi_k(n)} p_{\tilde{n}}^{(\ell)}\left|h_{\tilde{n}k} + \boldsymbol{h}_{rk}^{\text{H}}\boldsymbol{G}_{\tilde{n}k}\boldsymbol{h}_{\tilde{n}r}\right|^2 + \sigma^2} \tag{5-292d}$$

通过替换变量，可得到以下近似问题

$$\max_{\{p_n,\omega_n\}} \quad \sum_n\left(\mathcal{S}_{bn} - \mathcal{I}_{bn}^{\text{ub}} - \omega_n\right) - \mu P_{\text{tot}} \tag{5-293a}$$

$$\text{s.t.} \quad \mathcal{S}_{bn} - \mathcal{I}_{bn}^{\text{ub}} - \omega_n \geqslant \tilde{R}_n, \forall n \tag{5-293b}$$

$$\omega_n \geqslant \mathcal{S}_{en,k}^{\text{ub}} - \mathcal{I}_{en,k}, \forall n,k \tag{5-293c}$$

$$\text{C10} \tag{5-293d}$$

显然，问题（5-293）是一个凸问题，因此可以使用标准的凸优化工具求解 $\rho_n^\star$。

在进行反射与折射设计之前，首先通过变量替换将问题（5-285）转化为可处理的形式。设 $\boldsymbol{h}_{c_n} = \sqrt{p_n}\left[G\sqrt{K_n^{\text{A}}K_c^{\text{D}}}\,\text{diag}\left(\boldsymbol{h}_{rc}^{\text{H}}\right)\boldsymbol{h}_{nr}, h_{nc}\right]^{\text{T}}$ 且 $\boldsymbol{u} = [\boldsymbol{v},1]^{\text{H}}$，则等式 $p_n\left|h_{nc} + \boldsymbol{h}_{rc}^{\text{H}}\boldsymbol{G}_{nc}\boldsymbol{h}_{nr}\right|^2 = \left|\boldsymbol{u}^{\text{H}}\boldsymbol{h}_{c_n}\right|^2$ 成立。此外，为了解决问题（5-285）的非凸性，引入松弛变量集合 $\Delta_1 = \left\{\tilde{\mathcal{S}}_{cn}, \tilde{\mathcal{I}}_{cn}, \tilde{R}_{cn}, \tilde{R}_{en,k}\right\}, \forall c,n,k$。对于固定的 $\{C_n, \rho_n, p_n, \boldsymbol{w}_n\}$，问题（5-285）可以改写为

$$\max_{\boldsymbol{u},\Delta_1} \quad \sum_n\left(\tilde{R}_{bn} - \tilde{R}_{en}\right) \tag{5-294a}$$

$$\text{s.t.} \quad \tilde{R}_{bn} \leqslant \text{lb}\left(1 + \tilde{\mathcal{S}}_{bn}^{-1}\tilde{\mathcal{I}}_{bn}^{-1}\right), \forall n \tag{5-294b}$$

$$\tilde{\mathcal{S}}_{bn}^{-1} \leqslant \left|\boldsymbol{u}^{\text{H}}\boldsymbol{h}_{b_n}\right|^2, \forall n \tag{5-294c}$$

$$\tilde{\mathcal{I}}_{bn} \geqslant \sum_{\pi_b(\tilde{n})>\pi_b(n)} \left|\boldsymbol{u}^{\text{H}}\boldsymbol{h}_{b_{\tilde{n}}}\right|^2 + \sigma^2, \forall n \tag{5-294d}$$

$$\tilde{R}_{en} \geqslant \tilde{R}_{en,k}, \forall n,k \tag{5-294e}$$

$$\tilde{R}_{en,k} \geqslant \text{lb}\left(1 + \tilde{\mathcal{S}}_{kn}^{-1}\tilde{\mathcal{I}}_{kn}^{-1}\right), \forall n,k \tag{5-294f}$$

$$\tilde{\mathcal{S}}_{kn}^{-1} \geqslant \left|\boldsymbol{u}^{\text{H}}\boldsymbol{h}_{k_n}\right|^2, \forall n,k \tag{5-294g}$$

$$\tilde{\mathcal{I}}_{kn} \leqslant \sum_{\pi_b(\tilde{n})>\pi_b(n)} \left|\boldsymbol{u}^{\mathrm{H}}\boldsymbol{h}_{k_{\tilde{n}}}\right|^2 + \sigma^2, \forall n,k \tag{5-294h}$$

$$\begin{gathered}\left|\boldsymbol{u}^{\mathrm{H}}\boldsymbol{h}_{c_n}\right|^2 \geqslant \left|\boldsymbol{u}^{\mathrm{H}}\boldsymbol{h}_{c_{\tilde{n}}}\right|^2 \\ \pi_c(n) \leqslant \pi_c(\tilde{n}), \forall c,n\end{gathered} \tag{5-294i}$$

$$\tilde{R}_{bn} - \tilde{R}_{en} \geqslant \tilde{R}_n, \forall n \tag{5-294j}$$

$$\text{C2或C3,C4} \tag{5-294k}$$

很容易观察到，问题（5-294）的解决方案与 IOS 离散与否密切相关。为此，用如下思路解决这个问题：① 首先假设连续相移，并调用连续约束松弛（Sequential Rank-One Constraint Relaxation，SROCR）方法处理该问题；② 然后，根据得到的连续结果，提出一种基于分支定界（Branch-and-Bound，B&B）的算法来处理离散相移。

（1）IOS 的连续相移设计

求解连续相移的难点是非凸约束（5-294b）和式（5-294g），单位模约束（5-294c）、式（5-294h）、式（5-294i）和 C2。解决式（5-294b）和式（5-294g）的关键是式（5-294b）的右项是关于 $\tilde{\mathcal{S}}_{bn}$ 和 $\tilde{\mathcal{I}}_{bn}$ 的联合凸函数，而式（5-294b）的左项是关于 $\tilde{\mathcal{S}}_{kn}$ 的凸函数，这允许我们利用 SCA 技术来获取近似值。据此，式（5-294b）的右项在给定可行点 $\tilde{\mathcal{S}}_{bn}^{(\ell)}$、$\tilde{\mathcal{I}}_{bn}^{(\ell)}$ 和 $\tilde{\mathcal{S}}_{kn}^{(\ell)}$ 处的一阶泰勒展开下界可分别表示为

$$\begin{aligned}\mathrm{lb}\left(1+\tilde{\mathcal{S}}_{bn}^{-1}\tilde{\mathcal{I}}_{bn}^{-1}\right) \geqslant R_{bn}^{\mathrm{lb}} &= \mathrm{lb}\left(1+\left(\tilde{\mathcal{S}}_{bn}^{(\ell)}\right)^{-1}\left(\tilde{\mathcal{I}}_{bn}^{(\ell)}\right)^{-1}\right)- \\ &\frac{(\mathrm{lbe})\left(\tilde{\mathcal{S}}_{bn}-\tilde{\mathcal{S}}_{bn}^{(\ell)}\right)}{\tilde{\mathcal{S}}_{bn}^{(\ell)}+\left(\tilde{\mathcal{S}}_{bn}^{(\ell)}\right)^2\tilde{\mathcal{I}}_{bn}^{(\ell)}}-\frac{(\mathrm{lbe})\left(\tilde{\mathcal{I}}_{bn}-\tilde{\mathcal{I}}_{bn}^{(\ell)}\right)}{\tilde{\mathcal{I}}_{bn}^{(\ell)}+\left(\tilde{\mathcal{I}}_{bn}^{(\ell)}\right)^2\tilde{\mathcal{S}}_{bn}^{(\ell)}}\end{aligned} \tag{5-295a}$$

$$\tilde{\mathcal{S}}_{kn}^{-1} \geqslant \tilde{\mathcal{S}}_{kn}^{-1,\mathrm{lb}} = (\tilde{\mathcal{S}}_{kn}^{(\ell)})^{-1} - (\tilde{\mathcal{S}}_{kn}-\tilde{\mathcal{S}}_{kn}^{(\ell)})(\tilde{\mathcal{S}}_{kn}^{(\ell)})^{-2} \tag{5-295b}$$

通过用各自的下界替换约束（5-294b）的右项和约束（5-294g）的左项，问题（5-294）可以近似地转化为

$$\max_{\boldsymbol{u},\Delta_1} \quad \sum_n \left(\tilde{R}_{bn}-\tilde{R}_{en}\right) \tag{5-296a}$$

$$\text{s.t.} \quad \tilde{R}_{bn} \leqslant R_{bn}^{\mathrm{lb}}, \forall n \tag{5-296b}$$

$$\tilde{\mathcal{S}}_{kn}^{-1,\mathrm{lb}} \geqslant \left|\boldsymbol{u}^{\mathrm{H}}\boldsymbol{h}_{k_n}\right|^2, \forall n,k \tag{5-296c}$$

$$\text{式（5-294c）～式（5-294f），式（5-294h）～式（5-294j），C2,C4} \tag{5-296d}$$

问题（5-296）的非凸性在于单位模约束。为了解决这一问题，定义了新矩阵 $\boldsymbol{U}=\boldsymbol{u}\boldsymbol{u}^{\mathrm{H}}$，它满足 $\boldsymbol{U}\succeq 0$ 且 $\boldsymbol{U}=1$。然而，变量转换引入了秩 1 约束，应采用 SROCR 技术来解决它。SROCR 的主要思想是逐渐松弛约束，从而找到一个可行的 rank-1 解。本节用参数 $\varepsilon\in[0,1]$ 控制 $\boldsymbol{U}$ 的最大特征值跟踪比的松弛凸约束代替 rank-1 约束，将问题（5-296）改写为

$$\max_{\boldsymbol{u},\Delta_1} \quad \sum_n\left(\tilde{R}_{bn}-\tilde{R}_{en}\right) \tag{5-297a}$$

$$\text{s.t.} \quad \tilde{\mathcal{S}}_{bn}^{-1}\leqslant \mathrm{Tr}\left(\boldsymbol{U}\boldsymbol{h}_{b_n}\boldsymbol{h}_{b_n}^{\mathrm{H}}\right),\forall n \tag{5-297b}$$

$$\tilde{\mathcal{I}}_{bn}\geqslant \sum_{\pi_b(\tilde{n})>\pi_b(n)}\mathrm{Tr}\left(\boldsymbol{U}\boldsymbol{h}_{b_{\tilde{n}}}\boldsymbol{h}_{b_{\tilde{n}}}^{\mathrm{H}}\right)+\sigma^2,\forall n \tag{5-297c}$$

$$\tilde{\mathcal{S}}_{kn}^{-1,\mathrm{lb}}\geqslant \mathrm{Tr}\left(\boldsymbol{U}\boldsymbol{h}_{k_n}\boldsymbol{h}_{k_n}^{\mathrm{H}}\right),\forall n,k \tag{5-297d}$$

$$\tilde{\mathcal{I}}_{kn}\leqslant \sum_{\pi_k(\tilde{n})>\pi_k(n)}\mathrm{Tr}\left(\boldsymbol{U}\boldsymbol{h}_{k_{\tilde{n}}}\boldsymbol{h}_{k_{\tilde{n}}}^{\mathrm{H}}\right)+\sigma^2,\forall n,k \tag{5-297e}$$

$$\begin{aligned}&\mathrm{Tr}\left(\boldsymbol{U}\boldsymbol{h}_{c_n}\boldsymbol{h}_{c_n}^{\mathrm{H}}\right)\geqslant \mathrm{Tr}\left(\boldsymbol{U}\boldsymbol{h}_{c_{\tilde{n}}}\boldsymbol{h}_{c_{\tilde{n}}}^{\mathrm{H}}\right)\\&\pi_c(n)\leqslant\pi_c(\tilde{n}),\forall c,n\end{aligned} \tag{5-297f}$$

$$\boldsymbol{v}_{\max}\left(\boldsymbol{U}^{(\ell)}\right)^{\mathrm{H}}\boldsymbol{U}\boldsymbol{v}_{\max}\left(\boldsymbol{U}^{(\ell)}\right)\geqslant\varepsilon^{(\ell)}\,\mathrm{Tr}(\boldsymbol{U}) \tag{5-297g}$$

$$\boldsymbol{U}_{m,m}=1,\forall m\in\mathcal{M}\cup\{M+1\} \tag{5-297h}$$

$$\boldsymbol{U}\succeq 0 \tag{5-297i}$$

$$\text{式 (5-294e)},\text{式 (5-294f)},\text{式 (5-294j)},\text{式 (5-296b)} \tag{5-297j}$$

其中，$\boldsymbol{v}_{\max}\left(\boldsymbol{U}^{(\ell)}\right)$ 表示 $\boldsymbol{U}^{(\ell)}$ 的最大特征值对应的特征向量，$\boldsymbol{U}^{(\ell)}$ 表示在第 ℓ 轮迭代中得到的解。此时，问题（5-297）是一个凸问题，可以通过 CVX 有效地解决。然后，通过在每次迭代后递增 $\varepsilon^{(\ell)}$，可以得到问题（5-294）的局部最优 rank-1 解。Ω_1 情况下基于 SROCR 的算法如算法 5-18 所示。

算法 5-18 Ω_1 情况下基于 SROCR 的算法

1:初始化问题（5-296）的可行连续解 $U^{(0)}$，迭代数 $i=0$

2:使用 $\varepsilon^{(i)}=0$ 求解松弛问题（5-297），$U^{(i)}$ 表示可获得解，并且初始化步长 $\delta^{(i)}$

3:repeat

4: 对给定的$\{\varepsilon^{(i)},U^{(i)}\}$求解凸问题（5-297）

5: if 问题（5-297）可解 then

6: 通过解问题（5-297）获得$U^{(i+1)}$

7: $\delta^{(i+1)}=\delta^{(i)}$

8: else

9: $\delta^{(i+1)}=\dfrac{\delta^{(i)}}{2}$

10: $\varepsilon^{(i+1)}=\min\left(1,\dfrac{\lambda_{\max}\left(\boldsymbol{U}^{(i+1)}\right)}{\mathrm{Tr}\left(\boldsymbol{U}^{(i+1)}\right)}+\delta^{(i+1)}\right)$

11: end if

12: 更新$i=i+1$

13: until 满足停止准则

14: 输出t可行连续解U^*

（2）IOS 的离散相移设计

在实际实现中，每个 IOS 单元的相移只能取有限个数的离散值，不能直接设为Ω_1的解。为了保证算法 5-17 的实用性，下面简要讨论离散模型。

对于离散情况，所考虑的问题（5-294）是一个混合整数非线性规划，一般难以求解。虽然穷举搜索是一种获得最优解的直接方法，但是它的复杂度极大，特别是对于大规模的 IOS。为此，需要一个能够平衡复杂性和有效性的设计。令θ_m^*表示得到的连续解集，则θ_m^*位于两个相邻可行离散点所确定的范围内，即$\dfrac{2\pi l_m}{L}\leqslant\theta_m^*\leqslant\dfrac{2\pi(l_m+1)}{L}$，其中$l_m$表示满足$0\leqslant l_m\leqslant(L-2)$的整数。基于 B&B 的算法，从$2^M$个可行解中寻找最优离散解。具体地说，将相移向量的解空间看作二叉树结构。每个节点包含相移信息$\boldsymbol{\theta}=[\theta_1,\theta_2,\cdots,\theta_M]$。根节点上的$\theta$值都是不固定的，而父节点上任何一个不固定的$\theta$值都是$\dfrac{2\pi l_m}{L}$或$\dfrac{2\pi(l_m+1)}{L}$，导致子节点不同。因此，可在得到的连续相移值的基础上利用二叉树结构得到最优离散值，具体步骤在算法 5-19 中给出。

算法 5-19　Ω_2 情况下的分枝定界算法

1:初始化基于算法 5-17 获得的连续解和问题（5-294）的可行离散值 $v^{(0)}$，并且设置实例方法 R_{lb} 的相关值为较低界

2:while 所有树节点不可见或者不可剪枝 do

3:计算当前节点的上界 $R_{\text{ub}} = \max\limits_{v_{uf}} R_{\text{tot}}$

4:　　if $R_{\text{ub}} < R_{\text{lb}}$ then

5:　　剪去相关的枝干

6:　　return

7:　　else

8:　　　　if 当前节点有任一子节点 then

9:　　　　移动到两个子节点中的一个

10:　　　　continue

11:　　　　else

12:　　　　计算实例方法 R_{lb} 的相关值

13:　　　　　if $R_{\text{now}} < R_{\text{lb}}$ then

14:　　　　　$R_{\text{lb}} = R_{\text{now}}$

15:　　　　　return

16:　　　　　end if

17:　　　　end if

18:　　end if

19: end while

20: 输出收敛离散解 v^{*}

对于任意给定的 θ 和 $\{C_n, \rho_n, p_n\}$，可以将 UAV 部署子问题表示为

$$\max_{w_n} \quad R_{\text{tot}} \tag{5-298a}$$

$$\text{s.t.} \quad \int_0^{2\pi}\int_0^{\pi} G^2 K_c^{\text{D}} \left|y_n^3\right| d_{nr}^{-3} \mathrm{d}\vartheta \mathrm{d}\varphi \leqslant 1, \forall c, n \tag{5-298b}$$

$$R_n \geqslant \tilde{R}_n, \forall n \tag{5-298c}$$

$$\text{C1, C5} \tag{5-298d}$$

由式（5-267）～式（5-271）可以看出，距离项 d_{nr} 和 d_{nc}，以及信道项 $\boldsymbol{h}_{nr}^{\mathrm{LoS}}$ 和 $\boldsymbol{h}_{nc}^{\mathrm{LoS}}$ 均与 UAV 位置 $\boldsymbol{w}_n$ 相关。然而，由于其具有指数形式，$\boldsymbol{h}_{nr}^{\mathrm{LoS}}$ 和 $\boldsymbol{h}_{nc}^{\mathrm{LoS}}$ 是复杂的非线性项，这使 UAV 的部署设计非常棘手。为了解决这一问题，利用第 $j-1$ 次迭代的 UAV 位置，获得第 j 次迭代中近似的 $\boldsymbol{h}_{nr}^{\mathrm{LoS}}$ 和 $\boldsymbol{h}_{nc}^{\mathrm{LoS}}$。通过定义小尺度衰落分量 $\tilde{\boldsymbol{h}}_{nc}=\sqrt{\frac{\beta_{nc}}{\beta_{nc}+1}}\boldsymbol{h}_{nc}^{\mathrm{LoS}}+\sqrt{\frac{1}{\beta_{nc}+1}}\boldsymbol{h}_{nc}^{\mathrm{NLoS}}$ 和 $\tilde{\boldsymbol{h}}_{nr}=\sqrt{\frac{\beta_{nr}}{\beta_{nr}+1}}\boldsymbol{h}_{nr}^{\mathrm{LoS}}+\sqrt{\frac{1}{\beta_{nr}+1}}\boldsymbol{h}_{nr}^{\mathrm{NLoS}}$，将 $\tilde{\boldsymbol{h}}_{nc}^{(j-1)}$ 和 $\tilde{\boldsymbol{h}}_{nr}^{(j-1)}$ 表示为第 $j-1$ 次迭代中设计的 $\tilde{\boldsymbol{h}}_{nc}$ 和 $\tilde{\boldsymbol{h}}_{nr}$，可以将问题（5-298）重写为

$$\max_{\boldsymbol{w}_n}\ \sum_n\left(\hat{R}_{bn}-\max_{k\in\mathcal{K}}\hat{R}_{en,k}\right) \tag{5-299a}$$

$$\text{s.t.}\quad \hat{R}_{bn}-\max_{k\in\mathcal{K}}\hat{R}_{en,k}\geqslant\tilde{R}_n,\forall n \tag{5-299b}$$

$$\text{式 (5-298b)},\mathrm{C1},\mathrm{C5} \tag{5-299c}$$

其中，

$$\hat{R}_{bn}=\mathrm{lb}\left(1+\frac{\boldsymbol{d}_{nb}^{\mathrm{T}}\boldsymbol{H}_{nb}\boldsymbol{d}_{nb}}{\sum\limits_{\pi_b(\tilde{n})>\pi_b(n)}\boldsymbol{d}_{\tilde{n}b}^{\mathrm{T}}\boldsymbol{H}_{\tilde{n}b}\boldsymbol{d}_{\tilde{n}b}+\sigma^2}\right) \tag{5-300a}$$

$$\hat{R}_{en,k}=\mathrm{lb}\left(1+\frac{\boldsymbol{d}_{nk}^{\mathrm{T}}\boldsymbol{H}_{nk}\boldsymbol{d}_{nk}}{\sum\limits_{\pi_k(\tilde{n})>\pi_k(n)}\boldsymbol{d}_{\tilde{n}k}^{\mathrm{T}}\boldsymbol{H}_{\tilde{n}k}\boldsymbol{d}_{\tilde{n}k}+\sigma^2}\right) \tag{5-300b}$$

$$\boldsymbol{d}_{nc}=\left[\sqrt{d_{nc}^{-\kappa}},\sqrt{\left|y_n^3\right|}\sqrt{d_{nr}^{-\alpha-3}}\right]^{\mathrm{T}} \tag{5-300c}$$

$$\boldsymbol{H}_{nc}=h_0p_n\left[\left(\tilde{h}_{nc}^{(j-1)}\right)^{\mathrm{H}},G\sqrt{K_c^{\mathrm{D}}}\left(\tilde{\boldsymbol{h}}_{nr}^{(j-1)}\right)^{\mathrm{H}}\boldsymbol{\Theta}^{\mathrm{H}}\boldsymbol{h}_{rc}\right]^{\mathrm{H}}\cdot\left[\left(\tilde{h}_{nc}^{(j-1)}\right)^{\mathrm{H}},G\sqrt{K_c^{\mathrm{D}}}\left(\tilde{\boldsymbol{h}}_{nr}^{(j-1)}\right)^{\mathrm{H}}\boldsymbol{\Theta}^{\mathrm{H}}\boldsymbol{h}_{rc}\right] \tag{5-300d}$$

注意到，问题（5-299）是一个非凸问题。与问题（5-294）相似，为了处理非凸目标函数（5-299a），本节引入松弛变量集合 $\Delta_2=\{q_n,e_n,s_{kn},t_n,\mathcal{S}_{cn},\mathcal{I}_{cn},\bar{R}_{cn},\bar{R}_{en,k}\},\forall c,n,k$，即

$$q_n=\sqrt{d_{nb}^{-\kappa}},e_n=\sqrt{\left|y_n^3\right|d_{nr}^{-\alpha-3}},\forall n \tag{5-301a}$$

$$s_{kn}=\sqrt{d_{nk}^{-\kappa}},t_n=\sqrt{\left|y_n^3\right|d_{nr}^{-\alpha-3}}\leqslant t_n,\forall n,k \tag{5-301b}$$

$$\overline{\mathcal{S}}_{cn}^{-1}=\overline{\boldsymbol{d}}_{nc}^{\mathrm{T}}\boldsymbol{H}_{nc}\overline{\boldsymbol{d}}_{nc},\forall c,n \tag{5-301c}$$

$$\overline{\mathcal{I}}_{cn}=\sum_{\pi_c(\tilde{n})>\pi_c(n)}\overline{\boldsymbol{d}}_{\tilde{n}b}^{\mathrm{T}}\boldsymbol{H}_{\tilde{n}b}\overline{\boldsymbol{d}}_{\tilde{n}c}+\sigma^2,\forall c,n \tag{5-301d}$$

$$\overline{R}_{bn}=\mathrm{lb}\left(1+\overline{\mathcal{S}}_{bn}^{-1}\overline{\mathcal{I}}_{bn}^{-1}\right),\forall n \tag{5-301e}$$

$$\overline{R}_{en,k}=\mathrm{lb}\left(1+\overline{\mathcal{S}}_{kn}^{-1}\overline{\mathcal{I}}_{kn}^{-1}\right),\forall n,k \tag{5-301f}$$

根据式（5-301a）～式（5-301f），问题（5-299）转化为

$$\max_{\boldsymbol{w}_n,\Delta_2}\quad\sum_n\left(\overline{R}_{bn}-\overline{R}_{en}\right) \tag{5-302a}$$

$$\text{s.t.}\quad\overline{R}_{bn}\leqslant\mathrm{lb}\left(1+\overline{\mathcal{S}}_{bn}^{-1}\overline{\mathcal{I}}_{bn}^{-1}\right),\forall n \tag{5-302b}$$

$$\overline{\mathcal{S}}_{bn}^{-1}\leqslant\overline{\boldsymbol{d}}_{nb}^{\mathrm{T}}\boldsymbol{H}_{nb}\overline{\boldsymbol{d}}_{nb},\forall n \tag{5-302c}$$

$$\overline{\mathcal{I}}_{bn}\geqslant\sum_{\pi_b(\tilde{n})>\pi_b(n)}\overline{\boldsymbol{d}}_{\tilde{n}b}^{\mathrm{T}}\boldsymbol{H}_{\tilde{n}b}\overline{\boldsymbol{d}}_{\tilde{n}b}+\sigma^2,\forall n \tag{5-302d}$$

$$\overline{R}_{en}\geqslant\overline{R}_{en,k},\forall n,k \tag{5-302e}$$

$$\overline{R}_{en,k}\geqslant\mathrm{lb}\left(1+\overline{\mathcal{S}}_{kn}^{-1}\overline{\mathcal{I}}_{kn}^{-1}\right),\forall n,k \tag{5-302f}$$

$$\overline{\mathcal{S}}_{kn}^{-1}\geqslant\overline{\boldsymbol{d}}_{nk}^{\mathrm{T}}\boldsymbol{H}_{nk}\overline{\boldsymbol{d}}_{nk},\forall n,k \tag{5-302g}$$

$$\overline{\mathcal{I}}_{kn}\leqslant\sum_{\pi_k(\tilde{n})>\pi_k(n)}\overline{\boldsymbol{d}}_{\tilde{n}k}^{\mathrm{T}}\boldsymbol{H}_{\tilde{n}k}\overline{\boldsymbol{d}}_{\tilde{n}k}+\sigma^2,\forall n,k \tag{5-302h}$$

$$\sqrt{d_{nb}^{-\kappa}}\geqslant q_n,\sqrt{\left|y_n^3\right|d_{nr}^{-\alpha-3}}\geqslant e_n,\forall n \tag{5-302i}$$

$$\sqrt{d_{nk}^{-\kappa}}\leqslant s_{kn},\sqrt{\left|y_n^3\right|d_{nr}^{-\alpha-3}}\leqslant t_n,\forall n,k \tag{5-302j}$$

$$\sqrt{z_u^{-\kappa}}\geqslant s_{kn},\sqrt{\left|y_n^3\right|\left(z_u-z_r\right)^{-\alpha-3}}\geqslant t_n,\forall n,k, \tag{5-302k}$$

$$\left|\overline{\boldsymbol{d}}_{nc}^{\mathrm{T}}\boldsymbol{H}_{nc}\overline{\boldsymbol{d}}_{nc}\right|^2\geqslant\left|\overline{\boldsymbol{d}}_{\tilde{n}c}^{\mathrm{T}}\boldsymbol{H}_{\tilde{n}c}\overline{\boldsymbol{d}}_{\tilde{n}c}\right|^2,\pi_c(n)\leqslant\pi_c(\tilde{n}),\forall c,n \tag{5-302l}$$

$$\overline{R}_{bn}-\overline{R}_{en}\geqslant\tilde{R}_n,\forall n \tag{5-302m}$$

$$\text{式 (5-298b)}, \text{C1} \tag{5-302n}$$

其中，$\bar{\boldsymbol{d}}_{nb}=[q_n,e_n]^{\mathrm{T}}$，$\bar{\boldsymbol{d}}_{nk}=[s_{kn},t_n]^{\mathrm{T}}$。可以看出，问题（5-302）中的约束项除约束（5-302d）～式（5-302f）和式（5-302m）外均为非凸约束。对于非凸约束（5-302i）～式（5-302k）和式（5-302b），将 $x_n^{(\ell)},y_n^{(\ell)}$ 定义为第 ℓ 次迭代中给定的可行点，使用SCA方法可得到其凸形式

$$x_n^2+x_b^2+y_n^2+y_b^2-2x_bx_n-2y_by_n+z_u^2-q_n^{-\frac{4}{\kappa},\mathrm{lb}}\leqslant 0,\forall n \tag{5-303a}$$

$$x_n^2+x_r^2+y_n^2+y_r^2-2x_rx_n-2y_ry_n+z_u^2-2z_uz_r+z_r^2-e_n^{-\frac{4}{\alpha},\mathrm{lb}}r_n^{\frac{4}{\alpha},\mathrm{lb}}\leqslant 0,\forall n \tag{5-303b}$$

$$\begin{aligned}&s_{kn}^{-\frac{4}{\kappa}}+\left(x_n^{(\ell)}\right)^2-2x_n^{(\ell)}x_n-\tilde{x}_k^2+\left(y_n^{(\ell)}\right)^2-\\&2y_n^{(\ell)}y_n-\tilde{y}_k^2+2\tilde{x}_kx_n+2\tilde{y}_ky_n-z_u^2\leqslant 0,\forall n,k\end{aligned} \tag{5-303c}$$

$$\begin{aligned}&t_n^{-\frac{4}{\alpha}}v_n^{\frac{4}{\alpha}}+\left(x_n^{(\ell)}\right)^2-2x_n^{(\ell)}x_n-x_r^2+\left(y_n^{(\ell)}\right)^2-\\&2y_{u_n}^{(\ell)}y_n-y_r^2+2x_rx_n+2y_ry_n-z_u^2+2z_uz_r-z_r^2\leqslant 0,\forall n\end{aligned} \tag{5-303d}$$

$$\begin{aligned}&x_n^2+x_r^2+y_r^2-2x_rx_n-2y_ry_n+z_u^2-2z_uz_r+\\&z_r^2+\left(r_n^{-\frac{4}{3},\mathrm{lb}}-1\right)\left(\left(y_n^{(\ell)}\right)^2-2y_n^{(\ell)}y_n\right)\leqslant 0,\forall n\end{aligned} \tag{5-303e}$$

$$\begin{aligned}&v_n^{-\frac{4}{3}}y_n^2+\left(x_n^{(\ell)}\right)^2-2x_n^{(\ell)}x_n-x_r^2-y_n^2-y_r^2+\\&2x_rx_n+2y_ry_n-z_u^2+2z_uz_r-z_r^2\leqslant 0,\forall n\end{aligned} \tag{5-303f}$$

$$\begin{aligned}&\left(v_n^{\frac{4}{3}}-1\right)\left(\left(y_n^{(\ell)}\right)^2-2y_n^{(\ell)}y_n\right)-v_n^{\frac{4}{3}}\left(z_u^2-2z_uz_r+z_r^2\right)\geqslant 0,\forall n\\&\int_0^{2\pi}\int_0^{\pi}G^2K_c^{\mathrm{D}}v_n^2\mathrm{d}\vartheta\mathrm{d}\varphi\leqslant 1,\forall c,n\end{aligned} \tag{5-303g}$$

对于非凸约束（5-302b）、式（5-302c）、式（5-302g）、式（5-302h）、式（5-302l）和C1，其右项或左项均关于优化变量非凹。因此，SCA方法再次被应用于解决这些问题。具体来说，通过在第 ℓ 次迭代中定义 $\bar{\mathcal{S}}_{bn}^{(\ell)},\bar{\mathcal{I}}_{bn}^{(\ell)},\bar{\mathcal{S}}_{kn}^{(\ell)},\bar{\boldsymbol{d}}_{nc}^{(\ell)},\boldsymbol{w}_n^{(\ell)}$ 为给定可行点，可以得到这些凸项的下界分别为

$$\mathrm{lb}\left(1+\bar{\mathcal{S}}_{bn}^{-1}\bar{\mathcal{I}}_{bn}^{-1}\right) \geqslant R_{bn}^{\mathrm{lb}} = \mathrm{lb}\left(1+\left(\bar{\mathcal{S}}_{bn}^{(\ell)}\right)^{-1}\left(\bar{\mathcal{I}}_{bn}^{(\ell)}\right)^{-1}\right) - \frac{(\mathrm{lbe})\left(\bar{\mathcal{S}}_{bn}-\bar{\mathcal{S}}_{bn}^{(\ell)}\right)}{\bar{\mathcal{S}}_{bn}^{(\ell)}+\left(\bar{\mathcal{S}}_{bn}^{(\ell)}\right)^{2}\bar{\mathcal{I}}_{bn}^{(\ell)}} - \frac{(\mathrm{lbe})\left(\bar{\mathcal{I}}_{bn}-\bar{\mathcal{I}}_{bn}^{(\ell)}\right)}{\bar{\mathcal{I}}_{bn}^{(\ell)}+\left(\bar{\mathcal{I}}_{bn}^{(\ell)}\right)^{2}\bar{\mathcal{S}}_{bn}^{(\ell)}} \tag{5-304a}$$

$$\bar{\mathcal{S}}_{kn}^{-1} \geqslant \bar{\mathcal{S}}_{kn}^{-1,\mathrm{lb}} = \left(\bar{\mathcal{S}}_{kn}^{(\ell)}\right)^{-1} - \left(\bar{\mathcal{S}}_{kn}-\bar{\mathcal{S}}_{kn}^{(\ell)}\right)\left(\bar{\mathcal{S}}_{kn}^{(\ell)}\right)^{-2} \tag{5-304b}$$

$$\bar{\boldsymbol{d}}_{nc}^{\mathrm{T}}\boldsymbol{H}_{nc}\bar{\boldsymbol{d}}_{nc} \geqslant \left(\bar{\boldsymbol{d}}_{nc}^{\mathrm{T}}\boldsymbol{H}_{nc}\bar{\boldsymbol{d}}_{nc}\right)^{\mathrm{lb}} = -\left(\bar{\boldsymbol{d}}_{nc}^{(\ell)}\right)^{\mathrm{T}}\boldsymbol{H}_{nc}\bar{\boldsymbol{d}}_{nc}^{(\ell)} + 2\Re\left[\left(\bar{\boldsymbol{d}}_{nc}^{(\ell)}\right)^{\mathrm{T}}\boldsymbol{H}_{nc}\bar{\boldsymbol{d}}_{nc}\right] \tag{5-304c}$$

$$\left|\bar{\boldsymbol{d}}_{nc}^{\mathrm{T}}\boldsymbol{H}_{nc}\bar{\boldsymbol{d}}_{nc}\right|^{2} \geqslant \left|\bar{\boldsymbol{d}}_{nc}^{\mathrm{T}}\boldsymbol{H}_{nc}\bar{\boldsymbol{d}}_{nc}\right|^{2,\mathrm{lb}} = \left|\left(\bar{\boldsymbol{d}}_{nc}^{(\ell)}\right)^{\mathrm{T}}\boldsymbol{H}_{nc}\bar{\boldsymbol{d}}_{nc}^{(\ell)}\right|^{2} + 4\left|\left(\bar{\boldsymbol{d}}_{nc}^{(\ell)}\right)^{\mathrm{T}}\boldsymbol{H}_{nc}\bar{\boldsymbol{d}}_{nc}^{(\ell)}\right|\left\{-\left(\bar{\boldsymbol{d}}_{nc}^{(\ell)}\right)^{\mathrm{T}}\boldsymbol{H}_{nc}\bar{\boldsymbol{d}}_{nc}^{(\ell)} + \Re\left[\left(\bar{\boldsymbol{d}}_{nc}^{(\ell)}\right)^{\mathrm{T}}\boldsymbol{H}_{nc}\bar{\boldsymbol{d}}_{nc}\right]\right\} \tag{5-304d}$$

$$\left\|\boldsymbol{w}_i-\boldsymbol{w}_j\right\|^{2} \geqslant \left\|\boldsymbol{w}_i-\boldsymbol{w}_j\right\|^{2,\mathrm{lb}} = -\left\|\boldsymbol{w}_i^{(\ell)}-\boldsymbol{w}_j^{(\ell)}\right\|^{2} + 2\left(\boldsymbol{w}_i^{(\ell)}-\boldsymbol{w}_j^{(\ell)}\right)^{\mathrm{T}}\left(\boldsymbol{w}_i-\boldsymbol{w}_j\right) \tag{5-304e}$$

因此，问题（5-302）可以改写为

$$\max_{\Delta_2,\{\boldsymbol{w}_n,r_n,v_n\}} \quad \sum_{n}\left(\bar{R}_{bn}-\bar{R}_{en}\right) \tag{5-305a}$$

$$\text{s.t.} \quad \bar{R}_{bn} \leqslant \bar{R}_{bn}^{\mathrm{lb}}, \forall n \tag{5-305b}$$

$$\bar{\mathcal{S}}_{bn}^{-1} \leqslant \left(\bar{\boldsymbol{d}}_{nb}^{\mathrm{T}}\boldsymbol{H}_{nb}\bar{\boldsymbol{d}}_{nb}\right)^{\mathrm{lb}}, \forall n \tag{5-305c}$$

$$\bar{\mathcal{S}}_{kn}^{-1,\mathrm{lb}} \geqslant \bar{\boldsymbol{d}}_{nk}^{\mathrm{T}}\boldsymbol{H}_{nk}\bar{\boldsymbol{d}}_{nk}, \forall n,k \tag{5-305d}$$

$$\bar{\mathcal{I}}_{kn} \leqslant \sum_{\pi_k(\tilde{n})>\pi_k(n)}\left(\bar{\boldsymbol{d}}_{\tilde{n}k}^{\mathrm{T}}\boldsymbol{H}_{\tilde{n}k}\bar{\boldsymbol{d}}_{\tilde{n}k}\right)^{\mathrm{lb}} + \sigma^{2}, \forall n,k \tag{5-305e}$$

$$\left|\bar{\boldsymbol{d}}_{nc}^{\mathrm{T}}\boldsymbol{H}_{nc}\bar{\boldsymbol{d}}_{nc}\right|^{2,\mathrm{lb}} \geqslant \left|\bar{\boldsymbol{d}}_{\tilde{n}c}^{\mathrm{T}}\boldsymbol{H}_{\tilde{n}c}\bar{\boldsymbol{d}}_{\tilde{n}c}\right|^{2},\ \pi_c(n) \leqslant \pi_c(\tilde{n}), \forall c,n \tag{5-305f}$$

$$\left\|\boldsymbol{w}_i-\boldsymbol{w}_j\right\|^{2,\mathrm{lb}} \geqslant d_{\min}^2, \forall i \neq j \in \mathcal{N} \tag{5-305g}$$

$$\begin{aligned}&\text{式}(5\text{-}302\mathrm{d})\sim\text{式}(5\text{-}302\mathrm{f}),\\&\text{式}(5\text{-}302\mathrm{m}),\text{式}(5\text{-}303\mathrm{a})\sim\text{式}(5\text{-}303\mathrm{g})\end{aligned} \tag{5-305h}$$

问题（5-305）是一个凸优化问题，可使用 CVX 有效地求解。

利用前面得到的结果，将问题（5-285）的可替代优化方法在算法 5-20 中进行了总结。

算法 5-20　问题（5-285）的可替代优化方法

1:初始化 $C_n^{(0)},\rho_n^{(0)},p_n^{(0)},\boldsymbol{\Theta}^{(0)},\boldsymbol{w}_n^{(0)}$，迭代数 $j=0$

2:repeat

3:使用给定的 $C_n^{(j)},\rho_n^{(j)},p_n^{(j)},\boldsymbol{\Theta}^{(j)},\boldsymbol{w}_n^{(j)}$ 通过求解问题（5-286）获得 $C_n^{(j+1)}$

4:使用给定的 $C_n^{(j+1)},\rho_n^{(j)},p_n^{(j)},\boldsymbol{\Theta}^{(j)},\boldsymbol{w}_n^{(j)}$ 通过式（5-288）和式（5-289）获得 $\rho_n^{(j+1)}$

5:使用给定的 $C_n^{(j+1)},\rho_n^{(j+1)},p_n^{(j)},\boldsymbol{\Theta}^{(j)},\boldsymbol{w}_n^{(j)}$ 通过求解问题（5-293）和获得 $p_n^{(j+1)}$

6:使用给定的 $C_n^{(j+1)},\rho_n^{(j+1)},p_n^{(j+1)},\boldsymbol{\Theta}^{(j)},\boldsymbol{w}_n^{(j)}$ 通过算法 5-18 获得 $\Theta_n^{(j+1)}$

7:　if $\theta_m \in \Omega_2$ then

8:　　使用给定的 $C_n^{(j+1)},\rho_n^{(j+1)},p_n^{(j+1)},\boldsymbol{\Theta}^{(j+1)},\boldsymbol{w}_n^{(j)}$ 通过算法 5-19 获得 $\Theta_n^{(j+1)}$

9:　end if

10:　　使用给定的 $C_n^{(j+1)},\rho_n^{(j+1)},p_n^{(j+1)},\boldsymbol{\Theta}^{(j+1)},\boldsymbol{w}_n^{(j)}$ 通过求解问题(5-305)获得 $w_n^{(j+1)}$

11: 更新 $j=j+1$

12: until 直到目标值的分数递增低于阈值 $\epsilon_0>0$

13: 输出融合解 $C_n^*,\rho_n^*,p_n^*,\boldsymbol{\Theta}^*,\boldsymbol{w}_n^*$

（3）无人机–智能反射面中继系统辅助的安全通信

广播性质和 LoS 使 UAV 通信更容易受到安全威胁。此时，智能反射面（Intelligent Reflecting Surface，IRS）技术成为一种关键的互补安全机制。IRS 与 UAV 通信的融合可以实现两项技术的双赢。一方面，IRS 能够为 UAV 通信重构信号传播环境，保障通信安全。另一方面，若将 IRS 部署在 UAV 上，UAV 的高移动性可以为 IRS 的位置部署提供更高的自由度。二者的相互作用能够激发各自的优势，进一步提高无线通信的安全性。为此，本节方案考虑一个集成 UAV 和 IRS 中继的通信系统，其中 IRS 部署在 UAV 上充当移动中继，协助从地面 BS 到合法用户（Bob）的安全传输。

该方案采用一架装备 IRS 的 UAV 作为无源中继，在窃听节点（Eve）数量随机的情况下辅助 BS 到 Bob 的通信，其系统模型如图 5-24 所示。由于高层建筑等障碍物的存在，BS 与用户之间没有 LoS 链路。Eve 的空间分布遵循密度为 λ_e 的均匀二维 PPP 分布 Φ_e。该方案引入保密区技术来保护信号传输，保密区投射到地面上为圆盘状，区域以 UAV 的水平投影为中心。由于 UAV 在保密区内可以检测到可疑的 Eve，因此只有当区域内没有 Eve 时 UAV-IRS 中继才会协助通信。

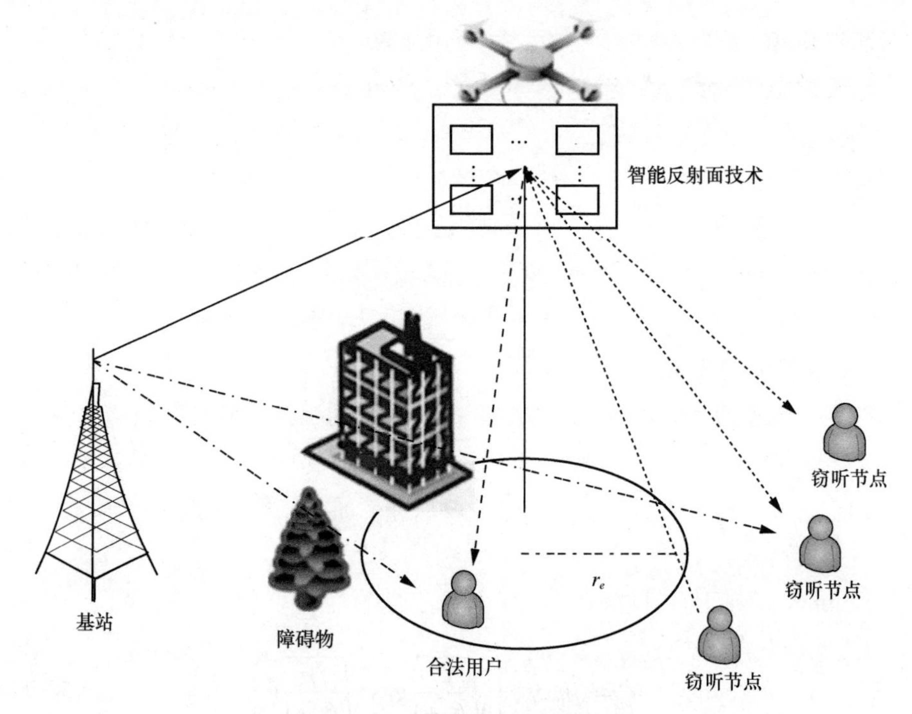

图 5-24　IRS 辅助无人机中继系统模型

假设 BS 配备了 N 根天线，用户则采用单天线进行通信。IRS 由 $M = M_x \times M_z$ 个反射元件组成，并形成 $M_x \times M_z$ 的均匀矩形阵列，由此可计算出 BS-UAV 链路的发射和接收阵列响应向量表达式分别为

$$\boldsymbol{a}_t = \left[1, \mathrm{e}^{-\mathrm{j}\frac{2\pi d_t}{\lambda}\sin\xi_t\cos\psi_t}, \cdots, \mathrm{e}^{-\mathrm{j}\frac{2(N-1)\pi d_t}{\lambda}\sin\xi_t\cos\psi_t}\right]^{\mathrm{T}} \tag{5-306}$$

$$\boldsymbol{a}_r=\left[1,\mathrm{e}^{-\mathrm{j}\frac{2\pi d_{r_x}}{\lambda}\sin\xi_r\cos\psi_r},\cdots,\mathrm{e}^{-\mathrm{j}\frac{2(M_x-1)\pi d_{r_x}}{\lambda}\sin\xi_r\cos\psi_r}\right]^{\mathrm{T}}\otimes \left[1,\mathrm{e}^{-\mathrm{j}\frac{2\pi d_{r_z}}{\lambda}\sin\xi_r\sin\psi_r},\cdots,\mathrm{e}^{-\mathrm{j}\frac{2(M_z-1)\pi d_{r_z}}{\lambda}\sin\xi_r\sin\psi_r}\right]^{\mathrm{T}} \tag{5-307}$$

其中，d_t、d_{r_x}和d_{r_z}分别表示BS处、IRS的x维度和z维度的天线分量，λ表示载波波长，$\otimes$表示克罗内克尔积，ξ_t和ψ_t分别表示BS到IRS的垂直出射角和水平出射角，ξ_r和ψ_r则表示对应的垂直入射角和水平入射角。

由于UAV通常距离地面足够高，可以与地面设备建立LoS，并且由于链路传输过程将经历大量的散射和小规模衰落，所有的通信链路可通过Rician信道模型进行建模。因此，BS与UAV之间的信道可表示为

$$\boldsymbol{H}_\alpha=\underbrace{\sqrt{h_0 d_a^{-\alpha_1}}}_{\text{路径损耗}}\underbrace{\left(\sqrt{\frac{\beta_1}{\beta_1+1}}\boldsymbol{H}+\sqrt{\frac{1}{\beta_1+1}}\tilde{\boldsymbol{H}}\right)}_{\text{阵列响应和小尺度衰落}} \tag{5-308}$$

其中，h_0表示参考距离信道的功率增益，d_a表示BS与UAV之间的距离，α_1表示路径损耗指数且$\alpha_1\geqslant 2$，β_1表示Rician因子。确定性的LoS分量为$\boldsymbol{H}=\mathrm{e}^{-\mathrm{j}\frac{2\pi d_a}{\lambda}}\boldsymbol{a}_\gamma\otimes\boldsymbol{a}_t^{\mathrm{T}}$，NLoS分量为$\widetilde{\boldsymbol{H}}\sim\mathcal{CN}(\boldsymbol{0},\boldsymbol{I})$。本节方案采用基于最大边际矩阵分解的信道估计方法，可以获取BS-IRS和IRS-Bob链路的全部信道状态信息。由于Eve不是目标用户，从IRS到Eve的链路只能获取部分信道状态信息。因此，该方案将UAV-Bob和UAV-Eve的信道分别建模为

$$\boldsymbol{h}_b^{\mathrm{H}}=\sqrt{h_0 d_b^{-\alpha_2}}\left(\sqrt{\frac{\beta_2}{\beta_2+1}}\boldsymbol{g}_b+\sqrt{\frac{1}{\beta_2+1}}\tilde{\boldsymbol{g}}\right) \tag{5-309}$$

$$\boldsymbol{h}_k^{\mathrm{H}}=\sqrt{h_0 d_k^{-\alpha_2}}\left(\sqrt{\frac{\beta_2}{\beta_2+1}}\boldsymbol{g}_k+\sqrt{\frac{1}{\beta_2+1}}\tilde{\boldsymbol{g}}+\sqrt{\frac{\tau^2}{1-\tau^2}}\boldsymbol{e}\right) \tag{5-310}$$

其中，d_b表示UAV-Bob之间的距离，d_k表示UAV-Eve之间的距离，α_2表示路径损耗指数，β_2表示Rician因子。类似于$\boldsymbol{H}$的推导过程，可得到LoS分量$\boldsymbol{g}_b=\left[g_{b1},g_{b2},\cdots,g_{bM}\right]$、$\boldsymbol{g}_k=\left[g_{k1},g_{k2},\cdots,g_{kM}\right]$，NLoS分量$\tilde{\boldsymbol{g}}=\left[\tilde{g}_1,\tilde{g}_2,\cdots,\tilde{g}_M\right]\sim\mathcal{CN}(\boldsymbol{0},\boldsymbol{I})$，$\boldsymbol{h}_k^{\mathrm{H}}$的权重因子$\tau\in[0,1]$，信道状态信息误差向量$\boldsymbol{e}=\left[e_1,e_2,\cdots,e_M\right]\sim$

$\mathcal{CN}(\mathbf{0},\boldsymbol{I})$。

因此，Bob 和 Eve 处的接收信号为

$$y_i = \boldsymbol{h}_i^{\mathrm{H}} \boldsymbol{\Theta} \boldsymbol{H}_a \boldsymbol{w} x + n_i,\quad i \in \{b,k\} \tag{5-311}$$

其中，$\Theta = \mathrm{diag}(\phi_1,\phi_2,\cdots,\phi_M)$表示 IRS 对角矩阵，$\phi_m = \mathrm{e}^{\mathrm{j}\theta_m}$表示第$m$个元素的相移，$\theta_m \in [0,2\pi)$。令$p_w$表示发射功率，因此发射端的预编码向量可以表示为$\boldsymbol{w} = \sqrt{p_w}\boldsymbol{f}$。为了保证本节所提系统架构的通用性，令发射波束成形遵循$\boldsymbol{f} = [f_1,f_2,\cdots,f_N]^{\mathrm{T}} = \frac{1}{N}[1,1,\cdots,1]^{\mathrm{T}}$。

通过引入矢量$\boldsymbol{\theta} = [\phi_1,\phi_2,\cdots,\phi_M]^{\mathrm{H}}$，调用等式$\boldsymbol{h}\Theta\boldsymbol{b} = \Theta^{\mathrm{H}}\mathrm{diag}(\boldsymbol{h})\boldsymbol{b}$，并且定义$\tilde{\gamma}_b = \frac{p_w h_0^2 d_a^{-\alpha_1} d_b^{-\alpha_2}}{(\beta_1+1)(\beta_2+1)N_0}$，Bob 接收端的信噪比为

$$\gamma_b = \frac{\left|\boldsymbol{h}_b^{\mathrm{H}}\Theta\boldsymbol{H}_a\boldsymbol{w}\right|^2}{N_0} = \tilde{\gamma}_b\left|\left(\sqrt{\beta_2}\boldsymbol{g}_b + \tilde{\boldsymbol{g}}\right)\Theta\left(\sqrt{\beta_1}\boldsymbol{H} + \tilde{\boldsymbol{H}}\right)\boldsymbol{f}\right|^2 = \tag{5-312}$$

$$\tilde{\gamma}_b\left|\boldsymbol{\theta}^{\mathrm{H}}\boldsymbol{b}\right|^2 = \tilde{\gamma}_b\left|\sum_{m=1}^{M}|b_m|\,\mathrm{e}^{\mathrm{j}(\theta_m+\theta_{bm})}\right|^2 \overset{(a)}{=} \tag{5-313}$$

$$\tilde{\gamma}_b\left|\sum_{m=1}^{M}|b_m|\right|^2 \tag{5-314}$$

其中，(a) 表示符合条件$\theta_m = -\theta_{bm}$。令H_{mn}和$\tilde{H}_{mn}$分别表示$\boldsymbol{H}$和$\tilde{\boldsymbol{H}}$矩阵中第m行第n列的元素，得到

$$\begin{aligned}\boldsymbol{b} &= \mathrm{diag}\left(\sqrt{\beta_2}\boldsymbol{g}_b + \tilde{\boldsymbol{g}}\right)\left(\sqrt{\beta_1}\boldsymbol{H} + \tilde{\boldsymbol{H}}\right)\boldsymbol{f} = [b_1,b_2,\cdots,b_M]^{\mathrm{T}} = \\ &\left[|b_1|\mathrm{e}^{\mathrm{j}\theta_{b1}},|b_2|\mathrm{e}^{\mathrm{j}\theta_{b2}},\cdots,|b_M|\mathrm{e}^{\mathrm{j}\theta_{bM}}\right]^{\mathrm{T}}\end{aligned} \tag{5-315}$$

$$\begin{aligned}b_m = \sum_{n=1}^{N}\Big(&\sqrt{\beta_1\beta_2}\,g_{bm}H_{mn} + \sqrt{\beta_1}H_{mn}\tilde{g}_m + \\ &\sqrt{\beta_2}\,g_{bm}\tilde{H}_{mn} + \tilde{g}_m\tilde{H}_{mn}\Big)f_n\end{aligned} \tag{5-316}$$

命题 5-3 γ_b的 CDF 为

$$F_{\gamma_b}(x) = 1 - Q_{\frac{1}{2}}\left(\frac{\lambda_b}{\sigma_b},\frac{\sqrt{x}}{\sigma_b}\right) \tag{5-317}$$

其中，$\lambda_b=\sqrt{\tilde{\gamma}_b}u$ 和 $\sigma_b=\sqrt{\tilde{\gamma}_b}\tilde{\sigma}_b$ 表示非中心参数，$Q_v(a,b)$ 表示广义 Marcum Q 函数。

证明　复高斯随机变量的乘积 $\tilde{g}_m\tilde{H}_{mn}$ 使计算 b_m 精确分布的数学推导过于复杂，为便于处理，本节方案采用伽马近似解决此问题。具体而言，b_m 和 $|b_m|$ 为伽马分布的随机变量，形状参数为 $\kappa=\dfrac{\beta_1\beta_2}{\beta_1+\beta_2+1}$，比例参数为 $\vartheta=\dfrac{\beta_1+\beta_2+1}{\sqrt{\beta_1\beta_2}}$。根据中心极限定理（Central Limit Theorem，CLT），对于足够多的单元（$M\gg 1$），$\sum\limits_{m=1}^{M}|b_m|$ 可以近似成均值为 $u=M\kappa\vartheta=M\sqrt{\beta_1\beta_2}$、方差为 $\tilde{\sigma}_b^2=M\kappa\vartheta^2=M\left(\beta_1+\beta_2+1\right)$ 的高斯分布。由此得出 γ_b 可表示为服从非中心卡方分布的随机变量，其 CDF 为式（5-317），证毕。

在真实场景中，潜在的 Eve 是相互协作或者相互独立的。为了保证证明的完整性，本节将分别介绍这两种情况下的信噪比分析过程。

例 5-1　窃听者相互协作。此情况下的所有 Eve 被认为是相互协作的。从窃听的角度来看，最大比值合并的方法是最佳的窃听方式。因此，有效窃听信噪比是指在 Eve 处接收到的信噪比之和，即 $\gamma_{e_1}=\sum\limits_{k\in\Phi_e,r_k\geqslant r_e}\gamma_k$，其中，$r_k$ 表示 UAV 和 Eve 之间的水平距离，γ_k 表示 Eve 的信噪比。类似于 γ_b 的求解过程，通过定义 $\tilde{\gamma}_k=\dfrac{p_w h_0^2 d_a^{-\alpha_1}d_k^{-\alpha_2}}{(\beta_1+1)(\beta_2+1)N_0}$，$\gamma_k$ 可以被表示为

$$\gamma_k=\frac{\left|\boldsymbol{h}_k\Theta\boldsymbol{H}_a\boldsymbol{w}\right|^2}{N_0}=\tilde{\gamma}_k\left|\left(\sqrt{\beta_2}\boldsymbol{g}_k+\tilde{\boldsymbol{g}}+\alpha\boldsymbol{e}\right)\Theta\left(\sqrt{\beta_1}\boldsymbol{H}+\tilde{\boldsymbol{H}}\right)\boldsymbol{f}\right|^2= \tag{5-318}$$

$$\tilde{\gamma}_k\left|\boldsymbol{\theta}^{\mathrm{H}}\boldsymbol{k}\right|^2=\tilde{\gamma}_k\left|\sum_{m=1}^{M}\left|e_{km}\right|\mathrm{e}^{\mathrm{j}(\theta_m+\theta_{km})}\right|^2 \tag{5-319}$$

其中，$\alpha=\sqrt{\dfrac{\tau^2\left(\beta_2+1\right)}{1-\tau^2}}$，$\boldsymbol{k}=\mathrm{diag}\left(\sqrt{\beta_2}\boldsymbol{g}_k+\tilde{\boldsymbol{g}}+\alpha\boldsymbol{e}\right)\left(\sqrt{\beta_1}\boldsymbol{H}+\tilde{\boldsymbol{H}}\right)\boldsymbol{f}=\left[\left|e_{k1}\right|\mathrm{e}^{\mathrm{j}\theta_{k1}},\left|e_{k2}\right|\mathrm{e}^{\mathrm{j}\theta_{k2}},\cdots,\left|e_{k_M}\right|\mathrm{e}^{\mathrm{j}\theta_{kM}}\right]^{\mathrm{T}}$。再次运用中心极限定理，可以得到

$$\sum_{m=1}^{M}\left|e_{km}\right|\mathrm{e}^{\mathrm{j}(\theta_m+\phi_{km})}\sim\mathcal{CN}\left(u,\tilde{\sigma}_k^2\right) \tag{5-320}$$

其中，$u=M\sqrt{\beta_1\beta_2}$，$\tilde{\sigma}_k=M\left(\alpha^2\left(\beta_1+1\right)+\beta_1+\beta_2+1\right)$。由此，$\gamma_k$ 服从自由度为 2 的

非中心卡方分布，非中心参数为$\lambda_k=\sqrt{\tilde{\gamma}_k}u$。

命题 5-4 相互协作的、服从 PPP 分布的 Eve 的矩母函数（Moment-Generating Function，MGF）可表示为

$$M_{\gamma_{e_1}}(s)=\exp\left\{2\pi\lambda_e\int_{d_e}^{\infty}\frac{y^{\alpha}\exp\left(\dfrac{A_1}{y^{\alpha}+B_1}\right)-y^{\alpha_2}-B_1}{y^{\alpha_2}+\beta_1}y\mathrm{d}y\right\} \tag{5-321}$$

其中，$A_1=\lambda_k^2d_k^{\alpha_2}s$，$B_1=-2\sigma_k^2d_k^{\alpha_2}s$，$d_e=\sqrt{r_e^2+H^2}$，$H$ 表示 UAV 的部署高度。

证明 令$M_{\gamma_k}(s)$表示γ_k的矩阵生成函数，对于相互协作的 Eve，γ_{e_1}的 MGF 可以表示为

$$M_{\gamma_{e_1}}(s)=\exp\left\{-\lambda_e\int_{R^2}\left[1-\mathrm{E}\left(e^{s\gamma_k}\right)\right]r\mathrm{d}r\right\}= \tag{5-322}$$

$$\exp\left\{-2\pi\lambda_e\int_{r_e}^{\infty}\left[1-M_{\gamma_k}(s)\right]r\mathrm{d}r\right\} \tag{5-323}$$

由于γ_k服从非中心卡方分布，可得到$M_{\gamma_k}(s)=\dfrac{\exp\left(\dfrac{\lambda_k^2s}{1-2\sigma_k^2s}\right)}{1-2\sigma_k^2s}$，其中$\sigma_k^2=\dfrac{1}{2}\tilde{\gamma}_k\tilde{\sigma}_k^2$。式（5-321）可通过将$M_{\gamma_k}(s)$代入式（5-323）推导得出。

例 5-2 窃听者相互独立。在这种情况下，为了保证其窃听活动的正常进行，假设 Eve 可以被建模为一组独立同分布的均匀分布点，且相互之间无协作关系。在这种条件下，最有害的 Eve 能获得最大信噪比，其概率密度函数在命题 5-5 中给出。

命题 5-5 相互独立的、服从 PPP 分布的 Eve 的概率密度函数可以表示为

$$f_{\gamma_{e_2}}(x)=F_{\gamma_{e_2}}(x)\left\{-\mu A_3x^{-\mu-1}+B_3C_3\frac{\prod_{i=1}^{\alpha_2}a_i}{\prod_{i=1}^{\alpha_2}b_i}\,{}_{\alpha_2}F_{\alpha_2}\left[\begin{matrix}a_1+1,\cdots,a_i+1,\cdots,a_{\alpha_2}+1\\b_1+1,\cdots,b_i+1,\cdots,b_{\alpha_2}+1\end{matrix};C_3x\right]\right\} \tag{5-324}$$

其中，$A_3=\dfrac{-r_e^2\Gamma(\mu)D_3}{\alpha_2\left(-C_3\right)^{\mu}}$，$B_3=\dfrac{1}{2}r_e^2D_3$，$D_3=\dfrac{2\pi\lambda_e}{1-2\epsilon}\exp\left(\dfrac{\epsilon\lambda_k^2}{(1-\epsilon)\sigma_k^2}\right)$，$C_3=\dfrac{-\epsilon r_e^{\alpha}}{\sigma_k^2d_k^{\alpha}}$，$\mu=\dfrac{2}{\alpha_2}$，$\Gamma(\cdot)$ 表示伽马函数；对于$\forall i\in\{1,2,\cdots,\alpha_2\}$，$a_i=\dfrac{i+1}{\alpha_2}$，$b_i=\dfrac{i+2}{\alpha_2}$；

${}_pF_q\left[\begin{matrix}a_1, & \cdots, & a_p\\ b_1, & \cdots, & b_q\end{matrix};C\right]$是广义超几何序列。

证明 由于γ_k服从参数为λ_k的非中心卡方分布，其CDF可表示为

$$F_{\gamma_k}(x)=1-Q_1\left(\frac{\lambda_k}{\sigma_k},\frac{\sqrt{x}}{\sigma_k}\right) \tag{5-325}$$

假设$\{x_1,x_2,\cdots,x_N\}$为N个独立变量$(N>1)$，结合相关概率论知识可以得到$F_z(z)=\Pr\{\max\{x_1,x_2,\cdots,x_N\}\leqslant z\}$。在此基础上，通过独立窃听信道和Eve的PPP分布，可以得到γ_{e_2}的CDF为

$$F_{\gamma_{e_2}}(x)=\mathrm{E}_{\Phi_e}\left[\prod_{k\in\Phi_e,r_k\geqslant r_e}F_{\gamma_k}(x)\right]= \tag{5-326}$$

$$\exp\left[-\lambda_e\int_{R^2}\left(1-F_{\gamma_k}\right)r\mathrm{d}r\right]\overset{\text{(a)}}{\approx} \tag{5-327}$$

$$\exp\left[\frac{-2\pi\lambda_e}{1-2\epsilon}\int_{r_e}^{\infty}\exp\left(\frac{-\epsilon x}{\sigma_k^2}\right)\exp\left(\frac{\epsilon\lambda_k^2}{(1-\epsilon)\sigma_k^2}\right)r\mathrm{d}r\right]= \tag{5-328}$$

$$\exp\left\{A_3x^{-\mu}+B_3\ {}_{\alpha_2}F_{\alpha_2}\left[\begin{matrix}a_1,\cdots,a_i,\cdots,a_{\alpha_2}\\ b_1,\cdots,b_i,\cdots,b_{\alpha_2}\end{matrix};C_3x\right]\right\} \tag{5-329}$$

其中，(a)是通过近似Marcum Q函数得到的，$\epsilon\in\left(0,\frac{1}{2}\right)$是Chernoff参数。最后通过对式（5-329）求导，得到γ_{e_2}的概率密度函数为式（5-324）。

保密中断概率（Secrecy Outage Probability，SOP）定义为瞬间保密率低于阈值保密率$R_{\text{th}}\left(R_{\text{th}}>0\right)$的概率。令$\omega=2^{R_{\text{th}}}$，可以得到

$$P=\Pr\left\{\left[\mathrm{lb}(1+\gamma_b)-\mathrm{lb}(1+\gamma_e)\right]<R_{\text{th}}\right\}= \tag{5-330}$$

$$\int_0^{\infty}F_{\gamma_b}(\omega-1+\omega x)f_{\gamma_e}(x)\mathrm{d}x \tag{5-331}$$

当窃听者相互独立时，需要注意的是，由于在式（5-317）中引入了分数阶广义Marcum Q函数，很难得到精确的SOP表达式，但可以利用不等式$Q_{\frac{1}{2}}(a,b)\leqslant Q_1(a,b)$将式（5-317）近似表示为

$$F_{\gamma_b}(x) \geqslant 1-\mathrm{e}^{-q}\sum_{n=0}^{\infty}\frac{q^n}{n!}\sum_{k=0}^{n}\frac{\mathrm{e}^{-\frac{x}{2\sigma_b^2}}}{k!}\left(\frac{x}{2\sigma_b^2}\right)^k \tag{5-332}$$

其中，$q=\frac{\lambda_b^2}{2\sigma_b^2}$。将式（5-332）和式（5-321）代入式（5-331），则例 5-1 的 SOP 可近似表示为

$$P_{\mathrm{CO}}=1-\mathrm{e}^{-q}\sum_{n=0}^{\infty}\frac{q^n}{n!}\sum_{k=0}^{n}\frac{1}{k!}\mathrm{E}_{\gamma_{e_1}}\left[\mathrm{e}^{-z}z^k\right] \tag{5-333}$$

其中，$z=\frac{\omega-1+\omega x}{2\sigma_b^2}$。进一步利用等价变换$\mathrm{E}\left[z^k\mathrm{e}^{sz}\right]=\frac{\mathrm{d}^k}{\mathrm{d}sk}\mathrm{E}\left[\mathrm{e}^{sz}\right]=M_z^{(k)}(s)$，以及矩母函数的性质$M_z(s)=\exp\left(\frac{(\omega-1)s}{2\sigma_b^2}\right)M_{\gamma_{e_1}}\left(\frac{\omega s}{2\sigma_b^2}\right)$和$s=-1$，可推导出 SOP 的闭式表达式为

$$P_{\mathrm{CO}}=1-\mathrm{e}^{-q}\sum_{n=0}^{\infty}\frac{q^n}{n!}\sum_{k=0}^{n}\frac{1}{k!}\mathrm{E}_{\gamma_{e_1}}M_z^{(k)}(-1) \tag{5-334}$$

当窃听者相互协作时，将式（5-317）和式（5-324）代入式（5-331），则例 5-2 的 SOP 为

$$P_{\mathrm{in}}=\int_0^{\infty}F_{\gamma_{e_2}}(x)\left\{-\mu A_3x^{-\mu-1}+B_3C_3\frac{\prod_{i=1}^{\alpha_2}a_i}{\prod_{i=1}^{\alpha_2}b_i}{}_{\alpha_2}F_{\alpha_2}\left[\begin{matrix}a_1+1,\cdots,a_i+1,\cdots,a_{\alpha_2}+1\\ b_1+1,\cdots,b_i+1,\cdots,b_{\alpha_2}+1\end{matrix};C_3x\right]\right\}\cdot \left[1-Q_{\frac{1}{2}}\left(\frac{\lambda_b}{\sigma_b},\frac{\sqrt{\omega-1+\omega x}}{\sigma_b}\right)\right]\mathrm{d}x \tag{5-335}$$

5.2.5 海洋网络组网的资源协同

海洋网络组网重点关注海洋通信网络的构建。海洋监测和开发在最近几十年中发挥着重要作用。许多国家和地区已经建立了海上通信系统，以实现船舶和海洋监测设备的有效通信。

常规的海洋通信网络主要包括基于陆地蜂窝网络的岸基移动通信系统、海上无线通信系统和海洋卫星通信系统[25]。岸基移动通信系统利用基站和蜂窝网络技术来提供离岸网络的覆盖范围，从而可以为船舶、移动设备和浮标等提供语音、视频和

网络服务。岸基电台的覆盖半径有限，因此在公海中有未覆盖区域。海上无线通信系统使用 VHF 或 MF/HF 的特定频谱来实现船舶之间的通信。VHF 是使用 VHF 无线电波进行短距离通信的一项重要技术，它只能沿直线传播，并且受到 LoS 的限制，因此它必须限制发射功率以避免相互干扰。MF/HF 可以实现船舶的中远程语音通信，但其传输距离长、信号不稳定、抗干扰能力弱[26]。另外，特定频谱通信导致通信资源竞争激烈，这使其难以提供一般的网络服务。海洋卫星通信系统利用卫星终端设备来提供稳定的、即时的、覆盖范围广的通信服务，这使其在特定的海上通信环境中发挥着重要作用，并承担了很大一部分的海上通信。

近年来，以数据为主导的海事研究越来越流行和重要，其对海洋大数据的要求也越来越高。由于大量的浮标和船载海上观测设备广泛部署到近海和公海地区，这导致海洋数据流量呈指数增长。另外，由于基础设施建设的成本高，还没有实现一般的海上网络服务。因此，增加通信量并降低海上通信的成本是很有意义的。完善和发展海洋通信系统是发展空间信息网络动态组网的重要一环。

传统网络资源的随遇被动式分配方案的时空针对性极强，难以适应高动态变化场景并满足快速资源响应需求。针对天空基协同探测中探测与通信节点、探测目标节点的多层面高动态变化特点，以及海洋网络资源的多样性，可基于节点间的资源协同能力，实现资源预配的前摄式多维网络资源联动，提升多维网络资源利用效率，以满足探测与通信的综合性能需求。前摄式资源联动场景如图 5-25 所示。

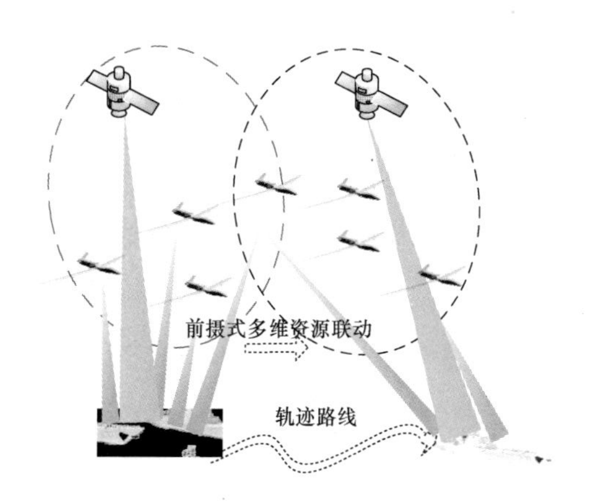

图 5-25　前摄式资源联动场景

首先，考虑到天空基网络资源包括通信资源、探测资源、计算资源、缓存资源等，其中，通信资源又包含天线、频谱、功率、波束等多种资源，各种网络资源的单独优化难以实现网络资源整体效用最大。因此，可采用机器学习、神经网络、粗糙集理论、模糊理论等手段，以统一的方式对网络资源进行抽象、表征、度量，建立基于多维属性集合的网络资源描述模型，实现对多种类别的网络资源的统一描述及池化管理。

其次，对于海洋多任务特征，将目标识别、目标跟踪、目标探测、航迹规划、信息数据回传等任务精细划分，可通过对任务特征进行系统分析，构建对任务特征的界定和度量方法，并在此基础上依据任务类型，构建多样化探测任务与资源分配间的需求映射关系模型。结合协同探测节点以及待探测目标节点的运动特性，可基于对探测与通信节点、探测目标节点的运动轨迹特性分析预测，获取目标节点运动及探测任务的时间演进趋势，进而采用最大匹配原理，依据任务及资源的时间演进属性，研究多维网络资源对任务需求的时间维度匹配关系，实现资源的前摄式灵活适配及资源预留，从而最大化资源利用率并提高响应速度。

进一步地，在多探测任务共存场景下，由于簇间子网资源竞争关系的存在，可采用演化博弈理论、优化理论等将网络资源模型的具体适配控制参数与学习决策方法相结合，通过分析子网间的相互作用关系以及任务与资源的时间演进属性，基于演化计算的核心思想获取最优资源调度参量的近似数值解，进而设计具备资源预配能力的多任务多子网间资源前摄式联动协调方法，实现多维网络资源最大化利用，以满足协同探测任务数据的汇聚需求。

5.2.6 空天地一体动态组网的资源协同

空天地海一体化网络综合利用新型信息网络与通信技术，以任务为驱动，以信息流为载体，充分发挥空、天、地、海信息技术各自优势，通过多维信息的有效获取、协同、传输和汇聚，以及资源的联合管理、任务分发和动作组织，实现时空复杂网络的一体化综合处理和最大有效利用，为各类用户按需提供实时、可靠、安全、泛在、机动、高效、智能、协作的信息基础设施和决策支持系统。

由异构卫星网络以及空间飞行器组成空间网络，由各种邻近空间设备和航空飞行器组成低空网络，由地面各种有线和无线网络设施组成地面网络，由海洋环境感知、海洋信息获取和海洋数据传输构成海洋网络，空天地海一体化网络凭借其战略性、基础性、带动性和不可替代性的重要意义，已成为许多国家国民经济和国家安全的重大基础设施建设方向。接下来，将对几个典型的空天地一体动态组网的资源协同方案进行介绍。

（1）探测任务数据高效汇聚

在天基网络与空基网络多层探测与融合通信网络中，汇聚节点高动态性、探测数据多源化、天空基节点能力大差异性对探测数据的快速汇聚提出了巨大挑战。为此，可通过对分层网络中多源相关探测数据的多层汇聚路径进行规划，从而实现探测任务数据的高效汇聚。探测任务数据高效汇聚场景示意如图 5-26 所示。

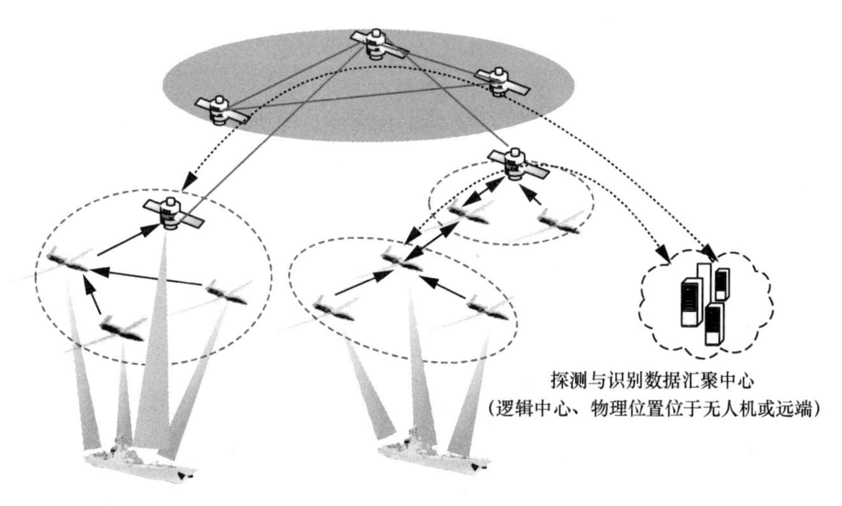

图 5-26　探测任务数据高效汇聚场景示意

探测节点、探测任务的数据类型多样且存在相关性，因此多源相关性数据需要汇聚至探测与识别数据汇聚中心进行融合处理。然而数据汇聚中心逻辑节点可随探测任务的变化而迁移部署至不同无人机或远端，并且探测节点的分层异构性以及子网分簇结构使数据的汇聚途径复杂多变，此外，多源相关数据往往需要经过同时联合处理分析才能形成有价值的探测结论，因此保证多源相关数据经高动态分层网络平台到达数据汇聚中心节点的时间近似一致性是提升汇聚链路整体利用效率的有效途径。为此，基于多层网络节点位置信息及节点汇聚传输能力，从链路负载均衡以及时间近似一致性保证等角度出发，可基于模糊综合评判、最优化以及模拟机器学习等理论对探测通信融合网络中的汇聚路由节点选择进行评价。以模糊综合评判理论为例，通过对数据源节点到对应汇聚节点的跳数、路径最小剩余容量、路径最小平均链路质量以及汇聚节点在局部组网中基于质心原理的定位距离等因素进行模糊综合评判，提供数据源节点到对应汇聚节点的多路径最优路由选择。在此基础上，可以利用图论及博弈论等方法提出多层网络多源节点路由协议，从而为多源相关数据共存情况下的簇内节点到汇聚节点、汇聚节点到数据汇聚中心节点的数据汇聚规划高效的多层汇聚路径，平衡多源数据对汇聚节点的传输压力以及多源数据的时延属性，最大化数据的多源汇聚效率，从而提升探测通信融合组网的整体性能。

（2）集成星地网络的动态资源分配方案[27]

随着流量需求的爆炸式增长，当前的单工地面网络无法满足用户对高速、低时延和大容量服务的需求。集成星地网络（Integrated Satellite and Terrestrial Networks，ISTN）不受时间和空间的限制能够在任何时间、任何地点与任何人进行通信。在 ISTN 中，地面网络在网络控制中心的管理下重用卫星频段，网络控制中心进行协同资源分配以在集成网络中实现最佳的能源效率（Energy Efficiency，EE）和频谱效率（Spectral Efficiency，SE）。

频谱共享导致卫星链路特性发生变化和干扰，动态资源分配在 ISTN 中变得更加复杂和更具挑战性。首先是 EE 优化问题，卫星设备的储能能力非常有限，而且部署在太空中，其维护和维修也很困难。高效的资源分配算法不仅可以降低功耗以达到最大能效，而且可以延长网络终端设备的电池寿命。其次，SE 优化问题在 ISTN 中也很重要。为了确保 QoS 需求并合理分配有限的频谱资源，资源分配策略应为通信服务分配合理的频带。如果资源分配不当，频谱共享方案将引起相当大的干扰。如何正确调度和分配频谱资源也是需要研究的最重要问题之一。集成星地网络示意如图 5-27 所示。

（3）基于用户位置的节能资源分配方案[28]

对于空天地网络高动态节点的协同组网，电池容量是其面临的挑战之一，因此，研究者提出了一种基于用户位置的星地节能频谱共享方案。首先将 ISTN 中的用户分为两类（卫星网络用户和地面网络用户），然后建立 ISTN 体系结构，如图 5-28

所示。考虑了卫星波束、宏基站（Macro Base Station，MBS）、射频拉远头（Remote Radio Head，RRH）和三层覆盖的场景，在 ISTN 中，卫星波束、MBS 和 RRH 会引起严重的层间干扰。这将影响系统吞吐量、有效覆盖范围、SNR、能效等性能，可以通过空域多点协作传输分别降低层内干扰和层间干扰。

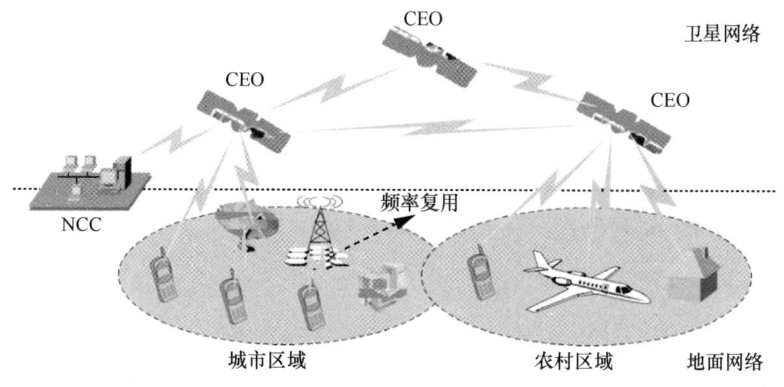

图 5-27　集成星地网络示意

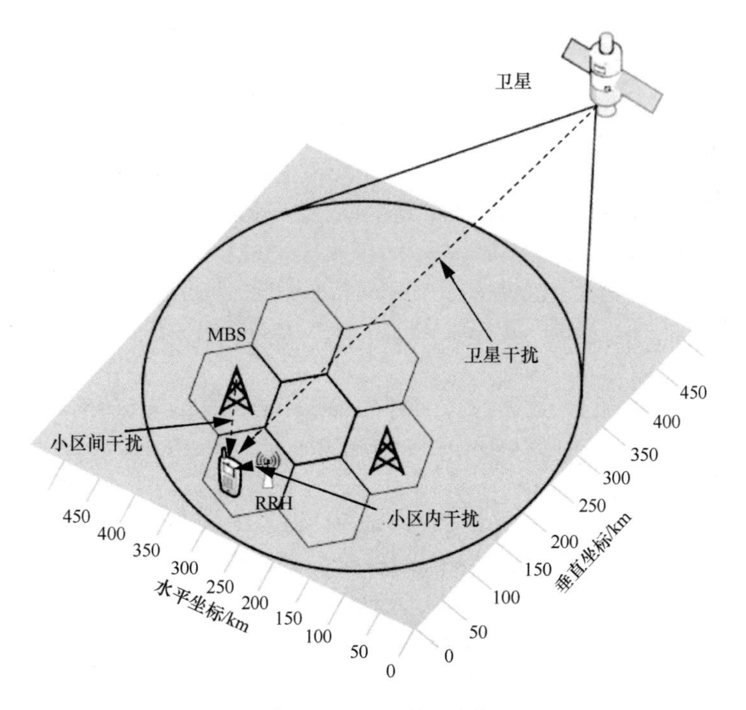

图 5-28　ISTN 体系结构

此外，位于地面小区中心的地面终端会接收到强烈的有用信号，可以通过使用全频率复用方案来获得较高的 SINR。并且通过对与基站和用户位置相对应的不同频带进行分级来隔离卫星波束，基于此，研究者提出了一种结合用户位置和保护区的频谱共享方案。在频率分配过程中，首先考虑在卫星周围建立一个隔离区，然后考虑地面网络的用户是否位于地面小区的中心或边缘。如果用户在地面小区的边缘，则为其分配更高的保护频段，以确保其 SINR 不低于通信需求下限；如果用户在地面小区的中心，可以为其分配较低级别的保护。

参考文献

[1] YU F R, HUANG T, LIU Y. Integrated networking, caching, and computing[M]. Boca Raton: CRC Press, 2018.

[2] BOURAS M A, ULLAH A, NING H S. Synergy between communication, computing, and caching for smart sensing in Internet of things[J]. Procedia Computer Science, 2019, 147: 504-511.

[3] ZHANG Z Q, XIAO Y, MA Z, et al. 6G wireless networks: vision, requirements, architecture, and key technologies[J]. IEEE Vehicular Technology Magazine, 2019, 14(3): 28-41.

[4] 周一青, 李国杰. 未来移动通信系统中的通信与计算融合[J]. 电信科学, 2018, 34(3): 1-7.

[5] ZHAO P T, TIAN H, QIN C, et al. Energy-saving offloading by jointly allocating radio and computational resources for mobile edge computing[J]. IEEE Access, 2017, 5: 11255-11268.

[6] LYU X C, REN C S, NI W, et al. Distributed optimization of collaborative regions in large-scale inhomogeneous fog computing[J]. IEEE Journal on Selected Areas in Communications, 2018, 36(3): 574-586.

[7] LIN M H, LIU Z H, WIERMAN A, et al. Online algorithms for geographical load balancing[C]//Proceedings of 2012 International Green Computing Conference (IGCC). Piscataway: IEEE Press, 2012: 1-10.

[8] LUO J Y, RAO L, LIU X. Spatio-temporal load balancing for energy cost optimization in distributed Internet data centers[J]. IEEE Transactions on Cloud Computing, 2015, 3(3): 387-397.

[9] PU L J, CHEN X, XU J D, et al. D2D fogging: an energy-efficient and incentive-aware task offloading framework via network-assisted D2D collaboration[J]. IEEE Journal on Selected Areas in Communications, 2016, 34(12): 3887-3901.

[10] LIU Q, TIAN H, NIE G F, et al. Context-aware data caching and resource allocation in Het-

Nets with self-backhaul[C]//Proceedings of 2018 IEEE/CIC International Conference on Communications in China (ICCC). Piscataway: IEEE Press, 2018: 416-420.

[11] NI W L, TIAN H, LYU X C, et al. Service-dependent task offloading for multiuser mobile edge computing system[J]. Electronics Letters, 2019, 55(15): 839-841.

[12] NI W L, TIAN H, FAN S S, et al. Revenue-maximized offloading decision and fine-grained resource allocation in edge network[C]//Proceedings of 2019 IEEE Wireless Communications and Networking Conference (WCNC). Piscataway: IEEE Press, 2019: 1-6.

[13] ZHAO P T, TIAN H, CHEN K C, et al. Context-aware TDD configuration and resource allocation for mobile edge computing[J]. IEEE Transactions on Communications, 2020, 68(2): 1118-1131.

[14] 张彦超，刘云，张海峰，等. 基于在线社交网络的信息传播模型[J]. 物理学报，2011, 60(5): 050501.

[15] REN C S, LYU X C, NI W, et al. Profitable cooperative region for distributed online edge caching[J]. IEEE Transactions on Communications, 2019, 67(7): 4696-4708.

[16] 姜会林，付强，赵义武，等. 空间信息网络与激光通信发展现状及趋势[J]. 物联网学报，2019, 3(2): 1-8.

[17] MARAL G, BOUSQUET M, SUN Z. Satellite communications systems: systems, techniques and technology[M]. New York: John Wiley & Sons, 2020.

[18] 夏明华，朱又敏，陈二虎，等. 海洋通信的发展现状与时代挑战[J]. 中国科学：信息科学，2017, 47(6): 677-695.

[19] CUI Y J, NIE G F, TIAN H. Hop progress analysis of two-layer VANETs with variant transmission range[J]. IEEE Wireless Communications Letters, 2019, 8(5): 1473-1476.

[20] SU Y T, LIU Y Q, ZHOU Y Q, et al. Broadband LEO satellite communications: architectures and key technologies[J]. IEEE Wireless Communications, 2019, 26(2): 55-61.

[21] BI Y G, HAN G J, XU S, et al. Software defined space-terrestrial integrated networks: architecture, challenges, and solutions[J]. IEEE Network, 2019, 33(1): 22-28.

[22] 谢宝华，梁俊，肖楠，等. 基于可靠性的 5G-低轨星座网络切片映射算法[J]. 计算机应用研究, 2021, 38(11): 3407-3410.

[23] GUPTA L, JAIN R, VASZKUN G. Survey of important issues in UAV communication networks[J]. IEEE Communications Surveys & Tutorials, 2016, 18(2): 1123-1152.

[24] YUAN X X, TIAN H, NIE G F. Joint access and backhaul link optimization in multiple UAV-assisted emergency network[C]//Proceedings of 2020 IEEE/CIC International Conference on Communications in China (ICCC). Piscataway: IEEE Press, 2020: 735-740.

[25] HAN C, LIU A J, HUO L Y, et al. A prediction-based resource matching scheme for rentable LEO satellite communication network[J]. IEEE Communications Letters, 2020, 24(2): 414-417.

[26] LIU C, LI Y B, JIANG R B, et al. OceanNet: a low-cost large-scale maritime communication architecture based on D2D communication technology[C]//Proceedings of the ACM Turing Celebration Conference. New York: ACM Press, 2019: 1-6.

[27] PENG Y H, DONG T, GU R T, et al. A review of dynamic resource allocation in integrated satellite and terrestrial networks[C]//Proceedings of 2018 International Conference on Networking and Network Applications (NaNA). Piscataway: IEEE Press, 2018: 127-132.

[28] JIA M, ZHANG X M, GU X M, et al. Joint UE location energy-efficient resource management in integrated satellite and terrestrial networks[J]. Journal of Communications and Information Networks, 2018, 3(1): 61-66.

第6章

6G 边缘智能技术

边缘智能是融合网络、计算、存储、应用核心能力的开放平台，可提供边缘智能服务，满足行业数字化在敏捷连接、实时业务、数据优化、应用智能、安全与隐私保护等方面的关键需求。将智能部署在边缘设备上，可以使智能更贴近用户，更快、更好地为用户提供智能服务[1]。边缘智能是实现网络智能内生的关键使能技术，然而，泛在节点存在资源有限性、能力异构性、空间分散性、数据分布不均衡性、环境动态不确定性等问题，使分布式学习技术与无线网络组网技术的融合面临诸多挑战。如何针对不同的智能应用需求引入具有针对性的分布式学习框架、提升网络自优化及自主决策能力、克服无线信道不确定性对学习性能的影响，是实现边缘智能所需重点关注的问题。本章面向 6G 网络智能内生需求，介绍 6G 智能定义网络特征与边缘智能化的关键技术，包括分布式学习原理及框架、基于数据并行和模型并行的分布式学习原理及框架、网络自治能力设计、基于内生 AI 的网络多维度无线资源管理功能设计、边缘智能技术的典型应用，以及基于智能反射表面和空中计算技术的无线网络联邦学习技术。

| 6.1 边缘智能网络的分布式学习原理及框架 |

随着大数据和高效计算资源的出现，深度学习在人工智能的很多领域中都取得了重大突破。然而，面对越来越复杂的任务，数据和深度学习模型的规模都变得日益庞大。大规模训练数据的出现为训练模型提供了物质基础，但同时也降低了模型的学习效率。分布式学习能够同时利用多个工作节点，分布式、高效地训练性能优良的神经网络模型，提高深度学习模型的训练效率，减少训练时间；同时，适应边缘网络的设备条件，依据设备能力匹配模型复杂度，成为边缘智能网络的关键技术。本节首先详细介绍分布式学习的原理，然后针对边缘智能网络的构建方案，分别介绍基于数据并行和模型并行的分布式学习原理及框架。

6.1.1 分布式学习：数据并行与模型并行

分布式学习可以实现在多个物理节点上并行地训练学习模型，不仅弥补了单节点计算能力的不足，而且实现了智能体之间的协作共生关系，为网络节点协同认知与共同决策奠定了坚实基础。为协调多个智能体间的合作学习能力，目前分布式学习主要是基于数据分割与模型分割来实现。这两种思想分别派生了两种主要的分布式学习机制：数据并行机制和模型并行机制。

在 6G 时代，边缘设备的计算、存储能力不断增长，对海量数据的高效采集、处理为实现边缘智能提供了坚实基础，同时也成为提高分布式学习性能的关键所在。近年来，各种新兴的数据并行分布式学习方法，如联邦学习等，已经得到广泛的研究。数据并行机制是针对参数优化的，它首先将全局数据集分割为多个子数据集，让多个边缘智能体通过并行处理多个子数据集来优化中心模型并减少学习时间。在该过程中，每个边缘智能体上都部署相同的模型，从而使每个边缘智能体都拥有一个模型副本。各个边缘智能体使用分配到的数据集训练其本地模型副本，同时通过特定方式协调其他边缘智能体，使它们共同优化单个目标。

数据并行机制下的经典分布式学习过程概括如下。首先，将全局数据集分割为多个子数据集，每个单独的子数据集将分配给特定的边缘智能体。然后，边缘节点将基于其子数据集进行全批次或微批次梯度下降以训练本地模型副本。在训练一个批量数据（或多个批量数据）之后，边缘智能体将向边缘参数服务器发送经过训练的中间变量。在大多数实现中，此变量既可以是梯度，也可以是模型参数。最后，边缘参数服务器将通过特定的更新机制来聚合此中间变量。通常来说，更新机制可以是各个变量的算术平均，也可以是按照一定规则的加权平均。重复此过程，直到所有边缘智能体都从其子数据集中采样了所有微批次，或者全局模型达到收敛。可见，参数服务器的任务是模型的汇总更新以及满足来自不同边缘智能体的参数请求。

对应于上述分布式学习过程，近年来兴起的联邦学习机制就是数据并行机制下的一种典型的学习框架。考虑到各边缘节点存在本地数据的情况，联邦学习在“数据孤岛”的基础上高效利用这些分散的数据进行模型聚合，并实现对各边缘智能体隐私的保证。

联邦学习大体上可以划分为两个阶段：模型训练和模型推理。在模型训练中，原始数据需在边缘智能体本地保存并完成训练，同时仅通过交换模型相关信息来进行模型的全局聚合。在模型推理中，应当设立一种公平的激励机制来更好地进行协作预测。更一般地，模型可以看作一个从数据到预测结果的映射函数。假设有多个边缘智能体进行协作学习，传统方法会先收集所有数据并在云服务器上进行集中式训练，从而得到模型 A。联邦学习则会通过本地端训练并在云端聚合边缘模型参数，得到模型 B。面向不同的性能量度（如准确度、召回率等），不同系统可定义出不同的性能损失。在联邦学习中，适度的性能损失是可以容忍的，因为额外的用户隐私保护和边缘算力的充分利用也特别重要。

一种包括中心服务器的联邦学习架构的训练流程如图 6-1 所示，这种典型的联邦学习架构又被称为主-从架构。该架构的训练流程通常由 4 个步骤组成：①边缘智能体在本地端利用本地原始数据，在现有模型基础上计算新的模型参数；②边缘智能体对训练的模型相关参数进行加密后上传给云服务器；③云端进行安全聚合，如使用基于同态加密的加权平均；④云服务器将聚合后的结果分发给各边缘设备端。上述 4 个步骤将持续循环进行，直至达到终止条件（如到达时间阈值或损失函数阈值等）。一般情况下，边缘参数服务器采用梯度平均或模型平均进行模型聚合。这两种联邦平均算法各有优劣：梯度平均具有准确的梯度信息和可保证的收敛性，比如保证可靠的通信链路；模型平均则可以容忍一定程度上的更新缺失或不同步，但它无法保证收敛性并可能造成性能损失。总之，边缘参数服务器经过多轮迭代后最终得到一个趋近于集中式机器学习的结果模型，并可以有效降低传统数据融合带来的隐私风险。

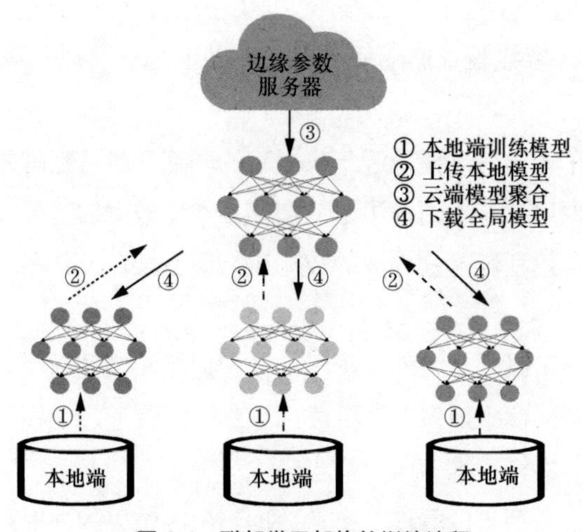

图 6-1　联邦学习架构的训练流程

根据联邦学习的不同应用场景，不同的本地端拥有的数据的特征空间和样本空间是不同的，因此联邦学习可以分为横向联邦学习（Horizontal Federated Learning，HFL）和纵向联邦学习（Vertical Federated Learning，VFL）。

横向联邦学习的特点是数据集特征和标签信息相同，但样本 ID 不同，因此又可称为按样本划分的联邦学习。以两个参与方为例，横向联邦学习的定义可参考表 6-1。具体来说，表 6-1 中的每条记录对应一个样本 ID（第 2 列），每行样本都会有各自的标签信息（第 3 列）和数据集特征（第 4 列及以后）。在横向联邦学习中，各个参与方有相同的特征空间，因此不同的数据集可以在同一个表格中共用列，其本质是提取多个参与方的相同特征信息并进行协作训练。此外，需要注意的是，横向联邦学习需要考虑边缘参数服务器对本地端模型信息的可见性，并评估服务器的可信度。

表 6-1　横向联邦学习的数据集

数据集	样本 ID	标签信息	数据集特征 1	数据集特征 2	数据集特征 3
数据集 A	A1	A1 标签	A1 特征 1	A1 特征 2	A1 特征 3
	A2	A2 标签	A2 特征 1	A2 特征 2	A2 特征 3
	A3	A3 标签	A3 特征 1	A3 特征 2	A3 特征 3
数据集 B	B1	B1 标签	B1 特征 1	B1 特征 2	B1 特征 3
	B2	B2 标签	B2 特征 1	B2 特征 2	B2 特征 3
	B3	B3 标签	B3 特征 1	B3 特征 2	B3 特征 3

客户机–服务器架构和对等网络架构是横向联邦学习系统中较常用的两种架构。具体来说，基于客户机–服务器架构的横向联邦学习与地理分布式机器学习有一定的相似之处，数据分配在不同的地理位置，都强调在模型训练期间保护数据隐私。而对等网络去除了中央服务器，因为此类服务器在一些现实场景中难以获取，可能会使权重参数无法分批量更新，从而导致模型训练时间更长。在横向联邦学习中，每个参与方都可以较轻易地测试本地模型性能。模型性能一般可以表现为精确度、准确度和召回率等。目前，已有很多横向联邦学习的商业应用案例落地，但横向联邦学习仍面临着无法检查分布式训练数据、无法有效激励参与方和无法预防参与方欺骗等问题。

纵向联邦学习的特点是数据集特征不同，但样本 ID 和标签信息相同，因此又被称为按特征划分的联邦学习。同理，纵向联邦学习的定义可参考表 6-2。在纵向联邦学习中，各个参与方有相同的样本 ID，即不同的数据集可以在同一个表格中共用行。同时，纵向联邦学习中一方掌握训练的标签信息，各方通过输入各自的特征信息，从而得到纵向的全局模型。为防止纵向联邦学习中的参与方相互推出对方私有的用户数据，需要采用合理的算法保证各方只能获得基于各方共有样本特征训练的模型。

表 6-2　纵向联邦学习的数据集

样本 ID	标签信息	数据集	数据集特征 1	数据集特征 2	数据集	数据集特征 3	数据集特征 4
A1	A1 标签	数据集 A	A1 特征 1	A1 特征 2	数据集 B	A1 特征 3	A1 特征 4
A2	A2 标签		A2 特征 1	A2 特征 2		A2 特征 3	A2 特征 4
A3	A3 标签		A3 特征 1	A3 特征 2		A3 特征 3	A3 特征 4

基于不同组织的异构数据，纵向联邦学习有很多典型的算法，如安全联邦线性回归和安全联邦提升树。其中，安全联邦线性回归算法利用同态加密，在联邦线性回归模型的训练过程中保护属于参与方的本地数据；安全联邦提升树通过主动方与被动方共同构建模型来预测标签，可以与不具备隐私保护的非联邦算法一起提供相同的精度。在纵向联邦学习中，每个参与方都拥有共享模型的一部分，因此各参与方之间将拥有更紧密的关系，并需要可靠的通信机制和高效的安全协议来避免通信故障可能造成的影响和隐私泄露的问题。

模型并行指的是单个学习模型的不同部分分布在多个边缘智能体上。如果机器学习任务中所涉及的模型规模很大以至于不能存储到单个边缘智能体节点的本地内存中，就需要将模型分割到多个工作节点，而各个工作节点负责本地局部模型的参数更新。多台机器之间分布的深度网络的性能优势主要取决于模型的结构。具有大量参数的模型训练过程通常受益于更强大的 CPU 内核计算能力和内存访问、存储能力。因此，对大型模型进行分割，并实施模型并行处理可显著提高模型性能并减少训练时间，但是这增加了边缘智能体之间的额外通信需求。对于具有变量可分性的线性模型和变量相关性很强的非线性模型（如神经网络）而言，模型并行的方式有所不同。

假设有一个如图 6-2 所示的感知器，该感知器模型被分割为多个部分，且每个输入节点维护整体模型的一部分，负责从某个来源接收输入并将输入乘以关联的权重之后，将结果发送给负责计算的聚合节点。聚合节点需要通过同步机制使各输入节点的结果保持同步以确保结果一致。各输入节点仅维护全局模型的一部分，而在输出节点处对各个局部模型进行聚合，这就是模型并行机制的一个经典场景[2]。在 6G 边缘智能场景中，各个智能体对应输入节点，负责协调的基站对应聚合节点。

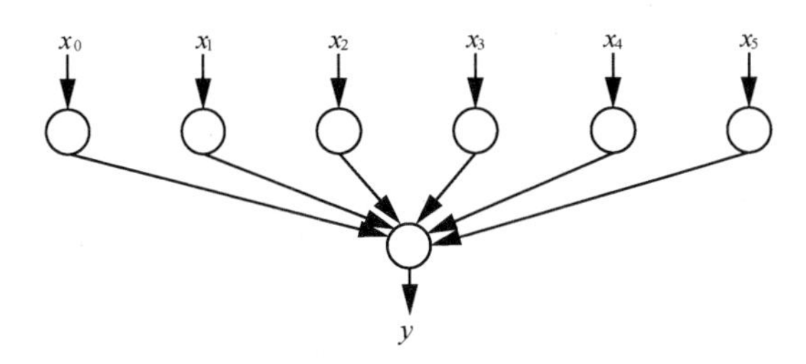

图 6-2　模型并行机制的感知器

对于线性分布式学习模型，目标函数针对各个变量是可分的，也即某个维度的参数（如梯度）更新只依赖一些与目标函数值有关的全局变量，而不依赖其他维度的参数。受益于这种参数间的独立性，各个智能体可以在本地进行相对独立的局部模型训练，最终只需要对这些全局变量进行通信即可实现本地参数的更新，而不需要对其他智能体的模型参数进行通信，避免了智能体之间的通信开销。因此，可按照模型的不同变量将模型适当地分割为多个局部模型，并将各个局部模型配置在相应的节点中，完成线性分布式学习模型的配置。

对于非线性分布式学习模型，以神经网络为例，神经网络的参数之间的依赖关系比线性模型严重得多，不能进行简单的划分，也无法使用类似线性模型那样的技巧通过一个全局中间变量实现高效的模型并行。但是，神经网络的层次化结构也为模型并行提供了可能。一般来说，可以按如下 3 种方法进行模型的划分：横向按层划分、纵向跨层划分和模型随机划分[3]。受限于非线性模型间的相互依赖性，各模型均面临较大的通信开销，并且不同的划分模式对应的通信内容和通信量也是互不相同的。

如果神经网络层数较多，一个自然并且易于实现的模型并行方法是将整个神经网络横向划分为 K 个部分，而每个边缘智能体承担一层或者几层的计算任务，如图 6-3 所示[3]。如果当前边缘智能体缺乏计算所需的信息，则该智能体将与其他具有该信息的智能体通信以请求相关信息。通常，模型横向划分的时候会综合考虑各层的节点数目，尽可能平衡各个工作节点的计算量。一般而言，如果每层的神经元数目不多而层数较多，可以考虑横向按层划分。值得注意的是，横向按层划分使各个智能体之间构成了逻辑上的串行工作关系。为避免“停–等”训练机制造成的低效问题，在横向按层划分中可将各个智能体设计成“流水线”模式，以提高分布式学习的效率。

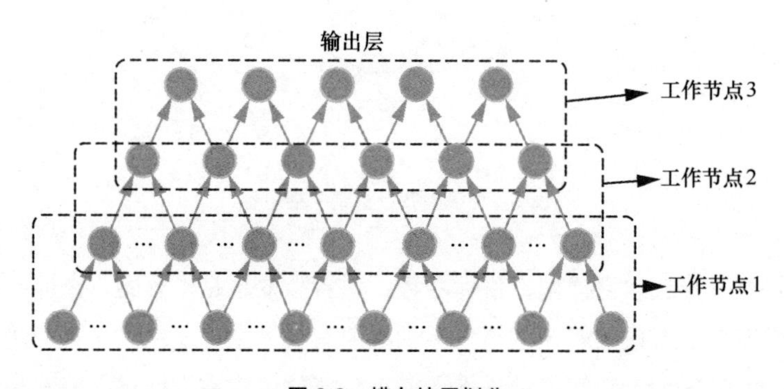

图 6-3　横向按层划分

神经网络的属性除了深度还有宽度，除横向按层划分的方法外，还可以对网络进行纵向跨层划分。这种划分方法对每一层的神经元进行划分并将其分配给不同的工作节点，但不同层神经元之间的连接关系需要保留，如图 6-4 所示[3]。纵向跨层划分完成后，各个边缘智能体存储并更新这些纵向子网络。而在前向传播和后向传播过程中，如果需要当前智能体的子模型以外的激活函数和误差传播值，则该智能体应与对应的边缘智能体通信以请求相关信息。一般而言，如果每层的神经元数目很多而层数较少，则应该考虑纵向跨层划分。但是，如果学习任务中的神经网络层数和每层的神经元数目都很多，则可能需要横向按层划分和纵向跨层划分结合使用。

● 输入/输出神经元
▨ 本地更新神经元
● 本地不更新神经元

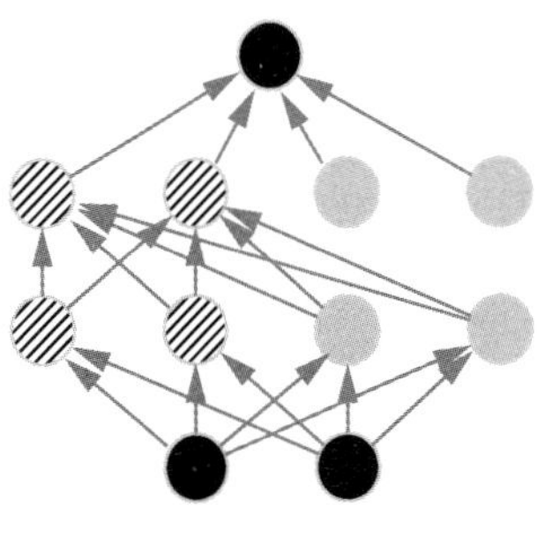

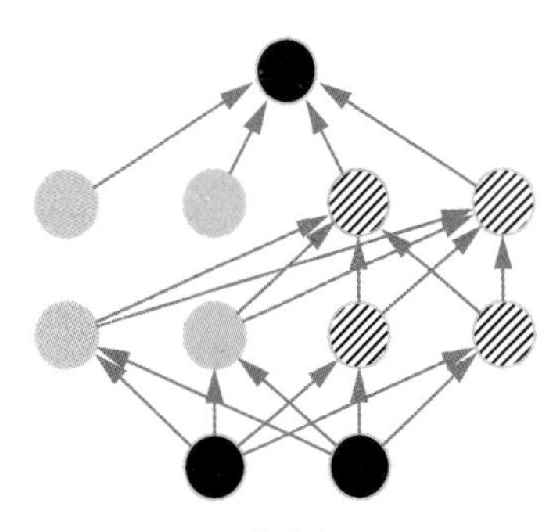

工作节点1　　　　工作节点2

图 6-4　纵向跨层划分

由于纵向划分和横向划分的通信代价都比较大，因此研究者提出了针对大规模神经网络的随机划分，如图 6-5 所示[3]。该划分方法的基本思路是利用神经网络的冗余性，找到一个规模小很多的子网络（称为骨架网络），其学习效果与原网络十分接近。于是，可以按照某种准则，在原网络中选出骨架网络作为公用子网络并存储于每个边缘智能体中。对于骨架网络之外的部分网络，每个边缘智能体还会随机选取其中一部分神经元进行骨架网络的延拓，以便探索骨架网络之外的有用信息。为保证普适性，骨架网络周期性地依据新的网络结构重新选取，而用于延拓的神经元也会随之随机选取。由于模型随机划分需要周期性地重新选取，这种划分方法对边缘智能体的通信能力以及计算能力都有更高的要求。

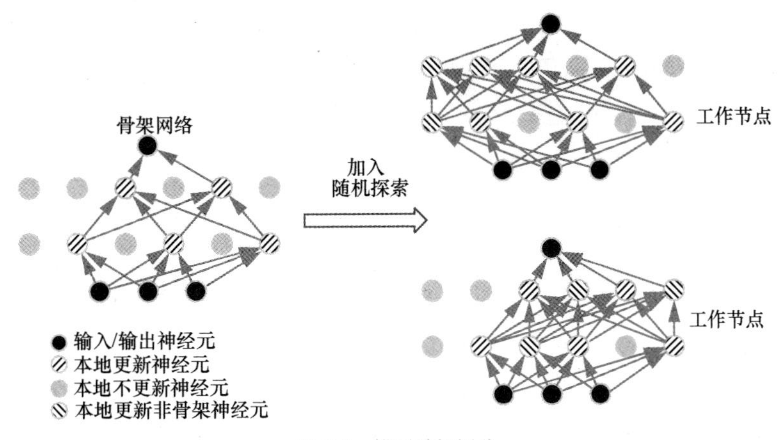

图 6-5　模型随机划分

综上所述，模型并行机制虽然节省了单个节点的内存资源，但是增加了节点之间的通信需求。目前，有两种方法能够有效减少节点之间的通信需求。一种是文献[4]介绍的将冗余计算引入神经网络，具体来说，在对神经网络进行划分时，每个处理器将对具有重叠部分的神经元计算两次，以通过计算量的提高来换取通信需求的减少。另一种是文献[5]提出的使用针对神经网络修改的 Cannon 矩阵乘法算法。在小型多层完全连接的网络上，Cannon 算法比简单分区算法具有更高的效率和速度。

迁移学习作为机器学习的一个重要分支，侧重于将已经学习过的知识迁移应用于新的问题中，是一种可应用于边缘服务器的新型学习模式。具体来说，迁移学习是指利用数据、任务或模型之间的相似性，将在旧领域学习过的模型应用于新领域的一种学习过程。其核心是找到新问题和原问题之间的相似性，顺利地实现知识的迁移。利用迁移学习的思想，我们可以将在大型云服务器有标注的大数据上训练好的模型迁移到边缘服务器的任务中，针对特定的任务以及智能终端实时采集的数据进行自适应更新，从而取得更好的效果。由此可见，迁移学习能够在很大程度上解决大数据与弱计算（算力）、大数据与少标注（数据）以及普适化模型与个性化需求（任务）之间的矛盾，是边缘智能以及分布式学习框架的一大利器。

迁移学习可以按照学习方法、目标域标签、数据特征、学习形式 4 个准则进行划分。图 6-6 给出了迁移学习的常用分类方法总结。

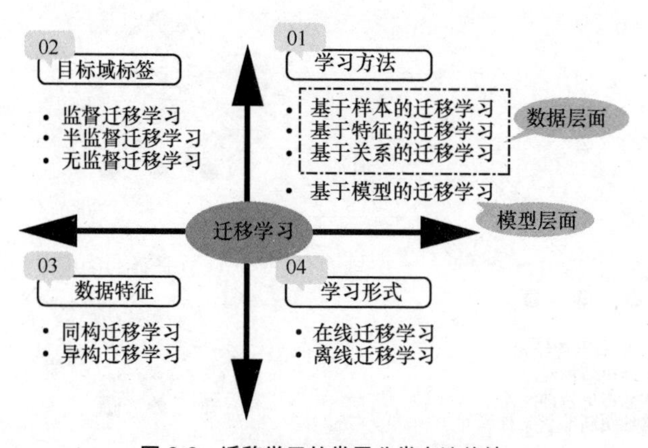

图 6-6 迁移学习的常用分类方法总结

按学习方法，可以将迁移学习分为基于样本的迁移学习、基于特征的迁移学习、基于关系的迁移学习以及基于模型的迁移学习 4 类。基于样本的迁移学习根据一定的权重生成规则，对数据样本进行重用，实现源域和目标域的样例迁移；基于特征的迁移是指通过特征变换的方式互相迁移来减少源域和目标域之间的差别，或者将源域和目标域的数据特征变换到同一特征空间中，以减少源域和目标域中的差别以及分类和回归模型的误差；基于关系的迁移通常是挖掘和利用相关知识的映射进行类比迁移；基于模型的迁移，也即在源域和目标域中发现共享参数和先验知识用以实现迁移。通过对现有工作进行调研可以发现，目前绝大多数基于特征和基于模型的迁移学习都与深度神经网络进行结合，这些方法对现有的一些神经网络结构进行了修改，在网络中加入了领域适配层，然后联合进行训练。

按目标域标签，可以将迁移学习分为监督迁移学习、半监督迁移学习和无监督迁移学习 3 类。其中，少标签和无标签（半监督和无监督迁移学习）的问题是研究的热点和难点。

按数据特征，可以将迁移学习分为同构迁移学习和异构迁移学习两类[6]。如果特征语义和维度都相同，那么就是同构；如果特征完全不同，那么就是异构。简言之，不同图片之间的迁移，就可以认为是同构的；而图片到文本的迁移，则是异构的。

此外，按学习形式，也可以将迁移学习分为离线迁移学习和在线迁移学习两类。其中，离线迁移学习无法对新加入的数据进行学习，模型也无法得到持续更新；在线迁移学习随着数据的动态加入，模型也可以不断地更新。在边缘智能网络以及分布式学习框架中实施在线迁移学习，能够在很大程度上缓解海量数据与边缘设备算力间的矛盾，充分协调云服务器、边缘服务器以及智能终端的计算、存储资源。

随着深度学习方法的发展，越来越多的研究人员开始使用深度神经网络进行迁移学习。其相比非深度学习方法有两个优势：自动化地提取更具表现力的特征，以及满足实际应用中的端到端需求。主流的深度迁移学习方法包括深度网络微调、深度网络自适应以及深度对抗网络迁移。

微调是指利用别人已经训练好的网络，针对自己的任务再进行调整，深度网络微调也许是最简单的深度网络迁移方法。它不需要针对新任务从头开始训练网络，从而节省了时间成本；预训练好的模型通常是在大数据集上进行的，无形中扩充了训练数据，使模型的鲁棒性和泛化能力更强；微调实现简单，只需要关注自己的任务即可。

但是，微调有它先天的不足：无法处理训练数据和测试数据分布不同的情况。这一现象在实际应用中比比皆是。因为微调的基本假设也是训练数据和测试数据服从相同的数据分布，这在迁移学习中也是不成立的。因此，许多深度学习方法都开发出了自适应层来完成源域和目标域数据的自适应。自适应能够使源域和目标域的数据分布更加接近，从而使网络的效果更好。基于深度网络进行迁移学习，其核心在于找到网络需要进行自适应的层，并在这些层加上自适应的损失度量，最后对网络进行微调。

近年来，以 GAN[7]为代表的对抗学习也引起了很多研究者的关注。GAN 利用一组互相博弈的生成器和判别器通过对抗训练生成新的样本。由于在迁移学习中天然地存在一个源域和一个目标域，因此可以免去生成样本的过程，而直接将其中一个领域的数据当作生成的样本，即生成器不断学习领域数据的特征，使判别器无法对两个领域进行分辨。这样，原来的生成器也可以称为特征提取器。正是基于这样的领域对抗的思想，深度对抗网络可以很好地被运用于迁移学习问题中并极大地提升学习效果。

6.1.2 基于数据并行的分布式学习

数据并行通过多个边缘智能体并行处理多个子数据集来优化全局模型。一个采用边缘参数服务器实现数据并行机制的简要示例[2]如图 6-7 所示。在图 6-7 中，区域内共分布有 4 个边缘智能体，边缘参数服务器将全局数据集的不同划分分配给这些边缘智能体。每个智能体遍历此数据集划分中所包含的微批次，并为该子数据集生成一个梯度作为中间变量。随后，各个边缘智能体将梯度发送给边缘参数服务器，该参数服务器将通过某种更新机制合并所有梯度并更新全局模型。

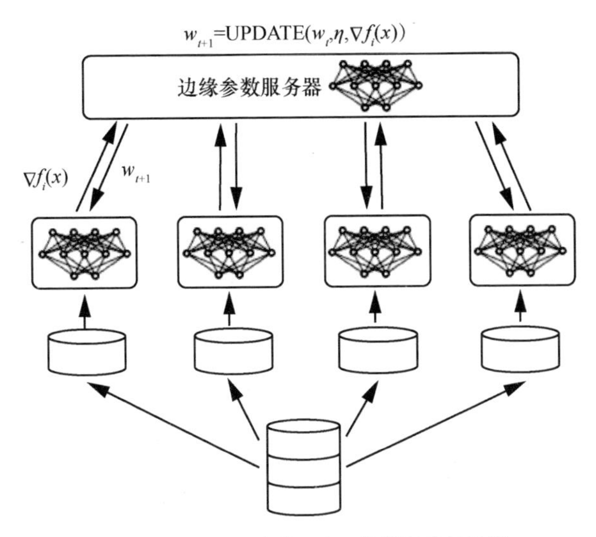

图 6-7　采用边缘参数服务器的数据并行机制

文献[8]设计了一种分布式选择性 SGD 算法，该算法通过使用来自不同来源的数据来实现分布式和协作式训练。在深度神经网络（Deep Neural Network，DNN）中，调整训练参数是训练的核心过程，分布式训练的主要问题是设计一种分布式 SGD 算法。在所提出的分布式选择性 SGD 算法中，贡献自己数据的节点独立且同时训练 DNN。每次迭代后，参与者有选择地将一些参数的梯度上传到全局参数服务器。全局参数服务器维护从参与者收集的根据所有梯度之和确定的全局参数。每个参与者都下载一些全局参数以更新其本地模型。参与者可以通过其他参与者的数据了解更多信息来创建本地 DNN 模型。

图 6-8 显示了分布式选择性 SGD 算法的框架。拥有本地数据集的多名参与者参加了不信任的培训。每个参与者使用其本地数据集通过标准 SGD 算法训练其本地 DNN 模型，在本地训练期间，不需要与其他参与者或全局参数服务器进行交互。然后将所选参数的梯度上传到全局参数服务器以更新全局参数。全局参数服务器根据参与者上传的梯度来维护 DNN 模型的参数。参与者可以从全局参数服务器下载最新参数，以更新其本地 DNN 模型。此方案不需要明确共享不同参与者的本地数据即可实现 DNN 模型的分布式训练。

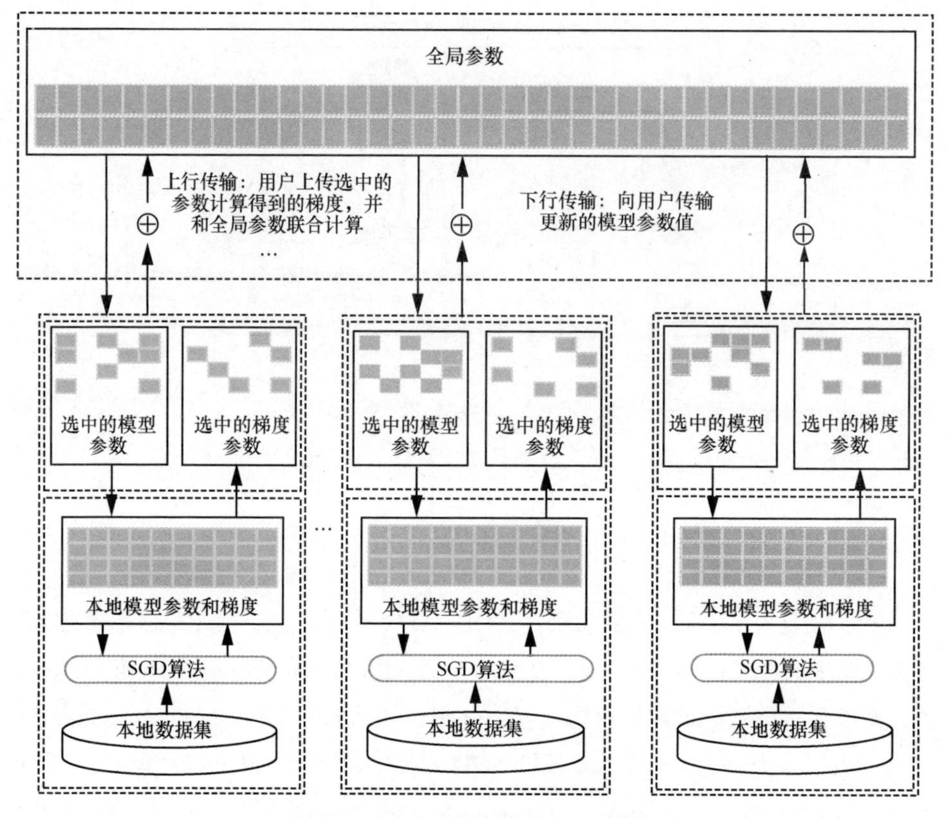

图 6-8　分布式选择性 SGD 算法的框架

数据并行机制的一个关键点在于如何对数据进行分割。一般来说，数据的分割包括横向分割与纵向分割两种。在横向分割中，边缘参数服务器根据边缘智能体数量将全局数据集按样本进行分割，即每个样本具备相同的维度和属性，各个智能体分配了一部分样本。根据分割过程的放回与否，可将横向分割进一步分为随机采样分割（有放回）和置乱分割（无放回）两种。对于前者，随机采样的方式有利于构造与全局数据集独立同分布的多个数据集划分，但是采样的复杂度随着全局数据集中数据样本数的增加而增加；对于后者，虽然避免了随机采样的高复杂度问题，但是有可能造成边缘智能体之间的非独立同分布数据集划分，进而影响分布式学习的收敛性。在纵向分割中，每个数据样本按照不同的维度或者属性进行分割，即每个边缘智能体获得相同数量样本的不同属性分量。这种数据划分方法的适用性受限，一般来说仅适用于决策树或线性模型等学习模型。值得一提的是，在实际的 6G 边缘网络中，更普遍的场景是智能体拥有各自的数据集，而不存在真正的全局数据集。因此，在 6G 边缘网络中部署分布式学习框架或算法时，应更多地考虑智能体之间数据的非独立同分布特性，兼顾智能体之间差异化的计算、通信能力，设计专用协调机制与资源分配方案，实现高效的数据并行机制。

数据并行机制的另一个关键点在于边缘智能体之间的同步问题。数据并行机制使各个边缘智能体构成逻辑上的并行工作关系，智能体之间是对等的，因此该机制存在同步与异步的问题。在图 6-9 所示的同步数据并行机制[2]中，所有边缘智能体都基于相同的中心变量来计算其梯度。每当边缘参数服务器完成当前批量的梯度计算时，它就向参数服务器提交模型的梯度。但是在服务器将此信息合并到全局变量之前，服务器将存储所有信息，直到所有边缘智能体都完成了工作，再应用特定的更新机制（如 SGD 算法）将存储的提交参数合并到参数服务器中。从本质上讲，同步数据并行机制可视为一种并行处理微批量数据的方法。但是，由于未规范化边缘智能体的系统行为，边缘智能体提交参数的时延可能是未定的，而不同系统负载的差异性将导致该时延变得很严重，有可能导致很严重的“掉队者”效应，进一步影响分布式学习的收敛性。

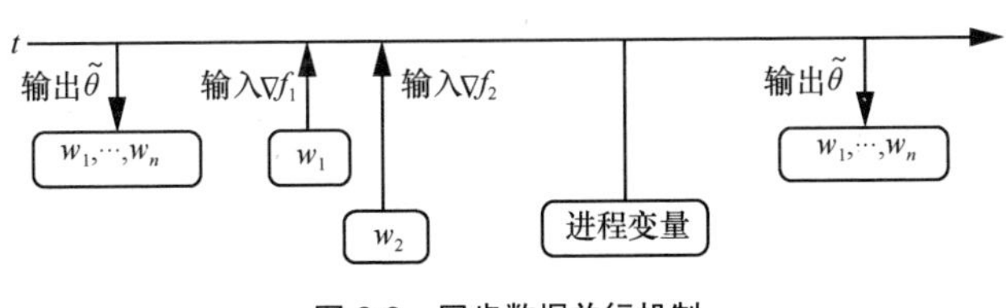

图 6-9　同步数据并行机制

异步数据并行机制是与同步数据并行机制相对立的技术。为了降低过载的节点在同步数据并行机制中引起的显著时延并进一步缩短训练时间，可以考虑删除同步约束，即引入异步数据并行机制的方法[2]。但是这带来了其他一些问题，如参数过时。参数过时是指由于某个边缘智能体的计算能力或通信能力受限，其向服务器提交的梯度时效性远远弱于其他智能体，即该智能体的梯度信息是过时的。直观上说，这意味着该智能体正在使用基于该模型先前参数的梯度来更新模型参数，这将影响异步学习过程的收敛性。如图 6-10 所示[2]，w_1 在 t_1 时刻从中心变量获取参数到本地进行计算；本地计算完成之后，w_1 在 t_2 时刻把梯度提交到中心变量进行参数更新。

而在 t_2-t_1 的时间差内 w_2 进行了一次梯度更新提交，该次提交打断了原本属于 w_1 的梯度更新，因此在 t_2 时刻 w_1 提交的梯度参数是过时的。

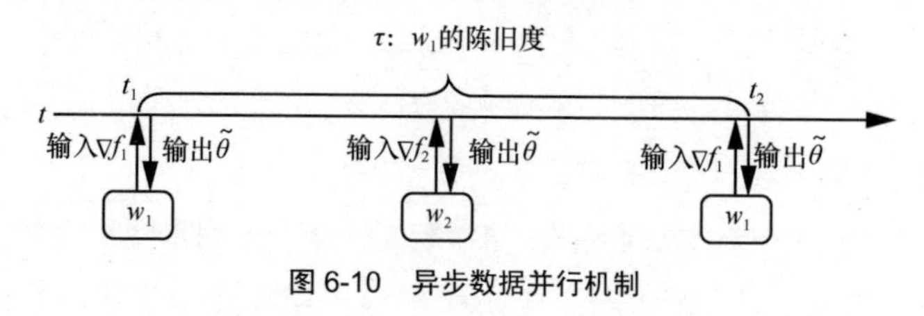

图 6-10　异步数据并行机制

在数据并行机制中，梯度下降算法是一种广泛采用的基础算法。梯度下降算法是一种固有的顺序算法，其中每个数据样本都提供了一个损失函数的下降方向。通过将大量数据集划分给多个智能体并行计算梯度并进行聚合，不仅提高了数据利用效率，也降低了单个智能体承载大量数据集的计算时延。但在同步与异步机制下，梯度下降算法的实施也面临相应的问题。下面通过相关文献进一步详细地介绍几种同步与异步机制下的梯度下降算法。

在同步数据并行机制中，所有边缘智能体都基于相同的全局模型来计算其梯度。针对这种机制，一种同步并行化的 SGD 算法被提出，也称为任意时间梯度法[9]。在同步机制下，该方法首先通过合理分配数据集的不同分块，在不需要有关处理器能力先验知识的情况下，使持久性和非持久性计算速度缓慢的智能体（也称“掉队者”）都具有鲁棒性；其次，调整不同学习能力节点对总体学习过程的权重，缓解过长等待时延的同时保证分布式学习模型的收敛性。文献[9]将散乱者分为两种类型：持久散乱者和非持久散乱者。持久散乱者是指永远不能或总是花费很长时间才能完成任务的节点；非持久散乱者虽然产生输出，但是在每个时期具有随机时延，这种随机化通常是因为不同的计算节点具有不同的处理能力。

假设持久性“掉队者”数量小于或等于 S，初始化时通过在节点之间循环移动数据块将 S+1 个数据块分配给每个节点，如表 6-3 所示。其中，W_i 表示第 i 个节点，A_i 表示第 i 个数据块，x 和 o 表示是否将数据块分配给相应的节点。训练阶段，每个节点对被分配到的数据块行进行采样，由于节点被分配到的多个数据块中包括了冗余数据，因此采样过程可能会采样到被分配给持久散乱者的样本，从而给学习过程带来了针对持久性“掉队者”的鲁棒性。

表 6-3　在节点之间循环移动数据块的分配方法

节点	A_1	A_2	…	A_{s+1}	A_{s+2}	…	A_N
W_1	x	x	x	x	o	o	o
W_2	o	x	x	x	x	o	o
⋮	⋮	⋮	⋱	⋮	⋮	⋱	⋮
W_N	x	x	x	o	o	o	x

任意时间梯度法的一个关键要素是参数服务器上的合并操作。分布式系统中所有节点的梯度上传时间是统一的，即仍然是同步机制，但在参数服务器中按照组合因子 $\alpha(q_v), v=1,\cdots,N$ 对不同节点上传的梯度进行加权融合，其中，q_v 是节点 v 在两次上传时间之间自身学习任务的完成情况。直观来说，收敛因子应最大化收敛速度，故 $\alpha(q_v)$ 的计算式为

$$\alpha(q_v)=\frac{q_v}{\sum_{v=1}^{N} q_v} \tag{6-1}$$

可见，节点的权重与其学习任务的完成进度成正比。因为完成更多学习任务的节点比学习效率较低的节点更接近最优解，所以其更能使整体模型的训练过程收敛。

为了在异步机制下实施梯度下降算法，研究者提出了一种“暴雨”SGD 算法。该算法是经典异步随机梯度下降的一种变体，其在两个方面是异步的：模型副本彼此独立运行，参数服务器碎片也彼此独立运行。训练过程中，该算法将训练数据划分为多个子集，并在每个子集上运行模型副本。各个边缘智能体各自维护一个本地模型副本，并通过参数服务器传输更新信息；而边缘参数服务器保留各个模型所有参数的当前状态。每个智能体在基于微批次数据计算梯度之前，都会向边缘参数服务器请求其模型参数的更新副本。收到其模型参数的更新副本之后，该智能体基于模型副本处理少量数据以计算参数梯度，随后将梯度发送给参数服务器。参数服务器将该梯度用于更新该智能体模型参数的当前值。与同步 SGD 算法相比，“暴雨”SGD 算法对机器故障的耐受性更高。对于同步 SGD 算法，如果某个智能体的本地梯度计算失效，则整个训练过程将被延迟；而在“暴雨”SGD

算法中，如果模型副本中的一个节点发生故障，则其他智能体的模型副本将继续处理其训练数据并通过参数服务器更新模型参数。另一方面，“暴雨”SGD 算法中多种形式的异步处理在优化过程中引入了更多的随机性。此外，由于“暴雨”SGD 算法允许模型副本在单独的线程中获取参数和上传梯度，因此梯度和参数的时效性更为突出。

6.1.3 基于模型并行的分布式学习

按层次划分的分布式神经网络是基于模型并行机制的代表性分布式学习系统。一般而言，该系统由云、边缘和终端设备组成[10]。一方面，得益于其分布式特性，分布式神经网络不仅增强了终端设备之间的融合，还提升了学习系统的容错能力和神经网络应用程序的数据保密性。同时，分布式结构还为横向扩大神经网络规模提供了坚实的基础，能够支持数量庞大的终端设备参与分布式学习，更能有效解决 6G 边缘学习场景中的海量终端设备接入问题。另一方面，该系统的层次化结构能够实现云-边缘-终端设备的协同推理，既允许部署在边缘和终端设备的浅层神经网络进行快速局部推理，也能够融合部署在云中的深层神经网络的高阶推理结果。对于训练过程，通过将神经网络的不同部分映射到不同层次的设备上进行共同训练，可以最大限度地减少设备间的通信资源开销，并且高效利用云的强大计算能力训练复杂的深层神经网络。几种经典的层次化分布式神经网络架构[10]如图 6-11 所示，各种架构中不同的层次配置说明了分布式神经网络如何映射到不同的物理设备上进行推理或训练。图 6-11（a）展示了完全基于云的神经网络架构，可视为在云中运行的标准神经网络。在这种架构下，终端设备采集的数据将以原始格式上传到云，并且仅在云中执行神经网络所有层次的推理。图 6-11（b）为部署于单台终端设备和云的神经网络架构。在该架构中，终端设备使用浅层神经网络进行推理，可以处理一部分简单的学习任务（如简单分类等），而不需要将任何信息上传到云。而对于更复杂的学习任务，浅层神经网络的输出作为中间结果被上传到云，云使用深层神经网络进行进一步推理，并完成最终的学习。值得注意的是，为了减少终端设备与云之间的通信开销，可以将浅层神经网络输出数据的规模设计得远小于其输入数据的规模。

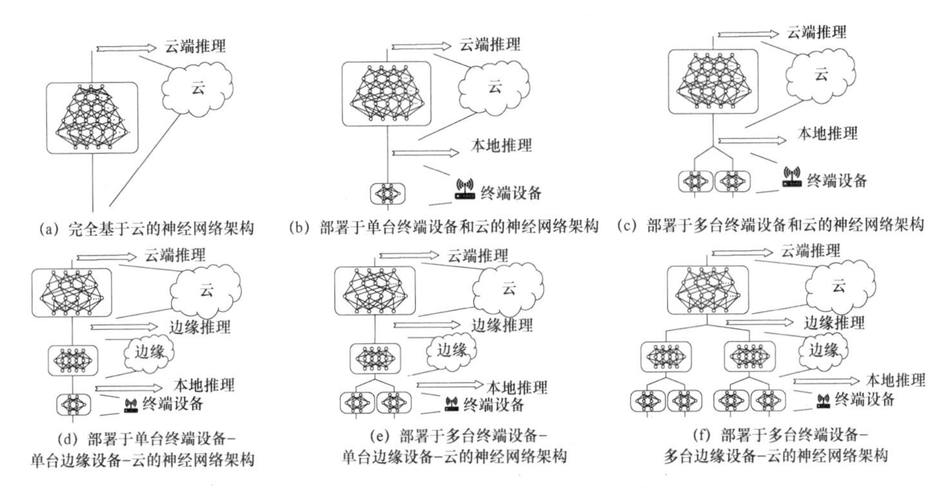

图 6-11　几种经典的层次化分布式神经网络架构

分布式神经网络还可以扩展到多台终端设备上，如图 6-11（c）所示，这些终端设备可以执行联合推理，协同完成学习任务。在该架构中，每台终端设备都按照图 6-11（b）中的方式进行推理，但是它们各自的结果将经过汇总后再作为整体输出。由于在多台终端设备上进行联合推理，整个分布式神经网络可以自动汇总输出，这种自动融合简化了运行时的推断过程，有效避免了对多台终端设备的输出进行手动组合的烦琐。与图 6-11（b）类似，如果终端设备输出的结果无法满足要求，则每台终端设备也会将输出作为中间结果发送到云，并在云中进行推理与结果融合。在终端设备和云之间引入边缘设备可以对层次化分布式神经网络进行垂直扩展，如图 6-11（d）和图 6-11（e）所示，其中，部分神经网络层次部署在边缘设备上。边缘设备的功能类似于计算能力较弱的云，其从终端设备获取输入，在自身计算能力允许的情况下执行推理；如果边缘设备的计算能力不足，则将其自身的输出作为中间结果上传到云。这类架构可以调整分布式神经网络的通信开销和学习任务响应时间，由终端设备完成的学习任务直接在终端设备完成处理，没有发生与边缘设备或云的任何通信。在终端设备计算能力不足的情况下，如果需要对终端数据进行更深层次的特征提取或推理，则将终端处理的中间结果发送给边缘设备；如果边缘设备的计算能力仍旧不足，则进一步将中间结果发送至云进行处理。最后，分布式神经网络也可以对边缘设备进行横向扩展，即在系统中使用多台边缘设备，如图 6-11（f）所示。这种架构最为复杂，但是丰富的设备构成与灵活的分布式神经网络层次部署使该架构具备强大的推理能力，可以高效完成复杂的学习任务。

在分布式神经网络训练过程中，模型被划分到多个 GPU 上，每个 GPU 只负责训练模型的一部分。因为模型分割避免使用数量非常大的小批量，所以模型并行化通常可以比数据并行化获得更短的训练时间，从而提高统计效率。此外，管道化多个小批量可以进一步缩短模型分割的训练时间[11-12]。

使用模型分割的方式处理模型训练的工作集太大，无法装入单台设备的内存或缓存。传统的模型并行神经网络训练存在局限性，会导致 GPU 资源利用率严重不足。图 6-12 列举了神经网络层在 4 台机器上的划分情况，每台机器负责一组连续的层。在这种分组模式下，层间值（激活和梯度）是唯一需要跨机器通信的参数。对于每个小批量处理，任何时刻只有一个阶段是活跃的。将多个小批量串联起来（传统的流水线模式）可以提高利用率，但是神经网络的双向性（即前向传递和后向传递以相反的顺序通过相同的层）使传统的串联流水线模式应用更困难。此外，传统的流水线机制引入了过时的权值更新计算，导致最终模型的精度低于数据并行训练机制。

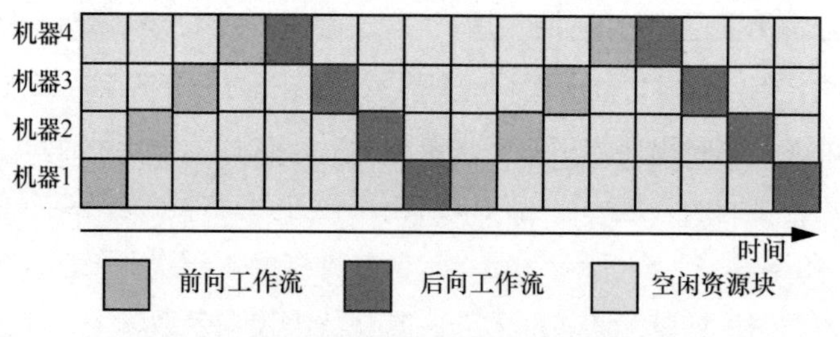

图 6-12　神经网络层在 4 台机器上的划分情况

为了提高 GPU 的资源利用率和缩短训练时间，将传统的模型并行与流水线模式相结合，称为流水线并行。流水线并行训练将被训练的模型层划分为多个阶段，每个阶段包含模型中一组连续的层。每个阶段都被映射到一个独立的 GPU 上，GPU 在该阶段的所有层中执行前进和后退的路径。将包含输入层的阶段称为输入阶段，将包含输出层的阶段称为输出阶段。图 6-13 显示了一个流水线并行训练分配的简单示例，其中神经网络被划分到 4 台机器上。

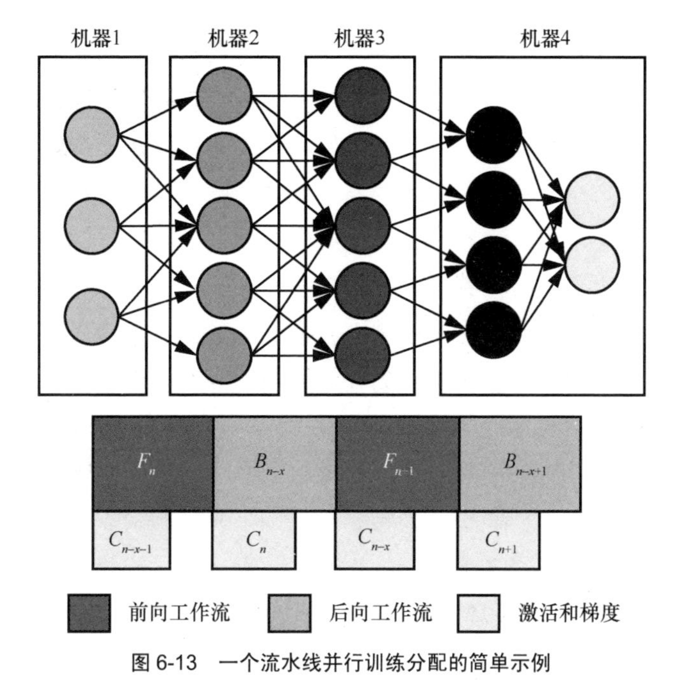

图 6-13　一个流水线并行训练分配的简单示例

在最简单的情况下，系统中只有一个小批量处理是活跃的。前向过程的每一个阶段为特定层的小批量执行前向传递，并将结果发送到后一个阶段。在完成前向传递后，输出阶段计算小批量的损失。后向过程的每个阶段执行后向传递，并将损失传递到前一个阶段。由于只有一个活跃的小批量需要处理，因此在任何给定的时间点上最多只有一个 GPU 是工作的。为了保证 GPU 的高效利用，将多个小批量依次加入流水线中，从而利用流水线模式来增强模型的并行训练。在完成小批量处理的前向传递后，每个阶段异步地将输出激活函数发送到后一个阶段，同时开始另一个小批量处理的计算。类似地，在完成一个小批量处理的后向传递后，每个阶段异步地向前一个阶段发送梯度，同时开始另一个小批量处理的计算。与数据并行训练相比，流水线并行模式有两个主要优势，一是通信开销更少，二是计算和通信重叠。前向输出激活函数和后向传递梯度的异步通信引起了通信与后续小批量计算的重叠，从而实现了更高的硬件效率。流水线并行模式的目标是以一种最小化整体训练时间的方式将模型并行性和数据并行性结合起来。与数据并行训练相比，流水线并行模式可以减少训练时间。

分布式学习的另一个主要挑战是大尺寸训练模型导致的通信瓶颈。对于具有数亿个训练参数的神经网络，在通过共享无线信道进行学习算法的迭代时，将海量的本地训练参数值从每台设备传输到参数服务器是一个重大的挑战。在有噪声的无线信道上，将本地训练的模型参数传输到参数服务器是一个源信道联合编码问题。事实上，参数服务器关心的是模型的平均值，而不是来自不同设备的单个模型更新，因此该问题可以归类为一个联合源–信道函数计算问题。一般来说，在实际有限块长度的机制下，很难有该问题的最优解。传统方法是将神经网络参数压缩与信道传输分离开来。这种方法将所有本地更新数据转换成比特，然后尽可能可靠地通过信道传输，一种更有效的方法是将每个局部训练的模型参数直接映射到模拟方式的信道输入。为了设计合适的压缩和稀疏化方案来提高联邦学习的性能指标，需要考虑以下几个问题。首先，在无线网络中，每台设备的链路特征各异，例如不同的数据速率，因此，为了有效利用无线资源进行联邦学习模型传输，有必要设计新的异构压缩方案，使每台设备使用不同的比特数或不同的编码技术对其本地联邦学习模型进行编码。其次，由于可以使用梯度向量恢复原始数据，即梯度泄露，因此在考虑数据泄露的同时优化联邦学习的性能指标是很有必要的。此外，还要权衡数据泄露和联邦学习收敛时间的关系。

传统的模型部署架构下，边缘推理要么是在移动设备上执行，要么是卸载到边缘服务器上执行。然而，由于设备的计算和存储资源受限，设备上推理的准确性难以保证。利用模型压缩和稀疏化虽然可以缓解计算量难题，但是难以保证高精度与紧凑性的平衡。另一方面，基于边缘服务器的推理导致了过多的通信开销，降低了对时延敏感的应用程序的服务质量，而且还存在数据隐私问题。因此，有限的计算资源和过多的通信开销成为设备推理和基于边缘服务器的推理的瓶颈。

相比完全在终端侧或网络侧进行 AI/ML 推理，将一项 AI/ML 推理任务分割开在终端侧和网络侧这两侧进行联合推理，可以更好地平衡终端和网络的算力、存储、功率、通信带宽等 AI/ML 计算资源。利用设备与网络协同处理 AI/ML 推理可以减轻设备的算力、存储、功耗和网络传输的压力，降低端到端的 AI/ML 推理时延和能耗，提高端到端的 AI/ML 推理准确性和效率[13-16]。

设备-边缘协同推理方法有效缓解了计算和通信资源限制之间的矛盾。它将一个较大的 DNN 分为两部分，一部分部署在边缘设备上，另一部分则部署在边缘服务器上。部署在边缘服务器上的模型通常规模和计算量更大。随着 DNN 逐步提取监督任务中的中间特征，通过仔细选择分割点来控制设备上模型的大小及其输出维数，可以实现低时延的边缘推理。因此，神经网络分割点的选择至关重要，它会影响设备上的计算成本和通信开销。虽然在监督学习中，中间特征的熵逐层降低，但由于数据放大效应，单纯选择分割点很难降低推理时延。文献[17]研究了设备-边缘协同推理中的通信-计算权衡问题，并提出了一种如图 6-14 所示的三步架构来降低监督任务中的协同推理时延。一是网络分割。框架的输入是预训练的神经网络。选择拆分点，将神经网络分为两部分。神经网络前端部署在边缘设备上，另一部分卸载到边缘服务器上。这种模式可以灵活适配不断变化的计算资源和通信条件，使 AI/ML 推理具有更高的鲁棒性。该模式的一个关键环节是要根据实际情况的变化，适当选择终端侧和网络侧的最佳分割点。二是压缩设备上的网络。通过增量网络剪枝对设备上的模型进行压缩。在每次迭代中，删除不重要的权重，然后在反向传播中更新未隐藏的权值。在此之后，掩码权重将被恢复，并开始下一次迭代。在训练过程中，稀疏比会不断增加，直至达到期望的稀疏比。这种模式的优点是尽管在设备端也需要考虑隐私保护问题，但是可以将原始数据留在终端本地；缺点是要求终端具有较丰富的计算、内存、存储资源。三是编码中间特征。在压缩设备上的模型中，使用一对轻量级的编码-解码结构来缩小中间特征的体积。此外，采用学习驱动的源信道编码或源信道联合编码，通过学习符号到码字的映射，进一步降低了通信开销。

分割 AI/ML 操作的关键是选择最佳分割模式和分割点，以保证所需资源低于移动终端的可用资源上限，并优化计算、存储/内存、功耗资源的消耗，以及终端和网络之间的通信资源。如图 6-15 所示，一个神经网络模型可以在不同的分割点进行拆分，从而产生不同的 AI/ML 性能和资源消耗。针对不同的 AI/ML 性能目标，应采用不同的分割点，例如优化时延、优化功耗、优化所需数据传输速率[11-12]。由于不同的 AI/ML 应用可能采用不同的 AI/ML 模型，因此它们可能需要不同的分割解决方案（包括分割模式和分割点）。

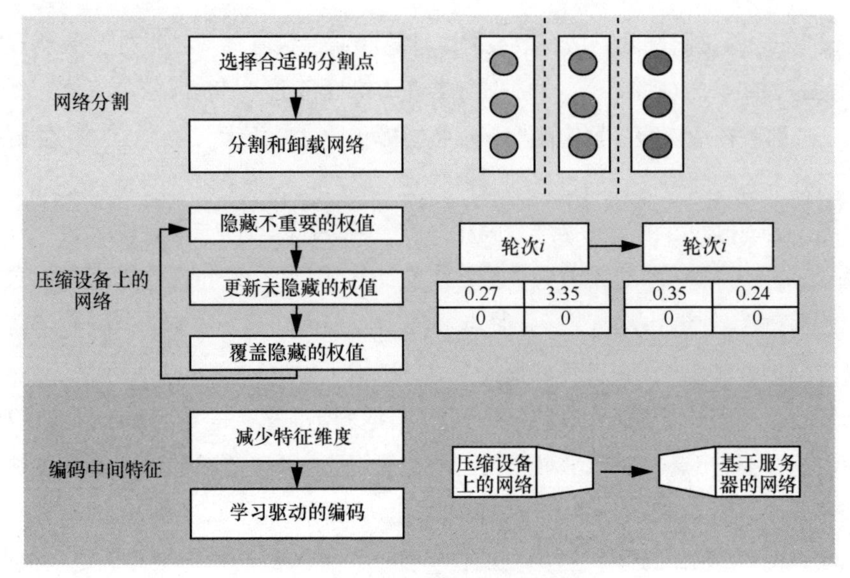

图 6-14 设备–边缘协同推理的框架

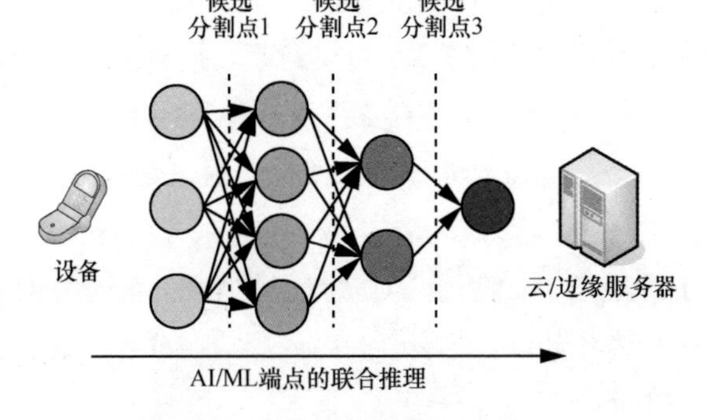

图 6-15 神经网络模型不同分割点示例

分割点的选择需要考虑以下性能指标。

① 推理精度。推理精度是指得到正确推理结果的输入样本数与输入样本总数的比值，反映了 AI/ML 推理任务的性能。对于一些对可靠性要求很高的移动应用，如自主驾驶和人脸认证，需要极高的推理精度。在设备–边缘协同推理模式下，推理精度不仅取决于所涉及的节点（如终端、边缘服务器、云服务器）的推理能力，还取决于通信链路是否满足传输中间数据的要求。

② 推理时延。推理时延是指在整个推理过程中所花费的时间，包括每个节点的模型推理和数据传输的时延。推理时延受许多因素的影响，包括相关节点上的计算资源、通信数据的速率、可靠性和分割点的选择。推理时延也会影响某些 AI/ML 推理任务的准确性。

③ 推理功耗。由于依赖容量有限的电池供电，与网络侧服务器相比，终端设备对 AI/ML 操作的功耗更为敏感。AI/ML 推理的功耗很大程度上受 DNN 大小的影响。基于终端的 DNN 模型推理通常会导致终端在复杂的 AI/ML 操作中耗电过多。将 AI/ML 计算的一部分从终端卸载到网络侧，则可以显著降低终端的计算功耗。

④ 内存消耗。如何优化移动终端上的内存占用从而更高效地执行神经网络模型推理也是一个重要的资源优化问题。一个高精度的 DNN 模型含有数百万个参数，运行这样一个模型对终端的硬件资源要求很高。而且，与数据中心采用大量的高性能 GPU 不同，移动终端上的移动 GPU 没有专用的高带宽内存[18]。此外，移动 CPU 和 GPU 通常会共享稀缺的内存带宽[12]。内存占用主要受神经网络模型大小和加载神经网络参数方式的影响。分割式推理可以使终端仅在内存中加载一部分神经网络模型，从而减少终端的内存占用。

⑤数据隐私。移动终端和物联网收集的大量数据中可能涉及敏感的隐私数据。因此，在 AI/ML 推理过程中保护数据的隐私和安全也很重要[12]。分割推理是隐私保护的一种可能的方案，它既可以将大部分计算量转移到网络侧，又可以将敏感的隐私数据保留在终端上。中间数据带来的隐私泄露风险比原始数据小得多，从而减轻了网络侧隐私保护的压力。

在权衡分割点选择方面，有两种技术可以降低设备上的计算和通信成本。第一种技术是通信感知模型压缩[19]。模型压缩可以减小模型尺寸，提高执行速度，减少性能损失。设备–边缘协同推理删除了设备训练网络中不必要的参数。同时，考虑到设备上的网络输出影响通信时延，压缩方法应该具有通信感知能力。结构化剪枝是一种合适的方法，通过去除一组规则的权值，实现硬件加速和输出数据尺寸缩减。然而，过度压缩模型可能会导致较大的性能损失。第二种技术是面向任务的特征编码[20]。它利用神经网络作为学习驱动的编码器来压缩设备上模型的输出特征。通过减少通信开销和减轻数据放大效应，特征编码可以在较早的层进行分割，从而减少设备上的计算量。特征编码器由一个轻量级神经网络实现，该神经网络与其他层一起训练。面向任务的编码与传统编码方法的主要区别在于，传统编码方法的目标是重构接收端数据，而面向任务的编码可以丢弃大量与任务无关的信息。

6.2 面向 6G 的网络自治功能

未来 6G 网络将由海量动态节点组成，它们通过自主协作、自治部署、自愈优化等增强网络的自治功能，使网络可提供个性化与确定性的连接与服务。本节在 6G 智能至简网络架构的基础上，分析了网络自治的适用场景和需求，定义了动态复杂环境下的 6G 网络自治增强功能。

6.2.1 动态复杂环境下的网络自治适用场景和需求分析

面对未来 6G 虚实结合、沉浸式、全息化、情景化、个性化、泛在化的业务需求，以及异质网络技术和空天地海多域融合组网的网络需求，当前网络中以规则式算法为核心的运行机理受限于刚性预设式的规则，很难动态适配持续变化的用户需求和网络环境，网络运行经验也无法得到有效积累，限制了网络管控能力的持续提升。这意味着在传统运行机理下，网络没有自进化的能力，任何升级改进必须依赖专业人员的大量工作，这是规模和复杂性空前的 6G 网络难以接受的。

人工智能技术的再次崛起和发展为应对 6G 网络面临的复杂挑战提供了有效助力，在网络中引入人工智能，形成智能化和自进化的能力是解决上述问题的重要途径。一方面，6G 网络具有海量数据，且云计算中心、边缘设备和用户终端的计算能力进一步增强，为训练人工智能算法提供了数据和算力支撑；另一方面，借助人工智能在语音处理、图像识别、高效决策等方面日臻成熟的技术，可以扩展网络的业务种类，提升网络的表现性能，支持网络的智能化管理，加速实现 6G 愿景。

随着应用场景和业务日益多样化，网络规模越来越大，传统网络需要大量手动配置和诊断，带来较高的管理开销，网络向智能化全面演进的最终目标是使网络逐步实现自主操作，未来 6G 网络需要实现智能自治，具备自优化、自演进和自生长的能力，使网络投资效率、运维效率达到最优。

自优化是指网络对未来网络状态的走势进行提前预测，对可能发生的性能劣化进行提前干预，数字域持续地对物理网络的最优状态进行寻优和仿真验证，并提前下发对应的运维与优化操作，自动对物理网络进行校正。自演进是指网络基于人工智能对网络功能的演化路径进行分析和决策，包括既有网络功能的优化增强以及新功能的设计、实现、验证和实施。自生长是指网络对不同的业务需求进行识别和预测，自动编排和部署网络各域功能，生成满足业务需求的端到端服务流，对容量欠缺的站点进行自动扩容，对尚无网络覆盖的区域进行自动规划、硬件自启动、软件自加载。

具体而言，在 6G 网络环境下，如何针对高动态网络环境保证服务质量成为其主要的系统目标，包括以下几个主要需求。

（1）更加稳定的网络连接和更低的网络时延

高动态网络环境，如空天地一体化网络中的无人机网络、地面车联网等，具有高动态、不确定性等特征。为实现 6G 通信的智能、灵活、鲁棒及可扩展性，支持极低时延、极高带宽等应用业务类型，需要更加稳定的网络连接和更低的网络时延。在车联网场景下，诸如数据分析、道路侧数据同步以及实时媒体传输等多项服务的即时性对智能车辆的行驶安全以及用户体验都至关重要。而这也对网络侧和服务侧提出了更高的要求，在网络侧，需要尽量减少中转节点数目，降低数据包的发送、传输以及处理时延，来更好地为其承载的各类资源服务。

（2）更加精简、更加优化的系统控制网络传输占用

为保证控制节点对系统全局的同步和状态感知，相应节点之间定时且高频的数据传输必不可少。然而，在边缘网络以及车联网中，其网络带宽以及网络处理能力都是有限的，日益增长的数据采集能力以及用户娱乐需求也给网络带来了越来越大的压力，因此需要优化网络空口、信令交换次数，在控制端更需要对节点之间的心跳包以及控制数据包进行精简和压缩，降低系统本身对网络资源的占用和消耗。

（3）尽力保障的网络服务质量

在边缘网络环境下，节点的可用性得不到保障。例如，智能车辆的一次请求有可能因为部分节点的不可用而出现错误，给行驶安全带来难以估量的隐患。而对于用户的多媒体以及实时娱乐需求体验，也可能因为网络的中断问题而大打折扣。因此，如何针对网络中节点的变动以及网络分割等问题进行优化，也是在高动态网络边缘资源容错控制系统中非常关键的一环。

6.2.2 网络自治特征

6G 网络呈立体覆盖、高移动性，6G 网络自治与目前 5G 网络的管理水平相比，具有以下特征。

（1）更高的智能性

5G 网络在无线资源分配、网络切片、流量调度等方面采取了局部的智能优化方法。6G 网络针对立体覆盖、异构组网，尤其是高移动性节点，实现全网节点自主决策的自治功能。

（2）分布化

6G 网络覆盖范围广泛，网络与节点呈现异构性，很难采取集中式模型感知和生成自治策略。6G 网络的智能化通过部署分布式自治节点来实现。分布式自治节点获取可感知的局部环境数据，利用本地人工智能模型学习生成策略，并以分布式机器学习方法将策略汇总至中央节点，生成高层次的全局策略。

（3）全生命周期自治

5G 网络自治采用规则配置方法实现组网和运维，通过故障检测和定位发现异常，再由人工进行网络修复和资源重配置。6G 网络通过网络自治节点选择、异常检测、根因定位与网络功能迁移等网络自愈机制实现全生命周期的自治。

（4）数字孪生机制

将网元、无线资源以及终端数据等通过高保真、实时更新的数字孪生模型进行网络全生命周期管理是 6G 网络自治与 5G 相比的重要突破。数字孪生模型可以用于策略验证、故障预测以及资源分配优化等。由于 6G 网络立体覆盖、网元之间的连接异常复杂，且动态多变，数字孪生模型的构建与更新尤其重要。

6.2.3　6G 网络自治架构设计

基于上述分析，本节给出了 6G 网络自治架构，如图 6-16 所示。

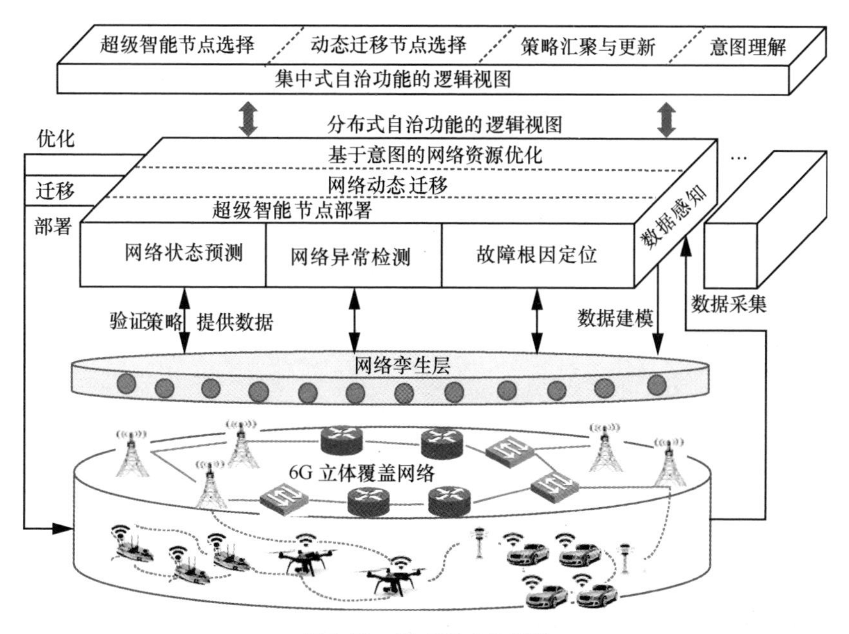

图 6-16　6G 网络自治架构

6G 网络自治通过网络孪生层实现。网络孪生层由数据感知功能辅助实现。数据感知功能从立体覆盖的 6G 网络中获取网元、终端以及各类资源的原始数据，通过数据处理、特征学习、数据建模等过程，将多维度的网络数据下发至网络孪生层，用于构建高保真的数字孪生网络。

网络自治功能采取分布式智能架构，选择部分超级智能节点完成自治功能：从网络孪生层获取数据进行训练，通过感知当前网络状态，推理得到智能策略，再下发至网络孪生层进行验证。具体包括网络状态预测、网络异常检测、故障根因定位、超级智能节点部署、网络动态迁移以及基于意图的网络资源优化。

网络状态预测：通过网络孪生层获得网络的全局状态，通过历史数据判断网络是否会出现异常情况。

网络异常检测：通过网络孪生层获得数据，选择正常状态的历史数据，以无监督学习的方法计算网络的正常模式，与网络当前的模式进行比对，当其距离超过阈值时，判断网络发生异常。

故障根因定位：结合网络孪生层的立体网元的复杂拓扑信息，推理得到网络故障的位置，包括网元异常、服务异常、链路异常等。

超级智能节点部署：通过集中式自治功能以密度聚类的方式选择连接度高且资源充足的节点作为分布式自治功能的部署节点，并将自治功能封装为容器。

网络动态迁移：根据网络运行状态、基于意图的网络资源优化策略以及故障根因定位结果，将自治功能或具体的通信服务无缝迁移到更为适合的节点上，并利用容器迁移机制实现。

基于意图的网络资源优化：接收用户与管理员输入的被动自治需求，由具有自治功能的意图理解模块进行翻译，下发至分布式自治节点的资源优化模块，进而根据网络运行状态生成网络资源优化策略。

6.2.4 6G 网络自治关键技术

6G 网络将是具有巨大规模、提供极致网络体验、支持多样化场景接入、实现面向全场景的泛在网络，为此需开展包括接入网和核心网在内的 6G 网络体系架构研究。对于接入网，应设计旨在缩短处理时延的至简架构和按需服务的柔性架构，研究需求驱动的智能化控制机制及无线资源管理，引入软件化、服务化的设计理念；对于核心网，需要研究分布式、去中心化、自治化的网络机制来实现灵活、普适的组网。

分布式自治的网络架构涉及多方面的关键技术，首先是以人工智能技术为驱动实现自智网络，然后是开展分布式自治相关功能的设计和关键技术的研究，具体包括去中心化以及以用户为中心的控制和管理，深度边缘节点及组网技术，需求驱动的轻量化接入网架构设计、智能化控制机制及无线资源管理，网络运营与业务运营解耦，网络、计算和存储等网络资源的动态共享和部署，支持以任务为中心的智能连接，具备自生长、自演进能力的智能内生架构，支持具有隐私保护、可靠、高吞吐量的区块链的架构设计，可信的数据治理等。

网络的自治和自动化能力的提升将有赖于新的技术理念，如数字孪生技术在网络中的应用。传统的网络优化和创新往往需要在真实的网络上直接尝试，耗时长、影响大。基于数字孪生的理念，网络将进一步向着更全面的可视、更精细的仿真和预测、更智能的控制方向发展。数字孪生网络是一个具有物理网络实体及虚拟孪生体，且二者可进行实时交互映射的网络系统。孪生网络通过闭环的仿真和优化来实现对物理网络的映射和管控。其中，网络数据的有效利用、网络的高效建模等是亟须攻克的问题。6G 网络的自治功能涉及的关键技术如下。

（1）自智网络

根据电信管理论坛（Telemanagement Forum，TMF）发布的《自智网络（Autonomous Networks）-赋能数字化转型白皮书 3.0》，自智网络旨在通过完全自动化的网络和信息通信技术（Information and Communications Technology，ICT）的智能化基础设施、敏捷运营和全场景服务，为垂直行业和消费者提供零等待、零接触、零故障的客户体验，利用前沿技术做到“将复杂留给供应商，将极简带给客户”[21]。此外，自智网络还需支持自服务、自发放、自保障的电信网络基础设施，为运营商的规划、营销、运营、管理等部门的内部用户提供便利。

TMF 与论坛会员合作，共同构建了自智网络框架，该框架分为 3 个层级和 4 个闭环。其中，3 个层级为通用运营能力，可支撑所有场景和业务需求。

① 资源运营层：主要面向单个自治域，提供网络资源和能力自动化。

② 服务运营层：主要面向多个自治域，提供 IT 服务、网络规划、设计、上线、发放、保障和优化运营能力等服务。

③ 业务运营层：主要面向自智网络业务，提供客户、生态和合作伙伴的使能和运营能力。

4 个闭环实现层间全生命周期交互，具体介绍如下。

① 用户闭环：上述 3 个层级之间和其他 3 个闭环之间的交互，以支持用户服务的实现。3 个层级之间通过意图驱动式极简 API 进行交互。

② 业务闭环：业务运营层和服务运营层之间的交互。业务闭环可能会在其实现中调用相关的服务闭环和资源闭环。

③ 服务闭环：服务、网络和 IT 资源运营层之间的闭环。服务闭环可能会在其实现中触发相关的资源闭环。

④ 资源闭环：以自治域为粒度的网络及 ICT 资源运营层间的交互。

自智网络的特点是自治域以及为实现数字业务闭环的自动化智能业务、服务和资源管控，从而提供最佳的用户体验，全生命周期运营自动化、智能化，以及最大的资源利用率。

用户闭环是打通业务、服务、资源闭环的主线，而业务、服务、资源闭环则解决了相邻层级之间的交互问题。相邻层级之间的交互十分简单，以业务为驱动，并独立于技术或具体实现方案，如沟通和实现意图（业务、服务、资源），而不是基于意图机制和接口从技术的角度执行指令。不同的意图用于不同层级之间的交互，如业务意图、服务意图和资源意图。

自智网络业务涉及多个层级和多个闭环。自治域作为一个基础单元，可以基于网络功能和运营的业务处理，实现自智网络运营生命周期中特定环节的闭环自动化。这样既降低了技术复杂度，也屏蔽了不同厂商之间实现方案的差异，从而支撑自智网络的端到端业务需求。图 6-17 给出了自治域原理示例。

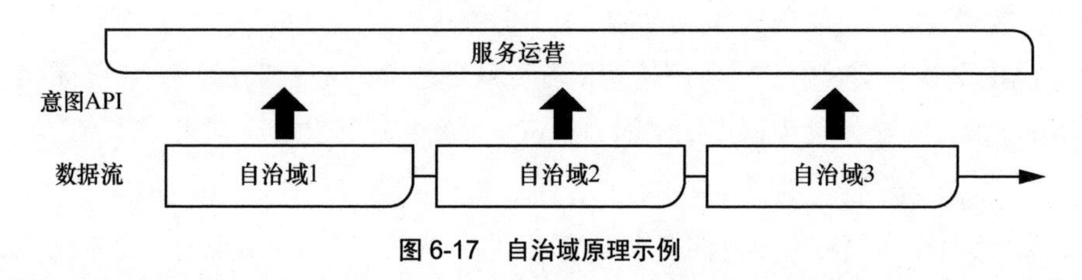

图 6-17 自治域原理示例

自治域的边界是根据每个运营商的网络运营需求和业务决策定义的。自治域的实例化可以由运营商根据一系列因素进行定义，如业务类型、网络技术、部署位置和维护组织关系等。例如，从网络基础设施角度来看，自治域实例可以是接入网、城域主干网、核心网、边缘网络和客户网络等；从业务角度来看，自治域实例可以是软件定义的广域网（Software Defined Wide Area Network，SD-WAN）、长期演进语音承载（Voice over Long-Term Evolution，VoLTE）、内容分发网络（Content Delivery Network，CDN）等。

自治域运营的基本原理如下。

①单域自治：各个自治域根据业务目标以自运营模式运行，通过服务 API 抽象层，向自治域内的用户屏蔽域内实现方案和域内单元功能等细节。

②跨域协同：多个自治域可以通过上层服务运营和意图驱动式的交互实现协同，从而完成网络/ICT 服务的生命周期。

在 TMF 自智网络项目中通过引入意图来表达用户需求、目标和约束，允许系统相应地调整操作方式，与不同域的用户进行交互。在自智网络的中低层级（如 L0~L3）中，用户需求、目标和约束可以使用策略驱动的操作和现有接口上承载的需求来实现。具有较高自智网络等级（如 L4~L5）的系统能够通过意图驱动式的交互来调整自己的行为，减少人工干预。这种能力将通过引入不需要人工干预的新的和定制的服务产品来提升业务灵活性。

为了支持用户闭环的全生命周期，关键能力以分层的方式进行分类。虽然这些能力可以应用于单层/域内的操作，但它们被认为主要是为了支持自智网络环境中的跨层闭环。表 6-4 给出了 Self-X 运营能力要求，可为网络自治的研究提供依据。

表 6-4 Self-X 运营能力要求

能力	要求
自服务	自规划/能力交付：提供网络/ICT 业务规划、设计和部署的自定义能力 自订购：提供网络/ICT 业务的在线、数字化、一键式订购能力 自营销：提供面向通用和/或个性化宣传/推广的自动化营销活动
自发放	自组织：按需实现业务、服务、资源的发放意图解析 自管理：按需实现业务、服务、资源的交付编排和调度 自配置：按需实现业务、服务、资源的交付配置和激活
自保障	自监控/上报：实时、自动化持续监控和告警上报 自修复：实时 SLA 恢复，如性能、可用性和安全性 自优化：实时 SLA 优化，如性能、可用性和安全性

（2）超级智能节点的选择与部署机制设计

针对分布式自治节点难以采集和同步多维度信息并进行自主学习的问题，需要研究智能节点的动态发现与部署方法。通过分析网络设备的拓扑聚集性与边缘业务流量，发现连接汇聚、请求密集的区域，科学合理地选择计算能力强大的设备来部署智能节点。支持多个超级智能自治节点之间的信息共享，使其具有可扩展性和容错能力，必要时可实现快速功能转移和重新部署。尝试通过部署若干个超级智能自治节点的方式，为智能至简网络自治节点协作创造条件。

依据节点的拓扑连接关系与业务流量聚集性，发现连接汇聚、请求密集的区域，快速确定超级智能节点个数与部署位置，科学合理地选择计算能力强大的网络设备来部署智能节点，使复杂动态的边缘计算环境具有可实现知识驱动的节点，并具有可扩展性和容错性，为边缘节点协作与资源优化创造条件。

边缘网络设备通过交换机、无线接入点（如基站、AP 等）或光纤等方式互联，根据拓扑连接关系的路径时延以及业务流量分布，将边缘网络设备划分为多个区域。如图 6-18 所示，选择用户请求密集且与区域内其他边缘网络设备路径时延小的接入设备部署边缘计算智能节点，可降低采集数据和边缘节点控制的传输代价，使其他边缘节点能够就近获取资源分配策略。依据边缘接入设备拓扑的紧密连接程度进行聚类，最大限度地保证同一区域内每台接入设备与边缘计算节点之间有多条链路可以到达，提高网络发生故障或拥塞时边缘智能节点的可靠性。

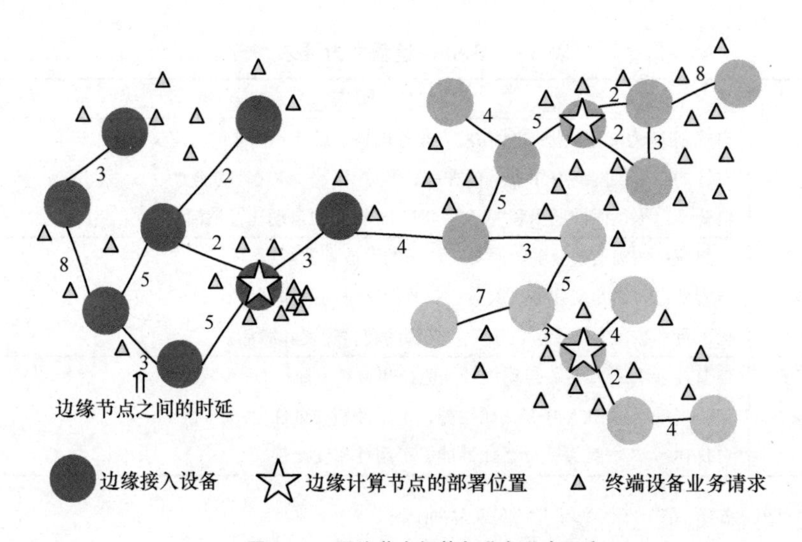

图 6-18　网络节点拓扑与业务分布示意

因此，可采用一种适合边缘计算环境的高效聚类方法，同时考虑节点拓扑密度以及接入节点的终端设备密度。对边缘节点之间的路径时延与节点业务流量进行效用计算，计算边缘节点的自身密度，以及节点到更高密度节点的最短距离。高效聚类方法通过寻找密度高于邻居节点且与其他更高密度节点距离较大的节点作为聚类中心，根据密度划分区域，不需要指定聚簇数量和迭代计算，即可获得聚类结果，进而部署边缘智能节点，以适应激增的边缘业务和数据采集需求。此外，部署边缘智能节点应充分考虑计算负载，对于请求到达稀疏且业务流量较小的区域，部署单一边缘智能节点；对于热点区域，则部署多个边缘智能节点，并共享数据和知识。该方式可以减轻边缘智能节点的压力，具有较好的可扩展性。

（3）网络动态迁移机制设计

无线网络资源服务主要需要完成容器镜像的获取、部署、管理以及迁移等功能。在 6G 网元节点上，部署和运行容器引擎作为其容器功能承载实现的基础提供资源服务。通过公有或私有容器云平台发布资源服务镜像之后，就可以方便地在服务节点上通过服务模块的接口来进行镜像的拉取、部署和运行。

容器引擎实现中虽然提供了部分镜像和容器导出接口，但其接口能力有限，仅能完成基本的容器打包和导出能力。例如，Docker 提供了 5 个容器导出和恢复相关的命令，分别为 docker export、docker save、docker commit、docker import 以及 docker load。其中，docker save 与 docker load 命令是把容器镜像内所有的分层信息以及历史分层信息导出；docker export 与 docker import 命令则是忽略了所有历史分层信息并对所有分层镜像进行合并；docker commit 则是对当前正处于运行状态的容器进行保存，生成一个新的镜像。docker export 与 docker save 相比虽然导出的镜像稍小，导出速度略快，但是丢失了原始镜像中所有的分层信息。而这些分层信息对于服务镜像的持续性开发和部署来说都是非常关键的信息。docker save 虽然保存了原始镜像内所有的分层信息，但其体积却愈发膨胀。

在边缘节点网络中，节点服务的不可用和状态波动将导致容器资源的大量迁移，而其极为有限的计算、存储以及网络资源也将被镜像的迁移大量占用，得不偿失。如果不能够对容器的导出以及镜像迁移进行更深层次的改进和优化，那么节点网络内的服务将很难得到保证，系统的容错能力也将大打折扣。因此，有必要设计并实现新的容器导出以及镜像迁移机制。

如图 6-19 所示，新的容器引擎能够支持对容器当前运行后变动的系统文件进行有选择的导出和迁移。利用 Docker 的历史镜像信息，新的引擎能够迅速识别出在历史文件信息之上容器的读写和修改信息，并将未发生变动的无关文件排除，大大缩减容器镜像的迁移损耗。通过进一步封装新的容器引擎，在所有的服务节点上将不再需要单独编译并部署新的 Docker 引擎，仅需在迁移时拉取和运行封装了定制 Docker 引擎的 Docker in Docker 容器即可。

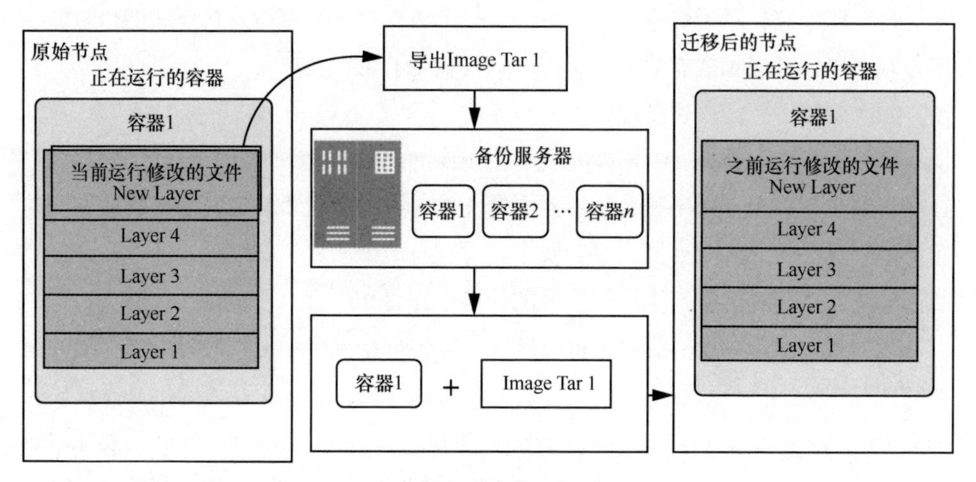

图 6-19　容器迁移示例

在迁移管理方面，系统内的控制模块在检测到服务节点的不稳定状态后，即可通过心跳包向相应的节点发送指定容器资源的迁移命令。接收到迁移命令的节点迅速地将当前对应资源的 diff 内容传输到备份服务器。当需要恢复资源时，新节点通过将原始镜像以及迁移文件进行合并，即可无损失地恢复原有容器内的状态。与原始的 Docker 引擎相比，新的迁移将大大降低迁移节点的 CPU 以及存储资源占用，同时减少容器迁移的网络消耗，缩短迁移时长。

（4）网络自愈优化功能设计

6G 网络自愈优化可设计为基于多维指标的故障发现与定位系统。该系统包含 3 个主要模块，分别为数据采集模块、故障检测模块、根因定位模块。一个完整的工作流程可分为三步：第一步，数据采集模块可通过简单配置完成对系统指标数据的采集，还可对采集到的数据进行预处理，并同步到网络孪生层；第二步，故障检测模块从网络孪生层获取训练数据，从数据采集模块获得实时网络数据，对其进行实时监控和故障检测，并将检测到的异常数据传送至根因定位模块；第三步，根因定位模块对异常数据进行根因分析，实现对故障根因的定位。系统整体功能及流程如图 6-20 所示。

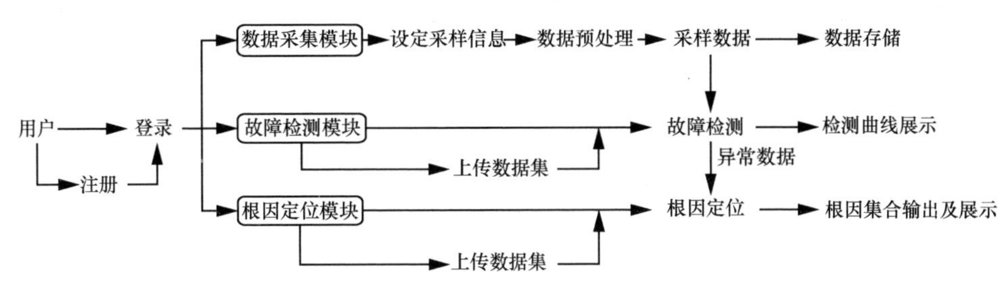

图 6-20　基于多维指标的故障发现与定位系统整体功能及流程

网络自愈优化功能可以根据不同的场景采取差异化的协作方式。例如，网络智能选路与故障自愈方法流程如图 6-21 所示，实际运行中，其是一个多闭环且持续循环执行的过程。首先，当某一条链路的时延增大到超过阈值时，网络异常检测功能判定为故障链路。智能选路模块利用选路规则遍历从起始终端设备到目标终端设备的所有路径，选择一条不含有故障链路的路径作为临时路径。临时路径一般选择路径中链路总时延最小的那一条，即最短路径。随后，智能选路模块将编码好的新策略发送到网络孪生层，由网络孪生层进行验证后，再将策略下发到网络环境中。

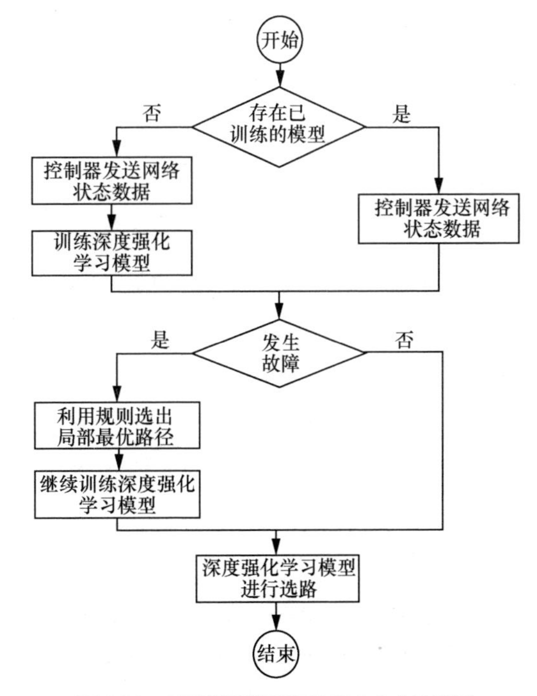

图 6-21　网络智能选路与故障自愈方法流程

6.3 6G 基于内生 AI 的无线网络多维度无线资源管理功能设计

6.3.1 基于内生 AI 的无线资源管理需求分析

在无线网络中，资源管理的目的是合理利用有限的物理资源，提高系统性能，并满足用户业务需求。传统的资源管理方法通常是针对静态网络设计的，高度依赖公式化的数学建模。然而，实际无线网络中的用户数量、分布和链路状态等都具有动态性。静态网络设计的结果并不适用于网络的动态性，且建模过程中使用的理想假设往往是难以满足的。

面对未来网络的新业务、新需求，在网络中引入 AI 是十分必要的。未来超密集组网技术的应用能够提升网络能力，但同时也会引起移动用户的频繁切换。这样的趋势对未来网络的智能化能力提出了快速获取数据、合理选择学习模型和严格控制算法时间复杂度等要求。从未来新型网络业务的角度来说，6G 网络中的流量突发性业务（如广泛使用的视频流协议、基于 HTTP 的动态自适应流媒体）更加普遍。为了更好地为运行这类业务的用户服务，未来智能化网络需要能够针对动态变化的流量状态实时分配无线资源。

传统的资源优化方案较高的复杂度和动态环境下较差的适应性往往难以满足上述需求，为此需要引入机器学习技术（如无模型强化学习和神经网络等）。强化学习可以根据环境反馈的资源/成本来学习一个好的资源管理策略。一旦学习到策略，就可以对动态网络做出快速决策。此外，由于深度神经网络优越的函数近似能力，一些高复杂度的资源管理算法可以被近似化，从而获得相似的网络性能，而复杂度则要低得多。

尽管基于 AI 的资源管理算法能够为未来网络提供诸多优势，但同时未来网络也会对网络智能化能力提出新的需求。6G 的多数业务要求时延小于 1 ms，这对未来智能化网络在网络资源优化决策方面的实时性提出了严峻的考验。除实时性以外，新型业务在以下几个方面的需求也是不容忽视的。首先，从物理层和 MAC 层的角度来看，使用无线反馈来训练蜂窝 AI 模型（基于反向传播算法来更新层权重）对许多业务来说开销过高。因此，智能算法的训练开销不容忽视。其次，AI 工具通常被视为黑匣子，难以用简单的方式开发分析模型来测试其正确性或解释其行为。而缺乏可解释性可能成为 AI 在未来网络部署和优化过程中的“绊脚石”。最后，为了有效运用 AI 算法，需要收集网络和用户的数据。在数据收集过程中，用户隐私数据的安全性本身就构成了另一个挑战。为了向用户提供可靠、安全的网络服务，网络智能化能力的安全性至关重要。

目前，在网络中引入智能化能力主要是通过外挂 AI 的方式，但是这样的方式存在以下问题。

① 外挂式的 AI 资源优化方案需要集中收集网络数据（例如各用户的信道状态、用户设备的位置和剩余电量等）。而在未来随着海量无线传感器等设备的加入，收集这些数据将会耗费大量的无线网络资源，造成极大的网络开销。为了解决这一问题，可以采用分布式节点数据自处理、自训练、自更新的方式，减少未来网络在收集集中训练所需数据过程中的资源耗费。

② 实时的资源分配是应对未来网络中各类流量突发性业务和网络动态性所必需的。然而，应用外挂式的 AI 资源优化方案无论是在训练数据收集阶段还是在优化结果回传阶段都耗时过长，难以保证资源分配的实时性。在自动驾驶、工业控制等超高可靠低时延业务场景中，外挂式的 AI 资源优化方案甚至是无法应用的。针对这样的情况，采用内生 AI（AI 能力内化于无线网络中）网络架构在降低时延方面极具潜力。

③ 外挂式的 AI 资源优化方案在复杂时变的网络环境下的优化性能难以保证，且由于其训练和推理呈现解耦的形式，难以预先验证模型的合理性。内生 AI 方案可以方便地与数字孪生技术相结合，从而更好地对 AI 模型给出的优化方案进行验证，最大限度地保证网络实际用户的服务体验。

基于以上分析，亟须在网络中引入内生 AI，从而实现自学习、自优化的无人自治的无线智能网络。与此同时，日益增长的终端设备数量、密集化的基站部署和 6G 新兴的业务类型对未来网络中的动态资源管理提出了更高的要求。在网络中引入 AI 算法，实现网络中 AI 的内生是未来网络的发展趋势。进一步考虑到广泛分布在网络中的设备所拥有的计算、存储和通信资源，分布式的智能网络架构能更有效地利用分散的资源，对于网络设备突发的故障也具有更强的鲁棒性。因此分布式内生 AI 网络架构在未来复杂网络状态下的动态资源管理方面极具潜力和研究价值。分布式内生 AI 网络架构的有效部署仍然面临以下挑战。①网络中的分布式节点在计算、存储和通信等方面的能力是异构的（不同节点的能力有所区别），为了联合执行 AI 算法，需要对这些节点的各类资源进行联合优化，以提升内生 AI 算法的执行效率。②无线网络中的资源优化往往需要掌握网络的全局信息（如边缘计算业务卸载、基站覆盖重叠区域的干扰管理等），以进行联合资源分配或基站间的协作。但分布式内生 AI 网络架构中的节点只能获得局部信息，这可能会降低算法的性能。

6.3.2 基于内生 AI 的无线资源管理架构功能接口设计

无线资源管理的基本功能可按照小区间和小区内来划分。其中，小区间资源管理包括调度（如链路自适应、功率控制和资源分配）和接入控制等，小区内资源管理包括切换、干扰协调和负载均衡等。

针对上述无线资源管理的基本功能，根据内生 AI 的网络特征，分别按照小区内和小区间进行架构和功能接口设计。

场景 1 如图 6-22 所示，在 cell-free 网络中，存在着 M 个基站、K 台用户设备和一个集中处理信息的 CPU，并且基站与用户设备之间进行全连接通信。基站能够在本地进行信道估计，为所有用户设备服务，并将其信号传送至 CPU 进行处理。为了提高整个 cell-free 网络场景的能量效率，引入深度强化学习中的深度确定性策略梯度算法，对所有基站与用户设备之间的波束成形向量进行优化，以达到预期的目标[22]。

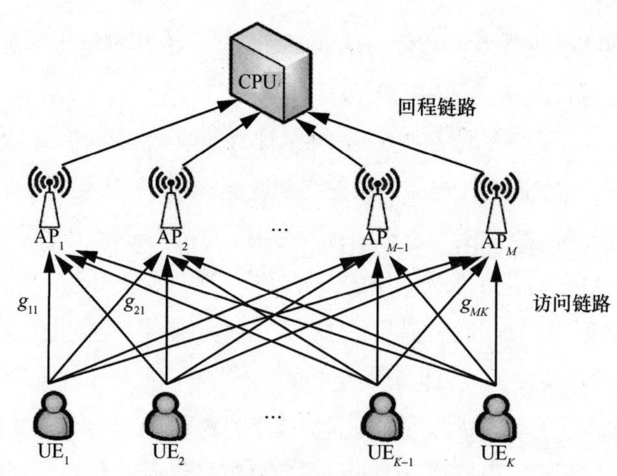

图 6-22 cell-free 网络场景

场景 1 对空口信令的需求及其原因如下。①用户设备的导频。基站可以在本地进行信道估计，因此用户设备需要在上行链路发送导频，以协助基站的信道估计。②CPU 向基站反馈波束成形分配结果。原因是 CPU 根据当前时刻网络的状态输出波束成形分配矩阵，该结果需要反馈给基站，以指导基站对所有用户的波束成形向量的分配，从而得到新的网络形态以及当前的奖励。

场景 2　如图 6-23 所示，为了实现共存场景下 eMBB 和 URLLC 资源的下行协调调度，使用 DRL 的智能模块代替传统的 eMBB 调度器，充分利用 DRL 的学习能力，使调度模块在满足 eMBB 传输需求的同时，可以根据 URLLC 业务占用资源的历史情况为 URLLC 用户预留资源，从而达到兼顾系统资源的利用率以及 URLLC 对 eMBB 的抢占影响两方面的需求。

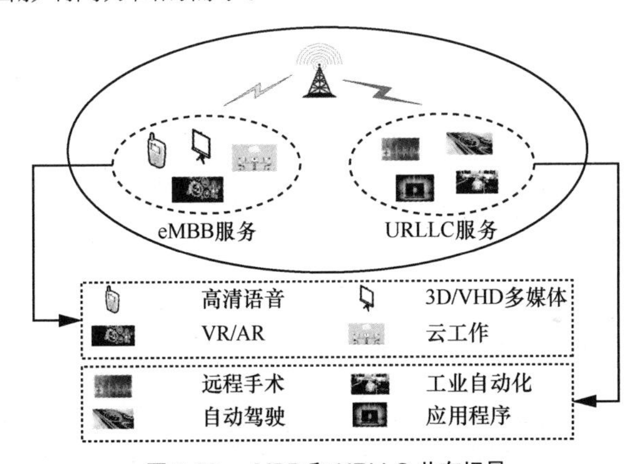

图 6-23　eMBB 和 URLLC 共存场景

场景 2 对空口信令的需求及其原因如下。①上行参考信号。基站通过对终端发送的上行参考信号进行测量，获取上行信道增益；对于下行过程，则根据信道互易性获得信道增益信息 H-matrix，用以计算用户的 SNR。②缓存状态信息。上层需要报告给 MAC 层各个用户的数据缓存状态，用以确定调度决策过程中用户的传输需求。③DCI 格式 2-1。eMBB 分配的资源被 URLLC 抢占后，基站向对应的 eMBB 发送抢占指示，以清除对应资源区域的缓存，避免造成接收端解码错误。④DCI 格式 1-1。用户根据 DCI 格式 1-1 得知对应的资源分配的信息，用以对下行数据信道上被分配的资源进行解码，读取信息。

场景 3 考虑在由单基站、单智能反射表面（Intelligent Reflection Surface，IRS）与多用户设备组成的联邦学习系统中，设计系统资源分配方案，使基站在保证用户设备数据速率与网络资源约束的前提下最小化接收信号的均方误差。在 IRS 的辅助下，基站采用“空中计算”技术使各台用户设备通过空中接口将本地模型上传至基站进行全局模型汇聚，并采用串行干扰消除技术解码各台用户设备上传的本地模型。

场景 3 对空口信令的需求及其原因如下。①各台用户设备到基站的导频。基站通过该信令获取各台用户设备到基站直射链路的上行信道状态信息。②各台用户设备经 IRS 到基站的导频。基站可通过相应的级联信道估计方法获取各台用户设备到 IRS 的上行信道状态信息，以及 IRS 到基站的上行信道状态信息。③基站向各台用户设备下发的广播信令。基站能够向各台用户设备以及 IRS 广播功率资源分配方案和反射单元配置方案。④基站向各台用户设备下发的同步信令。各台用户设备实现上行信号的同步，从而使基站能够使用“空中计算”技术进行全局模型聚合。

场景 4 如图 6-24 所示，超密集网络（Ultra Dense Network，UDN）场景中存在 M 个微基站和 K 个终端用户。位于不同微基站覆盖重叠区域内的用户在接收到其接入基站的信号时会受到其他基站的干扰。在各小区间的频率复用因子为 1 且基站不能获知理想的用户信噪比的情况下，考虑在下行链路中通过对子载波分配和下行传输功率进行优化来最大化网络的频谱效率和能量效率，同时保障各用户间速率的公平性[23]。

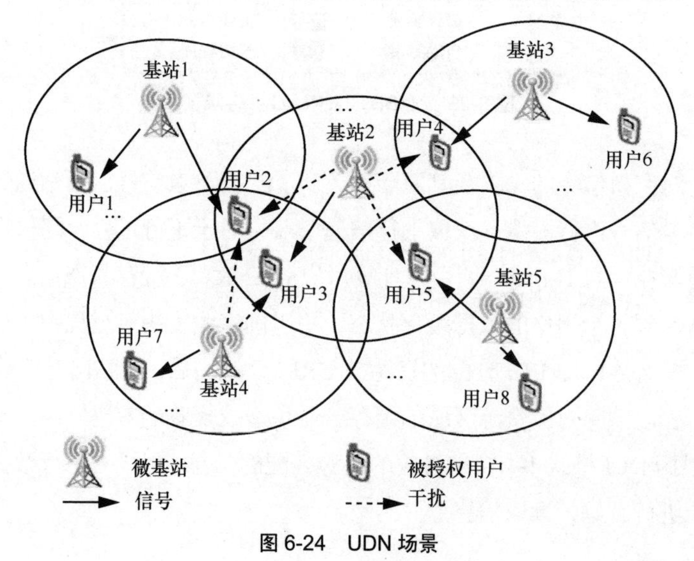

图 6-24　UDN 场景

场景 4 对空口信令的需求及其原因如下。①基站在下行链路发送导频。由于 UDN 场景中基站无法获知理想的用户信噪比，需要用户上传干扰功率，因此需要发送导频作为用户测量干扰功率的依据。②终端用户向基站反馈干扰功率。为了有效应用所设计的神经网络进行最优的子载波分配和功率优化，需要将用户的干扰功率作为神经网络的输入。

场景 5　在基站内使用优势–指针–评论家（Advantage-Pointer-Critic，APC）智能体进行无线资源调度的场景下，当多台用户设备同时向基站发起请求时，基站使用强化学习方法获取调度策略[24]，即在当前时刻选择一台用户设备获取资源块，如图 6-25 所示。

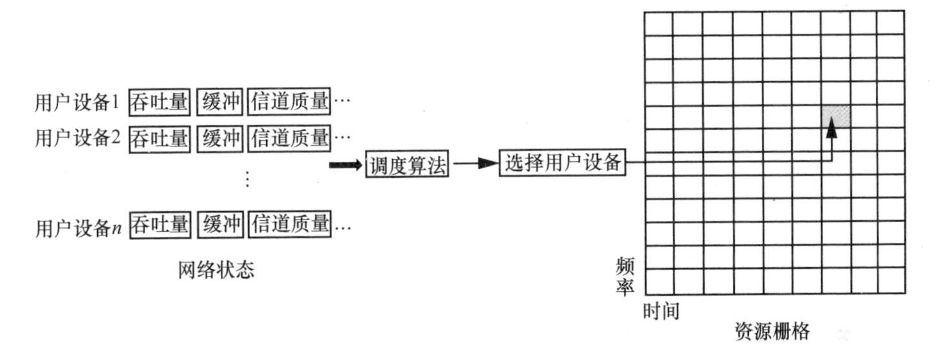

图 6-25　无线资源调度流程

场景 5 对空口信令的需求及其原因如下。①用户设备向基站传递缓存状态和信道质量指示（Channel Quality Indication，CQI），这两项将作为状态的组成部分，决定后续基站对资源分配的策略。②基站向用户设备传递资源调度指令，该指令使对应用户设备明确所获取的资源块并进行通信。

场景 6　C-RAN 架构较传统的密集基站部署方式能显著降低网络能耗，此外，D2D 技术是应对传输需求增长的有力手段之一。因此，有效结合这两种技术可以显著增强未来蜂窝网络在能耗和系统容量两方面的能力。然而，在复杂的网络环境下，实现自适应功率控制和基站模式调整极具挑战性。对此，可以在网络中应用 Q 学习（Q-Learning，QL）技术实现动态网络环境下的 D2D 功率控制和 RRU 模式（包括激活和关闭两种模式）选择，缓解干扰并有助于提高网络能效[25]，如图 6-26 所示。

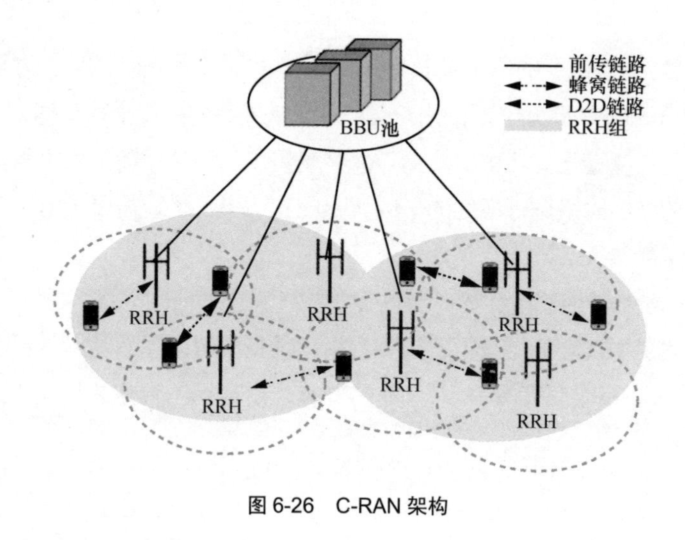

图 6-26　C-RAN 架构

场景 6 对空口信令的需求及其原因如下。①用户反馈接收信号的信干噪比。为了在 BBU 池有效地应用 QL 算法控制激活 RRU 的数量，需要将用户的信干噪比作为状态空间。同时也可以据此计算各用户的数据速率，以便进一步计算作为奖励的系统能量效率。②基站下行链路发送导频。为了在 D2D 设备中有效应用 QL 算法控制发射功率，需要测量干扰水平。

场景 7　如图 6-27 所示，考虑多个小区资源调度场景，各小区采用多智能体强化学习方法指导小区内用户设备的资源分配策略并协调信干噪比[26]。

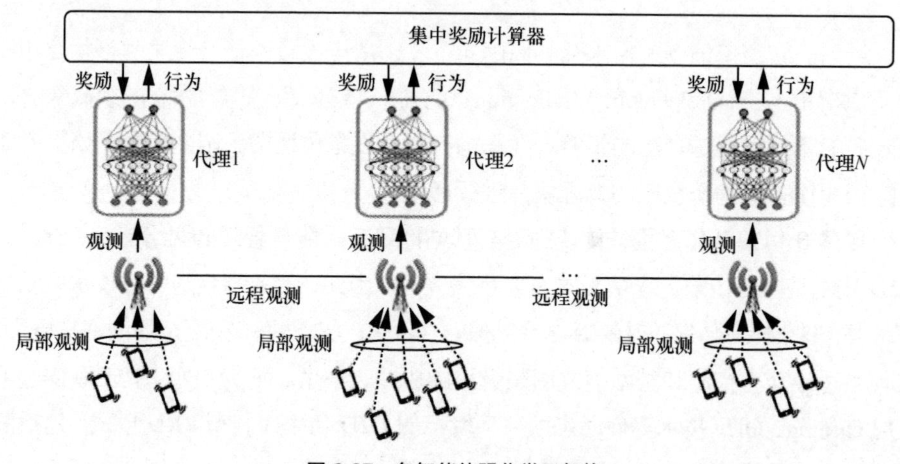

图 6-27　多智能体强化学习架构

场景7对空口信令的需求及其原因如下。①用户设备向所属基站反馈信干噪比。将用户设备的状态输入智能体中，以便强化学习方法训练和分析。②基站向用户设备发送功率控制指令（即传输功率级别）。在通过强化学习方法执行调度策略后，基站选定用户设备并为用户分配传输功率（通过设定不同的级别表示），使用户设备接收该信令后准备通信。

场景8 如图6-28所示，考虑在由多个移动执行传感器模块、多个接入点、多个移动外部干扰源以及一个网络管理者组成的园区网络场景中存在多个可用信道，并且各个执行传感器模块可通过双链接技术连接至一个或两个接入点。针对这一场景，考虑采用基于卷积神经网络的深度强化学习实现园区网络内的动态信道分配以及干扰管理[27]。

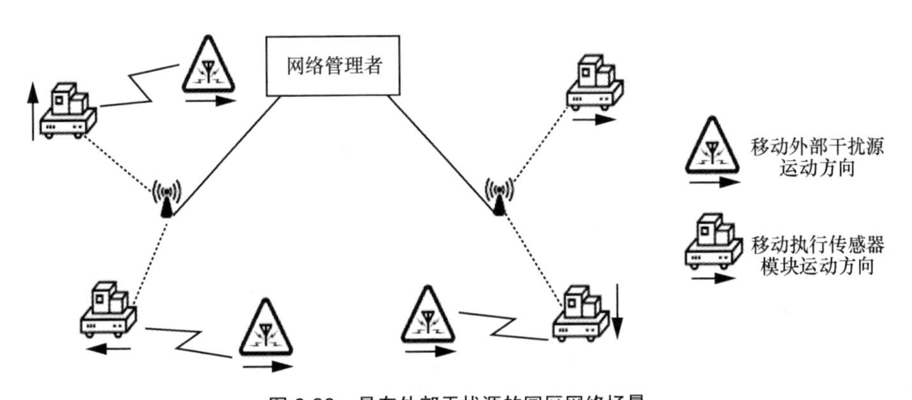

图6-28 具有外部干扰源的园区网络场景

场景8对空口信令的需求及其原因如下。①各个执行传感器模块在各个可用信道上的干扰测量信令。这使各个执行传感器模块能够测量其在各个可用信道上的信干噪比。②各个执行传感器模块到其所属接入点的信道请求信令。这使各个执行传感器模块能够测量向其所属接入点上报干扰测量报告以及反馈强化学习算法输出“动作”所获得的奖励。③各个接入点到各个执行传感器模块的广播信令。这使各个接入点能够向其覆盖范围内的各个执行传感器模块广播学习算法输出的“动作”。

场景9 如图6-29所示，考虑在由多台用户设备以及多台移动边缘计算服务器组成的移动边缘计算场景中，采用深度强化学习算法优化各台用户设备的计算任务卸载策略、计算资源分配策略以及用户设备发送功率资源分配策略，以最小化计算任务时延加权和[28]。

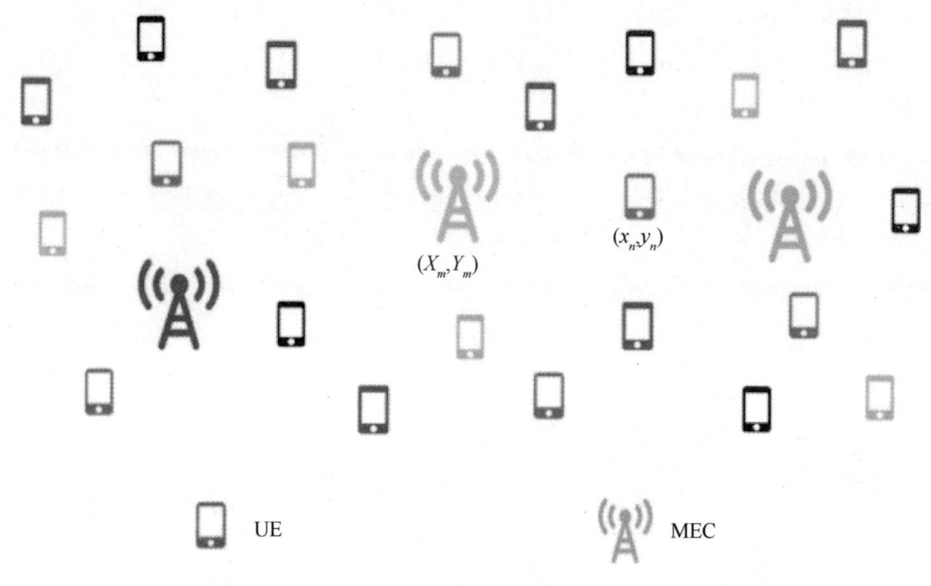

图 6-29　移动边缘计算场景

场景 9 对空口信令的需求及其原因如下。①各用户设备到各边缘计算服务器的导频。各边缘计算服务器通过该信令获取各用户设备到其自身的上行信道状态信息。②各边缘计算服务器到各用户设备的广播信令。各边缘计算服务器能够通过该信令向各用户设备广播计算任务卸载策略、计算资源分配策略以及用户设备发送功率资源分配策略。

场景 10　如图 6-30 所示，考虑由一组边缘计算服务器、一组协作边缘计算服务器与多个小区组成的边缘计算场景，其中每个小区均包含多台用户设备。该场景的目标为设计各台用户设备的带宽资源分配方案、计算任务卸载方案、边缘计算服务器的计算资源分配方案以及向协作边缘计算服务器卸载计算任务的卸载方案、协作边缘计算服务器的计算资源分配方案，使在满足任务计算时延约束、用户设备能耗约束以及计算任务卸载量约束的前提下，采用深度强化学习算法最小化系统平均服务时延或系统平均能耗[29]。

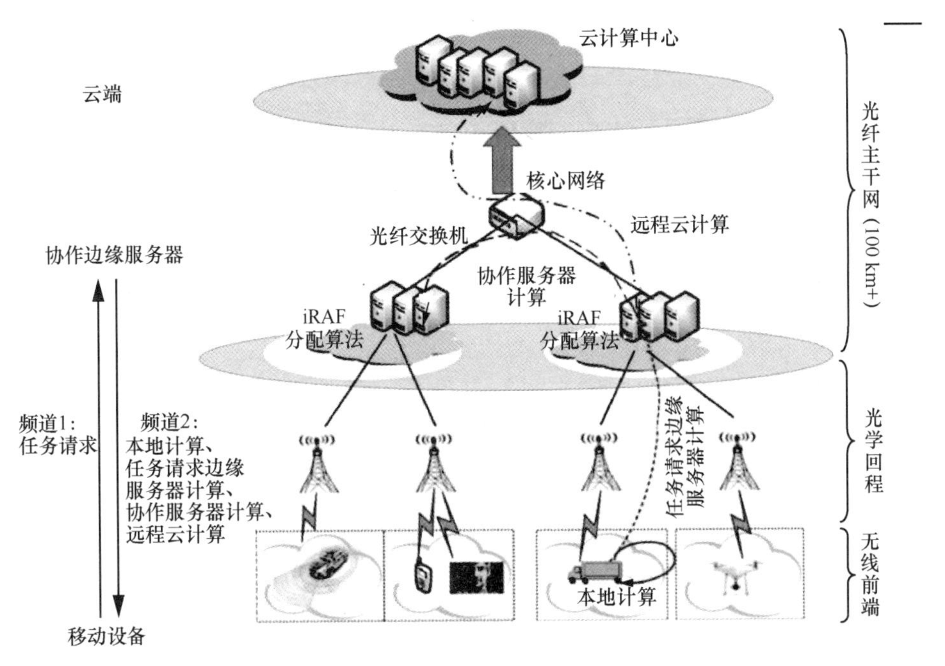

图 6-30　多小区边缘计算场景

场景 10 对空口信令的需求及其原因如下。①各用户设备到所属小区基站的导频。各小区基站通过此信令能够获取其覆盖范围内各用户设备的上行信道状态信息。②各用户设备到所属小区基站的信道请求信令。各用户设备通过此信令能够向所属小区基站上报计算任务以及反馈强化学习算法输出“动作”所获得的奖励。③各小区基站到其覆盖范围内各用户设备的广播信令。各小区基站通过此信令向其覆盖范围内的各用户设备广播强化学习算法输出的“动作”。

场景 11　伴随着虚拟现实、交互式在线游戏等需要复杂计算的应用的产生，MEC 技术在网络中的作用日渐突出。在 MEC 网络中应用联邦学习技术，可以帮助用户和基站建立全局机器学习分类模型（该分类模型用于判断用户与服务器的关联关系），用户的本地模型使用自己的历史关联信息进行训练，最终的收敛模型能高能效地预测用户–服务器关联方案[30]，如图 6-31 所示。

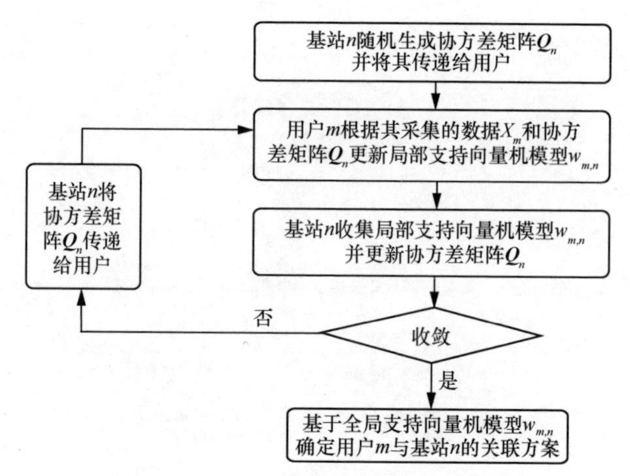

图 6-31　基于支持向量机的联邦学习流程

场景 11 对空口信令的需求及其原因如下。①用户向基站发送本地支持向量机（Support Vector Machine，SVM）参数。为了实现联邦学习，用户需上传本地模型并在基站实现模型的聚合。②基站向所有用户发送反映其本地模型差异的矩阵，并下发该矩阵以便用户进行本地的模型更新。

场景 12　在无线接入网切片的场景下，网络功能被分为不同的切片，使用强化学习方法针对不同切片的请求将网络资源分配到相应的切片中为用户提供服务[31]，如图 6-32 所示。

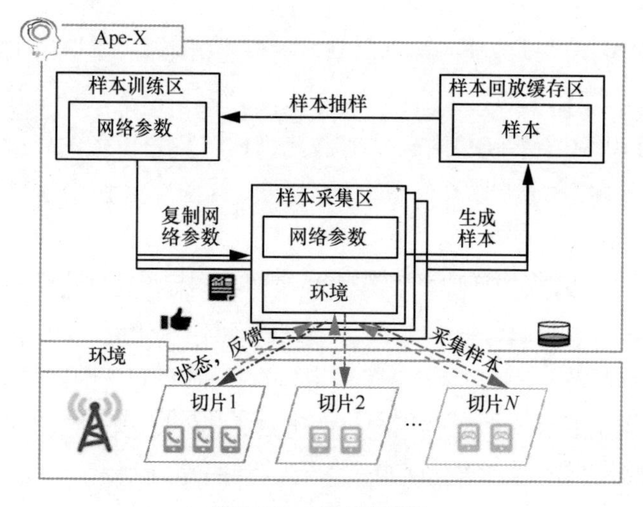

图 6-32　切片控制流程

场景 12 对空口信令的需求及其原因如下。①用户设备向基站传递获取切片的请求，基站分析切片状态并传递给相应的智能体进行模型训练和策略执行。②基站向用户设备发送资源调度指令，使用户设备在获取相应资源块后准备和基站进行通信。

针对以上 12 个场景，总结如下空口信令需求（其中①～⑩是总结以上场景中出现较多的空口信令需求，⑪～⑮是针对不同场景的适应性需求）。

① 各用户设备到基站的导频，用于基站获取各个用户设备到基站的上行信道状态信息。

② 基站到用户设备的导频。基站无法获知理想的用户信噪比，需要用户上传干扰功率，因此需要发送导频作为用户测量干扰功率的依据。

③ 基站向各用户设备下发的广播信令，用于基站向各用户设备广播功率资源分配方案。

④ 基站向各用户设备下发的同步信令，用于各用户设备上行信号同步的实现。

⑤ 各用户设备到所属小区基站的信道请求信令及信道反馈信令，用于各用户设备向所属小区基站上报计算任务以及反馈强化学习算法输出“动作”所获得的奖励。

⑥ 缓存状态信息，用于用户设备向基站报告缓存状态信息，以确定调度决策过程中用户的传输需求。

⑦ 基站下发的参数传输信号。不同设备按规定的配置上传本地模型参数，因此需要该信号控制设备开始参数上传。

⑧ 用户向基站发送本地模型参数。为了实现联邦学习，用户需上传本地模型并在基站实现模型的聚合。

⑨ 基站向用户传输全局参数。基站下发聚合后的参数供设备进行参数更新。

⑩ 基站向用户设备发送资源调度指令。用户设备在获取该指令后准备使用所分配的资源进行通信。

⑪ 基站向用户设备发送功率控制指令。基站向用户设备反馈资源调度结果，使用户在接收该指令后在该传输功率下通信。

⑫ CPU 向基站反馈波束成形分配结果。CPU 根据当前时刻网络的状态输出波束成形分配矩阵并反馈给基站，以指导基站对所有用户的波束成形向量的分配，从而得到新的网络状态以及当前的奖励。

⑬ 上行参考信号。基站通过对终端发送的上行参考信号进行测量，获取上行信道增益，对于下行过程，根据信道互易性获得信道增益信息，用以计算用户的 SNR。

⑭ DCI 格式 2-1。eMBB 分配的资源被 URLLC 抢占后，基站向对应的 eMBB 发送抢占指示，以清除对应资源区域的缓存，避免造成接收端解码错误。

⑮ 用户设备向基站传递获取切片的需求。基站分析切片状态并传递给相应的智能体进行模型训练和策略执行。

除了以上 12 个传统通信场景外，进一步针对联邦边缘缓存和分布式资源调度这两个场景依次说明其中的功能接口的需求。

场景 1　在联邦边缘缓存场景下，不同基站结成一个联邦并通过联邦强化学习方法共同学习缓存策略。此时，基站需要和中心节点（用于调控联邦学习过程）交互，所需的接口信令如下。①基站向中心节点报告更新好的神经网络参数，中心节点可根据该信令进行参数整合。②基站向中心节点报告上次接收参数的时刻，中心节点在参数整合时可根据该信令将时效性纳入权重考虑。③基站向中心节点报告该轮内的用户到达数，中心节点在参数整合时根据该信令将数据量纳入权重考虑。④中心节点向基站发送已整合的权重，基站可根据该信令进行模型参数选择。

场景 2　在图 6-33 所示的业务场景中，多个基站相当于分布式的 actor，与环境交互来获取数据。例如，在调度模块中，需要获取的信息为覆盖范围内的用户设备状态，包括缓存区大小、信道状态、业务质量要求等。然后基站根据 Q 网络执行动作，获得{state，action，reward，next_state}。这个过程需要空口通信的交互过程，而其他部分则可以使用分布式的硬件设备和软件框架来实现，各模块之间主要使用 Socket（TCP/UDP 等协议）实现数据传输[32]。

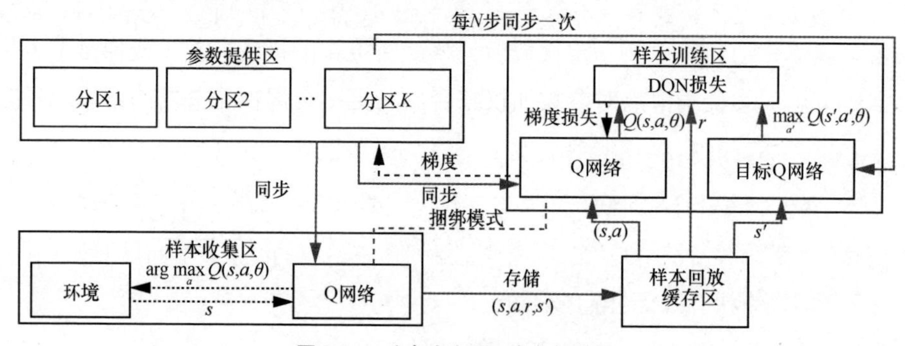

图 6-33　分布式资源调度业务场景

在这种场景下，基站需要与经验回放池，以及分布式的 learner 进行交互，需要的接口信令如下。①基站和经验回放池之间的控制信令（基站→经验回放池）。具体包括认证信令，认证基站身份的真实性，保证训练数据不会被恶意篡改；连接信令，表明当前基站要上传观测数据，双方选择合适的信道或方式，来提高数据传输的准确性，以及避免数据库高量并发操作；同步信令，表明双方已经建立好连接，标明数据开始传输的时刻。②基站和 learner 之间的控制信令（learner→基站）。具体包括认证信令，认证 learner 的真实性，以及 learner 与基站是否关联，避免恶意攻击；连接信令，表明 learner 希望向 actor 同步 Q 网络参数，让基站尽量错开接收用户上传数据，减小干扰；通知信令，为减小干扰，基站将自己的配置情况广播通知给用户设备，让用户设备不使用冲突的资源甚至静默；同步信令，表明双方已经建立好连接，标明数据开始传输的时刻。

6.3.3　基于内生 AI 的无线资源管理典型框架

无线资源管理涉及资源分配、功率控制、调度等方面，而基于内生 AI 的无线资源管理技术的实现依赖于网络中学习框架的部署和实现。下面，将对 3 种不同的学习框架展开分析。

1. **联邦学习架构**

（1）框架执行流程

多设备联合组成联邦学习系统，共同训练一套目标神经网络模型。全局节点调控学习进程，存储并维护一套全局模型。同时每个分布式节点维护一套本地模型，上传采样数据的模型更新，完成目标模型的加速训练。具体流程包括：①各智能体分别独立更新一定次数后，将最新更新的模型参数（或梯度）上传给全局节点；②全局节点对参数加权整合后，更新全局模型并发回给本地各智能体；③本地智能体接收全局节点下发的参数，利用该参数更新本地模型并继续独立更新。

（2）框架特点

各节点设备在良好的数据保密性结构下同步相关学习参数，共享学习经验，全局节点同步更新参数后返回给所有的智能体。

（3）框架分析

模型时效性要求为满足在分布式单次更新时其所传输的参数对全局模型有参考价值并对采样数据具有一定代表性。信息交互方面为在学习过程中将产生大量梯度或模型参数的传递开销。算力上将总体模型的梯度计算过程分配到各分布式节点，可更有效地利用算力在保证数据传输的情况下提升模型性能。横向和纵向两种联邦学习架构保证了输入数据的维度种类和数据来源的多样性，其总体模型的泛化能力均有提升。全局性能考量下中心节点始终维护一个具有强泛化能力的模型，各分布式节点采集本地数据更新可产生更适应本地特征的子模型。

（4）适合用例

该架构适用于各分布式节点以及设备存在一定共性，且各设备对时效性的要求不高的场景，主要提供对子节点数据的安全性保障，目标网络可随需求变化，适用于对数据安全需求较高的场景，例如金融、推荐、医疗等。

2. 多智能体架构

（1）框架执行流程

多个智能体针对系统的综合目标输出对应状态下采取的策略动作组，单个智能体的动作输出对其他智能体存在一定的相互影响，因此各智能体的输入状态和动作输出需综合考虑自身状态和其他智能体各自的状态。全局中心节点用于计算各智能体执行动作后环境反馈的收益。具体流程包括：①各智能体上报并交换其他智能体状态，结合自身当前状态和历史经验信息构成输入状态，在此状态下利用本地模型，根据现有策略输出所采取的动作；②中心节点根据各智能体的动作和系统能效指标计算对各智能体个体具体的环境反馈的收益（该收益可根据各智能体参与系统的方式具体设计），并记录经验；③智能体根据反馈收益更新现有模型参数，并继续训练。

（2）框架特点

各智能体需要在考虑自身状态和其他智能体状态对本智能体影响的环境下输出各自的策略动作，由中心节点分析不同智能体的动作执行收益，并向各智能体反馈环境收益。

（3）框架分析

在时效性上，多智能体架构能够满足快速的策略推理需求。通过合理设计，可有效利用交互信息对自身和整体的环境状态进行估计判断；可依系统需求设计交互信息方式以充分利用自身状态信息、历史信息和环境信息进行有效策略输出，对每次的联合策略输出依需要进行状态信息传输（通信受限场景下可只依据自身当前状态和历史信息）。同时通过一定程度的参数和经验共享，多智能体系统可有效提高算力和经验数据的利用率。在泛化方面，可以对数量较大的智能体场景进行联合动作策略输出，但对实验环境剧烈变化的场景需要设计能够灵活适配的多智能体学习框架。全局性能考量下单智能体的学习效果依赖于中心节点的反馈分配，对多智能体架构下单智能体效用的合理估计是智能体系统能否有效学习的关键之一。

（4）适合用例

该架构适用于在系统场景下需要多个智能体共同完成系统任务的场景（可合作可竞争）。各智能体之间存在相互影响，对实时变化的动态环境下多设备联合策略输出时效性要求较高，如资源管理、波束成形、计算卸载决策等方面。

3. 分布式神经网络架构[10]

（1）框架执行流程

终端设备组、边缘设备组和云端设备组共同维护一套神经网络模型以完成目标任务。同时终端设备部署小型神经网络模型（参数数量较少），云端部署较大的神经网络模型（参数数量较多）。依照任务需求，对系统中计算、能耗、时延和模型可靠性等不同指标进行分布式计算。终端设备上的小型网络模型可以快速地进行初始特征提取，在模型可信的情况下还可以输出任务结果。终端设备处理后的数据上传到云端的大型网络模型中，进行下一步的特征处理和最终结果计算。与传统架构相比，该架构具有通信成本低、精确度高的优点。上传到云端的数据已经被终端设备处理过，因此具有隐私保护性。具体流程包括：①通过对不同分支出口损失函数进行整合，联合训练分布式网络模型；②各终端设备有选择地对输入数据进行初步处理和本地推理，再进行边缘分支输出，对可信度高的样本输出推理结果；③依据上传策略，对需要上传到云端处理的数据进行整合，并完成边缘设备和云端的计算流程，输出最终结果。

（2）框架特点

通过将大型神经网络结构进行分布式部署，可对算力、能耗和时延进行合理分配。通过将已经训练好的 DNN 映射到本地、边缘和云端分布的异构物理设备上，利用设备推理后的退出点，可以对本地网络可信度高的样本进行分类，且不需要向云端发送任何信息。对于更多无法处理的样本，将中间 DNN 输出（直到本地退出点）发送到云端，在云中使用额外的神经网络层执行进一步的推理，并做出最终的分类决策。分布式深度神经网络（Distributed Deep Neural Network，DDNN）也可以扩展到地理分布的多个终端设备，共同做分类决策。每个终端设备执行各自的本地计算，但它们的输出在本地退出点之间进行聚合。由于整个 DDNN 是跨所有终端设备和出口点进行联合训练的，因此网络会自动将输入进行聚合，以达到分类精度的最大化。DDNN 通过在终端设备和云之间的分布式计算层次结构中使用边缘层，可从终端设备获取输出，如果可能的话执行聚合和分类；如果需要更多处理则将中间输出传递给云。在 DDNN 中，可使用多个预先设置好的出口阈值 T 作为对样本预测的信心度量，分别在几个阶段中执行推理或依据策略灵活设定策略。在一个给定的退出点，如果预测器对结果不自信，系统就会回落到一个更高的出口点，直到到达最后的出口点做出分类决策。由于本地分支结构可应对低时延需求，信息交互程度传递到本地处理后的任务信息依设计可低于输入信息本身的大小，也能够有效利用本地算力完成轻量计算任务，依需求灵活组合神经网络结构。最终整体网络完成较难的任务，适量本地计算可达到时延和任务性能的折中。

（3）适合用例

该架构主要适用于分布式计算、分布式算力部署等本地结果的隐私性和时延要求高的任务类型，如工业物联网、自动驾驶等方面。

6.4　边缘智能技术在工业物联网中的应用

6G 网络将自主认知网络环境与服务特性变化，并实现资源融合的动态决策推演。然而，网络边缘资源的有限性与不均匀性使满足差异化的边缘用户需求成为一大挑战。边缘智能技术具备快速准确的识别与决策能力，能够深度挖掘边缘用户、服务及网络之间的关联关系，是实现 6G 网络智能内生的核心技术。随着工业物联网的不断进步，传统工厂即将在 6G 时代升级为智能工厂，并成为 6G 网络的典型应用场景之一。在 6G 技术的驱动下，整个工厂变成一个智能的整体，基于网络内生 AI 能力通过生产管控、计算决策、资源协同协作生产等方式提升工厂生产效能。本节以工业物联网这一典型场景为例，来说明边缘智能技术对支撑 6G 网络智能化的关键作用，并提出了一种更通用、更高效的半联邦学习（Semi-Federated Learning，SemiFL）框架，以实现本地设备及基站设备的计算资源的充分利用。

6.4.1　工业视觉边缘云架构

6G 网络在工业场景下具有巨大的应用潜力，尤其是近年来新兴的工业物联网技术极大地促进了网络边缘的智能化进程。传统的集中式学习机制要求边缘节点将原始数据不做任何处理就上传到云端的深度学习模型处进行决策。然而数据上传与决策下发的过程造成了不可忽略的时延，尤其是在高峰时段，海量的数据上传将导致云端的过载，从而影响工业物联网的全局决策过程，造成不可估量的经济损失。因此，为解决集中式学习机制的不足，文献[33]在工业物联网（Industrial Internet of Things，IIoT）场景下结合边缘计算与深度学习技术研究了一种基于边缘计算的深度学习模型，该模型利用边缘计算将深度学习过程从云服务器迁移到边缘节点，从而减少了数据传输需求并缓解了网络拥塞。此外，由于边缘节点与云服务器相比计算能力受限，文献[33]又设计了一种机制来优化深度学习模型，从而降低深度学习对计算能力的要求。

IIoT 中的网络系统为物联网子系统之间的数据交换提供了通信基础架构。在集中式 IIoT 系统中，控制过程和数据分析过程都在数据中心云中进行维护。在这样的系统中，原始数据集需要上载到数据中心，从而导致大量的数据流占用网络资源并影响控制信号的传输。控制信号是 IIoT 系统中的关键核心，控制信号的传输变化可能会严重影响整个 IIoT 系统的性能。因此，本节将重点放在基于边缘计算的系统设计上，以进行从云到边缘的数据分析过程，从而减少网络流量。深度学习是一种流行的数据驱动的建模方案，其训练过程需要强大的算力支持。一般来说，边缘节点的计算能力比集中式云服务器低，如果数据分析过程从云服务器转移到边缘节点，则需要优化深度学习模型，以降低其对算力的需求。

机器视觉是每个自动化环境中不可或缺的组成部分，在工业生产中有很多实际应用，尤其在生产线上，产品质量控制是取代人工最多的环节，其优势在于提高生产的柔性和自动化程度，在一些不适于人工作业的危险工作环境或人工视觉难以满足要求的场合，常用机器视觉来替代人工视觉；同时在大批量工业生产过程中，用人工视觉检查产品质量效率低且精度不高，用机器视觉检测方法则可以大大提高生产效率和生产的自动化程度。图 6-34 为工业视觉边缘云架构，其采用云–边协同的大数据分析进行计算、存储、分析和结果可视化。在云–边协同的大规模融合学习系统中，部署基于深度学习的视觉算法模型，采用工业视觉传感设备实时获取工业生产线数据；采用联邦及多智能体融合策略联合调度边缘云的计算、存储资源，对原始数据进行压缩、裁剪以及增广等预处理，得到适用于深度视觉模型的图像/视频帧数据，进而由部署在边缘云的主干网络进行特征提取；多层次特征流实时汇聚至云服务器进行大数据分析，云服务器部署视觉模型算法仓，提供图像分类、目标检测、目标跟踪以及场景理解等差异化视觉任务，模型更新后将加密梯度流下发至边缘服务器，同时云服务器可根据任务需求调取边缘云存储的预处理数据。本节以柔性印刷电路板（Flexible Printed Circuit，FPC）缺陷检测任务为例详细介绍工业视觉模型。

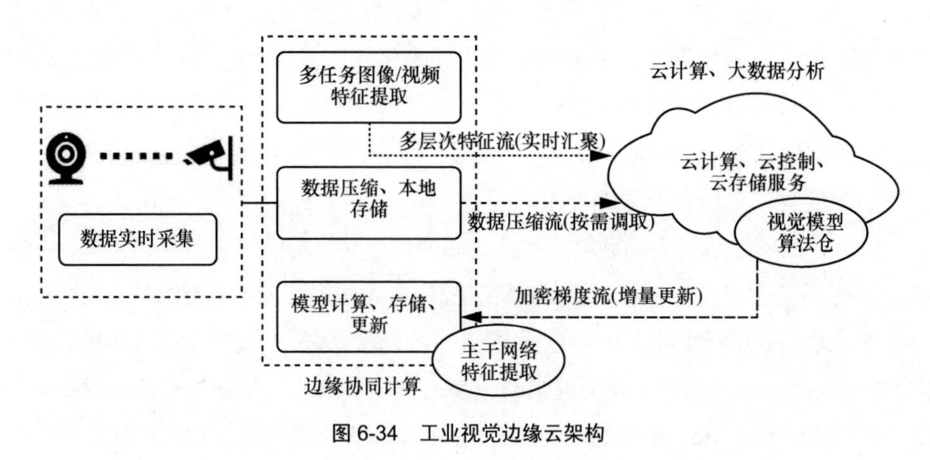

图 6-34　工业视觉边缘云架构

FPC 本身材质特殊且工艺复杂，这导致其在生产流程中极易出现各种缺陷。针对 FPC 缺陷检测背景多变、缺陷种类繁多、缺陷目标尺度差异较大以及缺陷与背景、不同类缺陷间差异较小的难点，引入基于深度学习的 Cascade-FPN 模型用于完成 FPC 缺陷检测任务。传统方法中人工设计的特征提取算法易受主观意识影响，且无法适用于特征复杂的缺陷类别，在 FPC 缺陷检测中无法发挥作用。而 Cascade-FPN 模型将特征提取的任务交给网络自身去学习，通过更高层的信息来获得合适的缺陷特征，并利用后续的建议框生成网络和回归分类网络实现缺陷的定位和分类。基于 Cascade-FPN 模型的 FPC 缺陷检测框架如图 6-35 所示。

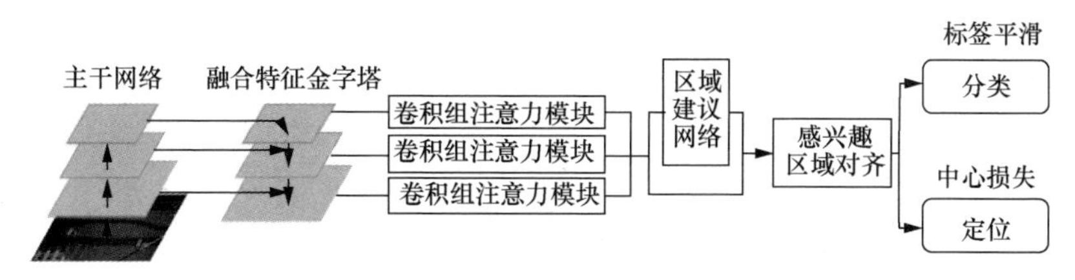

图 6-35　基于 Cascade-FPN 模型的 FPC 缺陷检测框架

为解决 FPC 缺陷检测中遇到的难题，基于 Cascade-FPN 模型，在特征提取模块中增加特征金字塔网络（Feature Pyramid Network，FPN）[34]和卷积组注意力模块（Convolutional Block Attention Module，CBAM）[35]，这样能够提取 FPC 缺陷多尺度和多维度的特征，便于后续的建议框生成及分类定位任务。随后在模型区域建议网络（Region Proposal Network，RPN）后将感兴趣区域（Region of Interest，ROI）池化改进为感兴趣区域对齐，使区域建议生成更为连续，解决区域不匹配问题。最后，在分类和定位任务中添加标签平滑和中心损失模块，解决训练过程中的正负样本不平衡问题，提高模型的泛化能力。Cascade-FPN 模型结构如图 6-36 所示，主要由特征提取模块、建议框生成模块、边界框回归和分类模块 3 个部分组成。

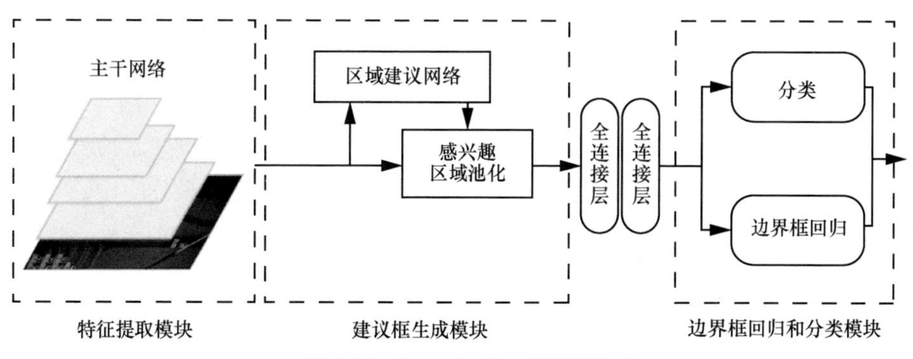

图 6-36　Cascade-FPN 模型结构

（1）特征提取模块

特征提取模块的作用是提取图像的多尺度特征，通常采用连续多层的 CNN 结构来实现对目标深度特征的学习。在深度学习中，常见的用于特征提取的网络有 VGGNet[36]、ResNet[37]、Inception[38]、MobileNet[39]等。这些网络主要由层层连接的卷积层、池化层、非线性激活层、全连接层等构成。特征提取是大部分计算机视觉任务的基础，可为后续的分类、定位等任务提供合适的特征图。

（2）建议框生成模块

建议框生成模块的作用是接收特征提取模块产生的特征图，输出可能包含前景物体的建议区域，并映射回原图之中。RPN 具体结构如图 6-37 所示，当特征提取网络的输出特征图进入 RPN 时，首先会通过包含 512 个 3×3 卷积核的卷积层，随后分别进入 RPN 中的分类和回归分支，最后将经过建议框映射回原特征图中进行感兴趣区域池化，生成统一大小为 7×7 的特征图，便于后续任务的进行。图 6-37 中，N 代表图像中每一个位置预设的锚框（Anchor）数量，两个分支针对每一个 Anchor 中包含的特征信息进行前景和背景的分类以及 Anchor 框坐标的修正预测。对于每个 Anchor，分类分支预测两个是否包含目标的概率值，回归分支预测 4 个值（dx，dy，dw，dh），分别代表修正框相对于原 Anchor 的中心坐标偏移量及长宽偏移量。

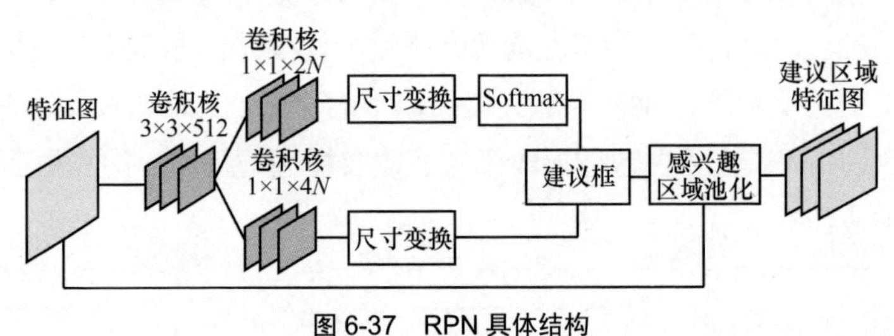

图 6-37　RPN 具体结构

RPN 是 Cascade-FPN 的核心部分，该模块通过 Softmax 分类函数来判断锚框中是否包含实例对象，再利用回归分支来预测锚框，从而获得更加精确的建议框。感兴趣区域池化在区域建议映射回原图时通常采用量化取整的操作，会丢失一部分位置信息，后续设计中更改为更精确的感兴趣区域对齐操作。

（3）边界框回归和分类模块

分类模块利用建议框特征图，通过全连接层与分类函数计算建议框的具体类别。

边界框回归模块输出每个建议框的长宽偏移量，用于修正目标检测框，得到最终的预测矩形框。

Cascade-FPN 模型的主干网络选取 ResNet101，共训练 20 万步，选取 15 万次迭代后的模型作为最终权重。实验采用预热学习率+余弦衰减的训练策略，具体设置如图 6-38 所示，在 1 万步前学习率从 0 均匀上升至接近 0.001 再进行余弦衰减。使用标签平滑方法，从独热向量真实标签的 1 概率中取出一部分，平均分给其他全 0 概率，给予正确分类一点惩罚，最终起到抑制过拟合的效果。

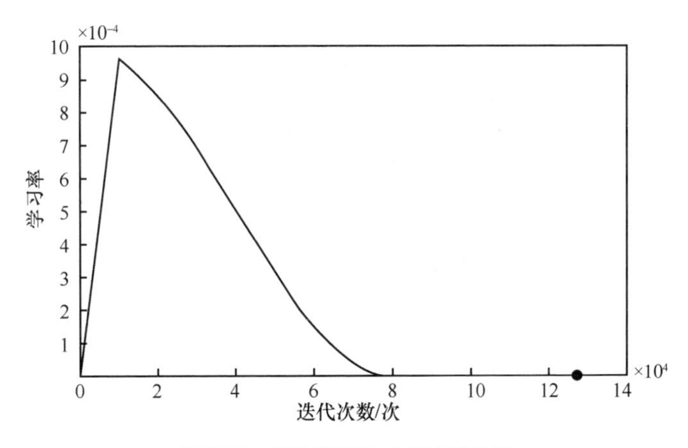

图 6-38　预热学习率+余弦衰减示意

上述介绍的机器视觉方案可搭建在工业物联网平台，实现 FPC 缺陷的实时检测。分布式机器学习系统集成深度学习模型和工业视觉算法，将大规模深度神经网络模型拆分部署在云–边协同服务器，提供工业 AI 边缘云视觉方案，实现工业生产线海量 FPC 缺陷数据的实时获取、高速分析处理、模型在线学习、云–边协同的高精度检测。通过特征与模型相结合的迁移学习方法，可实现海量数据的实时处理以及模型在线更新学习，在很大程度上缓解大数据与弱计算能力之间的矛盾，优化云–边协同的网络资源配置，满足工业物联网实际应用中的端到端需求。

6.4.2　基于模型分割的边缘计算卸载策略

工业视觉边缘云架构采用云–边协同的大数据分析进行计算、存储、分析和结果可视化。本节以视觉任务为例，基于分布式神经网络的模型并行结构，优化边-端任务卸载调度过程，建模边-端协同智慧推理过程，使用值分解网络（Value Decomposition Network，VDN）[40]算法进行优化。

在 IIoT 场景下，终端设备（例如传感器节点）的计算能力非常弱，机器视觉任务全部在本地处理，不能实现推理准确率与推理时延的平衡。为了实现两者的平衡，本节提出一种分布式神经网络结构，如图 6-39 所示。该结构将 DNN 在分布式计算层次结构上进行划分，并将任务的推理过程划分到终端和边缘。终端设备本地网络和移动边缘计算服务器（MEC Server，MECS）边缘网络都可以输出推理结果。MECS 上的模型是 DNN 中一些较高层次的网络层，所以本地推理准确率的平均值自然较低，大约比边缘推理准确率低 10%。如果不卸载机器视觉任务，终端设备上部署的本地网络输出推理结果；否则，终端设备向 MECS 卸载神经网络的中间特征图，边缘网络继续推理并输出结果。与原始输入相比，分布式神经网络结构的中间特征图的参数量大幅减小，而且推理准确率与基线可比。

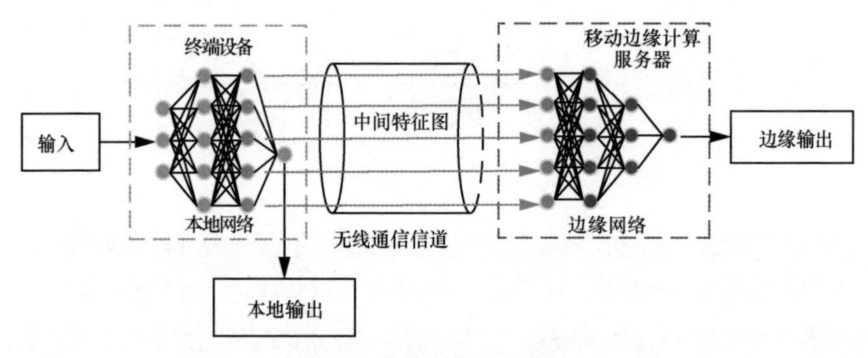

图 6-39 分布式神经网络结构

终端与边缘协作推理的流程如图 6-40 所示，各终端设备独立观察环境，并向同一台 MECS 所服务的其他终端告知其对环境的感知。每台终端的强化学习智能体都根据自己对环境的感知和收到的其他终端告知的信息做出计算卸载决策。MECS 各自独立地向其所服务的终端提供协同推理服务。若智能体决定卸载任务，则本地网络输出的中间特征图被传输到 MECS，经过边缘网络进一步推理后得到最终的推理结果，再由 MECS 将推理结果反馈给终端；否则，智能体决定任务在本地退出，则由本地网络报告推理结果。与卸载原始感知数据的方式相比，卸载中间特征图的方式大幅减少了卸载过程的通信时延，从而扩展了工业视觉边缘云架构中计算卸载的应用范围。

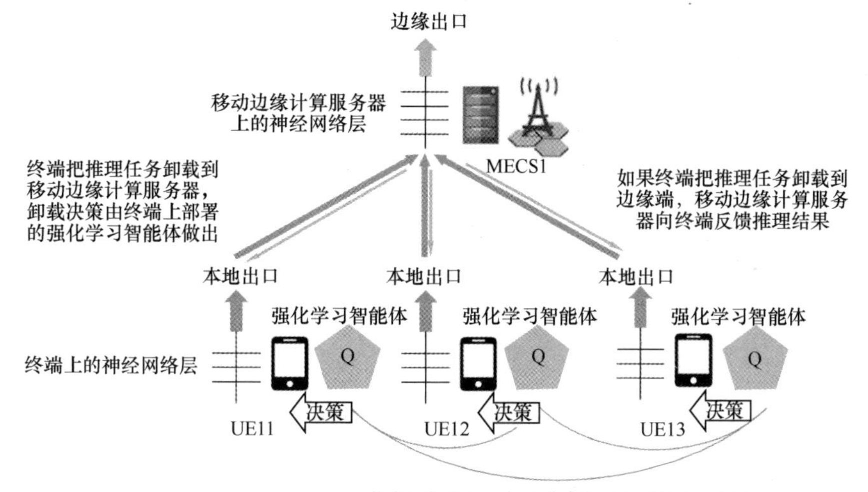

图 6-40　终端与边缘协作推理的流程

本节考虑 MEC 系统中终端与 MECS 的通信和协同推理，MECS 各自独立地与其所服务的终端协同推理。各 MECS 之间没有协作，所以它们之间没有信息交互。本节没有考虑边缘端与云端的协同推理，所以 MECS 没有观察云端的状态以及边缘端与云端之间的状态，即边缘端与云端之间也没有信息交互。

（1）系统模型

本节考虑在 IIoT 终端设备的计算资源受限、通信信道非理想条件下的计算卸载决策，综合优化推理时延和推理准确率，即最小化平均推理时延，同时最大化平均推理准确率。下面，对 MEC 卸载系统进行数学建模。

设 MECS 与 N 台 IIoT 终端设备 $\mathrm{UE}^{(j)}(j=0,1,\cdots,N-1)$ 协同推理。假设在各仿真时刻所有 $\mathrm{UE}^{(j)}$ 上均会有任务到来， $\mathrm{UE}^{(j)}$ 在时刻 t 产生的任务量是 $\mathrm{Task}^{(j)}(t)$ 。如 6.4.1 节所述，在工业视觉边缘云框架中，服务器可提供图像分类、目标检测、目标跟踪以及场景理解等差异化视觉任务。本节以图像分类任务为例进行建模分析。这样，任务量可以用批大小表示，所以$\text{Task}^{(j)}(t)$是正整数。任务$\text{Task}^{(j)}(t)$在$\text{UE}^{(j)}$的本地网络上推理需要的计算量是$\text{Cal}_{\text{local}}^{(j)}(t)$。当终端的智能体做出卸载的决策时，任务卸载到 MECS 需要传输的数据量是$D_{\text{trans}}^{(j)}(t)$。任务$\text{Task}^{(j)}(t)$在 MECS 的边缘网络上推理需要的计算量是$\text{Cal}_{\text{edge}}^{(j)}(t)$。假设 MECS 的计算能力是$f_{\text{MECS}}$，$\text{UE}^{(j)}$的计算能力是$f_{\text{UE}}^{(j)}$，设备的计算能力用 CPU 主频衡量；假设 MECS 所服务的各终端设备的接入方式均为 OFDMA，因此忽略某终端设备卸载任务时可能对其他终端设备带来的干扰；假设信道为具有马尔可夫性的 AWGN 信道，则$\text{UE}^{(j)}$在时刻t被分配的信道容量$R^{(j)}(t)$可通过香农公式算出。

$\text{Task}^{(j)}(t)$在$\text{UE}^{(j)}$上需要的推理时间为$\text{time}_{\text{local}}^{(j)}(t)=\dfrac{\text{Cal}_{\text{local}}^{(j)}(t)}{f_{\text{UE}}^{(j)}}$，$\text{UE}^{(j)}$卸载任务$\text{Task}^{(j)}(t)$时通信网络传输需要的时间为$\text{time}_{\text{trans}}^{(j)}(t)=\dfrac{D_{\text{trans}}^{(j)}(t)}{R^{(j)}(t)}$，MECS 接收到$\text{UE}^{(j)}$卸载的任务$\text{Task}^{(j)}(t)$之后，进一步推理所需要的时间为$\text{time}_{\text{edge}}^{(j)}(t)=\dfrac{\text{Cal}_{\text{edge}}^{(j)}(t)}{f_{\text{MECS}}}$。因为 MECS 返回给终端的只有推理结果（如样本的标签），其数据量远小于中间特征图的数据量，所以推理结果的回传时间忽略不计。因此，如果卸载任务，从任务$\text{Task}^{(j)}(t)$输入终端$\text{UE}^{(j)}$本地网络到 MECS 返回推理结果给终端$\text{UE}^{(j)}$需要的总时间为$\text{time}_{\text{mec}}^{(j)}(t)=\text{time}_{\text{local}}^{(j)}(t)+\text{time}_{\text{trans}}^{(j)}(t)+\text{time}_{\text{edge}}^{(j)}(t)$；反之，如果任务只在终端本地进行推理，则从任务输入本地网络到终端输出推理结果需要的时间为$\text{time}_{\text{ue}}^{(j)}(t)=\text{time}_{\text{local}}^{(j)}(t)$。

本节假设任务$\text{Task}^{(j)}(t)$在终端或边缘中的一侧被整体地处理，即$\text{UE}^{(j)}$的强化学习智能体做出的卸载决策是要么任务全部卸载到 MECS 而在边缘网络退出，要么任务全部卸载到终端设备而在本地网络退出。设$a^{(j)}(t)$是$\text{UE}^{(j)}$在时刻t的动作指示函数，其取值为

$$a^{(j)}(t)=\begin{cases}0, & \text{任务全部卸载到终端设备而在本地网络退出}\\1, & \text{任务全部卸载到MECS而在边缘网络退出}\end{cases} \tag{6-2}$$

所以动作空间为$\mathcal{A}=\{0,1\}$。利用$a^{(j)}(t)$合并$\text{time}_{\text{ue}}^{(j)}(t)$和$\text{time}_{\text{mec}}^{(j)}(t)$，可把任务从输入本地网络到得出推理结果的时间写为

$$\text{time}_{\text{total}}^{(j)}(t)=\text{time}_{\text{local}}^{(j)}(t)+a^{(j)}(t)(\text{time}_{\text{trans}}^{(j)}(t)+\text{time}_{\text{edge}}^{(j)}(t)) \tag{6-3}$$

假设任务 $\text{Task}^{(j)}(t)$ 在本地网络和边缘网络的推理错误率分别是 $\text{Error}_{\text{local}}^{(j)}(t)$ 和 $\text{Error}_{\text{edge}}^{(j)}(t)$。因此，任务 $\text{Task}^{(j)}(t)$ 的推理错误率可表示为

$$\text{Error}_{\text{total}}^{(j)}(t) = (1 - a^{(j)}(t))\text{Error}_{\text{local}}^{(j)}(t) + a^{(j)}(t)\text{Error}_{\text{edge}}^{(j)}(t) \tag{6-4}$$

假设对于图像分类任务 $\text{Task}^{(j)}(t)$ 的某张图片样本 m，$m = 1, \cdots, \text{Task}^{(j)}(t)$，本地网络输出的 Softmax 概率向量的信息熵为 $\text{entropy}_{\text{local}}^{(j,m)}(t)$。则 $\text{UE}^{(j)}$ 上本地网络推理任务 $\text{Task}^{(j)}(t)$ 的信息熵向量为 $\textbf{entropy}_{\text{local}}^{(j)}(t) = [\text{entropy}_{\text{local}}^{(j,m)}(t)]_{m=1,\cdots,\text{Task}^{(j)}(t)}$。熵可以很好地反映模型对推理结果的信心，熵越小，模型对推理结果越有信心。

对每台终端设备 $\text{UE}^{(j)}$ 的推理任务，我们希望在提高推理准确率的同时减小总推理时间 $\text{time}_{\text{total}}^{(j)}(t)$。所以 $\text{UE}^{(j)}$ 的代价函数被定义为

$$J^{(j)}(t) = \beta \frac{\text{Error}_{\text{total}}^{(j)}(t)}{\text{Error}_{\text{local}}^{(j)}(t)} + (1 - \beta) \frac{\text{time}_{\text{total}}^{(j)}(t)}{\text{TH}^{(j)}(t)} \tag{6-5}$$

其中，β 是权重，$0 \leqslant \beta \leqslant 1$；$\text{TH}^{(j)}(t)$ 是 $\text{Task}^{(j)}(t)$ 的最大允许推理时间。式（6-5）的含义是将任务的推理错误率关于本地网络的推理错误率进行归一化，推理时间关于任务的时间限制进行归一化，再将二者加权求和。

假设在时刻 t，MECS 服务所有 N 台终端设备 $\text{UE}^{(0)}, \text{UE}^{(1)}, \cdots, \text{UE}^{(N-1)}$ 的联合动作指示函数为 $A(t) = \begin{bmatrix} a^{(0)}(t) & a^{(1)}(t) & \cdots & a^{(N-1)}(t) \end{bmatrix}$。为了使时刻 t 系统平均推理准确率最大、平均推理时间最小，定义联合优化问题

$$\begin{aligned} &\min_{A(t) \in \mathcal{A}^N} \text{E}_j[J^{(j)}(t)] \\ &\text{s.t.}\ \ 0 \leqslant \text{time}_{\text{total}}^{(j)}(t) \leqslant \text{TH}^{(j)}(t), j = 0, 1, \cdots, N-1 \\ &\qquad 0 \leqslant \beta \leqslant 1 \end{aligned} \tag{6-6}$$

（2）基于值函数分解的联合优化方案

由于联合优化问题（6-6）的复杂度较高，因此基于值函数分解的联合优化方案使用多智能体强化学习（Multi-Agent Reinforcement Learning，MARL）算法进行联合优化。考虑到使用集中式 MARL 算法学到的策略只能被部署到 MECS 上，这样每台终端都要将自己的状态信息和卸载的任务数据发送到 MECS，导致 MECS 不停地处理来自终端的海量数据，MECS 的压力非常大。一旦 MECS 宕机，工业物联网的全局决策过程就会瘫痪，并造成不可估量的经济损失。在分散式 MARL 算法中，

每个智能体只能观察到系统的局部状态信息，这样各智能体之间需要协作以共同完成任务。为了解决协同推理过程中状态空间或动作空间“维度爆炸”的问题，本节采用一种分散式协作 MARL 算法——VDN 算法来求解联合优化问题（6-6），主要包含以下两方面。

① 状态、动作和奖励的设计。一个智能体的状态包括本地状态和它对环境的观察。UE$^{(j)}$ 的本地状态被定义为

$$\boldsymbol{s}_{\text{self}}^{(j)}(t) := \begin{bmatrix} \text{Task}^{(j)}(t) & \text{TH}^{(j)}(t) & R^{(j)}(t) \\ \text{E}_m[\textbf{entropy}_{\text{local}}^{(j)}(t)] & \text{Std}_m[\textbf{entropy}_{\text{local}}^{(j)}(t)] & H_m[\textbf{entropy}_{\text{local}}^{(j)}(t)] \\ J_{\text{local}}^{(j)}(t) & J_{\text{edge}}^{(j)}(t) & \text{index}_{\text{heuristic}}^{(j)}(t) \end{bmatrix} \tag{6-7}$$

其中，$J_{\text{local}}^{(j)}(t)$ 表示任务全部本地推理策略的代价，$J_{\text{edge}}^{(j)}(t)$ 表示任务全部卸载策略的代价，$\text{index}_{\text{heuristic}}^{(j)}(t)$ 表示启发式算法的指标。$\boldsymbol{s}_{\text{env}}^{(j)}(t) = \left\{\text{E}_j\left[\boldsymbol{s}_{\text{self}}^{(j)}(t)\right], \text{Std}_j\left[\boldsymbol{s}_{\text{self}}^{(j)}(t)\right], H_j\left[\boldsymbol{s}_{\text{self}}^{(j)}(t)\right]\right\}$ 被定义为对环境的观察，即各终端本地状态的期望、标准差和熵。

智能体的动作就是式（6-2）中所定义的 $a^{(j)}(t)$，动作空间 $\mathcal{A} = \{0,1\}$。

VDN 算法的奖励函数是 $-J^{(j)}(t) - \text{penalty}^{(j)}(t)$，其中 $\text{penalty}^{(j)}(t)$ 表示惩罚函数，惩罚函数的表达式可以根据智能体学到的策略的性能优劣进行调整。

② 神经网络的训练。为了加速训练、增强学到的策略的性能，考虑智能体深度 Q 网络（Deep Q Network，DQN）之间的信息通道，在参数更新的过程中，将用于提取本地状态特征的网络层的参数梯度在所有终端的强化学习智能体之间共享，所有智能体均使用该梯度更新本地 DQN 的参数。此外，使用一个网络层序列专门提取环境状态的特征。

仿真实验表明，与任务全部本地推理、任务全部卸载、随机卸载、启发式算法 4 种策略对比，本节方案中 VDN 算法根据工业视觉边缘云系统对准确率和时延两个指标的重视程度变化而对应地调整计算卸载策略的能力最强。VDN 算法能够根据系统对指标要求的不同而对应地调整计算卸载决策，表现在系统卸载率、平均时延、平均准确率和平均代价 4 项指示信号的对应变化。在各种指标要求下，VDN 算法指示信号的变化趋势总是与最优策略一致。仿真结果显示出分散式 MARL 类算法应用于 MEC 卸载决策中的优势。

6.4.3　基于联邦学习和区块链的边缘网络数字孪生技术

6G 时代，数字孪生将成为人类解构、描述、认识物理世界的新型工具。数字孪生是指通过数字化的手段，在数字世界中构建一个与物理世界中实体对象一样的模型对象，物理世界的人和人、人和物、物和物之间可通过数字化世界来传递信息与智能。数字孪生技术可以借助模型对象对实体对象进行了解、分析和优化，为实体对象的指令下达、流程体系的优化提供决策依据，大幅提升分析决策效率。在先进的传感器、人工智能和通信技术的帮助下，6G 时代有可能在虚拟世界中复制物理实体形成数字孪生。然而，由于有限的无线资源和安全问题，数字孪生边缘网络面临着新的挑战，联邦学习和区块链技术是一个可以解决上述问题的有效技术之一。

（1）区块链赋能的数字孪生边缘网络架构

本节提出区块链赋能的数字孪生边缘网络框架，如图 6-41 所示，主要包括协作联邦学习和有向无环图（Directed Acyclic Graph，DAG）区块链两部分。

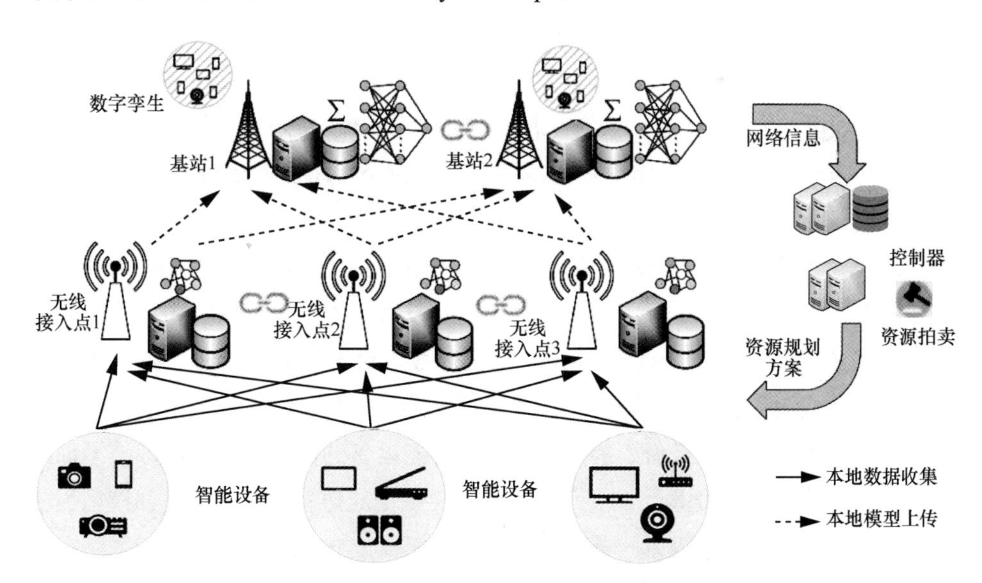

图 6-41　区块链赋能的数字孪生边缘网络架构

考虑存在一组 MNO，用集合 $\mathcal{P}=\{1,2,\cdots,P\}$ 表示。每个运营商 $p\in\mathcal{P}$ 都有一组基站 $\mathcal{Q}_p$。每个基站都配备了移动边缘计算服务器，拥有足够的计算资源，基站集合表示为 $\mathcal{Q}=\{1,2,\cdots,Q\}$，且 $\mathcal{Q}=\bigcup_{p\in\mathcal{P}}\mathcal{Q}_p$。每个 MNO 为区域中的智能设备服务，智能设备有不同业务类型且随机分布在关联基站覆盖区域内，智能设备集合表示为 $\mathcal{N}=\{1,2,\cdots,N\}$，且 $\mathcal{N}=\bigcup_{q\in\mathcal{Q}}\mathcal{N}_q$。在基站的不同位置放置了 $\mathcal{J}=\{1,2,\cdots,J\}$ 个 AP。每个 AP 可以是 Wi-Fi 或微蜂窝接入点，该 AP 也配备了边缘服务器。智能设备 n 的数据表示为 $\mathcal{D}_n=\left\{\left(x_{n1},y_{n1}\right),\cdots,\left(x_{nD_n},y_{nD_n}\right)\right\}$，其中 $\mathcal{D}_n$ 是数据大小，同样 AP 的数据表示为 $\mathcal{D}_j=\left\{\left(x_{j1},y_{j1}\right),\cdots,\left(x_{jD_j},y_{jD_j}\right)\right\}$，智能设备和 AP 的数据与其对应的数字孪生模型实时同步。智能设备 n 和 AP j 在基站中的数字孪生模型分别表示为 $\mathrm{DT}_n=\left(\mathcal{M}_n,\mathcal{D}_n,s_n(t)\right)$ 和 $\mathrm{DT}_j=\left(\mathcal{M}_j,\mathcal{D}_j,s_j(t)\right)$。其中，$\mathcal{M}_n$ 和 $\mathcal{M}_j$ 是对应的行为模型，$\mathcal{D}_n$ 和 $\mathcal{D}_j$ 是对应的静态运行数据，$s_n(t)$ 和 $s_j(t)$ 是对应的实时状态数据。为了减少通信成本和数据泄露风险，本节使用联邦学习来训练数字孪生模型。

在联邦学习中，考虑每个基站作为服务器，单独训练特定任务的全局模型。智能设备和 AP 当作其关联基站的用户，获得共享的全局模型并根据其数据训练局部模型。随后，智能设备和 AP 将新的局部模型上传给关联的基站，更新全局模型。然而，智能设备的计算和能量资源总是有限的，可能难以满足局部模型的训练和上传。因此构建的数字孪生可能不准确，在这种情况下，AP 可以帮助资源受限的智能设备训练局部模型。

此外，本节方案采用 DAG 区块链设计了模型更新链，以增强构建数字孪生模型的安全性和隐私保护。基站、AP 和智能设备作为模型更新链中的节点，具有由公钥/私钥组成的唯一数字标识，用来对数据进行加密和解密。模型更新链由所有节点共同维护。AP 和智能设备采用 DAG 来验证本地模型更新微交易，包括 AP 和智能设备的身份、事件记录（如智能设备的数据共享、局部模型训练结果和局部模型更新质量），从而形成局部模型更新链。为了减少局部模型更新链的共识资源消耗，引入基于簇的多播通信来建立 AP 和智能设备之间的微交易传输链路。不同 MNO 的基站采用联盟区块链验证全局模型更新交易，形成主链。本节提出的基于联盟区块链和 DAG 的混合区块链保证了数字孪生模型构建的信任和效率。

协作联邦学习的目标是在基站 $q \in \mathcal{Q}$ 上迭代地训练全局机器学习模型。在协作联邦学习的每一次迭代中，基站 q 将验证过的初始模型参数 w_q^{ini} 从模型更新链分发到智能设备和 AP 进行训练。资源受限智能设备发出协作请求，基站 q 协调建立协作链路，即基站 q 根据模型更新链中的信誉选择附近的 AP，协助资源受限智能设备进行局部模型训练。考虑到 AP $j \in \mathcal{J}$ 协助 $\mathcal{K}_{j,q}$ 个资源受限的智能设备训练和聚合局部模型，一次联邦学习全局迭代的总时间为

$$T_{j,q}^{\mathrm{gt}} = \log\left(\frac{1}{\vartheta_j}\right)T_{j,q}^{\mathrm{cmp}} + T_{j,q}^{\mathrm{aggre}} + T_{j,q}^{\mathrm{trans}} \tag{6-8}$$

如果 AP 在协助局部模型训练时贡献更多的计算资源，并且在局部模型传输中分配更多的通信资源（如发射功率和频谱），则局部模型和全局模型的收敛速度将更快，迭代时间更低。然而，协作联邦学习需要消耗 AP 有限的资源和带宽。为了实现有效的协作联邦学习，有必要设计合适的激励机制补偿 AP 的资源消耗。

（2）模型更新链

基于 DAG 区块链的模型更新链如图 6-42 所示，由局部模型更新链和全局模型更新主链组成。其中 AP 和智能设备通过运行基于累积权重的共识方案来维护局部模型更新链。为了减少局部模型更新链共识过程的无线资源消耗，引入了基于簇的多播通信来建立 AP 与智能设备之间的链路。每个 AP 及其服务的智能设备形成一个簇。AP 充当簇头，将最新的局部模型更新子链利用“流言机制”分发给智能设备和其他 AP 簇。而属于不同 MNO 的基站集合构成全局模型更新主链中的节点，并采用基于委托权益证明（Delegated Proof of Stake，DPOS）的共识机制验证全局模型更新交易。局部模型更新链和全局模型更新主链通过跨链通信协同工作，形成统一的公共账（即模型更新链）。

① 基于 DAG 的本地模型更新链。当资源受限的智能设备向 AP 请求协作训练时，AP 生成局部模型更新微交易。随后，使用私钥对局部模型更新微交易进行数字签名，并通过局部模型更新链进行确认。为了将局部模型更新微交易添加到局部模型更新链中，AP 必须通过求解简化的难题来验证局部模型更

新子链中先前的两个未被验证的微交易。在验证之后，AP 通过将两个已验证微交易的哈希值附加到新的微交易中，从而将新的局部模型更新微交易添加到局部模型更新子链。最新的局部模型更新子链需要在 AP 簇和智能设备之间交互以实现同步。

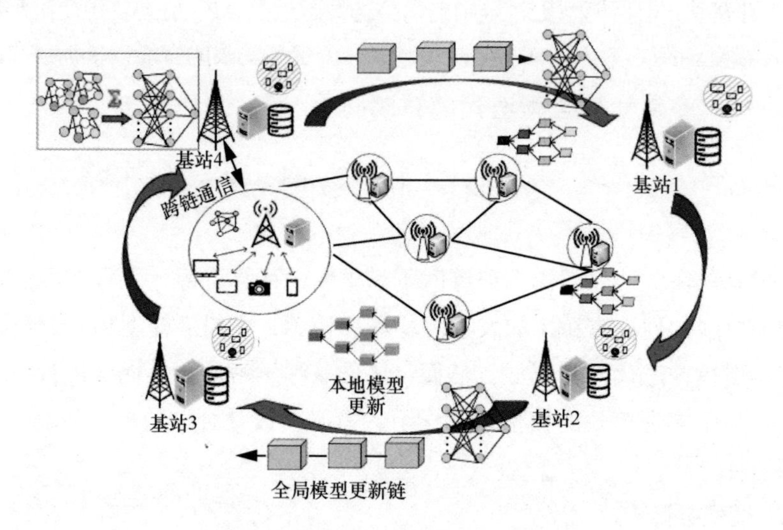

图 6-42　基于 DAG 区块链的模型更新链

局部模型更新微交易的确认取决于它们不断增加的累积权重，这是由基于马尔可夫链蒙特卡罗的 tip（未经验证的局部模型更新微交易称为 tip）选择算法确定的[41]。从 AP j 广播局部模型更新微交易 $m_l(t)$ 到此交易被确认的时延可表示为

$$T_{j,q}^{\text{conf}}\left(m_l(t)\right)=T_{j,q}^{\text{comm}}\left(m_l(t)\right)+T_{j,q}^{\text{accu}}\left(m_l(t)\right) \tag{6-9}$$

其中，$T_{j,q}^{\text{comm}}\left(m_l(t)\right)$ 是局部模型更新微交易的多播传输时延，$T_{j,q}^{\text{accu}}\left(m_l(t)\right)$ 是局部模型更新微交易 $m_l(t)$ 的权重累积时延。

② 基于 DPOS 的主链共识方案。在全局模型更新主链中，采用基于 DPOS 的高效共识策略，由不同 MNO 的基站维护全局模型更新主链，这些基站由智能设备根据其权益值进行投票。用 Z_n 表示智能设备的权益值，其中 $Z_n \geqslant 0$，$z_{n,q}$ 是智能设备给基站 q 的投票，$z_{n,q} \leqslant Z_n$。因此，基站 q 的票数 V_q 可以表示为 $V_q=\sum_{n=1}^{N}\gamma^{-t}z_{n,q}$，其中 $\gamma>0$ 是衰减因子。票数最多的基站被选为代理。代理负责验证全局模型更新交

易，生成和验证新的全局模型更新区块。在每个全局模型更新区块验证子时隙中，从代理中选出领导者将区块广播到验证者进行验证。随后，验证者验证区块中的全局模型更新交易，并将验证结果反馈给领导者。根据拜占庭容错共识条件，如果领导者收到超过 $\frac{2}{3}$ 的验证者反馈消息，则此全局模型更新区块通过验证，领导者将被验证的区块发送给所有基站以便存储在全局模型更新主链中。

③ 局部模型更新链与全局模型更新主链的跨链通信。在基于 DPOS 的主链共识方案开发的模型更新链中，局部模型更新链和全局模型更新主链可以通过跨链通信进行交互。全局模型更新主链中的基站可以作为跨链通信器，传递分类账中记录的数据。在全局模型更新阶段，基站从局部模型更新链中检索验证的局部模型更新，并执行全局聚合。在局部模型训练阶段，AP 和智能设备在全局模型更新主链中下载来自基站的最新全局模型更新。由式（6-9）可以看出，基于簇的多播通信对局部模型更新微事务的确认时延有显著影响。如果 AP 集群在局部模型更新微事务分发中分配更多的通信资源，确认时延将会显著降低。

（3）基于迭代双拍卖的合作联邦学习和本地模型更新验证联合优化方案

为了激励 AP 贡献其资源进行本地模型训练和验证，本节提出了一种基于迭代双边拍卖的合作联邦学习和本地模型更新验证联合优化方案。其中，控制器充当经纪人，P 个 MNO 和 J 个 AP 充当买方和卖方，运营商的基站 q 希望 AP 提供的协作训练时间为 $T_{q,j}^{\mathrm{gt}(-1)}$，提供的本地模型更新微交易传播时间为 $T_{q,j}^{\mathrm{de}(-1)}$，基站 q 的合作联邦学习请求和本地模型更新微交易传播请求分别为

$$T_p^{\mathrm{gt}(-1)} = \left(T_q^{\mathrm{gt}(-1)}, \forall q \in \mathcal{Q}_p\right) \tag{6-10}$$

$$T_p^{\mathrm{de}(-1)} = \left(T_q^{\mathrm{de}(-1)}, \forall q \in \mathcal{Q}_p\right) \tag{6-11}$$

其中，$F_q\left(T_q^{\mathrm{gt}(-1)}\right), q \in \mathcal{Q}_q$ 表示 MNO 中基站 q 从 AP 获得合作联邦学习时的效用函数，$F_q'\left(T_q^{\mathrm{gt}(-1)}\right)$ 表示 MNO 中基站 q 的本地模型更新微交易从 AP 获得传播时的效用函数。定义 AP j 能够提供的合作联邦学习时间和本地模型更新微交易传播时间分别为 $\Gamma_j^{\mathrm{gt}(-1)} \triangleq \left(\Gamma_{j,q}^{\mathrm{gt}(-1)}, \forall q \in \mathcal{Q}\right)$ 和 $\Gamma_j^{\mathrm{de}(-1)} \triangleq \left(\Gamma_{j,q}^{\mathrm{de}(-1)}, \forall q \in \mathcal{Q}\right)$，其中，$C_j\left(\Gamma_j^{\mathrm{gt}(-1)}\right)$ 和 $C_j'\left(\Gamma_j^{\mathrm{de}(-1)}\right)$ 分别表示 AP 提供合作联邦学习和本地模型更新微交易传播所产生的成本。由于

MNO 和 AP 存在利益冲突，如果它们独立决定请求时间或提供时间，将难以达成共识。因此，由控制器通过求解社会福利优化（Social Welfare Order，SWO）问题，找到最优的$\left(T_q^{\text{gt}(-1)}, T_j^{\text{de}(-1)}\right)$和$\left(T_q^{\text{de}(-1)}, T_j^{\text{gt}(-1)}\right)$。SWO 问题为

$$\max_{\left(T_q^{\text{gt}(-1)}, \Gamma_j^{\text{gt}(-1)}\right)\left(T_q^{\text{de}(-1)}, \Gamma_j^{\text{de}(-1)}\right)} \sum_{q\in Q} F_q\left(T_q^{\text{gt}(-1)}\right) - \sum_{j\in J} C_j\left(\Gamma_q^{\text{gt}(-1)}\right) + \sum_{q\in Q} F_q'\left(T_q^{\text{de}(-1)}\right) - \sum_{j\in J} C_j'\left(\Gamma_j^{\text{de}(-1)}\right)$$

$$\begin{aligned} \text{s.t. } & \text{C1}: T_{q,j}^{\text{gt}(-1)} \geqslant T_q^{\text{gt},\max(-1)}, \forall q \in \mathcal{Q}, \forall j \in \mathcal{J} \\ & \text{C2}: \Gamma_{j,q}^{\text{gt}(-1)} \geqslant \Gamma_j^{\text{gt},\min(-1)}, \forall q \in \mathcal{Q}, \forall j \in \mathcal{J} \\ & \text{C3}: \Gamma_{q,j}^{\text{gt}(-1)} \geqslant T_{q,j}^{\text{gt}(-1)}, \forall q \in \mathcal{Q}, \forall j \in \mathcal{J} \\ & \text{C4}: T_{q,j}^{\text{de}(-1)} \geqslant T_q^{\text{de},\max(-1)}, \forall q \in \mathcal{Q}, \forall j \in \mathcal{J} \\ & \text{C5}: \Gamma_{j,q}^{\text{de}(-1)} \geqslant \Gamma_j^{\text{de},\min(-1)}, \forall q \in \mathcal{Q}, \forall j \in \mathcal{J} \\ & \text{C6}: \Gamma_{j,q}^{\text{de}(-1)} = T_{q,j}^{\text{de},\min(-1)}, \forall q \in \mathcal{Q}, \forall j \in \mathcal{J} \\ & \text{C7}: \Gamma_{j,q}^{\text{gt}(-1)} \geqslant 0, T_{q,j}^{\text{gt}(-1)} \geqslant 0, \Gamma_{j,q}^{\text{de}(-1)} \geqslant 0, T_{q,j}^{\text{de}(-1)} \geqslant 0 \end{aligned} \tag{6-12}$$

由于社会福利的目标函数是严格凹的，而约束 C1~C7 定义的可行域是凸的，优化问题 SWO 有唯一的优化解满足约束 C1~C7，为此，定义 SWO 问题的拉格朗日函数。然而，由于效用函数对控制器的隐藏信息，控制器直接求解 KKT 条件得到的最优解是不可行的，因此，控制器需要设计一个合适的定价方案，引导 MNO 和 AP 如实出价，从而推出隐藏信息，求解最优解。

① SWO 问题转换。每个 MNO p 和每个 AP j 进行出价，以表明 MNO 对合作联邦学习和本地模型更新微交易传播的服务需求，同时表明 AP 的服务成本。然后，控制器通过解决一个新的分配问题（New Allocation Problem，NAP），基于出价确定协作联邦学习和本地模型更新微交易传播的时间分配，NAP 问题为

$$\max_{\left(T^{\text{gt}(-1)}, \Gamma^{\text{gt}(-1)}\right)\left(T^{\text{de}(-1)}, \Gamma^{\text{de}(-1)}\right)} \sum_{j=1}^{J}\sum_{q=1}^{Q}\left(x_{q,j}^{\text{gt}} \log T_{q,j}^{\text{gt}(-1)} - \frac{y_{j,q}^{\text{gt}}}{2}\left(\Gamma_{j,q}^{\text{gt}(-1)}\right)^2\right) + \sum_{j=1}^{J}\sum_{q=1}^{Q}\left(x_{q,j}^{\text{de}} \log T_{q,j}^{\text{de}(-1)} - \frac{y_{j,q}^{\text{de}}}{2}\left(\Gamma_{j,q}^{\text{de}(-1)}\right)^2\right)$$

$$
\begin{aligned}
\text{s.t.}\quad & \text{C1}: T_{q,j}^{\text{gt}(-1)} \geqslant T_{q}^{\text{gt},\max(-1)}, \forall q \in \mathcal{Q}, \forall j \in \mathcal{J} \\
& \text{C2}: \Gamma_{j,q}^{\text{gt}(-1)} \geqslant \Gamma_{j}^{\text{gt},\min(-1)}, \forall q \in \mathcal{Q}, \forall j \in \mathcal{J} \\
& \text{C3}: \Gamma_{q,j}^{\text{gt}(-1)} \geqslant T_{q,j}^{\text{gt}(-1)}, \forall q \in \mathcal{Q}, \forall j \in \mathcal{J} \\
& \text{C4}: T_{q,j}^{\text{de}(-1)} \geqslant T_{q}^{\text{de},\max(-1)}, \forall q \in \mathcal{Q}, \forall j \in \mathcal{J} \\
& \text{C5}: \Gamma_{j,q}^{\text{de}(-1)} \geqslant \Gamma_{j}^{\text{de},\min(-1)}, \forall q \in \mathcal{Q}, \forall j \in \mathcal{J} \\
& \text{C6}: \Gamma_{j,q}^{\text{de}(-1)} = T_{q,j}^{\text{de},\min(-1)}, \forall q \in \mathcal{Q}, \forall j \in \mathcal{J} \\
& \text{C7}: \Gamma_{j,q}^{\text{gt}(-1)} \geqslant 0, T_{q,j}^{\text{gt}(-1)} \geqslant 0, \Gamma_{j,q}^{\text{de}(-1)} \geqslant 0, T_{q,j}^{\text{de}(-1)} \geqslant 0
\end{aligned} \tag{6-13}
$$

② 定价方案。根据 NAP 问题，MNO 和 AP 通过求解各自的收益优化问题来确定各自的最优出价。MNO 求解收益最大化问题确定最优出价，即

$$
\begin{aligned}
& \max_{x_p^{\text{gt}}, x_p^{\text{de}}} F_p\left(T_p^{\text{gt}(-1)}\right) - Z_p\left(T_p^{\text{gt}(-1)}\right) + F_p'\left(T_p^{\text{de}(-1)}\right) - Z_p'\left(T_p^{\text{de}(-1)}\right) \\
& \text{s.t.} x_{q,j}^{\text{gt}} \geqslant 0, x_{q,j}^{\text{de}} \geqslant 0, \forall j \in \mathcal{J}, q \in \mathcal{Q}
\end{aligned} \tag{6-14}
$$

类似地，AP 求解收益最大化问题确定最优出价，即

$$
\begin{aligned}
& \max_{y_j^{\text{gt}}, y_j^{\text{de}}} H_j\left(\Gamma_j^{\text{gt}(-1)}\right) - C_j\left(\Gamma_j^{\text{gt}(-1)}\right) + H_j'\left(T_j^{\text{de}(-1)}\right) - C_j'\left(\Gamma_p^{\text{de}(-1)}\right) \\
& \text{s.t.}\quad y_{q,j}^{\text{gt}} \geqslant 0, y_{q,j}^{\text{de}} \geqslant 0, \forall j \in \mathcal{J}, q \in \mathcal{Q}
\end{aligned} \tag{6-15}
$$

为了引导 MNO 和 AP 出价，定义如下定价规则

$$
Z_p\left(x_p^{\text{gt}}\right) = \sum_{j \in \mathcal{J}} \sum_{q \in \mathcal{Q}} x_{q,j}^{\text{gt}} \tag{6-16}
$$

$$
Z_p'\left(x_p^{\text{de}}\right) = \sum_{j \in \mathcal{J}} \sum_{q \in \mathcal{Q}} x_{q,j}^{\text{de}} \tag{6-17}
$$

$$
H_j\left(y_j^{\text{gt}}\right) = \sum_{j \in \mathcal{J}} \sum_{q \in \mathcal{Q}} \frac{\left(\delta_{j,q} - \tau_{q,j}\right)^2}{y_{j,q}^{\text{gt}}} \tag{6-18}
$$

$$
H_j'\left(y_j^{\text{de}}\right) = \sum_{j \in \mathcal{J}} \sum_{q \in \mathcal{Q}} \frac{\left(\beta_{j,q} - \mu_{q,j}\right)^2}{y_{j,q}^{\text{de}}} \tag{6-19}
$$

NAP 问题和定价规则保证了 SWO 中的社会福利最大化，首先，每个 MNO 和 AP 通过求解各自的收益优化问题找到最优出价，并将新的出价提交给控制器。然后，控制器计算新的时间变量，并利用梯度下降法更新拉格朗日乘子矩阵，执行迭代直到收敛。本地模型更新验证方案可以由数字孪生模型执行。具体来说，属于不

同 MNO 的孪生 AP 和孪生基站都可充当出价者，并与控制器迭代交互以求解 SWO 的最优解。然后，控制器将最优解转发给物理基站和物理 AP。因此，与传统边缘网络中的迭代双边拍卖相比，本节设计的基于数字孪生的迭代双边拍卖可以显著降低控制器、基站和 AP 之间的信令交互成本。

考虑一个小型的数字孪生模型构建场景，有 P=2 个 MNO，每个运营商有一个基站，J=5 个 AP 被放置在基站的不同位置，每个基站覆盖 50 个智能设备，智能设备随机分布在基站和 AP 的覆盖范围内。使用真实数据集 CIFAR10 进行合作联邦学习实验，CIFAR10 数据集被打乱并随机分配给每个智能设备，利用 CNN 作为机器学习模型进行合作联邦学习。

为了与本节提出的基于迭代双边拍卖的合作联邦学习和局部模型更新验证联合优化方案比较，考虑另外两种对比方案：没有 DAG 的迭代双边拍卖（以下简称为 IDA-woDAG），其中局部模型训练结果和局部模型更新质量不通过 DAG[42]进行验证；随机选择方案，MNO 随机选择 AP 参与合作联邦学习，并给合作训练分配固定单价。实验证明，与对比方案相比，本节提出的方案可以提供最小的训练损失和最大的训练准确率。因为每个基站可以根据其不同的学习时间需求获得所有 AP 的协作。同时，在每轮全局训练中的局部模型更新都经过模型更新链的验证。在 IDA-woDAG 方案中，AP 有可能是恶意协作节点，其协作训练的参数质量不能得到保证，因此联邦学习的性能较低。在随机选择方案中，AP 是随机选择的，不考虑其能够提供的训练时间和模型质量，基站按照指定的单价激励 AP 参与合作联邦学习，因此随机选择方案的性能最差。

6.4.4 基于联邦学习的工业物联网资源管理

6G 网络集成通信和计算功能，采用先进的人工智能技术，向海量异构物联网，如自动驾驶、虚拟现实、智能工厂、智能农业等提供服务。联邦学习作为一种新兴的分布式机器学习方法，能够满足 6G 网络的隐私保护和低时延需求。因此联邦学习有望应用于工业物联网场景中来训练机器学习模型[43]。然而工业物联网场景中存在资源可用性较低的问题，例如较低的计算能力、有限的带宽和电池寿命。并且，设备能力的异构属性导致设备间的性能差距明显。但现有关于工业物联网联邦学习的研究大多未考虑电池能量有限等问题，导致联邦学习不能很好地适用于工业物联网场景。

物联网中充电设备和电池供电设备均存在，若基于电池供电设备进行联邦学习，则不考虑能量调度可能导致部分设备电池能量耗尽而离线，降低系统性能。此外，减少能量的无用耗散也是电池能量管理的重要部分。联邦学习每轮训练时延由最慢的设备决定，无用的等待时间将对设备的电池寿命造成巨大压力，因此将设备时延调整至接近训练时延可以减少能量的无用耗散。联邦学习有多个优化方向，如时间、成本和精度等，难以同时兼顾，因此对联邦学习进行优化时需要权衡考量多个性能指标。

针对工业物联网场景下联邦学习网络电池能量和无线资源有限的问题，本节提出一种资源管理算法，考虑电池供电和无线传输对联邦学习性能的影响，对设备资源、通信资源以及电池能量进行联合优化管理，提高固定训练时间下联邦学习的模型精度。将长期优化问题转为实时优化问题，构建在线能量分配策略，权衡设备传输和计算能量分配，引入学习效率概念，得到能耗预算下学习效率最大化的通信资源分配策略，并调整 CPU 频率以节约能量。

本节算法所考虑的工业物联网场景下的联邦学习模型如图 6-43 所示，含有 U 个设备和一个服务器。设备与服务器间通过无线信道进行上下行通信。

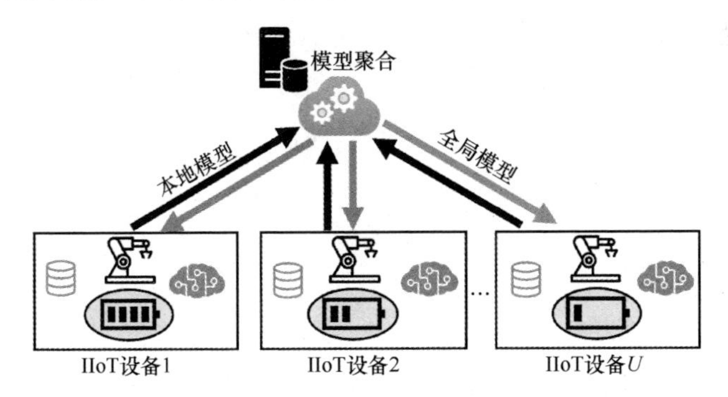

图 6-43　电池供电工业物联网场景下的联邦学习模型

（1）无线通信模型

由于所有本地模型都是通过无线网络传输的，因此在无线网络上部署联邦学习模型，需要考虑无线因素对联邦学习性能的影响。下面，分别从发送时延、能耗、传输成功率等方面构建无线通信模型。

① 发送时延。在所考虑的联邦学习系统下，上行链路传输采用 OFDMA 技术。设备 i 在第 t 轮训练将其本地联邦学习模型参数通过资源块 n 传输到基站，其上行链路速率为

$$c_{i,n,t}^{\mathrm{Up}} = B^{\mathrm{Up}}\,\mathrm{lb}\left(1+\frac{P_{i,t}h_i}{I_n + B^{\mathrm{Up}}N_0}\right) \tag{6-20}$$

根据资源块分配方案，设备 i 第 t 轮训练上行链路速率为

$$c_{i,t}^{\mathrm{Up}} = \sum_{n=1}^{R} r_{i,n,t} c_{i,n,t}^{\mathrm{Up}} \tag{6-21}$$

对应设备 i 第 t 轮训练通过资源块 n 的上行链路传输时延为

$$T_{i,n,t}^{\mathrm{Up}} = \frac{D(\boldsymbol{w}_i)}{c_{i,n,t}^{\mathrm{Up}}} \tag{6-22}$$

同样地，设备 i 第 t 轮训练传输时延为

$$T_{i,t}^{\mathrm{Up}} = \sum_{n=1}^{R} r_{i,n,t} T_{i,n,t}^{\mathrm{Up}} \tag{6-23}$$

由于在上行链路中设备分配资源块传输，带宽资源紧张，而下行链路使用广播传输，带宽资源压力小，因此下行时延波动相对上行可忽略。定义 c^{Down} 为下行链路速率，则下行链路传输时延为

$$T^{\mathrm{Down}} = \frac{D(\boldsymbol{g})}{c^{\mathrm{Down}}} \tag{6-24}$$

设备在本地使用其计算资源训练本地模型，设备 i 第 t 轮训练的计算时延为

$$T_{i,t}^{\mathrm{Comp}} = \frac{\varepsilon_i K_i \varpi_i}{f_{i,t}} \tag{6-25}$$

结合上行链路传输时延、下行链路传输时延和计算时延这 3 种时延，设备 i 第 t 轮训练的总时延大小为

$$T_{i,t} = T_{i,t}^{\mathrm{Up}} + T_{i,t}^{\mathrm{Comp}} + T^{\mathrm{Down}} \tag{6-26}$$

联邦学习每轮训练时延取决于被选择设备的最大时延，因此第 t 轮训练的总时

延为

$$T_t = \max_i \left(T_{i,t}^{\text{Up}} + T_{i,t}^{\text{Comp}} \right) + T^{\text{Down}} \tag{6-27}$$

②能耗。设备能耗包括设备的训练以及传输能耗，设备的能量损耗[44]定义为

$$E_{i,t} = \delta_i \varpi_i f_{i,t}^2 \varepsilon_i K_i + P_{i,t} T_{i,t}^{\text{Up}} \tag{6-28}$$

③传输成功率。由于无线信道中存在干扰和噪声，因此可能发生传输错误。文献[45]中给出了传输错误对学习性能的影响，因此定义设备 i 第 t 轮训练在资源块 n 下的分组错误率为

$$\text{Error}_{i,n,t} = 1 - \exp\left(\frac{-m(I_n + B^{\text{Up}} N_0)}{P_{i,t} h_i} \right) \tag{6-29}$$

其中，假设上行链路中一个本地模型使用一个数据分组进行传输。

设备 i 第 t 轮传输本地模型的成功率为

$$q_{i,t} = \exp\left(\frac{-m\left(I_n + B^{\text{Up}} N_0\right)}{P_{i,t} h_i} \right) \tag{6-30}$$

根据传输成功率定义模型是否发送成功的二元变量为

$$s_{i,t} = \begin{cases} 1, & p = q_{i,t}^{\text{Up}} \\ 0, & p = 1 - q_{i,t}^{\text{Up}} \end{cases} \tag{6-31}$$

（2）联邦学习模型

定义设备集合 $\mathcal{I} = \{1,2,\cdots,U\}$，设备 i 在本地收集的数据表示为 $\boldsymbol{D}_i = \{\boldsymbol{d}_{i1}, \boldsymbol{d}_{i2}, \cdots, \boldsymbol{d}_{iK_i}\}, i \in \mathcal{I}$。带宽资源为由 M 个资源块组成资源块集合 $\mathcal{N}$，定义设备 i 的数据数量为 K_i。设备训练样本数量和为

$$K = \sum_{i=1}^{U} K_i \tag{6-32}$$

假设数据 $\boldsymbol{d}_{ik}$ 的输出为 $\boldsymbol{o}_{ik}$，设备 i 的输出向量为 $\boldsymbol{O}_i = \{\boldsymbol{o}_{i1}, \boldsymbol{o}_{i2}, \cdots, \boldsymbol{o}_{iK_i}\}, i \in \mathcal{I}$，对应的本地联邦学习模型为 $\boldsymbol{w}_i$，通过无线信道发送给服务器。本地模型发送到服务器后将被整合成全局联邦模型 $\boldsymbol{g}_t$，然后返回工业物联网设备。因此考虑设备选择和发送

失败的全局联邦模型 $\boldsymbol{g}_t$ 的更新表达式为

$$\boldsymbol{g}_t = \frac{\sum_{i=1}^{U} K_i a_{i,t} s_{i,t} \boldsymbol{w}_{i,t}}{\sum_{i=1}^{U} K_i a_{i,t} s_{i,t}} \tag{6-33}$$

定义每个数据的损失函数为 $f(\boldsymbol{g}_t, \boldsymbol{d}_{ik}, \boldsymbol{o}_{ik})$，因此设备 i 的本地损失函数定义为

$$F_i(\boldsymbol{g}_t) = \frac{\sum_{k=1}^{K_i} f(\boldsymbol{g}_t, \boldsymbol{d}_{ik}, \boldsymbol{o}_{ik})}{K_i} \tag{6-34}$$

全部设备的整体损失函数定义为

$$F(\boldsymbol{g}_t) = \frac{\sum_{i=1}^{U}\sum_{k=1}^{K_i} f(\boldsymbol{g}_t, \boldsymbol{d}_{ik}, \boldsymbol{o}_{ik})}{K} \tag{6-35}$$

为简便起见，后文中将设备 i 第 t 轮训练的第 k 个数据的损失函数 $f(\boldsymbol{g}_t, \boldsymbol{d}_{ik}, \boldsymbol{o}_{ik})$ 简写为 $f_{i,k}(\boldsymbol{g}_t)$。

设备收到全局模型 $\boldsymbol{g}_t$ 后的本地模型更新式为

$$\boldsymbol{w}_{i,t+1} = \boldsymbol{g}_t - \lambda \nabla F_i(\boldsymbol{g}_t) \tag{6-36}$$

全局联邦模型损失函数的更新式为

$$\boldsymbol{g}_{t+1} = \boldsymbol{g}_t - \lambda\left(\nabla F(\boldsymbol{g}_t) - \boldsymbol{v}_t\right) \tag{6-37}$$

理想全局范数和实际全局梯度之差 $\boldsymbol{v}_t$ 为

$$\boldsymbol{v}_t = \nabla F(\boldsymbol{g}_t) - \nabla F'(\boldsymbol{g}_t) \tag{6-38}$$

其中，实际全局模型梯度 $\nabla F'(\boldsymbol{g}_t)$ 为

$$\nabla F'(\boldsymbol{g}_t) = \frac{\sum_{i=1}^{U} K_i a_i s_{i,t} \nabla F_i(\boldsymbol{g}_t)}{\sum_{i=1}^{U} K_i a_i s_{i,t}} \tag{6-39}$$

（3）问题模型

针对电量有限设备在固定训练时间 τ 内获得最大学习精度的优化问题，由于学习精度最大可转化为全局联邦模型损失值最小，因此优化目标可表示为

$$\mathrm{P1:} \min F(\boldsymbol{g}_W) \tag{6-40}$$

其中，设备电池能量限制条件为 $\sum_{t=0}^{W} e_{i,t} \leqslant E_i, \forall i \in \mathcal{I}$，$E_i$ 为电池总能量；W 为训练时间 τ 内的最大训练轮次。

问题 P1 表示在给定能耗预算下、训练时间内最小化全局损失函数。由于设备为电池供电，因此存在长期资源预算限制，如果设备能量耗尽将无法参与后续训练。为求解 P1，需要知道最大训练轮次 W，然而训练轮次 W 在训练前难以确定，且 P1 是一个非线性规划问题，求解复杂度随着轮次 W 的增大呈指数级增长。此外，时延 $T_{i,t}$ 和发送状态 $s_{i,t}$ 随着训练轮次 t 的变化而变化。并且由于联邦学习的迭代性质，全局模型与过去所有轮次的训练均有关。综上所述，问题 P1 难以在有限时间内完成最优化。为降低问题复杂度，本节以学习效率为度量指标把原始优化问题转化为实时性优化问题，目的在于加速联邦学习训练，快速最小化全局损失函数。

学习效率被定义为每轮全局损失衰减与时延之比，其中第 t 轮全局损失衰减被定义为第 t−1 轮训练全局联邦模型 $\boldsymbol{g}_{t-1}$ 损失值 $F(\boldsymbol{g}_{t-1})$ 与第 t 轮损失值 $F(\boldsymbol{g}_t)$ 之差。第 t 轮全局衰减表示为

$$\Delta F_t = F(\boldsymbol{g}_{t-1}) - F(\boldsymbol{g}_t) \tag{6-41}$$

其中，第 0 轮全局衰减为随机初始化的全局模型 $\boldsymbol{g}$ 的损失值 $F(\boldsymbol{g})$ 与第 0 轮损失值 $F(\boldsymbol{g}_0)$ 之差。

根据学习效率定义，第 t 轮训练学习效率为

$$A_t = \frac{\Delta F_t}{T_t} \tag{6-42}$$

本节算法通过每轮独立迭代优化，实时求解第 t 轮学习效率 A_t 最大化问题。根据学习效率的定义，结合训练约束条件，优化问题 P1 可转化为

$$
\begin{aligned}
\text{P2:}\quad & \max_{\boldsymbol{R}_t,\boldsymbol{P}_t,\boldsymbol{f}_t,\boldsymbol{E}_t} \frac{F(\boldsymbol{g}_{t-1})-F(\boldsymbol{g}_t)}{\max\limits_i\left(T_{i,t}^{\text{Up}}+T_{i,t}^{\text{Comp}}\right)+T^{\text{Down}}} \\
& \text{s. t. } a_{i,t}, r_{i,n,t} \in (0,1), \forall i \in \mathcal{I}, n \in \mathcal{N} \\
& \sum_{n=1}^{M} r_{i,n,t} = a_{i,t}, \forall i \in \mathcal{I} \\
& \sum_{i=1}^{U} r_{i,n,t} \leqslant 1, \forall n \in \mathcal{N} \\
& 0 \leqslant P_{i,t} \leqslant P_{\max}, \forall i \in \mathcal{I} \\
& f_{i,\min} \leqslant f_{i,t} \leqslant f_{i,\max}, \forall i \in \mathcal{I} \\
& e_{i,t} \leqslant E_{i,t}, \forall i \in \mathcal{I}
\end{aligned} \tag{6-43}
$$

其中，设备总能耗满足$\sum_{t=0}^{W} e_{i,t} \leqslant E_i, \forall i \in \mathcal{I}$，$E_i$为电池总能量。问题 P2 表示通过联合优化第 t 轮通信资源分配矩阵$\boldsymbol{R}_t$、设备发送功率向量$\boldsymbol{P}_t$、CPU 频率向量$\boldsymbol{f}_t$和能耗预算分配向量$\boldsymbol{E}_t$，实现最大化学习效率A_t。前 3 个子式约束每个设备只能占用一个资源块进行上行数据传输，后 3 个子式分别约束最大发射功率、CPU 频率以及最大训练能耗。

本节算法求解的核心思想是将问题 P2 解耦为 3 个子问题：电池能量分配子问题、设备资源分配子问题、通信资源分配子问题。首先，在已知能耗预算下最优 CPU 频率和发射功率的情况下，求解设备资源分配策略。其次，在已知设备资源分配策略的情况下，求解通信资源分配策略。再次，根据通信资源分配策略估计下一轮设备电池能量分配策略。最后，进行多次迭代优化直至训练时间τ结束。

仿真实验表明，与随机调度算法、最大衰减算法以及最小时延算法 3 种基准算法对比，本节算法能提高模型学习精度。在能量短缺的情况下，学习性能优势显著；在训练时间较小的场景下，学习性能优势较明显。

6.4.5 混合联邦与中心化的半联邦学习框架

6G 无线网络框架中，边缘 AI 为实现智能互联[46]的概念提供了关键潜能。联邦学习（Federated Learning，FL）允许多个边缘设备协同训练一个共享模型[47]，可以有效地突破传输成本的限制，并在一定程度上解决隐私问题。然而在基于蜂窝网络的联邦学习本地训练过程中，基站端通常处于闲置状态，造成了基站计算资源的浪费[48]。为了充分利用基站的计算能力，从而提升联邦学习性能，本节提出了一种更通用、更高效的半联邦学习框架，通过将本地设备的梯度更新和训练样本同时发送给基站进行全局模型计算，实现在基站进行中心化学习（Centralized Learning，CL）的同时协调各边缘设备进行联邦学习。

在这个混合的 FL-CL 半联邦学习框架中，所有设备同时将本地梯度和训练样本上传到基站，以实现更好的收敛效果。为了提高频谱效率，用户侧的训练样本和本地梯度将在相同的时频资源上传输，基站端采用 CL 对训练样本进行解码，同时将 FL 获得的本地梯度聚集在空中[49-51]，利用本地和分布式计算得到的梯度更新全局模型，使该 SemiFL 框架可以很好地适用于隐私问题出现次数较少的场景。采用非正交传输方案，通过多址信道将设备的梯度信息和原始数据发送到基站，从而解决频谱稀缺问题；在发射功率、通信时延和计算失真的约束下，提出了一个非凸收发器设计问题以最小化边界，推导了 SemiFL 框架的收敛上界，描述了无线通信因素对 SemiFL 性能的影响。

本节考虑 SemiFL 系统由一个采用 N_r 根天线的基站和 K 个采用单天线的设备组成，其系统架构如图 6-44 所示，单天线设备编号 $\mathcal{K}=\{1,2,\cdots,K\}$。系统共经历 T 轮通信，每轮通信持续 T_c 个时间单位。令 D_k 表示第 k 个设备的数据集，其中包含 $N_k=|\mathcal{D}_k|$ 个样本。所有设备通过最小化总数据集 $\mathcal{D}=\bigcup_k \mathcal{D}_k$ 上的全局损失函数 $F(\boldsymbol{w})$ 来协同训练一个共享的全局模型

$$F(\boldsymbol{w})=\frac{1}{N}\sum_{k=1}^{K}\sum_{n\in\mathcal{D}_k} f(\boldsymbol{w};\boldsymbol{x}_{k,n},\boldsymbol{y}_{k,n}) \tag{6-44}$$

其中，$\boldsymbol{w}\in\mathbb{R}^Q$ 是共享的全局模型，$\boldsymbol{x}_{k,n}$ 和 $\boldsymbol{y}_{k,n}$ 分别是训练样本的特征向量和标注向量，$f(\boldsymbol{w};\boldsymbol{x}_{k,n},\boldsymbol{y}_{k,n})$ 是样本损失函数，$N=\sum_{k=1}^{K}N_k$ 是训练样本的总数。

在第 t 轮通信中，设备 k 训练样本 $\mathcal{D}_{f,k}$ 计算本地梯度 $\boldsymbol{g}_{t,k}^{f}\in\mathbb{R}^Q$

$$\boldsymbol{g}_{t,k}^{f}=\frac{1}{N_{f,k}}\sum_{n\in\mathcal{D}_{f,k}}\boldsymbol{g}_{t,k,n},\ \forall k\in\mathcal{K} \tag{6-45}$$

其中，$\boldsymbol{g}_{t,k,n}$ 是对应训练样本的梯度，$N_{f,k}=|\mathcal{D}_{f,k}|$。在隐私问题较少的场景中，设备 k 将 $N_{c,k}$ 个未经训练的样本（用 $\mathcal{D}_{c,k}$ 表示）传输到基站以供 CL 使用。由于计算

和通信资源有限，$N_{f,k}+N_{c,k}\ll N_k$。为了提高频谱效率，系统将本地梯度和训练样本在相同的时频资源中传输，并对发射信号进行双重预处理。

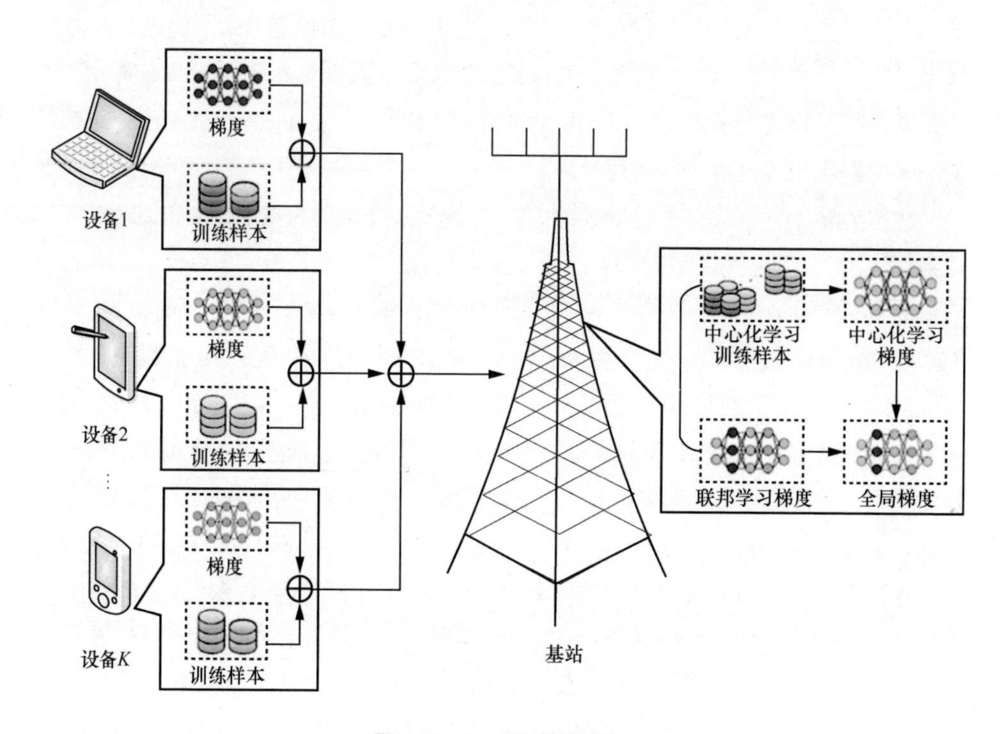

图 6-44　SemiFL 系统架构

一方面，本地梯度 $\boldsymbol{g}_{t,k}^{f}$ 需要标准化。标准化过程总结如下：首先，设备 k 发送 $\frac{1}{Q}\sum_{q=1}^{Q}g_{t,k,q}^{f}$ 和 $\frac{1}{Q}\sum_{q=1}^{Q}(g_{t,k,q}^{f})^2$ 到基站，其中，$g_{t,k,q}^{f}$ 是本地梯度 $\boldsymbol{g}_{t,k}^{f}$ 的第 q 项；然后，基站计算全局均值 $\overline{g}_t=\frac{1}{K}\sum_{k=1}^{K}\left(\frac{1}{Q}\sum_{q=1}^{Q}g_{t,k,q}^{f}\right)$ 和方差 $\sigma_t^2=\frac{1}{K}\sum_{k=1}^{K}\left[\frac{1}{Q}\sum_{q=1}^{Q}\left(g_{t,k,q}^{f}\right)^2\right]-\overline{g}_t^2$；最后，基站将 $\overline{g}_t$ 和 σ_t^2 传播到设备。标准化本地梯度的过程为

$$\tilde{g}_{t,k,q}^{f}=\frac{g_{t,k,q}^{f}-\overline{g}_t}{\sigma_t}, q=1,2,\cdots,Q, \forall k\in\mathcal{K} \tag{6-46}$$

其中，$\tilde{g}_{t,k,q}^{f}$ 是标准化梯度 $\tilde{\boldsymbol{g}}_{t,k}^{f}$ 的第 q 项，具有零均值和单位方差。设备 k 将本地梯

度的信号向量构造为 $\boldsymbol{s}_{t,k}=\frac{N_{f,k}}{N_f}\tilde{\boldsymbol{g}}_{t,k}^{f}$，其中 $N_f=\sum_{k=1}^{K}N_{f,k}$。

另一方面，$\mathcal{D}_{c,k}$ 的每个训练样本的大小为 m bit，设备 k 采用适当的调制方案如自适应正交幅度调制[9]等将训练样本 $N_{c,k}$ 调制并标准化为信号向量 $\boldsymbol{d}_{t,k}\in\mathbb{R}^{Q}$。$\boldsymbol{d}_{t,k}$ 的任意项具有零均值和单位方差。$\boldsymbol{s}_{t,k}$ 和 $\boldsymbol{d}_{t,k}$ 的分量被认为是相互独立的，即 $\mathrm{E}[s_{t,k,q}d_{t,k,q}]=0, q=1,2,\cdots,Q, \forall k\in\mathcal{K}$。每轮通信平均分成 Q 个时隙，在第 q 个时隙中，设备使用相同的时频资源发送 $s_{t,k,q}$ 和 $d_{t,k,q}$ 至基站。

在基站端，t 轮通信在时隙 q 内接收到的叠加信号为

$$\boldsymbol{y}_{t,q}=\underbrace{\sum_{k=1}^{K}p_{t,f,k}\boldsymbol{h}_{t,k}s_{t,k,q}}_{\text{本地梯度}}+\underbrace{\sum_{k=1}^{K}p_{t,c,k}\boldsymbol{h}_{t,k}d_{t,k,q}}_{\text{训练样本}}+\underbrace{\boldsymbol{n}_{t,q}}_{\text{噪声}} \tag{6-47}$$

其中，$p_{t,f,k}\in\mathcal{C}$ 和 $p_{t,c,k}\in\mathcal{C}$ 分别表示本地梯度和训练样本的发射功率分配，$\boldsymbol{n}_{t,q}\in\mathcal{C}^{N_r}$ 表示服从分布 $\mathcal{CN}(0,\sigma^2\boldsymbol{I}_{N_r})$ 的加性白高斯噪声，$\boldsymbol{h}_{t,k}\in\mathcal{C}^{N_r}$ 表示从设备 k 到基站端的莱斯信道增益。考虑块衰落信道场景，$\boldsymbol{h}_{t,k}$ 在每轮通信中保持不变，但在各轮次之间独立变化。本节假设系统中设备知晓完整的信道状态信息，接收到叠加信号后，系统将分为两个步骤进行数据处理。

首先，基站对叠加信号中上传的训练样本进行解码，利用这些样本计算出 CL 梯度。然后，基站为每个设备分配一个波束成形器 $\{\boldsymbol{f}_{t,k}\}$ 用于并行解码训练样本。因此，在 t 轮通信的时隙 q 内，设备 k 解码的信号可表示为

$$\begin{aligned}\hat{d}_{t,k,q}=&\ p_{t,c,k}\boldsymbol{f}_{t,k}^{\mathrm{H}}\boldsymbol{h}_{t,k}d_{t,k,q}+\underbrace{\sum_{k'=1,k'\neq k}^{K}p_{t,c,k'}\boldsymbol{f}_{t,k}^{\mathrm{H}}\boldsymbol{h}_{t,k'}d_{t,k',q}}_{\text{其他训练样本干扰}}+\\&\underbrace{\sum_{k'=1}^{K}p_{t,f,k'}\boldsymbol{f}_{t,k}^{\mathrm{H}}\boldsymbol{h}_{t,k'}s_{t,k',q}}_{\text{其他本地梯度干扰}}+\underbrace{\boldsymbol{f}_{t,k}^{\mathrm{H}}\boldsymbol{n}_{t,q}}_{\text{噪声}},\forall k\in\mathcal{K}\end{aligned} \tag{6-48}$$

设备 k 的 SINR $\gamma_{t,k}$ 为

$$\gamma_{t,k}=\frac{|p_{t,c,k}\boldsymbol{f}_{t,k}^{\mathrm{H}}\boldsymbol{h}_{t,k}|^2}{\sum_{k'=1,k'\neq k}^{K}|p_{t,c,k'}\boldsymbol{f}_{t,k}^{\mathrm{H}}\boldsymbol{h}_{t,k'}|^2+\sum_{k'=1}^{K}|p_{t,f,k'}\boldsymbol{f}_{t,k}^{\mathrm{H}}\boldsymbol{h}_{t,k'}|^2+\sigma^2\|\boldsymbol{f}_{t,k}\|^2},\forall k\in\mathcal{K} \tag{6-49}$$

其中，$\|\cdot\|$ 表示 2-范数。解码后的训练样本经过 Q 个时隙后累积以重建数据集 $\{\mathcal{D}_{c,k}\}$，

并被用于计算 CL 的梯度 $\boldsymbol{g}_t^c \in \mathbb{R}^Q$。基站基于整体数据集 $\{\mathcal{D}_{c,k}\}$ 计算出一个完整的批处理梯度，表示为

$$\boldsymbol{g}_t^c = \frac{1}{N_c}\sum_{k=1}^{K}\sum_{n\in\mathcal{D}_{c,k}} \boldsymbol{g}_{t,k,n} \tag{6-50}$$

其中，$N_c = \sum_{k=1}^{K} N_{c,k}$ 是 CL 训练样本的数量。

然后，通过去除训练样本的信号分量，基站使用另一个波束成形器 $\boldsymbol{b}_t$ 使本地梯度聚集在空中，可表示为

$$\hat{s}_{t,q} = \underbrace{\sum_{k=1}^{K} p_{t,f,k}\boldsymbol{b}_t^{\mathrm{H}}\boldsymbol{h}_{t,k}s_{t,k,q}}_{\text{聚合梯度}} + \underbrace{\boldsymbol{b}_t^{\mathrm{H}}\boldsymbol{n}_{t,q}}_{\text{噪声}} \tag{6-51}$$

本节使用均方误差（Mean Square Error，MSE）衡量信号失真情况，对于信号 $s_{t,q} = \sum_{k=1}^{K} s_{t,k,q}$ 和 $\hat{s}_{t,q}$，有

$$\mathrm{MSE}_t = \sum_{k=1}^{K}\frac{N_{f,k}^2}{N_f^2}\left|p_{t,f,k}\boldsymbol{b}_t^{\mathrm{H}}\boldsymbol{h}_{t,k} - 1\right|^2 + \|\boldsymbol{b}_t\|^2\sigma^2 \tag{6-52}$$

梯度聚集之后，基站对 $\hat{s}_{t,q}$ 进行非标准化以估测聚合梯度的第 q 项

$$\hat{g}_{t,q}^f = \sigma_t\hat{s}_{t,q} + \bar{g}_t, q = 1,\cdots,Q \tag{6-53}$$

由此第 t 轮的聚合梯度可以被重建为 $\hat{\boldsymbol{g}}_t^f = [\hat{g}_{t,1}^f,\cdots,\hat{g}_{t,Q}^f]^{\mathrm{T}}$。

最后，第 $t+1$ 轮的全局模型 $\boldsymbol{w}_{t+1}$ 更新为

$$\boldsymbol{w}_{t+1} = \boldsymbol{w}_t - \eta\hat{\boldsymbol{g}}_t \tag{6-54}$$

其中，η 为学习率，全局梯度 $\hat{\boldsymbol{g}}_t$ 为

$$\hat{\boldsymbol{g}}_t = \frac{N_f}{N_f + N_c}\hat{\boldsymbol{g}}_t^f + \frac{N_c}{N_f + N_c}\boldsymbol{g}_t^c \tag{6-55}$$

（1）收敛性分析

为充分研究 SemiFL 的收敛性，本节引入了一些假设[52-54]。

假设 6-1 μ 的强凸性。全局损失函数 $F(\boldsymbol{w})$ 为 μ -强凸函数。对于任意 $\boldsymbol{w}$、$\boldsymbol{w}' \in \mathbb{R}^Q$，当 $\mu > 0$ 时有

$$F(\boldsymbol{w}) \geqslant F(\boldsymbol{w}') + \left(\boldsymbol{w}-\boldsymbol{w}'\right)^{\mathrm{T}} \nabla F(\boldsymbol{w}') + \frac{\mu}{2}\left\|\boldsymbol{w}-\boldsymbol{w}'\right\|^2 \tag{6-56}$$

其中，$\nabla F(\boldsymbol{w})$ 表示 $F(\boldsymbol{w})$ 对 $\boldsymbol{w}$ 求梯度。

假设 6-2　L 的光滑性。全局损失函数 $F(\boldsymbol{w})$ 是 L -光滑的。对于任意 $\boldsymbol{w}$ 、$\boldsymbol{w}' \in \mathbb{R}^Q$，当 $L>0$ 时有

$$F(\boldsymbol{w}) \leqslant F(\boldsymbol{w}') + (\boldsymbol{w}-\boldsymbol{w}')^{\mathrm{T}} \nabla F(\boldsymbol{w}') + \frac{L}{2}\left\|\boldsymbol{w}-\boldsymbol{w}'\right\|^2 \tag{6-57}$$

假设 6-3　梯度有界性。任意本地梯度 2-范数平方的期望和任何训练样本的梯度都有界于 $\{\boldsymbol{w}_t\}$。对于常数 $\xi_1 \geqslant 0$ 、$\xi_2 > 0$ 、$G^2 \geqslant 0$，有

$$\mathrm{E}\left[\left\|\boldsymbol{g}_{t,k}^{f}\right\|^2\right] \leqslant G^2, \forall k \in \mathcal{K} \tag{6-58}$$

$$\left\|\boldsymbol{g}_{t,k,n}\right\|^2 \leqslant \xi_1 + \xi_2 \left\|\nabla F(\boldsymbol{w}_t)\right\|^2, \forall k \in \mathcal{K}, \forall n \in \mathcal{N} \tag{6-59}$$

基于上述假设，SemiFL 的收敛上界可依据定理 6-1 进行计算。

定理 6-1　SemiFL 收敛上界。基于假设 6-1~假设 6-3，将学习率设置为 $\eta = \frac{1}{L}$，并且令 $\boldsymbol{w}^*$ 表示最佳的模型，T 轮通信后 SemiFL 的收敛上界可表示为

$$\begin{aligned} &\mathrm{E}\left[F(\boldsymbol{w}_{T+1}) - F(\boldsymbol{w}^*)\right] \leqslant \rho_1^T \mathrm{E}\left[F(\boldsymbol{w}_1) - F(\boldsymbol{w}^*)\right] + \\ &\rho_2 \frac{1-\rho_1^T}{1-\rho_1} + \sum_{t=1}^{T} \rho_1^{T-t} \varphi_t\left(p_{f,k}, \boldsymbol{b}\right) \end{aligned} \tag{6-60}$$

其中，

$$\varphi_t\left(\{p_{f,k}\}, \boldsymbol{b}\right) = \frac{G^2\left(4K\sum_{k=1}^{K} N_{f,k}^2 \left|1 - p_{t,f,k} \boldsymbol{b}_t^{\mathrm{H}} \boldsymbol{h}_{t,k}\right|^2 + N_f^2 \sigma^2 \left\|\boldsymbol{b}_t\right\|^2\right)}{L(N_f + N_c)^2} \tag{6-61}$$

$$\rho_1 = 1 - \frac{\mu}{L} + 4\mu\xi_2 \frac{N_f(N-N_f) + N_c(N-N_c)}{L(N_f+N_c)^2} \tag{6-62}$$

$$\rho_2 = 2\xi_1 \frac{N_f(N-N_f) + N_c(N-N_c)}{L(N_f+N_c)^2} \tag{6-63}$$

由定理 6-1 可知，SemiFL 的收敛上界受到一些无线通信相关因素的影响，例如

发射功率 $p_{t,f,k}$、接收波束成形器 $\boldsymbol{b}_t$ 等。为了加快 SemiFL 的收敛速度，在保证训练样本通信时延要求的前提下，本节通过细致设计信号收发机来最小化 SemiFL 收敛上界。

（2）问题构建

为了最大限度地减少实际损失率与最佳损失率之间的性能差距，本节提出了一个收发机设计问题，以改善 SemiFL 的收敛性。SemiFL 的收敛上界虽然受到 T 轮无线通信相关因素的影响，但是各轮之间的这些相关因素相互独立。因此，它等价于求解 T 个独立的样本轮次问题。对于问题中任意一轮，优化问题的公式为（为了简洁起见省略了下标 t）

$$\min_{p_{f,k},p_{c,k},\boldsymbol{b},\boldsymbol{f}_k} \varphi\left(p_{f,k},\boldsymbol{b}\right) \tag{6-64}$$

$$\text{s.t.}\ \frac{N_{f,k}^2}{N_f^2}\left|p_{f,k}\right|^2+\left|p_{c,k}\right|^2 \leqslant P_{\max}, \forall k\in\mathcal{K} \tag{6-65}$$

$$\frac{mN_{c,k}}{Wb_1 \operatorname{lb}(1+\frac{\gamma_k}{b_2})} \leqslant T_c, \forall k\in\mathcal{K} \tag{6-66}$$

$$\text{MSE} \leqslant \epsilon \tag{6-67}$$

其中，$P_{\max}$ 表示设备的最大发射功率，W 表示传输带宽，$0<b_1<1$ 和 $b_2>1$ 表示信道容量损失，ϵ 表示最大可容忍均方误差。约束（6-66）保证了训练样本的通信时延符合要求。目标函数和约束（6-66）、式（6-67）的非凸性导致问题（6-64）是非凸的，接下来利用一个有效的两阶段算法进行求解。

（3）模型求解

基于 $p_{f,k}$、$p_{c,k}$ 和 $\boldsymbol{f}_k$，关于 $\boldsymbol{b}$ 的子问题被简化为

$$\min_{\boldsymbol{b}}\ \boldsymbol{b}^{\mathrm{H}}\boldsymbol{A}_0\boldsymbol{b}-2\operatorname{Re}\left\{\boldsymbol{b}^{\mathrm{H}}\sum_{k=1}^{K}\frac{4KN_{f,k}^2 p_{f,k}}{(N_f+N_c)^2}\boldsymbol{h}_k\right\} \tag{6-68}$$

$$\text{s.t.}\ \boldsymbol{b}^{\mathrm{H}}\boldsymbol{A}_1\boldsymbol{b}-2\operatorname{Re}\left\{\boldsymbol{b}^{\mathrm{H}}\sum_{k=1}^{K}p_{f,k}\boldsymbol{h}_k\right\}+t-\epsilon\leqslant 0 \tag{6-69}$$

其中，$\iota = \sum_{k=1}^{K} \frac{N_{f,k}^2}{N_f^2}$，$\boldsymbol{A}_0$、$\boldsymbol{A}_1$ 分别为

$$\boldsymbol{A}_0 = \sum_{k=1}^{K} \frac{4KN_{f,k}^2 \mid p_{f,k} \mid^2}{(N_f + N_c)^2} \boldsymbol{h}_k \boldsymbol{h}_k^{\mathrm{H}} + \frac{N_f^2 \sigma^2}{(N_f + N_c)^2} \boldsymbol{I}_{N_r} \tag{6-70}$$

$$\boldsymbol{A}_1 = \sum_{k=1}^{K} \mid p_{f,k} \mid^2 \boldsymbol{h}_k \boldsymbol{h}_k^{\mathrm{H}} + \sigma^2 \boldsymbol{I}_{N_r} \tag{6-71}$$

有关于 $\boldsymbol{b}$ 的问题（6-68）是凸问题，能够通过标准工具箱（如 CVX 等）进行求解。

① 传输功率分配。基于已有的 $\boldsymbol{b}$ 和 $\boldsymbol{f}_k$，关于 $p_{f,k}$ 和 $p_{c,k}$ 的子问题可以被改写为

$$\min_{p_{f,k}, p_{c,k}} \quad 4K \sum_{k=1}^{K} \frac{N_{f,k}^2}{(N_f + N_c)^2} \left| 1 - p_{f,k} \boldsymbol{b}^{\mathrm{H}} \boldsymbol{h}_k \right|^2 \tag{6-72}$$

$$\text{s.t. 式（6-65), 式（6-67）}$$

由于约束（6-66）中有不定 Hessian 矩阵，因此问题（6-72）是非凸的。

由于问题（6-72）独立于 $p_{c,k}$ 的角度，并且有 $\mathrm{Re}\{p_{f,k} \boldsymbol{b}^{\mathrm{H}} \boldsymbol{h}_k\} \leqslant \mid p_{f,k} \mid\mid \boldsymbol{b}^{\mathrm{H}} \boldsymbol{h}_k \mid$，因此对于 $\forall k \in \mathcal{K}$，$p_{f,k}$ 的角度可被计算为 $\angle p_{f,k} = -\angle(\boldsymbol{b}^{\mathrm{H}} \boldsymbol{h}_k)$，$p_{c,k}$ 的角度则有 $\angle p_{c,k} = 0^\circ$。基于上述角度计算，对于 $\forall k \in \mathcal{K}$，可用 $\alpha_k = \mid p_{f,k} \mid$ 和 $\beta_k = \mid p_{c,k} \mid^2$ 进行变量替换。因此，问题（6-72）可以凸优化为

$$\min_{\alpha_k \geqslant 0, \beta_k \geqslant 0} \quad 4K \sum_{k=1}^{K} \frac{N_{f,k}^2}{(N_f + N_c)^2} \left(1 - \alpha_k \mid \boldsymbol{b}^{\mathrm{H}} \boldsymbol{h}_k \mid\right)^2 \tag{6-73}$$

$$\text{s.t.} \quad \alpha_k^2 + \beta_k - P_{\max} \leqslant 0, \forall k \in \mathcal{K} \tag{6-74}$$

$$\begin{aligned} &-\beta_k \left| \boldsymbol{f}_k^{\mathrm{H}} \boldsymbol{h}_k \right|^2 + \gamma_{\min,k} \left(\sum_{k'=1}^{K} \frac{N_{f,k}^2}{N_f^2} \alpha_{k'}^2 \mid \boldsymbol{f}_k^{\mathrm{H}} \boldsymbol{h}_{k'} \mid^2 + \right. \\ &\left. \sum_{k'=1, k' \neq k}^{K} \beta_{k'} \mid \boldsymbol{f}_k^{\mathrm{H}} \boldsymbol{h}_{k'} \mid^2 \right) + \sigma^2 \left\| \boldsymbol{f}_k \right\|^2 \leqslant 0, \forall k \in \mathcal{K} \end{aligned} \tag{6-75}$$

$$\sum_{k=1}^{K}\frac{N_{f,k}^2}{N_f^2}\left(1-\alpha_k\,|\,\boldsymbol{b}^{\mathrm{H}}\boldsymbol{h}_k\,|\right)^2+\|\boldsymbol{b}\|^2\sigma^2-\epsilon\leqslant 0 \tag{6-76}$$

其中，$\gamma_{\min,k}=b_2\left(2^{\frac{mN_{c,k}}{b_1WT_c}}-1\right),\forall k\in\mathcal{K}$。由于问题（6-73）是凸问题，同样可以通过 CVX 工具箱求解。

② 接收波束成形器进行解码。基于已有的$\boldsymbol{b}$、$p_{f,k}$和$p_{c,k}$，问题（6-64）被简化为关于$\boldsymbol{f}_k$的可行性子问题。考虑到设备之间的独立性，子问题被分解成K个可行性问题。对于设备k，子问题可被改写为寻找满足约束条件的$\boldsymbol{f}_k$

$$\text{find }\boldsymbol{f}_k \tag{6-77}$$

$$\text{s.t. }\boldsymbol{f}_k^{\mathrm{H}}\boldsymbol{A}_{2,k}\boldsymbol{f}_k\leqslant 0 \tag{6-78}$$

其中，$\boldsymbol{A}_{2,k}$被定义为

$$\begin{aligned}\boldsymbol{A}_{2,k}=&-|\,p_{c,k}\,|^2\,\boldsymbol{h}_k\boldsymbol{h}_k^{\mathrm{H}}+\gamma_{\min,k}\left(\sum_{k'=1,k'\neq k}^{K}|\,p_{c,k'}\,|^2\,\boldsymbol{h}_{k'}\boldsymbol{h}_{k'}^{\mathrm{H}}+\right.\\&\left.\sum_{k'=1}^{K}\frac{N_{f,k'}^2}{N_f^2}|\,p_{f,k'}\,|^2\,\boldsymbol{h}_{k'}\boldsymbol{h}_{k'}^{\mathrm{H}}+\sigma^2\boldsymbol{I}_{N_r}\right)\end{aligned} \tag{6-79}$$

与文献[55]类似，为提高设备k的数据传输速率，本节引入了一个辅助变量$\nu_k\leqslant 0$，将问题（6-77）转化为

$$\min_{\boldsymbol{f}_k,\nu_k\leqslant 0}\ \nu_k \tag{6-80}$$

$$\text{s.t. }\boldsymbol{f}_k^{\mathrm{H}}\boldsymbol{A}_{2,k}\boldsymbol{f}_k-\nu_k\leqslant 0 \tag{6-81}$$

然而由于$\boldsymbol{A}_{2,k}$为不定矩阵，问题（6-80）是非凸的。

为解决非凸问题，本节使用 SCA 方法求解，其中，$\boldsymbol{f}_k^{\mathrm{H}}\boldsymbol{A}_{2,k}\boldsymbol{f}_k$的二阶泰勒替代函数可构建成[56]

$$\begin{aligned}&g\left(\boldsymbol{f}_k\,|\,\boldsymbol{f}_k^{(n)}\right)=\\&\boldsymbol{f}_k^{\mathrm{H}}\boldsymbol{M}_k\boldsymbol{f}_k+2\mathrm{Re}\left\{\boldsymbol{f}_k^{\mathrm{H}}(\boldsymbol{A}_{2,k}-\boldsymbol{M}_k)\boldsymbol{f}_k^{(n)}\right\}+\\&\left(\boldsymbol{f}_k^{(n)}\right)^{\mathrm{H}}(\boldsymbol{M}_k-\boldsymbol{A}_{2,k})\boldsymbol{f}_k^{(n)}\end{aligned} \tag{6-82}$$

其中，$\boldsymbol{f}_k^{(n)}$表示第n次 SCA 迭代获得的值。将式（6-81）的第二项与式（6-82）一

同放在等式左边，问题（6-80）转化为凸问题，并可用 CVX 求解。转化后的问题为

$$\min_{f_k, \nu_k \leqslant 0} \quad \nu_k \tag{6-83}$$

$$\text{s.t.} \quad g(\boldsymbol{f}_k \mid \boldsymbol{f}_k^{(n)}) - \nu_k \leqslant 0 \tag{6-84}$$

使用 CVX 求解时，计算机调用标准内点方法来解决子问题。问题（6-68）和（6-73）的时间复杂度在最坏情况下分别是 $\mathcal{O}(N_1 N_r^3)$ 和 $\mathcal{O}(8N_2 K^3)$，执行 SCA 的最坏情况时间复杂度为 $\mathcal{O}(N_3 N_r^3)$[16]。其中，N_1、N_2、N_3 表示内点法的最大迭代次数。因此，本节算法的整体最坏情况时间复杂度为 $\mathcal{O}(NN_1 N_r^3 + 8NN_2 K^3 + KNN_3 N_r^3)$。

仿真实验结果表明，在相同的通信开销成本下，本节提出的 SemiFL 框架在准确度和损失率方面都优于 FL；与 CL 相比，SemiFL 框架能够通过适度的性能下降换取通信开销的大幅降低。

6.4.6　面向智能交互场景的计算卸载

随着大数据和人工智能技术的突破，未来社会形态将朝着数字化和智能化的方向转型。在这样的发展趋势下，智能交互场景越来越受到研究人员和企业技术人员的关注。智能体作为融合计算、存储、应用等核心能力的重要载体，有力地推动了边缘智能服务的实际部署。但由于其受到自主智能能力、可用能量等因素的限制，难以很好地满足 6G 网络服务的需求。对此，需要借助互联网和云计算等技术弥补智能体在计算、存储和通信等方面能力的不足，提升未来网络中多智能体的服务能力。然而针对此场景，如何有效地进行多智能体计算的卸载就成为亟待解决的问题。文献[57]针对未来网络中出现的智能体联合决策场景，提出了一种基于多智能体深度强化学习的多智能体联合网络资源调度方案。该方案充分考虑了智能体实时动作的协作运算特性，并构建了基于值分解的多智能体深度 Q 网络的计算策略决策算法，解决联合动作优化问题以减少综合考虑时延和能量消耗的系统总成本。

图 6-45 考虑由一个网关设备、M 个接入点和 N 个智能体组成的网络系统。边缘计算服务器部署于接入点和网关设备，共同构成总计算资源为 F 的边缘云。系统中共有 M 个带宽为 W 的子信道，每个接入点占用一个子信道。智能体通过时分多址接入的方式连接到接入点。为了实现智能体的自动运行，系统需要实时计算出每

个智能体的合理动作，从而在实现系统整体任务的同时保证系统的稳定性。在交互场景中，智能体的动作决策不仅依赖于智能体自身的参数数据，还需要其他部分或全部智能体 $\Omega_{i,j,t}$ 的参数数据（如智能工厂内各监测摄像头的图像监测数据和机械臂的操作姿态数据，智能农场内各农田的温度、湿度监测数据和化学指标数据），以满足协同工作的计算需求。在一个采样周期内，系统需要完成包括同步、感知、通信、计算、存储、执行的闭环流程，而本节提出的基于多智能体深度强化学习的多智能体联合网络资源调度方案主要关注感知之后到执行之前的通信和计算环节。系统中存在两类计算资源，即边缘云的计算资源和智能体的计算资源。对应智能设备 (i,j) 计算第 t 个采样周期内实时操作时有 2 种策略，$x_{i,j,t} \in \{0,1\}$。具体地，$x_{i,j,t}$=0 表示由智能设备自身计算其实时操作；$x_{i,j,t}$=1 表示由边缘云计算其实时操作。

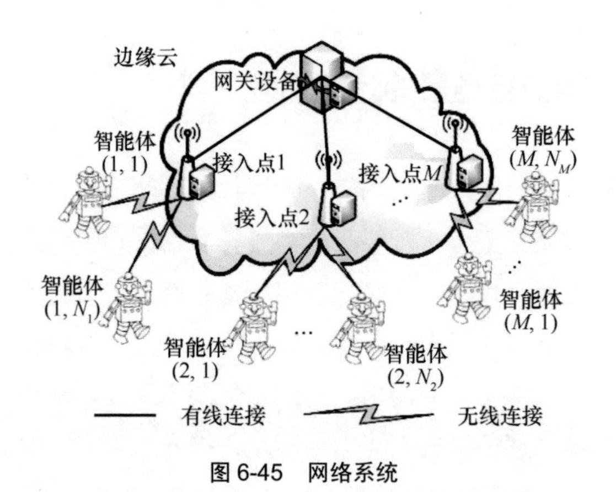

图 6-45　网络系统

由此，本节方案对智能体的动作决策全部由边缘云计算、全部由智能体计算以及智能体和边缘云联合决策 3 种情况下的时延和能耗进行了分析。具体而言，当全部智能体的实时动作由边缘云计算时，系统从智能体开始上传参数数据到获取到实时动作指令的总时延 τ_t^{E} 包括参数数据上传时延 τ_t^{U}、边缘云动作计算的时延 τ_t^{EC} 和下发全部动作指令的时延 τ_t^{ED}，相应的能耗 E_t^{E} 包括智能体发送数据的能耗 E_t^{UT}、接入点接收数据的能耗 E_t^{UR}、边缘云动作计算的能耗 E_t^{EC}、接入点发送动作指令的能耗 E_t^{EDT} 和智能体接收动作指令的能耗 E_t^{EDR}。若所有智能体的实时动作由智能体自身计算时，由于智能体自身动作决策需要其他智能体的参数信息，故总时延 τ_t^{A} 由参数

数据上传时延 τ_t^{U} 及参数转发和本地计算时延 $\tau_t^{\mathrm{AD+C}}$ 组成，相应的能耗 E_t^{A} 则包含智能体发送数据的能耗 E_t^{UT} 、接入点接收数据的能耗 E_t^{UR} 、边缘云参数数据转发能耗 E_t^{ADT} 、智能体转发参数接收能耗 E_t^{ADR} 和本地计算能耗 E_t^{AC} 5个部分。针对智能体和边缘云协作计算的情况，总时延 τ_t 由参数数据上传时延 τ_t^{U} 和获取到参数后至所有智能体获取实时动作的时间间隔 τ_t^{OI} 求和得到，此过程能耗包括参数数据上传能耗 E_t^{UT} 、接入点数据接收能耗 E_t^{UR} 、边缘云计算卸载智能体动作的能耗 E_t^{EC} 、接入点数据下发能耗 E_t^{DT} 、智能体数据接收能耗 E_t^{DR} 和未卸载智能体的本地动作计算能耗 E_t^{AC} 。

基于上述分析，文献[57]中的系统成本函数综合考虑了决策的时延和能耗两个方面，并进一步将全部由边缘云计算对应的时延 τ_t^{E} 和能量消耗 E_t^{E} 作为基准时间和能耗进行无量纲化处理。最终系统成本函数可以表示为

$$C_t(\chi_t) = \beta \frac{\tau_t(\chi_t)}{\tau_t^{\mathrm{E}}} + (1-\beta)\frac{E_t(\chi_t)}{E_t^{\mathrm{E}}} \tag{6-85}$$

其中，χ_t 表示所有智能体 (i,j) 在时刻 t 计算实时动作的策略 $x_{i,j,t} \in \{0,1\}$ 的集合，β 和 $1-\beta$ 分别表示系统对时延和能量消耗的偏好程度。以最小化系统的长期平均成本为目标，可以将优化问题规划为

$$\begin{aligned}
&\lim_{L\to+\infty} \frac{1}{L} \min_{\{\chi_1,\chi_2,\cdots,\chi_L\}} \sum_{t=1}^{L} C_t(\chi_t) \\
&\text{s.t.}\quad \mathrm{C1}: x_{i,j,t} \in \{0,1\}, \forall i \in \mathcal{M}, (i,j) \in \mathcal{N}_i, t \in \mathcal{L} \\
&\qquad\ \ \mathrm{C2}: 1 \leqslant N_i \leqslant N_{\max}, \forall i \in \mathcal{M} \\
&\qquad\ \ \mathrm{C3}: \Omega_{i,j,t} = \{(i,j), \Omega_{i,j,t} \setminus (i,j)\}, \forall i \in \mathcal{M}, (i,j) \in \mathcal{N}_i, t \in \mathcal{L}
\end{aligned} \tag{6-86}$$

其中，$\mathcal{L}=\{1,2,\cdots,T\}$ 表示采样周期索引集合，C1表示每个智能体获得实体动作只有两种策略，C2表示接入点服务的智能体数量在1和 $N_{\max}$ 之间，C3表示每个智能体的实时动作计算至少需要自身的参数数据。优化问题（6-86）是非线性0-1规划问题，是NP难的，难以采用传统的数学优化方法快速得出优化解。而强化学习采用同周围环境交互，通过环境奖励对所选动作进行优化的建模方式很好地解决此类问题。

在无线通信环境中，信道状态和任务请求的差异性会造成环境等因素的动态变

化，因此无法提前获知状态转移概率，这就需要采用无模型的强化学习方法进行处理。除此之外，当边缘云收集全部智能体信息、集中决策所有智能体获取实时动作的策略时，系统的状态空间与可选择的动作空间的维度很高，导致难以应用表格式方法。因此本节采用 DQN 解决问题。在多智能体联合学习框架的选择中，采用值函数分解的方法，将系统成本函数分解为各智能体成本函数的求和形式，对联合集中式学习和独立并行学习两种方法进行折中。

$$C_t(\chi_t)=\beta\frac{\tau_t(\chi_t)}{\tau_t^{\mathrm{E}}}+(1-\beta)\frac{E_t(\chi_t)}{E_t^{\mathrm{E}}}\approx \\ \sum_{i=1}^{M}\sum_{j=1}^{N_{\max}}\beta\frac{\tau_{i,j,t}(X_{i,j,t})}{\tau_t^{\mathrm{E}}}+(1-\beta)\frac{E_{i,j,t}(X_{i,j,t})}{E_t^{\mathrm{E}}} \tag{6-87}$$

智能体 (i,j) 在第 t 个采样周期的状态为 $s_{i,j,t}$，全部智能体在时刻 t 的状态为 $s_t\in S$，其中，S 表示状态空间，状态 $s_{i,j,t}$ 包括全部智能体在第 t 个采样周期的实时动作计算量的集合 $B_{M\times N_{\max}}^t$、全部智能体在第 t 个采样周期的参数数据量集合 $D_{M\times N_{\max}}^t$、全部智能体在第 t 个采样周期的实时动作所基于的参数数据量集合 $D_{M\times N_{\max}}^{\mathrm{BD}-t}$、全部智能体在第 t 个采样周期实时动作的动作指令数据量集合 $D_{M\times N_{\max}}^{\mathrm{R}-t}$、全部智能体在第 t 个采样周期内与其所连接的接入点之间的信道增益集合 $h_{M\times N_{\max}}^t$ 和智能体自身状态信息 $O_{i,j}^t$。系统在第 t 个采样周期所采取的策略动作为 $\boldsymbol{a}_t$，其为一个 $M\times N$ 维矩阵，表示系统中全部智能体在第 t 个采样周期的获取实时动作的策略集合。系统的奖励可以用系统成本的负值表示，即

$$r_{i,j,t}=-C_{i,j,t}(\chi_{i,j,t}) \tag{6-88}$$

由于组成系统状态 s_t 的每一部分的取值大不相同，因此在输入系统前应该进行归一化处理。在本节方案中，预测网络和目标网络均被设定为多层神经网络，归一化的系统状态经输入层进入 n_f 个全连接层进行传播，最终到达神经元数为 2 的输出层。输出的元素对应智能体 (i,j) 在当前周期采取的动作计算决策，即本地计算或卸载到边缘云。

通过对算法的仿真可以发现，本节设计的多智能体资源调度策略能够在用户较多、业务需求较大的情况下完成传统集中式策略无法完成的调度指示，系统成本函数明显减少，并且对用户数目变化具有良好的适应性。

6.5　基于智能反射表面和空中计算技术的无线网络联邦学习

6.5.1　IRS 及 AirComp 技术优势

边缘智能的实现需要边缘网络具备学习能力。边缘缓存和边缘计算是边缘网络具备学习能力的基础。边缘缓存是一种利用边缘服务器上的存储单元缓解网络数据流量的技术，该技术通过解决设备的计算时延问题，有效缓解传统“用户–服务器”架构下的高业务时延。边缘计算通过在无线接入网络中添加计算功能，在传统“云计算”与“本地计算”架构之间实现性能的平衡，扩展了网络边缘设备的可用计算资源。基于边缘缓存与边缘计算，6G 边缘网络具备了网络边缘学习能力。采用分布式学习框架的联邦学习能够在确保大数据分析的隐私性和安全性的情况下，实现各类机器学习算法在网络边缘设备与服务器之间的高效部署，是实现 6G 边缘智能的关键技术之一。然而，联邦学习使能的边缘智能在实施过程中仍面临如下问题。

①随着边缘智能在移动终端中的渗透，未来 6G 网络中将同时存在大量传统通信用户和具备无线联邦学习的智能用户。如何设计一个能同时满足这两类共存用户业务需求的通用网络成为亟待解决的问题。

②未来 6G 网络中开展无线联邦学习的智能用户的数量大。如何设计智能用户的业务性能评价指标成是需要重点关注的问题。

③部署于 6G 边缘网络的联邦学习系统大都追求高效的学习过程，但缺乏对安全性的关注。如何兼顾联邦学习的效率与安全性，并有效识别恶意边缘设备，是亟待解决的问题。

④6G 边缘网络的联邦学习在很大程度上受限于网络拓扑和边缘设备的能量预算。在复杂多变的边缘网络拓扑下实现高能效的联邦学习是需要进一步考虑的问题。

针对上述问题，通过在 6G 边缘网络中引入 IRS 及空中计算（Over-the-air Computation，AirComp）技术以支撑联邦学习使能的边缘智能。IRS 的电磁波波形的控制能力和 AirComp 的无线多址信道的波形叠加特性能够快速实现边缘学习的调度策略[58]。

IRS 通过在平面上集成大量低成本的无源反射元件，能够智能地重新配置无线传播环境，从而显著提高无线通信网络的性能。具体来说，IRS 的不同元件可以通过控制其幅度和/或相位来独立地反射入射信号，从而实现用于定向信号增强或零陷的精细三维（3D）无源波束成形[59]。IRS 通过处理秩缺陷信道和缓解同信道干扰有效提高了可实现的自由度，可用于主动控制网络环境，并改善干扰的负面影响。将 IRS 部署在 6G 边缘网络还可以提高用户在调度过程中接收的信号功率，从而实现高精度、低时延的全局模型聚合。

AirComp 技术则利用无线多址信道固有的叠加特性计算来自多个边缘节点的分布式列线函数，如算术平均值等，来实现通信与计算过程的并发融合，进而大幅缩短 6G 边缘智能业务的计算时延。AirComp 自提出以来已成为快速无线数据聚合的一种有前景的方法。在边缘设备具备良好同步机制的前提下，各个发送端首先对拟发送的数据做预处理，随后所有用户直接将处理后的数据在相同的时频资源上进行发送。接收端在该时频资源上接收叠加信号，并对该信号进行后处理，直接获得计算之后的结果。与正交传输相比，AirComp 显著提高了通信资源的利用率，如频谱效率等[60]，为 6G 边缘智能的大规模学习框架提供了强力支撑，同时也大幅降低了智能业务的计算时延。

6.5.2 基于 IRS 和 AirComp 的无线网络联邦学习资源调度策略

下面，介绍几种融合 IRS 和空中计算的无线网络联邦学习资源调度策略。

（1）IRS 统一的无线联邦学习和非正交多址接入[61]

随着边缘智能在移动终端中的逐渐渗透,6G 网络在满足传统通信用户业务需求的同时还需要考虑无线联邦学习用户的性能指标。因此如何设计同时满足以上两类用户业务需求的通用网络架构成为亟待解决的问题。本节利用 IRS 灵活调整混合用户的信号处理顺序，设计了无线联邦学习和非正交多址接入共存的通用框架，提出了一种基于 IRS 的新型网络。为了衡量无线联邦学习用户的性能，本节定义了一种类似于非正交多址接入用户的通信速率度量。本节的目标是通过优化用户的发射功率、控制基站的接收标量以及设计 IRS 的相移来最大化所有用户的混合速率。由于所有信号的计算和通信都整合到了并发传输中，因此需要解决相应的资源分配问题。该资源分配问题是非凸优化问题，可采用交替优化方法对其进行迭代求解，以获得较低复杂度的次优解。仿真结果表明，本节提出的 IRS 新型网络能够有效地支持按需通信和计算。此外，本节设计的算法也适用于只有无线联邦学习或者非正交多址接入用户的传统网络。

系统模型由一个单天线基站、I 个混合用户和一个具有 M 个反射单元的 IRS 组成，如图 6-46 所示。集合 $\mathcal{I}=\{1,2,\cdots,K,K+1,K+2,\cdots,K+N\}$ 表示混合用户，集合 $\mathcal{K}=\{1,2,\cdots,K\}$ 和 $\mathcal{N}=\{K+1,K+2,\cdots,K+N\}$ 分别表示无线联邦学习（AirFL）用户和 NOMA 用户，$\boldsymbol{\Theta}=\mathrm{diag}(\mathrm{e}^{\mathrm{j}\theta_1},\mathrm{e}^{\mathrm{j}\theta_2},\cdots,\mathrm{e}^{\mathrm{j}\theta_M})$ 表示 IRS 的对角反射矩阵，其中 $\theta_m\in[0,2\pi)$ 表示第 m 个反射单元的相移[62]。

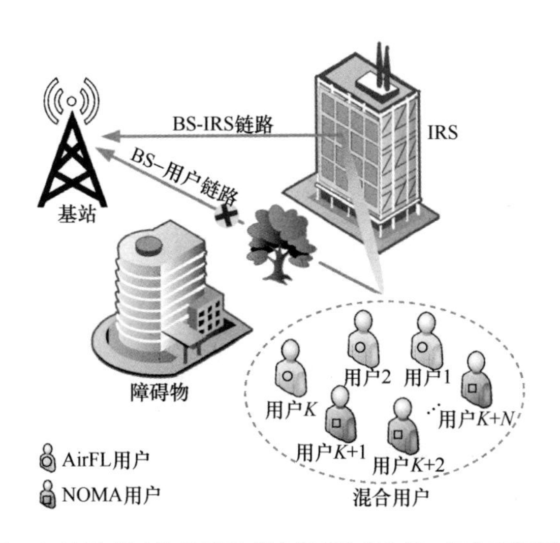

图 6-46　由 AirFL 用户和 NOMA 用户组成的 IRS 统一混合网络系统模型

IRS 到基站和混合用户的距离表示为 $d_i,\forall i\in\{0\}\cup\mathcal{I}$，其中 $i=0$ 表示基站，$i\in\mathcal{I}$ 表示混合用户。第 i 个节点（用户或基站）的大尺度衰落为 $L_i=\varsigma_0(d_i)^{-\alpha},\forall i\in\{0\}\cup\mathcal{I}$，其中 ς_0 为参考距离为 1 m 的路径损耗，$a\geqslant 2$ 为路径损耗指数。第 i 个 IRS 用户到基站的组合信道系数[63]为

$$\overline{h}_i=\sqrt{L_0L_i}\boldsymbol{g}^{\mathrm{H}}\boldsymbol{\Theta}\boldsymbol{h}_i=\varsigma_0\sqrt{(d_0d_i)^{-\alpha}}\boldsymbol{v}^{\mathrm{H}}\boldsymbol{\Phi}_i,\forall i\in\mathcal{I}\tag{6-89}$$

其中，$\boldsymbol{\Phi}_i = \mathrm{diag}(\boldsymbol{g}^{\mathrm{H}})\boldsymbol{h}_i$，$\boldsymbol{v} = \left[\mathrm{e}^{\mathrm{j}\theta_1}, \mathrm{e}^{\mathrm{j}\theta_2}, \cdots, \mathrm{e}^{\mathrm{j}\theta_M}\right]^{\mathrm{H}}$。在非正交时频资源上基站同时服务 AirFL 用户和 NOMA 用户，则基站接收到的叠加信号可以表示为

$$y = \sum_{k=1}^{K} \overline{h}_k p_k s_k + \sum_{n=K+1}^{K+N} \overline{h}_n p_n s_n + z_0 \tag{6-90}$$

其中，p_i 为第 i 个用户的发射功率，s_k 为第 k 个 AirFL 用户预处理后的本地模型发射符号，s_n 为第 n 个 NOMA 用户的信息承载符号，$z_0 \sim \mathcal{CN}(0,\sigma^2)$ 为基站的加性白高斯噪声。

通过 SIC，基站能够在执行全局模型聚合之前为 AirFL 用户消除 NOMA 用户的干扰[64]。为了更好地调整信号处理顺序，应通过优化 IRS 的相移来满足以下约束

$$P_{\max}\left|\overline{h}_k\right|^2 \leqslant P_{\max}\left|\overline{h}_n\right|^2, \forall k \in \mathcal{K}, \forall n \in \mathcal{N} \tag{6-91}$$

其中，$P_{\max}$ 是用户的最大传输功率，$P_{\max}\left|\overline{h}_i\right|^2, \forall i \in \mathcal{I}$ 是第 i 个用户的质量指标[65]。

根据所有 NOMA 用户的信道增益，可以将 NOMA 用户的索引重新标记为

$$\left|\overline{h}_{K+1}\right|^2 \leqslant \left|\overline{h}_{K+2}\right|^2 \leqslant \cdots \leqslant \left|\overline{h}_{K+N}\right|^2 \tag{6-92}$$

根据 SIC 解码顺序，第 n 个 NOMA 用户可实现的上行数据速率为

$$R_n = B\,\mathrm{lb}\left(1 + \frac{\left|p_n\right|^2\left|\overline{h}_n\right|^2}{\sum_{i=1}^{n-1}\left|p_i\right|^2\left|\overline{h}_i\right|^2 + \sigma^2}\right), \forall n \in \mathcal{N} \tag{6-93}$$

其中，B 是基站的可用带宽。因此，可以得到 NOMA 用户的总比率为 $R_{\mathrm{NOMA}} = \sum_{n=K+1}^{K+N} R_n$。

当所有来自 NOMA 用户的信号经过 SIC 解码后，基站可以得到所有 AirFL 用户的汇总信号进行模型聚合，表示为 $\hat{y} = \sum_{k=1}^{K} \overline{h}_k p_k s_k + z_0$。基站将接收到的标量 $a \in \mathcal{C}$ 应用到汇总信号 $\hat{y}$，据此可得出 AirFL 用户的重建信号为

$$\hat{s} = \frac{a}{K}\hat{y} = \frac{a}{K}\sum_{k=1}^{K} \overline{h}_k p_k s_k + \frac{a}{K} z_0 \tag{6-94}$$

其中，后处理函数 $\frac{1}{K}$ 是一种算术平均值的模型聚合运算。

与所有 AirFL 用户的预期计算结果比较，根据 $s=\frac{1}{K}\sum_{k=1}^{K}s_k$ ，得到 $\hat{s}$ 相对于 s 的聚合失真可定义为

$$\text{MSE}\left(\hat{s},s\right)=\text{E}\left(|\hat{s}-s|^2\right)=\frac{1}{K^2}\sum_{k=1}^{K}\left|a\bar{h}_k p_k-1\right|^2+\frac{|a|^2\sigma^2}{K^2} \tag{6-95}$$

其中，$\text{MSE}(\hat{s},s)$ 是 AirFL 用户所经历的干扰加噪声功率。

对于 AirFL 用户，定义噪声媒体接入控制上模型聚合的计算速率为

$$R_{\text{AirFL}}=B\text{lb}\left(1+\frac{\text{E}(|\hat{s}|^2)-\text{MSE}(\hat{s},s)}{\text{MSE}(\hat{s},s)}\right) \tag{6-96}$$

其中，$\text{E}(|\hat{s}|^2)$ 可以认为是重构信号的总接收功率。

根据式（6-93）、式（6-96）中推导出的上行数据速率和计算速率表达式，本节所考虑网络的可实现混合速率为

$$R_{\text{Hybrid}}=(1-\lambda)R_{\text{NOMA}}+\lambda R_{\text{AirFL}} \tag{6-97}$$

其中，$\lambda\in[0,1]$ 代表 NOMA 和 AirFL 用户之间性能权衡的权重参数。

基于本节所考虑的系统模型，混合速率最大化问题可表示为

$$\max_{\boldsymbol{p},a,\boldsymbol{v}}\ (1-\lambda)R_{\text{NOMA}}+\lambda R_{\text{AirFL}} \tag{6-98a}$$

$$\text{s.t.}\ \left|\bar{h}_k\right|^2\leqslant\left|\bar{h}_{K+1}\right|^2,\forall k\in\mathcal{K} \tag{6-98b}$$

$$R_n\geqslant R_{\min},\forall n\in\mathcal{N} \tag{6-98c}$$

$$\text{MSE}\left(\hat{s},s\right)\leqslant\varepsilon_0 \tag{6-98d}$$

$$\left|p_i\right|^2\leqslant P_{\max},\forall i\in\mathcal{I} \tag{6-98e}$$

$$\theta_m\in[0,2\pi),\forall m\in\mathcal{M} \tag{6-98f}$$

其中，$\boldsymbol{p}=[p_1,p_2,\cdots,p_{K+N}]^{\text{T}}$ 为发射功率矢量，$R_{\min}$ 为 NOMA 用户所需的最小通信速率，$\varepsilon_0>0$ 为 AirFL 用户允许的最大计算误差。具体而言，信道条件约束、QoS 要求、聚合误差要求、功率限制以及 IRS 相移分别在式（6-98b）~式（6-98f）中给出。由于目标函数和约束条件中多个变量的耦合，式（6-98a）是非线性且非凸的。为此，可以采用交替优化方法，对式（6-98a）进行高效求解。

给定接收标量 a 和反射矩阵 $\boldsymbol{v}$ ，AirFL 和 NOMA 用户的功率分配策略（即

$\boldsymbol{p}_{\mathrm{A}}=[p_1,p_2,\cdots,p_K]^{\mathrm{T}}$ 和 $\boldsymbol{p}_{\mathrm{N}}=[p_{K+1},p_{K+2},\cdots,p_{K+N}]^{\mathrm{T}}$）在目标式（6-98a）中是耦合的，但在约束条件中是分离的。因此，可以固定 AirFL 用户的发射功率 $\boldsymbol{p}_{\mathrm{A}}$，首先解决 NOMA 用户的功率分配问题；然后在给定 NOMA 用户功率的基础上，求解 AirFL 用户的功率，依次交替优化上述两种用户的功率，直到收敛。

具体而言，NOMA 用户的功率分配问题可以等效为

$$\max_{\boldsymbol{p}_{\mathrm{N}}}\sum_{n\in\mathcal{N}}B\mathrm{lb}\left(1+\frac{|p_n|^2|\overline{h}_n|^2}{\sum_{i=1}^{n-1}|p_i|^2|\overline{h}_i|^2+\sigma^2}\right) \tag{6-99a}$$

$$\text{s.t. 式(6-98c)}, |p_n|^2\leqslant P_{\max},\forall n\in\mathcal{N} \tag{6-99b}$$

为了处理目标式（6-99a）的非凸性，可以将其改写为

$$R_{\mathrm{NOMA}}=B\mathrm{lb}\left(1+\frac{\sum_{n=K+1}^{K+N}|p_n|^2|\overline{h}_n|^2}{\sum_{k=1}^{K}|p_k|^2|\overline{h}_k|^2+\sigma^2}\right) \tag{6-100}$$

令 $\zeta=2^{\frac{R_{\min}}{B}}-1$，则非凸约束（6-98c）可转化为

$$|p_n|^2|\overline{h}_n|^2\geqslant\zeta\left(\sum_{i=1}^{n-1}|p_i|^2|\overline{h}_i|^2+\sigma^2\right),\forall n\in\mathcal{N} \tag{6-101}$$

用式（6-100）和式（6-101）替换目标式（6-99a）和约束条件式（6-98c），可以将非凸问题（6-99）改写为

$$\max_{\boldsymbol{p}_{\mathrm{N}}}\ B\mathrm{lb}\left(1+\frac{\sum_{n=K+1}^{K+N}|p_n|^2|\overline{h}_n|^2}{\sum_{k=1}^{K}|p_k|^2|\overline{h}_k|^2+\sigma^2}\right) \tag{6-102a}$$

$$\text{s.t. 式(6-101)}, |p_n|^2\leqslant P_{\max},\forall n\in\mathcal{N} \tag{6-102b}$$

当满足 $\rho_n=|p_n|^2,\forall n\in\mathcal{N}$ 时，问题（6-102）是凸的，因此可以用 CVX 来解决。得到解 ρ_n^* 后，第 n 个 NOMA 用户处的最优发射功率可恢复为 $p_n^*=\sqrt{\rho_n^*},\forall n\in\mathcal{N}$。

利用所得的 p_n^*，AirFL 用户的功率分配问题可表示为

$$\max_{\boldsymbol{p}_{\mathrm{A}}} \ (1-\lambda)R_{\mathrm{NOMA}} + \lambda R_{\mathrm{AirFL}} \tag{6-103a}$$

$$\text{s.t. 式（6-98d）}, |p_k|^2 \leqslant P_{\max}, \forall n \in \mathcal{K} \tag{6-103b}$$

MSE 约束（6-98d）和功率约束是凸的，而目标函数式（6-103a）是非凸的。为此，定义两个凸函数

$$\begin{aligned} F\left(\boldsymbol{p}_{\mathrm{A}}\right) = (1-\lambda)B\mathrm{lb}\left(\sum_{k=1}^{K}|p_k|^2\left|\bar{h}_k\right|^2 + I_{\mathrm{NOMA}} + \sigma^2\right) + \\ \lambda B\mathrm{lb}\left(\sum_{k=1}^{K}\left|a\bar{h}_k p_k\right|^2 + |a|^2\sigma^2\right) \end{aligned} \tag{6-104}$$

$$G\left(\boldsymbol{p}_{\mathrm{A}}, \beta\right) = (1-\lambda)B\mathrm{lb}\left(\sum_{k=1}^{K}|p_k|^2\left|\bar{h}_k\right|^2 + \sigma^2\right) + \lambda B\mathrm{lb}\left(\beta + |a|^2\sigma^2\right) \tag{6-105}$$

其中，$I_{\mathrm{NOMA}} = \sum_{n\in\mathcal{N}}|p_n|^2\left|\bar{h}_n\right|^2$。将目标函数式（6-103a）重写为两个凸函数的差值 $R_{\mathrm{Hybrid}} = F\left(\boldsymbol{p}_{\mathrm{A}}\right) - G\left(\boldsymbol{p}_{\mathrm{A}}, \beta\right)$。因此，用式（6-105）的一阶近似代替式（6-105），式（6-103a）中的非凸目标函数可以很好地近似于式（6-106）中的凹目标函数。这样，将问题（6-103）重构为联邦凸优化问题，等价于

$$\max_{\boldsymbol{p}_{\mathrm{A}},\beta} F(\boldsymbol{p}_{\mathrm{A}}) - \left\langle \nabla G(\boldsymbol{p}_{\mathrm{A}}^{(\ell)}), \boldsymbol{p}_{\mathrm{A}} \right\rangle - \left\langle \nabla G(\beta^{(\ell)}), \beta \right\rangle \tag{6-106a}$$

$$\text{s.t.} \ \beta \geqslant \sum_{k=1}^{K}\left|a\bar{h}_k p_k - 1\right|^2 \tag{6-106b}$$

$$\sum_{k=1}^{K}\left|a\bar{h}_k p_k - 1\right|^2 + |a|^2\sigma^2 \leqslant \varepsilon_0 K^2 \tag{6-106c}$$

$$|p_k|^2 \leqslant P_{\max}, \forall k \in \mathcal{K} \tag{6-106d}$$

其中，$\boldsymbol{p}_{\mathrm{A}}^{(\ell)}$ 和 $\beta^{(\ell)}$ 是第 ℓ 次迭代后的收敛解，$\nabla G(\boldsymbol{p}_{\mathrm{A}}^{(\ell)})$ 和 $\nabla G(\beta^{(\ell)})$ 分别是 G 在点 $\boldsymbol{p}_{\mathrm{A}}^{(\ell)}$ 和点 $\beta^{(\ell)}$ 的梯度，$\langle \boldsymbol{x}, \boldsymbol{y} \rangle$ 代表向量 $\boldsymbol{x}$ 和 $\boldsymbol{y}$ 的点积。使用凸差（Difference of Convex，DC）程序产生一个具有全局收敛性的可行解序列[60]。算法 6-1 详细介绍了基于 DC 的发射功率分配算法。

算法 6-1　基于 DC 的发射功率分配算法

1: 初始化 $\boldsymbol{p}^{(0)} = \left[\boldsymbol{p}_{\mathrm{A}}^{(0)}, \boldsymbol{p}_{\mathrm{N}}^{(0)}\right]^{\mathrm{T}}$，$\beta^{(0)}$，阈值 ε_1，最大迭代次数 L_1，并且令 $l_1 = 0$

2: 计算 $U^{(l_1)} = R_{\mathrm{Hybrid}}\left(\boldsymbol{p}_{\mathrm{A}}^{(l_1)}, \boldsymbol{p}_{\mathrm{N}}^{(l_1)}\right)$

3: 循环

4: 在给定 $\boldsymbol{p}_{\mathrm{A}}^{(l_1)}$ 的情况下，结合 CVX 解决问题（6-102）得到 $\boldsymbol{p}_{\mathrm{N}}^{(l_1+1)}$

5: 在给定 $\boldsymbol{p}_{\mathrm{N}}^{(l_1+1)}$ 的情况下，结合 DC 编程解决问题（6-103）得到 $\boldsymbol{p}_{\mathrm{A}}^{(l_1+1)}$

6: 计算 $U^{(l_1+1)} = R_{\mathrm{Hybrid}}\left(\boldsymbol{p}_{\mathrm{A}}^{(l_1+1)}, \boldsymbol{p}_{\mathrm{N}}^{(l_1+1)}\right)$

7: 更新 $l_1 := l_1 + 1$

8: 直至 $\left|U^{(l_1)} - U^{(l_1-1)}\right| \leqslant \varepsilon_1$ or $l_1 > L_1$

9: 输出发射功率解 $\boldsymbol{p}^* = \left[\boldsymbol{p}_{\mathrm{A}}^*, \boldsymbol{p}_{\mathrm{N}}^*\right]^{\mathrm{T}}$

给定发射功率 $\boldsymbol{p}$ 和反射矩阵 $\boldsymbol{v}$，控制接收标量问题可以等价地表示为

$$\max_{a} \ \mathrm{lb}\left(\frac{\sum_k \left|a\bar{h}_k p_k\right|^2 + |a|^2\sigma^2}{\sum_k \left|a\bar{h}_k p_k - 1\right|^2 + |a|^2\sigma^2}\right) \tag{6-107}$$
$$\text{s.t. 式(6-98d)}$$

为了简化问题（6-107），引入辅助变量 $\bar{a} = \frac{1}{a}, a \neq 0$，并将式（6-107）改写为

$$\max_{\bar{a}} \ \mathrm{lb}\left(\frac{\sum_{k=1}^{K} \left|\bar{h}_k p_k\right|^2 + \sigma^2}{\sum_{k=1}^{K} \left|\bar{h}_k p_k - \bar{a}\right|^2 + \sigma^2}\right) \tag{6-108a}$$

$$\text{s.t.} \ \sum_{k=1}^{K} \left|\bar{h}_k p_k - \bar{a}\right|^2 + \sigma^2 \leqslant \varepsilon_0 K^2 |\bar{a}|^2 \tag{6-108b}$$

需要注意的是，目标函数式（6-108a）等价于最小化 $\sum_{k=1}^{K} \left|\bar{h}_k p_k - \bar{a}\right|^2 + \sigma^2 \leqslant \varepsilon_0 K^2 |\bar{a}|^2$，其为 $\bar{a}$ 的凸函数。为了处理约束（6-108b）的非凸性，采用 SCA 方法将 $|\bar{a}|^2$ 替换为一阶泰勒展开。因此，约束（6-108b）近似[62]为

$$\sum_{k=1}^{K} \left|\bar{h}_k p_k - \bar{a}\right|^2 + \sigma^2 \leqslant \varepsilon_0 K^2 \left[\left|\bar{a}^{(\ell)}\right|^2 + 2\mathrm{Re}\left(\left(\bar{a}^{(\ell)}\right)^{\mathrm{H}}\left(\bar{a} - \bar{a}^{(\ell)}\right)\right)\right] \tag{6-109}$$

根据上述近似，非凸问题（6-109）可以等价地表示为

$$\min_{\bar{a}} \sum_{k=1}^{K} \left|\bar{a} - \bar{h}_k p_k\right|^2 \tag{6-110}$$
$$\text{s.t. 式（6-109）}$$

由于问题（6-110）是凸的，因此可以通过使用 SCA 方法解决控制接收标量问

题，并且在每次迭代求解问题 6-110 中，生成一个优化序列 $\{\overline{a}^{(\ell)}\}$ 。当结果收敛到 $\overline{a}^*$ 时，最优接收标量可以恢复为 $a^* = \frac{1}{\overline{a}^*}$ 。算法 6-2 给出了使用 SCA 方法解决问题（6-107）的具体内容。

算法 6-2　基于 SCA 的接收标量算法

1: 初始化 $\alpha^{(0)}$ ，阈值 ε_2 ，最大迭代次数 L_2 ，并且令 $l_2 = 0$

2: 计算 $\overline{\alpha}^{(l_2)} = \frac{1}{\alpha^{(l_2)}}$ 和 $U^{(l_2)} = R_{\text{AirFL}}(\alpha^{(l_2)})$

3: 循环

4: 　通过解决问题（6-110）计算出 $\overline{\alpha}^{(l_2+1)}$

5: 　更新 $\alpha^{(l_2+1)} = \frac{1}{\overline{\alpha}^{(l_2+1)}}$

6: 　计算 $U^{(l_2+1)} = R_{\text{AirFL}}(\alpha^{(l_2+1)})$

7: 　更新 $l_2 := l_2 + 1$

8: 直至 $\left|U^{(l_2)} - U^{(l_2-1)}\right| \leqslant \varepsilon_2$ 或 $l_2 > L_2$

9: 输出接收标量解 α^*

在给定收发器的解 $\boldsymbol{p}$ 和 a 的情况下，相移设计问题可以表示为

$$\begin{aligned}&\max_{\boldsymbol{v}} R_{\text{Hybrid}}\\&\text{s.t. 式 (6-98b)～式 (6-98d), 式 (6-98f)}\end{aligned} \tag{6-111}$$

由于存在非凸目标函数和约束，问题（6-111）是非凸的。为了便于推导，设置 $\alpha = 2$ ，参考文献[62-63]可得出信道 $\overline{h}_i$ 为

$$\overline{h}_i = \frac{\varsigma_0 \boldsymbol{v}^{\text{H}} \boldsymbol{\Phi}_i}{d_0 d_i} = \boldsymbol{v}^{\text{H}} \ \tilde{\boldsymbol{\Phi}}_i, \forall i \in \mathcal{I} \tag{6-112}$$

其中，$\tilde{\boldsymbol{\Phi}}_i = \frac{\varsigma_0 \boldsymbol{\Phi}_i}{d_0 d_i}, \forall i \in \mathcal{I}$ 。令 $\boldsymbol{\Lambda}_i = \tilde{\boldsymbol{\Phi}}_i \ \tilde{\boldsymbol{\Phi}}_i^{\text{H}}$ ，则得到 $\left|\overline{h}_i\right|^2 = \boldsymbol{v}^{\text{H}} \ \tilde{\boldsymbol{\Phi}}_i \ \tilde{\boldsymbol{\Phi}}_i^{\text{H}} \boldsymbol{v} = \boldsymbol{v}^{\text{H}} \boldsymbol{\Lambda}_i \boldsymbol{v}, \forall i \in \mathcal{I}$ 。需要注意的是，$\boldsymbol{v}^{\text{H}} \boldsymbol{\Lambda}_i \boldsymbol{v} = \text{tr}\left(\boldsymbol{\Lambda}_i \boldsymbol{v} \boldsymbol{v}^{\text{H}}\right), \forall i \in \mathcal{I}$ ，则得到

$$\left|\overline{h}_i\right|^2 = \text{tr}\left(\boldsymbol{\Lambda}_i \boldsymbol{v} \boldsymbol{v}^{\text{H}}\right) = \text{tr}\left(\boldsymbol{\Lambda}_i \ \tilde{\boldsymbol{V}}\right), \forall i \in \mathcal{I} \tag{6-113}$$

其中，$\tilde{\boldsymbol{V}} = \boldsymbol{v}\boldsymbol{v}^{\text{H}}$ ，$\tilde{\boldsymbol{V}} \succeq \boldsymbol{0}$ 。

令 $\widehat{\boldsymbol{\Phi}}_k = \dfrac{a\varsigma_0 \boldsymbol{\Phi}_k p_k}{d_0 d_k}$， $\tilde{\boldsymbol{\Lambda}}_k = \widehat{\boldsymbol{\Phi}}_k \widehat{\boldsymbol{\Phi}}_k^{\mathrm{H}}, \forall k \in \mathcal{K}$ ，则可得到[13]

$$\left|a\overline{h}_k p_k\right|^2 = \boldsymbol{v}^{\mathrm{H}} \widehat{\boldsymbol{\Phi}}_k \widehat{\boldsymbol{\Phi}}_k^{\mathrm{H}} \boldsymbol{v} = \mathrm{tr}\left(\tilde{\boldsymbol{\Lambda}}_k \ \tilde{\boldsymbol{V}}\right), \forall k \in \mathcal{K} \tag{6-114}$$

$$\left|a\overline{h}_k p_k - 1\right|^2 = \boldsymbol{v}^{\mathrm{H}} \widehat{\boldsymbol{\Phi}}_k \widehat{\boldsymbol{\Phi}}_k^{\mathrm{H}} \boldsymbol{v} - \boldsymbol{v}^{\mathrm{H}} \widehat{\boldsymbol{\Phi}}_k - \widehat{\boldsymbol{\Phi}}_k^{\mathrm{H}} \boldsymbol{v} + 1 = \overline{\boldsymbol{v}}^{\mathrm{H}} \widehat{\boldsymbol{\Lambda}}_k \overline{\boldsymbol{v}} + 1, \forall k \in \mathcal{K} \tag{6-115}$$

其中，

$$\widehat{\boldsymbol{\Lambda}}_k = \begin{bmatrix} \widehat{\boldsymbol{\Phi}}_k \widehat{\boldsymbol{\Phi}}_k^{\mathrm{H}} & -\widehat{\boldsymbol{\Phi}}_k \\ -\widehat{\boldsymbol{\Phi}}_k^{\mathrm{H}} & 0 \end{bmatrix}, \overline{\boldsymbol{v}} = \begin{bmatrix} \boldsymbol{v} \\ 1 \end{bmatrix} \tag{6-116}$$

需要注意的是，$\overline{\boldsymbol{v}}_k^{\mathrm{H}} \widehat{\boldsymbol{\Lambda}}_k \overline{\boldsymbol{v}} = \mathrm{tr}\left(\widehat{\boldsymbol{\Lambda}}_k \overline{\boldsymbol{v}}\overline{\boldsymbol{v}}^{\mathrm{H}}\right), \forall k \in \mathcal{K}$ ，据此可得到

$$\left|a\overline{h}_k p_k - 1\right|^2 = \mathrm{tr}\left(\widehat{\boldsymbol{\Lambda}}_k \boldsymbol{V}\right) + 1, \forall k \tag{6-117}$$

其中，$\boldsymbol{V} = \overline{\boldsymbol{v}}\overline{\boldsymbol{v}}^{\mathrm{H}}$，$\boldsymbol{V} \succeq \boldsymbol{0}$ ，且 $\mathrm{rank}(\boldsymbol{V}) = 1$ 。

为了统一式（6-113）、式（6-114）和式（6-117）中的变量，将式（6-113）和式（6-114）改写为

$$\left|\overline{h}_i\right|^2 = \mathrm{tr}\left(\dot{\boldsymbol{\Lambda}}_i \boldsymbol{v}\boldsymbol{v}^{\mathrm{H}}\right) = \mathrm{tr}\left(\dot{\boldsymbol{\Lambda}}_i \boldsymbol{V}\right), \forall i \in \mathcal{I} \tag{6-118}$$

$$\left|a\overline{h}_k p_k\right|^2 = \mathrm{tr}\left(\ddot{\boldsymbol{\Lambda}}_k \boldsymbol{v}\boldsymbol{v}^{\mathrm{H}}\right) = \mathrm{tr}\left(\ddot{\boldsymbol{\Lambda}}_k \boldsymbol{V}\right), \forall k \in \mathcal{K} \tag{6-119}$$

其中，$\dot{\boldsymbol{\Lambda}}_i = \mathrm{diag}(\tilde{\boldsymbol{\Phi}}_i \ \tilde{\boldsymbol{\Phi}}_i^{\mathrm{H}}, 0)$， $\ddot{\boldsymbol{\Lambda}}_k = \mathrm{diag}(\widehat{\boldsymbol{\Phi}}_k \widehat{\boldsymbol{\Phi}}_k^{\mathrm{H}}, 0)$ 。

根据式（6-117）~式（6-119）的推导，可以将混合率改写为 $R_{\mathrm{Hybrid}} = F(\boldsymbol{V}) - G(\boldsymbol{V})$ ，$F(\boldsymbol{V})$ 和 $G(\boldsymbol{V})$ 的具体表达式如式（6-120）和式（6-121）所示。

$$\begin{aligned} F(\boldsymbol{V}) = &(1-\lambda)B\mathrm{lb}\left(\sum_{k\in\mathcal{K}}\left|p_k\right|^2 \mathrm{tr}\left(\dot{\boldsymbol{\Lambda}}_k \boldsymbol{V}\right) + \sum_{n\in\mathcal{N}}\left|p_n\right|^2 \mathrm{tr}\left(\dot{\boldsymbol{\Lambda}}_n \boldsymbol{V}\right) + \sigma^2\right) + \\ &\lambda B\mathrm{lb}\left(\sum_{k\in\mathcal{K}} \mathrm{tr}\left(\ddot{\boldsymbol{\Lambda}}_k \boldsymbol{V}\right) + |a|^2 \sigma^2\right) \end{aligned} \tag{6-120}$$

$$G(\boldsymbol{V})=(1-\lambda)B\mathrm{lb}\left(\sum_{k\in\mathcal{K}}|p_k|^2\mathrm{tr}\left(\dot{\boldsymbol{\Lambda}}_k\boldsymbol{V}\right)+\sigma^2\right)+ \lambda B\mathrm{lb}\left(\sum_{k\in\mathcal{K}}\mathrm{tr}\left(\hat{\boldsymbol{\Lambda}}_k\boldsymbol{V}\right)+K+|a|^2\sigma^2\right) \tag{6-121}$$

因此，问题（6-111）可被改写为

$$\max_{\boldsymbol{V}} F(\boldsymbol{V})-G(\boldsymbol{V}) \tag{6-122a}$$

$$\text{s.t. 式（6-98b）, 式（6-101）, 式（6-106c）} \tag{6-122b}$$

$$\boldsymbol{V}_{m,m}=1, \forall m=1,2,\cdots,M+1 \tag{6-122c}$$

$$\boldsymbol{V}\succeq\boldsymbol{0} \tag{6-122d}$$

其中，约束（6-98b）、式（6-101）和式（6-106c）可以转换为

$$\mathrm{tr}\left(\dot{\boldsymbol{\Lambda}}_k\boldsymbol{V}\right)\leqslant\mathrm{tr}\left(\dot{\boldsymbol{\Lambda}}_{K+1}\boldsymbol{V}\right), \forall k\in\mathcal{K} \tag{6-123}$$

$$|p_n|^2\mathrm{tr}\left(\dot{\boldsymbol{\Lambda}}_n\boldsymbol{V}\right)\geqslant\zeta\left(\sum_{i=1}^{n-1}|p_i|^2\mathrm{tr}\left(\dot{\boldsymbol{\Lambda}}_i\boldsymbol{V}\right)+\sigma^2\right) \tag{6-124}$$

$$\sum_{k=1}^{K}\mathrm{tr}\left(\hat{\boldsymbol{\Lambda}}_k\boldsymbol{V}\right)+K+|a|^2\sigma^2\leqslant\varepsilon_0K^2 \tag{6-125}$$

由于问题（6-122）中只有约束（6-122e）是非凸的，因此可以调用 SDR 方法来解除这一约束。因此，问题（6-122）将转换成凸的 SDP 问题，并可以通过用现有工具包得到最优解 $\boldsymbol{V}^*$。如果得到的解 $\boldsymbol{V}^*$ 的秩不为 1，则可以采用高斯随机化方法[66]来求得式（6-122）的可行解。利用 Cholesky 分解 $\boldsymbol{V}^*=\bar{\boldsymbol{v}}^*\bar{\boldsymbol{v}}^{*\mathrm{H}}$，可以得到相移的最优解 $\boldsymbol{v}^*$。基于上述结果，算法 6-3 给出了基于 SDR 的相移设计算法。

算法 6-3 基于 SDR 的相移设计算法

1: 初始化 $v^{(0)}$，阈值 ε_3，最大迭代次数 L_3，并且令 $l_3=0$

2: 计算 $\bar{\boldsymbol{v}}^{(l_3)}=\left[\boldsymbol{v}^{(l_3)},1\right]^{\mathrm{T}}$ 和 $\boldsymbol{V}^{(l_3)}=\bar{\boldsymbol{v}}^{(l_3)}(\bar{\boldsymbol{v}}^{(l_3)})^{\mathrm{H}}$

3: 计算 $\boldsymbol{U}^{(l_3)}=F(\boldsymbol{V}^{(l_3)})-G(\boldsymbol{V}^{(l_3)})$

4: 循环

5: 　在给定 $\boldsymbol{V}^{(l_3)}$ 的情况下，结合 CVX 解决 SDP 松弛问题（6-122）得到 $\boldsymbol{V}^{(l_3+1)}$

6:　　计算 $U^{(l_3+1)} = F(\boldsymbol{V}^{(l_3+1)}) - G(\boldsymbol{V}^{(l_3+1)})$

7:　　更新 $l_3 := l_3 + 1$

8: 直至 $\left|U^{(l_3)} - U^{(l_3-1)}\right| \leqslant \varepsilon_3$ 或 $l_3 > L_3$

9: 通过 Cholesky 分解 $\boldsymbol{V}^* = \bar{\boldsymbol{v}}^* \bar{\boldsymbol{v}}^{*\mathrm{H}}$ 恢复 $\bar{\boldsymbol{v}}^*$

10: 根据 $\bar{\boldsymbol{v}}^* = \left[\boldsymbol{v}^*, 1\right]^{\mathrm{T}}$ 得到 $\boldsymbol{v}^*$

11: 输出相移解 $\boldsymbol{v}^*$

图 6-47 给出了交替优化算法流程。首先，由于步骤 1~步骤 3 的逐步改进，混合速率在迭代过程中不会降低。同时，由于有限的功率预算和带宽，混合速率具有上限。因此序列 $\left\{U^{(\ell)}\right\}$ 能收敛到局部最优解。交替优化算法的主要复杂度在于步骤 1 和步骤 3。具体而言，算法 6-1 最坏情况下的复杂度为 $\mathcal{O}\left(L_1 N^3 + L_1^2 (K+1)^3\right)$ [6]，算法 6-3 的复杂度为 $\mathcal{O}\left(L_3 (M+1)^6\right)$。因此，采用交替优化算法求解问题（6-98）的整体复杂度为 $\mathcal{O}\left(L_1 L_4 N^3 + L_1^2 L_4 (K+1)^3 + L_3 L_4 (M+1)^6\right)$，其中 L_4 为收敛结束时的最大迭代次数。

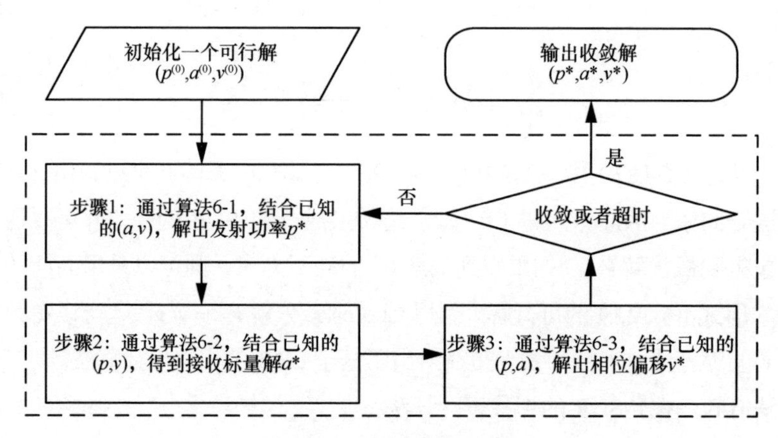

图 6-47　交替优化算法流程

考虑 IRS 辅助的混合网络中具有 $I = 4$ 个用户和一个基站，其中 AirFL 用户数为 $K = 2$，NOMA 用户数为 $N = 2$。用户随机均匀分布在以（5,50,0）（单位 m）为中心、以 3 m 为半径的圆内。在三维笛卡儿坐标系中，基站和 IRS 分别位于（5,0,15）和（0,40,15）。令参考损失为 $\varsigma_0 = -30\ \text{dBm}$，Rician 因子为 2，噪声功率为

$\sigma^2 = -80\ \text{dBm}$ [62,66]，带宽为 B=1 MHz，最小速率为 $\varepsilon_0 = 0.01$。若无特殊说明，反射单元数量为 $M = 20$，最大传输功率为 $P_{\max} = 23\ \text{dBm}$。为了更好地进行比较，考虑3种情况：① $\lambda = 0$，即有2个NOMA用户；② $\lambda = 0.5$，即有4个混合用户；③ $\lambda = 1$，即有2个AirFL用户。所有结果是对用户位置和信道实现进行2 000多次独立实验的平均结果。

图6-48（a）~图6-48（c）评估了3种情况下反射单元数量对可达率的影响，并得出以下两个结论。第一，所有情况下，可达率都随着反射单元数量 M 的增加而增加，这表明增加IRS的反射单元数量是有效的。第二，无论 λ 的值是多少，通过优化IRS的相移可以显著提高可达率。具体来说，当 $M = 25$ 时，最优IRS方案在3种情况下比随机IRS方案的可达率分别提高了38.6%、30.2%和41.5%。这是因为IRS通过调整用户的信号处理顺序，提高了NOMA用户的信道质量，减轻了AirFL用户的聚合误差。图6-48（d）~图6-48（f）给出了3种情况下用户最大传输功率对可达率的影响。注意到，最优IRS辅助无线网络的可达率随 $P_{\max}$ 线性增长。但在实践中，尤其是对于低成本设备，可用的电力是有限的。

（2）通过STAR-IRS实现的泛在非正交多址接入和联邦学习[67]

在未来6G网络中，随着移动终端中各类智能应用的迅猛发展，智能用户的数量激增。如何针对这些用户给出合理的业务性能评价指标并设计高效的资源分配方案权衡智能用户和传统用户的性能成为网络管理者重点关注的问题之一。为此，本节提出了一种新型的、兼容性强的统一架构，它以并发通信方式整合了NOMA和AirFL。特别地，该架构使用并发传输和可重构的智能反射表面（Simultaneous Transmitting and Reflecting Intelligent Reconfigurable Surface，STAR-IRS）来调节信号处理的顺序，以有效抑制干扰并全方位扩大信号覆盖范围。为了调研非理想无线传输对AirFL的影响，本节给出了一个在给定的通信轮数下的优化间隙的解析解。这一结果表明学习的性能显著受到资源分配的方案和信道噪声的影响。为了最小化得出的优化间隙，本节通过联合设计用户的传输功率和STAR-IRS的配置模式，构造了一个MINLP问题。通过开发一种交替优化算法，获得了原MINLP问题的一个次优解。仿真结果显示，在STAR-IRS的帮助下，联邦学习在训练损失和测试精准度方面的性能均可以获得有效提升。

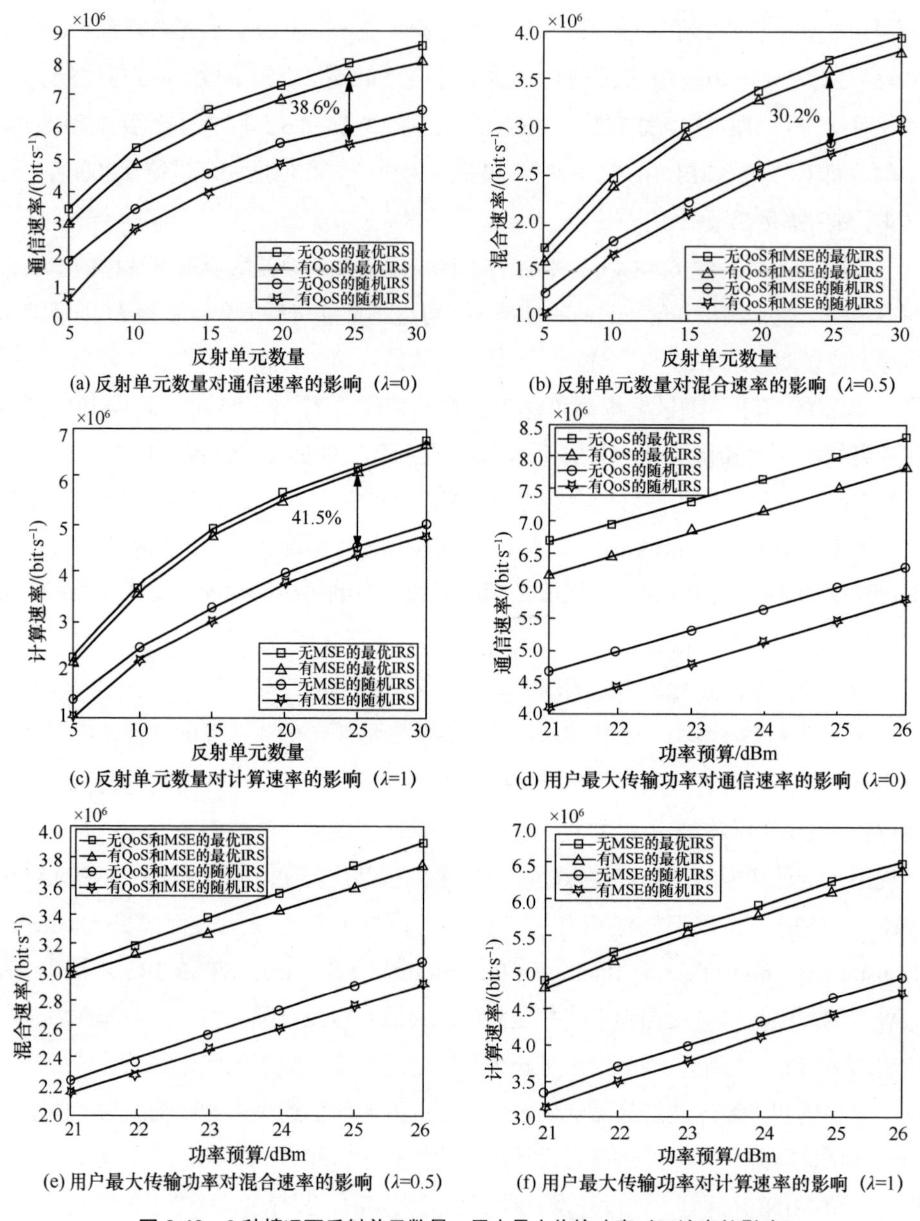

图 6-48　3 种情况下反射单元数量、用户最大传输功率对可达率的影响

如图 6-49 所示，考虑由一个基站、多个不同种类用户以及一个包含 M 个反射单元的 STAR-IRS 组成的异构网络。将不同种类用户集合定义为 $\mathcal{U}=\mathcal{N}\cup\mathcal{K}$，其中以

通信为中心的 NOMA 用户和以学习为中心的 AirFL 用户分别记作 $\mathcal{N}=\{1,2,\cdots,N\}$ 和 $\mathcal{K}=\{N+1,N+2,\cdots,N+K\}$。特别地，位于反射空间内的 NOMA（AirFL）用户集合记作 $\mathcal{N}_{\mathrm{R}}(\mathcal{K}_{\mathrm{R}})$，而其他位于折射空间里的 NOMA（AirFL）用户集合记作 $\mathcal{N}_{\mathrm{T}}(\mathcal{K}_{\mathrm{T}})$。无源器件 IRS 的反射单元集合记作 $\mathcal{M}=\{1,2,\cdots,M\}$。考虑到模式转换协议的使用[11]，STAR-IRS 的每个反射单元都可以工作在反射模式（记为 R 模式）和折射模式（记为 T 模式）下。将 $\beta_m\in\{0,1\},\forall m\in\mathcal{M}$ 作为第 m 个反射单元的模式标识，其中 $\beta_m=1$ 表示 R 模式，$\beta_m=0$ 表示 T 模式。反射的对角矩阵记作 $\boldsymbol{\Theta}_u=\mathrm{diag}\{\beta_1\mathrm{e}^{\mathrm{j}\theta_1},\beta_2\mathrm{e}^{\mathrm{j}\theta_2},\cdots,\beta_M\mathrm{e}^{\mathrm{j}\theta_M}\}$，$\forall u\in\mathcal{N}_{\mathrm{R}}\cup\mathcal{K}_{\mathrm{R}}$，传输的对角矩阵记作 $\boldsymbol{\Theta}_u=\mathrm{diag}\{(1-\beta_1)\mathrm{e}^{\mathrm{j}\phi_1},(1-\beta_2)\mathrm{e}^{\mathrm{j}\phi_2},\cdots,(1-\beta_M)\mathrm{e}^{\mathrm{j}\phi_M}\}$，$\forall u\in\mathcal{N}_{\mathrm{T}}\cup\mathcal{K}_{\mathrm{T}}$，其中 $\theta_m\in[0,2\pi]$ $(\phi_m\in[0,2\pi])$ 表示工作在 R（T）模式下的第 m 个反射单元的反射（传输）相移。这里假定基站中所有完美的 CSI 都是已知的。

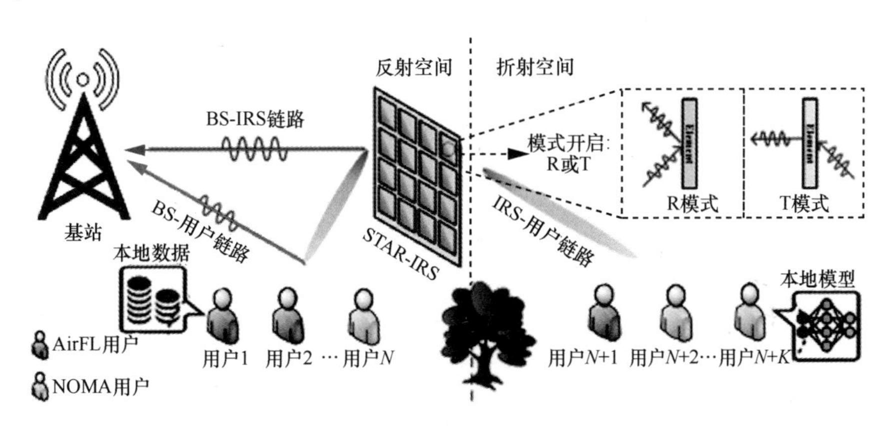

图 6-49　STAR-IRS 的异构网络

令 $h_u\in\mathbb{C}^{1\times1}$、$\boldsymbol{r}_u\in\mathbb{C}^{M\times1}$、和 $\overline{\boldsymbol{r}}\in\mathbb{C}^{1\times M}$ 分别表示第 u 个用户到基站的信道、第 u 个用户到 STAR-IRS 的信道、STAR-IRS 到基站的信道，然后，可以将第 u 个用户经过 STAR-IRS 到基站的信道写作

$$\overline{h}_u=h_u+\overline{\boldsymbol{r}}^{\mathrm{H}}\boldsymbol{\Theta}_u\boldsymbol{r}_u,\forall u\in\mathcal{U}\tag{6-126}$$

令 $\mathcal{T}=\{1,2,\cdots,T\}$ 表示训练轮次（也称为通信轮次）的时隙集，在第 t 轮通信中，NOMA 用户和 AirFL 用户同时使用同一时频资源进行传输，因此基站收到的叠加信号为

$$y^{(t)} = \underbrace{\sum_{n\in\mathcal{N}} \overline{h}_n^{(t)} p_n^{(t)} s_n^{(t)}}_{\text{NOMA用户}} + \underbrace{\sum_{k\in\mathcal{K}} \overline{h}_k^{(t)} p_k^{(t)} s_n^{(t)}}_{\text{AirFL用户}} + \underbrace{z_0^{(t)}}_{\text{噪声}} \tag{6-127}$$

其中，$p_n(p_k)$ 是第 n（第 k）个用户的功率标量，s_n 是第 n 个 NOMA 用户承载信息的符号，s_k 是第 k 个 AirFL 传输本地梯度的符号，$z_0 \sim \mathcal{CN}(0,\sigma^2)$ 是基站的接收机噪声。假设这些符号是统计独立的，并且归一化为单位方差 $\mathrm{E}[|s_u|^2]=1$，则第 u 个用户的传输功率为

$$\mathrm{E}\left[\left|p_u^{(t)} s_u^{(t)}\right|^2\right] = \left|p_u^{(t)}\right|^2 \leqslant P_u, \forall u \in \mathcal{U} \tag{6-128}$$

其中，P_u 是第 u 个用户预算下的最大传输功率。

在基站侧使用 SIC 技术，可将 NOMA 用户发送的信号逐个解码以去除同信道干扰。为此，STAR-IRS 在调节不同用户的信道增益中发挥了关键作用，并获得信号处理的顺序

$$\left|\overline{h}_1^{(t)}\right|^2 \geqslant \left|\overline{h}_2^{(t)}\right|^2 \geqslant \cdots \geqslant \left|\overline{h}_N^{(t)}\right|^2 \geqslant \left|\overline{h}_k^{(t)}\right|^2, \forall k \in \mathcal{K} \tag{6-129}$$

在式（6-129）中的 SIC 解码顺序的基础上，第 n 个 NOMA 用户在基站的接收信号的信干噪比[65]可以表示为

$$\gamma_n^{(t)} = \frac{\left|\overline{h}_n^{(t)}\right|^2 \left|p_n^{(t)}\right|^2}{\sum\limits_{u=n+1}^{N+K} \left|\overline{h}_u^{(t)}\right|^2 \left|p_u^{(t)}\right|^2 + \sigma^2}, \forall n \in \mathcal{N} \tag{6-130}$$

在成功接收所有 NOMA 用户的信号后，剩余的包含梯度信息的信号可表示为 $\hat{y}^{(t)} = \sum\limits_{k\in\mathcal{K}} \overline{h}_k^{(t)} p_k^{(t)} s_k^{(t)} + z_0^{(t)}$。通过从接收信号 $s_k^{(t)}$ 中恢复出梯度 $\boldsymbol{g}_k^{(t)}$，可以得到全局梯度的估计值 $\boldsymbol{g}^{(t)} \in \mathbb{R}^Q$ 为

$$\hat{\boldsymbol{g}}^{(t)} = \frac{\hat{\boldsymbol{y}}^{(t)}}{K} = \frac{1}{K}\left(\sum_{k\in\mathcal{K}} \overline{h}_k^{(t)} p_k^{(t)} \boldsymbol{g}_k^{(t)} + \boldsymbol{z}_0^{(t)}\right) \tag{6-131}$$

其中，$\boldsymbol{z}_0 \sim \mathcal{CN}(0,\sigma^2 \boldsymbol{I}) \in \mathbb{R}^Q$ 是接收噪声向量。在基站侧使用学习率参数 λ，全局模型的更新表示为

$$\boldsymbol{w}^{(t+1)} = \boldsymbol{w}^{(t)} - \lambda \hat{\boldsymbol{g}}^{(t)} \tag{6-132}$$

然后，得到的新全局模型 $\boldsymbol{w}^{(t+1)} \in \mathbb{R}^{Q}$ 将会被广播到全体 AirFL 用户以进行下一轮训练[68]。

为了展示传输功率、衰落信道和无线噪声对 AirFL 的收敛上界（即优化间隙）的影响，这里对 T 轮通信后的学习性能进行了理论分析。

引理 6-1　优化间隙。用 F^* 表示全局损失函数 $F(\boldsymbol{w}^{(1)})$ 的最小值，在任意传输功率和随机相移的情况下，T 轮通信后的优化间隙可表示为

$$\begin{aligned} &\mathrm{E}\left[F(\boldsymbol{w}^{(T+1)})\right] - F^* \leqslant \prod_{t=1}^{T} \Lambda_3^{(t)}\left(F(\boldsymbol{w}^{(1)}) - F^*\right) + \\ &\sum_{t=1}^{T-1}\left(\prod_{i=t+1}^{T} \Lambda_3^{(i)}\right)\Lambda_4^{(t)} + \Lambda_4^{(T)} \triangleq Y\left(p_u^{(t)}, \boldsymbol{\Theta}_u^{(t)}\right) \end{aligned} \tag{6-133}$$

其中，

$$\Lambda_3^{(t)} \triangleq 1 - \sum_{k \in \mathcal{K}}\left[\frac{2\lambda \bar{h}_k^{(t)} p_k^{(t)}}{\mu K} \frac{L\lambda^2}{\mu K^2}\left(\bar{h}_k^{(t)} p_k^{(t)}\right)^2\right] \tag{6-134}$$

$$\Lambda_4^{(t)} \triangleq \frac{L\lambda^2}{2K^2} \sum_{k \in \mathcal{K}}\left(\bar{h}_k^{(t)} p_k^{(t)}\right)^2 \|\boldsymbol{\delta}\|_2^2 + \frac{LQ\lambda^2\delta^2}{2K^2} \tag{6-135}$$

为了最小化 AirFL 用户的优化间隙，同时保证 NOMA 用户的服务质量，将目标最优化问题构建为

$$\min \quad Y\left(p_u^{(t)}, \boldsymbol{\Theta}_u^{(t)}\right) \tag{6-136a}$$

$$\text{s.t. } \mathrm{lb}\left(1 + \gamma_n^{(t)}\right) \geqslant R_n^{\min}, \forall n \in \mathcal{N} \tag{6-136b}$$

$$\beta_m^{(t)} \in \{0,1\}, \forall m \in \mathcal{M} \tag{6-136c}$$

$$\theta_m^{(t)} \in [0, 2\pi], \forall m \in \mathcal{M} \tag{6-136d}$$

$$\phi_m^{(t)} \in [0, 2\pi], \forall m \in \mathcal{M} \tag{6-136e}$$

式（6-128），式（6-129）　　（6-136f）

其中，$R_n^{\min}$ 是第 n 个 NOMA 用户的 QoS 要求。由于多个连续变量 p_u, θ_m, ϕ_m 以及离

散变量β_m在目标函数和约束条件下存在耦合性，问题（6-136）是一个 MINLP 问题，并且是 NP 难的，即使忽略不同种类用户以及多轮通信的耦合条件也是难解的。因此，这里使用交替优化方法来有效解决这个问题。具体地，首先确定 STAR-IRS 的配置并优化用户的传输功率，然后不断重复这一过程直到满足终止条件。接下来，给出这些子问题的解法。

在给定 STAR-IRS 配置的条件下，传输功率分配问题可表示为

$$\begin{aligned}&\min Y\left(p_u^{(t)}\right)\\&\text{s.t. 式（6-128），式（6-136b）}\end{aligned} \tag{6-137}$$

为了处理问题（6-137）的非凸性，引入辅助变量$\rho_u=|p_u|^2,\forall u\in\mathcal{U}$，并将约束（6-136b）重写为

$$\left|\bar{h}_n^{(t)}\right|^2\rho_n^{(t)}\geqslant\zeta_n\left(\sum_{u=n+1}^{N+K}\left|\bar{h}_u^{(t)}\right|^2\rho_u^{(t)}+\sigma^2\right),\forall n\in\mathcal{N} \tag{6-138}$$

其中，$\zeta_n=2^{R_n^{\min}}-1,\forall n\in\mathcal{N}$是约束参数。接下来，求解问题（6-137）的难点在于目标函数非凸。为解决这一问题，使用了 SCA 方法，通过在第l次迭代下得到的局部点$\rho_u^{(t)}[\ell]$上进行一阶泰勒展开来逼近$Y(\rho_u^{(t)})$，即

$$\begin{aligned}&Y\left(p_u^{(t)}\right)\simeq Y\left(\rho_u^{(t)}\right)\triangleq Y\left(\rho_u^{(t)}[\ell]\right)+\\&\sum_u\left(\rho_u^{(t)}-\rho_u^{(t)}[\ell]\right)\nabla Y\left(\rho_u^{(t)}[\ell]\right),\forall u\in\mathcal{K}\end{aligned} \tag{6-139}$$

其中，$\nabla Y(\rho_u^{(t)}[\ell])$为局部点$\rho_u^{(t)}[\ell]$上的一阶导数，可表示为

$$\begin{aligned}&\nabla Y\left(\rho_u^{(t)}[\ell]\right)=-\frac{\lambda\bar{h}_u^{(t)}\left(F(\boldsymbol{w}^{(1)})-F^*\right)}{\mu K}\\&\left(\frac{1}{\sqrt{\rho_u^{(t)}[\ell]}}-\frac{L\lambda\bar{h}_u^{(t)}}{K}\right)\prod_{i\in\mathcal{T}\setminus\{t\}}\varLambda_3^{(i)}+\frac{L\lambda^2\|\boldsymbol{\delta}\|_2^2}{2K^2}\left(\bar{h}_u^{(t)}\right)^2\end{aligned} \tag{6-140a}$$

$$\prod_{i=t+1}^{T}\varLambda_3^{(i)}-\frac{\lambda\bar{h}_u^{(t)}}{\mu K}\left(\frac{1}{\sqrt{\rho_u^{(t)}[\ell]}}-\frac{L\lambda\bar{h}_u^{(t)}}{K}\right)\sum_{j=1}^{t-1}\varLambda_4^{(j)}\frac{\prod_{i=j+1}^{T}\varLambda_3^{(i)}}{\varLambda_3^{(t)}},t\in\mathcal{T}\setminus\{1\}$$

$$\nabla Y\left(\rho_u^{(1)}[\ell]\right)=-\frac{\lambda\bar{h}_u^{(1)}\left(F(\boldsymbol{w}^{(1)})-F^*\right)}{\mu K}\left(\frac{1}{\sqrt{\rho_u^{(1)}[1]}}-\frac{L\lambda\bar{h}_u^{(1)}}{K}\right)\prod_{i=2}^{T}\Lambda_3^{(i)}+ \frac{L\lambda^2\|\boldsymbol{\delta}\|_2^2}{2K^2}\left(\bar{h}_u^{(1)}\right)^2\prod_{i=2}^{T}\Lambda_3^{(i)} \tag{6-140b}$$

为了确保式（6-139）中的线性近似是准确的，一系列置信区间以迭代方式确立，即

$$\left|\rho_u^{(t)}-\rho_u^{(t)}[\ell]\right|\leqslant r[\ell],\forall u\in\mathcal{U} \tag{6-141}$$

其中，$r[\ell]$ 是第 l 轮迭代的置信区间。在上述推导下，功率分配问题可以重构为

$$\min_{\rho_u^{(t)},\tau}\ \tau \tag{6-142a}$$

$$\text{s.t.}\ \ Y\left(\rho_u^{(t)}\right)\leqslant\tau,\forall u\in\mathcal{U} \tag{6-142b}$$

$$0\leqslant\rho_u^{(t)}\leqslant\sqrt{P_u},\forall u\in\mathcal{U} \tag{6-142c}$$

$$\text{式（6-138），式（6-141）} \tag{6-142d}$$

考虑到参数 ρ_u 和 τ，该问题是凸优化问题。因此，可以直接使用 CVX[69]的标准优化工具箱解该问题。在获得收敛解 ρ_u^* 后，第 u 个用户的传输功率可以表示为 $p_u^*=\sqrt{\rho_u^*},\forall u\in\mathcal{U}$。算法 6-4 给出了求解问题（6-137）的基于置信区间的 SCA 算法，其中，置信区间的半径随着迭代次数的增加逐渐减小，当 $r[\ell]$ 低于预设的阈值 ε_1 或者达到最大迭代次数 L_1 时，该算法结束。

算法 6-4 基于置信区间的 SCA 算法

1:初始化 $\rho_u^{(t)}[0]$，$\tau[0]$，置信区间半径 $r[0]=1$，阈值 ϵ_1，最大迭代次数 L_1，并设 $l_1=0$

2:循环

3: 给定 $\rho_u^{(t)}[\ell_1]$ 和 $\tau[\ell_1]$，通过解问题（6-142）得到 $\rho_u^{(t)}[\ell_1+1]$ 和 $\tau[\ell_1+1]$

4: 更新 $r[\ell_1+1]\leftarrow r\dfrac{[\ell_1]}{2}$

5: 更新 $\ell_1\leftarrow\ell_1+1$

6: 直到满足 $r[\ell_1]\leqslant\epsilon_1$ 或 $\ell_1\geqslant L_1$

7: 输出收敛的功率分配问题的解

在传输功率分配好的情况下，STAR-IRS 配置的子问题可表示为

$$\min Y\left(\boldsymbol{\Theta}_u^{(t)}\right) \tag{6-143a}$$

$$\text{s.t.} \text{ 式（6-129），式（6-138），} \boldsymbol{\Theta}_u^{(t)} \in \mathcal{Q}, \forall u \in \mathcal{U} \tag{6-143b}$$

其中，$\mathcal{Q}=\{(\beta_m,\theta_m,\phi_m)|\ \beta_m \in \{0,1\},\theta_m \in [0,2\pi],\phi_m \in [0,2\pi]\}$ 表示可用的 STAR-IRS 配置集合。为便于推导，令 $\overline{\beta}_m = 1-\beta_m$，因此 STAR-IRS 的配置向量可表示为

$$\boldsymbol{q}_u=\begin{cases}\left[\beta_1 \mathrm{e}^{\mathrm{j}\theta_1},\beta_2 \mathrm{e}^{\mathrm{j}\theta_2},\cdots,\beta_M \mathrm{e}^{\mathrm{j}\theta_M}\right]^{\mathrm{H}},\forall u \in \mathcal{N}_{\mathrm{R}} \cup \mathcal{K}_{\mathrm{R}} \\ \left[\overline{\beta}_1 \mathrm{e}^{\mathrm{j}\phi_1},\overline{\beta}_2 \mathrm{e}^{\mathrm{j}\phi_2},\cdots,\overline{\beta}_M \mathrm{e}^{\mathrm{j}\phi_M}\right]^{\mathrm{H}},\forall u \in \mathcal{N}_{\mathrm{T}} \cup \mathcal{K}_{\mathrm{T}}\end{cases} \tag{6-144}$$

将变量 $\boldsymbol{\Theta}_u$ 代换为 $\boldsymbol{q}_u$，从而得到 $\overline{\boldsymbol{r}}^{\mathrm{H}}\boldsymbol{\Theta}_u \boldsymbol{r}_u = \boldsymbol{q}_u^{\mathrm{H}}\boldsymbol{R}_u$，其中 $\boldsymbol{R}_u = \mathrm{diag}\{\overline{\boldsymbol{r}}^{\mathrm{H}}\boldsymbol{r}_u\}$。接下来，合并后的信道增益可以表示为

$$\begin{aligned}&\left|\overline{h}_u\right|^2 = \left|h_u + \overline{\boldsymbol{r}}^{\mathrm{H}}\boldsymbol{\Theta}_u \boldsymbol{r}_u\right|^2 = \left|h_u + \boldsymbol{q}_u^{\mathrm{H}}\boldsymbol{R}_u\right|^2 = \\ &\boldsymbol{q}_u^{\mathrm{H}}\boldsymbol{R}_u\boldsymbol{R}_u^{\mathrm{H}}\boldsymbol{q}_u + \boldsymbol{q}_u^{\mathrm{H}}\boldsymbol{R}_u h_u^{\mathrm{H}} + h_u\boldsymbol{R}_u^{\mathrm{H}}\boldsymbol{q}_u + \left|h_u\right|^2 = \\ &\overline{\boldsymbol{q}}_u^{\mathrm{H}}\boldsymbol{R}_u\overline{\boldsymbol{q}}_u + \left|h_u\right|^2, \forall u \in \mathcal{U}\end{aligned} \tag{6-145}$$

其中，

$$\boldsymbol{R}_u = \begin{bmatrix}\boldsymbol{R}_u\boldsymbol{R}_u^{\mathrm{H}} & \boldsymbol{R}_u h_u^{\mathrm{H}} \\ h_u\boldsymbol{R}_u^{\mathrm{H}} & 0\end{bmatrix}，\ \overline{\boldsymbol{q}}_u = \begin{bmatrix}\boldsymbol{q}_u \\ 1\end{bmatrix} \tag{6-146}$$

由于 $\overline{\boldsymbol{q}}_u^{\mathrm{H}}\boldsymbol{R}_u\overline{\boldsymbol{q}}_u = \mathrm{tr}\left(\boldsymbol{R}_u\overline{\boldsymbol{q}}_u\overline{\boldsymbol{q}}_u^{\mathrm{H}}\right)$，因此可以得到

$$\left|\overline{h}_u\right|^2 = \mathrm{tr}\left(\boldsymbol{R}_u\overline{\boldsymbol{q}}_u\overline{\boldsymbol{q}}_u^{\mathrm{H}}\right) + \left|h_u\right|^2 = \mathrm{tr}\left(\boldsymbol{R}_u\boldsymbol{Q}_u\right) + \left|h_u\right|^2 \tag{6-147}$$

其中，$\boldsymbol{Q}_u = \overline{\boldsymbol{q}}_u\overline{\boldsymbol{q}}_u^{\mathrm{H}}$。引入的新变量 $\boldsymbol{Q}_u$，满足 $\boldsymbol{Q}_u \succeq \boldsymbol{0}, \mathrm{rank}(\boldsymbol{Q}_u)=1$ 和 $\mathrm{diag}(\boldsymbol{Q}_u)=\boldsymbol{\beta}_u$。具体而言，$\mathrm{diag}(\boldsymbol{Q}_u)$ 表示由矩阵 $\boldsymbol{Q}_u$ 的主对角元素组成的向量，$\boldsymbol{\beta}_u$ 表示模式切换向量，即

$$\boldsymbol{\beta}_u = \begin{cases}\left[\beta_1,\beta_2,\cdots,\beta_M\right]^{\mathrm{H}}, \forall u \in \mathcal{N}_{\mathrm{R}} \cup \mathcal{K}_{\mathrm{R}} \\ \left[\overline{\beta}_1,\overline{\beta}_2,\cdots,\overline{\beta}_M\right]^{\mathrm{H}}, \forall u \in \mathcal{N}_{\mathrm{T}} \cup \mathcal{K}_{\mathrm{T}}\end{cases} \tag{6-148}$$

在式（6-147）中使用矩阵提升方法的基础上，式（6-129）和式（6-138）中的约束可以重写为

$$\begin{aligned}&\operatorname{tr}\left(\boldsymbol{R}_1^{(t)}\boldsymbol{Q}_1^{(t)}\right)+\left|h_1^{(t)}\right|^2\geqslant\cdots\geqslant\operatorname{tr}\left(\boldsymbol{R}_N^{(t)}\boldsymbol{Q}_N^{(t)}\right)+\\&\left|h_N^{(t)}\right|^2\geqslant\operatorname{tr}\left(\boldsymbol{R}_k^{(t)}\boldsymbol{Q}_k^{(t)}\right)+\left|h_k^{(t)}\right|^2,\forall k\in\mathcal{K}\end{aligned}\tag{6-149}$$

$$\begin{aligned}&\left[\operatorname{tr}\left(\boldsymbol{R}_n^{(t)}\boldsymbol{Q}_n^{(t)}\right)+\left|h_n^{(t)}\right|^2\right]\left|p_n^{(t)}\right|^2\geqslant\zeta_n\sigma^2+\\&\zeta_n\sum_{u=n+1}^{N+K}\left[\operatorname{tr}\left(\boldsymbol{R}_u^{(t)}\boldsymbol{Q}_u^{(t)}\right)+\left|h_u^{(t)}\right|^2\right]\left|p_u^{(t)}\right|^2,\forall n\in\mathcal{N}\end{aligned}\tag{6-150}$$

为了将非凸的目标函数式（6-143a）近似为凸函数，给出引理 6-2。

引理 6-2　令 $\boldsymbol{R}_k=\boldsymbol{R}_k p_k$，$\hat{h}_k=h_k-\dfrac{K}{L\lambda}$，$h_k=h_k p_k$ ，$\hat{\boldsymbol{R}}_k=\begin{bmatrix}\boldsymbol{R}_k\boldsymbol{R}_k^{\mathrm{H}} & \boldsymbol{R}_k\hat{h}_k^{\mathrm{H}}\\ \hat{h}_k\boldsymbol{R}_k^{\mathrm{H}} & 0\end{bmatrix}$和 $\bar{\boldsymbol{R}}_k=\begin{bmatrix}\boldsymbol{R}_k\boldsymbol{R}_k^{\mathrm{H}} & \boldsymbol{R}_k h_k^{\mathrm{H}}\\ h_k\boldsymbol{R}_k^{\mathrm{H}} & 0\end{bmatrix}$，于是有

$$\nabla\varLambda_3(\boldsymbol{Q}_k)=\frac{L\lambda^2}{\mu K^2}\hat{\boldsymbol{R}}_k^{\mathrm{H}}\tag{6-151}$$

$$\nabla\varLambda_4(\boldsymbol{Q}_k)=\frac{L\lambda^2\|\boldsymbol{\delta}\|_2^2}{2K^2}\bar{\boldsymbol{R}}_k^{\mathrm{H}}\tag{6-152}$$

在引理 6-2 的基础上，使用一阶泰勒展开来处理式（6-143a）的非凸性，即

$$\begin{aligned}&Y\left(\boldsymbol{\Theta}_u^{(t)}\right)\simeq\hat{Y}\left(\boldsymbol{Q}_u^{(t)}\right)\triangleq Y\left(\boldsymbol{Q}_u^{(t)}[\ell]\right)+\\&\left(\boldsymbol{Q}_u^{(t)}-\boldsymbol{Q}_u^{(t)}[\ell]\right)^{\mathrm{T}}\nabla Y\left(\boldsymbol{Q}_u^{(t)}[\ell]\right),u\in\mathcal{K}\end{aligned}\tag{6-153}$$

其中，$\boldsymbol{Q}_u^{(t)}[\ell]$是第 l 轮迭代获得的解，一阶导数$\nabla Y(\boldsymbol{Q}_u^{(t)}[\ell])$为

$$\begin{aligned}\nabla Y(\boldsymbol{Q}_k^{(t)}[\ell])=&\frac{L\lambda^2\left(F(\boldsymbol{w}^{(1)})-F^*\right)}{\mu K^2}\left(\breve{\boldsymbol{R}}_k^{(t)}\right)^{\mathrm{H}}\prod_{i\in\mathcal{T}\setminus\{t\}}\varLambda_3^{(i)}+\\&\frac{L\lambda^2\|\boldsymbol{\delta}\|_2^2}{2K^2}\left(\bar{\boldsymbol{R}}_k^{(t)}\right)^{\mathrm{H}}\prod_{i=t+1}^{T}\varLambda_3^{(i)}+\frac{L\lambda^2}{\mu K^2}\left(\breve{\boldsymbol{R}}_k^{(t)}\right)^{\mathrm{H}}\sum_{j=1}^{t-1}\varLambda_4^{(j)}\frac{\prod_{i=j+1}^{T}\varLambda_3^{(i)}}{\varLambda_3^{(t)}},t\in\mathcal{T}\setminus\{1\}\end{aligned}\tag{6-154a}$$

$$\nabla Y(\boldsymbol{Q}_k^{(1)}[\ell])=\frac{L\lambda^2\left(F(\boldsymbol{w}^{(1)})-F^*\right)}{\mu K^2}\left(\breve{\boldsymbol{R}}_k^{(1)}\right)^{\mathrm{H}}\prod_{i=2}^{T}\varLambda_3^{(i)}+\frac{L\lambda^2\|\boldsymbol{\delta}\|_2^2}{2K^2}\left(\bar{\boldsymbol{R}}_k^{(1)}\right)^{\mathrm{H}}\prod_{i=2}^{T}\varLambda_3^{(i)}\tag{6-154b}$$

之后，为了将二元约束转化为易于处理的形式，将其重写为 $\beta_m^{(t)}(1-\beta_m^{(t)})=0,\forall m\in\mathcal{M}$ ，其中的二元变量被松弛为连续变量，即 $\beta_m^{(t)}\in\{0,1\}\rightarrow\beta_m^{(t)}\in[0,1]$,

$\forall m \in \mathcal{M}$。通过在重构的式（6-153）中引入一个惩罚项，可以得到

$$\Psi\left(\boldsymbol{Q}_u^{(t)}, \boldsymbol{\beta}_u^{(t)}\right) = \hat{Y}\left(\boldsymbol{Q}_u^{(t)}\right) + \chi \sum_{m=1}^{M} \beta_m^{(t)}(1-\beta_m^{(t)}) \tag{6-155}$$

其中，$\chi > 0$ 表示正的惩罚参数。注意到，由于 $\boldsymbol{\beta}_u^{(t)}$ 的存在，问题（6-155）仍然是非凸的，而为了将其转化为凸形式，使用在 l 次迭代的给定点 $\beta_m^{(t)}[\ell]$ 上的一阶泰勒展开来近似引入惩罚的目标函数式（6-155），即

$$\begin{aligned}\Psi\left(\boldsymbol{Q}_u^{(t)}, \boldsymbol{\beta}_u^{(t)}\right) \simeq \Psi\left(\boldsymbol{Q}_u^{(t)}, \boldsymbol{\beta}_u^{(t)}\right) \triangleq \hat{Y}\left(\boldsymbol{Q}_u^{(t)}\right) + \\ \chi \sum_{m=1}^{M} \left[\beta_m^{(t)}(1-2\beta_m^{(t)}[\ell]) + (\beta_m^{(t)}[\ell])^2\right]\end{aligned} \tag{6-156}$$

因此，通过将式（6-143）中的非凸项替换为式（6-149）、式（6-150）和式（6-156）中得出的新的凸函数，问题（6-143）可以重构为

$$\min \ \Psi\left(\boldsymbol{Q}_u^{(t)}, \boldsymbol{\beta}_u^{(t)}\right) \tag{6-157a}$$

$$\text{s.t. } \operatorname{diag}(\boldsymbol{Q}_u^{(t)}) = \boldsymbol{\beta}_u, \forall u \in \mathcal{U} \tag{6-157b}$$

$$\boldsymbol{Q}_u^{(t)} \succeq \mathbf{0}, \forall u \in \mathcal{U} \tag{6-157c}$$

$$\operatorname{rank}(\boldsymbol{Q}_u^{(t)}) = 1, \forall u \in \mathcal{U} \tag{6-157d}$$

$$\beta_m^{(t)} \in [0,1], \forall m \in \mathcal{M} \tag{6-157e}$$

$$\text{式（6-149），式（6-150）} \tag{6-157f}$$

可以看到，在问题（6-157）中只有秩为 1 的约束（6-157d）是非凸的。解决这一问题的一个常用方法是半正定松弛（Semidefinite Relaxation，SDR），方式是直接去掉秩为 1 的非凸约束项[61]。之后，松弛后的问题（6-157）是一个标准的半正定规划（Semidefinite Program，SDP）问题，可以使用已有的凸优化工具箱来有效解决。如果得到的解的秩不为 1，可以使用高斯随机化方法来构造秩为 1 的解。算法 6-5 给出了用于求解问题（6-143）的基于惩罚项的 SDR 算法，其中，ϱ 是惩罚参数的比例因子。

算法 6-5 基于惩罚项的 SDR 算法

1:初始化 $\boldsymbol{Q}_u^{(t)}[0], \boldsymbol{\beta}_u^{(t)}[0]$，惩罚参数 χ，比例因子 ϱ，阈值 ϵ_p，ϵ_c，最大迭代次数 L_2，并令 $\ell_2 = 0$

2:重复

3: 令迭代标识$\ell_2 \leftarrow 0$

4: 重复

5: 给定$\boldsymbol{Q}_u^{(t)}[\ell_2]$和$\boldsymbol{\beta}_u^{(t)}[\ell_2]$，求解问题（6-157），得到$\boldsymbol{Q}_u^{(t)}[\ell_2+1]$和$\boldsymbol{\beta}_u^{(t)}[\ell_2+1]$

6: 更新$\ell_2 \leftarrow \ell_2+1$

7: 直到满足$\left|\Psi[\ell_2]-\Psi[\ell_2-1]\right| \leqslant \epsilon_p$或$\ell_2 \geqslant L_2$

8: 用当前的解$\boldsymbol{Q}_u^{(t)}[\ell_2]$和$\boldsymbol{\beta}_u^{(t)}[\ell_2]$来更新$\boldsymbol{Q}_u^{(t)}[0]$和$\boldsymbol{\beta}_u^{(t)}[0]$

9: 更新$\chi \leftarrow \varrho\chi$

10: 直到满足约束冲突低于ϵ_c

假设当前在使用 STAR-IRS 的异构网络中总共有$U=6$个用户和一个基站，其中$N=3$个 NOMA 用户和$K=3$个 AirFL 用户随机均匀分布在以 STAR-IRS 为圆心、以 5m 为半径的圆内。在三维坐标系下，基站和 STAR-IRS 分别位于坐标（0,0,0）和（0,50,0）上。无源器件的数量为$M=20$。信道模型的配置与文献[66]相似，其中，参考路径损耗为$\varsigma_0=-30\ \text{dBm}$，大尺度路径损耗指数为$\alpha=2.2$，莱斯参数为$\kappa=2$，预算功率为$P_u=23\ \text{dBm}$，噪声功率为$\sigma^2=-80\ \text{dBm}$。假设第$n$个 NOMA 用户需要的最小数据速率为$R_n^{\min}=1\ \text{Mbit/s}$。特别地，本节假设 AirFL 用户是用联邦学习方式在训练一个 CNN 以完成 MNIST 数据集的图像分类任务[70-71]。

图 6-50 给出了在 MNIST 数据集上训练 CNN 的学习性能表现。作为比较，以下方案被视为基准方案。①传统 IRS 方案。使用一个只反射的 IRS 和一个只传输的 IRS 来为全空间内的用户提供服务，每个 IRS 分别有$\dfrac{M}{2}$个反射单元。②随机 STAR-IRS 方案。只优化 STAR-IRS 的其中一个模式标识，相移为[0,2π]范围内的随机值。从图 6-50 可以看到，通过联合设计 STAR-IRS 的模式切换和相移，本节提出的算法可以达到比基准方案更低的训练损失和更高的测试精确度。此外，如果相移没有被适当调节（例如随机 STAR-IRS），传统 IRS 应该会有更好的学习表现。结果表明，当反射和折射单元的数目受限时，在获得的性能表现结果中，优化相移起到主导作用。

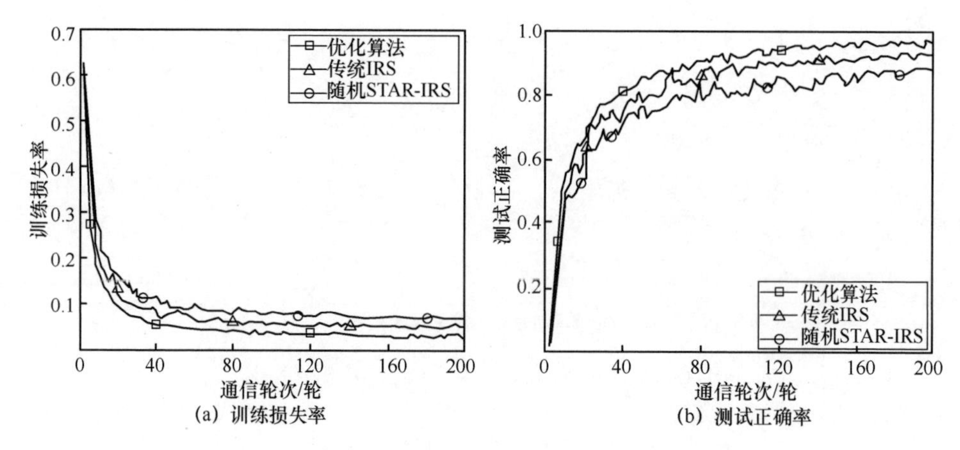

(a) 训练损失率

(b) 测试正确率

图 6-50 在 MNIST 数据集上训练 CNN 的学习性能表现

（3）无线链路 QoS 约束下基于 IRS 的联邦学习[72]

基于 AirComp 的联邦学习有效提高了学习效率，但忽视了 6G 边缘联邦学习系统中存在的安全问题。AirComp 技术过分追求模型聚合的高效性，缺乏对模型合法性和完整性的保证。这使 6G 边缘网络内的恶意用户有可乘之机，能够通过故意发送恶意模型造成联邦学习的不收敛，甚至是崩溃。为兼顾 AirComp 的高效性与联邦学习的安全性，本节研究了采用“空中计算”技术的 6G 边缘联邦学习系统中的模型聚合过程，并引入 IRS 以帮助用户向基站传输数据。为了对联邦学习系统中的恶意设备进行检测，采用 SIC 为分析设备模型参数的统计特性提供基础。本节方案的目的是联合优化基站处的接收波束成形向量、用户处的发射功率分配以及 IRS 的相移矩阵，使均方误差最小化，并同时满足设备发射功率约束、反射单元相移约束、SIC 解码次序约束和服务质量约束。为了解决这一复杂问题，首先，参照交替优化方法将其分解为 3 个子问题，并通过拉格朗日对偶法求解第一个子问题得到最优接收波束成形向量。然后，采用凸松弛方法应用于设备发射功率分配子问题，求出次最优解。最后，利用半正定松弛方法求解 IRS 相移矩阵子问题。仿真结果验证了 IRS 的有效性和所提方案在提高 6G 边缘联邦学习性能方面的有效性。

如图 6-51 所示，考虑 6G 边缘网络由一个基站、K 个边缘设备以及一个 IRS 使能 AirFL 组成。K 个设备集合表示为 $\mathcal{K}=\{1,\cdots,K\}$，$M$ 个 IRS 反射单元集合表示为 $\mathcal{M}=\{1,\cdots,M\}$。令 $M\times M$ 维对角矩阵 $\boldsymbol{\Theta}=\mathrm{diag}\{\mathrm{e}^{\mathrm{j}\phi_1},\cdots,\mathrm{e}^{\mathrm{j}\phi_m},\cdots,\mathrm{e}^{\mathrm{j}\phi_M}\}$ 表示所述 IRS 的

相移矩阵，其中，ϕ_m 表示反射单元 m 的相移，$\phi_m \in [0, 2\pi]$；$\boldsymbol{W}_k$ 表示边缘设备 k 从本地数据集学习的本地模型参数。为了提高频谱效率并减少时延，采用 AirComp 来实现所有设备在同一时频资源带宽上的并发传输。

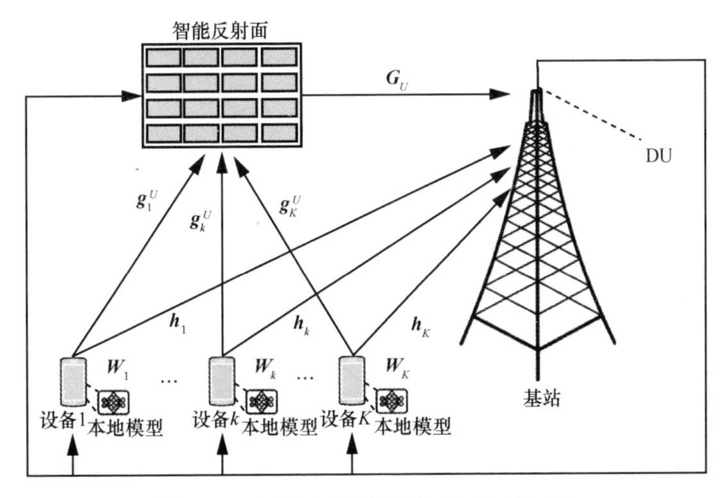

图 6-51　IRS 使能的 6G 边缘 AirFL 系统模型

在 AirFL 场景中，基站采用多种列线函数[73]，对设备上传的所有 $\boldsymbol{W}_k$ 进行不同的聚合处理，函数表示为

$$\boldsymbol{W} = \psi\left(\sum_{k=1}^{K} \varphi_k(\boldsymbol{W}_k)\right) \tag{6-158}$$

其中，$\boldsymbol{W}$ 表示聚合的全局模型参数，$\varphi_k(\cdot)$ 和 $\psi(\cdot)$ 分别表示设备 k 的预处理函数和基站处的后处理函数。预处理后，$\boldsymbol{W}_k$ 转换成传输信号 $s_k \in \mathbb{C}$，它被认为是一个均值为 0、方差为 1 的独立同分布随机变量。进一步地，假设每个设备均使用单个天线，基站则配备有 N_r 个天线以从设备接收信号，同时令 $s = \sum_{k=1}^{K} s_k$ 表示所需的叠加信号。基于这些假设，基站处的叠加信号估计值 $\hat{s}$ 可以表示为

$$\hat{s} = \boldsymbol{b}^{\mathrm{H}}\left[\sum_{k=1}^{K}\left(\boldsymbol{h}_k + \boldsymbol{G}_U^{\mathrm{H}} \Theta \boldsymbol{g}_k^U\right)\sqrt{p_k}\, s_k + \boldsymbol{n}\right] \tag{6-159}$$

其中，$\boldsymbol{x}^{\mathrm{H}}$ 表示 $\boldsymbol{x}$ 的共轭转置，$\boldsymbol{b}\in\mathbb{C}^{N_r\times 1}$ 表示基站的接收波束成形向量，p_k 表示边缘设备 k 的发射功率，$\boldsymbol{h}_k\in\mathbb{C}^{N_r\times 1}$ 表示边缘设备 k 和基站之间的莱斯信道向量，$\boldsymbol{g}_k^U\in\mathbb{C}^{M\times 1}$ 表示边缘设备 k 和 IRS 之间的瑞利信道向量，$\boldsymbol{G}_U\in\mathbb{C}^{M\times N_r}$ 表示 IRS 和基站之间的莱斯信道矩阵，$\boldsymbol{n}\in\mathbb{C}^{N_r\times 1}$ 表示 AWGN 向量，每个单元服从独立分布 $\mathcal{CN}(0,\sigma^2)$，其中 σ^2 是噪声功率。为使符号表达简洁，令 $\overline{\boldsymbol{h}}_k=\boldsymbol{h}_k+\boldsymbol{G}_U^{\mathrm{H}}\Theta\boldsymbol{g}_k^U$。由于减少信号的失真可以改善联邦学习的效果，因此利用 MSE 来量化 AirFL 的性能。具体而言，$\hat{s}$ 相较于 s 的失真可使用 MSE 进行测量，定义为

$$\mathrm{MSE}(\hat{s},s)=\mathrm{E}\left(|\hat{s}-s|^2\right)=\sum_{k=1}^{K}\left|\boldsymbol{b}^{\mathrm{H}}\overline{\boldsymbol{h}}_k\sqrt{p_k}-1\right|^2+\|\boldsymbol{b}\|^2\sigma^2 \tag{6-160}$$

其中，$\|\boldsymbol{x}\|$ 表示向量 $\boldsymbol{x}$ 的 2-范数，$|x|$ 表示复数 x 的模。

尽管 AirFL 技术可以直接聚合来自参与设备的本地模型参数，但为了防范恶意设备、确保系统安全，解码和记录这些参数仍然必不可少。因此需要分析接收端接收到的叠加信号，并采用 SIC 解码每个设备的模型参数。通过这种方式，基站可以得到分析解码后模型参数的统计特征，从而找到对系统发起攻击的恶意设备[74]。此外，采用基于动量的随机梯度下降等技术记忆聚合全局模型参数有利于联邦学习过程的收敛[75]。特别地，设备 k 的上行数据速率 R_k 在 SIC 解码方案下可表示为

$$R_k=B\mathrm{lb}\left(1+\frac{\left|\boldsymbol{b}^{\mathrm{H}}\overline{\boldsymbol{h}}_k\right|^2p_k}{\sum\limits_{\pi(k')>\pi(k)}\left|\boldsymbol{b}^{\mathrm{H}}\overline{\boldsymbol{h}}_{k'}\right|^2p_{k'}+\|\boldsymbol{b}\|^2\sigma^2}\right) \tag{6-161}$$

其中，$\pi(k)$ 表示设备 k 的解码次序（例如 $\pi(k)=3$ 是指设备 k 在基站上是第三个被解码的设备），B 表示可用带宽。

严格来说，在上行传输场景中，当 $\left|\boldsymbol{b}^{\mathrm{H}}\overline{\boldsymbol{h}}_k\right|^2p_k>\left|\boldsymbol{b}^{\mathrm{H}}\overline{\boldsymbol{h}}_{k'}\right|^2p_{k'}$ 时，设备 k 在设备 k' 之前解码。然而，由于联合优化 $\boldsymbol{b}$ 和 p_k 以确定解码次序的过程极其复杂，为了简便，替代性地使用 $\left\|\overline{\boldsymbol{h}}_k\right\|^2$ 推导出 $\pi(k)$。因此，只需满足 $\left\|\overline{\boldsymbol{h}}_k\right\|^2>\left\|\overline{\boldsymbol{h}}_{k'}\right\|^2$，即可推导出设备 k 在设备 k' 之前解码。并且要成功执行 SIC，还应满足以下约束条件[76]

$$\left|\boldsymbol{b}^{\mathrm{H}}\overline{\boldsymbol{h}}_k\right|^2p_k-\sum_{k'=k+1}^{K}\left|\boldsymbol{b}^{\mathrm{H}}\overline{\boldsymbol{h}}_{k'}\right|^2p_{k'}\geqslant p_{\mathrm{gap}},\forall k\in\mathcal{K}\setminus\{K\} \tag{6-162}$$

其中，p_{gap} 是待解码信号和未解码信号之间所要求最小接收功率差。为了便于表达，

重新排列设备的序号，使具有较小序号的设备首先被解码。

本节采用 SIC 技术从叠加信号中解码出上传的模型参数，作为鉴别恶意用户的基础，以优化 IRS 使能的 AirFL 系统的性能。由于难以实现 MSE 和 QoS 的联合优化，选择在保证 QoS 约束（即数据速率约束）的情况下最小化 MSE。因此，优化问题可表示为

$$\text{P1}: \min_{\boldsymbol{p},\boldsymbol{\Theta},\boldsymbol{b}} \text{MSE}(\hat{s}, s) \tag{6-163a}$$

$$\text{s.t. } 0 < p_k \leqslant P_{\max}, \forall k \in \mathcal{K} \tag{6-163b}$$

$$0 \leqslant \phi_m \leqslant 2\pi, \forall m \in \mathcal{M} \tag{6-163c}$$

$$R_k \geqslant R_{\min}, \forall k \in \mathcal{K} \tag{6-163d}$$

$$\text{式（6-162）} \tag{6-163e}$$

其中，$\boldsymbol{p} = [p_1, p_2, \cdots, p_K]^{\mathrm{T}}$ 表示发射功率向量，$P_{\max}$ 表示每个设备的最大发射功率，$R_{\min}$ 表示每个设备的最低上传数据速率。

优化变量在目标函数和约束条件中的耦合使 P1 成为非线性非凸问题，目前仍然缺乏能够直接处理这些问题的标准方法。为了使问题易于处理，本节采用 AO 算法将 P1 问题分解为一系列子问题，并以迭代的方式找到次最优解。

当发射功率分配 $\boldsymbol{p}$ 和相移矩阵 $\boldsymbol{\Theta}$ 都固定时，问题 P1 可转化成优化接收波束成形向量 $\boldsymbol{b}$ 的子问题，约束条件为式（6-162）和式（6-163d），从而得到

$$\text{P2}: \min_{\boldsymbol{b}} \sum_{k=1}^{K} \left| \boldsymbol{b}^{\mathrm{H}} \bar{\boldsymbol{h}}_k \sqrt{p_k} - 1 \right|^2 + \| \boldsymbol{b} \|^2 \sigma^2 \tag{6-164a}$$

$$\text{s.t. } \left| \boldsymbol{b}^{\mathrm{H}} \bar{\boldsymbol{h}}_k \right|^2 p_k - \gamma_{\min} \sum_{k=k+1}^{K} \left| \boldsymbol{b}^{\mathrm{H}} \bar{\boldsymbol{h}}_k \right|^2 p_{k'} - \gamma_{\min} \| \boldsymbol{b} \|^2 \sigma^2 \geqslant 0, \forall k \in \mathcal{K} \tag{6-164b}$$

$$\text{式（6-162）} \tag{6-164c}$$

其中，$\gamma_{\min} = 2^{\frac{R_{\min}}{B}} - 1$ 表示达到 $R_{\min}$ 的最小信噪比。考虑到 P2 对于 $\boldsymbol{b}$ 是非凸的，并且很难直接求解，因此本节将通过调用拉格朗日对偶方法进行求解。

为了便于表述，定义辅助矩阵 $\boldsymbol{H}_k$ 、$\boldsymbol{A}_k$ 和 $\boldsymbol{B}_k$ 分别为

$$\boldsymbol{H}_k = \bar{\boldsymbol{h}}_k \bar{\boldsymbol{h}}_k^{\mathrm{H}}, \forall k \in \mathcal{K} \tag{6-165}$$

$$\boldsymbol{A}_k = p_k \boldsymbol{H}_k - \gamma_{\min} \sum_{k'=k+1}^{K} p_{k'} \boldsymbol{H}_{k'} - \gamma_{\min} \sigma^2 \boldsymbol{I}, \forall k \in \mathcal{K} \tag{6-166}$$

$$\boldsymbol{B}_k = p_k \boldsymbol{H}_k - \sum_{k'=k+1}^{K} p_{k'} \boldsymbol{H}_{k'}, \forall k \in \mathcal{K} \setminus \{K\} \tag{6-167}$$

因此，问题P2 可以被等价地重写为

$$\text{P2.1}: \min_{\boldsymbol{b}} \sum_{k=1}^{K} \left| \boldsymbol{b}^H \bar{\boldsymbol{h}}_k \sqrt{p_k} - 1 \right|^2 + \|\boldsymbol{b}\|^2 \sigma^2 \tag{6-168a}$$

$$\text{s.t. } \boldsymbol{b}^{\mathrm{H}} \boldsymbol{A}_k \boldsymbol{b} \geqslant 0, \forall k \in \mathcal{K} \tag{6-168b}$$

$$\boldsymbol{b}^{\mathrm{H}} \boldsymbol{B}_k \boldsymbol{b} - | \, p_{\mathrm{gap}} \geqslant 0, \forall k \in \mathcal{K} \setminus \{K\} \tag{6-168c}$$

进一步地，可以得到问题P2.1 的拉格朗日函数为

$$\begin{aligned} \mathcal{L}(\boldsymbol{b}, \lambda_k, \mu_k) = K + p_{\mathrm{gap}} \sum_{k=1}^{K} \mu_k - \boldsymbol{b}^{\mathrm{H}} \left(\sum_{k=1}^{K} \bar{\boldsymbol{h}}_k \sqrt{p_k} \right) + \\ \boldsymbol{b}^{\mathrm{H}} \left(\sum_{k=1}^{K} \overline{\boldsymbol{H}}_k + \sigma^2 \boldsymbol{I} \right) \boldsymbol{b} - \left(\sum_{k=1}^{K} \bar{\boldsymbol{h}}_k^{\mathrm{H}} \sqrt{p_k} \right) \boldsymbol{b} \end{aligned} \tag{6-169}$$

其中，λ_k 和 μ_k 是非负的拉格朗日乘子，$\overline{\boldsymbol{H}}_k = p_k \boldsymbol{H}_k - \lambda_k \boldsymbol{A}_k - \mu_k \boldsymbol{B}_k$，$\boldsymbol{I}$ 是单位矩阵。注意，式（6-168c）中缺少第 K 个约束，使相关表达式较为复杂。为进一步简化，令 $\mu_K = 0$ 和 $\boldsymbol{B}_K = p_K \boldsymbol{H}_K$，以便于 μ_k 相关求和项的表达。

通过对 $\mathcal{L}(\boldsymbol{b}, \lambda_k, \mu_k)$ 求关于 $\boldsymbol{b}$ 的一阶偏导数并令结果等于 0，获得最佳接收波束成形向量 $\boldsymbol{b}^*$ 为

$$\boldsymbol{b}^* = \left(\sum_{k=1}^{K} \overline{\boldsymbol{H}}_k + \sigma^2 \boldsymbol{I} \right)^{-1} \left(\sum_{k=1}^{K} \bar{\boldsymbol{h}}_k \sqrt{p_k} \right) \tag{6-170}$$

其中，$\boldsymbol{X}^{-1}$ 表示矩阵 $\boldsymbol{X}$ 的逆。接收波束成形向量 $\boldsymbol{b}$ 的设计也称为最小均方误差（Minimum Mean-Square-Error，MMSE）准则。

通过将 $\boldsymbol{b}^*$ 代入式（6-169），P2.1 的拉格朗日对偶问题可重新表示为

$$\begin{aligned} \text{P2.2}: \max_{\{\lambda_k\},\{\mu_k\}} - \left(\sum_{k=1}^{K} \bar{\boldsymbol{h}}_k^{\mathrm{H}} \sqrt{p_k} \right) \left\{ \sum_{k=1}^{K} p_k \boldsymbol{H}_k \left[1 - \lambda_k - \mu_k + \sum_{i=1}^{k-1} (\lambda_i \gamma_{\min} + \mu_i) \right] + \right. \\ \left. \left[\left(\sum_{k=1}^{K} \lambda_k \right) \gamma_{\min} + 1 \right] \sigma^2 \boldsymbol{I} \right\}^{-1} \left(\sum_{k=1}^{K} \bar{\boldsymbol{h}}_k \sqrt{p_k} \right) + K + p_{\mathrm{gap}} \sum_{k=1}^{K} \mu_k \end{aligned} \tag{6-171a}$$

$$\text{s.t. } \lambda_k \geqslant 0, \mu_k \geqslant 0, \forall k \in \mathcal{K} \tag{6-171b}$$

由于逆矩阵相当复杂，很难推导出拉格朗日乘子 λ_k 和 μ_k 的闭式表达式。因此，本节交替地采用次梯度法，以迭代方式更新 λ_k 和 μ_k。二者在第 $t+1$ 次迭代时的值分别表示为

$$\lambda_k^{(t+1)} = \left[\lambda_k^{(t)} - \delta_1\left(\boldsymbol{b}^{(t)^{\mathrm{H}}} \boldsymbol{A}_k \boldsymbol{b}^{(t)}\right)\right]^+, \forall k \in \mathcal{K} \tag{6-172}$$

$$\mu_k^{(t+1)} = \left[\mu_k^{(t)} - \delta_2\left(\boldsymbol{b}^{(t)^{\mathrm{H}}} \boldsymbol{B}_k \boldsymbol{b}^{(t)} - p_{\mathrm{gap}}\right)\right]^+, \forall k \in \mathcal{K} \setminus \{K\} \tag{6-173}$$

其中，δ_1 和 δ_2 是步长常量，$[x]^+ = \max\{0, x\}$，$\boldsymbol{b}^{(t)}$ 是在第 t 次迭代时得到的 $\boldsymbol{b}$ 的值。算法 6-6 总结了基于拉格朗日对偶法的接收波束成形向量获取算法，其中，$T_{1,\max}$ 表示最大迭代次数，ε_1 表示可调整的收敛精度。

算法 6-6　基于拉格朗日对偶法的接收波束成形向量获取算法

输入　$\gamma_{\min}$，σ^2，p_{gap}，δ_1，δ_2，$T_{1,\max}$，ε_1，$\{\bar{h}_k\}$，$\{p_k\}$，$\{\lambda_k\}$，$\{\mu_k\}$，t

输出　接收波束成形向量 $\boldsymbol{b}^*$

1: 初始化 $\boldsymbol{b}^{(0)}$，$\lambda_k^{(0)}$，$\mu_k^{(0)}$，δ_1，δ_2，$T_{1,\max}$，ε_1，$t=0$

2: while $k = 1 : K_m$

3: 　$t = t+1$

4: 　通过式（6-170），利用 $\lambda_k^{(t-1)}$ 和 $\mu_k^{(t-1)}$ 计算 $\boldsymbol{b}^{(t)}$

5: 　分别通过式（6-172）和式（6-173），利用 $\boldsymbol{b}^{(t)}$ 更新 $\lambda_k^{(t)}$ 和 $\mu_k^{(t)}$

6: end while

7: $\boldsymbol{b}^* = \boldsymbol{b}^{(t)}$

在得到接收波束成形矢量 $\boldsymbol{b}$ 后，本节方案通过固定相移矩阵 $\boldsymbol{\Theta}$ 求解发射功率分配子问题。根据 P1，本节方案忽略无关项，可将发射功率分配子问题简化为

$$\mathrm{P3}: \min_{\boldsymbol{p}} \sum_{k=1}^{K} \left|\boldsymbol{b}^{\mathrm{H}} \bar{\boldsymbol{h}}_k\right|^2 p_k - 2\,\mathrm{Re}\left\{\boldsymbol{b}^{\mathrm{H}} \bar{\boldsymbol{h}}_k\right\} \sqrt{p_k} \tag{6-174a}$$

s.t. 式（6-162），式（6-163b），式（6-164b）　（6-174b）

虽然 P3 的所有约束都是 p_k 的线性函数，但其目标函数仍是非凸函数。为了处理其非凸性，本节方案引入约束条件 $\eta_k = \sqrt{p_k}$，将 P3 转化为凸优化问题。由于等式约束条件通常使问题难以求解，因此将其松弛为不等式约束，松弛后的问题为

$$\mathrm{P3.1}: \min_{\boldsymbol{p}, \eta_k} \sum_{k=1}^{K} \left|\boldsymbol{b}^{\mathrm{H}} \bar{\boldsymbol{h}}_k\right|^2 \eta_k^2 - 2\,\mathrm{Re}\left\{\boldsymbol{b}^{\mathrm{H}} \bar{\boldsymbol{h}}_k\right\} \eta_k \tag{6-175a}$$

$$\text{s.t.}\quad \eta_k \leqslant \sqrt{p_k}, \forall k \in \mathcal{K} \tag{6-175b}$$

式（6-162），式（6-163b），式（6-164b）　（6-175c）

显然，P3.1 是 $\boldsymbol{p}$ 与 η_k 的联合凸优化问题，可以用现有的凸优化工具包（例如

CVX 等）求解。注意到，$T_{2,\max}$ 限制允许的最大迭代数，并且由于采用了松弛方法，获得的 $\boldsymbol{p}^*$ 可能是次最优的。

当获得接收波束成形向量 $\boldsymbol{b}$ 和功率分配向量 $\boldsymbol{p}$ 时，本节方案的目标是求解 IRS 的相移矩阵 $\boldsymbol{\Theta}$ 。优化 $\boldsymbol{\Theta}$ 的子问题为

$$\text{P4}:\min_{\boldsymbol{\Theta}}\sum_{k-1}^{K}\left|\boldsymbol{b}^{\mathrm{H}}\overline{\boldsymbol{h}}_k\sqrt{p_k}-1\right|^2+\|\boldsymbol{b}\|^2\sigma^2 \tag{6-176a}$$

$$\text{s.t. 式（6-162），式（6-163c），式（6-164d）} \tag{6-176b}$$

其中，$\boldsymbol{\Theta}$ 隐含在向量 $\overline{\boldsymbol{h}}_k$ 中。

为了明确表示优化变量并使符号更加简洁，令 $\boldsymbol{v}=\left[\mathrm{e}^{\mathrm{j}\phi_1},\mathrm{e}^{\mathrm{j}\phi_2},\cdots,\mathrm{e}^{\mathrm{j}\phi_M}\right]^{\mathrm{T}}$ ，$\boldsymbol{D}_k=\boldsymbol{G}_U^{\mathrm{H}}\operatorname{diag}\left\{\boldsymbol{g}_k^U\right\}$，从而使 $\overline{\boldsymbol{h}}_k=\boldsymbol{h}_k+\boldsymbol{D}_k\boldsymbol{v}$ 。由于子问题的表达式仍然较复杂，进一步令 $\boldsymbol{\Phi}_k=\boldsymbol{D}_k^{\mathrm{H}}\boldsymbol{b}\sqrt{p_k}$ ，$\rho_k=\boldsymbol{h}_k^{\mathrm{H}}\boldsymbol{b}\sqrt{p_k}$ ，并由此定义以下表达式来简化子问题

$$\boldsymbol{\alpha}_k=\sum_{k'=1}^{K}\boldsymbol{\Phi}_{k'}\rho_{k'}^{\mathrm{H}}-\boldsymbol{\Phi}_k,\forall k\in\mathcal{K} \tag{6-177}$$

$$\boldsymbol{\beta}_k=\boldsymbol{\Phi}_k\rho_k^{\mathrm{H}}-\gamma_{\min}\sum_{k'=k+1}^{K}\boldsymbol{\Phi}_{k'}\rho_{k'}^{\mathrm{H}},\forall k\in\mathcal{K} \tag{6-178}$$

$$\boldsymbol{\omega}_k=\boldsymbol{\Phi}_k\rho_k^{\mathrm{H}}-\sum_{k'=k+1}^{K}\boldsymbol{\Phi}_{k'}\rho_{k'}^{\mathrm{H}},\forall k\in\mathcal{K}\setminus\{K\} \tag{6-179}$$

根据上述定义，P4 可以转化为 P4.1，其中，$C_{1,k}=\gamma_{\min}\sum\limits_{k'=k+1}^{K}\left\|\rho_{k'}\right\|^2+\gamma_{\min}\sigma^2\|\boldsymbol{b}\|^2-\left\|\rho_k\right\|^2$，$C_{2,k}=\sum\limits_{k'=k+1}^{K}\left\|\rho_{k'}\right\|^2+p_{\text{gap}}-\left\|\rho_k\right\|^2$ 。P4.1 是一个关于向量 $\boldsymbol{v}$ 的非齐次二次约束二次规划问题，该问题仍然是非凸的。

为了解决这个问题，将其齐次化，并利用矩阵升维技术将其转化为 SDP 问题

$$\text{P4.1}:\min_{\boldsymbol{v}}\sum_{k=1}^{K}\boldsymbol{v}^{\mathrm{H}}\left(\boldsymbol{\Phi}_k\boldsymbol{\Phi}_k^{\mathrm{H}}\right)\boldsymbol{v}+\boldsymbol{v}^{\mathrm{H}}\boldsymbol{\alpha}_k+\boldsymbol{\alpha}_k^{\mathrm{H}}\boldsymbol{v} \tag{6-180a}$$

$$\left|v_m\right|=1,\forall m\in\mathcal{M} \tag{6-180b}$$

$$\boldsymbol{v}^{\mathrm{H}}\left(\boldsymbol{\Phi}_k\boldsymbol{\Phi}_k^{\mathrm{H}}-\gamma_{\min}\sum_{k'=k+1}^{K}\boldsymbol{\Phi}_{k'}\boldsymbol{\Phi}_{k'}^{\mathrm{H}}\right)\boldsymbol{v}+\boldsymbol{v}^{\mathrm{H}}\boldsymbol{\beta}_k+\boldsymbol{\beta}_k^{\mathrm{H}}\boldsymbol{v}\geqslant C_{1,k},\forall k\in\mathcal{K} \tag{6-180c}$$

$$\boldsymbol{v}^{\mathrm{H}}\left(\boldsymbol{\Phi}_k\boldsymbol{\Phi}_k^{\mathrm{H}}-\sum_{k'=k+1}^{K}\boldsymbol{\Phi}_{k'}\boldsymbol{\Phi}_{k'}^{\mathrm{H}}\right)\boldsymbol{v}+\boldsymbol{v}^{\mathrm{H}}\boldsymbol{\omega}_k+\boldsymbol{\omega}_k^{\mathrm{H}}\boldsymbol{v}\geqslant C_{2,k},\forall k\in\mathcal{K}\setminus\{K\} \tag{6-180d}$$

具体而言，额外引入变量 t 满足 $t^2=1$，使 $\boldsymbol{v}$ 拓展为 $\bar{\boldsymbol{v}}=\left[\mathrm{e}^{\mathrm{j}\phi_1},\mathrm{e}^{\mathrm{j}\phi_2},\cdots,\mathrm{e}^{\mathrm{j}\phi_M},t\right]^{\mathrm{T}}$，并且令 $\boldsymbol{V}=\bar{\boldsymbol{v}}\bar{\boldsymbol{v}}^{\mathrm{H}}$。进一步地，定义辅助矩阵

$$\boldsymbol{F}_{1,k}=\begin{pmatrix}\boldsymbol{\Phi}_k\boldsymbol{\Phi}_k^{\mathrm{H}}-\gamma_{\min}\sum\limits_{k'=k+1}^{K}\boldsymbol{\Phi}_{k'}\boldsymbol{\Phi}_{k'}^{\mathrm{H}} & \boldsymbol{\beta}_k\\ \boldsymbol{\beta}_k^{\mathrm{H}} & 0\end{pmatrix},\forall k\in\mathcal{K} \tag{6-181}$$

$$\boldsymbol{F}_{2,k}=\begin{pmatrix}\boldsymbol{\Phi}_k\boldsymbol{\Phi}_k^{\mathrm{H}}-\sum\limits_{k'=k+1}^{K}\boldsymbol{\Phi}_{k'}\boldsymbol{\Phi}_{k'}^{\mathrm{H}} & \boldsymbol{\omega}_k\\ \boldsymbol{\omega}_k^{\mathrm{H}} & 0\end{pmatrix},\forall k\in\mathcal{K}\setminus\{K\} \tag{6-182}$$

基于定义的辅助矩阵，P4.1 可以等价地重写为

$$\text{P4.2}:\min_{\boldsymbol{V}}\operatorname{tr}\left(\boldsymbol{F}_0\boldsymbol{V}\right) \tag{6-183a}$$

$$\text{s.t.}\quad [\boldsymbol{V}]_{m,m}=1,\forall m\in\mathcal{M}\cup\{M+1\} \tag{6-183b}$$

$$\operatorname{tr}(\boldsymbol{F}_{1,k}\boldsymbol{V})\geqslant C_{1,k},\forall k\in\mathcal{K} \tag{6-183c}$$

$$\operatorname{tr}\left(\boldsymbol{F}_{2,k}\boldsymbol{V}\right)\geqslant C_{2,k},\forall k\in\mathcal{K}\setminus\{K\} \tag{6-183d}$$

$$\boldsymbol{V}\succeq\boldsymbol{0} \tag{6-183e}$$

$$\operatorname{rank}(\boldsymbol{V})=1 \tag{6-183f}$$

其中，$\operatorname{tr}(\boldsymbol{X})$ 是矩阵 $\boldsymbol{X}$ 的迹。然而，由于非凸约束（6-183f），P4.2 仍然是非凸的。本节方案采用半正定松弛技术[77]来处理 P4.2 的非凸性，它从 P4.2 中删除式（6-183f）条件，使其成为一个凸优化问题。

$$\text{P4.3}:\min_{\boldsymbol{V}}\operatorname{tr}(\boldsymbol{F}_0\boldsymbol{V}) \tag{6-184a}$$

$$\text{s.t. 式（6-183b）～式（6-183e）} \tag{6-184b}$$

由于 P4.3 是凸的，因此可以通过标准凸优化工具包求解，求解精度为 ε_3。注意，结果得到的 $\boldsymbol{V}$ 可能违反约束（6-183f），因此有必要对 $\boldsymbol{V}$ 取近似（如特征值分解处理）以获得一个近似但可行的解。具体而言，当 $\operatorname{rank}(\boldsymbol{V})>1$ 时，令 $\bar{\boldsymbol{v}}\approx\sqrt{\lambda_{\max}}\boldsymbol{q}$，其中，$\lambda_{\max}$ 表示 $\boldsymbol{V}$ 的最大特征值，$\boldsymbol{q}$ 表示对应最大特征值的特征向量。通过删除最后

一个元素并将其余元素对角化，将最优矩阵$\boldsymbol{\Theta}^*$从$\bar{\boldsymbol{v}}$中恢复出来。

当求解子问题时，默认情况下会调用内点算法。在最坏情况下，算法 6-5 的复杂度为$\mathcal{O}\left(T_{1,\max}2K\right)$。相似地，P3.1 在最坏情况下的复杂度为$\mathcal{O}\left(T_{2,\max}(2K)^3\right)$[78]，P4.3 在最坏情况下的复杂度为$\mathcal{O}\left(M^{4.5}\log\left(1/\varepsilon_3\right)\right)$[77]。因此，算法 6-6 在最坏情况下的总复杂度为$\mathcal{O}\left(T_{0,\max}T_{1,\max}2K+T_{0,\max}T_{2,\max}(2K)^3+T_{0,\max}M^{4.5}\log\left(\frac{1}{\varepsilon_3}\right)\right)$。

假设一个 AirFL 系统由 3 个地面设备组成，这些设备的坐标是从 100 m×100 m 的正方形区域中随机选择的，并且保持不变。基站的坐标为（0,0,25），具有 30 个反射单元的 IRS 的坐标为（25,25,20），可用带宽为$B=2$ MHz，QoS 常量为$R_{\min}=2$ Mbit/s，最大传输功率为$P_{\max}=0$，最小处理后发射功率差为$p_{\text{gap}}=10$ dBm，AWGN 功率为$\sigma^2=-80$ dBm。其他参数设置如下：$\varepsilon_0=\varepsilon_1=10^{-5}$，$T_{1,\max}=10^6$，$T_{0,\max}=40$，$T_{2,\max}$和$\varepsilon_3$为 CVX 中的默认值。

图 6-52（a）描绘了 MSE 和接收天线数量之间的关系。随着N_r的增加，MSE 呈单调递减趋势，这说明在基站处接收天线越多，AirFL 系统性能越佳。同时，具有 IRS 的 AirFL 系统比没有 IRS 的 AirFL 系统能产生更低的 MSE。也就是说，IRS 可以通过改善无线信道的质量来促进 MSE 的降低，进而提高模型聚合质量，实现更好的边缘智能效果。值得一提的是，与没有 QoS 约束的方案相比，本节提出的算法会产生更大的 MSE。这表明本节提出的算法为了满足数据速率约束，牺牲了 MSE 性能指标，同时也表明了联邦学习高效性与安全性的性能折中。

图 6-52（b）给出了不同接收天线数量时系统可实现的传输速率。从图 6-52（b）可以看出，所有设备都实现了比$R_{\min}$更高的传输速率。具体而言，设备 3 的传输速率最高，因为 SIC 消除了所有干扰，而设备 2 由于设备 3 的干扰传输速率相对较低。然而，由于来自其他两个设备的干扰最强，设备 1 的传输速率在所有设备中是最低的。当N_r增加时，设备 1 和设备 3 的速率也增加，但由于来自设备 3 的干扰也随之增加，设备 2 的传输速率降低。此外，具有 IRS 的 AirFL 系统中的设备在传输速率方面优于没有 IRS 的设备，这说明 IRS 有助于提高数据速率，进而可以更高效、更准确地实现对恶意用户的检测，保证联邦学习的性能，实现性能更优的边缘智能。

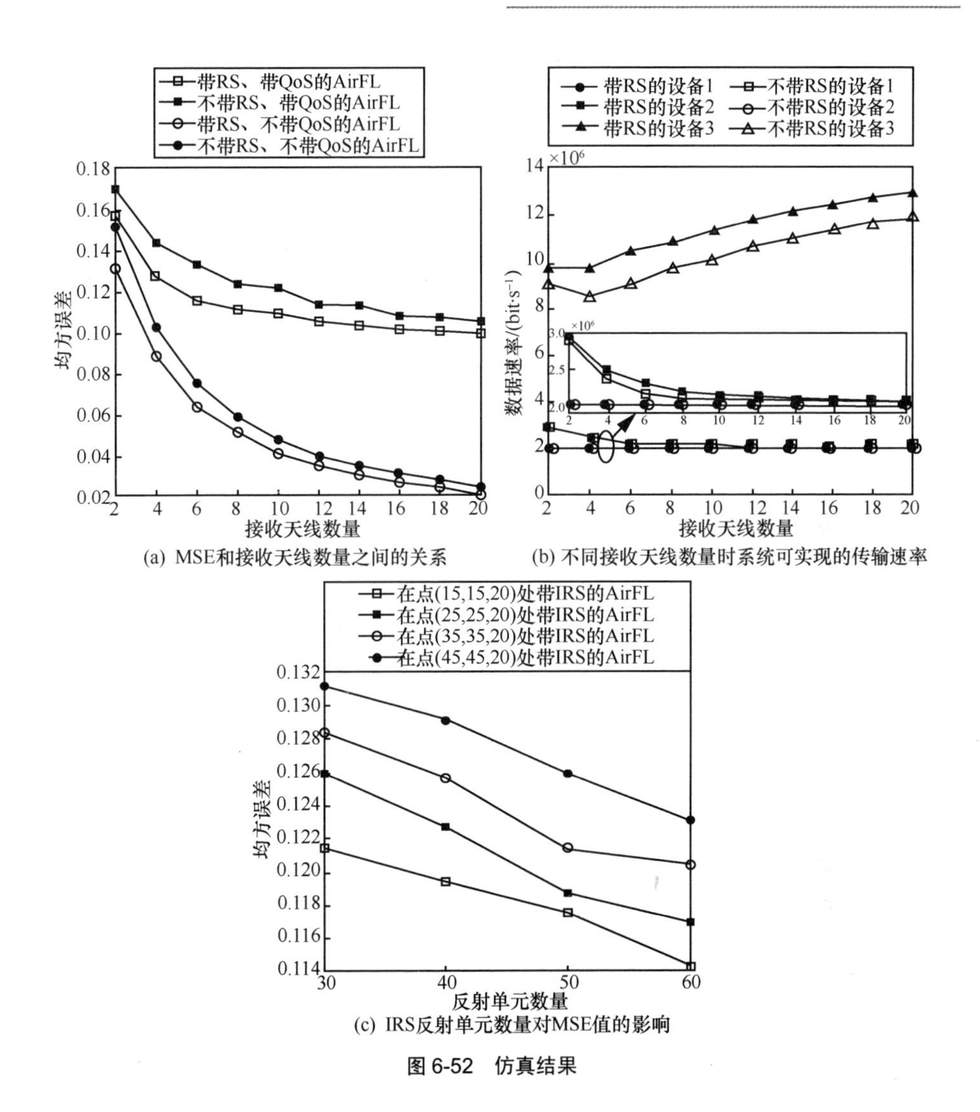

(a) MSE和接收天线数量之间的关系

(b) 不同接收天线数量时系统可实现的传输速率

(c) IRS反射单元数量对MSE值的影响

图6-52　仿真结果

图6-52（c）展示了IRS反射单元数量对MSE值的影响。从图6-52（c）可以看出，反射单元数量越多，无线环境越可控，信道条件越好，MSE越小。对于给定数量的反射单元，当IRS的位置离基站越远时，MSE逐渐增大。这表现为大规模衰落随着IRS和基站之间距离的增加而增加。可见，在IRS上部署更多的反射单元能够更有效地提高联邦学习性能。这也再次印证了IRS对于促进边缘智能的正向作用。

6.5.3 基于 IRS 和 NOMA 的信息安全通信

在即将到来的 6G 时代，无线设备和移动数据的数目将会经历前所未有的增长。但 6G 无线服务的普及也将催生出大量秘密信息。解决潜在的网络安全和隐私问题，保障用户信息传输的安全性将成为 6G 网络面临的重大挑战。新兴的 IRS 技术为应对该挑战提供了新的思路。IRS 由大量低成本的无源反射单元组成，这些单元能够独立地反射电磁波并具有可控的相移。通过智能地调整每个反射单元的相移，反射信号可以在合法或非法接收机上进行相干或相消的组合。因此，IRS 能够重塑信号传播环境，增强物理层安全性。本节利用同时支持信号反射和折射功能的双功能 RIS（Simultaneously Transmitting and Reflecting Intelligent Reconfigurable Surface，STAR-IRS）来保证全空间安全传输，提出了一种 STAR-RIS 辅助的 NOMA 的安全通信策略[79]。仿真结果表明，STAR-IRS 能提供极高的能效增益。

如图 6-53 所示，本节考虑一个 STAR-RIS 辅助的下行 NOMA 网络，其中基站在存在两个窃听者（Eve）的情况下向 J 个合法用户（此处用 Bob 指代）发送信息。STAR-RIS 用于辅助基站和用户之间的通信。信号入射到 STAR-RIS 时会分成两部分，一部分传输到折射空间（$k=t$），另一部分传输到反射空间（$k=r$），此处设 $k \in \mathcal{K}=\{r,t\}$，$\mathcal{K}$ 表示空间集合，Bob 和 Eve 的集合分别表示为 $\mathcal{J}=\{1,2,\cdots,J\}$ 和 $\mathcal{E}=\{E_r,E_t\}$。空间 k 中的 Bob 集合表示为 $\mathcal{J}_k=\{1,2,\cdots,J_k\}$，其中 $J_k+J_{\bar{k}}=J, \forall k,\bar{k} \in \mathcal{K}, k \neq \bar{k}$。设 STAR-RIS 由 M 个元件组成，基站配备 N 根天线，Bob 和 Eve 为单天线用户。

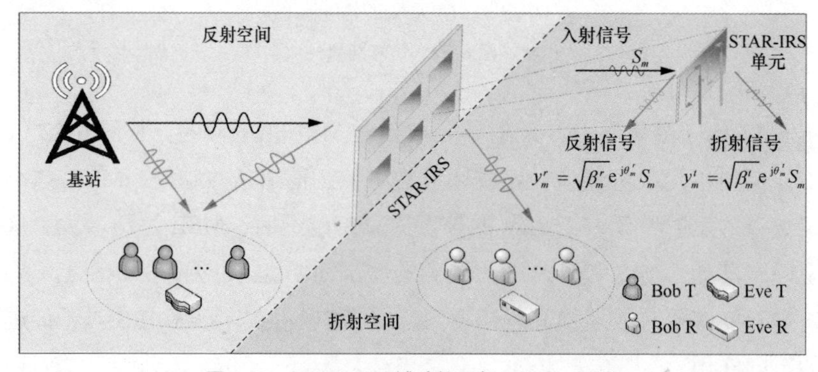

图 6-53 STAR-RIS 辅助的下行 NOMA 网络

设 $\boldsymbol{u}_k=[\sqrt{\beta_1^k}\mathrm{e}^{\mathrm{j}\theta_1^k},\sqrt{\beta_2^k}\mathrm{e}^{\mathrm{j}\theta_2^k},\cdots,\sqrt{\beta_M^k}\mathrm{e}^{\mathrm{j}\theta_M^k}]^{\mathrm{T}}\in\mathbb{C}^{M\times1},\forall k,m$ 为折射或反射波束成形向量，$\boldsymbol{\Theta}_k=\mathrm{diag}(\boldsymbol{u}_k)$ 为无源波束成形矩阵用，如果 Bob 或 Eve 位于反射空间，则满足 $\boldsymbol{u}_k=\boldsymbol{u}_r$；否则满足 $\boldsymbol{u}_k=\boldsymbol{u}_t$。以能量分割（Energy Splitting，ES）协议为例，折射和反射系数约束的集合表示为

$$\mathcal{R}_{\beta,\theta}=\left\{\beta_m^k,\theta_m^k\middle|\sum_k\beta_m^k=1,\beta_m^k\in[0,1],\theta_m^k\in[0,2\pi)\right\}\tag{6-185}$$

为了简化符号，用 $U_{k,j}$ 表示空间 k 中的第 j 个 Bob。设 $\alpha_{k,j}$ 和 $s_{k,j}$ 分别为功率分配因子和 $U_{k,j}$ 的期望信号，其中 $\mathrm{E}\left[\left|s_{k,j}\right|^2\right]=1$。因此，在 $U_{k,j}$ 和 Eve e 处接收到的信号表示为

$$\begin{aligned}y_{k,j}=&\underbrace{\bar{\boldsymbol{h}}_{k,j}\boldsymbol{f}_k\alpha_{k,j}s_{k,j}}_{\text{所需信号}}+\underbrace{\bar{\boldsymbol{h}}_{k,j}\boldsymbol{f}_k\sum_{i\in\{\mathcal{J}_k/j\}}\alpha_{k,i}s_{k,i}}_{\text{簇内干扰}}+\\&\underbrace{\bar{\boldsymbol{h}}_{k,j}\boldsymbol{f}_{\bar{k}}\sum_{i\in\mathcal{J}_{\bar{k}}}\alpha_{\bar{k},i}s_{\bar{k},i}}_{\text{簇内干扰}}+\underbrace{n_{k,j}}_{\text{噪声}},\quad\forall k,\forall j\in\mathcal{J}_k\end{aligned}\tag{6-186a}$$

$$y_e=\bar{\boldsymbol{h}}_e\sum_k\boldsymbol{f}_k\sum_j\alpha_{k,j}s_{k,j}+n_e,\quad\forall e\in\mathcal{E}\tag{6-186b}$$

其中，$\boldsymbol{f}_k$ 表示 $U_{k,j}$ 的有源波束成形向量，$n_{k,j}\sim\mathcal{CN}(0,\sigma^2)$ 和 $n_e\sim\mathcal{CN}(0,\sigma^2)$ 分别表示 $U_{k,j}$ 和 Eve e 处的噪声。设 $\bar{\boldsymbol{h}}_{k,j}$ 和 $\bar{\boldsymbol{h}}_e$ 分别表示从基站到 $U_{k,j}$ 和 Eve e 的组合信道向量，即

$$\bar{\boldsymbol{h}}_{k,j}=\boldsymbol{h}_{k,j}^{\mathrm{H}}+\boldsymbol{g}_{k,j}^{\mathrm{H}}\boldsymbol{\Theta}_k\boldsymbol{H}_b,\forall k,\forall j\in\mathcal{J}_k\tag{6-187a}$$

$$\bar{\boldsymbol{h}}_e=\boldsymbol{h}_e^{\mathrm{H}}+\boldsymbol{g}_e^{\mathrm{H}}\boldsymbol{\Theta}_k\boldsymbol{H}_b,\forall e\in\mathcal{E}\tag{6-187b}$$

其中，$\boldsymbol{h}_{k,j}^{\mathrm{H}}\in\mathbb{C}^{1\times N}$、$\boldsymbol{g}_{k,j}^{\mathrm{H}}\in\mathbb{C}^{1\times M}$、$\boldsymbol{H}_b\in\mathbb{C}^{M\times N}$、$\boldsymbol{h}_e^{\mathrm{H}}\in\mathbb{C}^{1\times N}$ 和 $\boldsymbol{g}_e^{\mathrm{H}}\in\mathbb{C}^{1\times M}$ 分别表示从基站到 $U_{k,j}$、从 STAR-RIS 到 $U_{k,j}$、从基站到 STAR-RIS、从基站到 Eve e 和从 STAR-RIS 到 Eve e 的信道向量。

本节假设空间 k 中的 J_k 个 Bob 按降序索引排列，则有

$$\left|\bar{\boldsymbol{h}}_{k,j}\boldsymbol{w}_{k,j}\right|^2\geqslant\left|\bar{\boldsymbol{h}}_{k,j+1}\boldsymbol{w}_{k,j+1}\right|^2,\forall k,\forall j\in\mathcal{J}_k^{'}=\mathcal{J}_k/\{J_k\}\tag{6-188}$$

其中，$\boldsymbol{w}_{k,j}=\alpha_{k,j}\boldsymbol{f}_k$。根据 NOMA 原理，Bob 采用 SIC 技术来消除簇内干扰。定义

$\boldsymbol{W}_{k,-j}=\left[\alpha_{k,1}\boldsymbol{f}_k,\alpha_{k,2}\boldsymbol{f}_k,\cdots,\alpha_{k,j-1}\boldsymbol{f}_k,\boldsymbol{f}_{\bar{k}}\right]$，在 $U_{k,l}$ 处解码 $s_{k,j}$ 可实现的数据速率为

$$R_{k,j}^l=\mathrm{lb}\left(1+\frac{\left|\overline{\boldsymbol{h}}_{k,j}\boldsymbol{w}_{k,j}\right|^2}{\left\|\overline{\boldsymbol{h}}_{k,l}\boldsymbol{w}_{k,-j}\right\|_2^2+\sigma^2}\right),\forall k,\forall j\in\mathcal{J}_k,\forall l\in\mathcal{L}_k \tag{6-189}$$

其中，$\mathcal{L}_k=\{l|\ l\leqslant j\},\forall l\in\mathcal{J}_k,\forall j\in\mathcal{J}_k,\forall k$。此外，为了保证 SIC 成功运行，$U_{k,j}$ 的可达数据速率应满足

$$R_{k,j}=\min\{R_{k,j}^l\mid\forall l\in\mathcal{L}_k\},\forall k,\forall j\in\mathcal{J}_k \tag{6-190}$$

对于 Eve，在物理层安全中对最坏情况进行假设。首先，假设所有 Bob 都是被窃听的用户，且 Eve 掌握 Bob 的译码顺序和预编码向量信息，此时 Eve 可以执行 SIC 来探测与 Bob 一样的信号。Eve e 解码 $s_{k,j}$ 的窃听率为

$$R_{k,j}^e=\mathrm{lb}\left(1+\frac{\left|\overline{\boldsymbol{h}}_e\boldsymbol{w}_{k,j}\right|^2}{\left\|\overline{\boldsymbol{h}}_e\boldsymbol{w}_{k,-j}\right\|_2^2+\sigma^2}\right),\forall k,e,\forall j\in\mathcal{J}_k \tag{6-191}$$

结合式（6-190）和式（6-191），可得 $U_{k,j}$ 的最大保密率为 $R_{k,j}^s=[R_{k,j}-\sum_e R_{k,j}^e]^+$，其中 $[x]^+=\max\{x,0\}$。在此基础上，系统的和加密速率（Sum Secrecy Rate，SSR）为 $R_s=\sum_k\sum_j R_{k,j}^s,\forall k,\forall j\in\mathcal{J}_k$。

系统模型中基站和用户之间的通信链路由直接链路 $\boldsymbol{h}_{k,j}$ 和 $\boldsymbol{h}_e$ 以及级联链路 $\boldsymbol{G}_{k,j}=\mathrm{diag}\left(\boldsymbol{g}_{k,j}^{\mathrm{H}}\right)\boldsymbol{H}_b$ 和 $\boldsymbol{G}_e=\mathrm{diag}\left(\boldsymbol{g}_e^{\mathrm{H}}\right)\boldsymbol{H}_b$ 组成。然而，考虑到信道估计和量化误差等各种因素会导致 CSI 的过时和不完整，为了描述这种影响，本节采用有界 CSI 模型来刻画 CSI 的不确定性，即

$$\boldsymbol{h}_{k,j}=\hat{\boldsymbol{h}}_{k,j}+\Delta\boldsymbol{h}_{k,j},\boldsymbol{G}_{k,j}=\widehat{\boldsymbol{G}}_{k,j}+\Delta\boldsymbol{G}_{k,j},\quad\forall k,\forall j\in\mathcal{J}_k \tag{6-192a}$$

$$\varOmega_{k,j}=\left\{\left\|\Delta\boldsymbol{h}_{k,j}\right\|_2\leqslant\xi_{k,j},\left\|\Delta\boldsymbol{G}_{k,j}\right\|_F\leqslant\zeta_{k,j}\right\},\quad\forall k,\forall j\in\mathcal{J}_k \tag{6-192b}$$

$$\boldsymbol{h}_e=\hat{\boldsymbol{h}}_e+\Delta\boldsymbol{h}_e,\boldsymbol{G}_e=\boldsymbol{G}_e+\Delta\boldsymbol{G}_e,\forall e \tag{6-192c}$$

$$\varOmega_e=\left\{\left\|\Delta\boldsymbol{h}_e\right\|_2\leqslant\xi_e,\left\|\Delta\boldsymbol{G}_e\right\|_F\leqslant\zeta_e\right\},\forall e \tag{6-192d}$$

其中，$\hat{\boldsymbol{h}}_{k,j}$ 和 $\widehat{\boldsymbol{G}}_{k,j}$ 分别表示对信道 $\boldsymbol{h}_{k,j}$ 和 $\boldsymbol{G}_{k,j}$ 的估计量，$\Delta\boldsymbol{h}_{k,j}$ 和 $\Delta\boldsymbol{G}_{k,j}$ 分别表示对信道 $\boldsymbol{h}_{k,j}$ 和 $\boldsymbol{h}_{k,j}$ 的估计误差，连续集合 $\varOmega_{k,j}$ 表示所有可能的信道估计误差的总和，$\xi_{k,j}$ 和

$\zeta_{k,j}$ 表示在基站处已知的不确定区域的对应半径。

本节方案的目标是在满足加密性和功率限制的情况下最大化 SEE。基于加密通信容量，SEE 被定义为可实现的 SSR 与总功率的比值。本节方案使用的系统消耗的总功率包括基站发射功率和硬件静态功率 P_0，即

$$P = \varrho \sum_k \|\boldsymbol{f}_k\|_2^2 + P_0 \tag{6-193}$$

其中，ϱ 是功率放大器效率，$P_0 = P_B + JP_U + 2MP_r(b)$，$P_B$、$P_U$ 和 $P_r(b)$ 表示基站的静态功率、每个 Bob 消耗的静态功率和每个具有 b bit 分辨率的移相器的功率。

根据上面的定义，通过联合优化功率分配系数 $\boldsymbol{\alpha} = \left\{\alpha_{k,j} \mid \forall k, \forall j \in \mathcal{J}_k\right\}$、有源波束成形 $\boldsymbol{F} = \{\boldsymbol{f}_k \mid \forall k\}$、折射和反射系数 $\boldsymbol{\Phi} = \{\boldsymbol{\Theta}_k \mid \forall k\}$，SEE 最大化问题可表示为

$$\max_{\boldsymbol{\alpha}, \boldsymbol{F}, \boldsymbol{\Phi}} \frac{\sum_k \sum_j (R_{k,j} - \sum_e R_{k,j}^e)}{\varrho \sum_k \|\boldsymbol{f}_k\|_2^2 + P_0} \tag{6-194a}$$

$$\text{s.t.} \sum_k \|\boldsymbol{f}_k\|_2^2 \leqslant P_{\max} \tag{6-194b}$$

$$\sum_j \alpha_{k,j}^2 = 1, \forall k, \forall j \in \mathcal{J}_k \tag{6-194c}$$

$$\beta_m^k, \theta_m^k \in \mathcal{R}_{\beta,\theta}, \forall k, m \tag{6-194d}$$

$$R_{k,j} \geqslant C_{k,j}, \Omega_{k,l}, \forall k, \forall j \in \mathcal{J}_k, \forall l \in \mathcal{L}_k \tag{6-194e}$$

$$R_{k,j}^e \leqslant C_{k,j}^e, \Omega_e, \forall k, e, \forall j \in \mathcal{J}_k \tag{6-194f}$$

$$\left|\bar{\boldsymbol{h}}_{k,j} \boldsymbol{w}_{k,j}\right|^2 \geqslant \left|\bar{\boldsymbol{h}}_{k,j+1} \boldsymbol{w}_{k,j+1}\right|^2, \Omega_{k,j}, \forall k, \forall j \in \mathcal{J}_k' \tag{6-194g}$$

其中，$P_{\max}$ 表示基站的最大发射功率。约束（6-194b）和式（6-194c）分别表示发射功率约束和功率分配约束。约束（6-194d）表示反射系数和折射系数的取值范围。约束（6-194e）保证在 $U_{k,j}$ 处满足最小速率要求 $C_{k,j}$。在约束（6-194f）中，$C_{k,j}^e$ 表示 Eve 窃听 $s_{k,j}$ 可以获取的最大信息约束。约束（6-194e）和式（6-194f）通过 $R_s \geqslant \sum_k \sum_j \left[C_{k,j} - \sum_e C_{k,j}^e\right]^+, \forall k, e, \forall j \in \mathcal{J}_k$ 来确保 SSR 的下界。值得注意的是，在目标函数（6-194a）中省略了运算符 $[\cdot]^+$，因为可通过设置 $C_{k,j} \geqslant \sum_e C_{k,j}^e$ 使 $R_{k,j}$ 总是大

于或等于$\sum_{e} R_{k,j}^{e}$。约束（6-194g）用于确定 SIC 解码顺序。

但是由于存在以下原因，问题（6-194）难以直接解决。①与传统的单功能 RIS（Single Functional RIS，SF-RIS）相比，部署 STAR-RIS 引入的新的折射和反射系数与其他变量高度耦合；②每个移相器被限制在单位幅度内，约束（6-194d）是非凸的；③所有信道均考虑了 CSI 估计误差，导致产生了无限多的非凸约束（6-194e）~式（6-194g）。由于问题（6-194）是一个难以优化解决的非线性和非凸的问题，本节提出了一种有效的算法来优化问题（6-194）。

为了有效求解问题（6-194），首先，通过引入松弛变量将问题（6-194）进行等价转化，从而简化对耦合变量的分解过程。然后，利用$\mathcal{S}$过程和一般的符号确定性，将半定约束转化为可处理的形式。最后，利用 AO 方法将问题（6-194）划分为 3 个子问题分别进行求解。

本节采用 SCA 的思想，引入松弛变量ψ和ρ，并将问题（6-194）转化为

$$\max_{\boldsymbol{\alpha},\boldsymbol{F},\boldsymbol{\Phi},\psi,\rho} \quad \psi \tag{6-195a}$$

$$\text{s.t.} \quad R_s \geqslant \psi\rho \tag{6-195b}$$

$$\mathcal{P} \leqslant \rho \tag{6-195c}$$

$$\text{式（6-194b）~式（6-194g）} \tag{6-195d}$$

因为约束（6-195b）和式（6-195c）在最优解求解过程中有效，因此问题（6-195）和问题（6-194）是等价的。约束（6-195c）是一个凸集，可以用二阶锥（Second-Order Cone，SOC）表示为

$$\frac{\rho - P_0 + \varrho}{2\varrho} \geqslant \left\| \left[\frac{\rho - P_0 - \varrho}{2\varrho}, \boldsymbol{f}_t^{\mathrm{T}}, \boldsymbol{f}_r^{\mathrm{T}} \right]^{\mathrm{T}} \right\|_2 \tag{6-196}$$

为了将约束（6-195b）的转化为凸函数，本节引入满足等式$R_{k,j}=r_{k,j}$和$R_{k,j}^{e}=r_{k,j}^{e}$的松弛变量集$\boldsymbol{r}=\{r_{k,j}, r_{k,j}^{e} \mid \forall k,e,\forall j \in \mathcal{J}_k\}$。然后，利用凸上界近似来处理非凸项$\psi\rho$。定义$g(\psi,\rho)=\psi\rho$和$G(\psi,\rho,t)=\frac{t}{2}\psi^2+\frac{\rho^2}{2t}(t>0)$，可以得到$G(\psi,\rho,t) \geqslant g(\psi,\rho)$。当$t=\frac{\rho}{\psi}$时，可得$G(\psi,\rho,t)=g(\psi,\rho)$以及$\nabla G(\psi,\rho,t)=\nabla g(\psi,\rho)$，由此可得$\psi\rho$的凸上界为

$(\psi\rho)^{\text{ub}}=\frac{t}{2}\psi^2+\frac{\rho^2}{2t}$，并在第 ℓ 次迭代时通过 $t^{(\ell)}=\frac{\rho^{(\ell-1)}}{\psi^{(\ell-1)}}$ 更新定值 t。因此问题（6-195）可转化为

$$\max_{\boldsymbol{a},\boldsymbol{F},\boldsymbol{\Phi},\psi,\rho,\boldsymbol{r}} \quad \psi \tag{6-197a}$$

$$\text{s.t.} \quad R_{k,j} \geqslant r_{k,j}, \Omega_{k,l}, \forall k, \forall j \in \mathcal{J}_k, \forall l \in \mathcal{L}_k \tag{6-197b}$$

$$R_{k,j}^e \leqslant r_{k,j}^e, \Omega_e, \forall k, e, \forall j \in \mathcal{J}_k \tag{6-197c}$$

$$r_{k,j} \geqslant C_{k,j}, \forall k, \forall j \in \mathcal{J}_k \tag{6-197d}$$

$$r_{k,j}^e \leqslant C_{k,j}^e, \forall k, e, \forall j \in \mathcal{J}_k \tag{6-197e}$$

$$\sum_k \sum_j (r_{k,j} - \sum_e r_{k,j}^e) \geqslant (\psi\rho)^{\text{ub}} \ \forall k, e, \forall j \in \mathcal{J}_k \tag{6-197f}$$

$$\text{式（6-194b）～式（6-194d），式（6-194g），式（6-196）} \tag{6-197g}$$

可以看到，问题（6-197）的主要难点来自半定约束（6-197b）、式（6-197c）和式（6-194g）。为此，本节构造了与之等价的有限线性矩阵不等式。

1．半无限约束变换

借助于辅助变量集 $\boldsymbol{\eta}=\{\eta_{k,j}^l,\eta_{k,j}^e \mid \forall k,e,\forall j\in\mathcal{J}_k,\forall l\in\mathcal{L}_k\}$ 和 $\boldsymbol{\varsigma}=\{\varsigma_{k,j}\mid \forall k,\forall j\in\mathcal{J}_k''\}$，其中 $\mathcal{J}_k''=\mathcal{J}_k'/\{J_{k-1}\}$，约束（6-197b）、式（6-197c）、式（6-194g）可转化为

$$|\bar{\boldsymbol{h}}_{k,j}\boldsymbol{w}_{k,j}|^2 \geqslant \eta_{k,j}^l(2^{r_{k,j}}-1), \Omega_{k,l}, \forall k, \forall j \in \mathcal{J}_k, \forall l \in \mathcal{L}_k \tag{6-198a}$$

$$\|\bar{\boldsymbol{h}}_{k,l}\boldsymbol{w}_{k,-j}\|_2^2 + \sigma^2 \leqslant \eta_{k,j}^l, \Omega_{k,l}, \forall k, \forall j \in \mathcal{J}_k, \forall l \in \mathcal{L}_k \tag{6-198b}$$

$$|\bar{\boldsymbol{h}}_e\boldsymbol{w}_{k,j}|^2 \leqslant \eta_{k,j}^e(2^{r_{k,j}^e}-1), \Omega_e, \forall k, e, \forall j \in \mathcal{J}_k \tag{6-198c}$$

$$\|\bar{\boldsymbol{h}}_e\boldsymbol{w}_{k,-j}\|_2^2 + \sigma^2 \geqslant \eta_{k,j}^e, \Omega_e, \forall k, e, \forall j \in \mathcal{J}_k \tag{6-198d}$$

$$|\bar{\boldsymbol{h}}_{k,j}\boldsymbol{w}_{k,j}|^2 \geqslant \varsigma_{k,j}, \Omega_{k,j}, \forall k, \forall j \in \mathcal{J}_k' \tag{6-198e}$$

$$|\bar{\boldsymbol{h}}_{k,j+1}\boldsymbol{w}_{k,j+1}|^2 \leqslant \varsigma_{k,j}, \Omega_{k,j+1}, \forall k, \forall j \in \mathcal{J}_k' \tag{6-198f}$$

$$\varsigma_{k,j} \geqslant \varsigma_{k,j+1}, \forall k, \forall j \in \mathcal{J}_k'' \tag{6-198g}$$

由于 CSI 的差错集合具有连续性，除线性约束（6-198g）外，式（6-198）中的其他约束都存在无数的解。由于约束（6-198a）和式（6-198e）的形式相似，它们可以借助 $\mathcal{S}$ 过程引理用相同的方式处理。而约束（6-198b）～式（6-198d）和式（6-198f）可以使用一般的符号确定性来求解。为了处理约束（6-198a），本节在命题 6-1 中

推导出线性逼近结果。

命题 6-1 将$(\boldsymbol{\alpha}^{(\ell)},\boldsymbol{F}^{(\ell)},\boldsymbol{\Phi}^{(\ell)})$表示为第$\ell$次迭代得到的最优解，约束（6-198a）可等效线性化为

$$
\begin{aligned}
&(\boldsymbol{x}_{k,j}^{l})^{\mathrm{H}}\boldsymbol{A}_{k,j}\boldsymbol{x}_{k,j}^{l}+2\mathrm{Re}\{(\boldsymbol{a}_{k,j}^{l})^{\mathrm{H}}\boldsymbol{x}_{k,j}^{l}\}+a_{k,j}^{l}\geqslant\\
&\eta_{k,j}^{l}(2^{r_{k,j}}-1),\Omega_{k,l},\forall k,\forall j\in\mathcal{J}_{k},\forall l\in\mathcal{L}_{k}
\end{aligned}
\tag{6-199}
$$

其中，引入的系数$\boldsymbol{x}_{k,j}^{l}$、$\boldsymbol{A}_{k,j}$、$\boldsymbol{a}_{k,j}^{l}$和$a_{k,j}^{l}$分别为

$$
\begin{aligned}
&\boldsymbol{x}_{k,j}^{l}=\left[\Delta\boldsymbol{h}_{k,l}^{\mathrm{H}}\ \mathrm{vec}^{\mathrm{H}}(\Delta\boldsymbol{G}_{k,l}^{*})\right]^{\mathrm{H}}\\
&\boldsymbol{A}_{k,j}=\tilde{\boldsymbol{A}}_{k,j}+(\tilde{\boldsymbol{A}}_{k,j})^{\mathrm{H}}-\hat{\boldsymbol{A}}_{k,j}\\
&\boldsymbol{a}_{k,j}^{l}=\tilde{\boldsymbol{a}}_{k,j}^{l}+\hat{\boldsymbol{a}}_{k,j}^{l}-\bar{\boldsymbol{a}}_{k,j}^{l}\\
&a_{k,j}^{l}=2\mathrm{Re}\{\tilde{a}_{k,j}^{l}\}-\hat{a}_{k,j}^{l}
\end{aligned}
\tag{6-200a}
$$

$$
\begin{aligned}
&\tilde{\boldsymbol{A}}_{k,j}=\begin{bmatrix}\boldsymbol{w}_{k,j}^{(\ell)}\\ \boldsymbol{w}_{k,j}^{(\ell)}\otimes(\boldsymbol{u}_{k}^{(\ell)})^{*}\end{bmatrix}\left[\boldsymbol{w}_{k,j}^{\mathrm{H}}\ \boldsymbol{w}_{k,j}^{\mathrm{H}}\otimes\boldsymbol{u}_{k}^{\mathrm{T}}\right]\\
&\hat{\boldsymbol{A}}_{k,j}=\begin{bmatrix}\boldsymbol{w}_{k,j}^{(\ell)}\\ \boldsymbol{w}_{k,j}^{(\ell)}\otimes(\boldsymbol{u}_{k}^{(\ell)})^{*}\end{bmatrix}\left[(\boldsymbol{w}_{k,j}^{(\ell)})^{\mathrm{H}}\ (\boldsymbol{w}_{k,j}^{(\ell)})^{\mathrm{H}}\otimes(\boldsymbol{u}_{k}^{(\ell)})^{\mathrm{T}}\right]
\end{aligned}
\tag{6-200b}
$$

$$
\begin{aligned}
&\tilde{\boldsymbol{a}}_{k,j}^{l}=\begin{bmatrix}\boldsymbol{w}_{k,j}(\boldsymbol{w}_{k,j}^{(\ell)})^{\mathrm{H}}(\hat{\boldsymbol{h}}_{k,l}+\hat{\boldsymbol{G}}_{k,l}^{\mathrm{H}}\boldsymbol{u}_{k}^{(\ell)})\\ \mathrm{vec}^{*}(\boldsymbol{u}_{k}(\hat{\boldsymbol{h}}_{k,l}^{\mathrm{H}}+(\boldsymbol{u}_{k}^{(\ell)})^{\mathrm{H}}\hat{\boldsymbol{G}}_{k,l})\boldsymbol{w}_{k,j}^{(\ell)}\boldsymbol{w}_{k,j}^{\mathrm{H}})\end{bmatrix}\\
&\hat{\boldsymbol{a}}_{k,j}^{l}=\begin{bmatrix}\boldsymbol{w}_{k,j}^{(\ell)}\boldsymbol{w}_{k,j}^{\mathrm{H}}(\hat{\boldsymbol{h}}_{k,l}+\hat{\boldsymbol{G}}_{k,l}^{\mathrm{H}}\boldsymbol{u}_{k})\\ \mathrm{vec}^{*}(\boldsymbol{u}_{k}^{(\ell)}(\hat{\boldsymbol{h}}_{k,l}^{\mathrm{H}}+\boldsymbol{u}_{k}^{\mathrm{H}}\hat{\boldsymbol{G}}_{k,l})\boldsymbol{w}_{k,j}(\boldsymbol{w}_{k,j}^{(\ell)})^{\mathrm{H}})\end{bmatrix}
\end{aligned}
\tag{6-200c}
$$

$$
\bar{\boldsymbol{a}}_{k,j}^{l}=\begin{bmatrix}\boldsymbol{w}_{k,j}^{(\ell)}(\boldsymbol{w}_{k,j}^{(\ell)})^{\mathrm{H}}(\hat{\boldsymbol{h}}_{k,l}+\hat{\boldsymbol{G}}_{k,l}^{\mathrm{H}}\boldsymbol{u}_{k}^{(\ell)})\\ \mathrm{vec}^{*}(\boldsymbol{u}_{k}^{(\ell)}(\hat{\boldsymbol{h}}_{k,l}^{\mathrm{H}}+(\boldsymbol{u}_{k}^{(\ell)})^{\mathrm{H}}\hat{\boldsymbol{G}}_{k,l})\boldsymbol{w}_{k,j}^{(\ell)}(\boldsymbol{w}_{k,j}^{(\ell)})^{\mathrm{H}})\end{bmatrix}
\tag{6-200d}
$$

$$
\begin{aligned}
&\tilde{a}_{k,j}^{l}=(\hat{\boldsymbol{h}}_{k,l}^{\mathrm{H}}+(\boldsymbol{u}_{k}^{(\ell)})^{\mathrm{H}}\hat{\boldsymbol{G}}_{k,l})\boldsymbol{w}_{k,j}^{(\ell)}\boldsymbol{w}_{k,j}^{\mathrm{H}}(\hat{\boldsymbol{h}}_{k,l}+\hat{\boldsymbol{G}}_{k,l}^{\mathrm{H}}\boldsymbol{u}_{k})\\
&\hat{a}_{k,j}^{l}=(\hat{\boldsymbol{h}}_{k,l}^{\mathrm{H}}+(\boldsymbol{u}_{k}^{(\ell)})^{\mathrm{H}}\hat{\boldsymbol{G}}_{k,l})\boldsymbol{w}_{k,j}^{(\ell)}(\boldsymbol{w}_{k,j}^{(\ell)})^{\mathrm{H}}(\hat{\boldsymbol{h}}_{k,l}+\hat{\boldsymbol{G}}_{k,l}^{\mathrm{H}}\boldsymbol{u}_{k}^{(\ell)})
\end{aligned}
\tag{6-200e}
$$

虽然约束（6-198a）通过式（6-199）转化为更易于处理的线性形式，但这样的线性形式仍有无数的解。为了便于求解，利用$\mathcal{S}$过程对其进一步转化。

引理 6-3 $\mathcal{S}$过程。给定一个二次函数$f_{i}(\boldsymbol{x}),\boldsymbol{x}\in\mathbb{C}^{N\times 1},i\in\mathcal{I}=\{0,1,\cdots,I\}$，并将其定义为

$$f_i(\boldsymbol{x}) = \boldsymbol{x}^{\mathrm{H}}\boldsymbol{A}_i\boldsymbol{x}+2\mathrm{Re}\{\boldsymbol{a}_i^{\mathrm{H}}\boldsymbol{x}\}+a_i \tag{6-201}$$

其中，$\boldsymbol{A}_i \in \mathbb{H}^N$、$\boldsymbol{a}_i \in \mathbb{C}^{N\times 1}$、$a_i \in \mathbb{R}$。当且仅当存在$v_i \geqslant 0, \forall i \in \mathcal{I}$满足

$$\begin{bmatrix} \boldsymbol{A}_0 & \boldsymbol{a}_0 \\ \boldsymbol{a}_0^{\mathrm{H}} & a_0 \end{bmatrix} - \sum_{i=1}^{I} v_i \begin{bmatrix} \boldsymbol{A}_i & \boldsymbol{a}_i \\ \boldsymbol{a}_i^{\mathrm{H}} & a_i \end{bmatrix} \succeq \boldsymbol{0} \tag{6-202}$$

时，可得$\{f_i(\boldsymbol{x}) \geqslant 0\}_{i=1}^{I} \Rightarrow f_0(\boldsymbol{x}) \geqslant 0$成立。

由于$\|\Delta\boldsymbol{h}_{k,l}\|_2 \leqslant \xi_{k,l}$等价于$\Delta\boldsymbol{h}_{k,l}^{\mathrm{H}}\Delta\boldsymbol{h}_{k,l} \leqslant \xi_{k,l}^2$，因此可以将$\Omega_{k,l}$用二次表达式表示为

$$\Omega_{k,l} \triangleq \begin{cases} (\boldsymbol{x}_{k,j}^l)^{\mathrm{H}}\boldsymbol{C}_1\boldsymbol{x}_{k,j}^l - \xi_{k,l}^2 \leqslant 0 \\ (\boldsymbol{x}_{k,j}^l)^{\mathrm{H}}\boldsymbol{C}_2\boldsymbol{x}_{k,j}^l - \zeta_{k,l}^2 \leqslant 0 \end{cases}, \forall k, \forall j \in \mathcal{J}_k, \forall l \in \mathcal{L}_k \tag{6-203}$$

其中，$\boldsymbol{C}_1 = \begin{bmatrix} \boldsymbol{I}_N & \boldsymbol{0} \\ \boldsymbol{0} & \boldsymbol{0} \end{bmatrix}$，$\boldsymbol{C}_2 = \begin{bmatrix} \boldsymbol{0} & \boldsymbol{0} \\ \boldsymbol{0} & \boldsymbol{I}_{MN} \end{bmatrix}$。根据引理6-3，当且仅当$\upsilon_{k,j}^{l,h} \geqslant 0$和$\upsilon_{k,j}^{l,G} \geqslant 0$时式（6-203）$\Rightarrow$式（6-199）成立，由此可得

$$\begin{bmatrix} \boldsymbol{A}_{k,j} + \upsilon_{k,j}^{l,h}\boldsymbol{C}_1 + \upsilon_{k,j}^{l,G}\boldsymbol{C}_2 & \boldsymbol{a}_{k,j}^l \\ (\boldsymbol{a}_{k,j}^l)^{\mathrm{H}} & Q_{k,j}^l \end{bmatrix} \succeq \boldsymbol{0}, \forall k, \forall j \in \mathcal{J}_k, \forall l \in \mathcal{L}_k \tag{6-204}$$

其中，$Q_{k,j}^l = a_{k,j}^l - \eta_{k,j}^l(2^{r_{k,j}}-1) - \upsilon_{k,j}^{l,h}\xi_{k,l}^2 - \upsilon_{k,j}^{l,G}\zeta_{k,l}^2$。

与上面的求解过程类似，约束（6-198e）可转化为

$$\begin{bmatrix} \boldsymbol{A}_{k,j} + \upsilon_{k,j}^{h}\boldsymbol{C}_1 + \upsilon_{k,j}^{G}\boldsymbol{C}_2 & \boldsymbol{a}_{k,j} \\ \boldsymbol{a}_{k,j}^{\mathrm{H}} & Q_{k,j} \end{bmatrix} \succeq \boldsymbol{0}, \forall k, \forall j \in \mathcal{J}_k' \tag{6-205}$$

其中，$\upsilon_{k,j}^h, \upsilon_{k,j}^G \geqslant 0$，$Q_{k,j} = a_{k,j} - \varsigma_{k,j} - \upsilon_{k,j}^h\xi_{k,j}^2 - \upsilon_{k,j}^G\zeta_{k,j}^2$，$\forall k, \forall j \in \mathcal{J}_k'$。$\boldsymbol{a}_{k,j}$和$a_{k,j}$是通过将$\boldsymbol{a}_{k,j}^l$和$a_{k,j}^l$里的$\widehat{\boldsymbol{h}}_{k,l}$和$\widehat{\boldsymbol{G}}_{k,l}$分别替换为$\widehat{\boldsymbol{h}}_{k,j}$和$\widehat{\boldsymbol{G}}_{k,j}$得到的。

为了处理约束（6-198b）~式（6-198d）和式（6-198f），本节给出命题6-2。

命题6-2 令$\boldsymbol{\pi}_{k,j}^l = ((\widehat{\boldsymbol{h}}_{k,l}^{\mathrm{H}} + \boldsymbol{u}_k^{\mathrm{H}}\widehat{\boldsymbol{G}}_{k,l})\boldsymbol{w}_{k,-j})^{\mathrm{H}}$，约束（6-198b）可以等价地转化为

$$\begin{aligned} \boldsymbol{0} \preceq & \begin{bmatrix} \boldsymbol{0} \\ \boldsymbol{w}_{k,-j}^{\mathrm{H}} \end{bmatrix} \begin{bmatrix} \Delta\boldsymbol{h}_{k,l} & \boldsymbol{0} \end{bmatrix} + \begin{bmatrix} \Delta\boldsymbol{h}_{k,l}^{\mathrm{H}} \\ \boldsymbol{0} \end{bmatrix} \begin{bmatrix} \boldsymbol{0} & \boldsymbol{w}_{k,-j} \end{bmatrix} + \\ & \begin{bmatrix} \boldsymbol{0} \\ \boldsymbol{w}_{k,-j}^{\mathrm{H}} \end{bmatrix} \Delta\boldsymbol{G}_{k,l}^{\mathrm{H}} \begin{bmatrix} \boldsymbol{u}_k & \boldsymbol{0} \end{bmatrix} + \begin{bmatrix} \boldsymbol{u}_k^{\mathrm{H}} \\ \boldsymbol{0} \end{bmatrix} \Delta\boldsymbol{G}_{k,l} \begin{bmatrix} \boldsymbol{0} & \boldsymbol{w}_{k,-j} \end{bmatrix} + \\ & \begin{bmatrix} \eta_{k,j}^l - \sigma^2 & (\boldsymbol{\pi}_{k,j}^l)^{\mathrm{H}} \\ \boldsymbol{\pi}_{k,j}^l & \boldsymbol{I} \end{bmatrix}, \forall k, \forall j \in \mathcal{J}_k, \forall l \in \mathcal{L}_k \end{aligned} \tag{6-206}$$

可以观察到，约束（6-206）包含多个复值，具有不确定性。为了解决这个问题，本节引入引理 6-4。

引理 6-4 一般的符号确定。给定矩阵 $\boldsymbol{A}$ 和 $\{\boldsymbol{E}_i,\boldsymbol{F}_i\}_{i=1}^{I}$，其中 $\boldsymbol{A}=\boldsymbol{A}^{\mathrm{H}}$，满足

$$\boldsymbol{A}\succeq\sum_{i=1}^{I}(\boldsymbol{E}_i^{\mathrm{H}}\boldsymbol{G}_i\boldsymbol{F}_i+\boldsymbol{F}_i^{\mathrm{H}}\boldsymbol{G}_i^{\mathrm{H}}\boldsymbol{E}_i),\forall i,\|\boldsymbol{G}_i\|_F\leqslant\xi_i \tag{6-207}$$

成立。当且仅当存在 $\varpi_i\geqslant 0,\forall i$ 时，有

$$\begin{bmatrix}\boldsymbol{A}-\sum_{i=1}^{I}\varpi_i\boldsymbol{F}_i^{\mathrm{H}}\boldsymbol{F}_i & -\xi_1\boldsymbol{E}_1^{\mathrm{H}} & \cdots & -\xi_I\boldsymbol{E}_I^{\mathrm{H}}\\ -\xi_1\boldsymbol{E}_1 & \varpi_1\boldsymbol{I} & \cdots & \boldsymbol{0}\\ \vdots & \vdots & \ddots & \vdots\\ -\xi_I\boldsymbol{E}_I & \boldsymbol{0} & \cdots & \varpi_I\boldsymbol{I}\end{bmatrix}\succeq\boldsymbol{0} \tag{6-208}$$

应用引理 6-4，定义松弛变量 $\varpi_{k,j}^{l,h},\varpi_{k,j}^{l,G}\geqslant 0$ 和 $T_{k,j}^{l}=\eta_{k,j}^{l}-\sigma^2-\varpi_{k,j}^{l,h}-\varpi_{k,j}^{l,G}\sum_{m}\beta_m^k$，约束（6-198b）的等效线性矩阵不等式（Linear Matrix Inequality，LMI）为

$$\begin{bmatrix}T_{k,j}^{l} & (\boldsymbol{\pi}_{k,j}^{l})^{\mathrm{H}} & \boldsymbol{0}_{1\times N} & \boldsymbol{0}_{1\times N}\\ \boldsymbol{\pi}_{k,j}^{l} & \boldsymbol{I}_j & \xi_{k,l}\boldsymbol{w}_{k,-j}^{\mathrm{H}} & \zeta_{k,l}\boldsymbol{w}_{k,-j}^{\mathrm{H}}\\ \boldsymbol{0}_{N\times 1} & \xi_{k,l}\boldsymbol{w}_{k,-j} & \varpi_{k,j}^{l,h}\boldsymbol{I}_N & \boldsymbol{0}_N\\ \boldsymbol{0}_{N\times 1} & \zeta_{k,l}\boldsymbol{w}_{k,-j} & \boldsymbol{0}_N & \varpi_{k,j}^{l,G}\boldsymbol{I}_N\end{bmatrix}\succeq\boldsymbol{0},\forall k,\forall j\in\mathcal{J}_k,\forall l\in\mathcal{L}_k \tag{6-209}$$

同样，可以将约束（6-198c）、式（6-198d）和式（6-198f）重新表示为式（6-210）中的有限的 LMI 形式。相应的参数将在式（6-211）中给出，其中 $\omega_{k,j}^{e,h},\omega_{k,j}^{e,G},\tilde{\omega}_{k,j}^{e,h}$，$\tilde{\omega}_{k,j}^{e,G}\geqslant 0$，$\forall k,e,\forall j\in\mathcal{J}_k$，并且 $\varpi_{k,j}^{h},\varpi_{k,j}^{G}\geqslant 0,\forall k,\forall j\in\mathcal{J}_k'$。

$$\text{式（6-198c）}:\begin{bmatrix}T_{k,j}^{e} & (\pi_{k,j}^{e})^{*} & \boldsymbol{0}_{1\times N} & \boldsymbol{0}_{1\times N}\\ \pi_{k,j}^{e} & 1 & \xi_e\boldsymbol{w}_{k,j}^{\mathrm{H}} & \zeta_e\boldsymbol{w}_{k,j}^{\mathrm{H}}\\ \boldsymbol{0}_{N\times 1} & \xi_e\boldsymbol{w}_{k,j} & \omega_{k,j}^{e,h}\boldsymbol{I}_N & \boldsymbol{0}_N\\ \boldsymbol{0}_{N\times 1} & \zeta_e\boldsymbol{w}_{k,j} & \boldsymbol{0}_N & \omega_{k,j}^{e,G}\boldsymbol{I}_N\end{bmatrix}\succeq\boldsymbol{0} \tag{6-210a}$$

$$\text{式（6-198d）}:\begin{bmatrix}\tilde{T}_{k,j}^{e} & -(\tilde{\boldsymbol{\pi}}_{k,j}^{e})^{\mathrm{H}} & \boldsymbol{0}_{1\times N} & \boldsymbol{0}_{1\times N}\\ -\tilde{\boldsymbol{\pi}}_{k,j}^{e} & -\boldsymbol{I}_j & -\xi_{k,e}\boldsymbol{w}_{k,-j}^{\mathrm{H}} & -\zeta_e\boldsymbol{w}_{k,-j}^{\mathrm{H}}\\ \boldsymbol{0}_{N\times 1} & -\xi_e\boldsymbol{w}_{k,-j} & \tilde{\omega}_{k,j}^{e,h}\boldsymbol{I}_N & \boldsymbol{0}_N\\ \boldsymbol{0}_{N\times 1} & -\zeta_e\boldsymbol{w}_{k,-j} & \boldsymbol{0}_N & \tilde{\omega}_{k,j}^{e,G}\boldsymbol{I}_N\end{bmatrix}\succeq\boldsymbol{0},\forall k,e,\forall j\in\mathcal{J}_k \tag{6-210b}$$

$$\text{式(6-198f)}:\begin{bmatrix} T_{k,j} & (\pi_{k,j+1})^* & \mathbf{0}_{1\times N} & \mathbf{0}_{1\times N} \\ \pi_{k,j+1} & 1 & \xi_{k,j+1}\boldsymbol{w}_{k,j+1}^{\mathrm{H}} & \zeta_{k,j+1}\boldsymbol{w}_{k,j+1}^{\mathrm{H}} \\ \mathbf{0}_{N\times 1} & \xi_{k,j+1}\boldsymbol{w}_{k,j+1} & \varpi_{k,j}^{h}\boldsymbol{I}_N & \mathbf{0}_N \\ \mathbf{0}_{N\times 1} & \zeta_{k,j+1}\boldsymbol{w}_{k,j+1} & \mathbf{0}_N & \varpi_{k,j}^{G}\boldsymbol{I}_N \end{bmatrix} \succeq \mathbf{0}, \forall k, \forall j \in \mathcal{J}_k' \quad (6\text{-}210\text{c})$$

$$\begin{aligned} T_{k,j}^{e} &= \eta_{k,j}^{e}(2^{r_{k,j}^{e}}-1) - \omega_{k,j}^{e,h} - \omega_{k,j}^{e,G}\sum_{m}\beta_m^k \\ \pi_{k,j}^{e} &= ((\widehat{\boldsymbol{h}}_{k,e}^{\mathrm{H}} + \boldsymbol{u}_k^{\mathrm{H}}\widehat{\boldsymbol{G}}_{k,e})\boldsymbol{w}_{k,j})^*, \forall k, e, \forall j \in \mathcal{J}_k \end{aligned} \quad (6\text{-}211\text{a})$$

$$\begin{aligned} \tilde{T}_{k,j}^{e} &= \sigma^2 - \eta_{k,j}^{e} - \tilde{\omega}_{k,j}^{e,h} - \tilde{\omega}_{k,j}^{e,G}\sum_{m}\beta_m^k \\ \tilde{\boldsymbol{\pi}}_{k,j}^{e} &= ((\widehat{\boldsymbol{h}}_{k,e}^{\mathrm{H}} + \boldsymbol{u}_k^{\mathrm{H}}\widehat{\boldsymbol{G}}_{k,e})\boldsymbol{w}_{k,-j})^{\mathrm{H}}, \forall k, e, \forall j \in \mathcal{J}_k \end{aligned} \quad (6\text{-}211\text{b})$$

$$\begin{aligned} T_{k,j} &= \varsigma_{k,j} - \varpi_{k,j}^{h} - \varpi_{k,j}^{G}\sum_{m}\beta_m^k \\ \pi_{k,j+1} &= ((\widehat{\boldsymbol{h}}_{k,j+1}^{\mathrm{H}} + \boldsymbol{u}_k^{\mathrm{H}}\widehat{\boldsymbol{G}}_{k,j+1})\boldsymbol{w}_{k,j+1})^*, \forall k, \forall j \in \mathcal{J}_k' \end{aligned} \quad (6\text{-}211\text{c})$$

最后，用 LMI 转化得到的式（6-204）、式（6-205）、式（6-209）、式（6-210）替换约束（6-197b）、式（6-197c）、式（6-194g），重新构造问题（6-197）和线性约束（6-198g），得到如下优化问题

$$\max_{\boldsymbol{\alpha},\boldsymbol{F},\boldsymbol{\Phi},\boldsymbol{\Delta}} \ \psi \quad (6\text{-}212\text{a})$$

s.t. 式（6-194b）~ 式（6-194d), 式（6-196), 式（6-197d）~ 式（6-197f), 式（6-198g), 式（6-204), 式（6-205), 式（6-209), 式（6-210）　（6-212b）

$$\upsilon_{k,j}^{l,h}, \upsilon_{k,j}^{l,G}, \varpi_{k,j}^{l,h}, \varpi_{k,j}^{l,G} \geqslant 0, \forall k, \forall j \in \mathcal{J}_k, \forall l \in \mathcal{L}_k \quad (6\text{-}212\text{c})$$

$$\omega_{k,j}^{e,h}, \omega_{k,j}^{e,G}, \tilde{\omega}_{k,j}^{e,h}, \tilde{\omega}_{k,j}^{e,G} \geqslant 0, \forall k, e, \forall j \in \mathcal{J}_k \quad (6\text{-}212\text{d})$$

$$\upsilon_{k,j}^{h}, \upsilon_{k,j}^{G}, \varpi_{k,j}^{h}, \varpi_{k,j}^{G} \geqslant 0, \forall k, \forall j \in \mathcal{J}_k' \quad (6\text{-}212\text{e})$$

其中，$\boldsymbol{\Delta}=\{\psi, \rho, \boldsymbol{r}, \boldsymbol{\eta}, \varsigma, \boldsymbol{\upsilon}_1, \boldsymbol{\varpi}_1, \boldsymbol{\omega}_1, \boldsymbol{\omega}_2, \boldsymbol{\upsilon}_2, \boldsymbol{\varpi}_2\}$ 表示所有引入的辅助变量的集合，并且满足

$$\boldsymbol{\varpi}_1 = \{\varpi_{k,j}^{l,h}, \varpi_{k,j}^{l,G} \mid \forall k, \forall j \in \mathcal{J}_k, \forall l \in \mathcal{L}_k\} \quad (6\text{-}213\text{a})$$

$$\boldsymbol{\omega}_1 = \{\omega_{k,j}^{e,h}, \omega_{k,j}^{e,G} \mid \forall k, e, \forall j \in \mathcal{J}_k\} \quad (6\text{-}213\text{b})$$

$$\boldsymbol{\omega}_2 = \{\tilde{\omega}_{k,j}^{e,h}, \tilde{\omega}_{k,j}^{e,G} \mid \forall k, e, \forall j \in \mathcal{J}_k\} \quad (6\text{-}213\text{c})$$

$$\boldsymbol{\upsilon}_2=\{\upsilon_{k,j}^h,\upsilon_{k,j}^G \mid \forall k,\forall j\in\mathcal{J}_k'\} \tag{6-213d}$$

$$\boldsymbol{\varpi}_2=\{\varpi_{k,j}^h,\varpi_{k,j}^G \mid \forall k,\forall j\in\mathcal{J}_k'\} \tag{6-213e}$$

值得注意的是，问题（6-212）仍然是非凸的，由于一些参数中存在高度耦合的变量$\boldsymbol{\alpha}$、$\boldsymbol{F}$和$\boldsymbol{\Phi}$，例如$\boldsymbol{a}_{k,j}^l$和$\boldsymbol{\pi}_{k,j}^l$，因此难以同时优化。为了有效求解，本节采用 AO 算法对这些变量进行解耦，并将问题（6-212）转化为 3 个子问题。

2．功率分配

给定$\boldsymbol{F}$和$\boldsymbol{\Phi}$，功率分配系数$\boldsymbol{\alpha}$的优化设计问题可表示为

$$\max_{\boldsymbol{\alpha},\Delta}\ \psi \tag{6-214a}$$

$$\begin{aligned}\text{s.t.}\ &式(6\text{-}194c),式(6\text{-}196),式(6\text{-}197d)\sim式(6\text{-}197f),式(6\text{-}198g),\\&式(6\text{-}204),式(6\text{-}205),式(6\text{-}209),式(6\text{-}210),式(6\text{-}212c)\sim式(6\text{-}212e)\end{aligned} \tag{6-214b}$$

可以看出，问题（6-214）中除约束（6-204）外，其他约束都是凸的。式（6-204）的非凸性源于$Q_{k,j}^l$中的$\eta_{k,j}^l 2^{r_{k,j}}$。接下来，采用 SCA 方法来获取近似值。具体来讲，在第ℓ次迭代中，对于给定的可行点$((\eta_{k,j}^l)^{(\ell)},r_{k,j}^{(\ell)})$，$\eta_{k,j}^l 2^{r_{k,j}}$的上界为

$$(\eta_{k,j}^l 2^{r_{k,j}})^{\text{ub}}=\left((r_{k,j}-r_{k,j}^{(\ell)})(\eta_{k,j}^l)^{(\ell)}\ln 2+\eta_{k,j}^l\right)2^{r_{k,j}^{(\ell)}} \tag{6-215}$$

将式（6-215）代入式（6-204），可将问题（6-214）重设为

$$\max_{\boldsymbol{\alpha},\Delta}\ \psi \tag{6-216a}$$

$$\begin{aligned}\text{s.t.}\ &式(6\text{-}194c),式(6\text{-}196),式(6\text{-}197d)\sim式(6\text{-}197f),式(6\text{-}198g),\\&式(6\text{-}205),式(6\text{-}209),式(6\text{-}210),式(6\text{-}212c)\sim式(6\text{-}212e)\end{aligned} \tag{6-216b}$$

$$\begin{bmatrix}\boldsymbol{A}_{k,j}+\upsilon_{k,j}^{l,h}\boldsymbol{C}_1+\upsilon_{k,j}^{l,G}\boldsymbol{C}_2 & \boldsymbol{a}_{k,j}^l\\ (\boldsymbol{a}_{k,j}^l)^{\text{H}} & \hat{Q}_{k,j}^l\end{bmatrix}\succeq\boldsymbol{0},\forall k,\forall j\in\mathcal{J}_k,\forall l\in\mathcal{L}_k \tag{6-216c}$$

其中，$\hat{Q}_{k,j}^l=a_{k,j}^l+\eta_{k,j}^l-(\eta_{k,j}^l 2^{r_{k,j}})^{\text{ub}}-\upsilon_{k,j}^{l,h}\xi_{k,l}^2-\upsilon_{k,j}^{l,G}\zeta_{k,l}^2$。显然，问题（6-216）是一个 SDP 问题，因此可以通过 CVX 等凸优化工具箱求解。

3．有源波束成形设计

当$\boldsymbol{\alpha}$和$\boldsymbol{\Phi}$固定时，对有源波束成形$\boldsymbol{F}$进行优化求解。由于非凸约束（6-204）

也是该子问题的一个难点，因此可以采用类似的步骤来解决。根据式（6-216c），可构建 $\boldsymbol{F}$ 的优化问题为

$$\max_{\boldsymbol{F},\boldsymbol{\Delta}} \quad \psi \tag{6-217a}$$

s.t. 式（6-194b), 式（6-196), 式（6-197d）~ 式（6-197f), 式（6-198g),
式（6-205), 式（6-209), 式（6-210), 式（6-212c）~ 式（6-212e), 式（6-216c）　（6-217b）

很明显，问题（6-217）是一个 SDP 问题，可以通过 CVX 有效地解决。

4. **无源波束成形设计**

接下来，探究无源波束成形的优化。对于给定的 $\boldsymbol{\alpha}$ 和 $\boldsymbol{F}$ ，构建如下优化问题

$$\max_{\boldsymbol{\Phi},\boldsymbol{\Delta}} \quad \psi \tag{6-218a}$$

s.t. 式（6-196), 式（6-197d）~ 式（6-197f), 式（6-198g), 式（6-204),
式（6-205), 式（6-209), 式（6-210), 式（6-212c）~ 式（6-212e）　（6-218b）

$$\sum_k \beta_m^k = 1, \beta_m^k \in [0,1], \forall k, m \tag{6-218c}$$

$$[\boldsymbol{u}_k]_m = \sqrt{\beta_m^k} \mathrm{e}^{\mathrm{j}\theta_m^k}, \theta_m^k \in [0, 2\pi), \forall k, m \tag{6-218d}$$

由于非凸约束（6-204）和单位模约束（6-218d）的存在，导致问题（6-218）难以处理。前者可以用近似形式（6-216c）代替，后者可以用惩罚凸-凹算法处理。

具体来讲，首先引入辅助变量集 $\boldsymbol{b}=\{b_{k,m} \mid \forall k, m\}$ 来对式（6-218d）进行线性处理，$b_{k,m}$ 满足 $b_{k,m}=[\boldsymbol{u}_k]_m^*[\boldsymbol{u}_k]_m$ 。然后可以将 $b_{k,m}=[\boldsymbol{u}_k]_m^*[\boldsymbol{u}_k]_m$ 重新表示为 $b_{k,m} \leqslant [\boldsymbol{u}_k]_m^*[\boldsymbol{u}_k]_m \leqslant b_{k,m}$ 。基于 FTS，非凸部分 $b_{k,m} \leqslant [\boldsymbol{u}_k]_m^*[\boldsymbol{u}_k]_m$ 可以近似表示为 $b_{k,m} \leqslant 2\mathrm{Re}\left\{[\boldsymbol{u}_k]_m^*[\boldsymbol{u}_k^{(\ell)}]_m\right\} - [\boldsymbol{u}_k^{(\ell)}]_m^*[\boldsymbol{u}_k^{(\ell)}]_m$ 。根据惩罚凹凸过程（Penalty Convex-Concave Procedure，PCCP）方法，将这一项作为惩罚项添加到目标函数（6-218a）中，并将问题（6-218）重新表示为

$$\max_{\boldsymbol{\Phi},\boldsymbol{\Delta},\boldsymbol{b},\boldsymbol{c}} \quad \psi - \lambda^{(\ell)} C \tag{6-219a}$$

s.t. 式（6-196), 式（6-197d）~ 式（6-197f), 式（6-198g), 式（6-205),
式（6-209), 式（6-210), 式（6-212c）~ 式（6-212e), 式（6-216c）　（6-219b）

$$[\boldsymbol{u}_k]_m^*[\boldsymbol{u}_k]_m \leqslant b_{k,m} + c_{k,m}, \forall k, m \tag{6-219c}$$

$$2\mathrm{Re}\left\{[\boldsymbol{u}_k]_m^*[\boldsymbol{u}_k^{(\ell)}]_m\right\} - [\boldsymbol{u}_k^{(\ell)}]_m^*[\boldsymbol{u}_k^{(\ell)}]_m \geqslant b_{k,m} - \hat{c}_{k,m}, \forall k, m \tag{6-219d}$$

$$\sum_k b_{k,m} = 1, b_{k,m} \geqslant 0, \forall k,m \tag{6-219e}$$

其中，$\boldsymbol{c}=\{c_{k,m},\hat{c}_{k,m} \mid \forall k,m\}$ 是施加在约束（6-218d）上的松弛变量集；$C=\sum_k \sum_m (c_{k,m}+\hat{c}_{k,m})$ 是惩罚项，由惩罚因子 $\lambda^{(\ell)}$ 控制，并用于确保约束成立。

问题（6-219）是一个 SDP 问题，可以通过 CVX 解决。传统方法中，解决单位模量约束一般是采用 SDR 方法。SDR 方法通常会生成一个矩阵，需要对秩 1 约束进行处理来获得最终的波束成形向量，然而由此得到的最优解或许不是原始问题的解。PCCP 算法的优点是可以直接获得波束成形向量，减少性能损失。对问题（6-218）寻找可行 $\boldsymbol{\Phi}$ 的步骤总结在算法 6-7 中，其要点如下：①当 ϵ_2 足够小时，通过算法结束准则 $C \leqslant \epsilon_2$ 可以满足单位模量约束（6-218d）；②引入最大值 $\lambda_{\max}$，避免大量的数值计算。具体来说，当算法在大于 $\lambda^{(\ell)}$ 的惩罚因子下收敛时，可能找不到满足 $C \leqslant \epsilon_2$ 的可行解，因此当惩罚因子 $\lambda^{(\ell)}$ 达到最大值 $\lambda_{\max}$ 时，算法自动终止，节约计算资源。算法 6-7 的收敛可以通过算法结束准则 $\| \boldsymbol{u}_k^{(\ell)} - \boldsymbol{u}_k^{(\ell-1)} \|_1 \leqslant \epsilon_1$ 来控制。

算法 6-7 基于 PCCP 求解式（6-218）的算法

1：初始化 $\boldsymbol{u}_k^{(0)}$，比例因子 $\varepsilon > 1$，迭代索引 $\ell = 0$。设置允许误差 ϵ_1 和 ϵ_2，最大迭代次数 $T_{\max}$，最大值 $\lambda_{\max}$

2：循环

3：if $n \leqslant T_{\max}$ then

4：　通过解决问题（6-219）更新 $\boldsymbol{u}_k^{(\ell+1)}$

5：　更新 $\lambda^{(\ell+1)} = \min\{\varepsilon\lambda^{(\ell)}, \lambda_{\max}\}$

6：　更新 $\ell = \ell + 1$

7：else

8：　用一个新的 $\boldsymbol{u}_k^{(0)}$ 重新初始化，设置 $\varepsilon > 1$ 以及 $\ell = 0$

9：end if

10：until $\| \boldsymbol{u}_k^{(\ell)} - \boldsymbol{u}_k^{(\ell-1)} \|_1 \leqslant \epsilon_1$ 和 $C \leqslant \epsilon_2$

11：输出收敛解 $\boldsymbol{u}_k^{\star} = \boldsymbol{u}_k^{(\ell)}$

本节提出的 AO 算法的流程如图 6-54 所示，其主要对问题（6-216）、问题（6-217）和问题（6-219）进行交替优化求解，直到问题收敛。

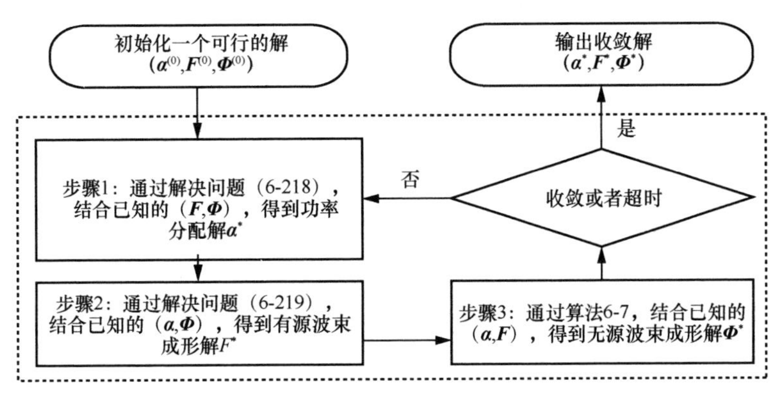

图 6-54　本节提出的 AO 算法的流程

相较于传统的 RIS 辅助的 NOMA 网络，AO 算法通过联合优化基站处的功率分配和有源波束，以及 STAR-RIS 处的反射与折射系数，显著提高了系统的安全能量效率，保障了全空间的安全传输和海量接入。此外，通过考虑所有链路的不完美信道状态信息，AO 算法实现了网络资源的高稳健性优化调度。

参考文献

[1] 李肯立, 刘楚波. 边缘智能: 现状和展望[J]. 大数据, 2019, 5(3): 69-75.

[2] HERMANS J. Distributed deep learning – Part 1 – an introduction[R]. 2017.

[3] 刘铁岩, 陈薇, 王太峰. 分布式机器学习: 算法、理论与实践[M].北京: 机械工业出版社, 2018.

[4] MULLER U A, GUNZINGER A. Neural net simulation on parallel computers[C]//Proceedings of IEEE International Conference on Neural Networks. Piscataway: IEEE Press, 1994: 3961-3966.

[5] ERICSON L, MBUVHA R. On the performance of network parallel training in Artificial neural networks[J]. arXiv Preprint, arXiv:1701.05130, 2017.

[6] WEISS K, KHOSHGOFTAAR T M, WANG D D. A survey of transfer learning[J]. Journal of Big Data, 2016, 3: 9.

[7] GOODFELLOW I, POUGET-ABADIE J, MIRZA M, et al. Generative adversarial nets[C]//Proceedings of Advances in Neural Information Processing Systems. Massachusetts: MIT Press, 2014: 2672-2680.

[8] WANG J, CAO B K, PHILIP Y, et al. Deep learning towards mobile applications[C]//Proceedings of the 38th IEEE International Conference on Distributed Computing Systems. Piscataway: IEEE Press, 2018: 1385-1393.

[9] FERDINAND N, GHARACHORLOO B, DRAPER S C. Anytime exploitation of stragglers in synchronous stochastic gradient descent[C]//Proceedings of the 16th IEEE International Conference on Machine Learning and Applications. Piscataway: IEEE Press, 2017: 141-146.

[10] TEERAPITTAYANON S, MCDANEL B, KUNG H T. Distributed deep neural networks over the cloud, the edge and end devices[C]//Proceedings of 2017 IEEE 37th International Conference on Distributed Computing Systems. Piscataway: IEEE Press, 2017: 328-339.

[11] KIM J K, HO Q, LEE S, et al. STRADS: a distributed framework for scheduled model parallel machine learning[C]//Proceedings of the Eleventh European Conference on Computer Systems. New York: ACM Press, 2016: 1-5.

[12] ZHOU Z, CHEN X, LI E, et al. Edge intelligence: paving the last Mile of artificial intelligence with edge computing[J]. Proceedings of the IEEE, 2019, 107(8): 1738-1762.

[13] CHEN J S, RAN X K. Deep learning with edge computing: a review[J]. Proceedings of the IEEE, 2019, 107(8): 1655-1674.

[14] STOICA I, SONG D, POPA R A, et al. A Berkeley view of systems challenges for AI[J]. arXiv Preprint, arXiv:1712.05855, 2017.

[15] KANG Y, HAUSWALD J, CAO G, et al. Neurosurgeon: collaborative intelligence between the cloud and mobile edge[J]. ACM Sigplan Notices, 2017, 52(1): 615-629.

[16] LI E, ZHOU Z, CHEN X. Edge intelligence: on-demand deep learning model co-inference with device-edge synergy[C]//Proceedings of the 2018 Workshop on Mobile Edge Communications. New York: ACM Press, 2018: 31-36.

[17] SHAO J W, ZHANG J. Communication-computation trade-off in resource-constrained edge inference[J]. IEEE Communications Magazine, 2020, 58(12): 20-26.

[18] WU C J, BROOKS D, CHEN K, et al. Machine learning at facebook: understanding inference at the edge[C]//Proceedings of 2019 IEEE International Symposium on High Performance Computer Architecture. Piscataway: IEEE Press, 2019: 331-344.

[19] BOURTSOULATZE E, BURTH KURKA D, GUNDUZ D. Deep joint source-channel coding for wireless image transmission[J]. IEEE Transactions on Cognitive Communications and Networking, 2019, 5(3): 567-579.

[20] ZHU M, GUPTA S. To prune, or not to prune: exploring the efficacy of pruning for model compression[J]. arXiv Preprint, arXiv:1710.01878, 2017.

[21] TM Forum. Autonomous networks whitepaper (3.0)[R]. 2021.

[22] LI W L, NI W L, TIAN H, et al. Deep reinforcement learning for energy-efficient beamform-

ing design in cell-free networks[C]//Proceedings of 2021 IEEE Wireless Communications and Networking Conference Workshops. Piscataway: IEEE Press, 2021: 1-6.

[23] LIAO X M, SHI J, LI Z, et al. A model-driven deep reinforcement learning heuristic algorithm for resource allocation in ultra-dense cellular networks[J]. IEEE Transactions on Vehicular Technology, 2020, 69(1): 983-997.

[24] AL-TAM F, MAZAYEV A, CORREIA N, et al. Radio resource scheduling with deep pointer networks and reinforcement learning[C]//Proceedings of 2020 IEEE 25th International Workshop on Computer Aided Modeling and Design of Communication Links and Networks. Piscataway: IEEE Press, 2020: 1-6.

[25] PARK H, LIM Y. Adaptive power control using reinforcement learning in 5G mobile networks[C]//Proceedings of 2020 International Conference on Information Networking (ICOIN). Piscataway: IEEE Press, 2020: 409-414.

[26] NADERIALIZADEH N, SYDIR J J, SIMSEK M, et al. Resource management in wireless networks via multi-agent deep reinforcement learning[J]. IEEE Transactions on Wireless Communications, 2021, 20(6): 3507-3523.

[27] KHODAPANAH B, HÖßLER T, YUNCU B, et al. Coexistence management for URLLC in campus networks via deep reinforcement learning[C]//Proceedings of 2020 IEEE Wireless Communications and Networking Conference. Piscataway: IEEE Press, 2020: 1-6.

[28] JIANG F B, WANG K Z, DONG L, et al. Stacked autoencoder-based deep reinforcement learning for online resource scheduling in large-scale MEC networks[J]. IEEE Internet of Things Journal, 2020, 7(10): 9278-9290.

[29] CHEN J N, CHEN S Y, WANG Q, et al. iRAF: a deep reinforcement learning approach for collaborative mobile edge computing IoT networks[J]. IEEE Internet of Things Journal, 2019, 6(4): 7011-7024.

[30] WANG S H, CHEN M Z, SAAD W, et al. Federated learning for energy-efficient task computing in wireless networks[C]//Proceedings of 2020 IEEE International Conference on Communications. Piscataway: IEEE Press, 2020: 1-6.

[31] ABIKO Y, SAITO T, IKEDA D, et al. Radio resource allocation method for network slicing using deep reinforcement learning[C]//Proceedings of 2020 International Conference on Information Networking (ICOIN). Piscataway: IEEE Press, 2020: 420-425.

[32] NAIR A, SRINIVASAN P, BLACKWELL S, et al. Massively parallel methods for deep reinforcement learning[J]. arXiv Preprint, arXiv:1507.04296, 2015.

[33] LIANG F, YU W, LIU X, et al. Toward edge-based deep learning in industrial Internet of Things[J]. IEEE Internet of Things Journal, 2020, 7(5): 4329-4341.

[34] LIN T Y, DOLLÁR P, GIRSHICK R, et al. Feature pyramid networks for object detec-

tion[C]//Proceedings of 2017 IEEE Conference on Computer Vision and Pattern Recognition. Piscataway: IEEE Press, 2017: 936-944.

[35] WOO S, PARK J, LEE J Y, et al. CBAM: convolutional block attention module[C]//Proceedings of the European Conference on Computer Vision. Berlin: Springer, 2018: 3-19.

[36] SIMONYAN K, ZISSERMAN A. Very deep convolutional networks for large-scale image recognition[J]. arXiv Preprint, arXiv: 1409.1556, 2014.

[37] HE K M, ZHANG X Y, REN S Q, et al. Deep residual learning for image recognition[C]//Proceedings of 2016 IEEE Conference on Computer Vision and Pattern Recognition. Piscataway: IEEE Press, 2016: 770-778.

[38] SZEGEDY C, VANHOUCKE V, IOFFE S, et al. Rethinking the inception architecture for computer vision[C]//Proceedings of 2016 IEEE Conference on Computer Vision and Pattern Recognition. Piscataway: IEEE Press, 2016: 2818-2826.

[39] HOWARD A, SANDLER M, CHEN B, et al. Searching for MobileNetV3[C]//Proceedings of 2019 IEEE/CVF International Conference on Computer Vision (ICCV). Piscataway: IEEE Press, 2019: 1314-1324.

[40] SUNEHAG P, LEVER G, GRUSLYS A, et al. Value-decomposition networks for cooperative multi-agent learning[J]. arXiv Preprint, arXiv: 1706.05296, 2017.

[41] POPOV S. The tangle version 1.4.3[S]. IOTA Foundation, 2018.

[42] IOTA. A cryptocurrency for Internet-of-things[R]. 2019.

[43] GAO W F, ZHAO Z W, MIN G Y, et al. Resource allocation for latency-aware federated learning in industrial Internet of Things[J]. IEEE Transactions on Industrial Informatics, 2021, 17(12): 8505-8513.

[44] XI Y, BURR A, WEI J B, et al. A general upper bound to evaluate packet error rate over quasi-static fading channels[J]. IEEE Transactions on Wireless Communications, 2011, 10(5): 1373-1377.

[45] NGUYEN H T, SEHWAG V, HOSSEINALIPOUR S, et al. Fast-convergent federated learning[J]. IEEE Journal on Selected Areas in Communications, 2021, 39(1): 201-218.

[46] LETAIEF K B, SHI Y, LU J, et al. Edge artificial intelligence for 6G: vision, enabling technologies, and applications[J]. IEEE Journal on Selected Areas in Communications, 2021, 40(1): 5-36.

[47] LIM W Y B, LUONG N C, HOANG D T, et al. Federated learning in mobile edge networks: a comprehensive survey[J]. IEEE Communications Surveys and Tutorials, 2020, 22(3): 2031-2063.

[48] ELBIR A M, COLERI S. A family of hybrid federated and centralized learning architectures in machine learning[J]. arXiv Preprint, arXiv: 2105.03288, 2021.

[49] AMIRI M M, GUNDUZ D. Federated learning over wireless fading channels[J]. IEEE Transactions on Wireless Communications, 2020, 19(5): 3546-3557.

[50] AMIRI M M, GUNDUZ D. Machine learning at the wireless edge: distributed stochastic gradient descent over-the-air[J]. IEEE Transactions on Signal Processing, 2020, 68: 2155-2169.

[51] ZHU G, WANG Y, HUANG K. Broadband analog aggregation for low-latency federated edge learning[J]. IEEE Transactions on Wireless Communications, 2020, 19(1): 491-506.

[52] CHEN M, YANG Z, SAAD W, et al. A joint learning and communications framework for federated learning over wireless networks. IEEE Transactions on Wireless Communications, 2021, 20(1): 269-283.

[53] LIU H, YUAN X, ZHANG Y J. Reconfigurable intelligent surface enabled federated learning: a unified communication-learning design approach[J]. IEEE Transactions on Wireless Communications, 2021, 20(11): 7595-7609.

[54] AMIRI M M, DUMAN T M, GUNDUZ D, et al. Blind federated edge learning[J]. IEEE Transactions on Wireless Communications, 2021, 20(8): 5129-5143.

[55] LIU Y, ZHAO J, LI M, et al. Intelligent reflecting surface aided MISO uplink communication network: feasibility and power minimization for perfect and imperfect CSI[J]. IEEE Transactions on Communications, 2021, 69(3): 1975-1989.

[56] SUN Y, BABU P, PALOMAR D P. Majorization-minimization algorithms in signal processing, communications, and machine learning[J]. IEEE Transactions on Signal Processing, 2017, 65(3): 794-816.

[57] 张鹏, 田辉, 赵鹏涛, 等. 多智能体协作场景下基于强化学习值分解的计算卸载策略[J]. 通信学报, 2021, 42(6): 1-15.

[58] YUAN X J, ZHANG Y J A, SHI Y M, et al. Reconfigurable-intelligent-surface empowered wireless communications: challenges and opportunities[J]. IEEE Wireless Communications, 2021, 28(2): 136-143.

[59] WU Q Q, ZHANG R. Towards smart and reconfigurable environment: intelligent reflecting surface aided wireless network[J]. IEEE Communications Magazine, 2020, 58(1): 106-112.

[60] YANG K, JIANG T, SHI Y M, et al. Federated learning via over-the-air computation[J]. IEEE Transactions on Wireless Communications, 2020, 19(3): 2022-2035.

[61] NI W L, LIU Y W, YANG Z H, et al. Over-the-air federated learning and non-orthogonal multiple access unified by reconfigurable intelligent surface[C]//Proceedings of IEEE INFOCOM 2021- IEEE Conference on Computer Communications Workshops. Piscataway: IEEE Press, 2021: 1-6.

[62] NI W L, LIU Y W, YANG Z H, et al. Federated learning in multi-RIS aided systems[J]. IEEE Internet of Things Journal, 2021, 9(12): 9608-9624.

[63] MU X D, LIU Y W, GUO L, et al. Exploiting intelligent reflecting surfaces in NOMA networks: joint beamforming optimization[J]. IEEE Transactions on Wireless Communications, 2020, 19(10): 6884-6898.

[64] LIU Y W, QIN Z J, ELKASHLAN M, et al. Nonorthogonal multiple access for 5G and beyond[J]. Proceedings of the IEEE, 2017, 105(12): 2347-2381.

[65] HUANG C W, ZAPPONE A, ALEXANDROPOULOS G C, et al. Reconfigurable intelligent surfaces for energy efficiency in wireless communication[J]. IEEE Transactions on Wireless Communications, 2019, 18(8): 4157-4170.

[66] NI W L, LIU X, LIU Y W, et al. Resource allocation for multi-cell IRS-aided NOMA networks[J]. IEEE Transactions on Wireless Communications, 2021, 20(7): 4253-4268.

[67] NI W L, LIU Y W, ELDAR Y C, et al. Enabling ubiquitous non-orthogonal multiple access and pervasive federated learning via STAR-RIS[C]//Proceedings of 2021 IEEE Global Communications Conference. Piscataway: IEEE Press, 2021: 1-6.

[68] SERY T, SHLEZINGER N, COHEN K, et al. Over-the-air federated learning from heterogeneous data[J]. IEEE Transactions on Signal Processing, 2021, 69: 3796-3811.

[69] GRANT M, BOYD S. CVX: Matlab software for disciplined convex programming, version 2.1[R]. 2014.

[70] CHEN M Z, POOR H V, SAAD W, et al. Convergence time optimization for federated learning over wireless networks[J]. IEEE Transactions on Wireless Communications, 2021, 20(4): 2457-2471.

[71] ZHU G X, DU Y Q, GÜNDÜZ D, et al. One-bit over-the-air aggregation for communication-efficient federated edge learning: design and convergence analysis[J]. IEEE Transactions on Wireless Communications, 2021, 20(3): 2120-2135.

[72] ZHENG J H, NI W L, TIAN H, et al. QoS-constrained federated learning empowered by intelligent reflecting surface[C]//Proceedings of 2021 IEEE 32nd Annual International Symposium on Personal, Indoor and Mobile Radio Communications. Piscataway: IEEE Press, 2021: 947-952.

[73] ZHU G X, HUANG K B. MIMO over-the-air computation for high-mobility multimodal sensing[J]. IEEE Internet of Things Journal, 2019, 6(4): 6089-6103.

[74] NI W L, LIU Y W, YANG Z H, et al. Integrating over-the-air federated learning and non-orthogonal multiple access: what role can RIS play? [J]. arXiv Preprint, arXiv: 2103.00435, 2021.

[75] LIU D Z, SIMEONE O. Privacy for free: wireless federated learning via uncoded transmission with adaptive power control[J]. arXiv Preprint, arXiv: 2006.05459, 2020.

[76] TRUONG N, SUN K, WANG S Y, et al. Privacy preservation in federated learning: an in-

sightful survey from the GDPR perspective[J]. Computers & Security, 2021, 110: 102402.
[77] BOYD S, VANDENBERGHE L. Convex Optimization[M]. Cambridge: Cambridge University Press, 2004.
[78] LUO Z Q, MA W K, SO A M C, et al. Semidefinite relaxation of quadratic optimization problems[J]. IEEE Signal Processing Magazine, 2010, 27(3): 20-34.
[79] WANG W, NI W, TIAN H, et al. Safeguarding NOMA networks via reconfigurable dual-functional surface under imperfect CSI[J]. IEEE Journal of Selected Topics in Signal Processing, 2022, PP(99): 1.

名词索引